U0069017

矽晶圓半導體材料技術

林明獻　編著

全華圖書股份有限公司

國家圖書館出版品預行編目(CIP)資料

矽晶圓半導體材料技術 / 林明獻編著. -- 七版. -- 新北市 : 全華圖書股份有限公司, 2023.02
面 ; 公分
ISBN 978-626-328-410-4(精裝)

1.CST: 半導體 2.CST: 工程材料

448.65 112001723

矽晶圓半導體材料技術

作者 / 林明獻
發行人 / 陳本源
執行編輯 / 張峻銘
出版者 / 全華圖書股份有限公司
郵政帳號 / 0100836-1 號
圖書編號 / 0367276
七版二刷 / 2024 年 7 月
定價 / 新台幣 680 元
ISBN / 978-626-328-410-4(精裝)
全華圖書 / www.chwa.com.tw
全華網路書店 Open Tech / www.opentech.com.tw
若您對書籍內容、排版印刷有任何問題，歡迎來信指導 book@chwa.com.tw

臺北總公司(北區營業處)
地址：23671 新北市土城區忠義路 21 號
電話：(02) 2262-5666
傳真：(02) 6637-3695、6637-3696

南區營業處
地址：80769 高雄市三民區應安街 12 號
電話：(07) 381-1377
傳真：(07) 862-5562

中區營業處
地址：40256 臺中市南區樹義一巷 26 號
電話：(04) 2261-8485
傳真：(04) 3600-9806(高中職)
(04) 3601-8600(大專)

「矽」一直被視爲是半導體工業最重要的材料，而目前積體電路技術也已邁入 0.18 微米以下的時代，這使得 IC 製程的良率與產品品質更加地受到矽晶圓性質的影響。近十年來國內積體電路工業的蓬勃發展，在技術上幾乎與世界水準同步。唯過去 IC 用的矽晶圓一直是仰賴國外的進口，直到中德電子材料公司於 1996 年 2 月生產出國內第一根 8 吋矽晶棒之後，始爲我國的矽晶圓材料產業開啓了新紀元。國內外的大專院校向來難以培養出矽晶圓材料的專業人材，這一來是因爲從事矽晶圓材料研究 (尤其是矽單晶生長技術) 的經費過於龐大，因此從事這方面研究的學校與師資並不多見；再者國內坊間有關這方面的教科書或參考書可說是付之厥如，即使在國外也僅有「Semiconductor Silicon Crystal Technology (F. Shimura 著)」及「Handbook of Semiconductor Silicon Technology (W.C. O'Mara 等編著)」等兩本寫於 1980 年代且資料老舊的書籍。

筆者有幸於美國威斯康辛大學攻讀材料博士學位期間，在 Dr. S. Kou 的指導下從事單晶生長技術的學術研究，開始全面的接觸有關矽晶圓材料的知識。畢業後在服務於美國 Siltec Silicon 公司 (現已改名爲 Mitsubishi-American) 期間，因爲負責 8 吋矽晶生長技術之研究開發工作，所以更廣泛地涉獵期刊上的矽晶生長技術與相關理論。後來在李慶超先生與薛銀陞博士的延聘之下，返國服務於中德電子，更讓我有機會與 MEMC 公司世界頂尖的專家一起從事最先進的矽晶圓技術與產品之開發工作，對我個人在矽晶圓材料知識上之獲益不少。

由於有感於國內有關矽晶圓材料技術資料的匱乏，使得許多有心鑽研此一領域的學生或工程人員，苦無一有系統的專業書籍可供入門學習與參考之用；再者我也深信從事半導體元件製造與研發的工程人員，必須具備對「矽晶圓」材料之基本性質的瞭解，才能更進一步瞭解元件的特性。因此在愛妻的鼓勵之下，1998 年 4 月我開始投入這本書的寫作歲月，希望藉由本書的發行，把個人這幾年來所累積對矽晶圓材料技術的有限知識，提供給從業及在學的先進與後輩們參考，並激發更多的優秀專業人才，加入矽晶圓材料技術本土化與知識傳承的行列。

本書的服務對象，著重於大專程度以上的在學學生，以及從事半導體產業相關領域的工程師及專業人員。因此在內容上採深入淺出的方式，同時涵括了學理介紹與工程應用兩方面。對於非工科背景的讀者，在研讀本書時，應著重於基本的物化概念與矽晶圓材料的製造流程，不須執著於繁雜數學公式之推導。而對於有心更深入研究矽晶圓材料的讀者，則可參考每一章節末所附的參考資料。

在本書的寫作期間，我受到不少朋友、同事、家人的鼓勵與提供寶貴的意見。然而要感謝的人太多，在此實在無法一一地列出他們的姓名，僅列出部份提供我寫作資料與參與初稿審校的中德同事與友人。他們計有：薛銀陞博士、林國隆先生、盧哲偉博士、魏文晴博士、顏黃實先生、蘇鈺峰先生、林瑞文先生、曾弘毅先生、葉聲威先生、顏枝松先生、黃俊榮先生、段一帆先生、張家彰先生、劉恩慈先生、朱恕白先生、蔡政焜先生、陳平先生、陳國憲先生、黃柏山先生、章婉瑩小姐、劉緒東先生、潘敏學博士及 Dr. D.M. Lee 等人。此外，必須感謝中德電子的李慶超先生允許我使用不少來自公司的資源。對於其他朋友的鼓勵及全華科技圖書公司的全力協助，筆者藉此予以一併致謝。最後，特別要感謝的是我的妻子 (謝美鳳)，沒有她的鼓勵，就不會有這本書的問世；也要感謝她體諒我在本書的寫作期間對家庭的疏忽。因此僅將本書的成就獻給我摯愛的妻子、雙親以及我們即將出世的千禧寶寶。

林明獻 於新竹

作者簡介

林明獻博士

- 成功大學材料工程學士
- 美國威斯康辛大學材料科學博士
- 曾任職於 Mitsubishi Silicon America、中德電子、Siltronic 等矽晶圓大廠
- 著作：矽晶圓半導體材料技術、太陽電池技術入門

時光匆匆，轉眼間這本書已經發行 23 年了。回憶當年寫書的初衷，是因爲心裡秉持著博士班指導教授的教誨「一個人拿到 Ph.D. 不該只是爲了追求一份高薪的工作，更重要的是要負起知識傳承的責任」，同時鑑於當時國內沒有這類介紹矽晶圓技術的專業書籍，因此抱著一股年輕人的熱血，花了一年半的時間，廢寢忘食的寫完這本書，目的就是希望可以幫助國內讀者提升矽晶圓方面的相關知識，並激發更多優秀的專業人才，一起加入讓矽晶圓技術本土化的行列。

在當年還沒有網路的年代，寫書眞不是件容易的事。數不清有多少日子，我埋首在圖書館內翻閱及影印許許多多的資料，回到家經過一番研讀及吸收之後，才一字一句地堆疊出這本書來。這本書的問世，我相信已幫過不少人學到矽晶圓的知識，但其實自己才是最大的受益者，它讓我生命因書而富。我指的富，不是微薄的版稅帶來的財富，而是知識上、心靈上、社交上的富有。

23 年過去了，本書依然是國內唯一一本介紹矽晶圓技術的書籍。但這也意味在過去的年頭裡，自己肩上始終扛著一份責無旁貸的社會責任，必須定期的去修訂內容，才能與一日千里的半導體科技保持同步。特別感謝全華圖書出版社這些年來的的督促與協助，這已經是本書的第七次修訂了。這也是歷年來最大幅度的一次修訂，我盡量把自己多年來學到的新知識與經驗，不藏私地裝進字裡行間，希望讀者能有更大的收穫。這次也要特別感謝我的好友，浙江晶盛機電的董事長曹建偉博士，他熱心地提供了許多生產矽晶圓所使用到的設備照片及相關資料，讓本書增色不少。

矽晶圓技術邁入 12 吋世代已經 20 年了，而原本喧囂一時的 18 吋世代終究因爲眾多因素而煙消雲散。而矽晶圓這行業，自從 2008 年雷曼兄弟事件引發的全球金融危機之後，就因爲產能過剩問題，而慘澹經營多年。但自從 2016 年後，隨著許多新的 12 吋 IC 廠的成立，矽晶圓開始出現供貨吃緊的問題，這行業總算鹹魚翻身的自谷底爬升，成爲當前最火紅的產業之一。而大陸也積極的想要跨足矽晶圓行業的領域，許多新的矽晶圓材料廠已陸續在中國成立，但要想達到可以滿足先進的 IC 製程的品質水準，應該還有一條漫長的路要走。遑論這些時局的變遷，身爲作者的我，始終樂見這本書可以對矽晶圓技術的本土化帶來一些潛移默化的貢獻，並對國內的半導體產業帶來承先啓後的教育責任。

林明獻

01/03/2023 于新竹

「系統編輯」是我們的編輯方針，我們所提供給您的，絕不只是一本書，而是關於這門學問的所有知識，它們由淺入深，循序漸進。

由於矽晶圓材料是半導體工業的基礎，因此從事半導體領域之學術研究與工程人員，都必須深入的瞭解矽晶圓的基本性質與製造過程。本書內容上採深入淺出的方式敘述，除了介紹矽晶圓工業的歷史演進與產業現況之外，尚包含了以下單元：矽晶的基本性質、多晶矽的製造技術、單晶生長、矽晶缺陷、矽晶之加工成型、性質檢測等單元。作者將本書的重點放在矽晶圓製造流程的介紹上。適用於對矽晶圓半導體材料技術有興趣之讀者及相關從業人員。

同時，爲了使您能有系統且循序漸進研習相關方面的叢書，我們以流程圖方式，列出各有關圖書的閱讀順序，以減少您研習此門學問的摸索時間，並能對這門學問有完整的知識。若您在這方面有任何問題，歡迎來函連繫，我們將竭誠爲您服務。

相關叢書介紹

書號：0390602
書名：電子材料工程(第三版)
編著：魏炯權
16K/400 頁/420 元

書號：0618702
書名：半導體製程技術導論(第三版)
編譯：蕭 宏
16K/672 頁/830 元

書號：0529903
書名：IC 封裝製程與 CAE 應用(第四版)
編著：鍾文仁.陳佑任
20K/520 頁/470 元

書號：0309906
書名：VLSI 概論(第七版)
編著：謝永瑞
20K/608 頁/550 元

書號：10469
書名：半導體元件物理與製作技術(第三版)
編譯：施 敏.李明逵.曾俊元
20K/791 頁/900 元

書號：05463007
書名：VLSI 電路與系統(附模擬範例光碟片)
編譯：李世鴻
16K/712 頁/600 元

書號：0572904
書名：高科技廠務(第五版)
編著：顏登通
20K/520 頁/520 元

◎上列書價若有變動，請以最新定價為準。

流程圖

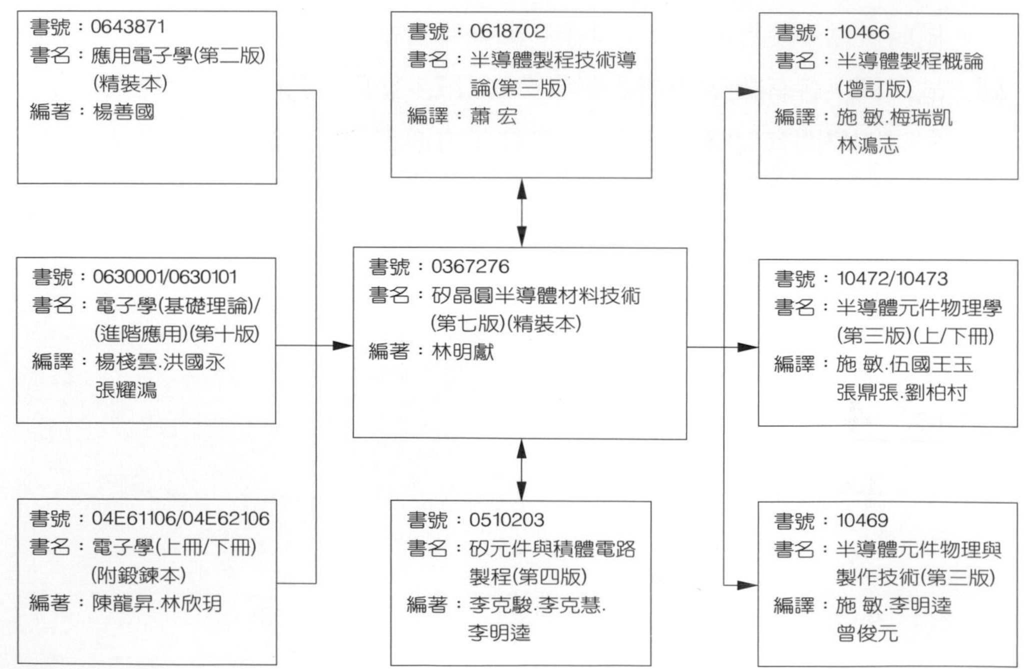

Chapter 1 緒論 1-1

Chapter 2 矽晶的性質 2-1

2-1 結晶性質 2-2
2-2 半導體物理與矽晶的電性 2-37
2-3 矽的光學性質 2-58
2-4 矽的熱性質 2-66
2-5 矽的機械性質 2-72

Chapter 3 多晶矽原料的生產技術 3-1

3-1 塊狀多晶矽製造技術 - 西門子法 3-2
3-2 塊狀多晶矽製造技術 -ASiMi 方法 3-13
3-3 粒狀多晶矽製造技術 3-18

Chapter 4 單晶生長 4-1

4-1 單晶生長理論 4-2
4-2 CZ 矽晶生長法 (Czochralski Pulling) 4-30
4-3 MCZ 矽單晶生長法 4-79

4-4 CCZ 矽單晶生長法 4-88
4-5 FZ 矽單晶生長法 4-99

Chapter 5 矽晶圓缺陷 5-1

5-1 CZ 矽晶的點缺陷與微缺陷 5-7
5-2 氧析出物 (Oxygen Precipitation) 5-39
5-3 OISF (Oxidation Induced Stacking Faults) 5-67

Chapter 6 矽晶圓之加工成型 6-1

6-1 截斷 (Cropping) 6-2
6-2 外徑磨削 (OD Grinding) 6-11
6-3 方位指定加工－平邊與 V- 型槽 (Flat & Notch Grinding) 6-14
6-4 切片 (Slicing) 6-18
6-5 圓邊 (Edge Rounding) 6-30
6-6 研磨 (Lapping) 6-34
6-7 雙盤研磨 (Double Disk Grinding, DDG) 6-39
6-8 蝕刻 (Etching) 6-43
6-9 拋光 (Polishing) 6-51
6-10 清洗 (Cleaning) 6-68
6-11 矽晶圓的背面處理 6-85

Chapter 7 矽磊晶生長技術 7-1

7-1 CVD 基本原理 7-2

7-2 矽磊晶的生長 7-13

7-3 矽磊晶的性質 7-33

Chapter 8 矽晶圓性質之檢驗 8-1

8-1 PN 判定 8-2

8-2 電阻量測 8-5

8-3 結晶軸方向檢定 8-16

8-4 氧濃度的測定 8-23

8-5 Lifetime 量測技術 8-39

8-6 晶圓缺陷檢驗與超微量分析技術 8-52

8-7 晶圓表面微粒之量測 8-85

8-8 金屬雜質之量測 8-88

8-9 平坦度之量測 8-94

Chapter 9 矽晶圓在半導體上的應用 9-1

9-1 記憶體 (Memory) 9-1

9-2 邏輯積體電路 (Logic IC) 9-22

9-3 功率半導體元件 (Power Semiconductor Device) 9-32

※ 掃描 QRcode 閱讀電子書

附錄 A　晶格幾何學

附錄 B　基本常數

附錄 C　矽的基本性質

附錄 D　矽晶圓材料及半導體工業常用名詞之解釋

附錄 E　矽晶圓片的重要規格參數

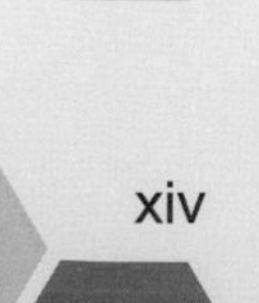

1 緒論

一、半導體工業的演進

矽是地表中含量第二豐富的元素 (約佔 26.3%)，它通常以化合物的型態存在於自然界中，例如：氧化矽 (silica) 或矽酸鹽 (silicate)。這些化合物形成不同型態的岩石及礦物，例如：最常見的石英礦物即爲氧化矽的一種型態。遠在石器時代的人類已開始使用矽的氧化物來做成建築物、器皿及武器，是除了衣物、食物以外賴以維生自衛的最重要生存物質。甚至在 18 世紀末以前，silica 還被當成一種元素，直到 1787 年 silica 才被 Lavoisier 更正爲一種氧化物 (1)。而在 19 世紀中期，結晶形態的矽才被成功的取得。在二十世紀初時，世人才發現矽具有半導體的性質。這些性質包括電阻率隨著溫度的增加而遞減、光電性 (光線使得矽的電阻率減小)、熱電效應、Hall 效應、磁電效應、半導體與金屬接觸的整流效應等。

半導體工業的發展，最早要追朔回 1833 年，當時法拉第發現硫化銀受熱時導電性大增，這特性與金屬特性不同，雖然他發現半導體這個特性，卻無法了解其中原理。1874 年德國的布勞恩 (Fredinand Braun) 發現硫化物的單向導電性，這就是一種半導體性質，依據這個發現，他也因此發明了第一個固態電子元件：Galena point-contact rectifier(2)。這種整流器元件曾被應用在雷達偵測器上，但隨後即被 1904 年弗萊明 (John A. Fleming) 發明的眞空管整流器所取代。

1900 年，加拿大的范信達 (Reginald Fessenden) 發明一種高頻交流發電機，可以產生連續波形的無線電波 (稱爲「載波」，其波形爲規律的正弦波)。原本規律的載波與音頻疊加後，變成起伏變化的無線電波，電波的振幅大小便代表音訊的變化。這種調變電波振幅的技術便稱爲「調幅」(Amplitude Modulation, 簡稱 AM)，就是現在

AM 廣播所用的技術。他也在 1906 年成功發送 AM 廣播到大西洋上的美國軍艦 [3]。同年，匹卡德獲得矽石檢波器的專利，並在隔年創立公司，製造出用耳機收聽的礦石收音機，礦石收音機成爲史上第一個半導體商品 [4]。

圖 1.1　匹卡德發明的矽石檢波器 [4]

1906 年，德佛瑞斯特 (Lee De Forest) 改良了原本的二極眞空管，他用金屬柵格擋在金屬片與燈絲之間，使得除了正、負極以外，還多了「柵極」(Grid) 的三極眞空管。柵極可被用來控制電流大小，後來這項設計還被發掘出具有放大訊號的功能，請見圖 1.2。有了三極管做爲訊號放大器，無線電可以傳得更遠，收訊效果也更好。1915 年 AT&T 利用眞空管擴大電話網路，開通橫跨美國東西兩岸的長途電話。而隨著廣播電台自 1920 年代開始快速發展，眞空管收音機也進入一般家庭。相對地，礦石收音機的收訊效果與方便性都遠遠不如眞空管收音機，於是逐漸沒落 [4]。接下來的幾十年，眞空管大量地被用在通訊、電視、電腦等用途上，半導體似乎有些式微。

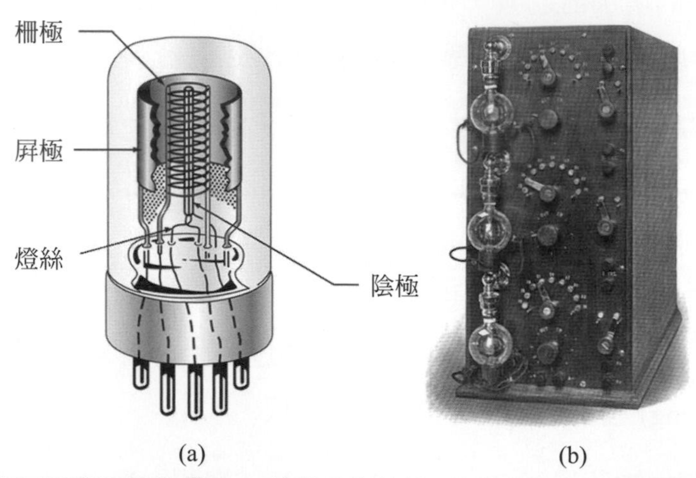

圖 1.2　(a) 真空三極管的構造 [5]，(b) 德佛瑞斯特於 1914 年利用三極管發明的訊號放大器 [4]

然而在第一次大戰之後，由於量子力學的發明，使得世人又再重新對固態電子元件之研究產生興趣。1925 年貝爾實驗室成立，1927 年 Grondahl 及 Geiger 發明氧化亞銅整流器 [6]，這種氧化亞銅整流器是簡單地將銅片加熱到 1000°C 所製成的，它當時被用在電話傳輸系統的調幅器 (modulator) 之用途上。在 1931 年 Brattain 及 Becker 開始在貝爾實驗室研究氧化亞銅整流器，他們發現 Cu_2O 的電流是藉著受子中心 (acceptor centers) 所激發的帶正電之電洞所傳輸的。同時期半導體理論也在加速的建立之中，例如：1930 年代的 Gudden 發現運用少量雜質來改變矽的導電性之觀念。

在第二次大戰期間，雷達偵測器 (radar detector) 一直被視為防空體系的重要武器 [7–8]。這使得當時的英、德、美等軍事強國大量投入雷達技術的研究上，也因此衍生了很多相關的附屬技術，例如：半導體整流器。整流器在當時軍事上的用途包括混頻器 (mixer)、直流復位器 (direct-current restorer) 及影像偵測器等。由於半導體整流器必需能夠處理高雷達頻率，矽與鍺乃成為唯一合適的材料。然而在當時由於高純度的鍺比矽容易取得，所以高品質的整流器通常是使用鍺當原料。

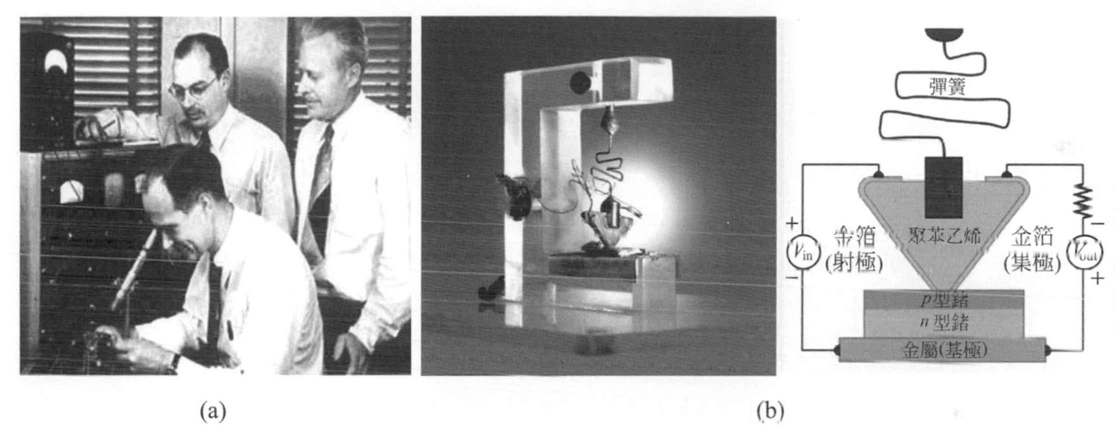

圖 1.3 (a) John Bardeen(左)，William Shockley(坐) 和 Walter Brattain(右)、(b) 全世界第一個電晶體的發明 [10–11]

1947 年 12 月 23 日 Bardeen、Brattain、Shockley[9] 等人於貝爾實驗室發明了電晶體 (Transistor)，如圖 1.3 所示，正式開啓了半導體時代的序幕。由於電晶體效應的發明，使得工業及科學界對高純度與能夠均勻導電的晶體之需求，變得更加的急迫。在 1950 年，Teal 及 Little[12] 兩人將 Czochralski[13] 於 1917 年發明的拉晶方法，應用在生長鍺及矽單晶上。這方法也成為現代生產高品質矽單晶的主要方法，在當時生長 1 吋直徑的矽晶棒已經算是相當大了。Teal 則持續致力於晶體生長技術的研發，因為他相信「單晶」材料可以製造出較好的電晶體，這種「相信」也在當他發現其生長出來的單晶之少數載子生命週期比多晶材料好時，得到證實。

之後，由於 1952 年 Pfann[14] 發明了區融法 (Zone Refining) 大幅地改善材料的純化技術 (見圖 1.4)，使得商業化的電晶體也跟著於 1953 年問世了，不過由於鍺較佳的純度與低溫性質，所以當時大多的半導體公司大多使用鍺當電晶體的材料。直到 1954 年 Teal 才在美國德州儀器公司成功地開發出第一個矽電晶體 [16]。順便一提的是，由於這項技術的突破，也使得德州儀器公司由一個在當時沒沒無聞的小公司，轉變成為半導體界的龍頭老大。

圖 1.4　William Pfann 發明的用以純化材料的區融法 (Zone Refining) 設備 [15]

在矽電晶體的出現之後，半導體界仍致力於矽原料的純化上。雖然矽單晶已可利用 Czochralski 長晶法獲得，但在 CZ 法中由於石英坩堝會受矽熔湯 (silicon melt) 的侵蝕，而產生氧污染的問題。於是為了獲得高純度的單晶棒，Henry Theurer 於 1956 年發明了浮融法 (Float-Zone Technique，簡稱 FZ 法)[17]。FZ 法因沒有使用容器來盛裝矽熔湯，所以不會有氧污染的問題。在這時期內，利用 CZ 及 FZ 法所生產的晶體雖為單晶，但差排 (dislocation) 卻往往會出現在晶體中。後來在 1958 年，Dash[8] 明了一種可以完全消除差排的方法 (Dash Technique)。因為有這種產生零差排 (Dislocation - free) 的方法，才使得生長大尺寸晶棒成為可能。

在有了品質較佳的矽單晶之後，半導體界的發展重心，乃轉到發展擴散攙雜技術 (diffusion-doped technology) 上，以此技術製造電晶體，可以比早期的接面技術 (Junction transistor) 達到更高功率與更高頻率。這種擴散攙雜技術也於 1954 年被用在製造大面積的二極體上 [18]。1958 年 Kilby 於德州儀器公司發明了積體電路 (integrated

circuit)[19]，奠定了資訊時代來臨的基礎，請見圖 1.5。在不到一年內，飛兆半導體的 Noyce 結合了平面技術 (planar technology) 及接面隔離技術 (Junction isolation technology)，建立了現代 IC 架構的樣版[21]，請見圖 1.6。從第一代 IC 問世之後，半導體業的發展可說是一日千里，晶片 (chip) 上的電子元件之密度與複雜性，也由 SSI(小型積體電路，Small Scale Integration)、MSI(中型積體電路，Medium Scale Integration)、LSI(大型積體電路，Large Scale Integration)、VLSI(超大型積體電路，Very large scale integration)、ULSI(極大型積體電路，Ultra Large Scale Integration)，一直增加到今日的 GLSI(巨大型積體電路，Giga Scale Integration)，見表 1.1。晶片上單位面積的電晶體數目，隨著線寬 (design rule) 的微縮，一直與日俱增。以當今的 3 奈米世代爲例，電晶體密度可高達 3 億 /mm^2。

圖 1.5 Jack Kilby 於 1958 年發明的第一個積體電路[20]

圖 1.6 Robert Noyce 和他發明的積體電路[22]

表 1.1 積體電路規模之分類

英文簡稱	英文全名	年份	電晶體數目
SSI	Small Scale Integration(小型積體電路)	1964	<10
MSI	Medium Scale Integration(中型積體電路)	1968	10 ～ 100
LSI	Large Scale Integration(大型積體電路)	1971	100 ～ 10,000
VLSI	Very Large Scale Integration(超大型積體電路)	1980	10,000 ～ 100,000
ULSI	Ultra Large Scale Integration(極大型積體電路)	1984	100,000 ～ 1,000,000
GSI	Giga Scale Integration(巨大型積體電路)	2010	> 1,000,000

使用矽晶片的半導體的應用範圍也越來越廣，如圖 1.7 所示。「晶片」是用來處理資訊的完整電路系統，晶片依據功能的不同，可以分成 4 大類：

1. 記憶體 IC(Memory IC)：

記憶體 IC 是用來儲存資料，而依據停止供電後，資料是否能繼續儲存，可分爲 2 大類：

(1) 揮發性 (Volatile)：斷電後資料會消失，如：動態隨機記憶體 (DRAM，Dynamic Random Access Memory)、靜態隨機記憶體 (SRAM，Static Random Access Memory)。

(2) 非揮發性 (Non-Volatile)：斷電後資料會繼續儲存，如：唯讀記憶體 (ROM，Ready Only Memory)、快閃記憶體 (Flash)。

2. 微元件 IC(Micro Component IC)：

微元件 IC 是具有特殊資料處理功能的元件，可分爲 4 大類：

(1) 微處理器 (MPU，Micro Processor Unit)：處理複雜的邏輯運算，例如：中央處理器 (CPU，Central Processing Unit)、圖形處理器 (GPU，Graphics Processing Unit)。

微處理器部分，根據「指令集架構」(ISA，Instruction Set Architecture)，又可分爲複雜指令集運算 (CISC，Complex Instruction Set Computing) 如 Intel x86；精簡指令集運算 (RISC，Reduced Instruction Set Computing) 如 ARM。

(2) 微控制器 (MCU，Micro Controller Unit)：

它相當於一台微電腦，將電腦的基本組成：CPU、記憶體、輸入輸出介面 (I/O) 等，整合在一塊 IC 晶片上。所以又稱作「單晶片微電腦」(Single-Chip Microcomputer)。

(3) 數位訊號處理器 (DSP，Digital Signal Processor)：

處理和運算「數位訊號」(Digital Signal)。由於電腦只能處理數位訊號，所以爲了讓電腦能處理聲音、電磁波…等自然界的「類比訊號」(Analog Signal)，

需要把設備接收到的類比訊號，以「類比 / 數位轉換器」(ADC) 轉換成數位訊號，經由 DSP 處理和運算之後，再透過「數位 / 類比轉換器」(DAC) 把處理好的數位訊號轉換爲類比訊號輸出，例如：音效卡。

(4) 微周邊 (MPR，Micro Peripheral)：

支援 MUP、MCU 的電路元件，用來處理電腦周邊設備的晶片，例如：鍵盤控制、語音輸出入、印表機。

3. 邏輯 IC(Logic IC)：

邏輯 IC 是一種進行邏輯運算的 IC，它可分爲 2 類：

(1) 標準邏輯 IC (Standard Logic IC)：

進行基本邏輯運算，如：AND、OR、NOT…等，大量製造並販售給不同客戶的 IC 標準產品。

(2) 特殊應用 IC (ASIC，Application Specific Integrated Circuit)：

針對特殊用途或單一客戶量身定做的 IC，具客製化、差異化、少量化的特性，應用於產業變動快、整合需求高的市場，例如：挖礦晶片。而特殊應用 IC 依客製化程度，又可分爲：全客製化 IC (Full-Custom IC) 及半客製化 IC (Semi-Custom IC)。

4. 類比 IC(Analog IC)：處理類比訊號的 IC。

類比 IC 是處理類比訊號的 IC，主要用在：電源管理 (Power Management)、放大器 (Amplifier)、轉換器 (Converter)。

這些年來，積體電路持續向更小的外型尺寸發展，使得每片晶片可以封裝更多的電路。這樣增加了單位面積容量，可以降低成本和增加功能。根據摩爾定律，積體電路中的電晶體數量，每 1.5 年增加一倍，這也代表著元件的線寬必須越做越小，在 1999 年，本書初版發行時，那時的線寬還在微米的範圍，如今 24 年後，已進化到 3 奈米以下了。隨著積體電路的複雜化及微小化，它對矽晶圓的品質要求也是越來越嚴格的。

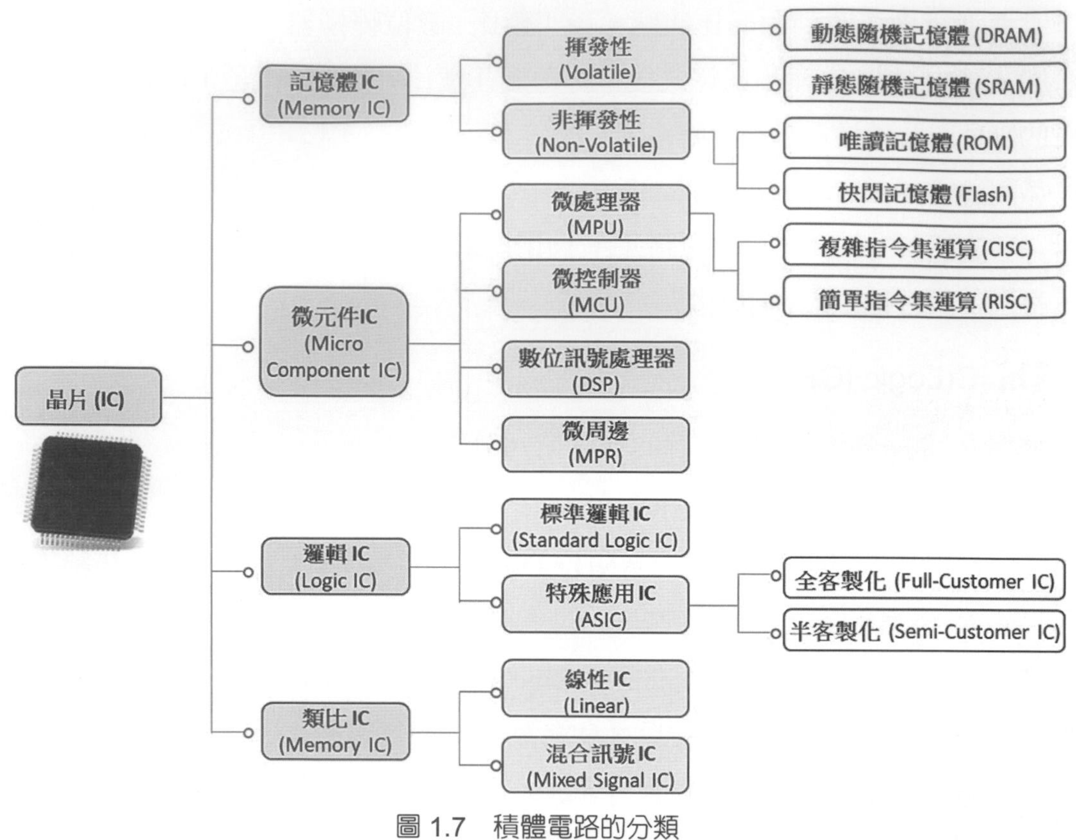

圖 1.7　積體電路的分類

二、矽晶材料的重要性

在 1950 年代初期以前，鍺是最普遍被使用在半導體工業的材料，但因爲其具有較小的能隙 (僅爲 0.68eV)，使得鍺半導體的操作溫度僅能到達 90°C(因爲在高溫時，leakage current 相當高)。鍺的另一個嚴重缺點是其無法在表面提供一穩定的鈍性氧化層，例如：二氧化鍺 (GeO_2) 爲水溶性且會在 800°C 左右的溫度自然分解 [(23)]。反觀矽的能隙較大 (1.12eV)，使得矽半導體的操作溫度可以高達 200°C。再者矽晶表面可以形成一穩定的氧化層 (SiO_2)，這個性質使得矽在半導體的應用上遠優於鍺，因爲氧化層可以被用在基本的積體電路架構中。此外在 1980 年代，半導體界也對 GaAs 的應用性產生極高的期待，因爲 GaAs 比矽具有更高的電子移動率 (electron mobility)，而且具有直接能隙 (direct bandgap) 之故。但因爲高品質及大尺寸的 GaAs 不易獲得，終究無法取代矽晶材料在半導體業的地位。表 1.2 爲鍺、矽、砷化鎵的基本性質之比較。

表 1.2 鍺、矽、砷化鎵的基本性質之比較

性質	Ge	Si	GaAs
$Atoms/cm^3$	4.42×10^{22}	5.0×10^{22}	2.21×10^{22}
原子或分子重	72.6	28.08	144.63
密度 (g/cm^3)	5.32	2.33	5.32
晶體結構	Diamond	Diamond	Zinc blende
熔點 (°C)	937	1412	1238
有效能階密度 導帶 N_C (cm^{-3}) 導帶 N_v (cm^{-3})	 1.04×10^{19} 6.1×10^{18}	 2.8×10^{19} 1.04×10^{19}	 4.7×10^{19} 7.0×10^{18}
電子親和力 (V)	4.13	4.01	4.07
能隙 (eV)	0.68	1.12	1.43
本質載子密度 n_I (cm^{-3})	2.5×10^{13}	1.5×10^{10}	$1.79\times10_6$
晶格常數 (Å)	5.658	5.431	5.654
有效質量 電子 電洞	 $m_e=0.22m$，$m_e^*=0.12m$ $m_h=0.31m$，$m_h^*=0.23m$	 $m_e=0.22m$，$m_e^*=0.12m$ $m_h=0.56m$，$m_h^*=0.38m$	 0.068m 0.56m
移動率 (mobility) 電子 ($cm^2/V\text{-}s$) 電洞 ($cm^2/V\text{-}s$)	 3900 1900	 1350 480	 8600 250
導熱係數 (W/cm-°C)	0.6	1.5	0.8
比熱 (J/g°C)	0.31	0.7	0.35
線性熱膨脹係數 (°C)	5.8×10^{-6}	2.6×10^{-6}	6.86×10^{-6}
少數載子生命週期 (sec)	10^{-3}	2.5×1^{-3}	$\sim10^{-8}$

圖 1.8 顯示矽晶圓材料與積體電路工業體系的相關性。目前積體電路工業所使用的矽晶圓材料依其製程設計與產品差異可分爲拋光晶圓 (polished wafer)、退火晶圓 (annealed wafer)、磊晶晶圓 (epitaxial wafer) 三種。這三種矽晶圓材料均由高純度電子級多晶矽經由長晶 (crystal pulling)、切片 (slicing)、研磨 (lapping or grinding)、蝕刻 (etching)、拋光 (polishing)、清洗 (cleaning) 等製程步驟，而成爲一符合電性、表面物

性、雜質標準等規格的拋光晶圓，若再經由化學氣相沉積反應成長一層不同電阻率的單晶薄膜則成爲磊晶矽晶圓，或者將拋光晶圓經過高溫退火處理來優化表面特性則成爲退火晶圓。整個矽晶圓材料的製造生產，係以長晶製程爲主軸，因爲矽晶圓材料的主要性質是由晶體生長過程所決定的，後段的加工製程則在於避免引起其他的污染源與缺陷，以及達到最佳的晶圓平坦度。

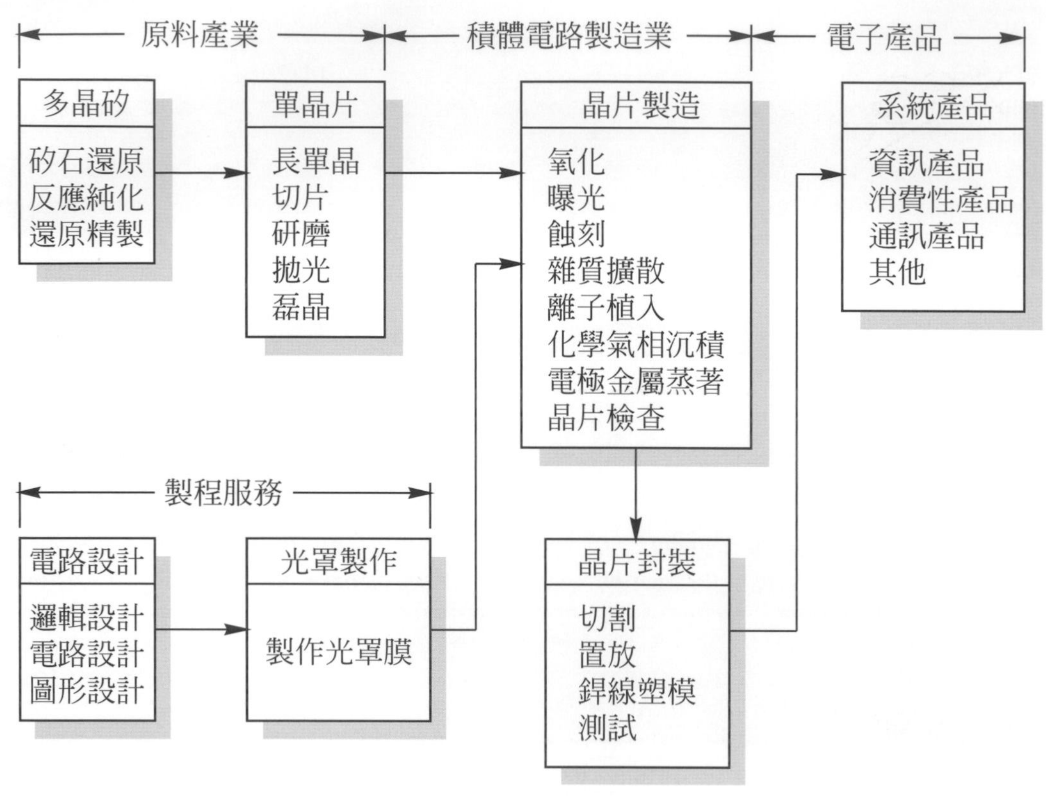

圖 1.8　積體電路工業體系

目前積體電路所使用的矽晶圓材料，大多是利用 CZ 長晶法所製造出來的。隨著積體電路工業的蓬勃發展，CZ 長晶技術也朝著大尺寸化邁進。圖 1.9 顯示矽晶圓尺寸的歷史演進過程。大尺寸化的主要目的在於降低生產成本、提高晶圓的可用面積 (特別是 chip 大小增加時)、及增加產出率等。在 CZ 長晶技術的發展上，1950 年代主要著重於差排 (dislocation) 的消除與純度的提高，1970 年代著重於直徑控制的自動化上，1980 年代著重於氧含量的控制，到了 1990 年代以後，則著重於 COP、BMD 等微缺陷的控制。300mm 矽晶圓已於 2000 年邁入量產規模，目前仍是矽晶圓產業的主力。原本大家預料 450mm 會在 2015 年問世，但因爲投資成本太過於龐大，而

且在整個半導體產業鏈裡出現許多技術問題，現在 450mm 的問世已是遙遙無期了。當早期積體電路技術還在 1.0 微米以上時，積體電路的良率對於矽晶圓材料的微缺陷 (例如：COP、D-defects、FPD) 等並不敏感，但隨著積體電路技術線寬度之日益縮小，其製程良率受微缺陷的影響變得相當重要。矽晶圓材料工業必須努力去開發超低缺陷的矽晶圓產品，才能配合整個半導體工業的發展需求。

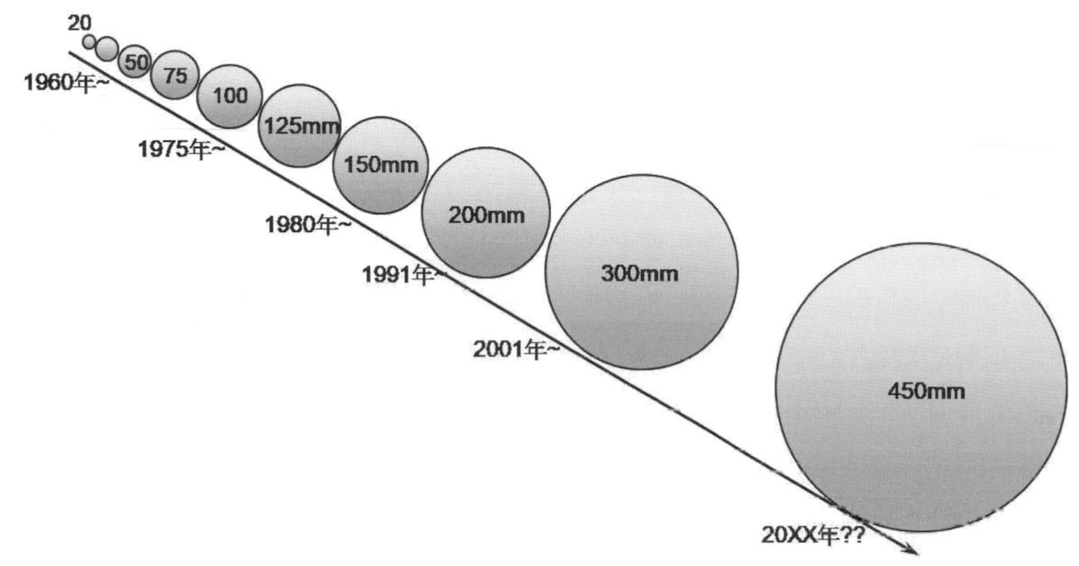

圖 1.9　矽晶圓尺寸的歷史演進過程

三、台灣半導體工業的演進

1. 積體電路工業

台灣早期在電子工業方面可說是毫無基礎，雖然早在 1948 年就有真空管收音機的生產，但只是自海外進口零件，以從事組裝作業。1964 年美國通用公司來台投資設廠，其他外國廠商亦相繼加入，加上政府的鼓勵發展，乃使電子工業開始發展起來。1966 年在高雄加工出口區引進半導體封裝業，其後成立的飛利浦建元 (1969 年)、德州儀器等外商則確立了台灣在這項產業的發展基礎。台灣最早期的半導體研發工作，係萌芽於交通大學，從 1960 年代開始，交通大學就不斷有海內外學者共同從事半導體方面的研發工作，例如張俊彥、郭雙發等學者於 1964 年研製成功了矽平面電晶體，而於 1966 年成功地研製了 Minuteman IC。在這些學者的推動與辛勤耕耘之下，不但有助於業界提昇技術，也訓練出一批優秀的半導體工業人才。

台灣有關積體電路計劃的構想大約形成於 1970 年代初期，在業者與一些海外學人的建議之下，政府乃決定以技術轉移的方式自海外引進積體電路這項基礎應用技術，以將台灣工業發展逐漸導向技術密集工業。1976 年由工研院電子所 (ERSO) 自美國 RCA 公司移轉 MOS 7.0 μm 製程技術開始生產電子錶上的 IC，從此就靠著這個原始的製程技術，經過 ERSO 的研究發展逐步建立。

1980 年從 ERSO 衍生出台灣第一家 IC 製造公司聯華電子，並於 1982 年 3 月試車、4 月開始量產。早期的聯電係以消費性 IC 為主要產品，在 1984 年成立研發部門後，即逐漸由消費性產品走向電腦週邊產品和記憶體 IC 產品的製造與設計。此外在 1985、1986 年間，工研院電子所在「積體電路計劃」之後，繼續執行的「超大型積體電路計劃」中建造的台灣第一座六吋晶圓實驗工廠即將竣工之際，當時擔任工研院院長的張忠謀認為如此龐大的投資若只用於研究，將無法彰顯它的經濟利益，同時鑑於台灣積體電路設計公司缺少一立場中立且產能穩定的製造公司做 IC 產品的代工工作，於是提出將超大型積體電路實驗工廠轉為民營專業代工公司的構想。這使得台灣積體電路製造公司正式成立於 1987 年 2 月 24 日，為世界第一家專業代工廠。從此 IC 設計公司只要把所設計的產品委託製造，不需自行設立工廠，於是台灣的 IC 設計公司如雨後春筍般一家一家地設立。

在經過十餘年的努力經營之後，台灣的半導體產業已然成型，而 IC 產業的發展，到了 1989 年以後，更因為許多公司的擴建與成立，而更加蓬勃。1989 年，為嘗試半導體另一項製程技術主流 - 動態隨機存取記憶體 (DRAM) 的研發，工研院規劃「次微米計畫」，只花了 4 年半就發展出八英寸晶圓 0.5 微米的製程技術，也衍生出台灣第一家具有研發和量產 DRAM 實力的民間公司「世界先進」。

在製程技術的演進上，台灣在 1989 年的製程技術約在 1.5 ～ 1.2 微米之間，到了 1993 年底，0.6 微米已成為量產製程，現在 (2023 年) 則已達到 3 奈米以下的製程能力，已是領先全世界。時至今日，台灣半導體產業體系發展已經非常完備。如今，台灣已成為全球半導體生產重鎮，先進製程技術又居絕對領先地位。在 2022 年，台灣晶圓產能已占全球總產能之五成，12 吋晶圓產能占全球比重已超過五成，16 奈米以下先進製程產能占全球比重更超過六成。即便台廠陸續在美國、日本及新加坡等

地建廠，各國晶圓廠也積極擴產，預期2025年台灣仍能掌握全球近六成的先進製程產能。

2. 矽晶圓材料工業

台灣矽晶圓材料的製造，早在1980年代即有中美矽晶、大同矽晶及漢磊等公司成立在營運，不過當時的產品主要是用在二極體及電晶體等分離式元件 (discrete device) 上，所以早期台灣使用在CMOS元件的矽晶圓材料主要是仰賴海外的進口。一直到1995年，中鋼公司才與美國的MEMC公司在新竹科學園區內合資成立了台灣第一家8吋及12吋的矽晶圓材料廠中德電子，並於1996年2月成功地產出台灣第一根8吋矽晶棒，始爲台灣IC用矽晶圓材料產業開啓了一個新紀元。

緊接著中德電子之後，日本信越 (Shin-Etsu) 半導體也在1997年於台灣成立了台灣信越，但僅從事8吋矽晶圓的後段加工製程，並未生長矽晶棒。此外合晶科技，也在1998年開始從事4吋及6吋矽晶圓的製造，並於2006年開始跨足8吋的領域。另外，台塑勝高科技公司 (最早叫做台灣小松) 於1998年成立於雲林的麥寮，一開始是從事8吋矽晶圓的製造，後來在2006年也加入12吋矽晶圓的生產行列。2011年，中美矽晶將其半導體部門分割成立了環球晶圓公司。該公司透過併購的方式，陸續收購了日本的Covalent Material、丹麥廠商Topsil、及美國的SunEdison (其中包括中德電子)，一舉躍居全球第三大半導體矽晶圓廠，可提供長晶、切片、研磨、拋光、退火、磊晶等矽晶圓產品服務。

自從2008年金融海嘯後，因爲產能過剩的關係，12吋矽晶圓的價格跌到谷底。全球矽晶圓廠經過一番整併之後，有能力量產12吋矽晶圓的廠家也只剩五大家，分別是位於日本的信越 (Shin-Etsu) 及勝高 (Sumco)，全球市占分別爲30%及26%；排第三的是台灣的的環球晶圓，市占17%；排第四的是位於德國的世創電子 (Siltronic)，市占14%；及排第五位於韓國的SK Siltron，市占10%。在2008～2016年期間，因爲矽晶圓價格過低的關係，這些廠家都無力投資擴廠。然而一家一家的12吋IC廠在過去幾年內陸續成立，終於在2016年底全球12吋矽晶圓正式進入缺貨時代，也使得12吋矽晶圓的價格開始谷底翻身，這股矽晶圓缺貨危機及漲價風潮一直持續到2022年才緩和下來。

不同於其他產業，矽晶圓的產能並不是說要擴充就能立刻開出的，從規劃擴廠到產能開出至少也要一年半的時間。此外，矽晶圓的生產技術門檻相當高，特別是尺寸愈大的矽晶圓越不容易，尤其 IC 廠對於矽晶圓的品質及平坦度等要求都極爲嚴格，所以新進者要加入著實不易。

目前，大陸已有多家新成立的矽晶圓廠努力要擠身成爲 12 吋矽晶圓供應商的行列。其中最出色的非「上海新昇半導體」莫屬了，它成立於 2014 年，是上海硅產業集團全資控股子公司，主要從事 300mm 拋光片及磊晶片的生產。經過多年努力的研發，該公司已能穩定的生產高品質 300mm 正片 (prime wafer)，相信假以時日，其品質也能與世界五大矽晶圓廠並駕齊驅。

四、本書的編排

由於矽晶圓材料是半導體工業的基礎，因此從事半導體的學術研究與工程人員，都必需深入地了解矽晶的基本性質、製造過程、及半導體元件對使用矽晶圓之要求。基於此，本書在編排上，除了本章的緒論用以介紹矽晶圓工業的演進歷史與產業現況外，尚包含以下的章節：

第 2 章旨在介紹矽晶的基本性質：IC 製程良率與其所使用的矽晶圓之品質息息相關，因此透過對矽晶的基本特性之瞭解，有助於我們了解矽晶圓對積體電路元件的可能影響，也可以幫助我們去理解整個矽晶圓製造過程中，那些晶體參數是重要的。本章將首先介紹基本的結晶性質、接著由介紹基本的半導體物理中導入矽的電性，最後則分別介紹矽的光學性質、熱性質與機械性質。

第 3 章旨在介紹多晶矽的製造技術：多晶矽原料是矽晶圓上游的原料產業，它的純度與其它品質對矽晶生長的良率與品質有一定的影響。台灣目前尚無生產多晶矽的技術與產業，但大陸近來年在多晶矽產業的發展卻是一日千里，已是全球最主要的多晶矽製造地。本章將介紹目前商業上製造多晶矽的二種主要方法，幫助讀者理解這些方法間的差異。

第 4 章旨在介紹單晶生長技術：應用在半導體元件的矽晶圓，一定是要具有單晶的結構，因此矽晶圓材料的製造生產，第一道製程就是要把多晶矽轉變成單晶矽。單晶生長也是矽晶圓製造過程中最關鍵的技術。本章的編排首先是要讓讀者先了解晶體生長的理論後，再開始認識各種長晶的技術。而本章的重點將會放在 CZ 法上，其他如 MCZ、CCZ、FZ 等生長技術也將分別介紹之。

第 5 章旨在介紹矽晶的生長缺陷：矽晶的生長缺陷在目前矽晶圓材料技術中，不管在學術上或工程應用上，都是熱門的研究課題。如何減少及控制矽晶內的微缺陷，也一直是各晶圓材料廠努力的方向。本章將著重於介紹 CZ 矽晶中最常見的各種缺陷，其中第 1 節將介紹點缺陷的生成理論、點缺陷隨著溫度聚結形成二次成長缺陷的機構、以及各種微缺陷的特性。第 2 節將介紹氧析出物的形成機構與特性，以及與長晶參數之間的關聯性。第 3 節將介紹 OISF 的形成機構與特性。

第 6 章旨在介紹矽晶圓的加工成型技術：雖然矽晶圓材料工業的核心技術在於晶體生長，但矽晶圓的加工成型技術也是不可或缺的一環。矽晶圓的加工成型，最主要的重心在於生產出平坦度好、表面潔淨度高的矽晶圓。本章將依序介紹矽晶圓加工成型中的切斷、外徑磨削、切片、研磨、蝕刻、拋光、清洗、雷射印碼、背面處理等製程目的與其要點。

第 7 章旨在介紹磊晶的製造技術：磊晶也算是種單晶的生長，不過它是利用 CVD 的方法在矽晶圓的基材 (substrate) 上再長出一層高品質的單晶薄膜，經過這道製程所產生的矽晶圓就叫做磊晶。本章將先介紹 CVD 的原理，再介紹磊晶的設備及生長的基本流程及重點，最後再介紹磊晶的特性、缺陷及相關應用。

第 8 章旨在介紹矽晶圓性質的檢驗技術：矽晶圓性質之檢驗技術之目的，已不再僅是爲了品質管制來篩選合乎規格的產品，它更重要地提供了寶貴的訊息，以供製程開發與改善之參考依據。因此本章將介紹一些重要的性質檢驗技術：第 1 節爲導電型態的判定、第 2 節爲電阻量測、第 3 節爲結晶軸方向的檢定、第 4 節爲氧及碳濃度的測定、第 5 節爲 Lifetime 量測技術、第 6 節爲晶圓缺陷檢驗與超微量分析技術、第 7 節爲晶圓表面微粒之量測、第 8 節爲金屬雜質之量測、第 9 節爲平坦度之量測。

第 9 章旨在介紹矽晶圓在一些半導體元件上的應用，以助讀者可以將二者之間做上聯結，以利融會貫通。本章所要介紹的重要半導體元件，包括第 1 節的記憶體 (Memory)、第 2 節的邏輯積體電路 (Logic IC)、以及第 3 節的功率半導體元 (Power Semiconductor Device)。每一節都會先介紹該半導體元件的工作原理及應用，最後再解釋矽晶圓所扮演的角色、及影響該半導體元件的重要品質參數。

五、參考資料

1. A biography, as well as a personal account of Lavoister 's chemical research, can be found in the great Books of the Western World, Vol. 45 Encyclopedia Brittanics, University of Chicago 1952
2. S.M. Sze, ed., Semiconducting Devices, Pioneering Papers, World Scientific Publ. Singapore (1991)； the reprint (translated by H.J. Queisser) of F. Braun's paper (1974) is on page 377
3. https：//en.wikipedia.org/wiki/Reginald_Fessenden
4. https：//pansci.asia/archives/317557
5. https：//vocus.cc/article/5f38dffafd89780001d1e660
6. L.O. Grondahl and P.H. Geiger, Trans. AIEE 46 (1927) p.357
7. R.A. Watson-Watt, Three Steps to Victory, Odhams Press, London (1957)
8. H.J. Queisser, The Conquest of the Microchio, Harvard University Press, Cambridge, MA (1988)
9. J. Bardeen and W.H. Brattain, Pyus. Rev., 74 (1 948) p.230
10. https：//kknews.cc/tech/nvyva3.html
11. https：//www.extremetech.com/extreme/175004-the-genesis-of-the-transistor-the-single-greatest-discovery-in-the-last-100-years
12. G.K. Teal and J.B. Little, Phys. Rev., 78 (1950) p.647
13. J.Z. Czochralski, Phys. Chem., 92 (1918) p.219
14. W.G. Pfann, Trans. AIME, 194 (1952) p.747
15. https：//www.computerhistory.org/siliconengine/development-of-zone-refining/

16. H.J. Leamy and J .H. Wernick, "Semiconductor Silicon： The Extraordinary Made Ordinary", MRS Bulletin May (1997), p.47-55

17. H.C. Theurer, J. Metals 8, Trans. AIME 206 (1956) p.1316；U.S. Patent No. 2,060,123 (October 23, 1962)

18. G.L. Pearson and C.S. Fuller, Proc. IRE 42 (1 954) p.760

19. J.S. Kilby, IEEE Trans. Electron Devices (1 976) p.648.

20. https：//en.wikipedia.org/wiki/Jack_Kilby

21. R.N. Noyce, U.S. PatentNo. 2,981 ,877 (Apri126, 1961)

22. https：//tealfeed.com/robert-noyce-integrated-circuit-b9036

23. A. Bar-Lev, "Semiconductors and Electronic Devices," 2nd ed. Prentice-Hall, Englewood Chiffs, New Jersey, 1984.

Note

2 矽晶的性質

矽是地表中含量第二豐富的元素 (約佔 26.3%)，它通常以化合物的型態存在於自然界中，例如：氧化矽 (silica) 或矽酸鹽 (silicate)。這些化合物形成不同型態的岩石及礦物，例如：最常見的石英礦物即爲氧化矽的一種型態。甚至在 18 世紀末以前，silica 還被當成一種元素，直到 1787 年 silica 才被 Lavoisier 更正爲一種氧化物。而在 19 世紀中期，結晶形態的矽才被成功的取得。

在二十世紀初時，世人才發現矽具有半導體的性質。這些性質包括電阻率隨著溫度的增加而遞減、光電性 (光線使得矽的電阻率減小)、熱電效應、Hall 效應、磁電效應、半導體與金屬接觸的整流效應等。

運用少量雜質來改變矽的導電性之觀念，係起源於 1930 年代的 Gudden。在二次大戰時大量利用矽晶來發展雷達偵測器，使得一些純化的技術孕育而生，也使得人們加速了解半導體的導電現象，使得二極體、電晶體等元件陸續被開發出來。接下來的一、二十年內，人們建立對矽與鍺二元素基本性質的完整了解。由於矽的高溫性質優於鍺，使得矽成爲這半個世紀以來最廣爲使用的積體電路材料。近十年來，矽晶工業則著重於改善結晶的完美性與純度，以因應積體電路技術的需求。這是因爲隨著元件尺寸的日益縮小，使得矽晶的性質成爲影響 IC 程良率的主因之一。因此了解矽晶的基本特性，是必須的。

在大部份的半導體應用上，必須使用單晶矽。因此本章將首先介紹基本的結晶性質、接著由介紹基本的半導體物理中導入矽的電性，最後則分別介紹矽的光學性質、熱性質與機械性質。

2-1 結晶性質

一、前言

固體依據原子的排列情況，一般可分爲結晶物質 (Crystalline materials) 及非晶 (noncrystalline or amorphous) 二種。結晶物質是指原子在三維空間呈現週期性的規則排列反之，非晶質的原子結構則沒有規則性。矽和大部份的物質一樣都屬於結晶體。當結晶物質的原子排列之週期性延續一定的大小時，即稱之爲單晶 (single crystal)；當結晶物質的原子排列之週期性在一邊界處中斷時，即稱之爲多晶 (polycrystal)。事實上，多晶可定義爲由很多小單晶所組成的固體，這些多晶物質中的每一小單晶被稱之爲晶粒 (grain)，晶粒本身的原子排列有其一定的方向性。因此不同方向的晶粒之交界處，稱之爲晶界 (grain boundary)，圖 2.1 顯示非晶質、單晶體及多晶體在二維空間的原子排列情形。

在半導體元件的應用上，大多使用矽單晶當作基板 (substrate)。而矽的結晶性質將影響整個矽晶材料的特性，因此吾人在討論矽晶材料的性質時，必須先去了解矽的結晶特性。本節將先介紹基本的結晶學，接著介紹影響晶圓品質的結晶缺陷。

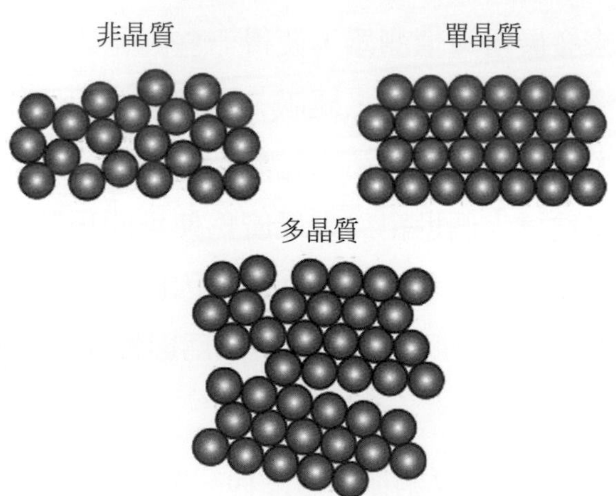

圖 2.1　非晶質、單晶體及多晶體在二維空間的原子排列情形

二、基本的結晶學

1. 晶格 (Lattice)

前面提過，晶體 (crystal) 的定義為一原子排列具有三維空間週期性的固體。當我們試著去描述晶體時，通常不會去考慮眞正原子的週期性排列，而是去想像空間中有一些與晶體中原子具有相關性的點，這些點所構築的空間架構可視為原子的位置。

一組代表原子排列方式的點，可依以下方式去構築。首先吾人可以想像空間是由三組平面所組成，每一組平面本身互相垂直且具有等間距。如此區隔後的空間將產生一組如細胞狀的小間室 (cells)，每一間室其有相同的大小、形狀、及方向性。每一間室的形狀為平形六面體，而區隔空間的平面彼此相交在一組直線上，同時這些直線則彼此相交在點上 (如圖 2.2 所示)。由以上方式所構築而成的空間即稱之為點晶格 (point lattice)，每一點晶格上的點具有相同的環境。這裡所謂「相同的環境」是指晶格上的一點自某特別方向所看到的外觀，將與自其它點從同一方向所看到的外觀完全相同。

由於圖 2.2 中所示的每一間室完全一致，吾人可選擇圖中任何一間室 (例如：圖中粗線部份) 當成單位晶格 (unit cell)。每一單位晶格的大小及形狀可由自單位晶格角落所畫的三個向量 ***a***、***b***、***c*** 描述之，如圖 2.3 所示。這些定義晶格的向量可稱之基本向量 (primitive vectors)，他們同時也定義了單位晶格的結晶軸 (crystallographic axes)。這三個基本向量又可依照其長度 (a，b，c)，及相互間的夾角 (α，β，γ) 來定義之。這些長度及夾角代表單位晶格的特性，一般統稱為晶格常數 (lattice constants or

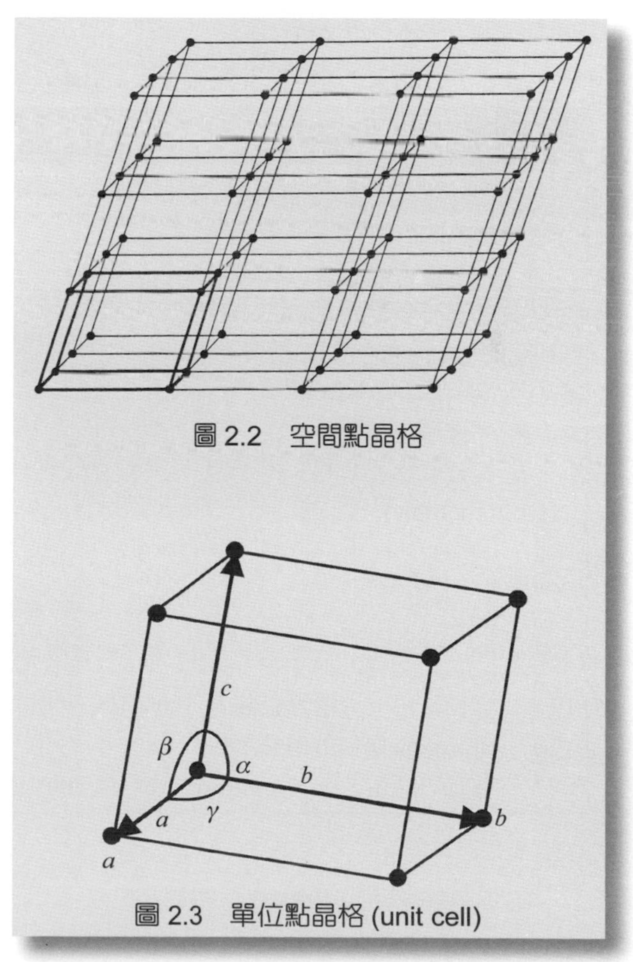

圖 2.2　空間點晶格

圖 2.3　單位點晶格 (unit cell)

lattice parameters)。這裡要注意的是，基本向量 $\boldsymbol{a}$、$\boldsymbol{b}$、$\boldsymbol{c}$ 不僅是定義單位晶格，也同時利用向量的移轉定義了整個空間的點晶格。換言之，整個晶格上的所有點，可藉著一晶格點作向量的重復性移轉而產生，也就是說晶格中任何一點的向量座標可表示爲 $P\boldsymbol{a}$、$Q\boldsymbol{b}$、$R\boldsymbol{c}$，其中 P、Q、R 爲整數。

2. 結晶系統

當我們用三組平面去區隔空間時，依照我們如何去安排，自然可以創造出不同形狀的單位晶格。例如：三組平面互相垂直且等間距的話，這樣的單位晶格即是個立方體。在這種情況下，$a = b = c$，$\alpha = \beta = \gamma$。因此給予不同的結晶軸長度及夾角，吾人可創造出不同形狀的單位晶格。爲了含括所有可能的點晶格，我們一共須要七種不同的單位晶格。也就是說，這是七種可以將所有晶體分類的結晶系統 (crystal systems)，這些系統條列在表 2.1 中。一些半導體材料，例如：Si、Ge、GaAs 都屬於其中最簡單的立方系統。

表 2.1　晶體系統與 Bravais 晶格

系統	晶格軸長度與角度	Bravais 晶格	晶格符號
立方 (Cubic)	三等長軸互成直角相交 $a = b = c$，$\alpha = \beta = \gamma$	簡單 (Simple) 體心 (Body-centered) 面心 (Face-centered)	P I F
正方 (Tetragonal)	三軸互成直角相交，但僅兩軸等長 $a = b \neq c$，$\alpha = \beta = \gamma$	簡單 (Simple) 體心 (Body-centered)	P I
斜方 (Orthorhombic)	三不等長軸互成直角相交 $a \neq b \neq c$，$\alpha = \beta = \gamma$	簡單 (Simple) 體心 (Body-centered) 底心 (Base-centered) 面心 (Face-centered)	P I C F
斜方六面 (Rhombohedral*)	三等長軸，但成斜角相交 $a = b = c$，$\alpha = \beta = \gamma \neq 90°$	簡單 (Simple)	R
六方 (Hexagonal)	兩等長軸以 120° 相交，但與第三軸成直角相交 $a = b \neq c$，$\alpha = \beta = 90°$，$\gamma = 120°$	簡單 (Simple)	P

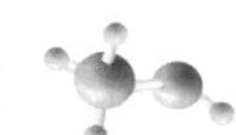

表 2.1 晶體系統與 Bravais 晶格 (續)

系統	晶格軸長度與角度	Bravais 晶格	晶格符號
單斜 (Monoclinic)	三軸均不等長，其中只有一組夾角不為 90° $a \neq b \neq c$，$\alpha = \gamma = 90° \neq \beta$	簡單 (Simple) 底心 (Base-centered)	P C
三斜 (Triclinic)	三軸均不等長，且均不成直角相交 $a \neq b \neq c$，$\alpha \neq \beta \neq \gamma \neq 90°$	簡單 (Simple)	P

* 也稱之為 trigonal。

如果簡單地將點放在七種結晶系統的單位晶格之角落上時，我們可以得到七種不同的點晶格。然而這七種點晶格尚不能含括所有可能的原子排列情形，我們仍須考慮晶格點的對稱性，也就是前面所講的「相同的環境」。Bravais 於 1818 年證明一共須要 14 種空間晶格，才能含括自然界所有可能的原子排列情形，這 14 種空間晶格因此被稱之為布拉菲晶格 (Bravais lattice)。表 2.1 及圖 2.4 同時描述 14 種 Bravais 晶格的原子排列，其中 **P**、**F**、**I** 等符號具有以下的意義。首先我們須區分 simple(或 primitive……符號為 **P** 或 **R**) 及 nonprimitive (其它符號) 等二者晶格之差異：primitive 晶格是指每單位晶格內僅有 1 個晶格點，而 nonprimitive 晶格則超過 1 個晶格點。由於在晶格內部的晶格點完全屬於該晶格本身所擁有，在晶格面上的晶格點是由二個相臨的平面所共同擁有，而在晶格角落的點則由 8 個晶格所一起分享，因此每單位晶格內的晶格點之數目可表示為

$$N = N_i + \frac{N_f}{2} + \frac{N_c}{8} \tag{2.1}$$

其中 N_i = 晶格內部的晶格點之數目，N_f = 在面上的晶格點之數目，N_c = 在晶格角落的晶格點之數目。任何晶格的晶格點若僅位於晶格角落時即為 primitive，而尚有晶格點位於晶格內部或面上的即稱之為 nonprimitive。符號 **F** 及 **I** 則分別指面心晶格 (face-centered lattice) 及體心晶格 (body-centered lattice)。

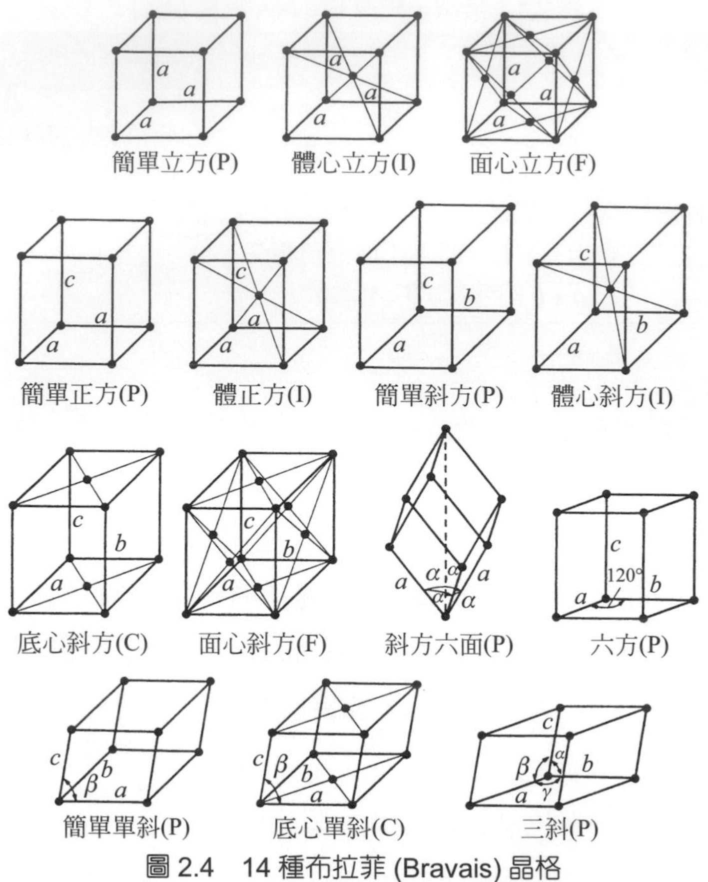

圖 2.4　14 種布拉菲 (Bravais) 晶格

3. 晶格座標 (Lattice Coordinates)

在晶格中的每一晶格點，我們都可賦予一座標 (coordinate)。例如：圖 2.5 分別爲體心立方 (body-centered cubic，簡稱 BCC) 及面心立方 (face-centered cubic，簡稱 FCC) 晶格點之座標。假如由晶格原點到其中一晶格點的向量之組成爲 $x\boldsymbol{a}$，$y\boldsymbol{b}$，$z\boldsymbol{c}$ 時 (其中 x，y，z 爲分數)，那麼我們可定義該晶格點的座標爲 xyz。因此原點的座標爲 000，位於體心位置的晶格座標爲 $\frac{1}{2}\frac{1}{2}\frac{1}{2}$，位於晶格角落的晶格座標爲 110、011、101 等，而面心的晶格座標爲 $1\frac{1}{2}\frac{1}{2}$ 、 $\frac{1}{2}0\frac{1}{2}$ 、 $\frac{1}{2}\frac{1}{2}0$ 等。

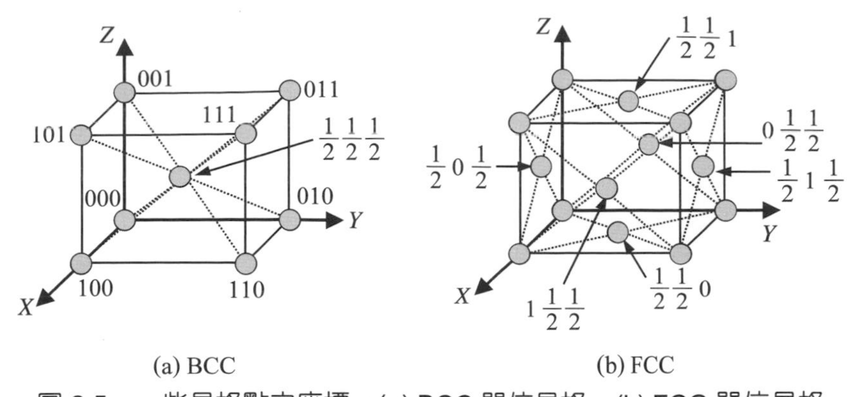

(a) BCC　　(b) FCC

圖 2.5　一些晶格點之座標：(a) BCC 單位晶格，(b) FCC 單位晶格

4. 晶格方向與平面

在晶格結構中，原子在各平面有其特定的排列方式，這造成晶體中的一些物理性質及電性為非等方性。因此矽晶在電子元件的應用上，都必須考慮到晶格的方向性。所以了解晶格方向與平面之定義，以及其對晶體性質之影響是必須的。

在晶格中的任一直線之方向，可利用一通過原點而與此直線平行的另一直線上的任何一點之座標來表示。讓我們想像通過單位晶格原點之直線上的任何一點之座標為 *uvw*(這些數目不須是整數)，那麼我們可定義此直線的方向為 [*uvw*]。這個帶著中括號的指數，也可代表所有與此線平行的所有直線。不管任何 *uvw* 值，在習慣上總會將之轉換為最小的整數。例如：$[11\frac{1}{2}]$、[221]、[442] 等都代表相同的方向，但 [221] 則是通用的表示法。對於具有負數值座標的點 (例如 –*uvw*)，其方向表示法，可在數字的上方畫一橫線表示之，亦即 $[\bar{u}\ v\ w]$。圖 2.6 顯示在立方晶格中較常見的一些方向。

在立方晶格中，一些方向指數，例如：$[u\ v\ w]$、$[u\ \bar{v}\ w]$、$[u\ \bar{v}\ \bar{w}]$、$[w\ u\ v]$ 及 $[w\ \bar{u}\ v]$ 等都代表相同的方向。這些相同的方向稱之為「方向族 (orientations of a form)」，其表示符號為一角括號 <*uvw*>。例如：對於一立方晶格的四個對角線，[111]、$[\bar{1}11]$、$[1\bar{1}\bar{1}]$ 及 $[1\bar{1}1]$，同屬於一方向族 <111>。

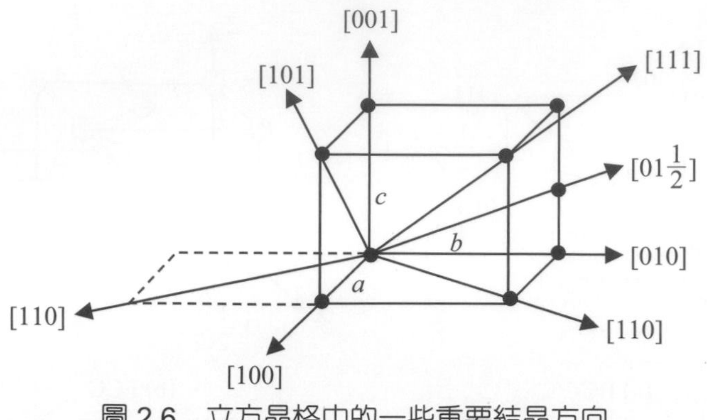

圖 2.6　立方晶格中的一些重要結晶方向

方向指數$[u\ v\ w]$也可被用來表示一向量。兩個方向$\mathbf{A}[u_1\ v_1\ w_1]$及$\mathbf{B}[u_2\ v_2\ w_2]$之間的夾角$\theta$，可由兩向量的乘積求得

$$\begin{aligned}\mathbf{A}\cdot\mathbf{B} &= |\mathbf{A}|\times|\mathbf{B}|\cos\theta \\ &= u_1u_2 + v_1v_2 + w_1w_2\end{aligned} \tag{2.2}$$

所以

$$\begin{aligned}\cos\theta &= \frac{A\cdot B}{|A|\cdot|B|} \\ &= \frac{u_1u_2 + v_1v_2 + w_1w_2}{\sqrt{(u_1^2+v_1^2+w_1^2)(u_1^2+v_1^2+w_1^2}}\end{aligned} \tag{2.3}$$

因此，當$u_1u_2 + v_1v_2 + w_1w_2 = 0$時，兩方向互相垂直。當時，兩方向互相平行。

晶格平面的方向也可同樣用一些特定的符號來表示，這些特定符號稱爲米勒指數 (Miller indices)。米勒指數被定義爲「晶格平面與三個結晶軸交點座標之倒數」。例如：假設米勒指數爲 (hkl)---- 以小括號表示，那麼晶格平面將與結晶軸相交在 *a*/*h*，*b*/*k*，*c*/*l*，如圖 2.7(a) 所示。當晶格平面與某結晶軸平行時，我們可以說它與該結晶軸相交在無窮遠處，所以 1/∞ = 0 舉個例子來說，圖 2.7(b) 中的晶格平面之米勒指數可決定如下：

結晶軸長度	4Å	8Å	3Å
相交位置	1Å	4Å	3Å
相交比率	1/4	1/2	1
米勒指數	4	2	1

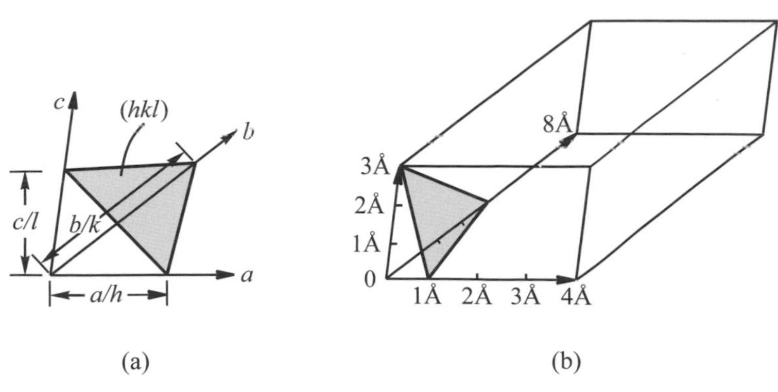

圖 2.7　結晶面的米勒指數之決定

假如一平面相交在負軸上，那麼相對的指數為負數，可在數字的上方畫一橫線表示之。圖 2.8 為立方晶格中一些重要平面的米勒指數。在立方晶格系統中，一些平面的米勒指數，如：($h\ k\ l$)、($h\bar{k}\bar{l}$)、($k\ h\ l$)、($l\ h\ k$) 等其實是相等的，因此稱之為平面族 (planes of a form)，而以大括號 {hkl} 表示之。此外，在立方晶格系統中，比較方便的記法是，一個 [$h\ k\ l$] 方向總是垂直於平面 ($h\ k\ l$)。

相臨兩同族平面之間的距離稱為平面間距 (interplanar distance)，不同一族的平面具有不同的平面間距。具有較大平面間距的平面，將具有較小的米勒指數，而且該平面通過較高密度的晶格點。圖 2.9 顯示二維空間不同平面的平面間距與晶格點密度，對於三維空間這種關係仍然成立。在立方晶格中，平面間距 d_{hkl} 表示為

$$d_{hkl} = \frac{a}{\sqrt{h^2 + k^2 + l^2}} \tag{2.4}$$

其中 a 為晶格常數。圖 2.10 為立方晶格 {100}、{110}、{111} 等平面在三維空間相對位置的模型，這個模型對於了解矽晶生長方向與各平面的相關性有很大的助益。

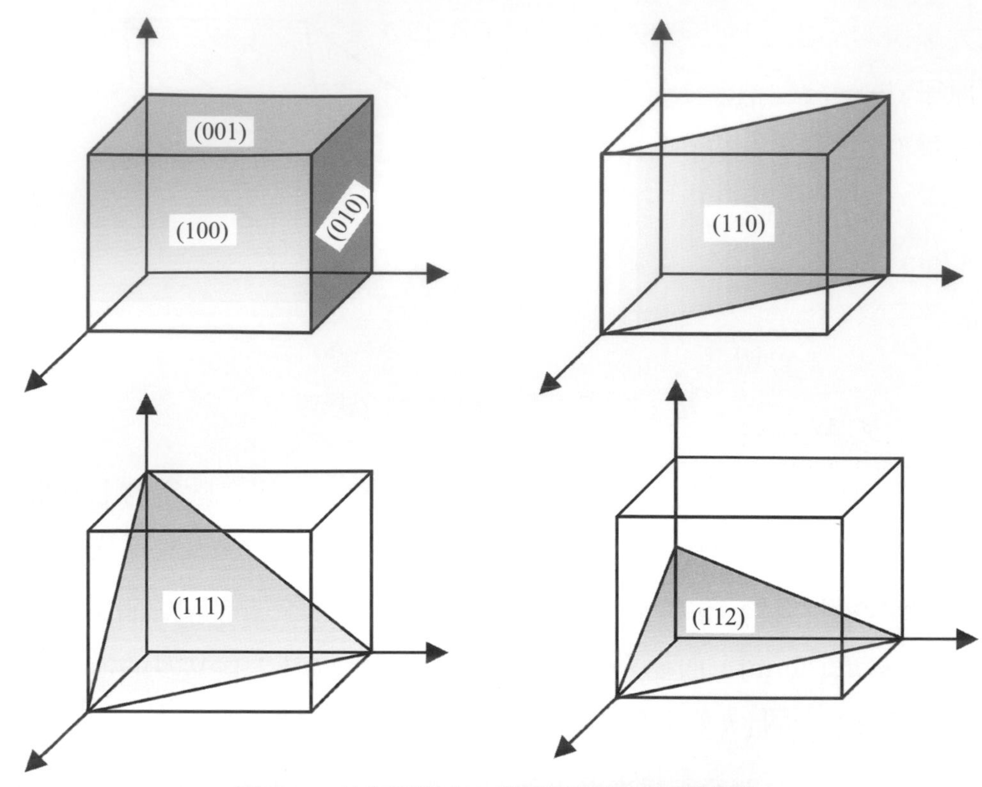

圖 2.8　立方晶格中一些重要平面的米勒指數

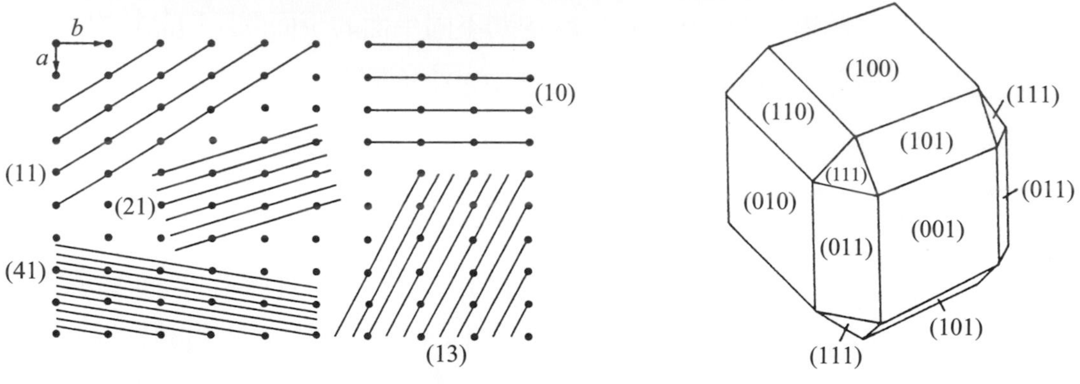

圖 2.9　二維空間不同平面的平面間距與晶格點密度

圖 2.10　立方晶格 {100}、{110}、{111} 等平面在三維空間相對位置的模型

三、矽晶結構

矽像其它 IV 族的元素 (例如：鑽石、鍺及灰錫)，同樣具有鑽石立方結構。圖 2.11 顯示矽的鑽石立方結構，每個矽原子帶有四個鍵。鑽石立方結構的原子堆積

方式比大部份的晶體結構還鬆散，在這樣的結構裡有 5 個較大的原子間隙，通常是間隙型原子 (interstitial atoms) 所填充的地方，如圖 2.12 所示 [(1)]。對純矽而言，其晶格常數 a 爲 0.5430710nm[(2)]，但當有間隙型原子塡入矽晶格中時，晶格常數 a 會略爲改變。例如：當矽晶格中有約 10^{18} atom/cm^3 的間隙型氧原子時，晶格常數。變爲 0.5430747nm[(2)]。雖然這改變量很小，但是這改變量卻足以利用矽晶試片去準確的決定亞佛加厥常數 (Avogadro constant)[(3)]。

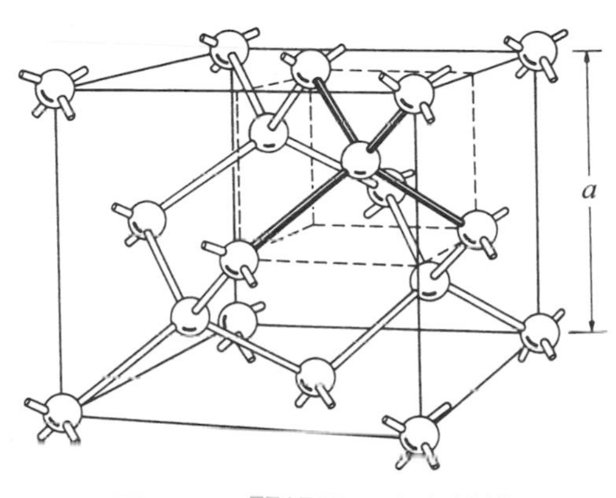

圖 2.11 矽的鑽石立方結構

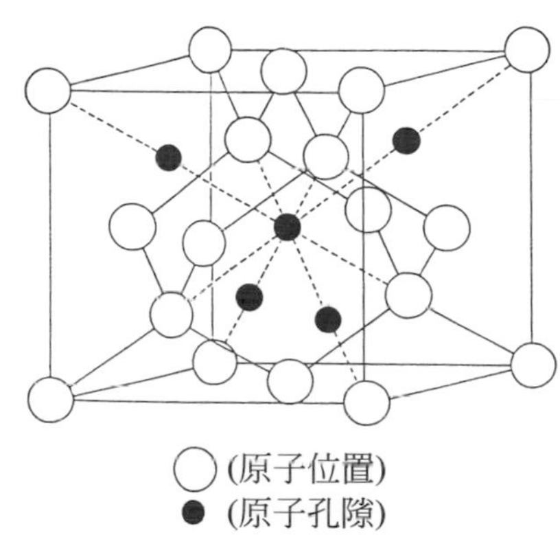

圖 2.12 鑽石結構的單位晶格顯示 5 個位於對角線上的原子孔隙 [(1)]

在鑽石立方結構中單位晶格總共有 8 (= 8/8 + 6/2 + 4) 個原子，這些原子分別位於以下的晶格座標點：(0，0，0)、(0，$\frac{1}{2}$，$\frac{1}{2}$)、($\frac{1}{2}$，$\frac{1}{2}$，0)、($\frac{1}{2}$，0，$\frac{1}{2}$)、($\frac{1}{4}$，$\frac{1}{4}$，$\frac{1}{4}$)、($\frac{1}{4}$，$\frac{1}{4}$，$\frac{3}{4}$)、($\frac{3}{4}$，$\frac{1}{4}$，$\frac{3}{4}$)、($\frac{3}{4}$，$\frac{3}{4}$，$\frac{1}{4}$)。矽晶的原子密 n_a 可計算爲

$$
\begin{aligned}
n_a &= 8/(5.43095\times10^{-8})^3 \quad (\text{atom/cm}^3) \\
&\cong 5\times10^{22} \quad (\text{atom/cm}^3)
\end{aligned}
$$

在鑽石立方結構中，每個原子最臨近的四個鍵結原子，是位於以該原子爲中心的正四面體 (tetrahedron) 角落上。在這種共價鍵結下，二個相臨原子間的距離爲 $\sqrt{\frac{3}{4}}a$，亦即 2.35167Å。因此四面體的共價半徑爲 1.17584Å，所以我們可以簡單地估計出，矽晶格中僅有約 34% 的體積爲原子所佔有 (其它的元素，例如：Cu、Fe 等則高達約 74%)。如前所述，矽晶如此鬆散的結構可以塡入相當可觀的雜質原子。

鑽石立方結構的最密堆積系統爲 (111)[110]。因此在晶體生長過程中，{111} 面是生長速率最慢的結晶面，所以矽晶的優先生長習性 (preferred growth habit) 是個以 {111} 爲邊界面的八面體，如圖 2.13 所示。一般商業矽單晶都是沿著 [100] 或 [111] 方向生長的，[100] 方向的矽晶具有 4 重軸對稱性，而 [111] 方向的矽晶則具有 3 軸對稱性。圖 2.14 及圖 2.15[4] 分別爲 (100) 及 (111) 的球極平面投影圖 (stereographic projections)，利用這二個球極平面投影圖，可以幫助吾人去了解各結晶方向與晶面之相關性，有關如何使用與製作球極平面投影圖，讀者可參閱參考資料 5。

對於結晶物質而言，其機械、物理、化學及電學性質受晶格方向的影響很大[6]。這些性質的差異性，主要是因爲原子在不同的平面與方向具有不同的堆積方式所造成的。圖 2.16 分別爲矽晶沿著 [100]、[110] 及 [111] 的二維原子排列方式[7]，圖中不同深淺顏色的圓圈表示不同層的原子，而粗線部份則分別爲單位晶格中的 (100)、(110)、(111) 平面。由此可知，不同方向矽晶的原子結構是有明顯差異的。表 2.2 爲顯示一些與晶格方向有關的晶體性質之

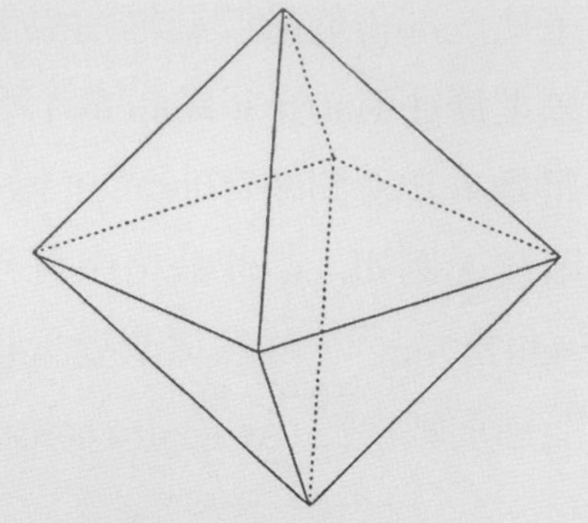

圖 2.13　矽晶中由 {111} 平面所形成的八面體，圖中的中心平面為 {100}

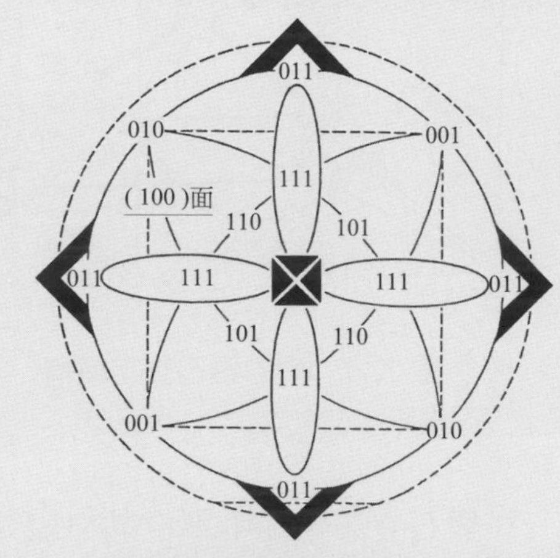

圖 2.14　(100) 球極平面投影圖，圖中粗線的四個角為晶線 (growth line) 的位置[4]

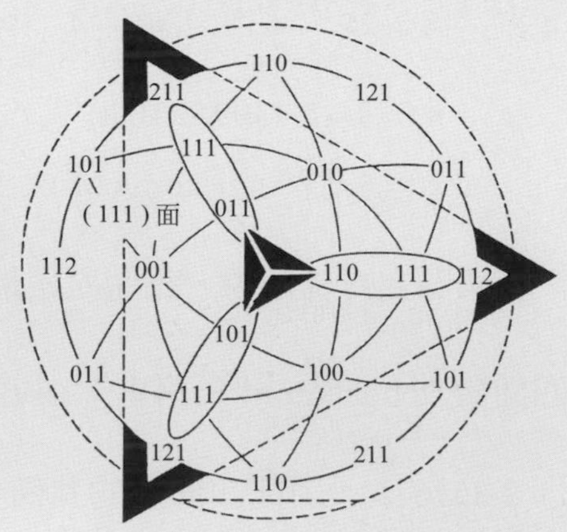

圖 2.15　(111) 的球極平面投影圖，圖中粗線的三個角為晶面 (facet) 的位置[4]

例子 [8-10]。在傳統應用上，由於 <111> 方向具有較佳的結晶晶質 (因爲最密堆積)，所以主要被用在雙極電晶體 (bipolar transistors) 及肖特基二極體 (Schottky diode) 等半導體功率元件製造上。至於 <100> 矽晶則由於較快的生長速率及其它因素的考量，被用在大部份的 CMOS IC 元件上。

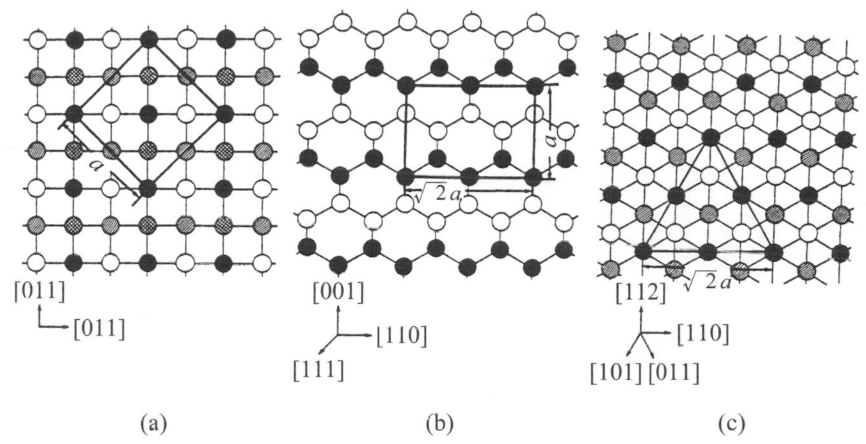

圖 2.16　矽晶沿著 (a) [100]、(b) [110] 及 (c) [111] 的二維原子排列方式 [7]

表 2.2　不同矽晶方向性質之比較

性質	晶格方向		
	100	110	111
晶面間隙 (Å)	5.43	3.84	3.13
楊氏係數 (dyn/cm^2)	1.3	1.7	1.9
表面能 (J/cm^2)	2.13	1.51	1.23
原子密度 (10^{14}/cm^2)	6.78	9.59	15.66

四、晶體缺陷 (Crystal Defects)

前面提到結晶物質中的原子呈規則性的排列，但是自然界中的結晶物質是不會有完美的結晶結構的，晶格排列中任何不完美的地方即可說是一種晶體缺陷。晶體缺陷對矽晶在半導體元件中的效應有很重大的影響，因此在過去幾十年中，有關矽晶缺陷的研究相當多，尤其 IC 在邁入十億位元 (Giga bit) 年代的今日，晶體缺陷的角色顯得愈加地重要。如何減少矽晶中的缺陷，是未來矽晶圓材料工業努力的主要課題。

圖 2.17 圖示大部份的晶格缺陷在二維空間的結構。本小節將著重於矽晶結構缺陷的概要描述，至於矽晶生長所產生的缺陷及其性質則將在第 5 章詳細介紹之。因此以下將就缺陷的幾何大小分類討論之。

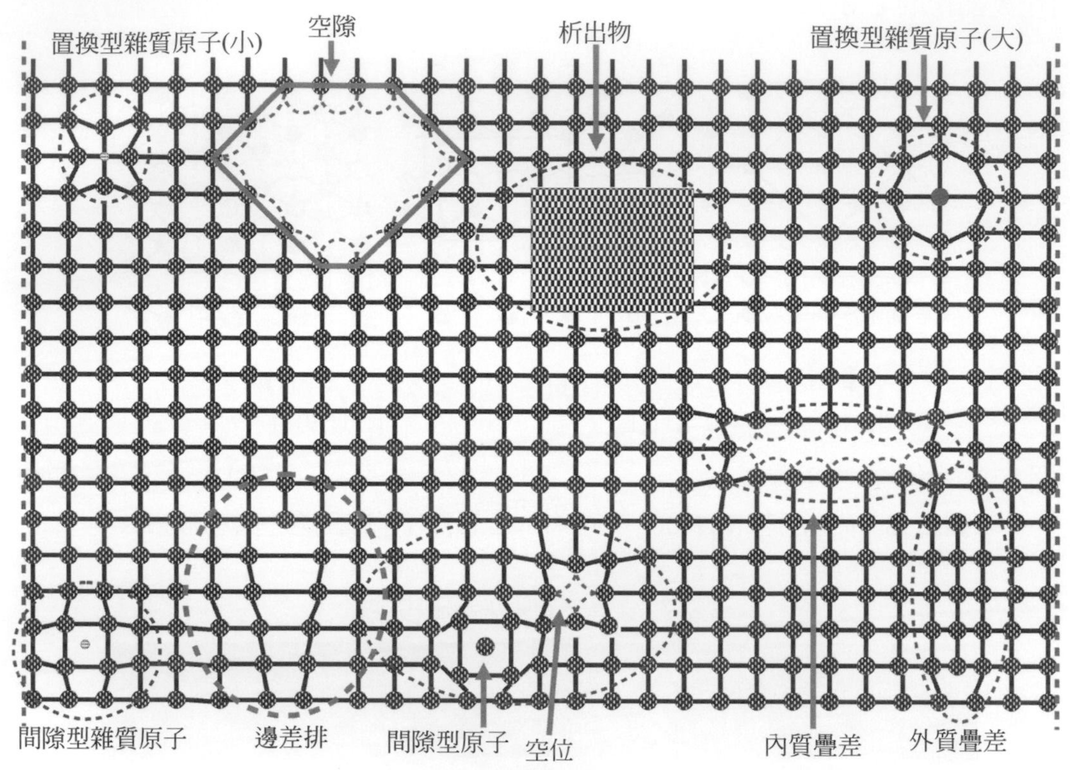

圖 2.17　大部份的晶格缺陷在二維空間的結構

1. 點缺陷 (Point Defects)

當晶格缺陷只發生在晶格點上，其對晶格所產生的應變區 (strain region) 不會延伸太長時，這種型態的缺陷被稱為點缺陷。而依據原子種類，點缺陷又可分為本質點缺陷 (intrinsic point defects) 及外質點缺陷 (extrinsic point defects) 二種。本質點缺陷包括：插入晶格間隙的矽原子 (以下稱之為 self-interstitials)，及晶格空位 (vacancy) 等二種缺陷。外質點缺陷是指外來的雜質原子，當其位於晶格點上時，稱之為置換型雜質原子 (substitutional impurity atoms)；當其位於晶格間隙時稱之為間隙型雜質原子 (interstitial impurity atoms)。

A. 本質點缺陷 (intrinsic point defects)

一般在結晶物質中，總是有少部份的原子會脫離正常的晶格點，而跑到晶格間隙中成爲所謂的 self-interstitials，這種作用使得原先的晶格點沒有被任何原子佔據，成爲所謂的晶格空位 (vacancy)。一對這樣子的 self-interstitial 及 vacancy 稱爲 Frenkel defect，如圖 2.18(a)。另外一種情況是，當晶格點原子擴散到結晶物質最外層時，這使得晶格中僅殘留有晶格空位而沒有 self-interstitials，於是這種缺陷型態被稱爲 Schottky defect，如圖 2.18(b)。

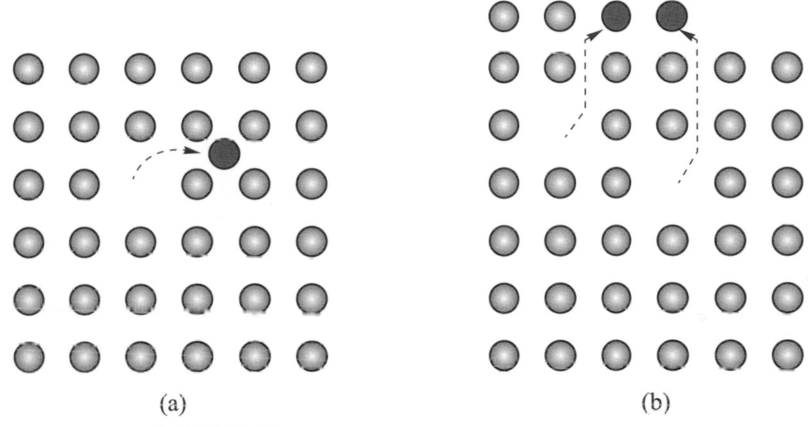

圖 2.18　本質點缺陷：(a) Frenkel defect，(b) Schottky defects

根據熱力學原理，self-interstitials 及 vacancies 會自然地存在於物質中，其平衡濃度與缺陷生成能 (energy of formation) 及溫度有關。因此點缺陷的平衡濃度可以理論上被導出如下 [11]：

$$X_v = \frac{n_v}{N_L} = \exp\left(\frac{\Delta S_v}{k}\right)\exp\left(\frac{-\Delta H_v}{kT}\right) \tag{2.5}$$

及

$$X_i = \frac{n_i}{N_i} = \exp\left(\frac{\Delta S_i}{k}\right)\exp\left(\frac{-\Delta H_i}{kT}\right) \tag{2.6}$$

其中 X_v、X_i 分別爲 vacancies 及 self-interstitials 的平衡濃度，n_v、n_i 分別爲 vacancies 及 self-interstitials 的數目，N_L 爲正常晶格點的總數目，N_i 爲可以容納間隙型原子的

間隙總數，ΔS_v、ΔS_i 分別爲生成 vacancies 及 self-interstitials 所引起的亂度 (entropy) 變化量，、ΔH_i 分別爲 vacancies 及 self-interstitials 生成的焓 (enthalpy)。由於式 (2.5) 及 (2.6) 中的 ΔS 項的效應遠比 ΔH 項小，所以點缺陷的濃度主要由 ΔH 決定，愈大的 ΔH 值，導致愈小的點缺陷濃度。在接近熔點溫度時，矽晶中點缺陷的平衡濃度是較高的 (～ 10^{18} cm^{-3})。至於矽晶在室溫時的點缺陷濃度，則主要與矽晶的熱歷史有關。Vacancies 及 self-interstitials 還可能與其它的缺陷發生相互作用，甚至還會影響雜質在矽晶中的擴散行爲。關於矽晶中點缺陷的反應，將於本書第 5 章詳述之。

B. 雜質原子

雜質原子在矽晶中，可能位於晶格間隙的位置 (interstitial sites)，也可能佔據矽的晶格點 (substitutional sites)。有些雜質原子是故意摻入矽晶以控制電阻率 (resistivity) 的，這類的雜質原子稱爲摻雜物 (dopant)，例如：硼 (Boron)、磷 (Phosphorus)、銻 (Antimony)、砷 (Arsenic) 等。雖然矽晶中的摻雜物在元件應用上，有其特定的角色與作用，但其在晶格結構上仍被視爲一種缺陷。除了這些故意加入的摻雜物外，像碳、氧、過渡金屬等不純物，亦或多或少會在晶體生長或其它元件製造過程中引入到矽晶中。位於晶格點的置換型雜質原子，如果其原子大小大於矽原子時，將引起晶格的擴張；如果小於矽原子時，將引起晶格的收縮。

矽晶格中可以容納的最大雜質數日，有特定的限制，這個最大的雜質數目稱之爲固溶度 (solid solubility)，它與雜質元素種類及溫度有關。根據 Hume-Rothery's 定律，雜質元素在一晶體中的固溶度與以下因素有關 [12-13]：

(1) 原子大小：對於置換型的雜質而言，當雜質原子半徑與母體原子半徑相差小於 15% 時，有利於形成較大固溶度。對於間隙型的雜質原子，當雜質原子半徑是母體原子半徑的 59% 以下時，也有利於形成較大固溶度。

(2) 電化學效應：雜質與母體必須具有相似的陰電性 (electronegativity)，才有助於固溶度。

(3) 相對價位效應：高價位元素在低價位母體的固溶度，大於高價位元素在低價位母體，此規律通稱爲相對價效應 (relative valence effect)。

前面提過，每個矽原子是以正四面體的方式與臨近四個矽原子形成共價鍵結。週期表 IV 族元素 (例如：鍺) 可以取代矽晶格位置，而與臨近四個矽原子形成很強的鍵結，因此矽和鍺之間是可以以任何比率互溶的的 [14]。III 及 V 族元素，爲一般影響矽晶電性的攙雜物來源 (例如：B、P、Sb、As)，這些元素在鑽石晶格中通常爲置換型雜質，所以具有相當大的固溶度。至於過渡金屬 (例如：Cr、Fe、Co、Ni、Cu)[15] 及 Ib 族元素 (例如：Cu、Ag、Au)，在鑽石晶格中造成較大的應力與晶格扭曲，所以比起其它的元素具有較小的固溶度。

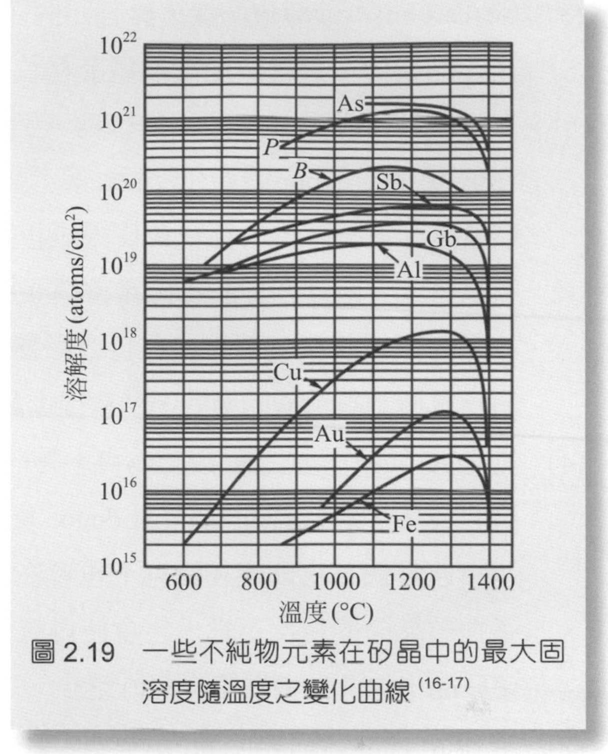

圖 2.19　一些不純物元素在矽晶中的最大固溶度隨溫度之變化曲線 [16-17]

圖 2.19 爲一些不純物元素在矽晶中的最大固溶度隨溫度之變化曲線 [16-17]。我們可發現，最大固溶度隨溫度增加而增加，但是溫度在接近矽的熔點時，固溶度急遽下降，這種現象一般稱爲退化的固溶度 (retrograde solid solubility)。以下將就矽晶中較重要的雜質原子分別說明之：

(1) 攙雜物元素：在矽晶中的攙雜物 (dopant)，大多爲 III 及 V 族元素。依據應用上的需要，這些故意加入的攙雜物之濃度，一般在 10^{14} ～ 10^{19} atom/cm^3 之間。有關攙雜物的電性效應，將在本章下一節介紹之。

(2) 氧 (oxygen)：在 Czochralski 矽晶生長時，由於矽熔湯是盛裝在石英坩堝 (其成份爲二氧化矽) 內，使得拉出的矽晶棒中的氧濃度約在 8 ～ 16 ppma 之間。但利用浮融 (Float Zone) 方法長出的矽晶棒之氧濃度，則可低於 20ppba 以下。氧原子在矽晶中主要是佔據在原子間隙的位置 (interstitial sites)。氧原子在矽晶中扮演著重要的角色，例如：它可能形成 thermal donor，而帶來電性上的影響。再者其在矽晶中可能析出成爲氧析出物 (oxygen precipitate)，不僅具有內質去疵 (intrinsic gettering) 的作用，而且會影響到矽晶的機械性質。本書第 5 章將詳細介紹氧的析出行爲。

(3) 碳 (carbon)：碳與矽一樣，具有四個共價電子，但它的原子較矽原子小。碳原子在矽晶格中，通常位於置換型晶格位置，但不影響矽的電性。然而碳的存在會影響氧原子在矽晶中的析出行爲，例如：碳會抑制 thermal donor 的產生，但卻會促進 new donor 的產生。Föll 等 [18] 發現碳會影響 FZ 矽晶中，B-swirl 的形成與密度。此外，碳的存在會使得氧析出物 (BMD) 變的比較小而且密度比較高，所以有人會故意在矽晶中攙雜超過 0.1ppma 以上的碳，來增加 BMD 密度以提高矽晶的機械強度。碳的存在也會影響其它攙雜原子在矽晶格內的擴散行爲，例如它會抑制硼及磷的擴散，卻會促進銻的擴散。

(4) 氫 (hydrogen)：氫一直被認爲會影響矽與二氧化矽之間的界面行爲 [19-20]，最近的研究發現，氫會鈍化 thermal donor 及其它攙雜物的性質 [21-25]。氫在矽中的擴散速率非常快，它即使在低溫下也會在矽中貫穿很深的距離 [26]。氫也會影響氧原子在矽晶中的析出行爲，它會使得氧析出物 (BMD) 的數量變多。此外，氫也可使矽晶中的孔洞型缺陷 (COP) 變少。

(5) 氮 (nitrogen)：氮是 V 族元素，但是在矽晶中幾乎爲電中性。它在矽晶中的溶解度約在 20 至 200ppba 之間，但即使在很低的濃度之下，氮仍能有效的強化矽晶 [27-28]。目前在最先進的矽晶製造技術中，氮扮演著相當重要的角色，在很多產品上都會利用攙雜氮去改善矽晶片的品質。因爲研究發現，添加微量的氮 (10^{14}～10^{15} atom/cm^3) 可促進氧析出物的生成，因而增加內質去疵的作用 (intrinsic gettering)，同時氮也可使矽晶中的孔洞型缺陷 (COP) 變小。

(6) 過渡金屬 (transition metals)：過渡金屬包括 Ti、Cr、Mn、Fe、Co、Ni、及 Cu 等，這些過渡金屬很容易與矽晶中的攙雜物 (特別是硼) 形成複合物 [29]，或者與矽原子形成析出物 (silicide precipitate)[30]。所有這些過渡金屬在矽中的擴散係數都很大 (特別是 Ni 及 Cu)，當它們在矽中的濃度很大的時候，將足以影響矽的導電度。但事實上，過渡金屬對矽最重要的影響是，降低了少數載子生命週期 (minority carrier lifetime)，所以算是矽晶中的有害缺陷。在這些缺陷中，最明顯的是 Fe、Ni、及 Cu 對 IC 製程良率的影響 [31]。

(7) 其它雜質原子：除了以上所列雜質原子外，其它雜質原子有時也會出現在矽晶中。例如：在高功率元件 (power devices) 或快速開關 IC 元件的應用上，Au 常被用來控制載子生命週期。Ag 及 Pr 元素也曾被用在這種用途上。在核子偵測用途上，須要使用攙 Li 元素的高電阻率矽晶。

2. 線缺陷 (Line Defects)

當結晶物質中的晶格缺陷，是沿著一直線對稱時，這種線缺陷一般稱之爲差排 (dislocation)。圖 2.20 爲一般材料的應力應變圖，當施加一外力在一晶體上時，例如：拉應力 (tensional stress)、壓應力 (compressional stress) 或剪應力 (shearing stress)，依據外力的大小，晶體會產生彈性或塑性變形。在彈性變形區裡，當外力移去時，晶體會回到原來的狀態。但當外力超過晶體的降伏強度 (yield strength) 時，晶體會產生塑性變形，也就是說，當外力移除時晶體會產生永久變形而無法回復原來的形狀，這時候就導致差排的產生。所以一片完美無缺陷的矽晶片，只要施予大於其降伏強度的應力 (可以是熱應力或機械應力)，就可使其產生差排缺陷。圖 2.21 一材料分別受到拉應力及壓應力的狀況，如圖所示，在壓應力的狀況下是比較容易產生差排的。但在拉應力下，如果沒有垂直分量是無法產生差排的。

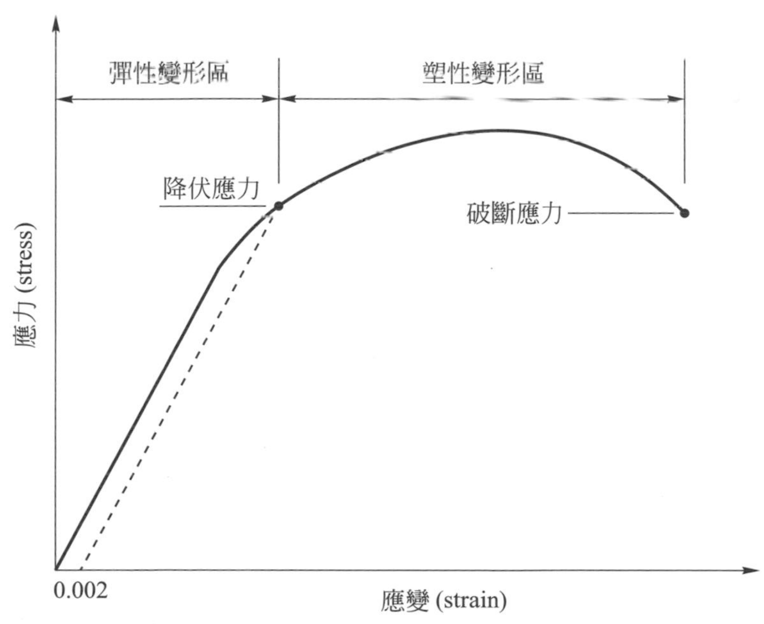

圖 2.20　一般材料的應力應變圖，降伏應力是指可以讓材料會產生 0.002 永久應變所需的應力。

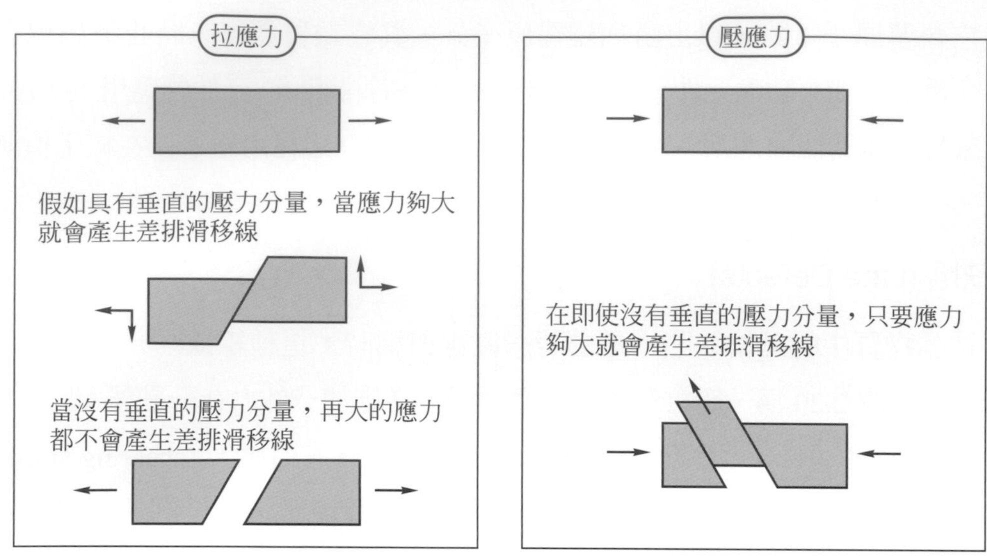

圖 2.21　一材料分別受到拉應力及壓應力時，可能產生差排的情況

通常矽晶片在加熱或降溫過程，晶片上的溫度分布是不均勻的，於是晶片內就產生了熱應力。如前所述，當熱應力的大小超過矽的降伏強度，就會產生差排。例如，在加熱過程，晶片的邊緣受熱比中心快，邊緣的溫度大於中心，於是邊緣承受著壓應力 (compression stress)，中心承受著拉應力 (tensile stress)，當應力夠大時，差排就會在具有壓應力的晶片邊緣出現。而在降溫過程，晶片的邊緣冷卻比中心快，邊緣的溫度小於中心，於是中心承受著壓應力，邊緣承受著拉應力。當應力夠大時，差排就會在具有壓應力的晶片中心出現。

A. 邊差排 (Edge Dislocation)

爲了瞭解差排的幾何形狀，最方便的方法是先考慮差排的形成機構。考慮一個簡單立方的結構 (如圖 2.22 所示)，讓我們沿著晶體的平面 ***ABCD*** 切開，接著施以一剪應力 τ，那麼平面 ***ABCD*** 上方的晶格會相對於下方的晶格向左滑移一原子間格距離 b。由於這樣的滑移過程，左半邊表面的原子並沒往左滑移，因此平面 ***ABCD*** 上方的晶格，會被擠出一個額外的半平面 ***EFGH***，也就是說此一平面多了一層原子，如圖 2.23 所示。而這種形式的晶格缺陷即爲一種邊差排 (Edge Dislocation)。接著讓我們考慮以下的定義：

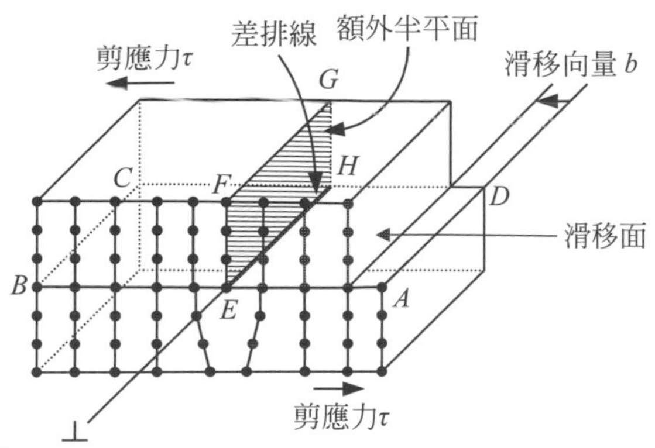

圖 2.22 邊差排 (edge dislocation) 的幾何圖示

差排線 (dislocation line)：沿著中止於晶體中的額外半平面之邊緣的直線，即爲所謂的差排線，如圖 2.22 中的直線 ***EH*** 所示。

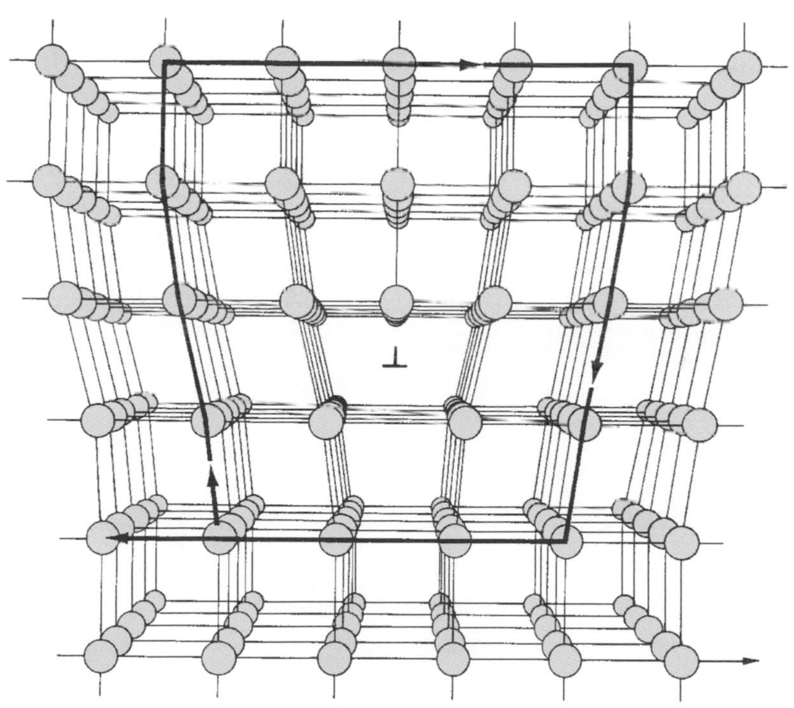

圖 2.23 邊差排 (edge dislocation) 的原子排列情形

滑移面 (slip plane)：這是由差排線與滑移向量 (slip vector) 所定義的平面，假如差排的運動是沿著滑移向量的方向，我們稱這種運動爲滑移，如圖 2.22 中的平面 *ABCD* 即爲一滑移面。

符號：邊差排的的符號，一般是以⊥表示。當符號點朝上，⊥，原子的額外的半平面是位於滑移面的上方，這種邊差排稱爲「正邊差排 (positive edge dislocation)」。當符號點朝下，⊤，原子的額外的半平面是位於滑移面的下方，這種邊差排稱爲「負邊差排 (negative edge dislocation)。

滑移向量 (slip vector)：滑移向量一般稱之爲布格向量 (Burgers vector)，這個向量的符號以 $\boldsymbol{b}$ 表示，這個向量可以表示差排的方向與滑移大小。對邊差排而言，差排線⊥垂直於 $\boldsymbol{b}$。對鑽石結構而言，布格向量爲 $\frac{a}{2}<111>$，也就是立方晶格面上對角線的一半。

滑移系統 (slip system)：在施加剪應力之下，差排在其本身的滑移平面上是很容易滑移的。圖 2.24 顯示邊差排的起源及其滑移到右邊而消失的過程。所謂滑移系統，包含了滑移方向及滑移平面。在結晶物質中，優先的滑移方向總是具有最短的晶格向量，也就是說滑移方向幾乎完全由晶格結構所決定。最容易滑移的平面，則通常爲原子最密堆積的平面[23]。對鑽石結構而言，滑移系統爲 {111}<110>，亦即滑移平面爲 {111} 面、滑移方向爲 <110> 方向。

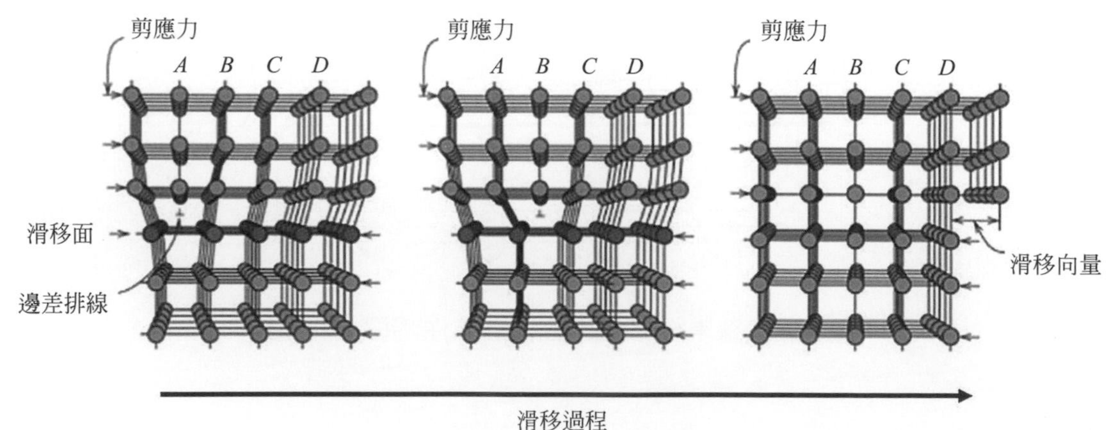

圖 2.24　邊差排的起源及其滑移到右邊而消失的過程

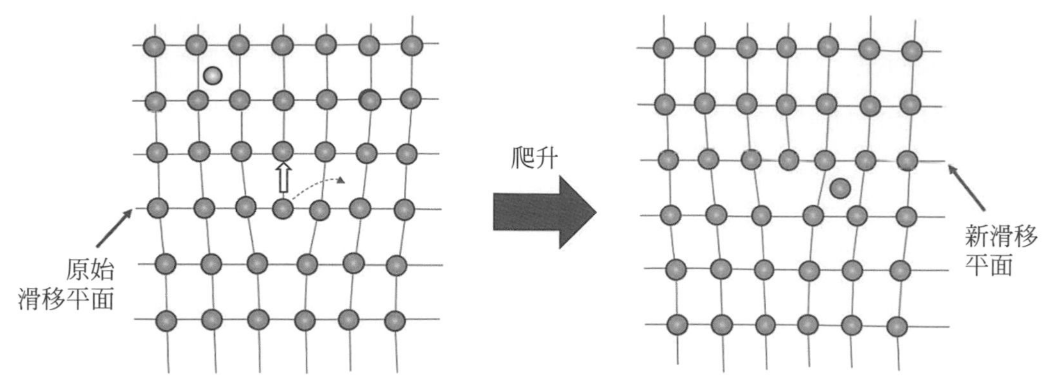

圖 2.25 邊差排的爬升運動使得額外半平面變短的例子

爬升 (climb)：前面提過，差排沿著布格向量的運動稱爲滑移。而差排垂直於布格向量的運動，則稱爲爬升 (climb)。由圖 2.21 中不難理解到，差排線垂直於滑移向量的運動，會引起額外半平面變短或變長。圖 2.25 顯示額外半平面變短的例子，額外半平面底部的矽原子可能跑到其它空位或間隙位置，而晶格空位 (vacancy) 移到額外半平面原子的底部，使得差排線往上移動一個晶格向量的距離。當差排的運動須要借助原子及晶格空位運動的話，稱爲非守恆運動，所以爬升是一種非守恆運動，而滑移是一種守恆運動。當爬升引起額外半平面尺寸減小時，稱爲正爬升 (positive climb)；當爬升引起額外半平面尺寸變大時，稱爲負爬升 (negative climb)。正爬升導致晶格空位的消失，負爬升則導致晶格空位的產生。由於爬升須借助晶格空位的運動，所以比滑移須要更多的能量，也就是說爬升須要在高溫或應力下產生，通常壓應力導致正爬升的發生，而拉應力引起負爬升的發生。

B. 螺旋差排 (Screw Dislocation)

差排的第二種基本形態，稱爲螺旋差排。假設我們施加剪應力在一簡單立方體上，如圖 2.26(a) 所示，這剪應力將引起晶格平面被撕裂，就如同一張紙被撕裂一半似的，如圖 2.26(b) 所示。圖中上半部的晶格相對於下半部晶格在滑移平面上移動了固定的滑移向量，螺旋差排線是位於晶格偏移部份的邊界，而平行於滑移向量。在圖 2.26 中，不易去瞭解爲什麼這種差排型態稱之爲螺旋差排。圖 2.27(a) 顯示一具有螺旋差排的圓柱體，圖中垂直於軸方向的平面在因撕裂而移動一距離 b 之後，就形成一如螺紋的形狀，所以稱之爲螺旋差排。圖 2.27(b) 顯示一俯視正向螺旋差排線時，布格向量 ***b*** 指向正向方向，這樣的差排定義爲左手螺旋差排 (Left-hand screw dislocation)。若布格向量指向負向方向，則爲右手螺旋差排 (Right-hand screw dislocation)。

圖 2.28 顯示邊差排與螺旋差排的比較，由圖中我們可以看到邊差排的差排線 (圖中的虛線) 與布格向量 ***b*** 垂直；但螺旋差排的差排線則與布格向量 ***b*** 平行。

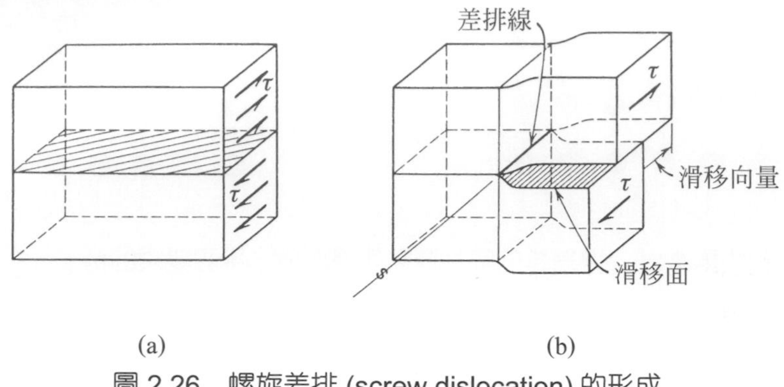

圖 2.26　螺旋差排 (screw dislocation) 的形成

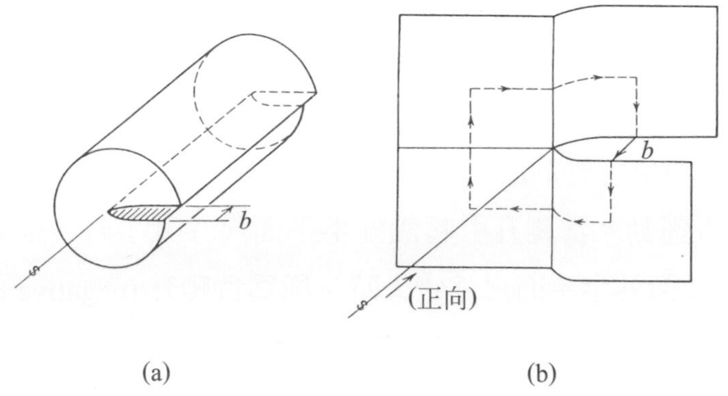

圖 2.27　(a) 一具有螺旋差排的圓柱體，(b) 螺旋差排的布格向量

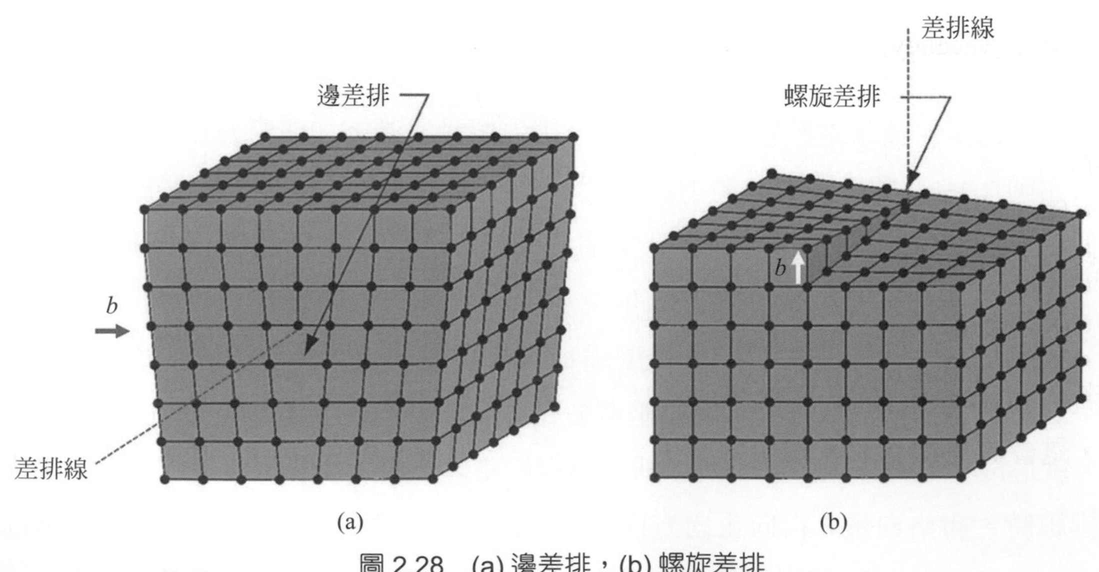

圖 2.28　(a) 邊差排，(b) 螺旋差排

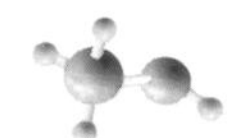

C. 差排環 (Dislocation Loop)

差排有一個特性是，它不會終止在晶體中，所以它們只可能終止在自由物體表面、或終止在晶界處 (grain boundary)、或形成一封閉迴路稱爲差排環。在矽晶裡的差排環，在業界常被稱爲 A-defect、或 I-defect、或 L-pit。圖 2.29 顯示一圓形差排環及其滑移面，這種差排線上除了平行於布格向量 ***b*** 的二點 (亦即 *S* 點) 爲螺旋差排，以及垂直於 ***b*** 的二點 (亦即 *E* 點) 爲邊差排之外，其餘各點爲一種混合式差排 (mixed dislocation)。所謂混合式差排是含有部份邊差排及部份螺旋差排向量，也就是說布格向量 *b* 與差排線成任何角度。

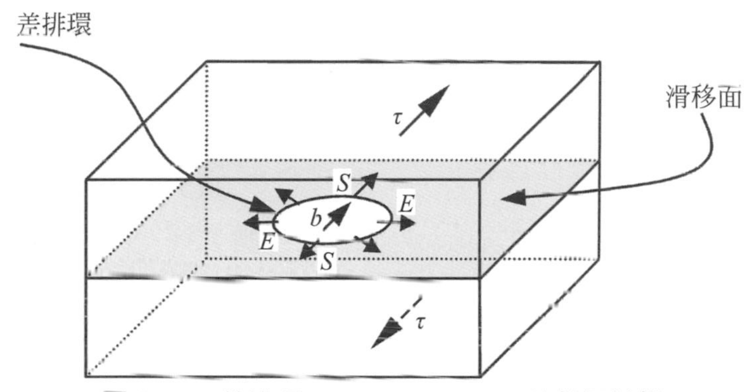

圖 2.29　差排環 (dislocation loop) 的幾何結構

在實際晶體中可能存在很多的本質點缺陷，這些本質點缺陷可能聚集在一起形成圓盤狀。一旦圓盤直徑過大時，圓盤面的部份可能結合形成差排環。當差排環是由晶格空位 (vacancy) 聚集形成的，稱爲本質差排環 (intrinsic dislocation loop)，如圖 2.30 所示。當差排環是由間隙型原子聚集形成的，稱爲外質差排環 (extrinsic dislocation loop)，如圖 2.31 所示，這種由間隙型原子聚集形成的外質差排環比內質差排環更常見。例如，在 CZ 長晶過程，如果拉速太慢，就會產生比較多的間隙型原子，在晶棒冷卻過程裡，這些間隙型原子就可能聚集產生差排環。

圖 2.32 分別顯示在光學顯微鏡 (OM) 及電子顯微鏡 (TEM) 下觀察到的差排環。倘若矽晶片裡存在有差排環時，它的角色就像是一般的差排滑移線 (slip dislocation) 般，是會造成 IC 元件的漏電 (leakage) 等良率上的損失。

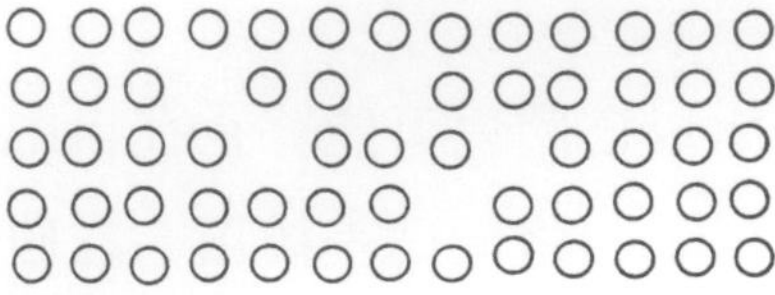

圖 2.30　本質差排環的形成

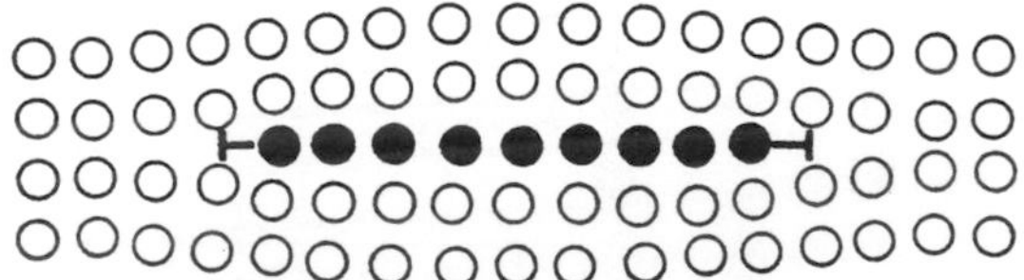

圖 2.31　外質差排環的形成

D. 誤置差排 (Misfit Dislocation)

誤置差排 (misfit dislocation) 指一種出現在基板 (substrate) 與磊晶層 (Epi layer) 之間的特殊差排。如圖 2.33 所示，當基板與磊晶層兩者之間的電阻率相差過大，造成兩者之間的晶格常數相差太大，那就有可能在基板與磊晶層的界面產生誤置差排。這種誤置差排通常是由晶片邊緣 (wafer edge) 的缺陷處開始成核出現，然後沿著基板與磊晶層的界面往中心移動一小段距離，最後延著 <110> 方向，往上以線差排 (threading dislocation) 的型態終止在磊晶層表面，如圖 2.34 所示。如果是 PP- 磊晶，因爲基板與磊晶層之間的電阻率相差不大，這種誤置差排是不會產生的。但對於 PP+ 或 NN+ 磊晶而言，就比較容易出現誤置差排，尤其是在超重摻的基板上去長輕摻的磊晶時。此外，當磊晶層越厚時，就越容易產生誤置差排。

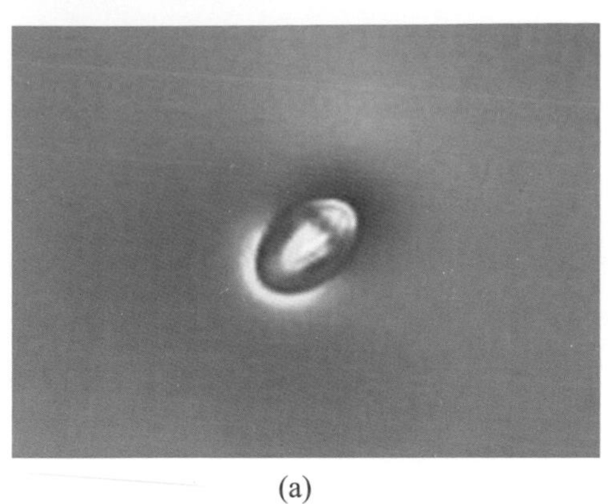

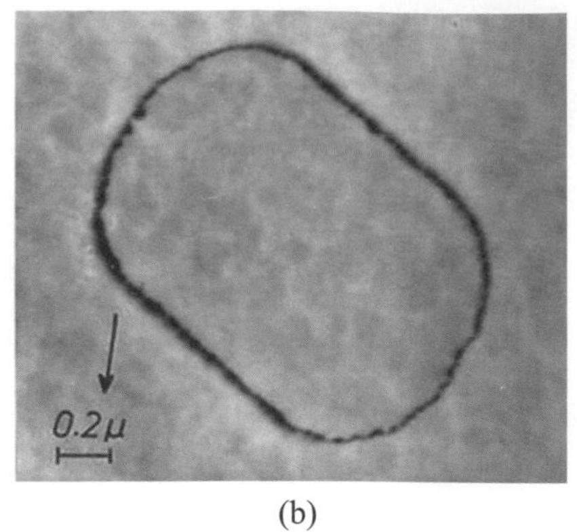

(a)　　(b)

圖 2.32　(a) 經過 Secco 蝕刻後，在 OM 下觀察到的差排環，(b) 在 TEM 下觀察到的差排環

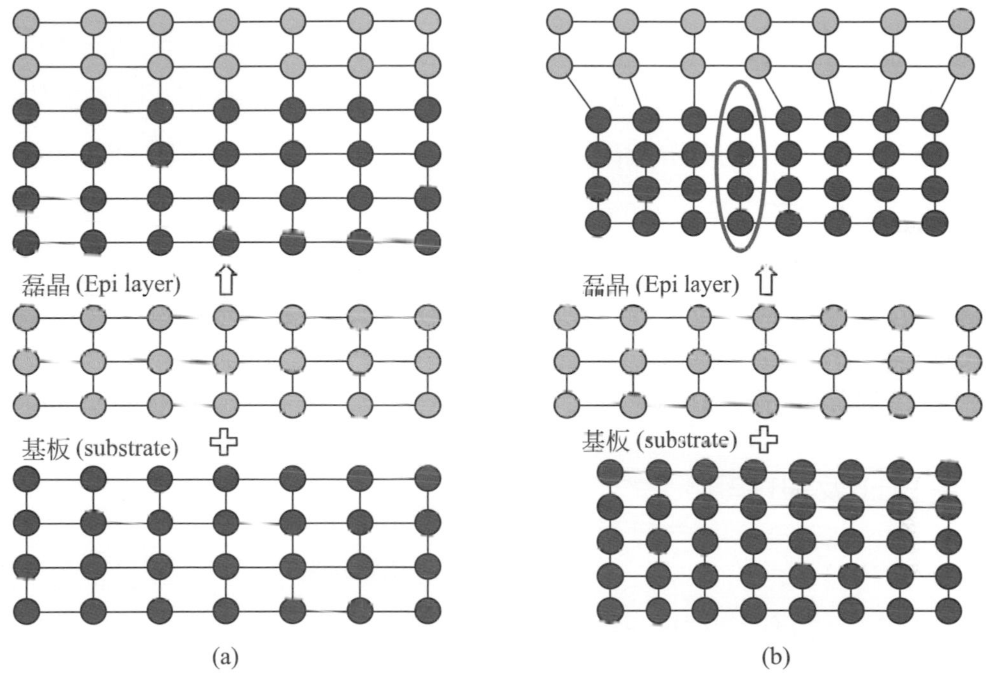

(a)　　(b)

圖 2.33　(a) 當基板與磊晶層的晶格大小匹配時，不會產生誤置差排，
(b) 當基板與磊晶層的晶格大小不匹配時，就可能產生誤置差排

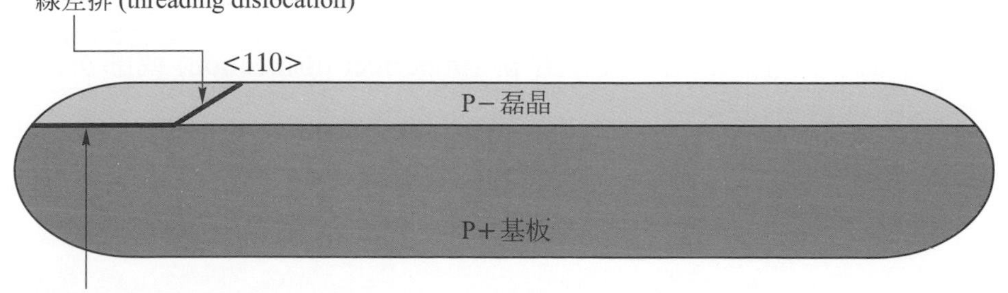

圖 2.34　誤置差排總是起源於晶片邊緣的缺陷處，然後沿著界面往中心移動一小段距離，最後往上以線差排的型態終止在磊晶層表面

3. 面缺陷 (Plane Defects)

面缺陷包括疊差 (stacking faults)、孿晶缺陷 (twins) 及晶界 (grain boundaries)。其中疊差是矽晶製程中最常出現的缺陷之一，假如疊差出現在元件區域時，它的存在跟差排一樣都會造成 IC 元件的 leakage 問題。雖然在 IC 元件的應用上，不會使用具有孿晶缺陷及晶界的矽晶，但這二種缺陷可能出現在用在光電元件 (例如：solar cells) 的次級矽晶材料上。

A. 疊差 (stacking faults)

疊差 (stacking fault) 是廣義的層狀結構晶格中常見的一種面缺陷，它是晶體結構層正常的週期性重複堆疊順序在某二層間出現了錯誤，從而導致的沿該層間平面兩側附近原子的錯誤排列。爲了方便說明起見，我們利用 fcc 晶格來說明疊差的結構。圖 2.35 顯示 fcc 晶格中的最密堆積平面 {111}，ABC 分別代表著不同的原子層，圖形中的原子所在平面爲 B，平面 B 的上一層原子所在平面爲 A，平面 B 的下一層原子所在平面爲 C。因爲向量 $\boldsymbol{b}=\frac{a}{2}[10\bar{1}]$ 爲滑移方向，差排的滑移運動將引起滑移平面上方的原子相對於下方的原子偏移距離 $\boldsymbol{b}$，也就是在 C' 位置的原子會移到 C 位置。而這滑移方向可以被一鋸齒狀路線 $C' \rightarrow A \rightarrow C$ 所取代，這相當於滑移向量 $\boldsymbol{b}$ 可以分解成兩個分量 $\frac{a}{6}[2\bar{1}\bar{1}]$ 及 $\frac{a}{6}[11\bar{2}]$

$$\frac{a}{2}[10\bar{1}]=\frac{a}{6}[2\bar{1}\bar{1}]+\frac{a}{6}[11\bar{2}] \tag{2.7}$$

滑移向量 $\boldsymbol{b}$ 的差排由於其布格向量大小等於單位晶格距離，所以又稱之爲完全差排 (perfect dislocation)。而一差排的布格向量 (例如：$\frac{a}{6}[2\bar{1}\bar{1}]$、$\frac{a}{6}[11\bar{2}]$) 僅爲部份單位晶格距離時，則稱之爲不完全差排 (imperfect dislocation) 或部份差排 (partial dislocation)。這二個部份差排又被稱爲 Shockley partial dislocation，因爲這種差排是最早由 Shockley 等提出的 [33]。這二個部份差排合起來形成擴張差排 (extended dislocation)。

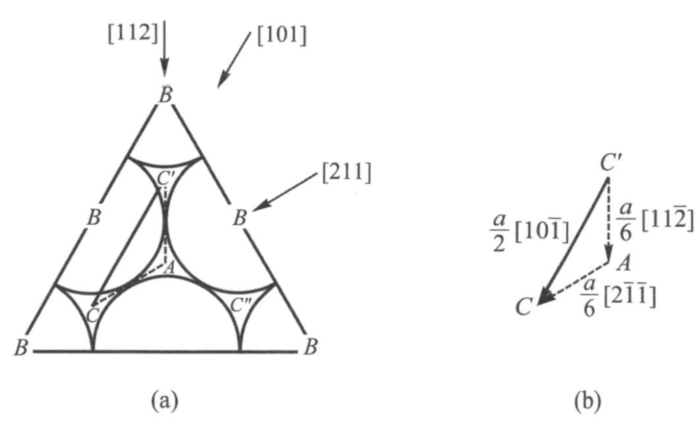

圖 2.35 fcc 晶格中的最密堆積平面 {111} 的俯視圖

假如一個部份差排 $\frac{a}{6}[11\bar{2}]$ 沿著圖 2.35(a) 中 *B* 與 *C* 之間的平面滑移，這運動使得在滑移平面上的所有原子偏移了一個向量 $\frac{a}{6}[11\bar{2}]$。所以在 *C′* 位置的原子移到位置 *A*，或者說在 *C* 平面的所有原子移到 *A* 位置，那麼晶格的堆積順序將會改變。這種晶格堆積順序的改變可由圖 2.36 說明之，圖中粗線方格爲最密堆積平面 (111) 的剖面圖。在滑移面上的所有原子偏移了一向量 $\frac{a}{6}[11\bar{2}]$，所以在滑移面上方的原子會從 *C* 到 *A*、從 *A* 到 *B*、從 *B* 到 *C*。因此原子層的堆積順序爲由正常的 *-A-B-C-A-B-C-A-B-C-* 產生一層疊差 *-A-B-C-A-B* ↓ *A-B-C-*。

另外一種結合疊差的部份差排，可由圖 2.37 說明之。原子層的堆積順序 *-A-B-C-A-B-C-* 除了中心部份外都維持正常，其中圖 (a) 中插入的一層原子，稱爲外質疊差 (extrinsic stacking fault，以符號 ESF 表示)；圖 (b) 中少了一層原子，稱爲內質疊差 (intrinsic stacking fault，以符號 ISF 表示)。在每個疊差區域的邊界具有一布格向量 $\frac{a}{3}<111>$ 的邊差排，這種部份差排稱爲 Frank partials。Frank 部份差排僅能藉著爬升 (climb) 在 (111) 滑移面上運動，所以又稱爲不動差排 (sessile dislocation)；而 Shockley 部份差排可藉著純滑移來運動，所以又稱爲滑動差排 (glissile dislocation)。圖 2.38 爲鑽石晶格結構中的疊差形式，在一般的矽晶中所觀察到的幾乎都爲外質疊差 (ESF)，內質疊差 (ISF) 僅發現在磊晶層 (epitaxial layers) 中 [34]。

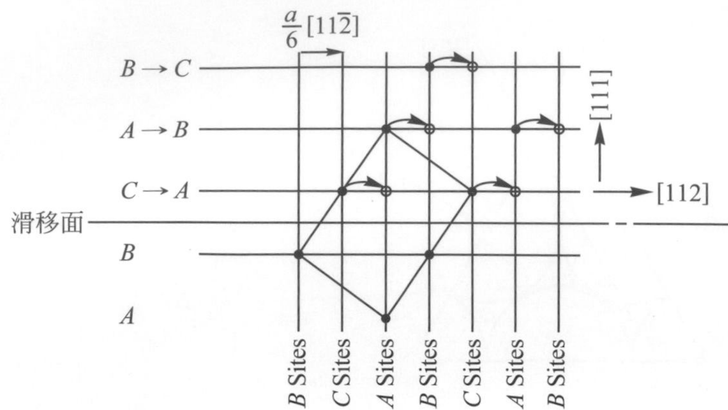

圖 2.36　當原子位移份差排 $\frac{a}{6}[11\bar{2}]$ 的距離時，可引起晶格堆積順序的改變

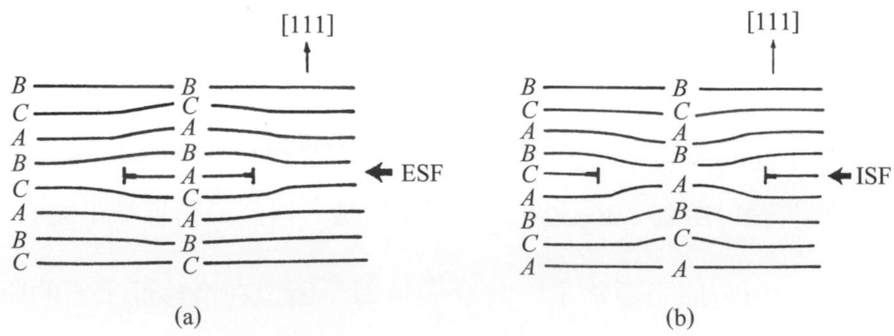

圖 2.37　fcc 晶格中的疊差：(a) 外質疊差 (ESF)，(b) 內質疊差 (ISF)

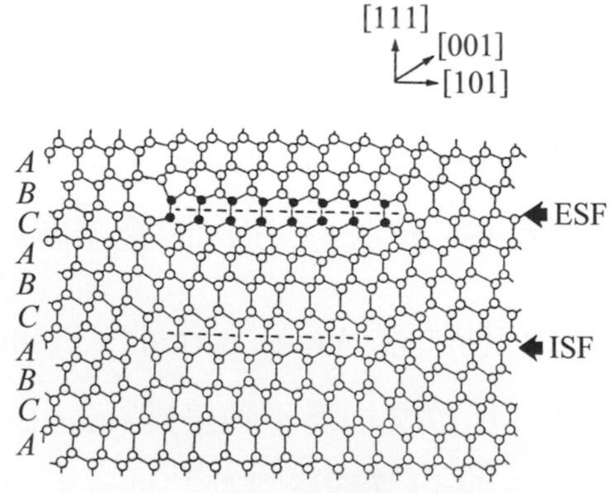

圖 2.38　鑽石晶格結構中的疊差形式

B. 孿晶缺陷 (twins)

當部份的晶格在特定方向產生塑性變形，而且變形區原子與未變形區原子在交界處仍維持緊密接觸時，這種缺陷即稱爲孿晶缺陷 (twins)。圖 2.39 顯示孿晶缺陷的二維結構，孿晶邊界 (twin boundary) 是一種特殊形式的晶界，通過孿晶邊界會有特殊的鏡面晶格對稱；也就是說在孿晶邊界另一邊的原子會位於這一邊原子的鏡像位置。我們也可利用圖 2.39 來說明孿晶缺陷與疊差之間的關係，假如圖中兩個孿晶邊界的間隔超過幾毫米的話，那麼圖中的晶格變形區即爲一孿晶缺陷；但是如果兩個孿晶邊界的間隔僅爲幾個原子間格，那麼圖中的晶格變形區則被稱爲疊差。換句話說，疊差可視爲兩個孿晶邊界。

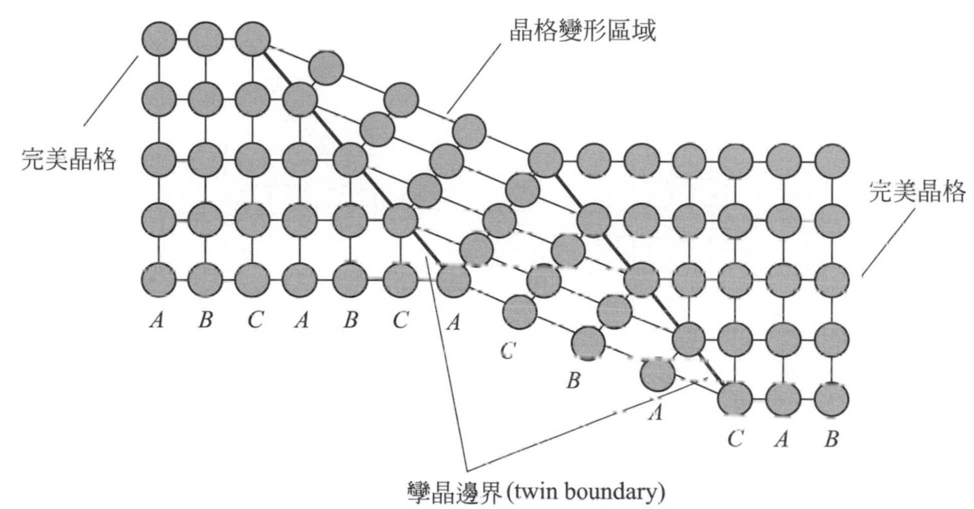

圖 2.39 孿晶缺陷的二維結構，在孿晶邊界兩邊的原子呈現鏡面對稱的關係

圖 2.40 顯示滑移 (slip) 與孿晶 (twin) 之間的差異比較。從圖中我們可以看出，當發生滑移時，在滑移線上下兩邊的晶格排列方向維持不變；但是發生孿晶時，在孿晶邊界的上下兩邊的晶格排列方向是不同的。通常要產生孿晶要比產生滑移需要更大的應力，因此在 CZ 矽晶生長中，比較常出現滑移現象卻比較少出現孿晶。

在 (100) 矽晶裡，孿晶通常出現在 {111} 面上的 [110] 方向，也就是與結晶軸成 54.7° 夾角的位置。至於 (111) 矽晶裡，孿晶的位置則與結晶軸成 70.5° 的夾角。在利用板狀法生長 (ribbon-growth) 出的矽晶中，孿晶缺陷通常平行於生長方向而垂直於 {110} 板狀面 [36-37]。在 CZ 矽晶生長時，孿晶也可能出現，通常出現孿晶不久之後，晶體就會失去單晶性而變成多晶。但是在少數狀況下 CZ 矽晶在出現孿晶後，卻能維持它的單晶性。以 (100) 矽晶為例，由於孿晶與結晶軸成 54.7° 的夾角，倘若它沒能失去單晶性，那麼孿晶存在的長度約莫就等於一個晶棒直徑的距離。在 CZ 矽晶生長中會造成孿晶產生的原因，包括有 (1) 溫度的不穩定，引起固液界面的重熔現象、(2) 異物顆粒撞擊固液界面、(3) 固液界面的晃動等不穩現象。

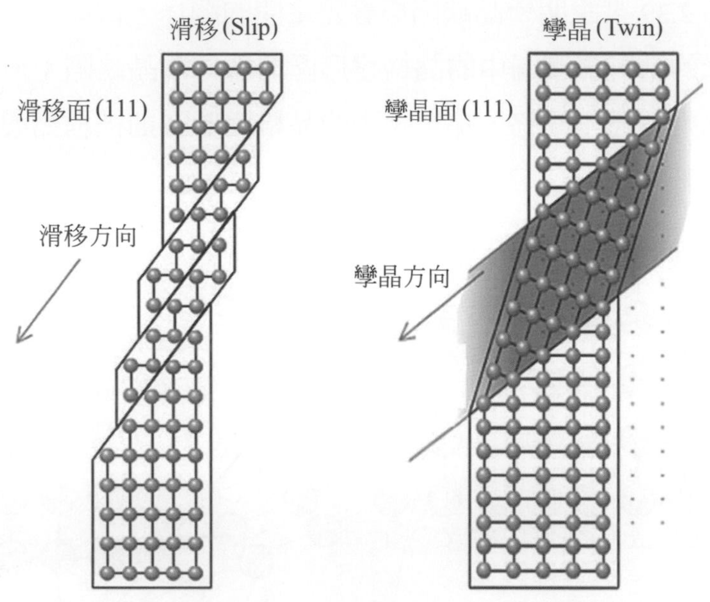

圖 2.40　滑移 (slip) 與孿晶 (twin) 之間的比較

C. 晶界 (grain boundaries)

晶界是指兩個或多個不同結晶方向的單晶交接處，晶界可以是彎曲的，但在熱平衡之下，為了減少晶界面積及能量，它通常是平面狀的。圖 2.41 顯示一小角度晶界 (low-angle grain boundary)，它含有許多邊差排。這些邊差排可能是出現在晶體生長的某階段中，接著邊差排藉著滑移及爬升機構，而形成小角度晶界。當晶界的傾斜角較大時 (θ > 10° 或 15°)，差排結構便失去其物理意義，而單晶結構也因而失去其完整性形成多晶。

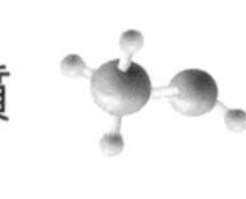

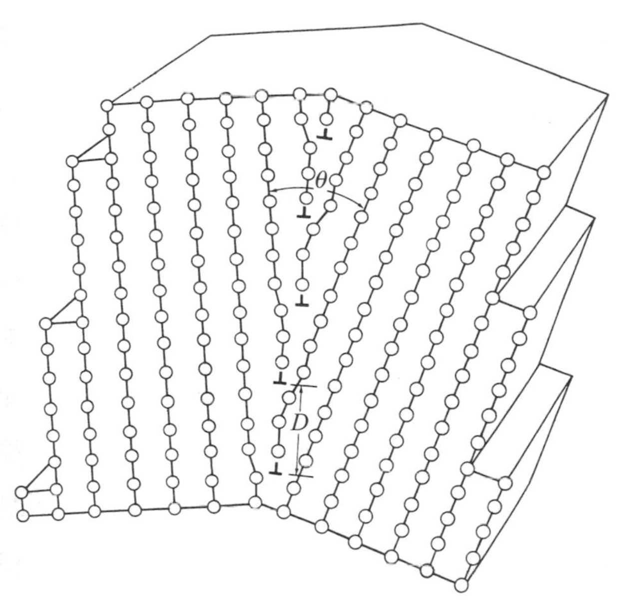

圖 2.41　在小角度晶界 (low-angle grain boundary) 內的邊差排

4. 體缺陷 (Volume Defects)

晶體中的體缺陷包括有空隙 (voids) 及不純物的聚合缺陷等。在 IC 元件的應用上，這些體缺陷對元件良率與性質有很重要的影響。例如：由很多晶格空位 (vacancies) 聚集形成的空隙，會影響閘極氧化層的良率 (GOI)。

A. 空隙 (voids)

矽晶中的空隙之形成機構，主要是過飽和的晶格空位聚集在一起所形成的，它的大小約在 1μm 以下。但是矽晶中也可能存在大於 100μm 甚至於 1000μm 的空隙，這種較大的空隙可能是長晶過程產生的氣泡 (air pocket 或叫 pin hole)。氣泡的發生與晶體生長速率、坩堝品質、多晶矽原料品質、熔湯黏滯性 [38] 及晶種轉速 [39] 等因素有關。由於矽晶的優先生長習性 (preferred growth habit) 是個以 {111} 爲邊界面的八面體，所以由過飽和的晶格空位所形成的空隙就是個八面體 [40]。但是一般見到的八面體空隙的兩尖端通常被 {100} 或 {311} 面所削平 [40-41]。

B. 析出物 (precipitates)

當不純物的濃度超過在特定溫度的溶解度時，即可能以矽化物的形態析出。對氧而言，形成的析出物為 SiO_x ($x \cong 2$)。析出物通常是在矽晶生長的晶棒冷卻過程或晶圓熱處理過程中發生的。析出物發生的步驟包括：(1) 成核 (nucleation)(2) 成長 (growth)。成核必須借助其它的缺陷 (例如：點缺陷、差排等) 來產生的稱為異質成核 (heterogeneous nucleation)，而成核是隨機性均勻地發生的稱為同質成核 (homogeneous nucleation)。由於異質成核機構所須要的能量較低，所以是自然界中較常觀察到的方式。在成核後，析出物會由小漸漸增大，事實上析出物有一臨界大小。只有大於臨界值的析出物才會穩定成長變大，小於臨界值的析出物可能會再度消失。析出物的析出速率與溫度、不純物的濃度、不純物的擴散係數有關。氧析出物對矽晶的性質有很重要的影響，本書第 5 章將詳細介紹氧析出物的形成機構與性質。

五、參考資料

1. R.G. Phodes, Imperfections and Active Centers in Semiconductors, Pergamon Press,Oxgord, U.K. (1964).
2. W.L. Bond and W. Kaiser, J. Phys. Chem. Solids 16 (1960) p.44.
3. R.D. Deslattes, Ann. Rev. Phys. Chem. 31 (1980) p.435-461.
4. D.O. Townley, Solid State Technology 16-1 (1973) p.43-47.
5. B.D. Cullity, "Elements of X-ray Diffraction", Addison-Wesley Publishing Co, Reading Massachusetts, 2nd Ed. p.63-78.
6. K.E. Bean and P.S. Gleim, Proc. IEEE 56 (1969) p.1469-1476.
7. F. Shimura, "Semiconductor Silicon Crystal Technology", Academic Press, Inc., San Diego, California 1989, p.47.
8. L.D. Dyer, J. Crystal Growth 47 (1979) p.533-540.
9. R.J. Jaccodine, J. Electrochem. Soc. 110 (1963) p.524-527.
10. J.R. Ligenza, J. Phys. Chem. 65 (1961) p.2011-2014.
11. R.A. Swalin, "Thermodunamics of Solids", 2nd Ed. Wiley, New York, 1972.

12. R.E. Smallman, "Modern Physical Metallurgy," 2nd ed. Butterworth, London, 1963.
13. R.G. Rhodes, "Imperfections and Active Centers in Semiconductors" Macmillan, New York, 1964.
14. M. Hansen, "Constitution of Binary Alloys," 2nd ed. Mcgraw-Hill, New York, 1958.
15. E.R. Weber, Appl. Phys. [Part] A, A30 (1983) p.1-22.
16. F.A. Trumbore, Bell Syst. Tecj. J. 39 (1960) p.205-233.
17. G.L. Vick and K.M. Whittle, J. Electrochem. Soc. 116 (1969) p.1142-1144.
18. H. Foll, U. Gosele, B.O. Kolbesen, J. Crystal Growth, 49 (1977) p.90-108.
19. E.H. Poindexter, G.J. Gerardi, M.E. Rueckel, P.J. Caplan, N.M. Johnson, and D.K. Biegelsen, J. Appl. Phys. 56 (1984) p.2844-2849.
20. N.M. Johnson, and D.K. Biegelsen, Phys. Rev. B 31 (1985) p.4066-4069.
21. N.M. Johnson, C. Herring, and D.J. Chadi, Phys. Rev. Lett. 56 (1986) p.769-772.
22. N.M. Johnson, and S.K. Hahn, Appl. Phys. Lett. 48 (1986) p.709-711.
23. J.I. Pankove, D.E. Carlson, J.E. Berkeyheiser, and R.O. Wance, Phys. Rev. Lett.51 (1983) p.2224-2225.
24. N.M. Johnson, Phys. Rev. B 31 (1985) p.5525-5528.
25. G.G. DeLeo, and W.G. Fowler, Phys. Rev. B 31 (1985) p.6861-6864.
26. G. Pensel, G. Roos, C. Holm, E. Sirtl, and N.M. Johnson, Appl. Phys. Lett. 51(1987) p.451-453.
27. T. Abe, T. Masui, H. Chikawa, "The Characteristics of Nitorgen in Silicon Crystals," in VLSI Science and technology/1985, W.M. Bullis and S. Broydo, eds, The Electrochemical Society, Pennington, NJ (1985).
28. M. Watanabe, T. Usami, H. Muraoka, S. Matsuo, Y. Imanishi, and H. Nagashima, "Oxygen-Free Silicon Crystal Growth from Silicon Nitride Crucible," in Semiconductor Silicon 1981, H.R. Huff, R.J. Kriegler, Y. Takeishi, eds, The Electrochemical Society, Pennington, NJ (1985).
29. H. Conzelmann, K. Graff, and E.R. Weber, Appl. Phys. A 30 (1983) p.169-175.

30. A. Ourmazd, and W. Schroter, "Gettering of Metallic Impurities in Silicon," in Impurity Diffusion and Gettering in Silicon, R.B. Fair, C.W. Pearce, and J. Washburn, eds. Materials Research Society, Pittsburgh (1985).
31. P.J. Ward, J. Electrochem. Soc. 129 (1982) p.2573-2576.
32. F.R. Nabarro, "The Theory of Dislocation" Oxford Univ. Press, London and New York, 1968.
33. R.D. Heidenreich and W. Shockley, Bristol Conference, Physical Society, London, 1948.
34. W. Zulehner and D. Huber, in "Crystals 8： Silicon-Chemical Etching" (J. Grabmaier, ed.), p.1-143, Springer-Verlag, Berlin and New York, 1982.
35. E.O. Hall, "Twinning and Diffusionless Transformation in Metals," Butterworth, London, 1954.
36. K.V. Ravi, J. Crystal Growth 39 (1977) p.1-16.
37. R. Gleichmann, B. Cunningham, and D.G. Ast, J. Appl. Phys. 58 (1985) p.223-229.
38. F. Shimura and Y. Fujino, J. Crystal Growth 38 (1977) p.293-302.
39. J.R. Carruthers and K. Nassau, J. Appl. Phys. 39 (1968) p.3064-3073.
40. A.G. Cullis, T.E. Seidel, and R.L. Meek, J. Appl. Phys. 49 (1978) p.5188-5198.
41. F. Shimura, J. Crystal Growth 54 (1981) p.589.

2-2 半導體物理與矽晶的電性

一、前言

雖然本書的目的，在於介紹整個矽晶圓材料的製造技術，但因為矽晶圓材料的主要用途是在於半導體元件的應用上，而這應用又主要利用到矽晶的電性，所以瞭解矽晶的電性及基本的半導體物理，將有助於瞭解矽晶圓材料在半導體元件應用上所扮演的角色。在介紹矽晶的電性之前，本節將僅介紹最基本的半導體物理，對於更詳細的半導體元件物理，讀者可自行參閱半導體教科書，例如：參考資料 1 ～ 6。

二、半導體物理

1. 半導體的定義

一般的固體可依其導電度 (conductivity，σ) 或電阻率 (resistivity，$\rho=1/\sigma$) 區分為三類：絕緣體、半導體、以及導體，如圖 2.42 所示。絕緣體 (例如：玻璃、石英等) 的電阻率在 10^8 Ω-cm 以上，導體 (例如：銀、銅等金屬) 的電阻率在 10^{-4} Ω-cm 以下，而半導體 (例如：Si、GaAs、Ge 等) 在室溫的電阻率約在 10^{-2} 至 10^8 之間。半導體的電阻率一般隨著溫度、攙雜物濃度、磁場強度、光強度等因素而改變，這種電阻率的敏感度使得半導體成為電子業用途上最重要的材料之一。

2. 固體的鍵結模型

在晶體結構中，每個原子是由一帶正電的核子 (nucleus) 與環繞在核子外圍軌道帶負電的的電子所組成的。如果原子是緊密堆積的，外層電子的軌道會互相重疊而產生強的原子間鍵結。在最外層的電子即稱為價電子，是決定固體電性的主要因子。對於金屬導體而言，價電子是由固體中的所有原子所共享。在施加電場下，這些價電子非僅局限在特定的原子軌道，而是在原子間自由流竄，因而產生導電電流。金屬導體的自由電子密度一般約在 10^{23} cm^{-3} 左右，這相當於電阻率在 10^{-4} Ω-cm 以下。對於絕緣體而言，價電子是緊密的局限在其原子軌道，所以無法導電。

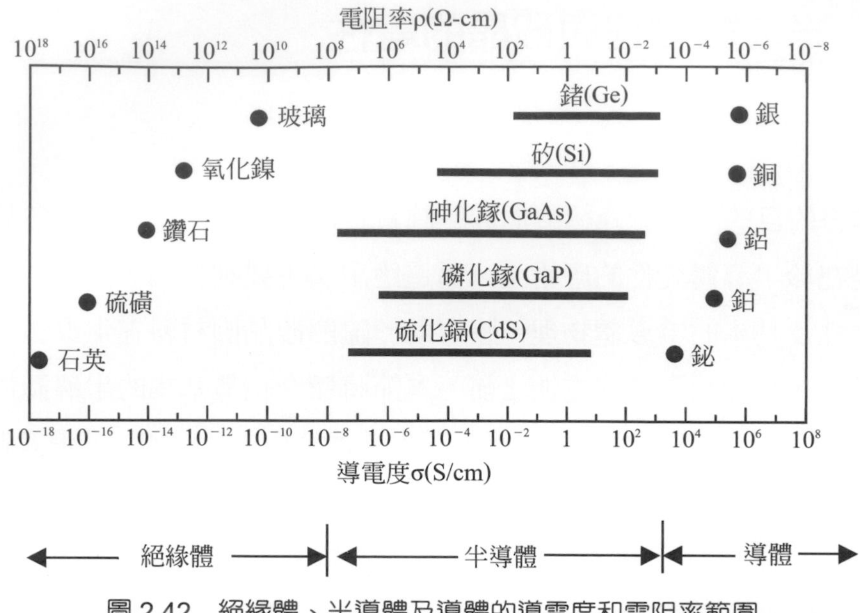

圖 2.42　絕緣體、半導體及導體的導電度和電阻率範圍

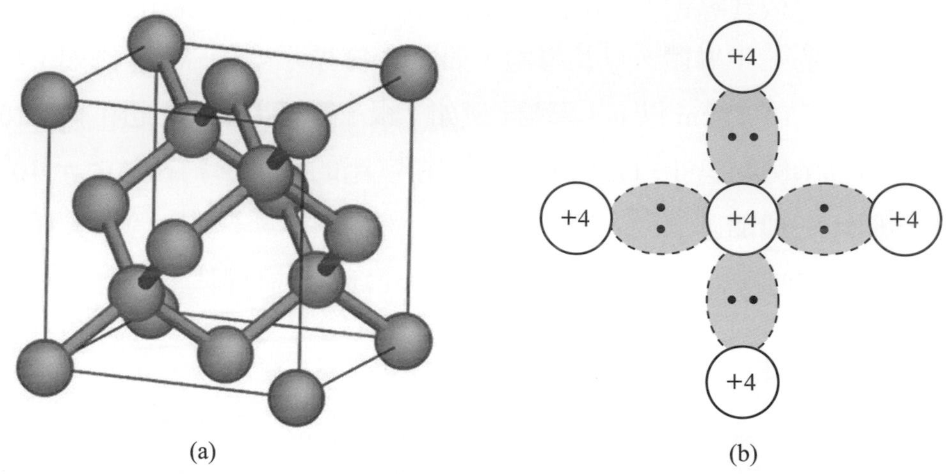

圖 2.43　(a) 鑽石晶格中的四面體結構，(b) 四面體結構在二維空間的鍵結情形

對於具有鑽石結構的矽，每個原子與臨近四個原子成鍵結。圖 2.43(a) 顯示鑽石晶格中的這種四面體結構，圖 2.43(b) 則顯示四面體結構在二維空間的鍵結情形。矽原子的最外層軌道具有四個價電子，它可以與四個臨近原子分享其價電子，所以這樣的一對共享價電子即稱為共價鍵 (covalent bond)。在室溫時，這些共價電子被局限在共價鍵上，所以不像金屬具有可以導電的自由電子。但是在較高的溫度，熱振動可能打斷共價鍵。當一個共價鍵被打斷時，即釋出一個自由電子參與導電行為。因此半導體在室溫時的電性就如同絕緣體一般，但在高溫時就和導體一樣具有高導電性。

每當半導體釋出一個價電子時，便會在共價鍵上留下一個空位，如圖 2.44(b) 所示。這個空位又可能被臨近的價電子所填補，因而導致空位位置的不斷移動。所以我們可以把空位視爲類似於電子的一種粒子，而賦予一名稱叫做電洞 (hole)。電洞帶著正電，且在施加電場之下朝與電子相反的方向運動。

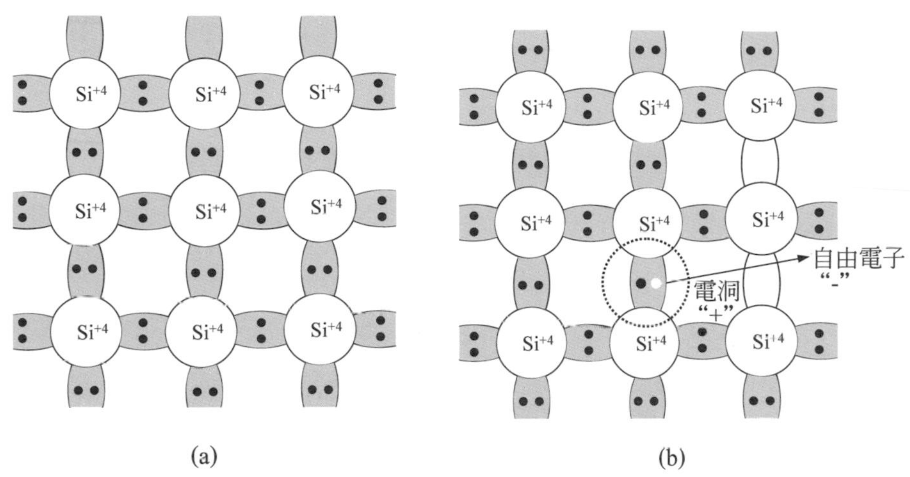

圖 2.44　Si 的二維晶體結構：(a) 完整的共價鍵，(b) 破斷的共價鍵

3. 能帶理論

對於一獨立原子，其電子分別佔據不連續的能階。以一個最簡單的氫原子爲例，電子的能階可由波爾 (Bohr) 模式表示 (7)

$$E_H = \frac{-m_0 q^4}{8\varepsilon_0^2 h^2 n^2} = \frac{-13.6}{n^2}\text{eV} \tag{2.8}$$

其中 m_0 爲自由電子質量、q 爲電荷大小、ε_0 爲介電常數、h 爲 Planck 常數、n 爲正整數稱爲主要量子數。所以最基層能階 ($n = 1$)，佔有 −13.6eV 的特定位置。而第一個激發能階 (excited level，$n = 2$)，則佔有 −3.4eV 的特定位置。

現在讓我們考慮兩個獨立氫原子，每個原子具有完全相同的能階。當他們互相靠近時，原子間的作用力將使得原來能階分爲兩個不同能階。當我們讓晶體中的 N 個原子互相接近時，這些能階將分成 N 個緊密間隔的能階，以另一個角度來看，這些原本佔據特定位置的能階，已因原子間的作用力變成連續性的能帶 (energy band)。

對於結晶物質的能帶結構，可由量子力學去計算得知。圖 2.45 爲由矽原子結合所形成鑽石結構的能帶變化過程之示意圖，每個矽原子有其特定的能階位置 (如圖中最右邊的兩個能階)。隨著原子間距的遞減，每個特定的能帶開始分離形成能帶。當原子間距減小到趨近鑽石結構的平衡原子間距時，連續性的能帶又分開成兩個不同的能帶。在上面的能帶稱爲導帶 (conduction band)，在下面的能帶稱爲價帶 (valence band)。這兩個能帶被一個能量所間隔著，這能量間距稱之爲能隙 (bandgap)，E_g，它代表著價帶中的電子要激發到導帶時，所必須克服的能量障礙。

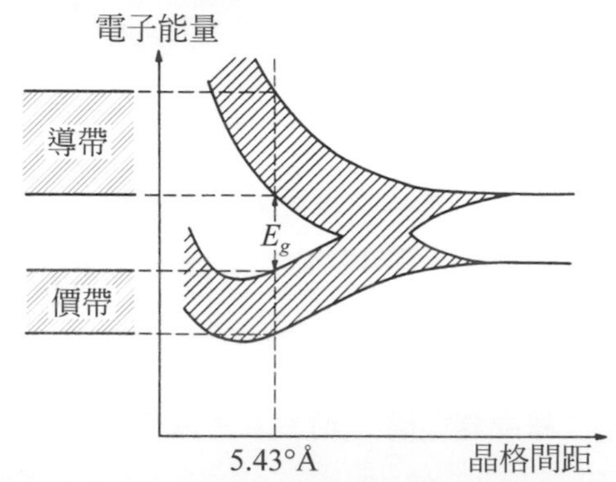

圖 2.45 矽原子結合形成鑽石結構的過程所引起能帶變化之情形

圖 2.46 顯示絕緣體、半導體及導體的能帶圖。對絕緣體而言，每個原子的價電子與臨近的原子形成很強的鍵結。由於這些鍵很難被打斷，因此沒有自由電子可以參與導電行爲。如圖所示，絕緣體具有很大的能隙 E_g (> 9eV)，在價帶的所有能階都爲電子所佔據，而整個導帶則是空的。即使是在高溫或施加電場之下也難以將電子自價帶激發到導帶。對於半導體而言，能隙 E_g (< 4eV) 不如絕緣體那麼大 (例如：Si 的 E_g 等於 1.12eV)。因此部份電子可能自價帶激發到導帶，而留下相同數目的電洞在價帶。當施加電場時，在導帶中的電子與在價帶中的電洞同樣會獲得動能而導電。對於導體而言，導帶與價帶互相重疊，所以沒有所謂的能隙。所以在價帶頂層能階的電子很容易在獲得動能之後，往上面能階移動而參與導電行爲。

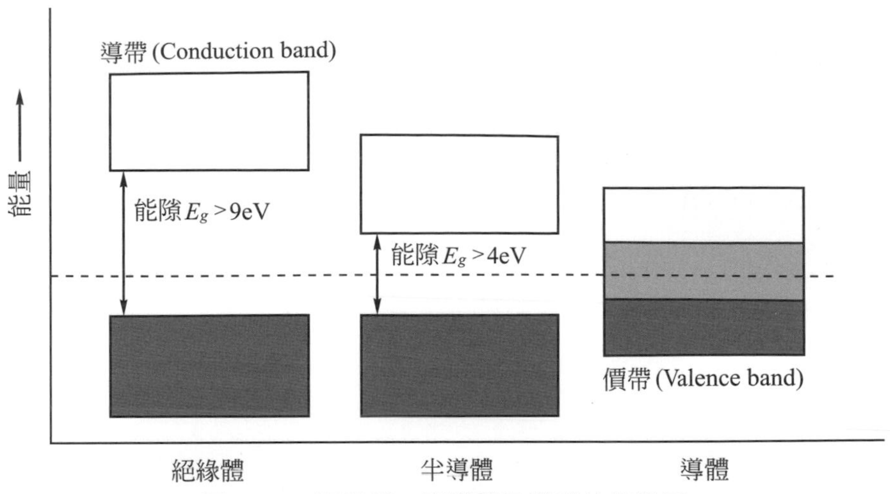

圖 2.46　絕緣體、半導體及導體的能帶圖

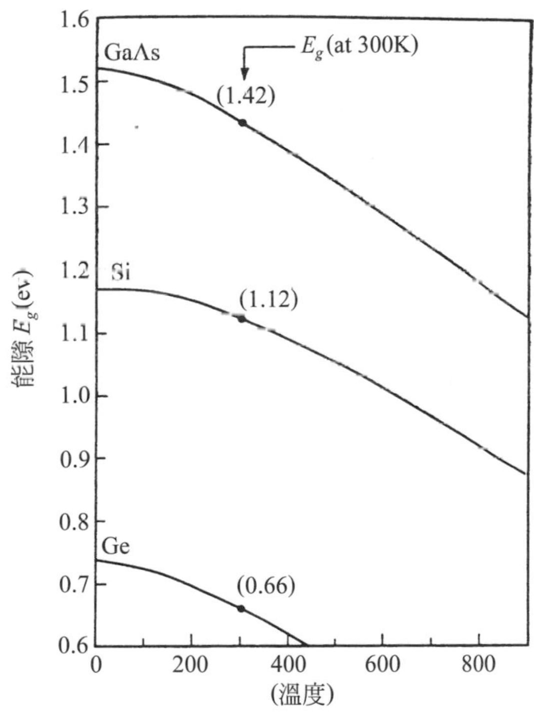

圖 2.47　Si、Ge、GaAs 等半導體的能隙大小隨著溫度變化之情形 [8]

在室溫時，矽的能隙大小為 1.12eV。圖 2.47 顯示能隙大小隨著溫度變化的關係，能隙大小是隨著溫度而變的，其大小可表示為 [8]

$$E_g(T) = 1.17 - \frac{(4.73\times10^{-4})T^2}{(T+636)} \tag{2.9}$$

由於半導體中的電子與電洞受到原子中心電荷位能的作用，使得導帶中電子的有效質量 (effective mass) 並不等於在眞空中的自由電子。因此導帶中電子的能量與量子關係可表示爲

$$E = \frac{p^2}{2m_e} \tag{2.10}$$

其中 E = 動能，m_e = 電子之有效質量，p = 晶體動量。如果將上式的 m_e 以 m_h (電洞的有效質量) 取代，可以得到電洞的能量與量子關係。

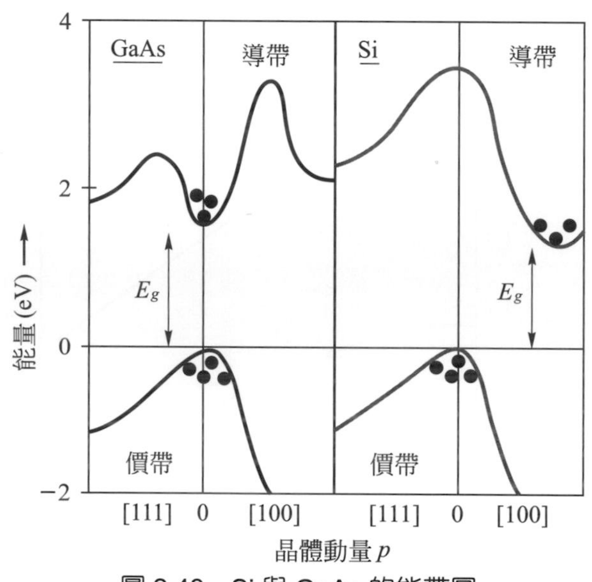

圖 2.48　Si 與 GaAs 的能帶圖

圖 2.46 是相當簡化的能帶圖，圖 2.48 則爲以相對於晶體動量而繪出之較複雜的 Si 與 GaAs 之能帶圖。我們可以注意到，能隙 E_g 是指導帶最底部與價帶最頂端之間的能量差距。對 GaAs 而言，價帶最頂端與導帶最底部皆發生在晶體動量 $p = 0$ 時，所以當價帶中的電子被激發到導帶時，不會牽涉到晶體動量的變化，因此像 GaAs 這樣的能隙被稱爲直接能隙 (direct bandgap)。至於 Si，導帶最底部的晶體動量並非爲 0，所以當價帶中的電子被激發到導帶時，不僅須要能量的改變也同時發生晶體動量的變化，因此像 Si 這樣的能隙被稱爲非直接能隙 (indirect bandgap)。以使用半導體材

料在不同電子元件的觀點來看，能隙的型式是相當重要的，例如：一些光電元件的應用上(如：發光二極體、雷射、紅外偵測器等)，是無法使用非直接能隙的半導體材料的。

4. 半導體的自由載子濃度

爲了決定半導體的電性，我們必須知道可以提供導電的電子與電洞之數目。假如我們能夠知道能階密度函數 (density-of-states function，$N(E)$) 及分佈函數 (distribution function，$f(E)$) 的話，我們即能獲得導帶中的電子密度及價帶中的電洞密度。能階密度函數 $N(E)$ 是描述有多少能階可以被電子(或電洞)所佔據，而分佈函數 $f(E)$ 則描述這些能階被電子(或電洞)佔據之機率。因此電子的密度即爲導帶中被佔據之能階數目。

A. 能階密度

在圖 2.49 中的能帶圖中，導帶中的最低能階 E_c 爲電子在導帶中靜止時的位能。當電子得到動能，它將由最低能階 E_c 移到能階 E，因此 E_c E 代表電子的動能。電子能階密度 $N(E)$ 以導帶能量 $E_c - E$ 爲函數可表示爲

$$N(E) = \frac{4\pi}{h^3}(2m_e)^{3/2}(E - E_c)^{1/2} \tag{2.11}$$

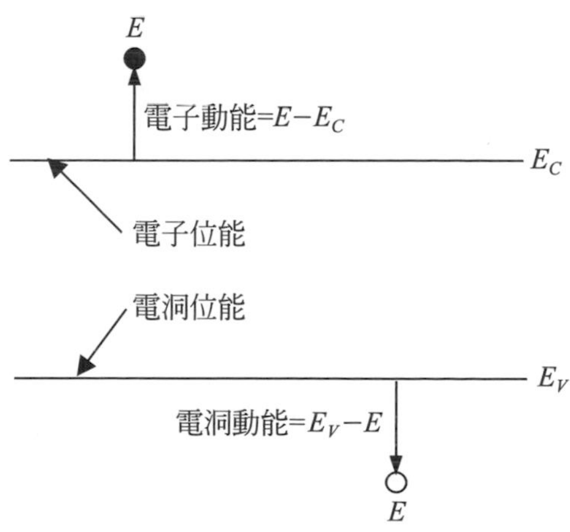

圖 2.49 能帶圖中的載子動能與位能之幾何圖示

其中 h 爲 Planck's 常數。在價帶中電洞能階密度 $N(E)$ 以導帶能量 $E_v - E$ 爲函數可表示爲

$$N(E) = \frac{4\pi}{h^3}(2m_h)^{3/2}(E_v - E)^{1/2} \tag{2.12}$$

B. 分佈函數

能階 E 被電子佔據的機率可用 Fermi-Dirac 分佈函數來表示

$$f(E) = \frac{1}{e^{(E-E_f)/kT} + 1} \tag{2.13}$$

其中 E_f 是個重要的參數，稱爲費米能階 (Fermi level)。k 是波茲曼常數 (Boltzmann's constant)，T 是溫度 (K)。圖 2.50 顯示在不同溫度下的機率函數。從圖中我們可發現一些現象，第一是在 0K 時，對所有小於 E_f 的能階，$f(E)$ 皆等於 1；這也就是說所有小於 E_f 的能階都被電子所佔據，而所有大於 E_f 的能階皆爲空的能階。第二是當溫度大於 0K 時，佔據機率在 $E = E_f$ 時總是等於 1/2。第三是分佈函數 $f(E)$ 總是以 E_f 成對稱。因此能階 $E_f + dE$ 被佔據的機率等於能階 $E_f - dE$ 未被佔據的機率。因爲 $f(E)$ 爲能階被佔據的機率，因此能階不被電子佔據的機率可表示爲

$$1 - f(E) = \frac{1}{1 + e^{(E_f - E)/kT}} \tag{2.14}$$

因爲價帶中能階不被電子佔據的機率，即意味著被電洞佔據的機率，所以式 (2.14) 可被用以計算價帶中電洞的密度。

對所有高於 E_f 達 $3kT$ 的能階，函數 $f(E)$ 可簡化爲

$$f(E) = e^{-(E-E_f)/kT} \tag{2.15}$$

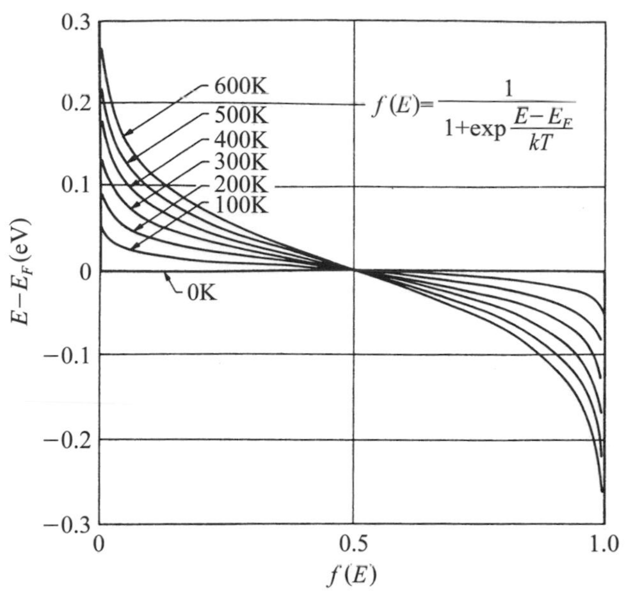

圖 2.50 在不同溫度下，機率函數 $f(E)$ 與 $(E - E_f)$ 之關係

C. 載子密度

電子在導帶中的總數目，可由積分能階密度 $N(E)$ 與分佈函數 $f(E)$ 之乘積可得到

$$n=\int_{E_c}^{\infty} f(E)N(E)dE \tag{2.16}$$

將式 (2.11) 及 (2.15) 代入式 (2.16) 中，並執行積分可得到

$$n=\int_{E_c}^{\infty}\frac{4\pi}{h^3}(2m_e)^{3/2}(E-E_c)^{1/2}e^{-(E-E_f)/kT}dE \tag{2.17}$$

其中 $N_c=2\left(\frac{2\pi m_e kT}{h^2}\right)^{3/2}$

N_c 一般稱之為導帶中有效能階密度 (effective density of states in the conduction band)，對 Si 而言，N_c 等於 $2.8\times10^{19}\text{cm}^{-3}$（在 300K 之下）。同理，我們也可獲得價帶中的電洞密度為

$$p=\int_{-\infty}^{E_v}[1-f(E)]N(E)dE$$
$$=N_v e^{-(E_f-E_v)/kT} \tag{2.18}$$

其中 $N_v=2\left(\dfrac{2\pi m_h kT}{h^2}\right)^{3/2}$

N_v 一般稱之為價帶中有效能階密度 (effective density of states in the valence band)，對 Si 而言，N_v 等於 $1.04\times10^{19}\text{cm}^{-3}$（在 300K 之下）。圖 2.51 顯示獲得載子密度的過程，表 2.3 則為 Si、Ge、GaAs 等材料的本質載子密度 (intrinsic carrier density)、有效能階密度、能隙大小等重要性質。

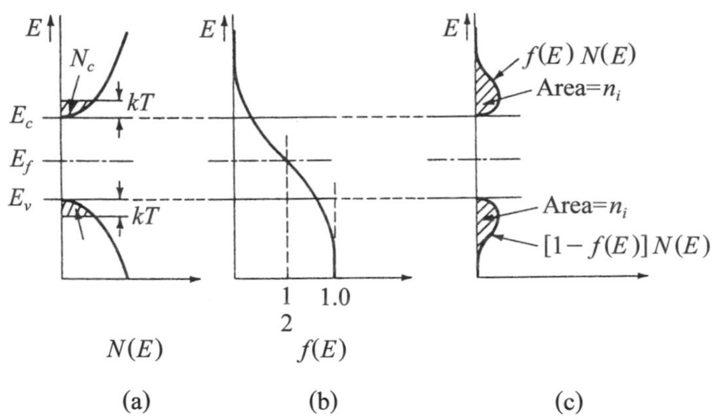

圖 2.51　獲得本質載子密度的圖解過程：(a) 能階密度 $N(E)$，(b) Femi-Dirac 分佈函數 $f(E)$，(c) 載子濃度

表 2.3 Si、Ge、GaAs 等材料在 300K 的性質

性質	Ge	Si	GaAs
Atoms/cm^3	4.42×10^{22}	5.0×10^{22}	2.21×10^{22}
原子或分子重	72.6	28.08	144.63
密度 (g/cm^3)	5.32	2.33	5.32
晶體結構	Diamond	Diamond	Zinc blende
熔點 (°C)	937	1412	1238
介電常數	16	11.8	10.9
有效能階密度 導帶 N_c (cm^{-3}) 價帶 N_v (cm^{-3})	 1.04×10^{19} 6.1×10^{18}	 2.8×10^{19} 1.04×10^{19}	 4.7×10^{17} 7.0×10^{18}
電子親和力 (V)	4.13	4.01	4.07
能隙 (eV)	0.68	1.12	1.43
本質載子密度 n_i (cm^{-3})	2.5×10^{13}	1.5×10^{10}	1.79×10^{6}
晶格常數 (Å)	5.658	5.431	5.654
有效質量 電子 電洞	 $m_e=0.22m$，$m_e^*=0.12m$ $m_h=0.31m$，$m_h^*=0.23m$	 $m_e=0.22m$，$m_e^*=0.12m$ $m_h=0.56m$，$m_h^*=0.38m$	 0.068m 0.56m
移動率 (mobility) 電子 (cm^2/V-s) 電洞 (cm^2/V-s)	 3900 1900	 1350 480	 8600 250
導熱係數 (W/cm-°C)	0.6	1.5	0.8

式 (2.17) 與式 (2.18) 之乘積爲

$$np = N_c N_v e^{-E_g/kT} \tag{2.19}$$

其中 $E_g = E_c - E_v$，上式表示在某溫度熱平衡之下 np 的乘積爲常數，而所謂熱平衡則指沒有外力或激發的穩定狀態。np 的乘積僅和有效能階密度及能隙大小有關，而與雜質密度、費米能階位置無關。

5. 本質半導體 (Intrinsic Semiconductors)

當一半導體所含的雜質密度，遠比熱激發產生的電子及電洞密度小時，即爲所謂的本質半導體。因此對於本質半導體，其電子密度正好等於電洞密度，也就是

$$n = p = n_i \tag{2.20}$$

其中 n_i 爲本質載子密度 (intrinsic-carrier density)。將式 (2.20) 代入式 (2.19) 中，我們可以得到

$$np = n^2 \tag{2.21}$$

又利用式 (2.19) 及式 (2.21)，本質載子密度可以表示爲

$$n_i = \sqrt{N_c N_v}\, e^{-E_g/2kT} \tag{2.22}$$

圖 2.52 爲 Si、Ge、GaAs 等材料的 n_i 與溫度之關係圖 (8)，由式 (2.17) 與式 (2.18) 可以知道，較大的能隙導致較小的本質載子密度。對於同一半導體，溫度愈高本質載子密度愈大。在室溫時，Si、Ge 及 GaAs 的 n_i 值分別爲 1.5×10^{10}、2.5×10^{13}、$1.8 \times 10^{6}\ cm^{-3}$。

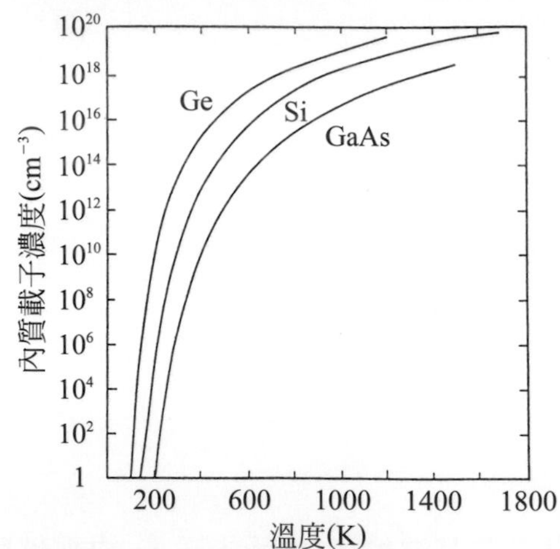

圖 2.52　Si、Ge、GaAs 等材料的本質載子濃度 n_i 與溫度之關係圖 (8)

本質半導體的費米能階 (以 E_i 表示)，可由式 (2.17) 與式 (2.18) 得知 (亦即 $n = p$)

$$E_f = E_i = \frac{(E_c + E_v)}{2} + \frac{3kT}{4} \ln \frac{m_h}{m_e} \tag{2.23}$$

在室溫時，上式等號右邊的第二項遠比第一項小。所以本質半導體的費米能階通常位於非常接近能隙中間的位置。

6. 外質半導體 (Extrinsic Semiconductors)

以電子元件應用上的觀點來看，在室溫時本質半導體的載子密度太小了。所以在元件的製造過程中，必須在半導體材料中加入一些固定型態的雜質，這些故意攙入的雜質可以戲劇性地改變半導體之電性。這是因爲雜質原子可以在導帶與價帶之間提供一區域性的能階，使得電子的激發變得較爲容易。

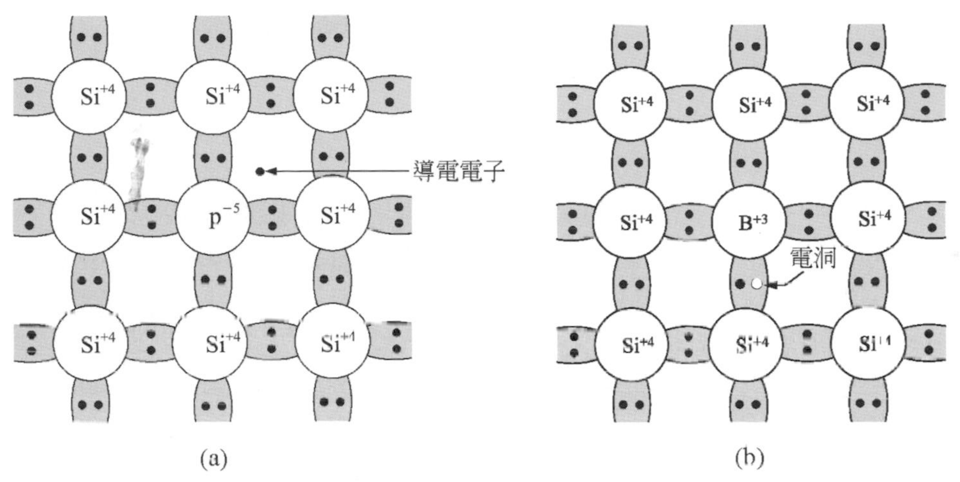

圖 2.53　當矽原子被雜質原子取代時的鍵結情形：(a) n- 型雜質 (磷)，(b) p- 型雜質 (硼)

前面提過，鑽石結構中每個原子與臨近四個原子形成共價鍵結。現在假如一個矽原子被 V 族雜質元素 (例如：磷、砷、銻) 所取代 (如圖 2.53(a) 所示)，由於 V 族元素具有 5 個價電子，其中 4 個價電子與臨近四個矽原子形成鍵結，而第 5 個價電子則不受束縛，可以提供到導帶成爲導電電子。因此這種可以提供負電荷載子的雜質即稱爲施體 (donor) 或 n- 型雜質。n- 型雜質在靠近導帶的地方，存在一能階稱爲施體能階 (donor level)，如圖 2.54(a) 所示。對矽而言，施體能階與導帶的能量差距低於 0.05eV，所以第 5 個價電子很容易跑到導帶。由於此電子具有負電荷，所以含有 V 族雜質元素的矽屬於 n- 型半導體。

假如一個矽原子被帶有 3 個價電子的III族雜質元素 (例如：硼、鋁) 所取代 (如圖 2.53(b) 所示)，這 3 個價電子可與臨近的三個矽原子形成共價鍵結，而原先的第 4 個共價鍵上便少掉了一個電子 (或者說多了一個電洞)。因此這種可以提供正電荷的

雜質即稱為受體 (acceptor) 或 *p*- 型雜質。*p*- 型雜質可以在靠近價帶的地方，存在一能階稱為受體能階 (acceptor level)，如圖 2.54(b) 所示。*n*- 型及 *p*- 型半導體統稱外質半導體 (extrinsic semiconductors)，以區別內質半導體。

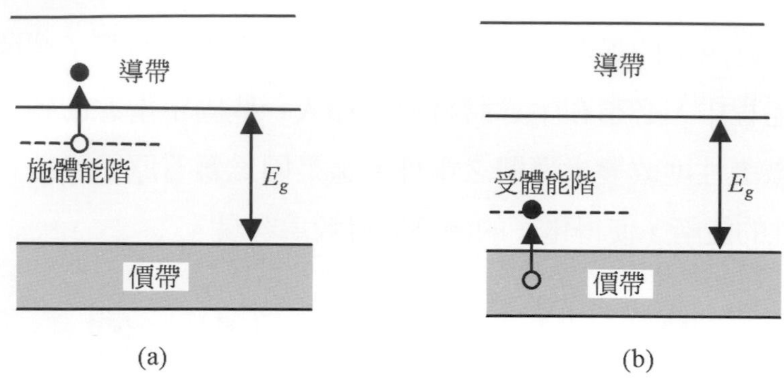

圖 2.54　外質半導體的能帶圖：(a) *n*- 型半導體，(b) *p*- 型半導體

圖 2.55 顯示矽中一些重要雜質元素，在能隙中所佔據的能階位置 (6)。圖中能隙中心線以上的施體能階大小是表示與導帶底部之能量差，而能隙中心線以下的受體能階大小係表示與價帶頂部之能量差。除了雜質元素可以在能隙中佔據能階位置外，晶體缺陷也可能存在區域性的能階，例如：Frenkel defects 的能階，就如同受體能階 (acceptor level) 一般。

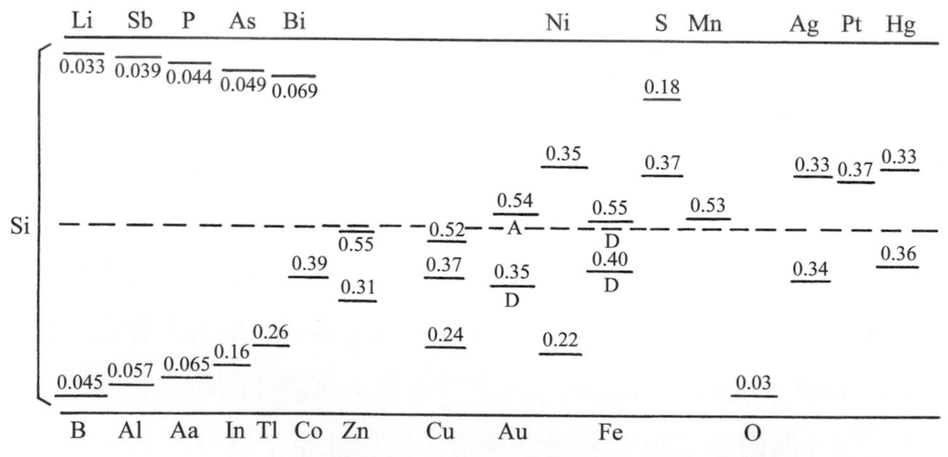

圖 2.55　一些重要雜質元素，在 Si 能隙中所佔據的能階位置 (6)

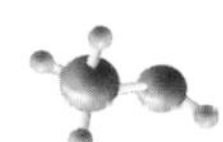

7. 外質半導體的載子密度

對於含有淺能階施體 (shallow donors) 的 n- 型半導體，通常在室溫時的熱能即可以克服使 donor 原子離子化所須的離化能 (ionization energy)，使得導帶中的電子數目等於 donor 原子數目，這種情形稱之爲完全離子化 (complete ionization)。在完全離子化的條件之下，電子的密度可表示爲

$$n = N_D \tag{2.24}$$

其中 N_D 爲 donor 的濃度。由式 (2.17) 及式 (2.24)，我們可獲得費米能階與有效能階密度 N_c 及 donor 濃度 N_D 之關係

$$E_f = E_c - kT\ln(N_c/N_D) \tag{2.25}$$

同理，對於含有淺能階受體 (shallow acceptors) 的 p- 型半導體，在完全離子化的狀況之下，電洞的密度可表示爲

$$p = N_A \tag{2.26}$$

其中 N_A 爲 acceptor 的濃度。由式 (2.18) 及式 (2.26)，我們可獲得費米能階與有效能階密度 N_v 及 donor 濃度 N_A 之關係

$$E_f = E_c - kT\ln(N_v/N_A) \tag{2.27}$$

由式 (2.25) 中，我們可以發現當 donor 的濃度愈高時，費米能階的位置愈接近導帶的底部。同理，當 acceptor 的濃度愈高時，費米能階的位置愈接近價帶的頂部。圖 2.56 顯示獲得載子濃度的圖解步驟，這與圖 2.51 頗爲類似，差別之處是費米能階的位置較接近導帶的底部，且電子密度 (圖中上面黑影部份) 遠高於電洞密度 (圖中下面黑影部份)。

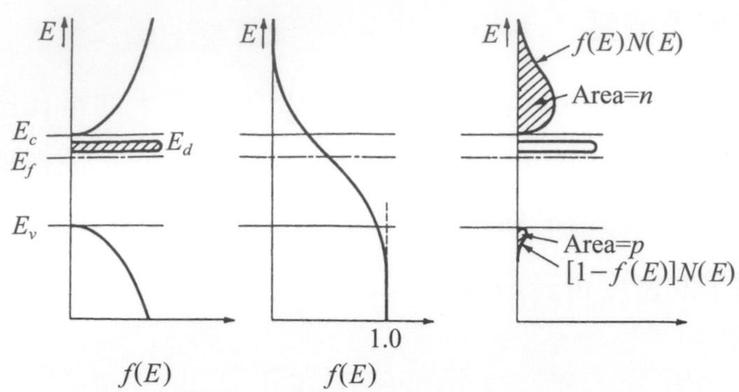

圖 2.56　獲得 *n*- 型半導體中載子密度的圖解過程

假如 donor 及 acceptor 雜質元素同時存在時，半導體的導電型態將由具有較高濃度的雜質所決定。費米能階必須調整其位置以保持電中性，也就是說負電荷總數 (電子及離子化受體) 必須等於正電荷總數 (電洞及離子化施體)

$$n = N_A = p + N_D \tag{2.28}$$

解式 (2.21) 及式 (2.28)，我們可得到 *n*- 型半導體中的電子、電洞濃度分別為

$$n_n = \frac{1}{2}[N_D - N_A + \sqrt{(N_D - N_A)^2 + 4n_i^2}] \tag{2.29}$$

$$p_n = \frac{n_i^2}{n_n} \tag{2.30}$$

式中的下標 *n* 是用以表示 *n*- 型半導體。由於電子的數目遠多於電洞，所以電子在 *n*- 型半導體中被稱為多數載子 (majority carrier)，而電洞則被稱為少數載子 (minority carrier)。同理，我們可以獲得 *p*- 型半導體中的電子、電洞濃度

$$p_p = \frac{1}{2}[N_A - N_D + \sqrt{(N_A - N_D)^2 + 4n_i^2}] \tag{2.31}$$

$$n_p = \frac{n_i^2}{p_p} \tag{2.32}$$

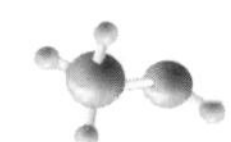

一般而言，雜質的淨濃度$|N_D - N_A|$遠大於本質載子密度 n_i，因此以上的關係式可簡化為

$$n_n \cong N_D - N_A \text{ (當 } N_D > N_A) \tag{2.33}$$

$$p_p \cong N_A - N_D \text{ (當 } N_A > N_D) \tag{2.34}$$

8. 產生 (Generation) 與再結合 (Recombination)

半導體中的電子與電洞平衡濃度，可以暫時地利用以下方法來改變之：1) 入射光源以激發電子 - 電洞對、2) 利用帶電荷粒子的撞擊、3) 利用與金屬之間的接觸而將載子注入。例如：當光子的能量 $h\nu$ 大於能隙時，便能將在價帶中的電子激發到導帶之中，而產生過多的載子 (excess carrier)，這樣的一種過程即稱之為產生 (generation)。當入射光源移去時，過多的載子將藉著再結合 (recombination) 的作用而蛻變回平衡濃度。再結合可由電子直接自導帶到價帶之間的轉移，或者先藉由中間的能階做轉移，如圖 2.57 所示。

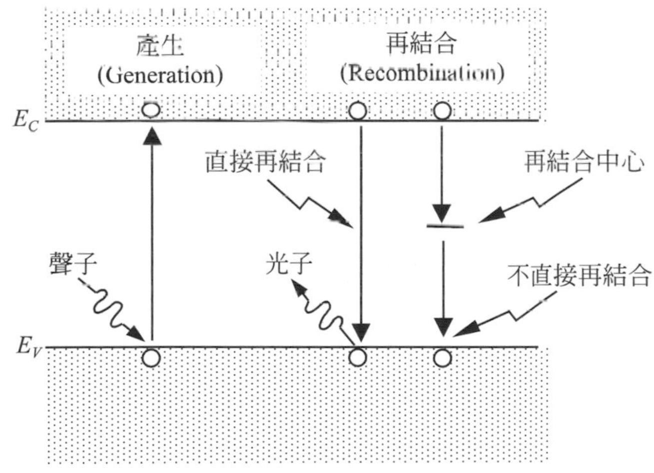

圖 2.57　半導體中的產生 (Generation) 及再結合 (Recombination) 過程

9. 深能階 (Deep Levels)

假如 II 族雜質 (例如：Zn) 被添加到 Si 時，將失去臨近雜質原子的二個鍵。因此這個原子可能接受來至價帶的一個電子，而成為單價離子化狀態，或者接受來至價帶的二個電子，而成為雙價離子化狀態。我們可以容易理解到，這種接受價帶電子

的過程須要比III族雜質更高的能量，因此這種能階位置一般位於靠近能隙中間的地方，稱之爲深能階 (deep levels)[9]。深能階可由晶格缺陷或過渡金屬 (例如：Fe、Ni、Co、Cu 等) 所產生。

一般熱能的大小是無法激發價帶電子到深能階上，但是深能階卻可以捕捉來自導帶的自由電子。因此位於深能階的金屬雜質元素可以戲劇性地降低導帶中自由電子的數目，也因此會降低少數載子的再結合壽命 (recombination lifetime)。這種現象可被用在一些特殊元件的應用上，例如：在快速開關電晶體的應用上，可以添加 Au 以促進再結合作用而降低開關轉換時間 [6]。

10. 導電性

一束電子所帶著的電流密度 J 可表示爲

$$J = nev \tag{2.35}$$

其中 n 是電子密度，e 是電荷大小，v 是電子的平均速度。假如施加一個電場強度 E 在半導體上，v 則正比於電場強度；亦即 $v = \mu E$ 。其中 μ 爲電子飄移率 (electron mobility)。從這些關係以及歐姆定律 ($J = \sigma E$)，我們可以將導電度 σ 表示爲

$$\sigma = ne\mu \tag{2.36}$$

假如半導體中存在二種以上的雜質種類，且電子與電洞數目相差有限時，導電度 σ 則表示爲

$$\sigma = ne\mu_n + pe\mu_p \tag{2.37}$$

其中 n，p 分別是電子及電洞的濃度 ($1/cm^3$)， μ_n ， μ_p 分別是電子及電洞的飄移率 (mobility)。至於半導體的電阻率 ρ 可表示爲

$$\rho = 1/\sigma = 1/[e(n\mu_n + p\mu_p)] \tag{2.38}$$

對於 p- 型矽晶，$p>>n$，電阻率 ρ 可化簡爲

$$\rho \approx 1/en\mu_p \tag{2.39}$$

對於 n- 型矽晶，$n>>p$，電阻率 ρ 可化簡為

$$\rho \approx 1/en\mu_n \tag{2.40}$$

而實際上，當矽晶摻雜物為磷或硼時，電阻率 ρ 可由摻雜物的濃度計算得到：

(1) 對於摻雜硼的 **P** 型矽晶 [(10)]，

$$\rho = 1.305\times10^{16}/N + 1.133\times10^{17}/N[1+(2.58\times10^{-19}\times N) - 0.737] \tag{2.41}$$

或

$$N = 1.33\times10^{16}/\rho + 1.082\times10^{17}/\rho[1+(54.56\times\rho)^{1.105}] \tag{2.42}$$

(2) 對於摻雜磷的 **N** 型矽晶 [(11)]，

$$\rho = (6.242\times10^{18}/\mathrm{N})10^{Z} \tag{2.43}$$

或

$$N = (6.242\times10^{18}/\rho)\times10^{W} \tag{2.44}$$

其中 N 是摻雜物的濃度 (atom/cm^3)，ρ 是電阻率 (Ω-cm)

$$Z = (A_0 + A_1Y + A_2Y_2 + A_3Y_3)/(1 + B_1Y + B_2Y_2 + B_3Y_3)$$

$$W = (C_0 + C_1X + C_2X_2 + C_3X_3)/(1 + D_1X + D_2X_2 + D_3X_3)$$

$Y = (\log_{10}N) - 16$	$X = \log_{10}\rho$
$A_0 = -3.0769$	$C_0 = -3.1083$
$A_1 = 2.2108$	$C_1 = -3.2626$
$A_2 = -0.62272$	$C_2 = -1.2196$
$A_3 = -0.057501$	$C_3 = -0.13923$
$B_1 = -0.68157$	$D_1 = 1.0265$
$B_2 = 0.19833$	$D_2 = 0.38755$
$B_3 = -0.018376$	$D_3 = 0.041833$

圖 2.58 爲在 300K 下所實際量測的電阻率與攙雜物濃度之關係 (10～11)。圖中的實線爲實際的數據，虛線則爲外插值。目前只有攙雜磷或硼的矽晶被實際量測，其它攙雜物的數據則尚未被建立。但一般而言，對於輕度攙雜 (< 10^{17} atom/cm^3) 的矽晶，以上的方程式及圖 2.58 都適用於所有其它攙雜物。對於較高攙雜濃度的矽晶，由於不同攙雜物具有不同的活化能，所以對於相同濃度的各種攙雜物，電阻率會有所不同。

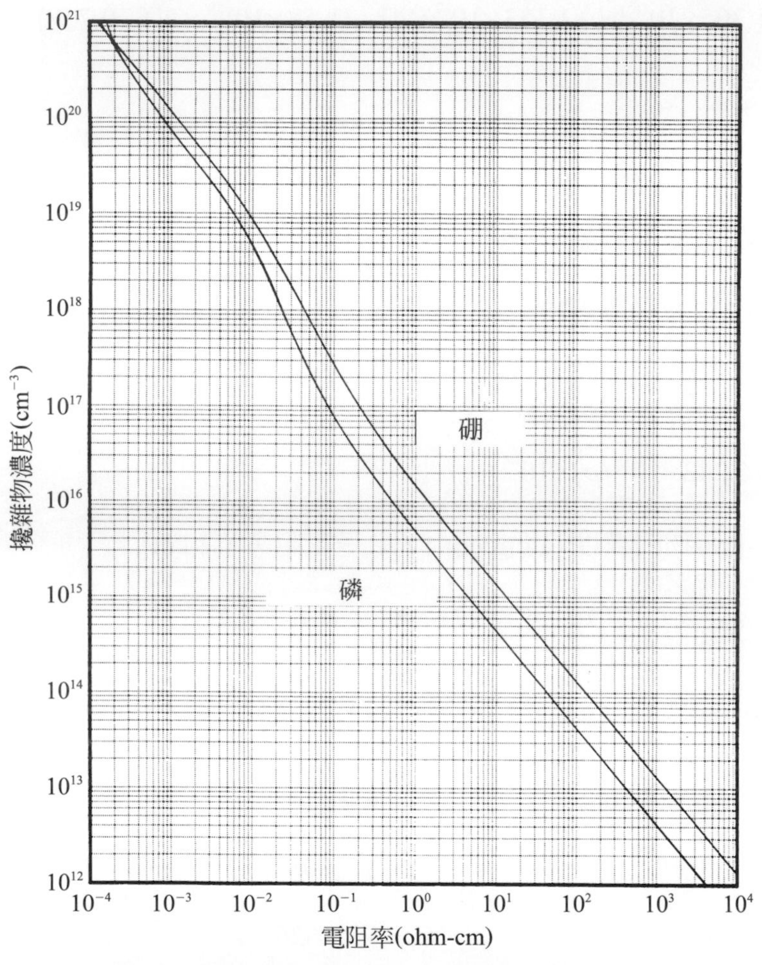

圖 2.58　矽晶中電阻係數與雜質濃度之關係 (10～11)

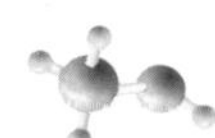

三、參考資料

1. S.M. Sze, "Semiconductor Devices Physics and Technology", AT&T Bell Laboratories, Murray Hill, New Jersey, 1985.
2. W. Schockley, "Electrons and Holes in Semiconductors" Van Nostrand-Reinhold, New York, 1950.
3. W.C. Dunlap, "An Introduction to Semiconductors." New York, 1962.
4. J.L. Moll, "Physics of Semiconductors." McGraw-Hill, New York, 1981.
5. C. Kittel, "Elementary Solid State Physics：A Short Course." Wiley, New York,1981.
6. S.M. Sze, "Physics of Semiconductor Devices" 2nd ed. Wiley, New York, 1981.
7. D. Halliday and R. Resnick, "Fundamentals of Physics", 2nd ed., Wiley, New York,1981.
8. C.D. Thurmond, J. Electrochem. Soc., 122 (1975) p.1133-1141.
9. A.G. Milnes, "Deep Impuritics in Semiconductors," John Wilcy & Sons, New York (1973).
10. "Annual Book of ASTM Standards," Vol. 10.05 Electronics (II) F723-82. pp. 598-614, Am. Soc. Test. Mater. Philiadephia, Pennsylvania, 1984.
11. J.C. Irvin, Bell Syst. Tech. J. 41 (1962) p.387-410.

2-3 矽的光學性質

一、前言

雖然矽在光譜的可見光範圍內是不透明的，但卻可被接近紅外光頻率的光線所穿透。矽具有很高的折射指數 (refraction index)，也是個高反射率 (reflectivity) 的材料。由於這些性質，使得一些使用在接近紅外光頻率的光學元件 (例如：鏡片、視窗)，常使用矽當材料。矽也可被使用在紅外及 γ 射線的偵測器，及太陽能電池 (solar cell) 等用途上。矽的光學性質也經常被使用在判定雜質種類及數目 (尤其是不帶電性的雜質)、以及量測再結合的特性。本節將介紹一些矽的重要光學性質。

二、折射指數 (refraction index) 與反射率 (reflectivity)

當一光線由眞空中通過另一較密的物質時，其速度將減低。因此在眞空中與通過物質後的速度之比値，即爲折射指數 n

$$n = \frac{v_{\text{vacuo}}}{v_{\text{material}}} \tag{2.45}$$

折射指數爲光線頻率的函數，如圖 2.59 所示 [(1)]，矽的折射指數如同大部份的物質一樣隨著波長的增加而遞減。

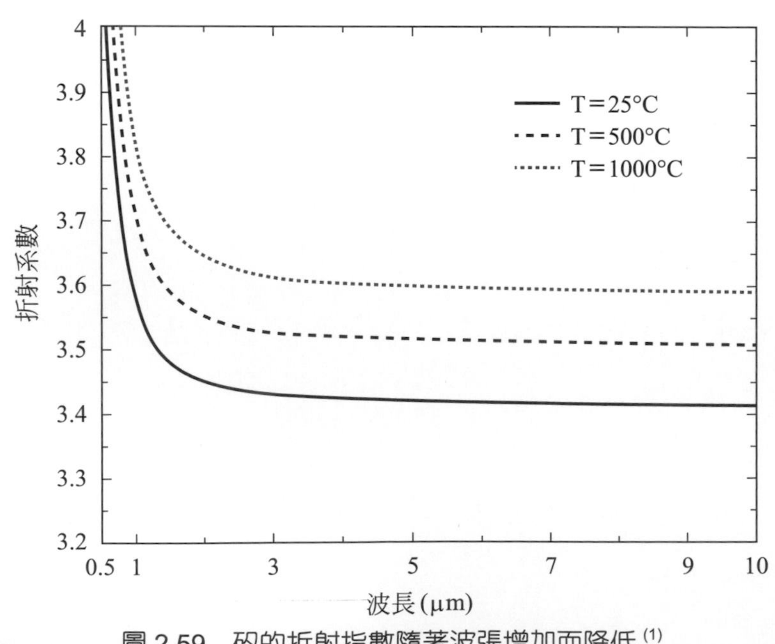

圖 2.59 矽的折射指數隨著波張增加而降低 [(1)]

兩個不同相 (phases) 之間的相對折射指數，可以決定相界的折射與反射行為。假如入射光線與垂直物體表面方向的角度為 i，而折射角為 r 時 (如圖 2.60 所示)，那麼當其中一媒介為空氣或眞空時，折射指數 n 亦可表示為

$$n=\frac{\sin i}{\sin r} \tag{2.46}$$

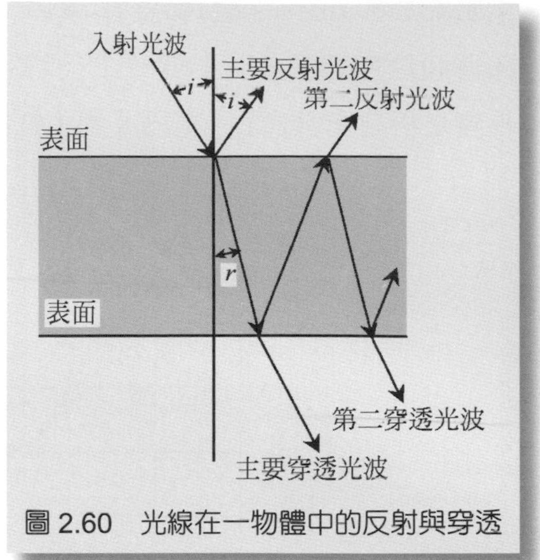

圖 2.60　光線在一物體中的反射與穿透

除了折射之外，部份光線會自物體表面，以與入射光線呈某種角度反射回來。由這種方式反射回來的光線比率 R (稱為反射率)，可由 Fresnel's 公式表示之

$$R=\frac{(n-1)^2+k^2}{(n+1)^2+k^2} \tag{2.47}$$

其中 k 為在波長 λ 時的吸收指數 (absorption index)，$k=\alpha\lambda/4\pi$ ，α 為吸收係數。在接近紅外光區域時，k 遠比 n 小，所以式 (2.47) 可改寫為

$$R=\left(\frac{n-1}{n+1}\right)^2 \tag{2.48}$$

對於矽晶片而言，表面反射率是個很重要的參數，圖 2.61 顯示一矽晶拋光片表面的反射率隨著波長而遞減的現象，最後趨近於 0.3 左右 (2)。Phillips(3) 將波數介於 1000 至 15,000 cm^{-1} 的反射率，用以下的實驗式來表示

$$R=0.3214-3.565\times10^{-6}v+3.149\times10^{-10}v^2 \tag{2.49}$$

其中 v 是波數 (cm^{-1})，這個關係式對於利用表面光電壓來量測載子之擴散長度時，顯得特別實用。

由於矽的反射係數很高，所以當被它使用在光學元件或太陽能電池時，將有不少的能量會自表面反射損失掉。因此在實際應用上，可以在矽的表面鍍上一層折射

指數介於矽 (n_{Si} = 3.42) 與空氣 (n_{air} = 1.0) 之間的介電物質，來減少這種反射現象。假如薄膜厚度等於波長的四分之一時，反射率可被減到最低。對矽而言，鍍上的介電物質之折射指數最好介於 1.8 到 1.9 之間 [4]。

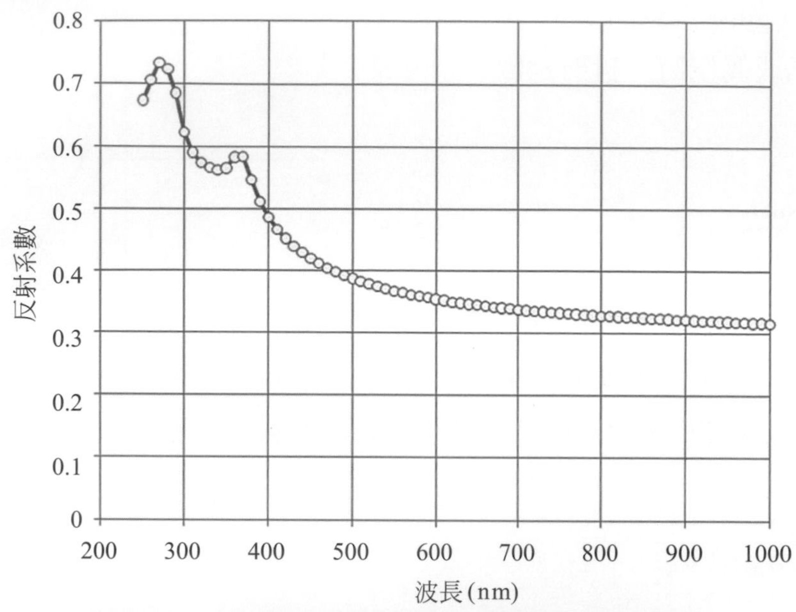

圖 2.61　矽晶拋光片表面的反射率隨著波長而遞減 [2]

另一減少反射係數的方法，是在矽的表面進行四面體的選擇性蝕刻 (preferential etching)。這可使得在矽表面多重反射所導致的吸收效率由 70% 增加到 91%[5]。這技術已被使用在製造大尺寸的太陽能電池上。

三、吸收 (Absorption)

物質對於光波的吸收，可利用吸收係數 α 來描述。α 的定義爲當入射光源強度在進入物體後，減小到等於起始強度的 $1/e$ 時所穿透的距離 (cm)。對於單晶材料，光的穿透比率 (transmittance) 可由吸收係數及試片厚度決定之

$$\frac{dI}{I_0} = -\alpha dx \tag{2.50}$$

或

$$T = \frac{I}{I_0} = \exp(-\alpha x) \tag{2.51}$$

其中 I_0 是光波起始強度，I 是穿透強度，x 是厚度，T 是穿透比率。對於像圖 2.60 中那樣的平板材料，整體的穿透率與反射損失量及吸收量有關，因此可以由下式表示之

$$T' = \frac{I_{in}}{I_{out}} = (1-R)^2 \exp(-\alpha x) \tag{2.52}$$

Nartowitz 及 Goodman[6] 研究矽在室溫的吸收係數資料，發現以下的關係式

$$\alpha = (8.4732 \times 10^{-3} v - 76.417)^2 \tag{2.53}$$

圖 2.62 顯示矽的吸收係數 (單位爲 1/cm) 隨著波長增加而遞減的狀況，因爲這圖是用 log 尺度作圖，所以在能隙處 (約 1100 nm) 的吸收係數的下降看起來不如實際上那麼特別陡峭。矽的吸收，可以分成晶格吸收 (Lattice Absorption)、雜質吸收 (Impurity Absorption) 及自由載子之吸收 (Free Carrier Absorption) 等三個方式。

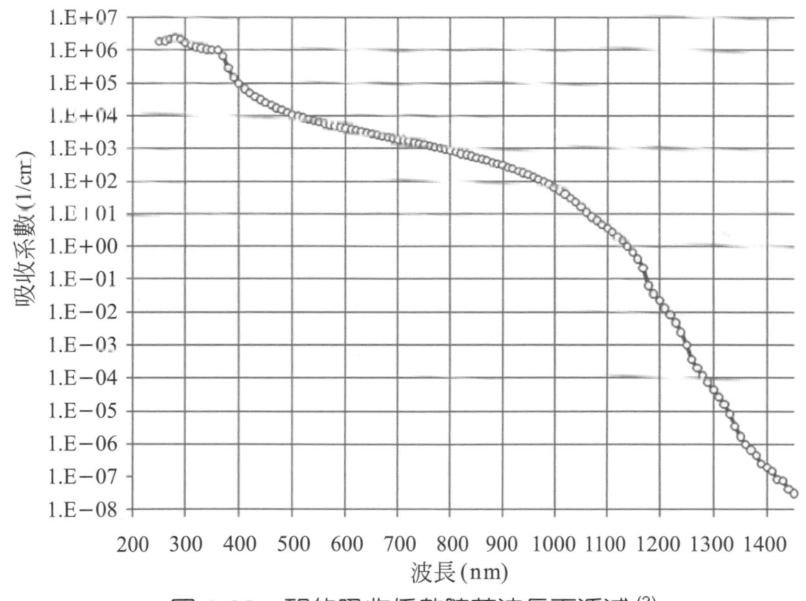

圖 2.62　矽的吸收係數隨著波長而遞減 [2]

1. 晶格吸收 (Lattice Absorption)

在光譜的長波區域 (較低的能量)，光子的能量可能被鍵結中的電子所吸收，而僅引起鍵結振動能量的增加而無法將電子自鍵結中移開，因此這種形態的吸收並不會促進光電性。鍵結電子的吸收通常只發生在區域性的頻率，因而產生一些吸收峰。

這些吸收峰可能來自晶格吸收 (Si-Si 鍵的吸收)，或雜質吸收 (Si- 雜質鍵的吸收)。圖 2.63 顯示雙面拋光 2mm 厚 FZ 矽晶試片在 400 至 $2000cm^{-1}$ 波數之間的吸收光譜，其中包括九個吸收峰，而最強的吸收峰位於約 $610cm^{-1}$。

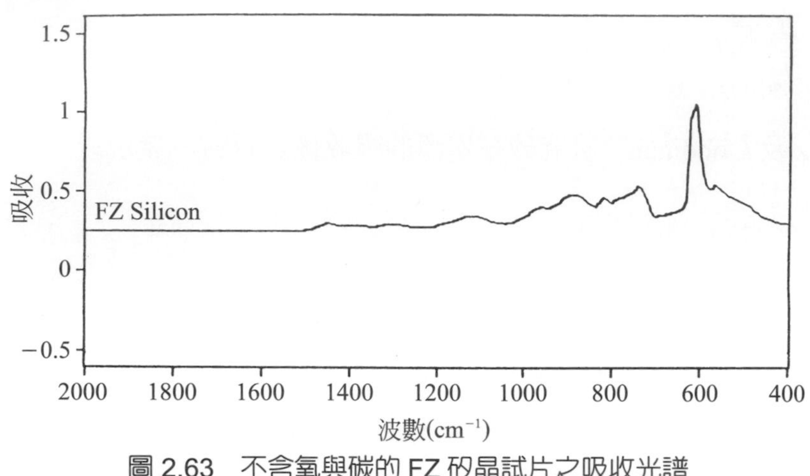

圖 2.63　不含氧與碳的 FZ 矽晶試片之吸收光譜

2. 雜質吸收 (Impurity Absorption)

矽晶中的氧、碳、氮等雜質，會藉著其與矽原子的鍵結振動，而在紅外光譜中存在特殊的吸收峰。由氧造成的吸收峰，位於 $1205cm^{-1}$、$515cm^{-1}$、$1107cm^{-1}$ 等地方 [7]。由碳造成的吸收峰，位於晶格吸收峰 $610cm^{-1}$ 附近的 $605cm^{-1}$。[8] 而由氮造成的吸收峰，則位於 $963cm^{-1}$、$766cm^{-1}$ 等地方 [9]。這些特殊的吸收峰，可被用以量測該雜質的濃度。有關這方面的介紹，請詳見本書第 7 章第 4 節。

3. 自由載子之吸收 (Free Carrier Absorption)

長波也可以被自由載子所吸收，這種型式的吸收通常在載子濃度很高時才顯示其重要性。對於電阻率小於 0.2Ω-cm 的 *n*- 型矽晶以及電阻率小於 0.5Ω-cm 的 *p*- 型矽晶，主要的吸收是由自由載子所主宰。由電洞 [10] 以及電子 [11] 所產生的吸收係與載子濃度、及波長的平方成正比，因此波長愈長時吸收愈大。這種效應使得重度摻雜 (heavily-doped) 矽晶在紅外區域的穿透率降低，因而不適合使用在光學元件上。除此之外，利用吸收光譜來量測氧及碳濃度的技術，不適用於具有過多的自由載子吸收的重度摻雜矽晶。

四、放射率 (Emissivity)

放射率 (Emissivity)，是指在相同的溫度與方向條件下，一個物體相對於黑體 (black body) 的輻射比率。它是波長與溫度的函數，也是在使用輻射熱量測法，去準確地量測一個物體溫度時必須知道的一個重要物理參數。除了與溫度及波長有關之外，矽晶圓的 emissivity 與其攙雜的種類、濃度、表面粗糙度 (roughness)、及表面是否有覆蓋其它薄膜層 (例如 LTO、Poly) 等有關。

在講到矽晶圓的 emissivity 時，一般我們比較在意的是晶圓背面的 emissivity 而非晶圓的正面，這是因爲在 IC 的高溫製程上，例如 RTA(Rapid Thermal Annealing)，常常需利用矽晶圓背面的 emissivity 去量測溫度以控制製程的操作溫度。晶圓背面的處理條件對 emissivity 有很大的影響，例如，雙面拋光的矽晶圓 (DSP wafer) 會比單面拋光的矽晶圓具有更高的 emissivity；噴砂處理過的矽晶背面也比蝕刻處理的背面具有更高的 emissivity；增加 LTO (Low temperature oxide) 層的厚度也會增加 emissivity。在一些 IC 元件 (例如 CIS 元件) 或製程中，溫度的控制是很重要的製程要求，有時甚至會要求每家晶圓供應商做到相同的背面 emissivity。在 CZ 矽單晶生長上，也必須考慮到 emissivity 的大小，才能計算出晶棒與熔湯的溫度分佈。

圖 2.64 爲拋光矽晶表面在波長 0.65μm 的放射率 (Emissivity) 隨著溫度而變化的關係 [12]，在熔點附近，矽的放射率爲 0.33。

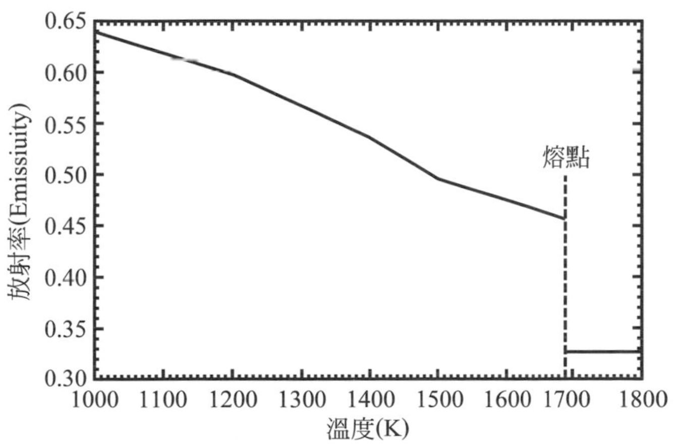

圖 2.64 拋光矽晶表面在波長 0.65μm 的放射率隨著溫度之關係 [12]

五、光電效應 (Photoconductivity)

光電效應是指半導體或絕緣體的導電性，因爲吸收電磁幅射而增加的一種過程。可以促進光電效應的波長通常位在可見光譜的範圍之內，但有時紅外光、紫外光、或 X- 光也可引起光電效應。在某些情況之下，導電性的增加可能高達 10^{10} 倍以上。光電效應係由於價帶中的電子被激發到導帶，因而產生電子 - 電洞對促進導電性，因此光子的能量必須大於能隙。對於 *n*- 型矽晶，雜質原子在能隙中存在一能階，要自此能階激發電子到導帶所須的光子能量遠較能隙小。同理對於 *p*- 型矽晶，要自價帶激發電子到雜質能階亦較爲容易。圖 2.65 爲導電度與波長的關係，圖中導電度隨光子能量增加 (亦及波長減小) 反而遞減的現象，係因爲光源被物體的表面完全吸收的緣故。光電效應是暫時性的，當光源移去之後，導電性便會慢慢蛻變到穩定態的值。

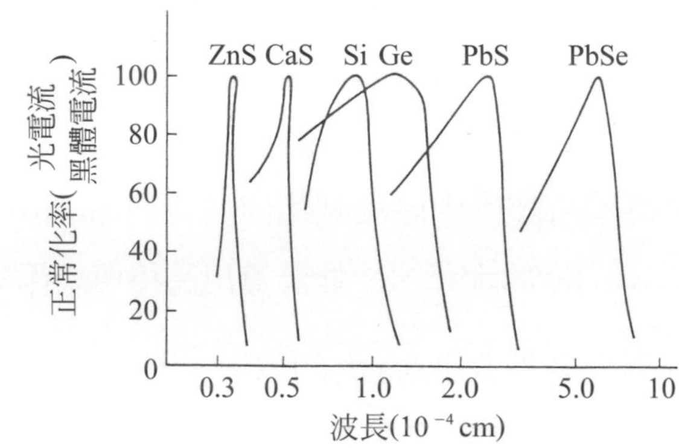

圖 2.65　一些典型的光電物質之導電度與波長的關係

根據這種光電效應，矽可被使用在紅外或 γ 射線的偵測器，及太陽能電池 (solar cell) 等用途上。其中太陽能電池基本上爲將光能轉變爲電能的一種 *p-n* 結，如圖 2.66 所示。由光子產生的電子與電洞分別會往 *p*- 及 *n*- 邊移動，以減少位能。當沒有外加電路到 *p-n* 結時，由電子移動產生的電流 I_1 將導致一個偏壓，這偏壓又接著引起一反向電流 I_2 $(I_1 = I_2)$，所以沒有淨電荷可以傳輸。但當 *p-n* 結連接到外加電路時 (如圖 2.66(b))，部份的 I_1 將流向電路，因此 *p-n* 結的作用就如同一太陽能電池。矽之所以被廣泛用來當做太陽能電池材料的原因，是它的能隙夠大，所以很大部份的太陽光譜可以被用來激發靠近 junction 區域的電子。目前單晶矽太陽能電池可以將太陽能轉換爲電能的效率已達 23% 以上。

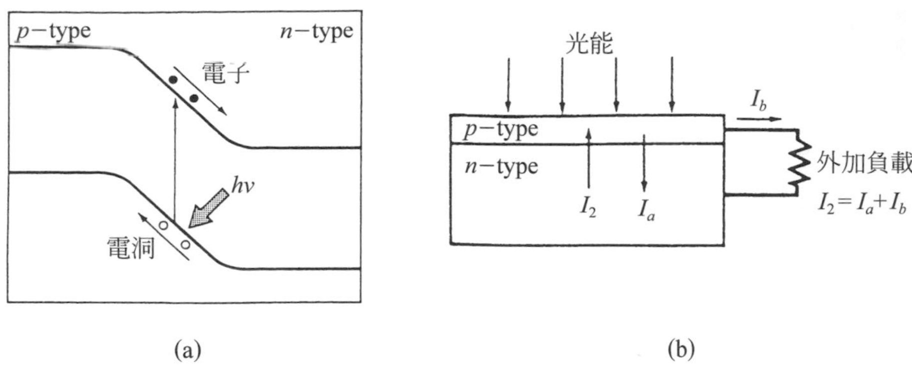

圖 2.66 太陽能電池的操作原理

六、參考資料

1. S.A.A Oloomi, etc., Majlesi Journal of Mechanical Engineering, Vol. 3, No. 2, Winter 2010
2. https：//www.pveducation.org/es/fotovoltaica/materials/optical-properties-of-silicon
3. W.E. Phillips, Solid State Electron. 15 (1972) p. 1097-1102.
4. W.R. Runyan, W. Herrmann, and L. Jones, "Crystal Development Program," Final report on Contact AF33(600)-33736, Texas Instruments Incorporated (1958).
5. B. Dale, "Research on Efficient Photovoltaic Solar Energy Converters," Final Report, Contract AF10 (604) p.5585.
6. E.S. Nartowitz and A.M. Goodman, J. Electrochem. Soc. 132 (1985) p.2992-2997.
7. B. Pajot, H. J. Stein, B. Cales, and C. Naud, J. Electrochem. Soc. 132 (1985) p.3034-3037.
8. R.C. Newman, and J.B. Willis, J. Phys. Chem. Solids 26 (1965) p.373-379.
9. H.J. Stein, Appl. Phys. Lett. 51 (1987) p.490-492.
10. H.Y. Fan, and M. Becker, in： "Semiconducting Materials," H.K. Henisch, ed, Butterworths Scientific Publications, London, U.K. (1951).
11. W. Spitzer, and H.Y. Fan, Phys. Rev. 108 (1957) p.268-271.
12. F.G. Allen, J. Appl. Phys. 101 (1956) p. 1676-1678.

2-4 矽的熱性質

一、前言

矽在晶體生長與元件的製造過程中，必須經過很多不同的熱週期 (thermal cycle)。在這些熱處理過程中，一些缺陷 (例如：差排、OISF、氧析出物) 可能因應而生，因此了解矽的基本熱性質是必須的。在矽的熱性質中，較重要的是其熱膨脹與熱傳導性質。本節除了介紹這二項熱性質外，也將介紹基本的熱電性質。

二、熱膨脹係數

在某些用途中，了解長度與體積隨著溫度的改變量是很重要的。例如：矽晶片與不同薄膜 (例如：SiO_2、SiN) 之間的熱膨脹係數差異，可以影響在元件製造過程熱應力與差排的產生。在任何特定的溫度之下，我們可以定義線性熱膨脹係數 (a) 與體積熱膨脹係數 (α) 分別如下：

$$a = \frac{dl}{ldT} \tag{2.54}$$

$$\alpha = \frac{dv}{vdT} \tag{2.55}$$

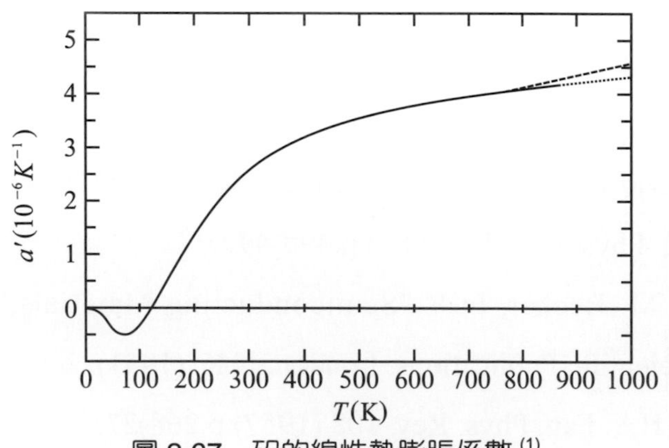

圖 2.67 矽的線性熱膨脹係數 [1]

Swenson 曾將矽的熱膨脹係數自 4 到 1000K 的數據，整理如圖 2.67 所示 (1)。對於純度較高的矽而言，在低於 18K 時，熱膨脹係數爲正值但卻很小。在 18K 至 120K 之間，熱膨脹係數爲負值，而在 80K 時有一最小值 -0.7×10^{-6}/K 。在 120K 以上，熱膨脹係數隨溫度的增加而增加。圖中的虛線爲外插值。對於重度攙雜的矽晶而言，熱膨脹係數會比較大 (2)。

三、熱傳導性

矽的熱傳導性，可以影響在晶體生長中晶棒的熱傳情形，因此間接的影響缺陷的大小分佈與密度。熱傳導的基本公式可表示爲

$$\frac{dQ}{d\theta}=-kA\frac{dT}{dx} \tag{2.56}$$

其中 dQ 爲時間，$d0$ 爲垂直於面積 A 的熱流數量。熱流量與溫度梯度 ($-dT/dx$) 及一與材料特性有關的常數 k 成正比，這個常數 k 即稱之爲熱傳導係數 (thermal conductivity)。它代表著一個材料傳導熱的能力，K 的單位一般爲 $W\cdot K^{-1}\cdot m^{-1}$ 或 $W\cdot C^{-1}\cdot cm^{-1}$，也就是說它預測著熱能從一物質釋放的速率。

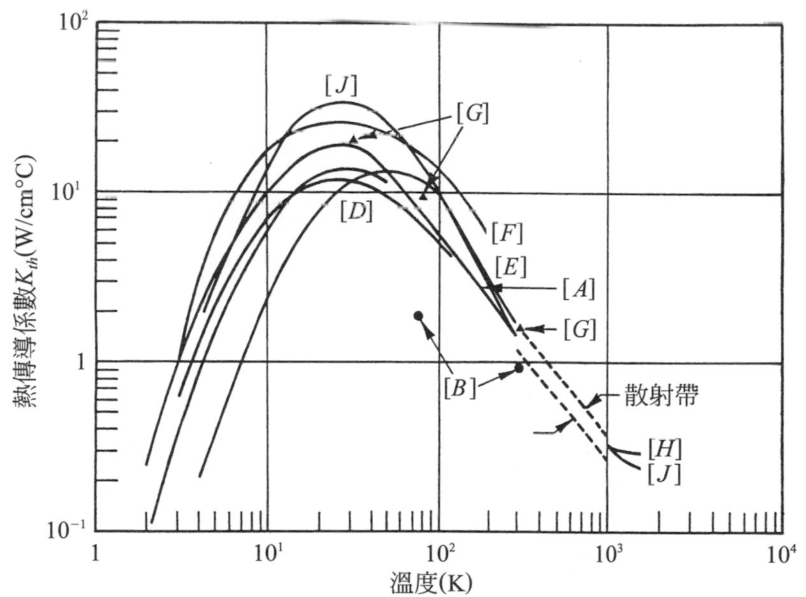

圖 2.68　一些不同條件 (見表 2.4 之說明) 的矽晶試片之熱傳導係數 (3)

圖 2.68 為一些不同條件 (見表 2.4 之說明) 的矽晶試片之熱傳導係數 [3]，在室溫時，矽的熱傳導性幾乎與雜質濃度無關 (除非雜質濃度高於 $10^{18}/cm^3$)。在室溫以下，首先熱傳導係數隨著溫度的增加而增加，直到在 20K 到 30K 之間達到最大值。接著熱傳導係數隨溫度的增加而遞減，而在接近熔點溫度時達到最小值約 $0.22W/cm^2K$。

表 2.4　圖 2.60 中矽晶試片的物理性質

曲線	雜質元素	雜質濃度 (cm^{-3})
A	未添加任何雜質元素	5×10^{14}
B	As	2.5×10^{19}
C	Au	10^{15}
D	未知	7×10^{14}
E	B	5×10^{14}
F	B	2×10^{12}
G	未知	4.8×10^{14}
J	*p*-Type	7×10^{12}

四、熱電效應

1. 賽貝克效應 (Seebeck Effect)

當兩個不同材料連結在一起時，假如連結處兩端的溫度不同，那麼電子便會從熱端跑到冷端以減低平均動能，這種現象稱為賽貝克效應 (Seebeck Effect)。賽貝克效應會物體中產生賽貝克電壓，這個電壓傾向於使得電子回到原來的熱端，它的大小可表示為

$$V_{seebeck} = (\alpha_1 - \alpha_2)\Delta T \tag{2.57}$$

其中 α_1 為第一個材料的賽貝克係數，α_2 為第二個材料的賽貝克係數，ΔT 是兩端的溫度差。最常見的賽貝克效應，是利用兩金屬線的接觸去製造熱電耦 (thermocouple)，這效應也可在半導體中產生。半導體的賽貝克電壓通常大於金屬。

由於矽具有高導熱性與低賽貝克係數，所以不是個很實用的熱電材料。矽的賽貝克效應之實際應用，在於使用熱電探針來判定其導電型態[(4)]。圖 2.69 顯示一由金屬與 p- 型矽晶所組成的熱電電路[(5)]。假如電路中的電壓計具有無限大的阻抗，那麼便沒電流通過，電壓計上所指示的爲賽貝克電壓 $V_{seebeck}$。這個電壓包括三個來源：第一是當溫度增加，使得外質矽晶中費米能階偏離能帶邊緣，而以電壓的型式反應出來。第二是電洞在熱端具有較高的能量，所以比冷端具有更大的漂移速度，由於電路中沒有淨電流，因此造成一電壓差以使得冷端的電洞可以被吸引到熱端，以平衡掉熱端電洞往冷端漂移的自然趨勢。第三是因受體雜質在較高溫度時的離子化較爲完全，這使得熱端有較高的電洞密度，於是造成一電壓差以平衡掉熱端電洞往冷端的擴散。以上這些電壓差，都使得熱端爲負，冷端爲正。在金屬端的賽貝克效應則遠比矽小。

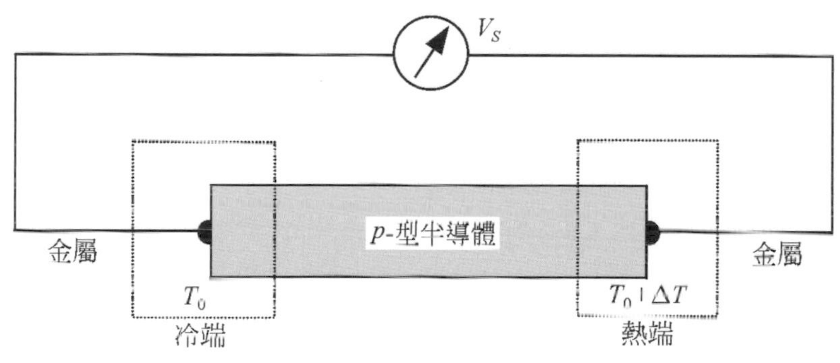

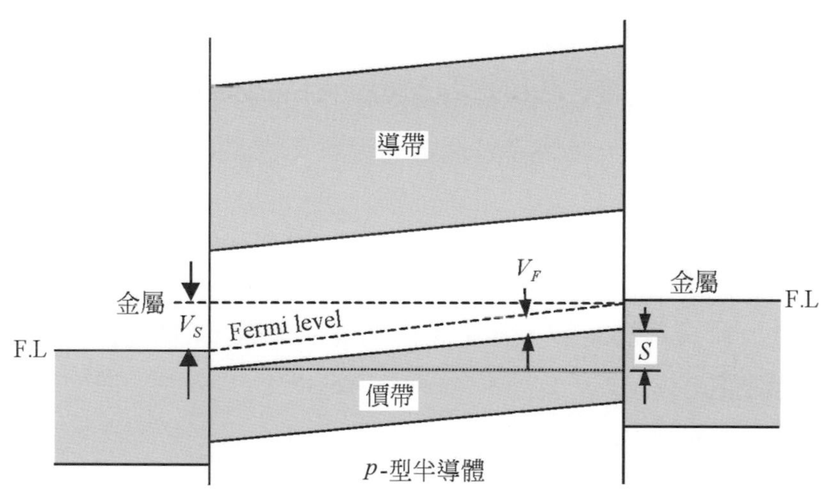

圖 2.69　由金屬與 p- 型矽晶所組成的熱電電路[(5)]

對於 n- 型矽晶，亦有相同的效應，只不過電壓差的符號相反：熱端變成正，冷端變成負。當多數載子爲電洞時，賽貝克係數爲正；當多數載子爲電子時，賽貝克係數爲負。當電子與電洞的數目相當時，賽貝克係數爲負，這是因爲電子的移動率 (mobility) 比電洞大的緣故。在這種情形之下，是無法利用熱電效應來判定導電型態的。

2. 湯姆森效應 (Thomson Effect)

假如施加一電壓到具有溫度梯度的物體，並使得冷端的電子往熱端漂移，這種漂移電子會從物體中吸收熱能，而產生熱電冷凍效果。反之，將電壓反向，電子將自熱端往冷端漂移，並釋出熱量。因此這種電子在具有溫度梯度的物體中漂移，而產生或吸收熱能的效果稱之爲湯姆森效應 (Thomson Effect)。產生或吸收熱能的大小可表示爲 $\theta \cdot \Delta TI$，其中 θ 爲湯姆森係數。賽貝克係數 α 與湯姆森係數 θ 的關係可表示爲

$$\alpha = \int_0^T (\theta / T) dT \tag{2.58}$$

3. 帕爾帖效應 (Peltier Effect)

帕爾帖效應是指當電流通過兩個不同物質的接合處，所引起熱能之釋出或吸引的現象。這個效應是可逆的，當電流朝向一個方向導致熱能之釋出時，則反方向的電流會導致電流的吸收。圖 2.70 說明金屬與 n- 型半導體之間歐姆接觸的帕爾帖效應 [(6)]。當電子由金屬流向半導體時，必須經由金屬的 Fermi level 到半導體的導帶。這使得導帶中的電子增加動能 ΔE，並伴隨著能量的吸收；也就是說熱能的吸收是用來提供電子的動能。

帕爾帖效應的重要性，在於提供熱電式的加熱與冷凍效果。帕爾帖效應所釋出或吸引熱能之數量，可表示爲 $\pi \cdot I$，其中 π 爲帕爾帖係數，I 爲電流。帕爾帖係數 π 與賽貝克係數 α 的關係可表示爲

$$\pi_{1,2} = T \cdot (\alpha_2 - \alpha_1) \tag{2.59}$$

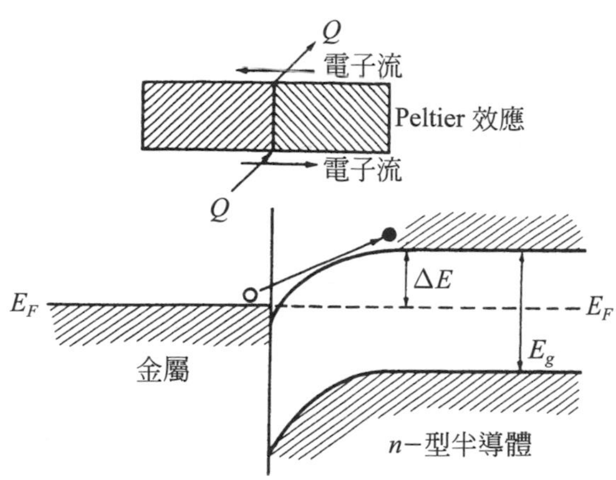

圖 2.70　金屬與 n- 型半導體之間歐姆接觸的 Peltier 效應[(6)]

五、參考資料

1. C.A. Swenson, J. Phys. Chem. Ref. Data 12 (1983) p.179-182.
2. S.I. Navikova, Sov. Phys. Solid State 6 (1964-65) p.269.
3. "Physical/Electrical Properties of Silicon," Integrated Silicon Device Technology, Vol. 5, Ad-605-558, Research Triangle Institute, July 1964, p.98-106 .
4. ASTM F 42 ： Annual Book of ASTM Standards, Vol. 10.05.
5. J.W. Shive, "The Properties, Physics, and Design of Semiconductor Devices, "Princeton, Van Nostrand (1959).
6. C. R. Barrett, W.D. Nix, and A. S. Tetelman. "The Principles of Engineering Materials," Prentice-Hall, Inc. Englewood Cliffs, New Jersey (1973) p.453.

2-5 矽的機械性質

一、前言

在室溫時，矽是個脆性材料。雖然在超過 800°C 時，存在部份的塑性，但在室溫時，矽可承受應力直到破斷點而不會有顯著的潛變 (creep) 現象。矽在晶圓製造過程、積體電路製造過程中，常必須承受很大的熱應力及機械應力。這些應力可能使得矽晶圓發生變形 (例如：warp、bow)、滑移及破斷。這些變形的程度係與應力的型式大小以及矽的機械強度有關。矽的機械強度與其本身的純度有很大的關係，例如：適量的氧析出物 (oxygen precipitates) 可以強化矽晶，但是過量的氧析出物卻會降低強度，造成撓曲變形 (warp)。本節將介紹矽的一些重要機械性質。

二、應力 (stress) 與應變 (strain)

材料的強度是用以衡量材料的內力、變形量、以及外加負載力之間的關係。在分析材料的強度時，第一個步驟是假設平衡狀態，作用於物體的外力必有一內抗力來平衡它。這種內抗力通常以作用在一固定面積的應力 (stress) 來表示，因此內抗力 (P) 等於應力 (σ) 乘上微分面積 (dA) 的積分；亦即

$$P = \int \sigma dA \tag{2.60}$$

爲了計算此一積分值，必須知道應力在計算面積中的分佈情形。但由於應力大小無法直接量測，因此必須借助應變 (strain) 分佈的量測。對於小量變形區域，應力正比於應變大小，因此量測應變大小即能提供應力分佈的情形。假如應力在面積 A 上爲均勻分佈的話，那麼 σ 爲一定值

$$\sigma = \frac{P}{A} \tag{2.61}$$

一物體的平均線性應變量 e (average linear strain)，可定義為物體長度變化的比率

$$e = \frac{\Delta L}{L_0} = \frac{L - L_0}{L_0} \tag{2.62}$$

其中 L_0 為原始長度，ΔL 為長度變化量。應變量 e 是個沒有單位的數值。除了平均線性應變量 e 外，眞應變 ε (true strain) 可定義為線性尺寸變化量除以瞬時的尺寸大小，亦即

$$\varepsilon = \int_{L_0}^{L_f} \frac{dL}{L} = \ln \frac{L_f}{L_0} \tag{2.63}$$

Herring 曾提供矽的彈性常數之完整介紹 [1]，對立方晶格而言，應力 - 應變的關係可表示為

$$|\sigma_1, \sigma_2, \sigma_3, \sigma_4, \sigma_5, \sigma_6| = \begin{vmatrix} c_{11} & c_{12} & c_{12} & 0 & 0 & 0 \\ c_{12} & c_{11} & c_{12} & 0 & 0 & 0 \\ c_{13} & c_{12} & c_{11} & 0 & 0 & 0 \\ 0 & 0 & 0 & c_{44} & 0 & 0 \\ 0 & 0 & 0 & 0 & c_{44} & 0 \\ 0 & 0 & 0 & 0 & 0 & c_{44} \end{vmatrix} \cdot \begin{vmatrix} \varepsilon_1 \\ \varepsilon_2 \\ \varepsilon_3 \\ \varepsilon_4 \\ \varepsilon_5 \\ \varepsilon_6 \end{vmatrix} \tag{2.64}$$

其中 σ_1、σ_2、σ_3 分別為在 x、y、z 方向的壓應力，σ_4、σ_5、σ_6 則為立方晶格上三對平行於晶格面的剪應力 (shear stress)。ε_1 至 ε_6 為不同方向的應變量，c_{11}、c_{12} 及 c_{44} 為彈性常數。表 2.5 為矽在室溫時的彈性常數及其溫度係數值 [2～3]

表 2.5　為矽在室溫時的彈性常數及其溫度係數值 [2～3]

A. 彈性常數	
c_{11}	1.6564×10^{11} Pa
c_{12}	0.6394×10^{11} Pa
c_{44}	0.7951×10^{11} Pa
B. 溫度係數	
K_{11}	-75×10^{-6}/°C
K_{12}	-24.5×10^{-6}/°C
K_{44}	-55.5×10^{-6}/°C

式 (2.64) 亦經常以倒數形式表示爲

$$|\varepsilon_1,\varepsilon_2,\varepsilon_3,\varepsilon_4,\varepsilon_5,\varepsilon_6| = \begin{vmatrix} s_{11} & s_{12} & s_{12} & 0 & 0 & 0 \\ s_{12} & s_{11} & s_{12} & 0 & 0 & 0 \\ s_{13} & s_{12} & s_{11} & 0 & 0 & 0 \\ 0 & 0 & 0 & s_{44} & 0 & 0 \\ 0 & 0 & 0 & 0 & s_{44} & 0 \\ 0 & 0 & 0 & 0 & 0 & s_{44} \end{vmatrix} \cdot \begin{vmatrix} \sigma_1 \\ \sigma_2 \\ \sigma_3 \\ \sigma_4 \\ \sigma_5 \\ \sigma_6 \end{vmatrix} \tag{2.65}$$

其中 s_{ij} 爲彈性模數 (elastic moduli)。對於立方晶體，彈性模式與彈性常數之間的關係可表示爲

$$s_{11} = \frac{(c_{11}+c_{12})}{(C_{11}-c_{12})(2c_{12})} \tag{2.66}$$

$$s_{12} = \frac{-c_{12}}{(C_{11}-c_{12})(2c_{12})} \tag{2.67}$$

$$s_{44} = \frac{1}{c_{44}} \tag{2.68}$$

三、彈性 (Elastic) 與塑性 (Plastic) 行為

經驗顯示所有的固態材料，在施以外力時均會變形。在某一固定外力以內，當外力移去時，物體可以回復到起始尺寸，這樣的機械行爲，稱之爲彈性變形。假如外力超過彈性限度 (elastic limit)，在外力移去時，物體不會回復到起始尺寸，而存在一永久變形量，這樣的行爲，稱之爲塑性變形。值得一提的是，當矽晶產生塑性變形時，大量的差排 (dislocation) 就會伴隨而生。

1. 楊氏模數 (Young's modulus)

對於大部份的材料，只要外力不超過彈性限度的話，那麼變形量是和外力成正比的；或者說應力正比於應變量，這種關係稱之爲虎克定律 (Hooke's law)：

$$\frac{\sigma}{e} = E = \text{常數} \tag{2.69}$$

其中 E 爲楊氏模數 (Young's modulus)。對於矽而言，楊氏模數與外力的方向有關：

$$\frac{1}{E} = s_{11} - 2\left(s_{11} - s_{12} - \frac{1}{2}s_{44}\right)(\sigma^2\beta^2 + \alpha^2\gamma^2 + \beta^2\gamma^2) \tag{2.70}$$

其中 α、β、γ 爲方向 cosines。當外力施加在 [100] 方向時，楊氏模數爲

$$E_{[100]} = 1/s_{11} = 1.31 \times 10^{11}\text{Pa} \tag{2.71}$$

假如外力是施加在 [110] 方向時，楊氏模數變爲

$$E_{[110]} = 4/(2s_{11} + 2s_{12} + s_{44}) = 1.69 \times 10^{11}\text{Pa} \tag{2.72}$$

對於在 (100) 面上的其它方向，楊氏模數是介於式 (2.71) 與 (2.72) 之間。而在 (111) 面上的所有方向之外力，都將等於 $E_{[100]}$ [4]。至於在 [111] 方向上的力，楊氏模數則變爲

$$E_{[111]} = 3/(s_{11} + 2s_{12} + s_{44}) = 1.87 \times 10^{11}\text{Pa} \tag{2.73}$$

由於大部分的積體電路元件，都建築在 {100} 或 {111} 矽晶片上，因此本小節所提供的楊氏模數大小，將有助於分析在元件製程中所導致的應力。

2. 壓縮模數 (Compression Modulus) 與剪模數 (Shear Modulus)

當矽試片受到靜水壓力，亦即 $\sigma_1 = \sigma_2 = \sigma_3$ 且其它應力爲零時，壓縮模數 K 可表示爲 [5]

$$K = \sum_{i,j=1}^{3} s_{ij} = 3(s_{11} + 2s_{12}) \tag{2.74}$$

線性壓縮率則爲 $K/3$。

對於一圓形試片，平均剪模數可表示為 [5]

$$G=\left[s_{44}+4\left(s_{11}-s_{12}-\frac{1}{2}s_{44}\right)(\alpha^2\beta^2+\alpha^2\gamma^2+\beta^2\gamma^2)\right]^{-1} \tag{2.75}$$

3. 泊松比 (Poisson's Ratio)

根據虎克定律，線性彈性應力與應變成正比。所以在 x 方向的拉應力將在 x 方向產生應變量，但同時它亦會在橫方向 (y 及 z) 產生應變量。經驗顯示這橫方向的應變量為縱方向應變量的常數比率，因此這常數比率被稱之為泊松比 (Poisson's Ratio)，以符號 v 表示

$$\varepsilon_y=\varepsilon_z=-v\varepsilon_x=-\frac{v\sigma_x}{E} \tag{2.76}$$

對於同方向性 (isotropic) 的材料而言，v 等於 0.25。對於 {111} 面矽晶，Poisson's Ratio 為

$$\sigma_{\{111\}}=\frac{1}{6}(5s_{12}+s_{11}-s_{44}/2)E_{\{111\}}=0.29 \tag{2.77}$$

事實上，矽的 Poisson's Ratio 僅略與方向有關。

四、機械性質與塑性變形 (Plastic Deformation)

材料在外加負載之下，依據其變形的行為，可分為延性 (ductile) 與脆性 (brittle) 二種，如圖 2.71 所示。一個完全脆性材料在彈性限度時，即已破斷；而延性材料則在破斷之前存在著塑性變形。在圖 2.71(b) 中，降伏強度 (yield strength) 的定義為使物體開始產生微量 (等於應變量的 0.002) 時的應力大小。塑性變形的發生總是伴隨著差排的產生與滑移。

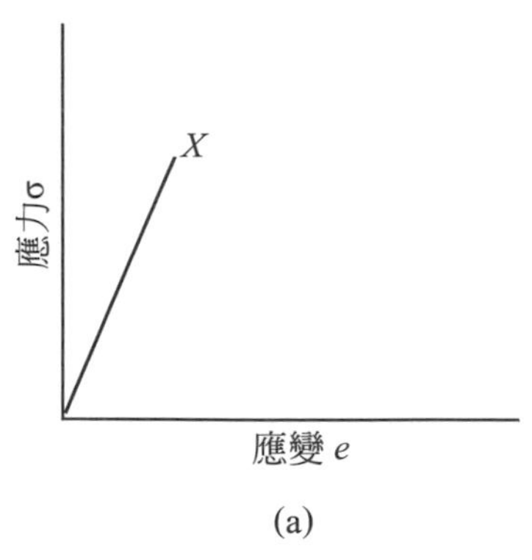

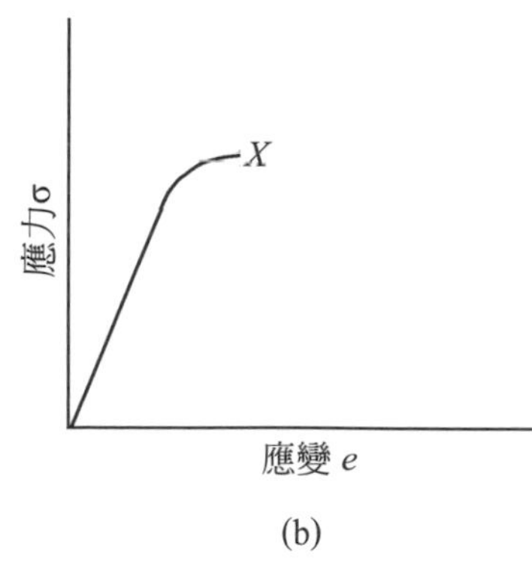

圖 2.71　典型的應力 - 應變圖：(a) 脆性材料，(b) 延性材料

圖 2.72 為矽在不同溫度下的應力 - 應變圖，矽在室溫之下，是個脆性材料，但卻是個高強度的材料。例如：用一尖物在矽晶片上輕輕一壓，矽晶片即會破裂 (破裂的形式與晶片方向有關，如圖 2.73 所示)，然而一僅為數毫米直徑的矽單晶卻可吊住超過 500 公斤的重量。矽的強度與結晶的完美性以及雜質 (例如：氧) 濃度有關。圖 2.74 及圖 2.75 分別為不同氧含量的零差排矽單晶以及含有差排矽晶在高溫之下的應力 - 應變圖 [6]，這些結果顯示氧濃度對含有差排矽晶的強度有很顯著的影響，但對於零差排矽單晶的強度之影響不大。不過一般的原則是，增加氧濃度有助於增加矽晶的強度。另外，這些作者也發現，當氧析出物的大小超過一定的大小時，矽有軟化的現象。圖 2.76 顯示氧析物的數量增加會造成矽晶彈性強度的降低 [11]。除了氧以外，在矽晶裡添加適量的氮或碳，都因為它們可以產生高密度的微細氧析出物，而增加矽晶的強度。

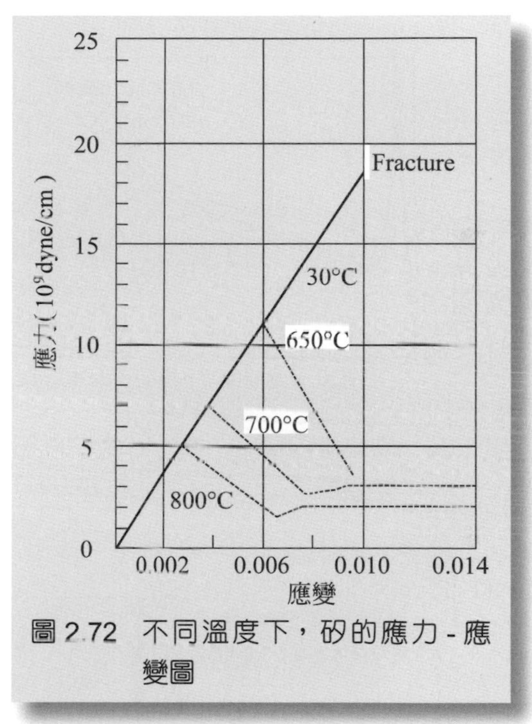

圖 2.72　不同溫度下，矽的應力 - 應變圖

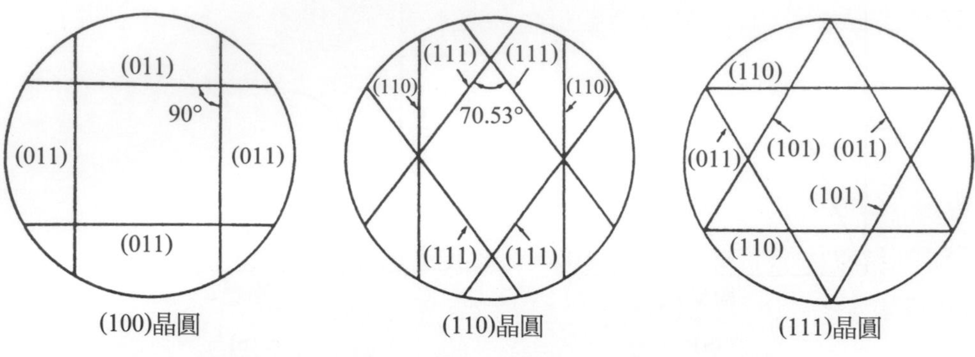

圖 2.73 {100}、{110}、{111} 的 cleavage 平面

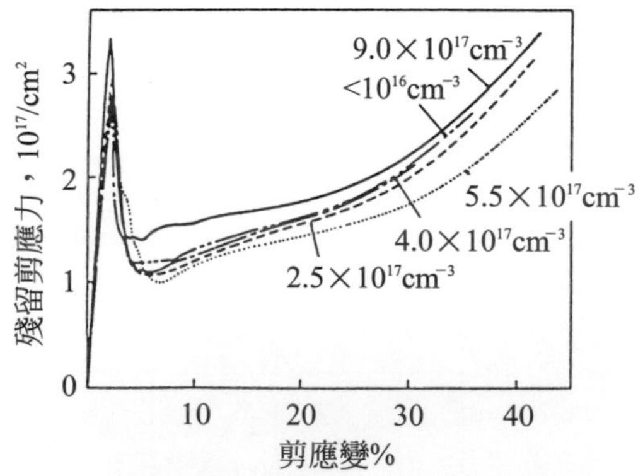

圖 2.74 零差排矽單晶在 900°C 之下的應力 - 應變圖 [(6)]

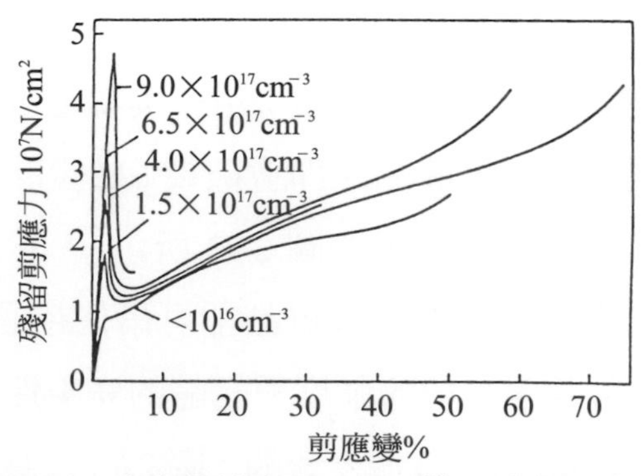

圖 2.75 含有差排密度 1×10^{16} cm^{-3} 的矽單晶在 800°C 之下的應力 - 應變圖 [(6)]

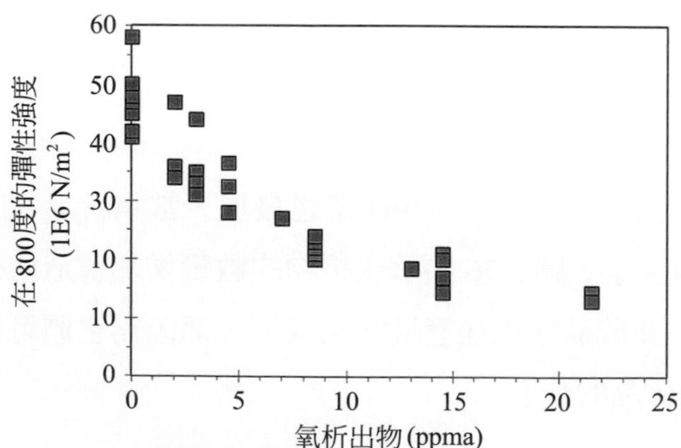

圖 2.76 矽晶的彈性強度與氧析出物濃度的關係 [(11)]

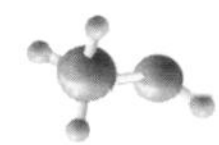

在高溫 (> 600°C) 之下，矽可能發生塑性變形。這種塑性變形係藉著在 {111} 面上的 <110> 方向之滑移現象而產生的[7]。這是為什麼在高溫製程時，滑移可由微小的表面缺陷延伸到晶片內部的機構。

Kondo[8] 在他的實驗中發現具有 21.5ppma(IOC-88) 氧濃度的 CZ 矽晶比不含氧的 FZ 矽晶更不易發生塑性變形。在 1050°C 熱處理之後，CZ 矽晶可以比 FZ 矽晶在較低的溫度產生變形，這是由氧析出物所引起的微缺陷所造的現象。

由於矽晶的 {111} 面具有最高的原子密度以及彈性模數，所以 {111} 的面與面之間比其它面弱，而 {110} 面則具有次高的原子密度以及彈性模數。因此 {111} 面為最易劈裂 (cleave) 的平面，{110} 面則次之。經驗發現，{100} 及 {110} 晶片在相同加工條件下，比 {111} 面更易有破片 (chipping) 現象。而且 {100} 及 {110} 晶片亦比 {111} 面更難拋光到非常平整光亮。這可能與 {100} 及 {110} 面較鬆散的原子堆積以及蝕刻速率有關。

五、撓曲 (Warp)

隨著晶圓尺寸的增大，晶圓直徑相對於厚度的比率也隨之增加，這使得撓曲的問題似變得更加的顯著。Leroy 及 Plougonven[9] 利用矽的臨界應力 (critical stress)、不均勻冷卻所產生的溫度梯度、及晶片的起始彎曲度等實驗數據，發展出一解釋以上現象之模型。他們發現在晶片的凹邊受到滑移的影響，遠比凸邊來得大。

Lee 及 Tobin[10] 則曾研究氧濃度對通過 CMOS 製程的矽晶片之撓曲度的影響。他們發現在氧濃度超過 19.6ppma(IOC-88) 時，會產生氧析出物；而在濃度超過 20.9ppma 時，會有顯著的撓曲現象。但他們也發現在改變一些製程參數之後，有時在氧濃度高達 24.8ppma 時，仍不會有撓曲現象。

六、參考資料

1. C. Herring, in："Fundamental Formulas of Physics," D.H. ed, Dover, New York (1960) Chapter 25.
2. J.J. Hall, Phys. Rev. 116 (1967) p.756-761.
3. H.J. McSkimin, W.L. Bond, E. Buehler, and G.K. Teal, Phys. Rev. 83 (1951) p.1080.
4. T.D. Riney, J. Appl. Phys. 32 (1961) p.454-460.
5. W.M. Bullis, in： "Handbook of Semiconductor Silicon Technology," W.C. O'Mara, R.B. Herring, and L.P. Hunt, eds, Noyes Publications, Park Ridge, New Jersey, p.347-450.
6. I. Yonenaga, K. Sumino, and K. Hoshi, J. Appl. Phys. 56 (1984) p.2346-2350.
7. G.L. Pearson, Jr. W.T. Read, and W.L. Feldman, Acta Met, 5 (1957) p.181-191.
8. Y. Kondo, in： "Semiconductor Silicon 1981," H.R. Huff, R.J. Kreigler, and Y. Takeishi , eds, The Electrochemical Society, Pennington, NJ (1981).
9. B. Leroy, and C. Plougonven, J. Electrochem. Soc. 127 (1980) p.961-970.
10. C.O. Lee, and P.J. Tobin, J. Electrochem. Soc. 133 (1986) p.2147-2152.
11. H.R. Huff, L. Fabry, and S. Kishino, Editors, In Semconductor Silicon 2002,p.774.

3 多晶矽原料的生產技術

半導體元件所使用的矽晶片，係採用多晶矽原料再經由單晶生長技術所生產出來的。對於矽晶圓材料業者而言，所使用的多晶矽原料品質之好壞 (包括純度、外觀、孔隙率等)，除了會影響到矽晶生長的良率外，更重要的是會影響到所製造出來的矽晶圓的品質，例如多晶矽原料中的金屬雜質，會導致矽晶片的少數載子生命週期 (minority carrier lifetime) 的下降，或者促進 OISF 的產生。於是，多晶矽原料品質也跟著間接地影響到半導體元件的品質與良率，例如多晶矽原料中的金屬雜質最後會導致半導體元件的漏電 (leakage) 問題。

多晶矽原料的生產技術，在早期始終帶著神秘的色彩，吾人很少能在科學或工程雜誌上發現有關這方面的文章。這也許是因爲從一開始，每個多晶矽製造廠商都是獨立發展自己的生產技術，因而擔心自己的技術被同業競爭者所採用，以致影響自己的市場佔用率。但自從 2006 年多晶矽原料嚴重缺貨之後，許多新的廠商投入這領域，才使得多晶矽的生產技術漸漸廣爲人知。

最早期的多晶矽製造廠商計有 Du Pont、Bell Lab、Siemens、Union Carbide、Foote Mineral、Mallincrodt、International Telephone、Transitron、Tokai Denkyoko、Chisso、Merck Chemical 等公司。其中大部份的製造廠商是以研究爲導向，所以很快就被商業市場淘汰掉了。後來進入這行業的 Wacker 及 Westinghouse 係買下 Siemens 多晶矽生產方法之使用權，並發展了自己的生產技術。其中 Westinghouse 又將 Siemens 方法轉賣給 Dow Corning 及 Monsanto 等公司。

在 1960 年代期間，市面上的多晶矽原料之純度、品質、價格，並無法滿足半導體工業之需求。因此一些半導體元件廠商 (例如：Texas Instruments、Motorola) 也開始生產自己的多晶矽。經過技術、市場上的競爭之後，在今日能夠提供高純度多晶矽原料的公司計有 Hemlock、Wacker、SunEdison、REC、Tokuyama、Komatsu、Mitsubishi、Sumitomo 等公司。前幾年由於太陽電池產業的蓬勃發展，造成多晶矽原料一度嚴重缺貨，使得許多新公司陸續投入多晶矽的製造生產上，尤其是中國大陸。到了 2022 年底，中國大陸的多晶矽產量已佔了全世界的八成以上了，不過生產出的多晶矽主要還是以用在太陽電池產業為主，只要少數比例用在電子級的半導體業。產能比較大的大陸多晶矽廠包括有協鑫科技、永祥股份、新特能源、新疆大全和東方希望等。

由於半導體工業的蓬勃發展，使得多晶矽的消耗量每年以約 15% 的比率增加。在 1965 年時，全球對多晶矽的需求量僅為每年 30 公噸，但直到今日 (2023) 多晶矽的年需求量已超過 100 萬公噸的數量了。

目前商業化的多晶矽，依外觀可分為塊狀多晶 (chunk poly) 與粒狀多晶 (granular poly) 二種。前者主要是利用 Siemens 的 CVD 方法，長出多晶棒後再敲碎成塊狀；後者則是利用在含有矽晶種 (seed) 的流體床 (fluidized-bed) 反應爐中，進行還原沉積反應來生產粒狀多晶。這二種方法各有其優缺點，本章將分別介紹這二種多晶矽的製造方法、用途及品質要求。

3-1 塊狀多晶矽製造技術 - 西門子法

一、前言

製造多晶矽 (polysilicon) 所使用的原料係來自矽砂 (SiO_2)，圖 3.1 為西門子法生產多晶矽的流程。首先矽砂 (SiO_2) 被還原成純度較低的冶金級多晶矽 (MG-Si)，由於冶金級多晶矽的純度無法滿足半導體元件的需求，必須再利用一系列的純化步驟將之轉換為高純度的半導體等級多晶矽 (SG-Si)。在純化上，先利用 HCl 將 MG-Si 轉換為

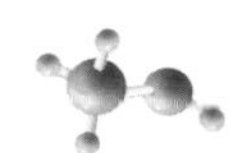

液態的三氯矽烷 ($SiHCl_3$)，接著將 $SiHCl_3$ 通過多重的蒸餾純化處理。最後利用西門子 (Siemens) 的 CVD 方法 [1～3]，將 $SiHCl_3$ 連同 H_2 通入 900°C 的反應爐內，反應產生的 Si 會沉積在晶種上，而形成高純度的矽多晶棒，在光伏的應用上，需要 6N 以上的純度，而在半導體的應用上，則須用到 9～12N 以上的純度。將矽多晶棒敲成塊狀，接著通過酸洗、乾燥、包裝等程序後，即成爲 CZ 矽晶生長所使用的高純度塊狀多晶矽 (chunk poly)。

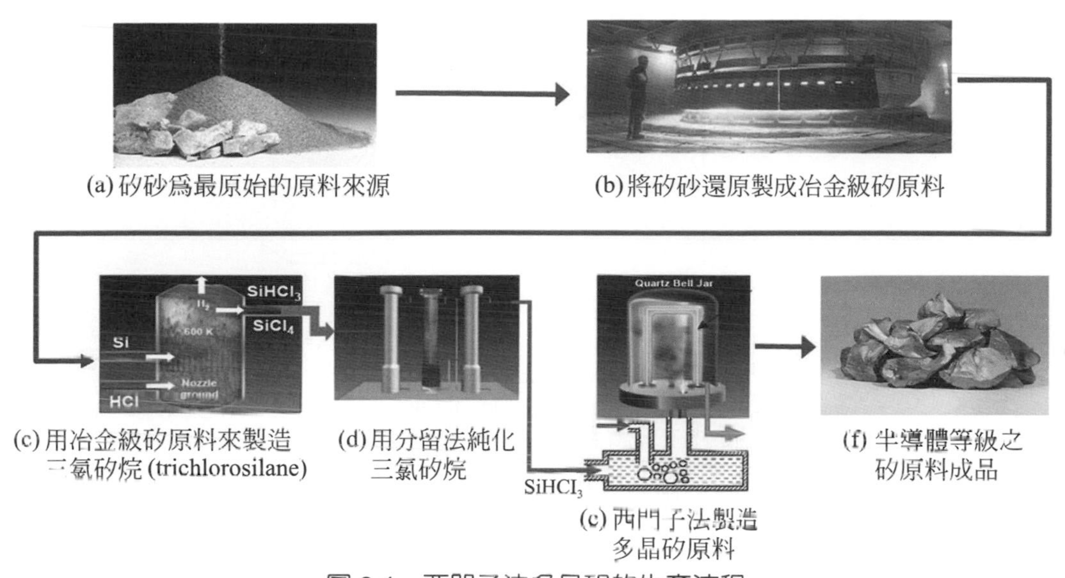

圖 3.1　西門子法多晶矽的生產流程

二、冶金級多晶矽 (Metallurgical-grade Silicon)

全球工業界每年生產數千萬公噸的金屬級多晶矽 (Ferrosilicon) 與冶金級多晶矽 (MG-Si)，其中大部份使用在鋼鐵與鋁工業上：添加 Ferrosilicon 到鐵中，可以增加鋼鐵的硬度與抗蝕能力，至於鋁工業則須要低等級矽來形成鋁矽合金。只有不到 5% 的 MG-Si 被使用來轉換爲高純度的半導體等級多晶矽。

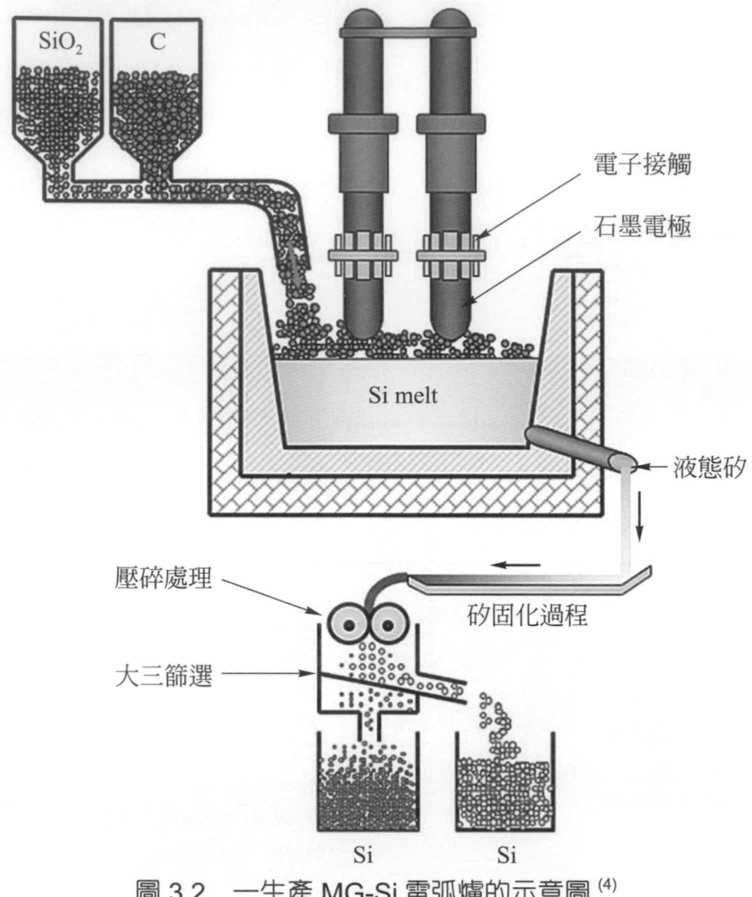

圖 3.2　一生產 MG-Si 電弧爐的示意圖 [4]

工業上的金屬級多晶矽與冶金級多晶矽，是在直徑 10 公尺、高度 10 公尺每年可生產數萬噸的電弧爐 (arc furnance) 中生產出來的。圖 3.2 爲一電弧爐的示意圖 [4]，商業的電弧爐使用約 10 ～ 30MW 的電能，來加熱直徑 1 米的石墨電極。焦炭 (coke)、煤炭 (coal)、木屑及其它型式的炭被用來當作還原劑，這些炭連同矽石 (SiO_2) 自電弧爐上方加入。兩個石墨電極之間產生高於 2000°C 的電弧，使得 SiO_2 還原生成一氧化碳氣體與矽熔液 [5～8]。這個還原反應可以簡單的表示爲

$$SiO_2 + 2C = Si + 2CO \tag{3.1}$$

但是實際上，在電弧爐中不同的溫度區域會發生一系列化學反應，其中包括

$$SiO_2 + C = SiO + CO \tag{3.2}$$

$$SiO + 2C = SiC + CO \tag{3.3}$$

$$SiC + SiO_2 = Si + SiO + CO \tag{3.4}$$

電弧爐製程可產出純度 98 ～ 99% 的冶金級多晶矽，而其中典型的不純物種類與濃度如表 3.1 所示 (9)。如果審慎選擇矽砂的品質、炭的純度、電弧爐壁的品質，也可能產出純度大於 99% 的多晶矽。MG-Si 可利用 Elkem 公司所發展的液態化學方法 (10 ~ 15)，將之純化到 99.8% 以上。但欲將多晶矽純化到半導體等級，非得使用氣相化學方法不可。

表 3.1 冶金級多晶矽中的不純物種類與濃度 (9)

元素	濃度 (ppma)
Al	1200 ～ 4000
B	37 ～ 45
P	27 ～ 30
Ca	590
Cr	50 ～ 140
Cu	24 ～ 90
Fe	1600 ～ 3000
Mn	70 ～ 80
Mo	< 10
Ni	40 ～ 80
Ti	150 ～ 200
Zr	30

三、Trichlorosilane($SiHCl_3$) 製造方法

Trichlorosilane(三氯矽烷) 是目前生產高純度塊狀多晶矽的主要中間原料，它在室溫時爲無色易燃的液體，其沸點爲 31.9°C、凝固點爲 –125.6°C。

圖 3.3 顯示 $SiHCl_3$ 的製造流程，在製造上，首先將 MG-Si 磨成小於 40μm 的粉末，再使之與不含水的 HCl 在 250 ～ 350°C 的流體床反應器 (fluidized-bed reactor，FBR) 中發生以下的反應：

$$Si(s) + 3HCl(g) \rightarrow SiHCl_3(g) + H_2(g) \tag{3.5}$$

$$Si(s) + 4HCl(g) \rightarrow SiCl_4(g) + 2H_2(g) \tag{3.6}$$

以上的化學反應，可以產生約 90% 的 $SiHCl_3$ 與 10% 的 $SiCl_4$。事實上，$SiHCl_3$ 與 $SiCl_4$ 兩者的實際生成比率與反應溫度有關，反應溫度愈高，$SiCl_4$ 的生成比率會上升。原來存在於 MG-Si 的大部份不純物，會形成氯化物 (例如：$FeCl_3$、$AlCl_3$、BCl_3 等)，這些顆粒狀的氯化物可以被過濾掉。

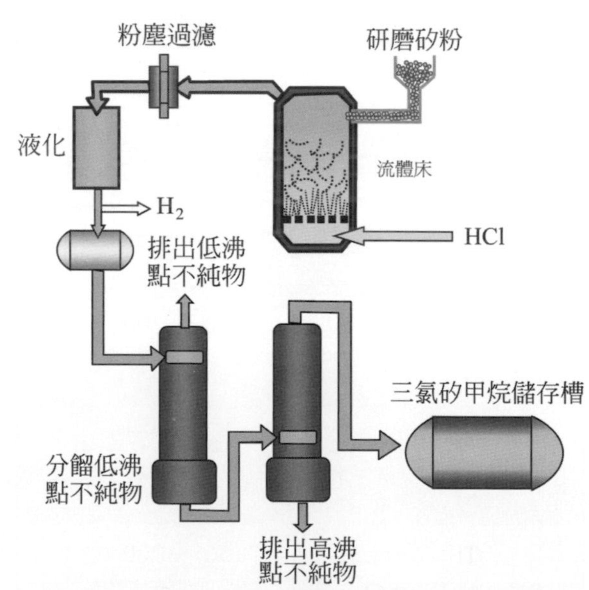

圖 3.3　$SiHCl_3$ 的製造流程 (本示意圖由多晶矽製造商 Wacker AG 提供)

除了以上的方法之外，也有下同時添加 $SiCl_4$ 氣體，並在更高溫下 (亦即 600°C) 來加速反應的進行，如下式所示：

$$Si(s) + 3HCl(g) + SiCl_4(g) \rightarrow SiHCl_3(g) + SiCl_4(g) + H_2(g) \tag{3.7}$$

在反應式 3.6 及 3.7 所產生的副產品 $SiCl_4$ 也可以利用以下兩個方法，將之轉換爲 $SiHCl_3$：第一是在 500 ～ 600°C 時，$SiCl_4$ 可以利用 Cu 觸媒在流動層反應器中發生以下的反應

$$Si(s) + SiCl_4(g) + 2H_2(g) \rightarrow SiHCl_3(g) \tag{3.8}$$

利用這方法，$SiCl_4$ 轉換爲 $SiHCl_3$ 的效率約爲 37%[16～18]。第二種方法是在 1000 ～ 1200°C 時，將 $SiCl_4$ 直接與 H_2 反應生成 $SiHCl_3$，這種轉換效率也可達到 37%[19]。產出的 $SiHCl_3$ 與 HCl 混合氣體，必須再利用冷凝器將它們急冷分離

$$SiCl_4(g) + 2H_2(g) \rightarrow SiHCl_3(g) + HCl(g) \tag{3.9}$$

以上方式所產生的 $SiHCl_3$ 純度還不夠高，還要經過一系列的蒸餾 (distillation)、沉降 (sedimentation)、及吸附 (adsorption)，將之純化。蒸餾法的主要目的，在於移除一些氯化不純物，例如 $AlCl_3$, $FeCl_3$, $TiCl_4$ 等，以及硼、磷的氯化物，此外還包括 SiH_2Cl_2、$SiCl_4$ 等副產品。在純化步驟上，必須經過多次蒸餾，才能將雜質降低到 1ppb 以下。在安全性的考量上，盛裝 $SiHCl_3$ 的容器必須壁免日光的照射，且必須低溫儲存，以防止急速蒸發而爆炸。

四、西門子法多晶矽的製造

在那麼多生產多晶矽的技術中，使用 $SiHCl_3$ 當原料並在鐘形罩反應爐 (bell jar) 中生產多晶矽是最普遍的。早期製造 $SiHCl_3$ 的工廠，一般都不位於生產多晶矽的工廠內，因此 $SiHCl_3$ 原料的運送較爲麻煩。目前多數的多晶矽廠，都已直接在自己的工廠內利用 MG-Si 生產 $SiHCl_3$ 原料。

1. 鐘形罩反應爐之設計

多晶矽反應爐的設計，隨著各製造廠的製程而有所不同，但有個共同點是大多採用單端開口的鐘形罩 (bell jar) 方式。圖 3.4 爲一石英鐘形罩反應爐的基本設計 [20]。鐘形罩反應爐的底盤是水冷式的，盤上有氣體原料的入口 (inlet)、廢氣的出口 (outlet) 以及連接晶種的電極。石英鐘形罩係利用 O-ring 密封在底盤之上。假如鐘形罩本身的材質爲石英的話，在石英外側須包圍著隔熱及安全保護層。假如鐘形罩本身的材質爲金屬的話，爐壁通常爲水冷式的設計。

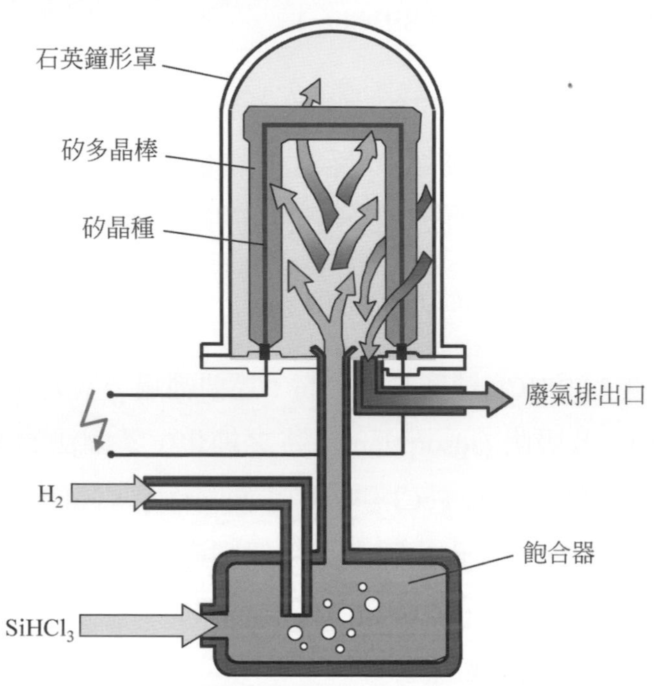

圖 3.4　一生產矽多晶棒的石英鐘形罩反應爐 (本示意圖由多晶矽製造商 Wacker AG 提供)

2. 鐘形罩反應爐的操作要點

鐘形罩反應爐的操作溫度約在 1100°C 左右，它每小時可以消耗數千立方英呎的 $SiHCl_3$ 及 H_2 氣體和數百萬瓦的能量，每次可產生數千公斤的多晶矽，再加上操作過程會產生腐蝕性的 HCl 氣體，所以可說是相當複雜的製程。

在每次生產之前，必須將細小的矽晶種垂直固定在電極上，接著將鐘形罩反應爐慢慢降到底盤上，在測試完反應爐的眞空度之後，開始加熱並通入原料氣體 $SiHCl_3$

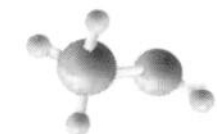

及 H_2。因為 H_2 亦須充當 $SiHCl_3$ 的運輸氣體 (carrier gas)，所以 H_2 的使用量為反應量的 10 至 20 倍。在 1100°C 時，H_2 會將 $SiHCl_3$ 還原成 Si，這些產生的 Si 便會沉積在晶種上，變成多晶棒

$$SiHCl_3(g) + 2H_2(g) \rightarrow Si(s) + 3HCl(g) \tag{3.10}$$

雖然這反應式看起來像是生產 $SiHCl_3$ 氣體 (式 3.5) 的逆反應，但事實上這是過度簡化的反應式。因為矽晶種的表面溫度被加熱到 1100°C，但反應爐由於較大的溫度梯度，所以尚有其它的反應會發生。四氯矽烷 ($SiCl_4$) 是矽的製造過程中的主要副產品，它可能來自以下的反應

$$SiHCl_3(g) + HCl(g) \rightarrow SiCl_4(g) + H_2(g) \tag{3.11}$$

事實上，約有 2/3 的 $SiHCl_3$ 會轉為 $SiCl_4$。$SiCl_4$ 可以很容易被純化，作為磊晶生長時的氣體原料或當成生產石英的原料，甚至如前所述的，它可被回收來生產 $SiHCl_3$。在每次生產結束之後，須關閉電源，再利用 N_2 氣體將反應爐沖淨。在多晶棒取出後，將反應爐清乾淨即可重新開始另一次生產。圖 3.5 為利用這方法所產生的多晶棒及敲碎的多晶塊。ㄇ型多晶棒的直筒部份亦可用來當作 FZ 矽晶生長法的原料棒。將矽多晶棒敲成塊狀，接著通過酸洗、乾燥、包裝等程序後，即成為 CZ 矽晶生長所使用的高純度塊狀多晶矽 (chunk poly)。

(a) ㄇ型多晶棒　　(b) 塊狀多晶矽原料

圖 3.5　利用 Simens 方法所產生的ㄇ型多晶棒及敲碎後的多晶塊

西門子方法最普遍的製程條件為

(1) 石英反應爐的爐壁溫度要在 575°C 以下，晶種溫度約 1100°C。
(2) $SiHCl_3$ 與 H_2 的莫耳比率在 5 ～ 15% 之間。
(3) 反應爐的壓力要小於 5psi。
(4) 氣體流量要比計算值大，以增加沉積速率及帶走 HCl 氣體。

增加沉積速率，不一定能夠降低生產成本，因為這可能需要更多的氣體原料、電力等才能達成。再者，沉積速率的快慢也會影響到多晶矽的品質，過快的沉積速率可能使得多晶矽中含有氣泡。利用以下的方法，可以有效的增加沉積速率：

(1) 升高晶種的溫度。
(2) 加 $SiHCl_3$ 的莫耳比率。
(3) 增加 $SiHCl_3$ 的流量。
(4) 增加晶種的表面積。
(5) 增加 HCl 的去除速率。

五、改良西門子法

傳統的西門子生產法是用氯氣和氫氣合成無水氯化氫，氯化氫和粉狀冶金矽在一定的溫度下合成 $SiHCl_3$，然後對 $SiHCl_3$ 進行分離精餾提純，提純後的 $SiHCl_3$ 在氫還原爐內進行熱還原反應，從而得到沉積在矽芯上的多晶矽。

如圖 3.6 所示，改良西門子法則在以上的基礎上，同時配備了回收利用生產過程中伴隨產生的大量 H_2、HCl、$SiCl_4$ 等副產物的配套製程，主要包括還原尾氣回收與 $SiCl_4$ 再利用技術。尾氣中的 H_2、HCl、$SiHCl_3$、$SiCl_4$ 通過乾法回收得以分離出來，H_2 和 HCl 可再用於與 $SiHCl_3$ 的合成與提純，$SiHCl_3$ 直接回收進入熱還原爐內進行提純，$SiCl_4$ 經氫化後生成 $SiHCl_3$ 可用於提純，這一步驟也被稱為冷氫化處理。企業通過實現閉路生產，顯著降低原材料及電力的消耗量，從而有效節約生產成本。

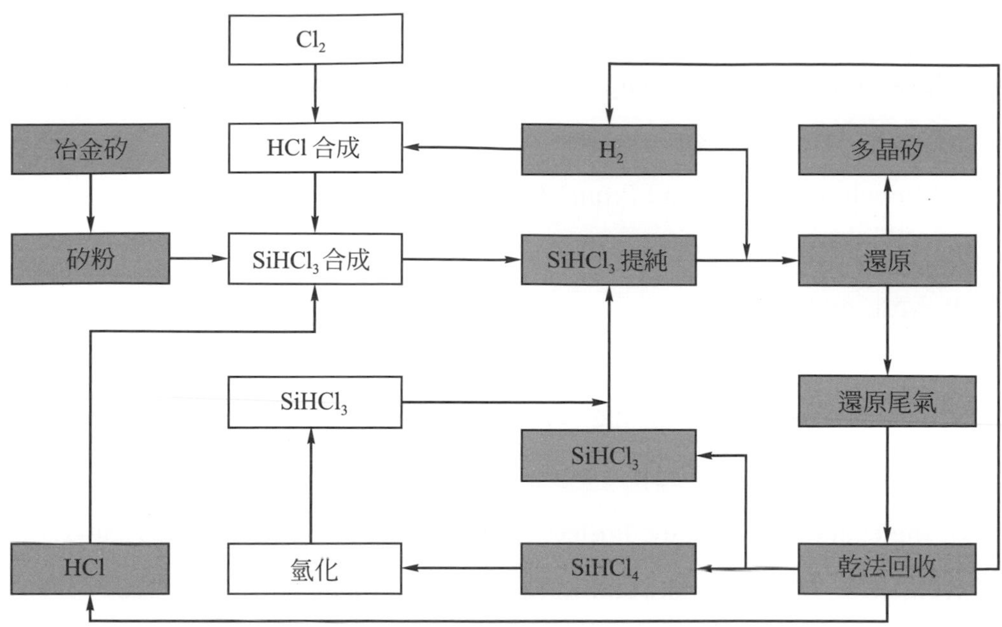

圖 3.6　改良西門子法的流程圖

六、參考資料

1. US Patent, 3,042,494 (1962).
2. US Patent, 3,146,123 (1964).
3. US Patent, 3,200,009 (1965).
4. E. Sirtl, Proc. First Europen Communities Photovoltaic Solar Energy Conf., Luxembourg (D. Reidel, Dordrecht, 1978).
5. A.S. Berezhnoi, Silicon and Its Binary Systems, Consultants Bureau, New York(1960).
6. H.A. Aulich,"Solar Grade Silicon Prepared from Carbothermic Production of Silicon," Report DOE/JPL-1012-122, p.267-275, Nat. Tech. Inform. Center, Springfiled, VA (1985).
7. L.D. Crossman, and J.A. Baker, in: "Semiconductor Silicon 1977," Vol 77-2,pp18-31, H.R. Huff and E. Sirtl, eds. The Electrochem. Soc., Pennington, New Jersey (1977).
8. W.T. Fairchild, paper number A70-36, TMS-AIME Annual Meeting, Denver (1970).
9. J.R.McCormic, in: "Semiconductor Silicon 1981, ", H.R. Huff, R.J. Kriegler, and Y. Takeishi, eds. The Electrochem. Soc., Pennington, New Jersey (1981) pp43-60.
10. H.C. Torrey, Crystal Rectifiers, McGraw Hill Book Co., New York (1948).

11. W. Voss, US Patent, 2,972,521 (1961).
12. A.B. Kinnnzel, and T.R. Gunninghamm, Metals Technology, Tech. Paper (1939) p.1138.
13. N.P. Tucker, Iron and Steel Inst., Vol. 115 (1927) p.412-416.
14. N.N. Murach, Khim. Hauka I Promi, No. 5 (1956) p.492.
15. J. Stewart, Electroplat. and Metal Finish., Vol. 9 (1956) p.212-219.
16. J.Y.P. Mui, and D. Seyferth, "Investigation of the Hydrogenation of SiCl4." Final Report, DOE/JPL Contract 955382, Nat. Tech. Infor. Center, Springfield, VA (1981).
17. J.Y.P. Mui, "Investigation of the Hydrogenation of SiCl4." Final Report, DOE/JPL Contract 956061, ibid. (1983).
18. W.M. Ingle, and M.S. Peffley, J. Electrochem. Soc. Vol. 132 (1985) p.1236-1240.
19. W. Weigert, E. Meyer-Simon, and R. Schwartz, German Patent 2,209,267 (1973).
20. W. Dietze, W. Keller and A. Muhlbauer, in: Crystals- Growth, Properties, and Applications, 5, ed., J. Grabmier (Spronger-Verlag, Berlin, 1981).
21. L. C. Roger, in: "Handbook of Semiconductor Silicon Technology," (W.C.O'Mara, R.B. Herring, and L.P. Hunt, eds.) Noyes Publications, Park Ridge, New Jersey, USA (1990) p.33.

3-2 塊狀多晶矽製造技術 -ASiMi 方法

一、前言

多晶矽的製造技術除了使用 $SiHCl_3$ 當原料外，在理論上也可使用 SiH_4、SiH_2Cl_2、$SiCl_4$ 等原料。然而工業上的考慮，不單是化學理論而已，而是生產時的成本、安全性、品質與可靠性等。表 3.2 爲 $SiHCl_3$、SiH_4、SiH_2Cl_2、$SiCl_4$ 等原料的比較 [(1)]，由於這些考量，SiH_2Cl_2 與 $SiCl_4$ 並不適合用來生產多晶矽。使用 SiH_4 (矽甲烷) 當原料的技術是起源於 1960 年代末期的 ASiMi (Advanced Silicon Materials Inc.) 公司。使用 SiH_4 當原料可以節省電力，因爲它可以在較低的溫度沉積產生純度更高的多晶矽。這方法係將 SiH_4 加熱到高溫，使之分解產生 Si 與 H_2，產生的 Si 同樣沉積在晶種上形成高純度的矽多晶棒。本節將介紹這種 ASiMi 方法，以及生產 SiH_4 的相關技術。

表 3.2 利用 $SiHCl_3$、SiH_4、SiH_2Cl_2、$SiCl_4$ 等原料生產 SG-Si 的比較 [(1)]

項目	使用原料			
	SiH_4	SiH_2Cl_2	$SiHCl_3$	$SiCl_4$
多晶矽之純度 (ohm-cm)	> 1000	100	> 1000	> 2000
生產成本 ($/kg)(相對値)	9.38	6.29	5.22	5.22
安全性考量	須非常小心	須非常小心	須小心	須小心
交替來源	無	無	其他	其他
副產品之使用	內部	內部	內部或外售	內部或外售
沉積速率 (μm/min)	3 ～ 8	5 ～ 8	8 ～ 12	4 ～ 6
第一次轉換效率 (%)	未知	17	5 ～ 20	2 ～ 20
電力消耗 (KWh/kg Si) 鐘形罩 流體床	 40 + 90 +	 90 + —	 120 + 30 +	 250 + —

二、SiH_4 原料製造技術

SiH_4 的沸點為 −111.8°C，所以在室溫之下為無色的氣體。它很容易與氧自然起火燃燒，所以在操作上必須格外的注意。

1. Union Carbide 方法 (2～3)

Union Carbide 方法是目前世界上規模最大的 SiH_4 製造法，圖 3.7 為 Union Carbide 方法的流程圖。首先是將 Si、H_2 及 $SiCl_4$ 等原料，置於高溫高壓 (約 550°C、30 大氣壓) 下的流體床 (fluidized-bed) 反應爐內，產生 $SiHCl_3$。接著利用蒸餾分離法，使 $SiHCl_3$ 在具有特殊離子交換樹脂的不均化反應器內發生不均化反應 (disproportionation reaction)，而產生 SiH_2Cl_2 及 $SiCl_4$。生成的 SiH_2Cl_2，必須經過同樣的離子交換樹脂層，蒸餾分離成 SiH_4 及 $SiHCl_3$。整個製程可以用以下的反應式來表示

$$Si(s) + 2H_2(g) + 3SiCl_4(g) \rightarrow 4SiHCl_3(g) \tag{3.12}$$

$$2SiHCl_3(g) \rightarrow 3SiH_2Cl_2(g) + SiCl_4(g) \tag{3.13}$$

$$2SiH_2Cl_2(g) \rightarrow SiH_4(g) + 2SiHCl_3(g) \tag{3.14}$$

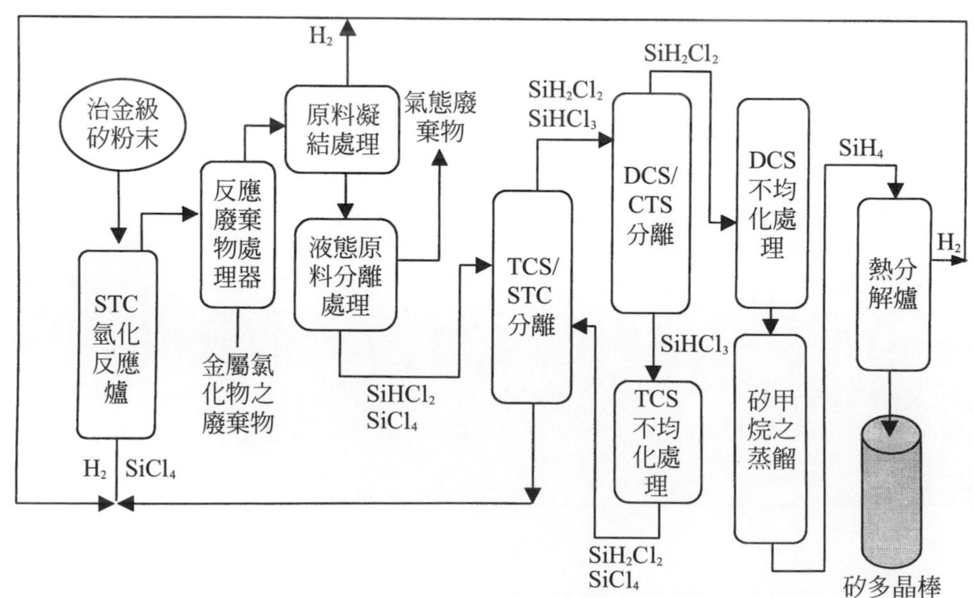

圖 3.7　Union Carbide 方法製造矽甲烷與矽多晶棒的流程圖 (2～3)

2. 利用 $SiCl_4$ 的合成反應法 (4～5)

利用金屬氫化物還原 $SiCl_4$，亦可產生 SiH_4。其中的一個方式是將 LiH 溶解在 400°C 的 LiCl/KCl 熔湯中，然後與 $SiCl_4$ 與反應產生 SiH_4

$$4LiH(l) + SiCl_4(g) \rightarrow SiH_4(g) + 4LiCl(l) \tag{3.15}$$

其中的副產品 LiCl 可以被回收，因爲它可以被電解產生氯氣

$$4LiCl(l) \rightarrow 4Li(l) + 2Cl_2(g) \tag{3.16}$$

產生的氯氣可以被用來與 Si 反應產生更多的 $SiCl_4$，而 Li 則可與 H_2 反應重新生成 LiH

$$Si(s) + 2Cl_2(g) \rightarrow SiCl_4(g) \tag{3.17}$$

$$4Li(l) + 2H_2(g) \rightarrow 4LiH(l) \tag{3.18}$$

以上這些反應步驟的淨反應爲：

$$Si(s) + 2H_2(g) \rightarrow SiH_4(g) \tag{3.19}$$

3. Ethyl 方法

Ethyl 公司開發出可以大量生產 SiH_4 的技術，以做爲生產粒狀多晶矽的原料 (6)。他們所使用的起始原料爲磷酸鹽肥料工業的副產品 H_2SiF_6 (氫氟矽酸)，利用其與濃硫酸的反應可生成 SiF_4

$$H_2SiF_6 + H_2SO_4 \rightarrow SiF_4 + 2HF \tag{3.20}$$

接著在 250°C 下，利用 LiH 可將 SiF_4 還原生成 SiH_4

$$4LiH + SiF_4 \rightarrow SiH_4 + 4LiF \tag{3.21}$$

4. Johnson's 方法 [7]

目前工業界生產的 SiH_4，有部份是利用改良 Johnson 在 1935 年所提出的方法而來的 [8]。這方法首先是在 500°C 的氬氣氛中，使矽粉與鎂生成矽化鎂。然後使矽化鎂在 0°C 以下的氨水中與氯化氨反應生成 SiH_4。

$$Mg_2Si + 4NH_4Cl \rightarrow SiH_4 + 2MgCl_2 + 4NH_3 \tag{3.22}$$

在這種方法中，大部份的硼雜質可藉由與 NH_3 形成化學反應，而與 SiH_4 分離。因此利用這種 SiH_4 原料製造出的多晶矽，所含有的硼雜質約在 0.01 至 0.02ppba 之間。這種濃度比利用 Simens 方法所製造出的多晶矽小。

除了以上四種方法外，SiH_4 也可藉由以下的化學反應產生 [9]

$$LiAlH_4 + SiCl_4 \rightarrow SiH_4 + LiCl + AlCl_3 \tag{3.23}$$

三、多晶矽的製造

利用 SiH_4 原料來製造多晶矽棒，一般是使用金屬鐘形罩爐。圖 3.8 爲 Komatsu 公司的金屬鐘形罩爐之示意圖 [10]。在高溫時，SiH_4 會分解產生 Si 與 H_2

$$SiH_4 \rightarrow Si + H_2 \tag{3.24}$$

分解產生的 Si 會漸漸沉積在晶種 (#20) 上，而形成多晶棒 (#1)。這方法的主要考量之一是沉積速率，由於這方法沉積速率很慢 (3～8 μm/min)，爲了增加沉積速率，必須使得欲發生沉積反應的地方熱，而使得不欲發生沉積反應的地方冷。所以除了晶種的位置外，其它地方須保持約在 100°C 左右，例如：金屬爐壁 (#3)、熱絕緣體 (#5)、底盤 (#4) 等。

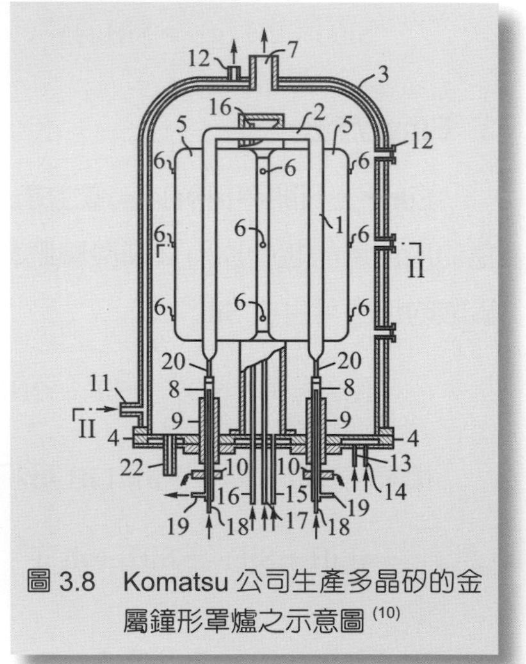

圖 3.8　Komatsu 公司生產多晶矽的金屬鐘形罩爐之示意圖 [10]

增加沉積速率的另一考量，是要讓 SiH_4 氣體的溫度足夠低，以避免氣體自出口 (#15，#17) 到抵達晶種前，即已分解到處產生矽粉塵。一般 SiH_4 在 300°C 即已分解，而晶種處的溫度爲 800°C。

雖然沉積速率較慢，但比起 $SiHCl_3$，SiH_4 的轉換效率則高的多。95% 以上的 SiH_4 可以轉換成多晶矽。再者由於 SiH_4 可以在較低的溫度沉積產生高純度多晶矽，所以須要的電力也較小。

四、參考資料

1. L. C. Roger, in: "Handbook of Semiconductor Silicon Technology," (W.C. O'Mara,R. B. Herring, and L.P. Hunt, eds.) Noyes Publications, Park Ridge, New Jersey,USA (1990) p.33.
2. Union Carbide Corporation., "Experimental Process System Development Unit for Producing Semiconductor Silicon Using Silane-to-Silicon Process," Final Report, DOE/JPL Contract 954334, National Techancial Information Center, Springfield, VA (1981).
3. S. Iya, "Union Carbide; Development of the Silane Process for the Production of Low-Cost Polysilicon," Report DPE/JPL-1012-122, p. 139, ibid. (1985).
4. W. Sundermeyer, Pure Appl. Chem. Vol. 13 (1966) p. 93-99.
5. W. Sundermeyer, Chem. Zeit, Vol. 1 (1967) p.151-157.
6. G. Parkinsom, S. Ushio, H. Short, D. Hunter and R. Lewald, Chemical Engineering,p. 14-17, May 25 (1987).
7. W.C. Johnson et al, J. Am. Chem. Soc. 57 (1935) p. 1349-1353.
8. A. Yusa, Y. Yatsurugi, and T. Takaishi, J. Electrochem. Soc. 122 (1975) p.1700-1705.
9. A.E. Finholt, J. Am. Chem. Soc. 69 (1947) p.2692.
10. Komatsu Corp., US Patent 4,450,168.

3-3 粒狀多晶矽製造技術

一、前言

粒狀多晶矽製造技術，起源於 Ethyl 公司的 SiH_4 製造方法 [1～3]。1987 年商業化的粒狀多晶矽開始生產。這技術是利用流體床反應爐將矽甲烷分解，而分解形成的 Si 則沉積在一些自由流動的微細晶種粉粒上，形成粒狀多晶矽。由於較大的晶種表面積，使得流體床反應爐的效率高於傳統的 Simens 反應爐，因此這技術可以提供較低的生產成本。在用途上，粒狀多晶矽除了用在傳統的 CZ 矽晶生長上外，在 CCZ (Continuous Czochralski Crystal Growth) 及二次加料的用途上格外有用。

二、Albemarle(MEMC) 法製造多晶矽的流程

圖 3.9 爲 MEMC 公司製造粒狀多晶矽的流程，這方法的製造概要如下：

(1) 利用鈉、鋁、及氫製造 $NaAlH_4$

$$Na + Al + 2H_2 \rightarrow NaAlH_4 \tag{3.25}$$

(2) 分解磷酸鹽肥料工業的副產品 H_2SiF_6(氫氟矽酸)，使之產生 SiF_4

$$H_2SiF_6 \rightarrow SiF_4 + 2HF \tag{3.26}$$

(3) SiF_4 被 $NaAlH_4$ 還原產生 SiH_4

$$NaAlH_4 + SiF_4 \rightarrow SiH_4 + NaAlF_4 \tag{3.27}$$

(4) 利用蒸餾法純化 SiH_4。

(5) SiH_4 在流體床反應爐中分解，並利用 CVD 原理在晶種顆粒上析出

$$SiH_4 \rightarrow Si + H_2 \tag{3.28}$$

(6) 適當大的多晶矽會自反應爐的底部落下，成爲粒狀 (granular) 多晶矽。

(7) 粒狀多晶矽必須經過去氫 (dehydrogen) 處理，才能包裝出貨。

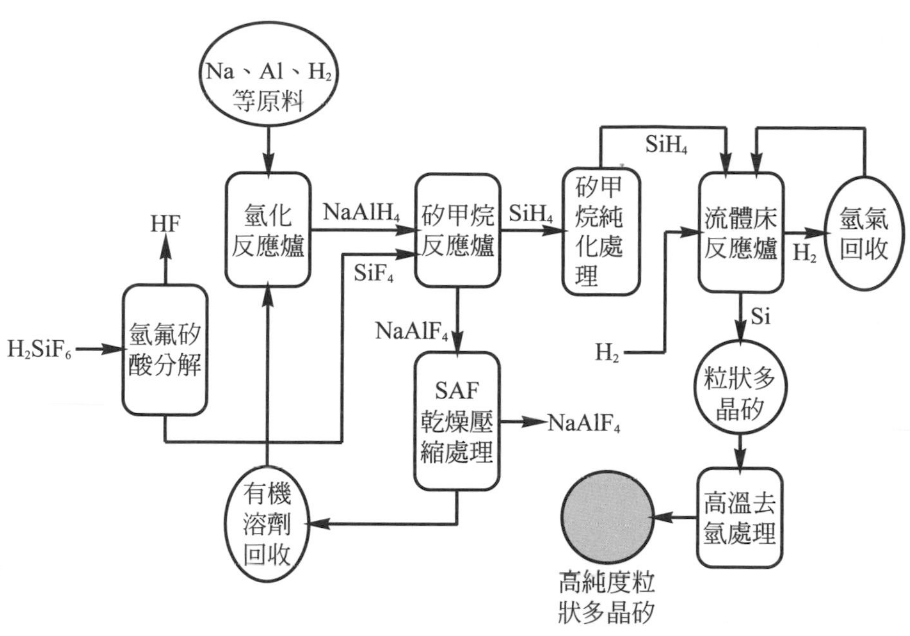

圖 3.9　MEMC 公司製造多晶矽的流程

三、流體床反應爐 (Fluidized-Bed Reactor)

圖 3.10 為一典型流體床反應爐的示意圖 [4]。流體床反應爐的外觀像是兩端封閉的直筒，原料氣體 (SiH_4) 是由底部注入爐內，而細小的矽晶種顆粒則從反應爐的右上方注入。由於注入氣體的速率夠大，使得這些微小的顆粒可以隨著氣流在爐中四處流動。當原料氣體上升到熱區 (heated zone) 時，會開始分解而沉積在晶種顆粒上，因此矽顆粒愈長愈大，直到氣體的速率無法支撐其重量時，便自反應爐的底部落下，成為粒狀 (granular) 矽多晶 [5～8]。反應產生的 H_2 氣體則自爐子上方排出。

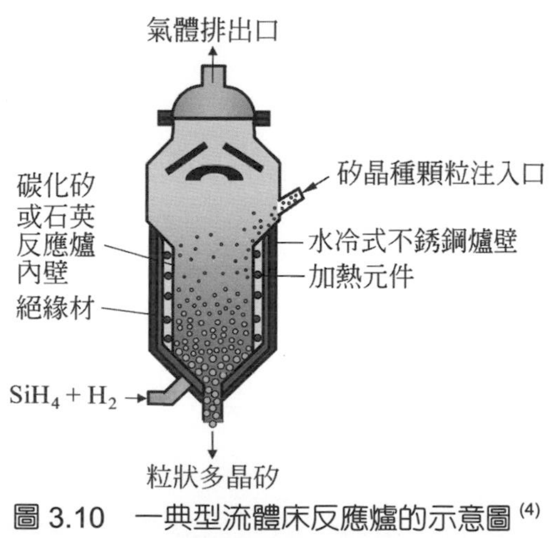

圖 3.10　一典型流體床反應爐的示意圖 [4]

流體床反應爐的操作溫度爲 575 ～ 685°C，原料轉換成多晶矽的效率約爲 99.7%[9]。產生的粒狀矽多晶的平均大小約爲 700μm 左右，如圖 3.11 所示。矽晶種的製造是將 SG-Si 磨成微粒，然後在酸、過氧化氫及水中過濾。這種製造晶種的方法非常費時昂貴，而且容易在研磨過程引進不純物。新的方法是使 SG-Si 在高速的氣流中互相撞擊，成爲微粒狀，如此一來則不會引進金屬不純物了[11]。粒狀矽多晶的沉積速率，可以因溫度增加、矽甲烷莫耳比增加、氣體流速增加等因素而提高。理論上，愈大的反應爐尺寸，多晶矽的產生率愈高。

利用流體床反應爐的概念，優於傳統的鐘形罩反應爐的地方爲：它可以連續性的生產、較大的反應爐尺寸、較安全的操作、較低的電能消耗等。但是生產出的多晶矽品質則有待進一步改善。爲了防止粒狀多晶矽受到污染，流體床反應爐的爐壁必須選用高純度的石英、或者必須在爐壁鍍上一層矽。

圖 3.11　利用流體床反應爐為製造的粒狀矽多晶的平均大小約為 700μm 左右

四、粒狀多晶矽的去氫 (Dehydrogen) 處理

使用粒狀多晶矽在 CZ 矽單晶生長時，常可發現在熔解過程中，粒狀多晶矽會有噴濺 (splash) 的現象。這些噴濺物可能附著在石英坩堝或其它熱場 (hot zone) 元件上，甚至可能在長晶過程中重新掉入矽熔湯 (silicon melt) 內，造成長晶的困難。這種造成

噴濺的原因，是因爲粒狀多晶矽中含有氫氣。這些存在於粒狀多晶矽中的氫氣，在矽熔湯中的溶解度很低 (小於 0.1ppma)，因此會快速的自矽熔湯表面釋出而引起噴濺。

爲了減少以上的問題，粒狀多晶矽必須做去氫處理 [12]。去氫處理的條件是將粒狀多晶矽在 1020 ～ 1200°C 的熱處理爐中加熱 2 至 4 小時。如此可將粒狀多晶矽的氫含量降到 20ppma 以下。

五、參考資料

1. J. R. McCormic, in: "Semiconductor Silicon 1981, ", H.R. Huff, R.J. Kriegler, and Y.Takeishi, eds. The Electrochem. Soc., Pennington, New Jersey (1981) pp43-60.
2. R. Lutwack and A. Morrison, eds., "Silicon Materials Preparation and Economical Wafering Methods," Noyes Publication, Park Ridge, New Jersey, 1984.
3. G. Parkinsom, S. Ushio, H. Short, D. Hunter and R. Lewald, Chemical Engineering, p. 14-17, May 25 (1987).
4. L. C. Roger, in: "Handbook of Semiconductor Silicon Technology," (W.C. O'Mara,R. B. Herring, and L.P. Hunt, eds.) Noyes Publications, Park Ridge, New Jersey, USA (1990) p.33.
5. E.S. Grimmett, "An Update on a Mathematical Model Which Predicts the Particle Size Distribution in a Fluidized-Bed Process," Report DOE/JPL-1012-81, op cit. p.171.
6. F. Kayihan, "Steady-State and Transient Particle Size Distribution Calculations for Fluidized Beds," ibid. p. 159.
7. T.A. Fitzgerald., "A Model for the Growth of Dense Silicon Particles from Silane Pyrolysis in a Fluidized Bed," ibid. p.141.
8. J.L., "The Mechanism of the Chemical Vapor Deposition of Carbon in a Fluidized Bed of Particles," ibid. p.127.
9. Union Carbide Corp., Fianl Report DOE/JPL-954334-21:1, Nat. Tech. Inform. Center, Sprongfield, VA (1981).

10. F. Shimura, "Semiconductor Silicon Crystal Technology," Academic Press, San Diego, California, (1989) p.121.

11. G.Hsu, N. Rohatgi, and J. Houseman, Silicon particle growth in a fluidized reactor. AIChE J. 33 (1987) p. 784-791.

12. US Patent 5,242,671.

4 單晶生長

在西元 1935 至 1945 年期間，鍺 (Germaniun) 及矽 (Silicon) 逐漸被人們應用在科技工業上，在當時成爲非常重要的雷達偵測 (Radar detector) 材料。而 Bardeen、Brattain[1] 及 Shockley[2] 等人於 1948 年發明了電晶體 (Transistor) 之後，更使得矽的重要性與日俱增。之後，人們除了致力於元件的開發，也了解到元件材料的品質完美性之重要性。在 1950 年，Teal 及 Little[3] 兩人將 Czochralski[4] 方法應用在生長鍺及矽單晶上。雖然這種拉單晶的方法，後來被稱 CZ (Czochralski) 法，但嚴格講起來，這方法應該被稱爲 Teal-Little 法，因爲當初 Czochralski 只是在研究固液界面的結晶速度，而 Teal 及 Little 則是在拉單晶。雖然單晶矽可藉由 CZ 法獲得，但在當時差排 (Dislocation) 卻往往會出現在晶體中。在 1958 年，Dash[5] 發明了一種可以完全消除差排的方法 (Dash Technique)。

因爲有這種產生零差排 (Dislocation-free) 的方法，才使得生長大尺寸晶棒成爲可能。同時期 Pfann[6] 又發明了區融法 (Zone Refining)，使得矽的純度大幅地提高。然而，在 CZ 法中由於石英坩堝會受矽溶湯的侵蝕，而產生氧污染的問題。於是爲了獲得高純度的單晶棒，Keck 及 Golay[7] 發明了浮融法 (Float-Zone Technique)。目前晶棒的尺寸已由 1950 年代的 1 吋增加到現在的 12 吋了。而成長 18 吋的矽晶棒也已經沒問題了。

早期的晶體生長被稱爲一門「藝術 (Art)」，因爲要長出一根良好的晶棒 (包括均勻的外徑，零差排等)，必需依賴操作者的經驗與技術。到了 70 年代，一些控制直徑的自動化系統逐漸出現後，使得晶體生長開始變成 " 科學 "(Science) 的一門了。此外，一些新式的 CZ 長晶法也陸續被開發出來，其中 MCZ 方法是用外加磁場來抑制矽溶湯內的對流，以降低矽晶棒內的氧含量，及藉由矽熔湯溫度穩定度的提高，而改善長晶的成功率。另外 CCZ 方法，是藉由在長晶過程中連續地加料，使得長度更長的晶棒及多根晶棒，可以在一個週期中獲得，以增加產出率 (Productivity)。目前這種連續式的柴氏長晶法 (CCZ) 只有被極少數的公司所採用。

隨著 IC 製程不斷地演進，IC 製程對矽晶圓材料性質的要求也日益提高。除了要求電阻率的均勻度，氧及碳含量的均勻度及金屬不純物的純度外，也開始對晶圓內的缺陷設定規格。因此未來 10 年內矽晶生長的發展趨勢，除了朝向大尺寸外，改善晶圓內的缺陷的密度，也是各矽晶圓材料廠的努力目標。

本章的編排是要讓讀者先了解晶體生長的理論後，再開始認識各種長晶的技術。而本章的重點將會放在 CZ 法上，其他如 MCZ、CCZ、及 FZ 生長技術也將一一分別介紹。

4-1 單晶生長理論

一、凝固結晶的驅動力 (Driving Force)

在熔湯長晶 (Melt Growth) 過程裡，藉著熔湯溫度的下降，將產生由液態轉換成固態的相變化 (Phase Transformation)。爲什麼溫度下降，會導致相變化的產生呢？這個問題的答案可由熱力學觀點來解釋。對於發生在等溫等壓的相變化，不同相之間的相對穩定性，可由 Gibbs 自由能 (G) 來決定

$$G = H - TS \tag{4.1}$$

其中 H 是焓 (enthalpy)，T 是絕對溫度，而 S 是亂度 (entropy)。一個平衡系統將具有最低的自由能。假如一個系統的自由能 ΔG 高於最低値，它將設法降低 ΔG 以達到平衡狀態。因此，我們可以將 ΔG 視爲結晶的驅動力 (Driving Force)，如圖 4.1 所示。在溫度 T 時，液固二相的自由能可表示爲

$$G^L = H^L - TS^L$$

$$G^S = H^S - TS^S$$

因此在溫度 T 時

$$\Delta G = \Delta H - T\Delta S \tag{4.2}$$

另外在平衡的熔化溫度 T_m 時，液固二相的自由能是相等的，亦即 $\Delta G = 0$，因此

$$\Delta G = \Delta H - T_m \Delta S = 0$$

所以

$$\Delta S = \frac{\Delta H}{T_m} \tag{4.3}$$

其中 ΔH 即是所謂的潛熱 (latent heat)。如果將式 (4.3) 代入式 (4.2)，可得

$$\Delta G = \frac{\Delta H(T_m - T)}{T_m} = \frac{\Delta H \Delta T}{T_m} = \Delta S \Delta T \tag{4.4}$$

其中 $\Delta T = T_m - T$，亦即所謂的過冷度 (supercooling)，由於凝固時，ΔS 是個負值的常數，所以 ΔT 可被視為唯一的驅動力。

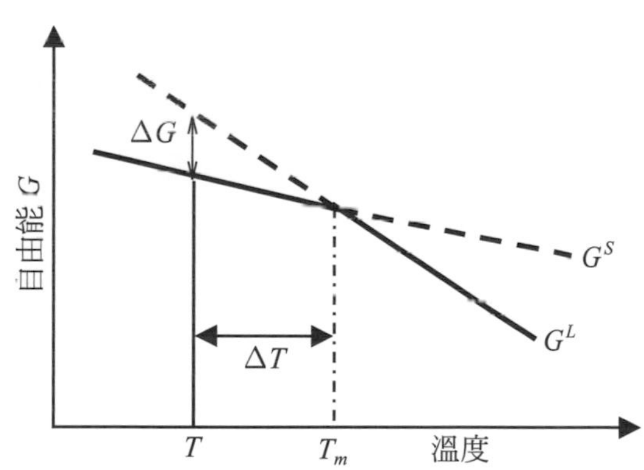

圖 4.1 液固二相的自由能隨著溫度分佈之曲線

二、長晶系統的熱平衡

上一小節我們介紹了凝固結晶的驅動力，現在讓我們來看看長晶系統的熱傳現象。我們以一典型的 CZ 長晶法為例 (如圖 4.2 所示)，加熱器的作用在於提供系統熱量 Q_h，以使矽熔湯維持在高於熔化點的溫度。如果我們在液面上浸入一晶種 (Seed)，

在晶種與熔湯達到熱平衡時，液面會靠著表面張力 (surface tension) 的支撐吸附在晶種下方。若此時我們將晶種往上提升，這些被吸附著的液體也會跟著晶種往上運動，而形成過冷狀態。如上小一節所述，這過冷的液體會凝固結晶，且隨著晶種方向長成單晶棒。在這凝固結晶的過程中，所釋放出的潛熱 Q_L 則是一間接的熱量來源，這潛熱將藉著熱傳導而沿著晶棒傳輸。同時，晶棒表面也會藉著熱幅射與熱對流將熱量散失到外圍 (Q_c)，另外熔湯表面也會將熱量 Q_m 散失掉。於是，在一個穩定的條件下，進入系統的熱能將等於輸出系統的熱能。

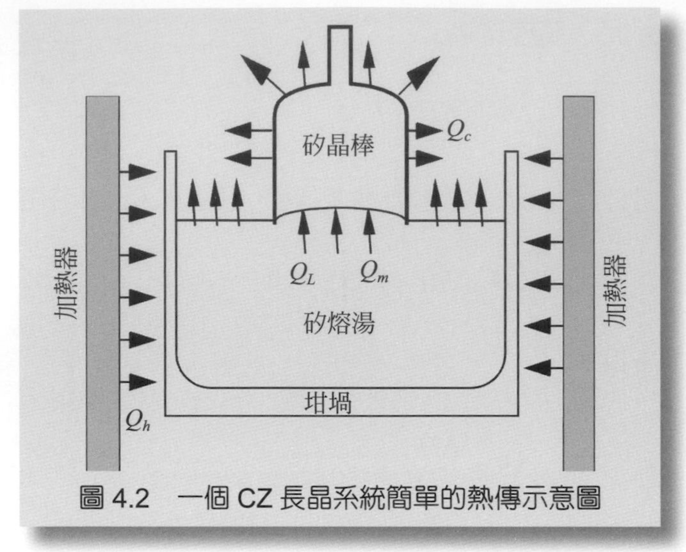

圖 4.2　一個 CZ 長晶系統簡單的熱傳示意圖

$$Q_h + Q_L = Q_m + Q_c \tag{4.5}$$

現在我們將討論重點放在液固界面上，因爲在這界面上的所有物理化學現象與晶棒的品質有著密不可分的關係。圖 4.3 簡示在固液界面附近的溫度梯度及輸送現象。在界面處的熱平衡方程式 [8] 可寫爲

$$LVd + AK_l\left(\frac{dT_l}{dx}\right) = AK_s\left(\frac{dT_s}{dx}\right) \tag{4.6}$$

其中　$L \equiv$ 潛熱 (latent heat)

$V \equiv$ 凝固速度

(即晶體生長速度)

$K_l \equiv$ 液體熱傳導係數

$K_S \equiv$ 固體熱傳導係數

dT_1 / dx，$dT_s / dx \equiv$ 臨近界面的液態及固態之溫度梯度

$A \equiv$ 固液界面的截面積

$d \equiv$ 矽的密度

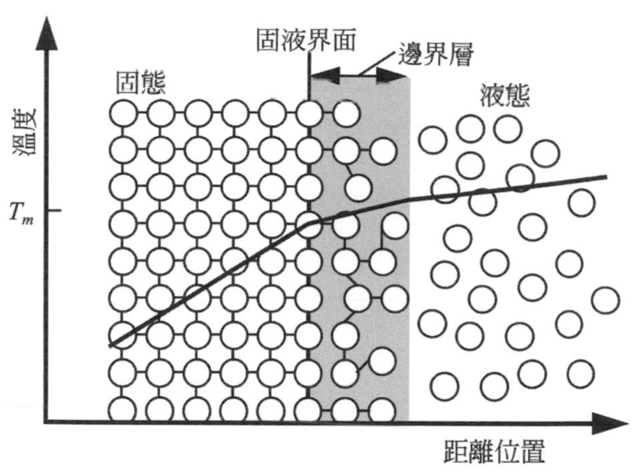

圖 4.3 液固界面處的溫度梯度 (dT / dx) 及輸送現象示意圖

三、晶棒生長速度

由式 (4.6)，我們可發現當在液態區的溫度梯度 (dT_1 / dx) 等於 0 時，長晶速度可以達到最大值，因此

$$V_{max} = A\frac{K_s}{Ld}\frac{dT}{dx_s} \tag{4.7}$$

假設從晶棒表面散失的熱量，完全是藉由熱幅射，那麼晶棒每單位長度 Δx 的熱散失可由下式表示 [9]

$$dQ = 2\pi\sigma\varepsilon T^4 rdx \tag{4.8}$$

其中 ε 是 emissivity，而 σ 是 Stefan-Boltzman's 常數。從晶棒傳導的熱量可表示爲

$$Q = K_s\pi r^2 dT/dx \tag{4.9}$$

所以

$$dQ/dx = K_s\pi r^2 d^2T/dx^2 + \pi r^2 (dT/dx)(dKs/dx) \tag{4.10}$$

假設上式的最後一項可以忽略，並將它代入 (4.8)，可以得到

$$d^2T/dx^2 - 2\sigma\varepsilon T^4/K_s r = 0 \tag{4.11}$$

對矽而言，K_s 在 1000K 以下和溫度成反比，但超過此一溫度則幾乎和溫度無關。爲了解方程式 (4.11)，我們假設 K_s 在任何溫度下皆與溫度成反比，亦即 $K_s = K_m T_m / T$，其中 K_m 爲在熔點時的熱傳導係數。另外，邊界條件可設爲

在 $x = \infty$ 時，$T = 0$

在 $x = 0$ 時，$T = T_m$

於是我們可解得

$$dT/dx_s = (2\sigma\varepsilon T_m^5/3rK_m)^{1/2} \tag{4.12}$$

將式 (4.12) 代入式 (4.7)，我們可得

$$V_{\max} = \frac{1}{dL}\left(\frac{2\sigma\varepsilon K_m T_m^5}{3r}\right)^{1/2} \propto \frac{1}{r^{1/2}} \tag{4.13}$$

由上式可知，最大的長晶速度只有與晶棒的尺寸有關，隨著晶棒尺寸增大，最大的長晶速度變得愈低。反之，如果增加拉速，晶棒的直徑會變小。不過在實際的 CZ 長晶裡，最大的長晶速度大概只有理論值的 80% 而已。事實上我們必須了解到，晶種的拉速 (pulling rate) 並非等於實際的晶棒生長速度 (growth rate)。Witts 及 Gatos[10,11] 曾指出晶棒的瞬時生長速度會隨著熔湯的溫度的變動 (oscillation) 而改變。因此，實際的生長速度應爲考慮液面下降的效應後的瞬時生長速度之平均值。

參考圖 4.4，假設我們長一根圓形的晶棒，那麼晶棒每單位時間的生長數量可表示爲

$$G_c = v\pi r^2 ds = (p+h)\pi r^2 d_s \tag{4.14}$$

其中，v 是實際的晶棒生長速度，p 是晶種拉速，h 則為液面的下降速度，r 是晶棒的半徑，d_s 是固體密度。實際晶棒的生長速度 (v) 等於拉速 (p) 加上液面的下降速度 (h)。同理，熔湯每單位時間的凝固數量

$$G_L = h\pi R^2 d_L \tag{4.15}$$

其中 R 是坩堝的半徑，d_L 是液體的密度。由於 G_L 必須等於 G_c，我們可得

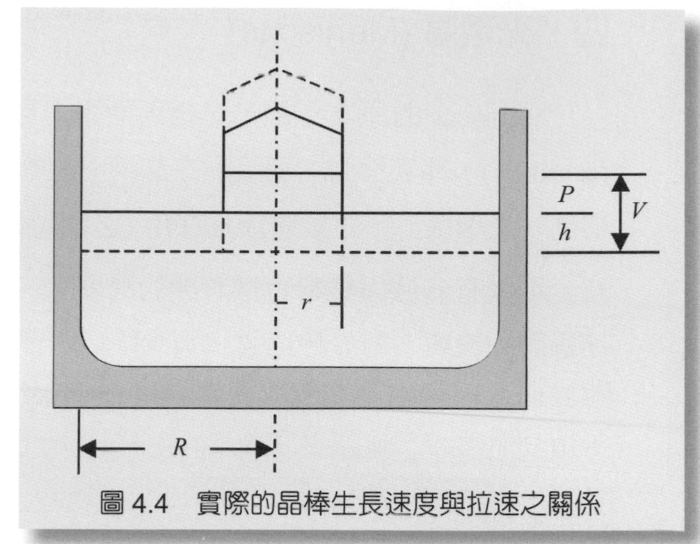

圖 4.4　實際的晶棒生長速度與拉速之關係

$$h = p\frac{r^2 d_s}{R^2 d_L - r^2 d_s} \tag{4.16}$$

$$v = p + h = p\frac{r^2 d_L}{R^2 d_L - r^2 d_s} \tag{4.17}$$

不過，一般工業上的 CZ 長晶法，都會將坩堝上升以補償液面的下降量，以使液面保持在不變的位置。在這種情況之下，實際的長晶速度就等於拉速。但是在微觀上，由於溫度的瞬時變動及坩堝上升速度的準確性等因素，實際的長晶速度並不會剛好等於拉速的。

在 CZ 長晶法中，拉速可以說是最重要的製程參數，因為晶棒內的缺陷 (defect) 密度及分佈與拉速有著相當大的關係。例如：拉速增加時，晶棒容易形成孔隙型的點缺陷 (vacancy)，反之則易形成間隙型點缺陷 (interstitial)。這些點缺陷在晶棒的冷卻過程中會聚集形成所謂的 D-defect 及差排環 (disloation loop)，而影響晶片在 IC 製程上的應用良率。我們將在第五章討論這些缺陷形成之現象。

四、光環區 (Meniscus)

Meniscus 的原文意思，是指表面張力形成的彎狀液面，亦即液面藉著毛細作用 (capillary)，靠表面張力而吸附在晶棒下方的區域，如圖 4.5 所示。本書就把 meniscus 稱為「光環區」，主要是因為在用 CZ 法拉矽單晶棒時，這一區顯得特別光亮之故。在光環區有一個與材料特性有關的角度 ϕ_0。ϕ_0 是指晶棒表面與在 Meniscus 三相點正切線間的夾角。對於矽而言，$\phi_0 = 11 \pm 1°$ (12)。當 ϕ_0 不等於 0，這暗示著一個物體的固態表面不被其本身的液態完全濕化 (wetting)。Meniscus 的形狀可由解 Laplace-Young 方程式而得 (13～16)。

$$h \sim \left[\beta(1-\sin\phi_0) + \left(\frac{\beta\cos\phi_0}{4r}\right)^2\right]^{1/2} - \frac{\beta\cos\phi_0}{4r} \tag{4.18}$$

其中，β 是 Laplace 常數 ($= 2\gamma / d_L g$)，r 是晶棒半徑，γ 是表面張力，d_L 是液態密度，g 是重力加速度

Meniscus 的高度 h 與半徑有關，當晶棒的直徑愈大則 h 值變得愈小。但是 Meniscus 的高度則不受晶棒轉速的影響 (17)。如果我們增加溶湯的溫度，便會使得液固界面的位置往上移，也就是說 Meniscus 的高度會增加，那麼晶棒的直徑就縮小了。但若溫度增加太大，Meniscus 的高度增加到讓表面張力支撐不了，這時 Meniscus 便會突然垮下，而使得晶棒與液面分開。

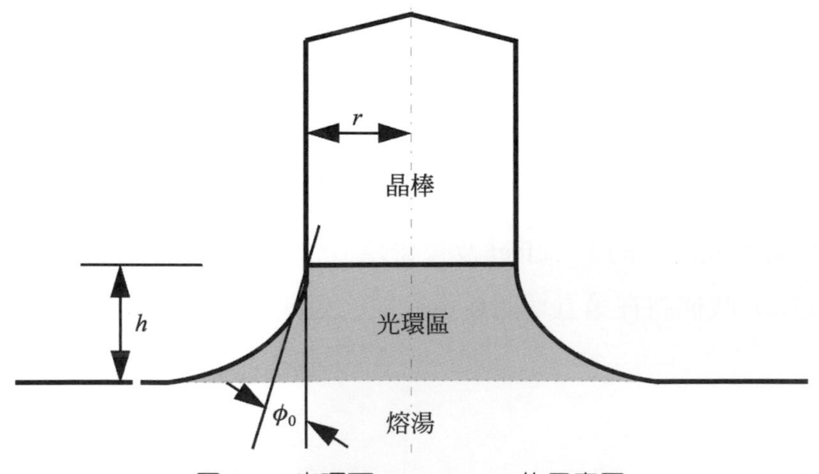

圖 4.5　光環區 (meniscus) 的示意圖

上述的 ϕ_0 (meniscus angle) 是指晶棒表面與液面正切線的夾角。在圖 4.6[20] 裡所示的 ϕ，則是晶棒軸與液面正切線的夾角。當 $\phi = \phi_0$ 時，系統處於平衡穩定狀態，也就是說在這條件之下晶棒的尺寸才能維持固定。當 $\phi > \phi_0$ 時，晶棒的尺寸會增加，而 $\phi < \phi_0$ 時，晶棒的尺寸會縮小。圖 4.7[21] 表示 Meniscus 高度 (h) 與 Mensicus angle(ϕ_0) 及晶棒半徑三者之間的關係。假設最初系統內的熱場使得 $\phi = \phi_0$ 而此時晶棒的直徑為 r_A。如果一個突然的熱擾動使得 meniscus 的高度稍微增加，那麼角度 ϕ 將小於 ϕ_0，所以晶棒便會開始往 B' 方向縮小直徑，而這改變將使得 ϕ 更進一步減小。反之，若熱擾動使得 meniscus 的高度縮小，晶棒便會開始往 C' 方向增加尺寸。由以上分析，我們可知 CZ 長晶在本質上，對毛細作用存在著不穩定性，也就是說晶棒的尺寸趨向於不穩定地變化。因此在 CZ 法中必須採用自動控制系統，藉著長晶參數的不斷調整，才能維持晶棒直徑的均勻性。

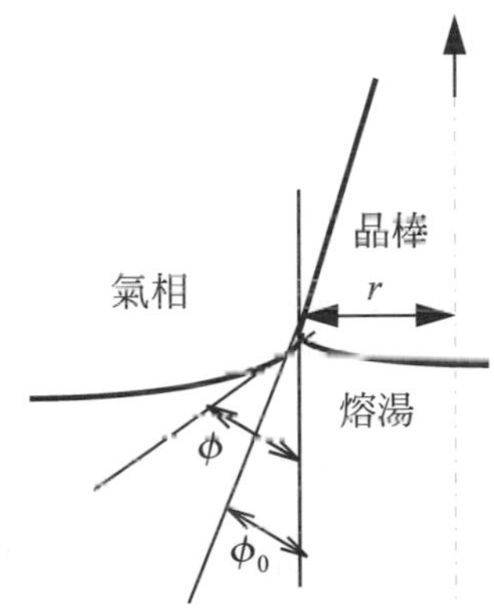

圖 4.6 CZ 系統中 meniscus 與固 - 液 - 氣界面夾角之關係[20]

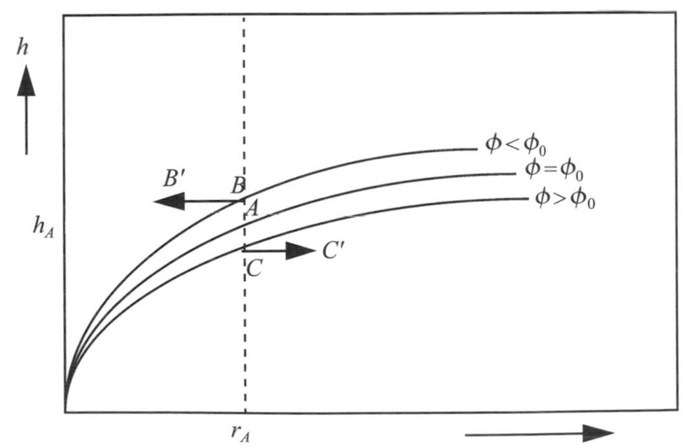

圖 4.7 Meniscus 高度 (h) 與 Mensicus angle(ϕ_0) 及晶棒半徑三者之間的關係[21]

五、熱的傳輸 (Heat Transfer) 與溫度分佈

熱的傳輸靠著三種主要模式，亦即輻射 (radiation)，對流 (convection) 及傳導 (conduction)。因為晶體生長是在高溫下進行，所以這三種模式都存在於系統中，因此我們必須去瞭解每一種模式在長晶系統所扮演的角色。在 CZ 法裡，熔湯是藉著由石墨加熱器的輻射熱而被加熱，而熔湯內部的熱傳輸則是主要靠著對流，晶棒內部的熱傳輸是主要靠著傳導。另外，從液面及晶棒表面散失到外圍的熱則是藉著輻射作用 (因為 CZ 法是在低壓環境內操作，所以對流作用不大)。

長晶系統內的溫度分佈影響晶棒品質甚巨，例如：晶棒的冷卻過程 (thermal history) 將會影響：(1) 缺陷 (defect) 的密度與分佈、(2) 氧的析出物 (oxygen precipitate) 之生成、(3) 疊差 (stacking fault) 的生成等。晶圓中這些缺陷的存在，將影響其在 IC 製程裡的良率。再者，熔湯內部的溫度分佈也會影響到長晶製程，例如：固液界面的形狀及氧濃度分佈。由於 CZ 法是一個包含很多元件的複雜系統，我們很難靠著溫度量測去瞭解整體的溫度分佈。所以通常須依賴電腦數值模擬，來瞭解長晶系統的溫度場。

CZ 長晶系統內的溫度場與流場的數值模擬，是近幾年來非常活躍的研究主題。甚至在工業界也要靠著電腦模擬來設計熱場元件 (hot zone)，使系統的溫度分佈達到最佳化，以利生產低缺密度，高產出率的晶圓。

數學處理上，晶棒可視為圓柱體，其底部界面為 $T = T_m$ 的等溫線。Brice[(22)] 曾假設軸形對稱，而將晶棒的傳導方程寫為

$$\frac{\partial T}{\partial t}+V\frac{\partial T}{\partial z}-\alpha\left(\frac{\partial T}{\partial r^2}+\frac{1}{r}\frac{\partial T}{\partial r}+\frac{\partial^2 T}{\partial z^2}\right)=0 \tag{4.19}$$

Brice 並由其分析結果發現，當晶棒長到一定的長度，進一步的長度變化並不會影響到固液界面處的熱流。Arizumi 等 [(23)] 則更進一步假設：

(1) 晶棒生長處於穩定狀態，亦即溫度不隨著時間變化 ($\partial T/\partial t=0$)。

(2) 拉速 V 保持不變。

(3) 熱傳導係數 α 為常數及等方向性。

(4) 坩堝的溫度維持不變。

於是式 (4.19) 可簡化為

$$\frac{d^2T}{dr^2}+\frac{1}{r}\frac{dT}{dr}+\frac{d^2T}{dz^2}=0 \tag{4.20}$$

此外，為了解以上的 Laplace 方程式，我們可採用以下三個邊界條件：

(1) 溫度為軸對稱，

$$dT/dr=0 \tag{4.21}$$

(2) 晶棒至外界的熱傳輸主要是靠輻射作用，

$$K_s dT/dz+\varepsilon\sigma(T^4-T_0^4)=0 \tag{4.22}$$

其中 ε 是晶棒表面的 emissivity，σ 是 Stefan's 常數，T_0 是外圍的溫度。

(3) 在 $z-0$ 時，$T=T_m$

以上的假設可以很簡單的算出整根晶棒的溫度分佈，如圖 4.8 所示 (24)。然而實際的 CZ 系統是屬於 batch 式的製程，它沒有真正的穩定狀態，例如熔湯量、晶棒長度等會隨著時間而異。關於這些更複雜而深入的探討，讀者可詳見參考資料 25 ～ 33。

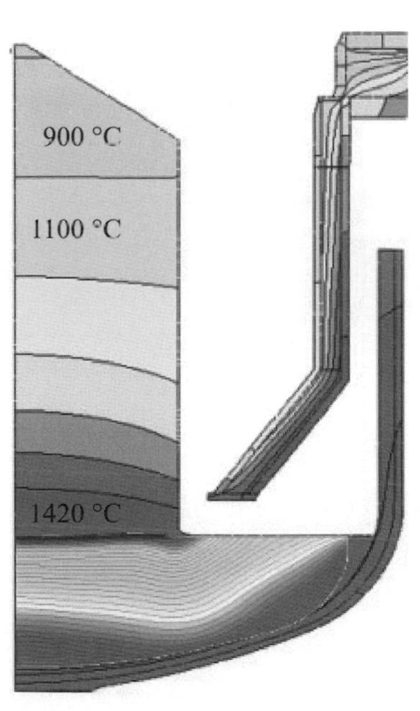

圖 4.8　由數值模擬所算出的 CZ 系統等溫線之分佈

六、熔湯流動現象 (Melt Convection)

在 CZ 系統裡的流體現象，是由五種基本型態所組成的 (請見圖 4.9)。其中包括 (a) 由溫度梯度造成的自然對流 (Natural Convection)，(b) 由熔湯表面的溫度差造成的表面張力對流 (Marangoni Convection 或稱 Thermocapillary Convection)，(c) 由晶體拉速引起的強迫對流 (Forced Convection)，(d) 由晶體旋轉引起的強迫對流，(e) 由坩堝旋轉引起的強迫對流。在以上五種對流型態相互作用之下，流體流動現象在 CZ 系統裡變得相當複雜。而流體現象不僅會影響固液界面的形狀，它也會影響到熔湯及晶棒內攙雜物 (dopant) 之濃度分佈。本小節將逐一介紹這幾種對流現象，再進一步討論它們在長晶裡的交互作用與影響。

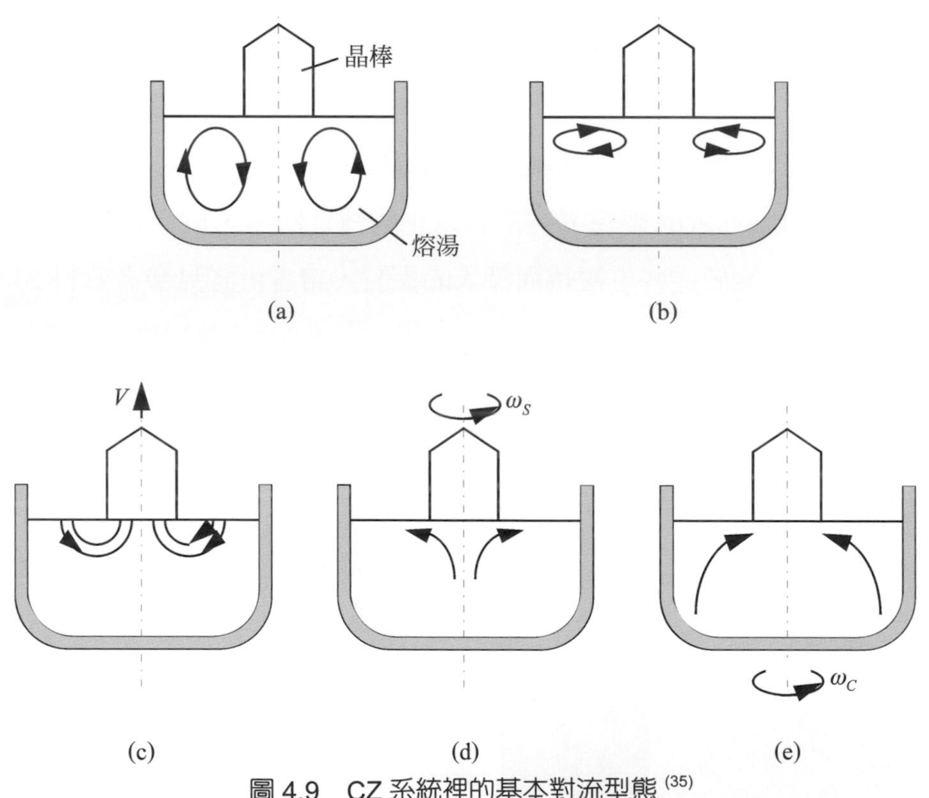

圖 4.9　CZ 系統裡的基本對流型態 [35]

A. 自然對流 (Natural Convection)

一般的 CZ 系統裡，熱源是由坩堝側面的加熱器所提供，這造成熔湯的外側溫度比中心軸高，熔湯的底端比液面高溫。我們知道密度是隨著溫度的增加而降低，於是在底部較高溫的熔湯會藉著浮力往上流動，這種對流方式，即稱爲「自然對流」，如圖 4.9(a) 所示。自然對流的程度大小可由無因次的 Grashof 常數來判定

$$\mathrm{Gr} = \alpha g \Delta T d^3 / v_k^2 \tag{4.23}$$

其中 α 是熔湯的熱膨脹係數，d 是坩堝的內徑或熔湯深度，ΔT 是熔湯內最大的溫差，v_k 是動力黏滯係數。如果坩堝是由底部加熱，則由 Rayleigh 常數來判別

$$\mathrm{Ra} = (\mathrm{Gr})(\mathrm{Pr}) = \left(\frac{v_k}{k_m}\right)\mathrm{Gr} = \frac{\alpha g \Delta T d^3}{k_m v_k} \tag{4.24}$$

其中是 k_m 熱傳導係數，$\mathrm{Pr}(=v_k/k_m)$ 是 Prandtl 常數。

隨著自然對流的驅動力 (Gr 或 Ra) 的增加，熔湯內的對流型態便會出現不穩定性，而導致溫度及流動速度隨時間變動之現象。有很多因素會影響不穩性出現的臨界 Gr 或 Ra 值 [35]。一般而言，這些因素包括：(1) 坩堝的幾何形狀 (亦即大小，及 aspect ratio)、(2) 熔湯的熱力學性質、(3) 熔湯隨著溫度變化的性質、(4) 其它型態的對流方式 (例如：強迫對流) 等。在大尺寸的 CZ 長晶法裡，熱對流程度變得非常的大，這是因 Gr 值正比於尺寸 d 的三次方，再加上溫度梯度 (ΔT) 在大尺寸坩堝裡也比較大之故。這種強烈的熱對流甚至會造成紊流 (turbulence) 的發生，而使熔湯內部溫度變化的程度更爲劇烈。更甚者，它將造成晶棒生長的不穩定，而影響晶棒的品質。對矽而言，$\alpha = 1.43\times10^{-4}\,^\circ\mathrm{C}^{-1}$，$v_k = 3\times10^{-3}\,\mathrm{cm}^2/\mathrm{sec}$，因此 $\mathrm{Gr} = 1.56\times10^4 \Delta T d^3$。此外 Gr 及 Ra 的臨界值分別是在 10^5 及 10^3 左右。然而，根據估計實際的 Gr 及 Ra 值會高達 10^8 及 10^7 至左右。除非靠其它對流型態的抑制，否則 CZ 熔湯很容易出現不穩定性。

B. 強迫對流—晶軸旋轉的影響

在 CZ 法裡，熔湯溫度的不對稱性可以靠著晶軸旋軸來改善。如果晶軸沒有旋轉，長出的晶棒的形狀便不會是圓形的。如圖 4.9(d) 所示，晶軸旋轉會使緊臨固液界面下的熔湯往上流動，再藉著離心力往外側流動，而造成一個強迫對流區。由晶軸旋轉引起的熔湯擾動的程度，可由無因次的 Reynolds 常數表示

$$\mathrm{Re} = \omega_s r^2 / v_k \tag{4.25}$$

其中 r 是晶棒半徑。

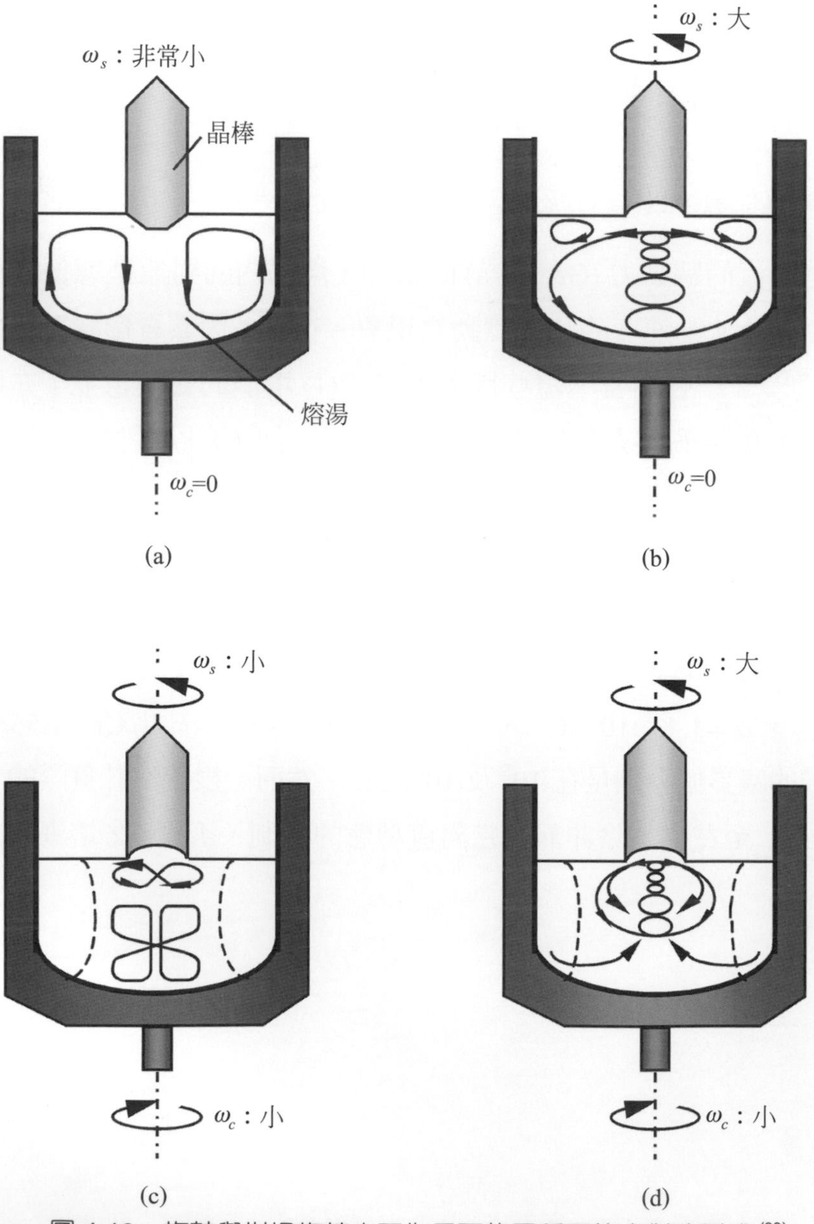

(a) (b) (c) (d)

圖 4.10　旋軸與坩堝旋轉交互作用下的四種可能之對流型式 [39]

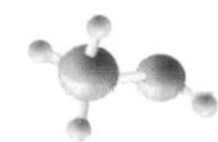

Carruthers[36] 曾比較自然對流及由晶軸旋轉引起之強迫對流，對熔湯流動的影響程度。藉著比較 Re^2/Gr，他們發現在大尺寸的坩堝裡，晶軸旋轉在隔絕固液界面受到自然對流影響的作用上，變得比較小。所以，當熔湯較深時，強迫對流只局限在固液界面下方的一小區域，其它區域的熔湯則仍主要受自然對流之影響。當熔湯變得很淺時，自然對流的程度 ($\propto d^3$) 變得不顯著，於是整個流動形態主要爲強迫對流。如果 Re 值超過 3×10^5 ，則強迫對流也會變成紊流，以一個 8 吋晶棒而言，要達到這個值的晶軸轉速爲每分鐘 20 轉 (20rpm)[37]。

C. 強迫對流—坩堝旋轉的影響

如圖 4.9(e) 所示，坩堝的旋轉將使得坩堝外側的熔湯往中心流動。由坩堝旋轉所引起的對流程度可由 Taylor 常數來判定，

$$\mathrm{Ta} = (2\omega_C h^2/v_k)^2 \tag{4.26}$$

其中 ω_C 是坩堝轉速，h 是熔湯的深度。

坩堝的旋轉不僅可以改善熔湯內的熱對稱性，另外也促使熔湯內的自然對流形成螺旋狀的流動路徑，而增加徑向的溫度梯度[38]。圖 4.10 是晶種旋軸與坩堝旋轉交互作用下的幾種可能之對流型式[39]。當晶種與坩堝之間存在著方向相反的角速度時，引起熔湯中心形成一個圓柱狀的滯怠區 (stagnation)，在滯怠區內，熔湯以介於坩堝與晶種轉速的角速度以螺旋狀運動，而滯怠區外面，則隨著坩堝旋轉速度而運動 (視爲 solid body)。這些流動現象隨著不同的相對轉速而呈現著複雜的模式，甚或引起固液界面的擴散邊界層 (diffusion boundary layer) 厚度的不均勻，因而造成晶棒內雜質分佈的不均勻。

D. 表面張力對流 (Marangoni Convection)

由液面的溫度梯度，所造成表面張力的差異，而引起的對流型態，稱爲表面張力對流，如圖 4.9(b) 所示。其對流程度大小可由無因次的 Marangoni 常數來判別

$$\mathrm{Ma} = \frac{\Delta T d}{\rho v_k}\left(\frac{\partial \gamma}{\partial T}\right) \tag{4.27}$$

其中 $(\partial\gamma/\partial T)$ 是表面張力的溫度係數。在一般的 CZ 熔湯裡，Ma 的大小約是 10^4 左右。自然對流與表面張力對流的相對大小，可由動態的 Bond 常數來判別

$$Bo^d = \frac{\text{Ra}}{\text{Ma}} = \frac{g\rho\alpha d^2}{(\partial\gamma/\partial T)} \propto d^2 g \tag{4.28}$$

由上式可知，Bo^d 正比於 d^2g，也就是說在地表上較大的長晶系統主要受自然對流控制。而表面張力對流則在低重力狀態 (例如太空中) 及小的長晶系統，才會凸顯其重要性。

E. 外加磁場及電場的影響

早在 1950 年代 [40]，即有人指出施加縱向磁場可以抑止熔湯內的熱對流。磁場穩定熱對流的程度可由 Hartmann 常數來判別

$$\text{Ha} = \left(\frac{\sigma}{\rho v}\right)^{1/2} (\mu H_0 d) \tag{4.29}$$

其中 v 是導電係數，μ 是磁導率，H_0 是磁場強度，d 是坩堝直徑。對於大部份的半導體及金屬材料，

$$\text{Ha} = 0.026 H_0 d \tag{4.30}$$

其中 H_0 的單位是高斯，d 是公分。根據 Suzuki[41] 的估計，當 Ha 值達到 10^3 時，磁場就能很有效的抑制自然對流了。這相當於施加 1500 高斯的磁場強度到矽熔湯內。磁場要能達到抑制熱對流的效果，除了強度的考量外，其相對於溫度場的方向也必須考慮。對於熱源來至坩堝側面的系統，磁場方向必須垂直於溫度梯度的方向，才能有效的抑制熱對流 [42]。有關磁場在 CZ 系統的應用，我們將在本章第 3 節裡詳細介紹。

此外，由於矽熔湯的導電係數與介電率隨溫度變化的特性，電場的存在也會影響到熔湯的流動。所以當使用三相的電源時，熔湯流動現象受電場的影響也變得較明顯。這種三相電流將使熔湯受到旋轉的力量，因而抑制熱對流。所以如爲了改善晶棒的攙雜物分佈之均勻性，可以使用三相電源的加熱方式。

七、雜質在晶棒內的分佈

矽在半導體工業上的應用上，通常必須故意加入一定數量的攙雜物 (dopant)，例如：硼 (boron)、磷 (phosphorus)、砷 (arsenic)、銻 (antimony) 等，以達到特定的電性。除了這些故意加入的攙雜物外，熔湯內可能存在著其它的不純物，例如：有害於元件良率的重金屬元素。此外，由石英坩堝所釋出的氧也有數十 ppma 的濃度，會從固液界面處進入晶棒內。由於這些有益或有害的雜質，影響矽晶圓的品質甚巨，本小節將介紹雜質如何分佈於晶棒中。

1. 平衡偏析係數 (k_0)

存在於熔湯內的雜質，在晶棒生長過程中，會從固液界面處析出於固相 (亦即晶棒) 中。由於雜質在固相的溶解度可能不同於其在液相的溶解度，於是析出於固相的雜質濃度會不同於其在熔湯中的濃度，這種現象稱之為「偏析 (segregation)」。我們可利用二元相圖 (如圖 4.11 所示) 來定義所謂的「平衡偏析係數 (equilibrium segregation coefficient)」。平衡偏析係數 k_0 是定義為在平衡狀態下，固相的雜質濃度 (C_S) 與液相雜質濃度 (C_L) 之比值，亦即

$$k_0 = C_S / C_L \tag{4.31}$$

通常 k_0 都小於 1(相圖的固液線具有向下的斜率，如圖 4.11(a) 示)，但 k_0 也可能大於 1(相圖的固液線具有向上的斜率，如圖 4.11(b) 示)。

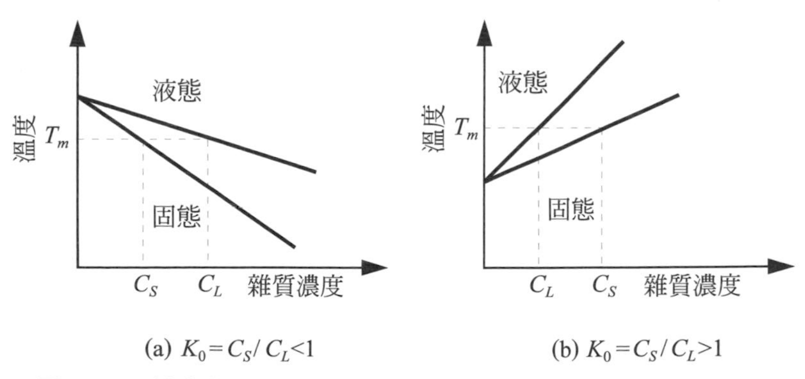

圖 4.11　基本的二元相圖 (a) 平衡偏析係數 $K_0 < 1$，(b) $K_0 > 1$

理論上，平衡偏析係數可藉由熱力學的考量而估計得出 [43，44]。基於雜質在平衡狀態下，於固液二相的 Gibbs 自由能相等的事實，我們可導出：

$$\ln k = \frac{\Delta H^f - \Delta H^s}{RT} + \frac{\sigma - \Delta S^f}{R} + \ln\gamma \tag{4.32}$$

其中 ΔH^f 是潛熱 (heat of fusion)，ΔH^s 是固溶液的生成熱，ΔS^f 是在凝固溫度時的亂度 (entropy)，σ 是原子晶格的振動亂度，γ 是活化係數。在這些變數之中，ΔH^s 是決定 k_0 值的主要因素。雜質的平衡偏析係數 k_0 與其在矽裡頭的最大莫耳溶解度 X_m 有關。根據 Fischer[45] 的推算，

$$X_m = 0.1k_0 \tag{4.33}$$

若最大溶解度的單位是 atom/cm^3，那麼上式可改寫爲

$$C_m = 5.2\times10^{21}k_0 \tag{4.34}$$

2. 正常凝固 (Normal Freezing)

在 CZ 長晶法裡，雜質在晶棒的濃度分佈，可以簡單地由正常凝固方程式 (normal freezing equation) 計算而得。所謂的「正常凝固」，須滿足以下幾個條件：

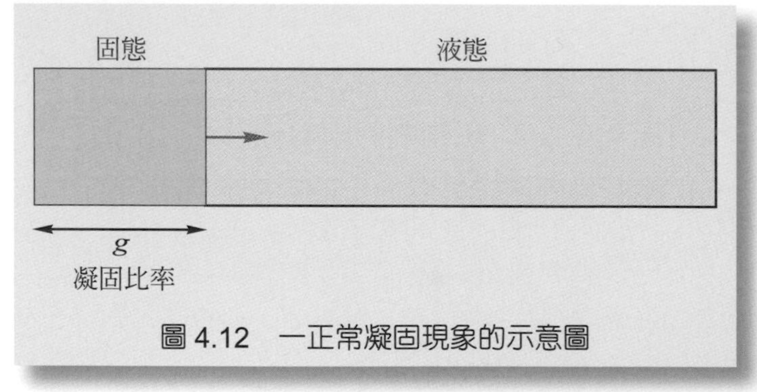

圖 4.12　一正常凝固現象的示意圖

(1) 雜質原子在固相的擴散 (diffusion) 可以忽略。
(2) 偏析係數爲常數。
(3) 雜質在熔湯內爲均勻分佈。
(4) 凝固時密度不變。

圖 4.12 爲一正常凝固現象的示意圖，在臨近固液界面的固相雜質濃度可表示爲

$$C_S = -dS/dg \tag{4.35}$$

其中 S 是雜質在液相的數量，g 是單位體積的凝固比率。

表 4.1　一些雜質元素在矽中的平衡偏析係數 k_0、最大溶解度 C_m、及在 CZ-Si 內典型的濃度

元素	平衡偏析係數 k_0	最大溶解度 (atom/cm^3)	在 CZ-Si 內典型的濃度 (ppb)
C	0.07	3.3×10^{17}	≤ 200
N	7×10^{-4}	5×10^{15}	< 4*
O	～1	2.7×10^{18}	～1400
B	0.8	1×10^{21}	～0.2
Al	0.0028	5×10^{20}	≤ 0.4
Ga	0.008	4×10^{19}	< 0.002*
In	0.0004	4×10^{17}	< 0.002*
P	0.35	1.3×10^{21}	～0.1
As	0.3	1.8×10^{21}	≤ 0.01
Sb	0.023	7×10^{19}	～0.01
Li	0.01	6.5×10^{19}	≤ 0.1
Na	～0.001	－	≤ 0.1
Ti	2×10^{-6}	－	< 0.5*
Cr	1.1×10^{-5}	－	< 0.04*
Fe	6.4×10^{-6}	3×10^{16}	≤ 0.01
Ni	～3×10^{-5}	8×10^{17}	≤ 0.01
Co	1×10^{-5}	2.3×10^{16}	< 0.001*
Cu	0.0008	1.5×10^{18}	≤ 0.01
Ag	～1×10^{-6}	2×10^{17}	< 0.008*
Au	2.5×10^{-5}	1.2×10^{17}	< 0.00001*
Zn	～1×10^{-5}	6×10^{16}	< 0.05*

* 濃度低於量測極限。

另外，我們已知

$$C_S = k_0 C_L \quad \text{及} \quad C_L = S/(1-g)$$

因此

$$C_S = k_0 S/(1-g) \tag{4.36}$$

將式 (4.35) 代入式 (4.36)，並積分之

$$\int_{S_0}^{S} \frac{dS}{S} = \int_0^g -\frac{k}{1-g} dg$$

其中 S_0 為 $g = 0$ 時，存在於熔湯內的雜質數量。因此式 (4.35) 可重寫為

$$C_S = -dS/dg = k_0 S_0 (1-g)^{k-1} \tag{4.37}$$

又單位體積為 1，$S_0 = C_0$ (C_0 為尚未發生凝固行為的液相雜質濃度)，正常凝固方程式可寫為

$$C_S = k_0 C_0 (1-g)^{k-1} \tag{4.38}$$

根據上式，我們可計算雜質元素在 CZ 矽晶棒的分佈曲線，如圖 4.13 所示。

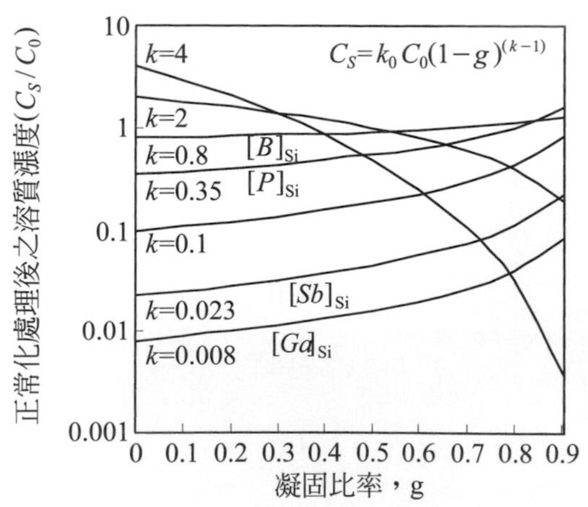

圖 4.13 雜質元素在 CZ 矽晶棒的分佈曲線

3. 有效偏析係數 (Effective Segregation Coefficient)

平衡偏析係數 k_0 僅在凝固速度無窮慢的情況下才適用。在實際的 CZ 長晶過程裡，拉速則是有限的數值，也就是說晶體生長並非在平衡狀態下進行的。以 $k_0 < 1$ 的為例，當固液界面凝固現象發生時，由於固相的雜質溶解度較低，使得過剩的雜質原子累積在固液界面前端的擴散邊界層 (diffusion boundary layer) 裡，於是這擴散邊界層中的雜質原子濃度會高於其在熔湯內的濃度，如圖 4.14(b) 所示 [46]。所以實際上雜質分佈不能用平衡偏析係數 k_0 表示，而必須以所謂的有效偏析係數 (Effective Segregation Coefficient) k_{eff} 來表示

$$k_{\text{eff}} = \frac{C_S}{C_L} \tag{4.39}$$

其中 C_l 是固液界面前端熔湯內的雜質原子濃度。雜質原子從熔湯傳輸到晶體內，必須包含二個步驟：

(1) 出內熔湯 (bulk melt) 經擴散邊界層擴散至固液界面前端 (Diffusion)。

(2) 在固液界面處被吸入晶體內，並移至能量較低的原子晶格位置 (Surface reaction)。

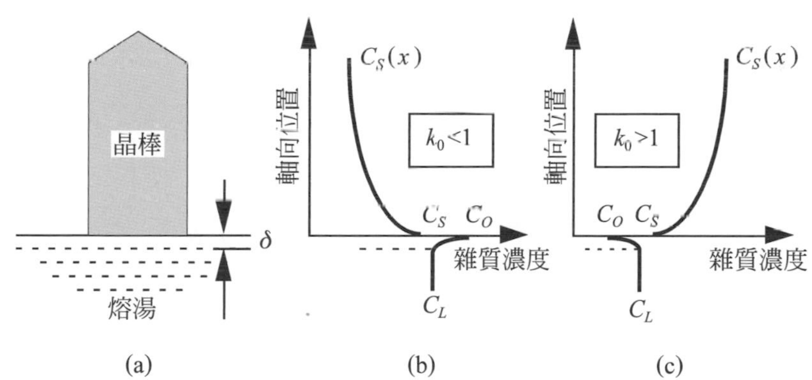

圖 4.14 (a) 晶體生長中的固液界面，(b) 在 $k_0 < 1$ 時，晶棒及熔湯內雜質濃度的分佈，(c) 在 $k_0 > 1$ 時晶棒及熔湯內雜質濃度的分佈 [46]

根據 Nernst 的假設，Surface reaction 是瞬時發生的，所以整個過程的速率由「擴散」步驟決定。藉由這個假設，Burton[47] 等提出 BPS Theory 並導出一個與晶體生長速率有關的偏析係數方程式。固液界面處的質量守恆，可由穩定狀態 (steady state) 的一維擴散方程式來表示：

$$D\frac{d^2C}{dx^2}-V_x\frac{dC}{dx}=0 \tag{4.40}$$

其中 D 是雜質的擴散係數，V_x 是熔湯在 X 方向的流動方向，$V_x = v + w$，v 爲長晶速度，w 爲正常流體速度。我們可利用以下的邊界條件來解方程式 (4.40)，

(1) 當 $X = 0$ 時，$C = C_0$。

(2) 當 $X = \delta$ 時，$C = C_L$。

(3) 當 $w = 0$ 時，$V_x = v$。

於是我們可得

$$k_{\text{eff}}=\frac{k_0}{k_0+(1-k_0)e^{-v\delta/D}} \tag{4.41}$$

由上式可知，有效偏析係數 k_{eff} 是長晶速度 v 與 (δ/D) 的函數。當長晶速度接近 0，k_{eff} 值會接近 k_0；當長晶速度非常快時，k_{eff} 值會接近 1。而擴散邊界層厚度 δ 則受熔湯內的流體流動現象影響。例如：施加磁場時，熔湯的黏滯性變大，邊界層厚度 δ 因而變大，於是式 (4.41) 裡的 exp($-v\delta/D$) 會變小，使得 k_{eff} 值變大。若磁場強度非常大時，基本上 k_{eff} 值也會接近 1，因此施加磁場算是一種改善雜質軸向分佈均勻性的方法。δ 值無法由實驗去量測得知，但分析上，可由下式表示：

$$\delta = 1.6D^{1/3}v_k^{1/6}\omega^{-1/2} \tag{4.42}$$

其中 v_k 是動態黏滯係數，ω 是晶軸轉速。

最後，我們可進一步將式 (4.38) 裡的 k_0 用 k_{eff} 取代，而得到在 CZ 法裡更合理的雜質分佈關係式：

$$C_S = k_{\text{eff}}C_0(1-g)^{k_{\text{eff}}-1} \tag{4.43}$$

由以上的討論，我們可以瞭解到雜質在晶棒的軸向偏析，是種自然的現象。而雜質偏析的程度則受到雜質種類 (不同的 k_0 值) 與熔湯流動現象的影響。

八、組成過冷現象 (Constitutional Supercooling)

當晶體生長的固液界面形狀，能隨著時間維持某種一定程度時，具體而言是凸出狀 (protrusions) 或凹陷狀 (depressions) 不會隨著時間增加大小。在這種情況之下，我們稱之為穩定的界面。在 CZ 矽晶生長裡，由於我們必須加入攙雜物 (dopant)，例如：硼、磷、砷、銻等，再加上存在於熔湯內的不純物 (例如：氧、碳等)，使得固液界面前端的擴散邊界層累積著高濃度的雜質。因此，在這邊界層內的凝固溫度 T_e 將低於內熔湯 (bulk melt) 的凝固溫度 (因為凝固溫度會隨著雜質濃度而下降，參見圖 4.11(a))。倘若熔湯的實際溫度 T_L 小於凝固溫度 T_e，固液界面形狀即會出現不穩定現象，而形成細胞狀 (cellular structure) 的結構，如圖 4.15 所示 [48]。這種由雜質濃度梯度引起的過冷現象即稱之為組成過冷 (Constitutional Supercooling)。在一個極度過冷的晶體生長裡，很容易就由細胞狀結構最後導致多晶 (polycrystalline) 生長。圖 4.16 顯示在一 CZ 矽晶棒生長中，原本屬於平面生長狀況的固液界面，在 ***a*** 點時因為組成過冷而開始出現細胞狀生長，接著演變成晶面生長 (facet growth)，最後在 ***b*** 點開始轉變成多晶生長 [49]。

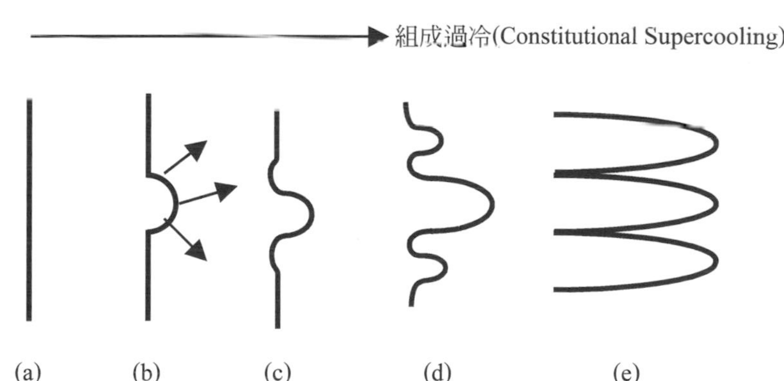

圖 4.15　固液界面形狀因組成過冷現象，而形成細胞狀結構的過程 [48]

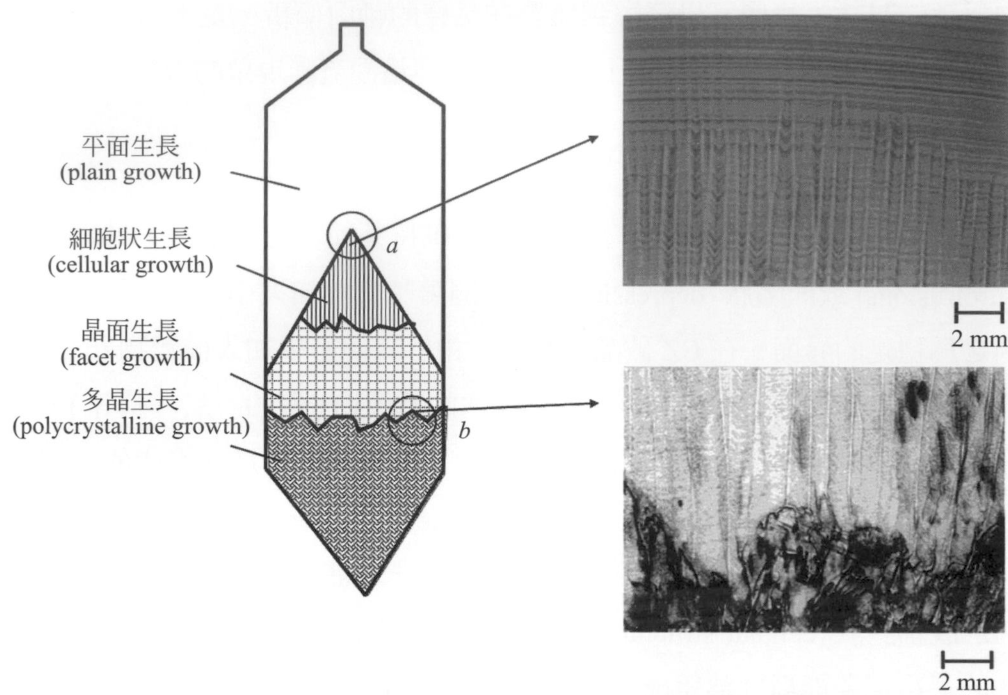

圖 4.16　一 CZ 矽晶棒生長中由於組成過冷，導致固液界面由平面狀演變成細胞狀，最後變成多晶生長的示意圖，以及實際在 OM 顯微鏡下觀察到的結構變化 (49)

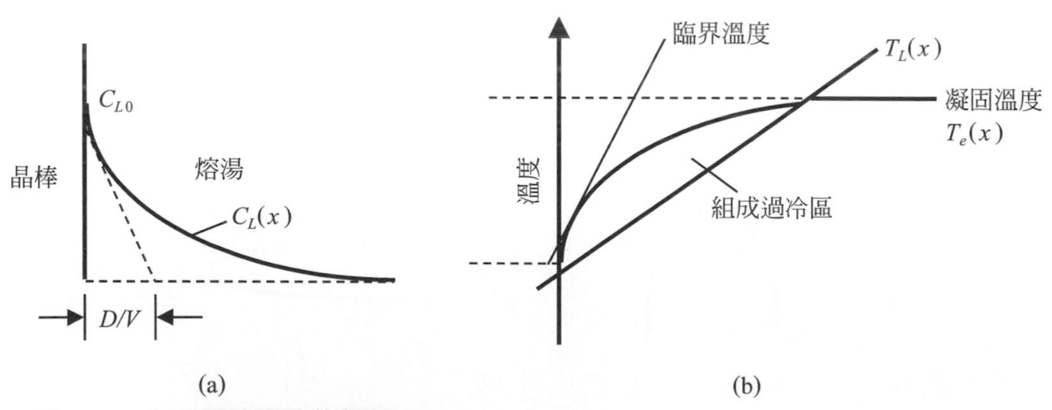

圖 4.17　組成過冷現象的起源

(a) 在穩定狀況下，固液界面前端的雜質濃度分佈，

(b) 固液界面前端熔湯內的溫度分佈為 T_L 線，平衡的凝固溫度為 T_e 線，當 T_L 低於臨界溫度時，過冷現象就會發生

在圖 4.17 中，我們可發現當熔湯的實際溫度 T_L 小於凝固溫度 T_e，過冷現象會發生。若在某個臨界溫度時，過冷現象就不會發生，亦即

$$dT_L(x)/dX \geq dT_e(x)/dX \tag{4.44}$$

Tiller(50) 更進一步推導得出：

$$\frac{G_L}{V} \geq \frac{-m(1-k_0)C_L^0}{Dk_0} \tag{4.45}$$

其中 G_L 是固液界面的液態端之溫度梯度，V 是長晶速度，m 是相圖中凝固溫度線的斜率，C_L^0 是雜質在固液界面的濃度，D 是擴散係數。此外，液態端之溫度梯度 $G_L(=dT_l/dx)$ 可利用式 (4.6) 轉換爲固態端之溫度梯度 $G_S\,(=dTs/dx)$。由上式可知，爲了維持穩定的固液界面形狀 (planar front)，必須具備以下條件：(1) 溫度梯度 G_L 須夠大、(2) 長晶速度 V 須慢、(3) 雜質濃度 C_L^0 須小。當雜質濃度 C_L^0 越高時，要避免發生組成過冷，那麼我們就必須要增加溫度梯度 G_L 及 G_S，或者降低長晶速度 V。

在輕度攙雜 (lightly-doped) 的矽晶生長裡，很少會出現組成過冷的情況，但在重度攙雜 ($> 1\times10^{19}$ atom/cm^3) 的矽晶生長裡，則較易發生組成過冷。所以在生長 N^{++} 晶棒，最大的挑戰就是要克服組成過冷現象，要不然很容易就會突然出現不穩定的固液界面，而失去單晶性。Hopkins(51) 更進一步計算出以下的關係式：

$$C_L^{\text{crit}} = -\frac{D}{m}\left(\frac{92.44}{R^{1/2}v} - 0.0069\right) \tag{4.46}$$

其中 C_L^{crit} 是攙雜濃度的臨界值，高於此值容易出現組成過冷。圖 4.18 爲由式 (4.43) 所計算出之臨界攙雜濃度值與長晶速度 V 及晶棒尺寸大小之關係圖。

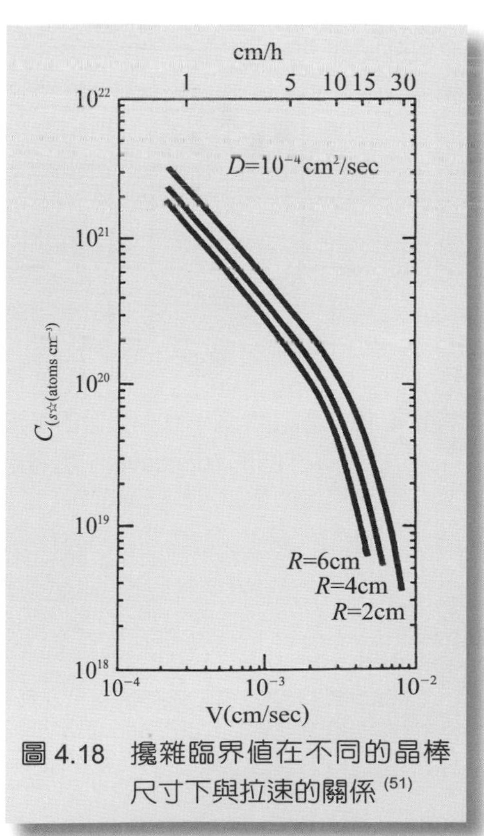

圖 4.18 攙雜臨界值在不同的晶棒尺寸下與拉速的關係 (51)

九、固液界面 (Solid-Liquid Interface)

晶體生長時的固液界面形狀，和晶軸方向及溫度梯度有關。圖 4.19[52] 是三種可能的固液界面形狀，亦即平面形 (planer)，凹形 (concave) 及凸形 (convex)。圖中的 d' 是界面中心至邊緣的深度。一般的說法是，當固液界面形狀爲平面形時，較易維持良好的晶棒品質。但在實際的長晶裡，由於熱環境不斷在變化，很難去維持長時間的平面狀界面。在定性上，固液界面形狀可由考慮熱平衡的關係去了解，當在式 (4.6) 中的熱散失程度 (K_sAdT_s / dx) 大於熱來源 ($K_lAdT / dx_l + LVd$) 時，固液界面形狀會變成凸狀。同理，凹形界面意味著過多的熱源進入固液界面，而提升等溫線 (isotherm) 的位置。

當固液界面形狀不是平面狀時，在凝固過程中會使晶棒內產生熱應力。當熱應力小於彈性應力時，這些熱應力會在晶棒的冷卻過程中消失掉。若固液界面形狀太凸或太凹時，熱應力可能大於彈性應力，於是晶棒內便會產生差排 (disolcation) 而失去結晶的完美性。

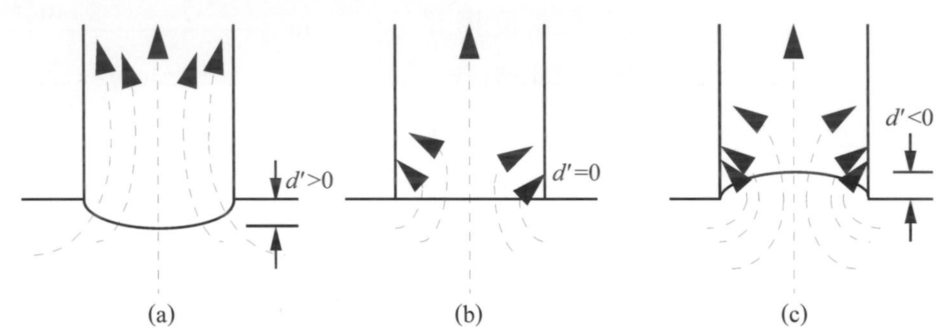

圖 4.19 固液界面形狀與通過的熱流之關係，(a) 凸形 (convex)，(b) 平面形 (planer)，(c) 凹形 (concave)，隨著自晶棒損失的熱減少，固液界面形狀漸漸變成凹形 [52]

十、參考資料

1. J. Bardeen and W.H. Brattain, Pyus. Rev., 74 (1948) p.230.
2. W. Shockley, Bell Sys. Tech. J., 28 (1949) p.453.
3. G.K. Teal and J.B. Little, Phys. Rev., 78 (1950) p.647.
4. J.Z. Czochralski, Phys. Chem., 92 (1918) p.219.
5. W.C. Dash, J. of Applied Physics, vol.30, No.4 (1959) p.459.
6. W.G. Pfann, Trans. AIME, 194 (1952) p.747.
7. P.H. Keck and M.J.E. Golay, Crystallization of Silicon from a Floating Liquid Zone, Phys. Rev. 89 (1953) p.1257.
8. W.R. Runyan, Silicon Semiconductor Technology, McGraw-Hill, New York, 1965.
9. H.R. Shanks, P.D. Maycock, P.H. Sidles, and G.C. Danielson, Phys. Rev., 130(1963) p.1743.
10. A.F. Witt and H.C. Gatos, J. Electrochem. Soc., 113 (1966) p.70.
11. A.F. Witt and H.C. Gatos, J. Electrochem. Soc., 115 (1966) p.808.
12. T. Surek and B. Chalmes, J. Crystal Growth, 36 (1976) p.319.
13. G.K. Gaule and J.R. Pastore, in： Metallurgy of Elemental and Compound Semiconductors, Ed. R. Grubel (Interscience, New York, 1961) p. 201.
14. P.I. Antonov and A.V. Stepanov, Bull. Acad. Sci. USSR, Phys. Ser., 33 (1969) p.1805.
15. V.A. Tatarchenko, A.V. Saet and A.V. Stepanov, Bull Acad. Scei, USSR, Phys.Ser., 33 (1969) p.1788.
16. S.V. Tsivinskii, Inzh. Fiz. Zh. 5 (1962) p.59.
17. B,M. Turovskii and K.D. Cheremin, Inorg. Mater. 4 (1968) p.712.
18. C.W. Perarce, in： VLSI Technology, Ed. S.M. Sze.(McGraw-Hill, New York, 1988) p.18.
19. C.D. Brandle, in：Crystal Growth, Ed. B.R. Pamplin (Pergamon Press Inc., New York, 1980) p.282.
20. T. Surek, S.R. Coriell, and B. Chalmers, J. Crystal Growth, 50 (1980) p.21.
21. D.T.J. Hurle, J. Crystal Growth, 42 (1977) p.473.

22. J.C. Brice, J. Crystal Growth, 2 (1968) p. 395.
23. T. Arizumi and N. Kobayashi, Japan J. Appl. Phys. 8 (1969) p.1091.
24. A.B. Crowley, IMA Appl. Math. 30 (1983) p. 173.
25. A.B. Crowley, E.J. Stern and D.T.J. Hurle, J. Crystal Growth, 97 (1989) p.697.
26. R.A. Brown, T.A. Kinney, P.A. Sackinger and D.E. Bornside, J. Crystal Growth, 89 (1989) p.99.
27. F. Dupret, Y. Ryckmans, P. Wouters and M.J. Crochet, J. Crystal Growth, 79 (1986) p.84.
28. L.J. Atherton, J.J. Derby and R.A. Brown, J. of Crystal Growth, 84 (1987) p.57.
29. J. Jarvinen, R. Nieminen and T. Tiihonen, J. of Crystal Growth, 180 (1997) p.468.
30. F. Dupret, N. Van Den Bogaert, in： D.T.J. Hurle (Ed), Handbook of Crystal Growth, vol. 2b. North Holland, Amsterdam, 1997, p. 875-1000.
31. Y. Ryckmans, P. Nicodeme and F. Durpret, J. Crystal Growth, 99 (1990) p.702.
32. Q. Xiao and J.J. Derby, J. Crystal Growth, 129 (1993) p.593.
33. R. Assaker, N. Van Den Bogaert, F. Dupret, J. Crystal Growth, 180 (1997) p.450.
34. N. Kobayashi, Jpns. Soc. Allied Phys. (1984) p.1-8.
35. J.R. Carruthers, in： Preparation and Properties of Solid State Materials, vol. 3., Ed. W.R. Wilcox and R.A. Lafever, Dekker, N.Y. (1977) p.1.
36. J.R. Carruthers, J. Crystal Growth, 36 (1976) p.212.
37. J.R. Carruthers, in： Crystal Growth- A Tutorial Approach, Eds. W. Bardsley, D.T.J. Hurle, J.B. Mullin, North-Holland Publishing Co. 1979, p 280.
38. J.W. Moody, in： Semiconductor Silicon, H.R. Huff and E. Sirtl, Eds., The Electrochem. Society, Princeton (1977) p. 61-71.
39. W. Zulehner and D. Huber, in： "Crystal 8： Silicon, Chemical Etching", Ed. J. Grabmaier, Springer-Verlag, Berlin and New Tprk, 1982, p.1-143.
40. W.B. Thomson, Phil. Mag. 42 (1951) p. 1417.
41. T. Suzuki, N. Isawa, Y. Okubo, K. Hoshi, in： Semiconductor Silicon, Eds. H.R. Huff, R.J. kriegler, and Y. Takeishi, The Electrochem. Society, Princeton (1981) p.90.

42. G.Z. Gershuni and E,M. Zhukovitskii, Sov. Phys., J. Exp. Theoret. Phys. 34 (1958) p.465.
43. K. Weiser, J. Phys. Chem. Solids. 7 (1958) p.118.
44. C.D. Thurmond, and J.D. Struthers, J. Phys. Chem. 57 (1953) p.831.
45. S. Fishler, J. Appl. Phys. 33 (1962) p.1615.
46. Ming H. Liaw, in：Handbook of Semiconductor Silicon Technology, Eds. W.C.O'Mara, R.B. Herring, L.P. Hunt, Noyes Publications, New Jersey, 1990.
47. J.A. Burton, R.C. Prim, and W.P. Slichter, J. Chem. Phys., 21 (1953) p.1987.
48. D.A. Porter and K.E. Easterling, Phase Transformation in Metals and Alloys, Van Nostrand Reinhold, 1984, p.216-217.
49. T. Taishi, etc., Jpn. J. Appl. Phys. Vol. 39 (2000) pp. L 5–L 8
50. W.A. Tiller, in： The Art and Science of Growing Crystals., Ed. J.J. Gilman, John Wiley & Sons, New York, 1963, p. 276-312.
51. R.H. Hopkins, R.G. Seidensticker, J.R. Davis, P. Rai-Choundhury, P.D. Blais, J.R.McCormick, J. Crystal Growth, 42 (1977) p.193.
52. A.W. Vere, Crystal Growth- Principles and Progress, Plenum Press, p.150.

4-2 CZ 矽晶生長法 (Czochralski Pulling)

一、前言

超過 98% 的電子元件材料都是使用單晶矽。在工業界上，有兩種方法可用來生長單晶矽。其中 Czochralski(簡稱 CZ) 法佔了約 85%，其他部份則是由浮融法 (Float Zone) 生長之。由 CZ 法生長出的矽晶，主要用來生產低功率的積體電路元件，例如：DRAM、SRAM、NAND、Logic 等。而 FZ 法生長出的矽晶，則主要用在高功率的電子元件，例如：MOSFET、IGBT、閘流晶體管 (thyristor) 等。CZ 法所以比 FZ 法更普遍被半導體工業採用，主要在於它的高氧含量 (12 ～ 14ppma) 提供了晶片強化及 gettering 兩種優點；另外一個原因是 CZ 法比 FZ 法更易生產出大尺寸的單晶棒。在今日，利用 CZ 法生長矽單晶棒的發展目標，主要在於產出高「零差排 (disolcation-free)」產能及低生長缺陷的 8 吋～ 12 吋晶棒。在 1994 年，工業界已開始出現 12 吋晶棒；甚至 18 吋晶棒已於 2010 年在實驗上長出了。隨著晶棒尺寸的增大，傳統的 CZ 法製程便很難去產出高良率及高品質的晶棒，所以一些新方法 (例如：加 Heat Shield 及磁場) 被使用來控制 CZ 系統裡的溫度變化，以提高晶圓的品質。由於 CZ 矽晶在長晶過程中的熱歷史 (thermal history) 較 FZ 矽晶更久，以致於引起縱向性質的變化，因此必須很小心地去控制晶棒熱歷史及其對品質的影響。

二、CZ 法晶體生長設備

圖 4.20 一個典型的 CZ 生長爐結構之示意圖，圖 4.21 則爲浙江晶盛機電所生產的 12 吋矽晶棒生長爐的外觀。以這樣一個可以生產 12 吋矽晶棒的爐子而言，最大可容納到 450 公斤的矽原料，相當於可長出 12 吋的矽晶棒約 250 公分長，如圖 4.22 所示。CZ 生長爐的組成元件可概要分成四分類：

(1) 爐體：包括石英坩堝，石墨坩堝 (用以支撐石英坩堝)，加熱及絕熱元件，爐壁等。在爐體內部這些影響熱傳及溫度分佈的元件，一般通稱爲熱場 (Hot Zone)。

(2) 晶棒 / 坩堝拉昇旋轉機構：包括晶種夾頭、吊線及拉昇旋轉元件。

(3) 氣氛壓力控制：包括 Ar 氣體流量控制、眞空系統及壓力控制閥。

(4) 控制系統：包括偵測感應器 (sensor) 及電腦控制系統等。

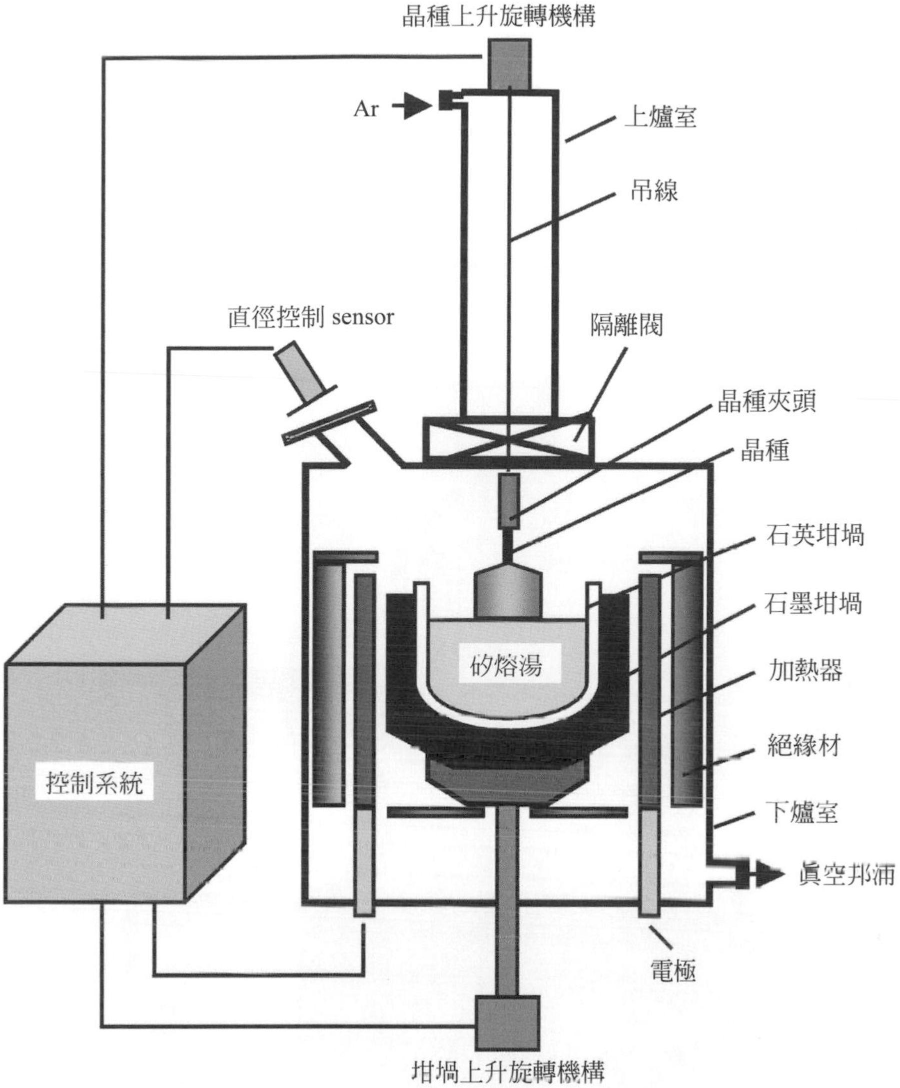

晶種上升旋轉機構
Ar
上爐室
吊線
直徑控制 sensor
隔離閥
晶種夾頭
晶種
石英坩堝
石墨坩堝
矽熔湯
加熱器
控制系統
絕緣材
下爐室
眞空邦浦
電極
坩堝上升旋轉機構

圖 4.20 一個典型的 CZ 生長爐之示意圖

圖 4.21　12 吋 CZ 矽晶爐外觀 (此照片由浙江晶盛機電提供)

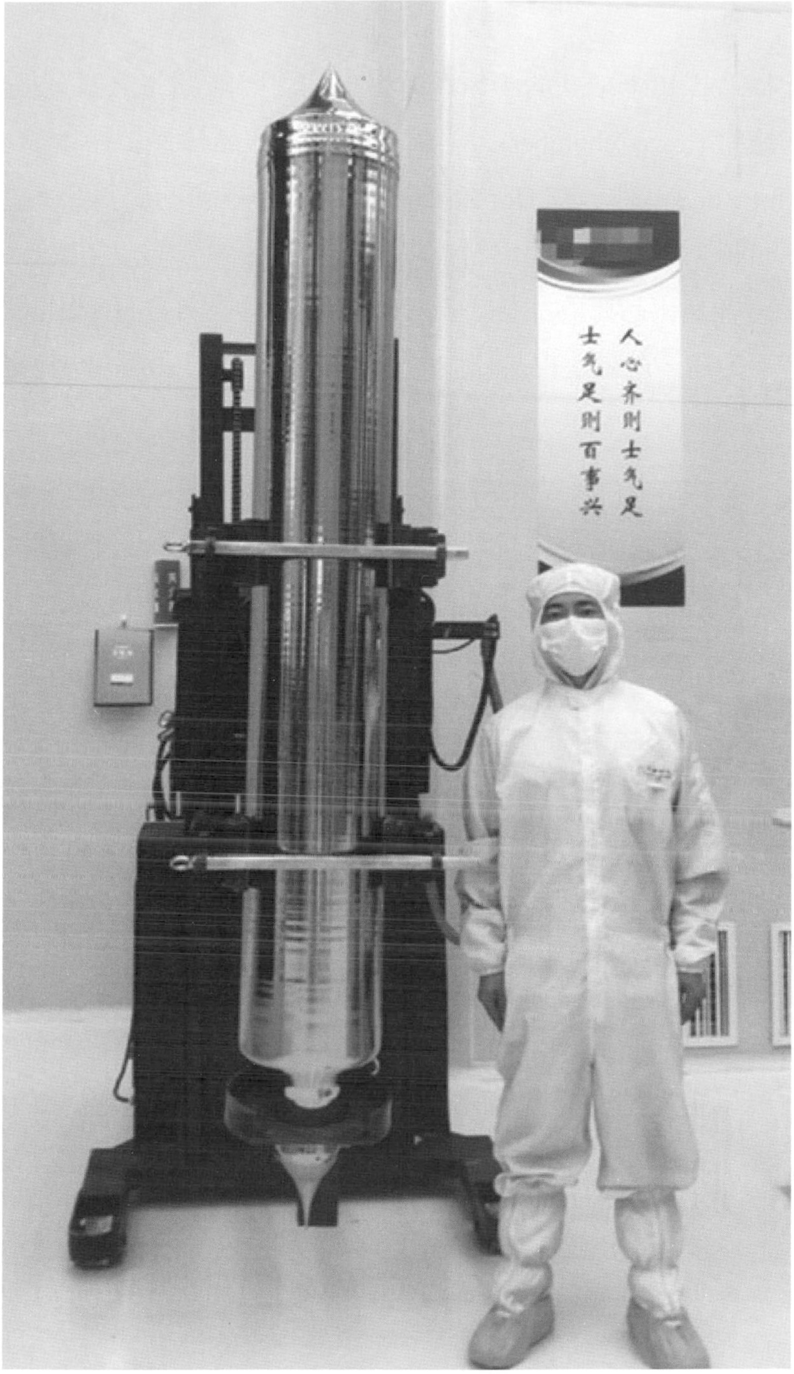

圖 4.22　利用晶盛機電製造的 CZ 拉晶爐生產出來的 12 吋矽單晶棒：長約 250 公分 (本照片由浙江晶盛機電提供)

1. 爐體

爐體的架構是採用水冷式的不銹鋼爐壁。利用隔離閥將之區分爲上爐室 (upper chamber) 及下爐室 (lower chamber)。上爐室爲長完的晶棒停留冷卻的地方；下爐室則包含所有 Hot Zone 元件。在 Hot Zone 元件中，最重要的要算是石英坩堝 (Quartz Crucible) 了，如圖 4.23 所示。因爲石英坩堝內裝有熔融態的矽熔湯，兩者之間的化學反應將直接影響長出晶棒的品質。例如：若石英坩堝內含有一定濃度以上的鹼金屬或銅、鐵等不純物，就會使得晶棒內的疊差密度 (OISF) 大幅增加，影響晶圓在 IC 製程的良率。

圖 4.23　各種不同尺寸大小之石英坩堝 (此照片由 Shin-Etsu Quartz Products Co., Ltd 提供)

石英是目前最通用的坩堝材料，但石英在高溫會與矽熔湯起反應 ($SiO_2 + Si \rightarrow 2SiO$)，使得造成長出的晶棒內含有高濃度的氧 (10 ～ 20 ppma)。曾有人試著用 Si_3N_4 當坩堝材料 [(1)]，以生產出沒有含氧的矽晶棒。但此舉卻會造成晶棒內的氮污染 (～ 4×10^{15}atoms/cm^3)。由於石英坩堝在高溫呈現軟化現象，所以須藉著外圍的石墨坩堝 (graphite susceptor) 來固定之，以防止其軟化變形。

至於石墨會被選爲支撐石英坩堝的 susceptor，乃在於其具有優越的高溫機械與熱傳性質。不像石英坩堝僅能在 CZ 爐中被使用一次的缺點，石墨坩堝通常是可被多次使用的。石墨坩堝的壽命與 (1) 石墨本身材質等級 (例如：密度大小及強度)、(2) 石英坩堝大小及矽熔湯重量、(3) 石墨坩堝本身在長晶過程所受的溫度、(4) 石墨坩堝形狀之設計，等因素有關。選用高等級的石墨 (例如：Isomolded graphite 優於 Extruded graphite)，雖然可以增加石墨坩堝的使用壽命，但其價格卻較爲昂貴。所以

眞正要衡量的，是其單位價格 (= 石墨坩堝價格除以使用次數)。隨著石英坩堝 (或者說，矽熔湯重量) 的增大，石墨坩堝本身所承受的應力 (尤其 corner 部分) 也跟著增大，因而降低其使用次數。以使用 Isomoded graphite 爲例，對於小尺寸 (16" HZ 以下) 的系統，石墨坩堝可被使用超過 50 次以上，但對於大尺寸 (22" HZ 以上) 的系統，石墨坩堝的使用壽命通常不會超過 20 次。如圖 4.20 所示，石墨坩堝的底部較厚，這是爲了絕熱目的，以確保底部的矽熔湯溫度高於液面之溫度。由於矽在凝固時，體積會膨脹約 9%，如果長完晶棒後，坩堝仍然殘留矽熔湯，在其凝固時，易導致石墨坩堝的破裂。因此，石墨坩堝形狀必須設計成可伸縮的。一般的做法，是將石墨坩堝做成二片或三片式。藉著片與片之間的間隙，可以吸收釋放矽凝固時，對石墨坩堝所造成的應力。

石墨坩堝 (包括 Hot Zone 內的其他石墨元件)，必須是高純度 (< 0.002% Ash) 的。在高溫之下，這些石墨元件的表面會與從液面揮發出的 SiO 起反應：

$$SiO + 2C \rightarrow SiC + CO \tag{4.47}$$

在石墨表面所產生的 SiC，會逐漸改變石墨的電性與熱傳性質。而 CO 氣體則會有部分溶入矽熔湯內，使得長出的晶棒受到一定程度碳汙染。經過審愼設計的 Hot Zone，應可減少以上的反應。石墨坩堝連接到坩堝軸上，此坩堝軸則連接伺服馬達，以提供坩堝上昇旋轉作用。

加熱器的作用在於提供熱源以熔化矽原料。加熱器可分爲 RF 式加熱及電阻式 (resistance) 加熱二種方式。RF 式加熱只有在 1960 年代，當坩堝尺寸很小時，才被採用。隨著 CZ 系統的增大，很難再去使用 RF 式加熱，所以電阻式加熱變成主要的方式。電阻式加熱器的材料是採用石墨，如圖 4.24 所示。同樣地，石墨加熱器可選用 Extruded 或 Isomoded 的材質。電源則採用二相的直流電源 (DC)，石墨加熱器的電阻將直接影響電源功率的輸出。假設一個 32" HZ 的電源，可以提供最大 5000 安培及 60 伏特 (亦即最大 300 仟瓦)，那麼要達到最大功率時的石墨加熱器之電阻爲 0.012Ω (= 60V/5000A)，如圖 4.25 所示。倘若長晶過程中所須最大功率爲 240 仟瓦，再加上功率於電路中的損失 (~ 5%)，那麼石墨加熱器的電阻必須維持在 0.01 ~ 0.0144 Ω 之間，才能提供最低 252 (= 240 × 1.05) 仟瓦。石墨加熱器的電阻，會隨著其使用次數而遞增。所以為了延長使用壽命，在設計石墨加熱器時，應使其起始值為 0.01 Ω。石墨加熱器的電阻率可由下式計算而得[(2)]：

$$R=\rho\frac{l}{A}=R\frac{n}{2}\frac{8nL+\pi^{2}(D+d)}{(D-d)[\pi+(D+d)-4nw]} \tag{4.48}$$

其中　$D\equiv$石墨加熱器的外徑

$d\equiv$石墨加熱器的內徑

$w\equiv$狹槽 (slot) 寬度

$n\equiv$ segment 數目

$L\equiv$ segment 長度

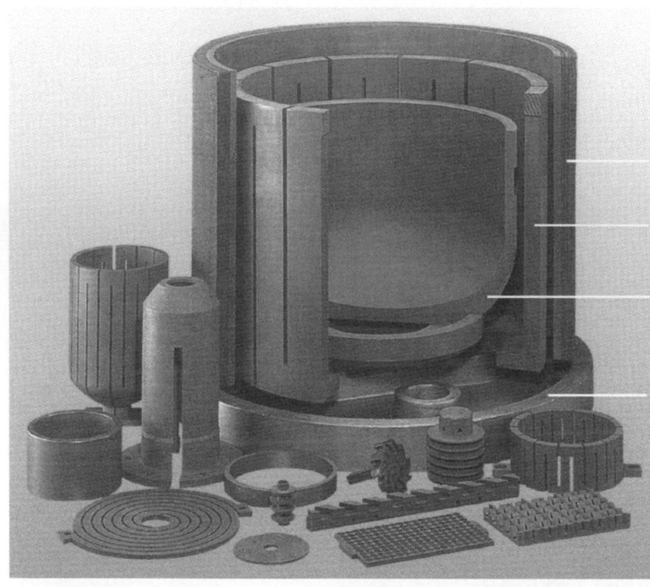

圖 4.24　Hot Zone 內的石墨元件 (此照片由 Nippon Carbon Co. 提供)

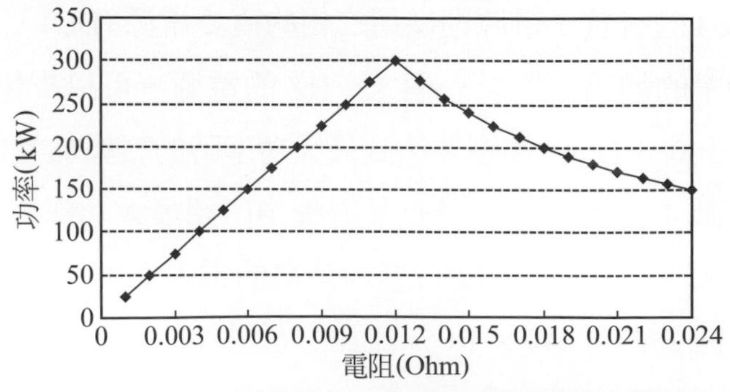

圖 4.25　CZ 長晶爐的電源輸出功率與石墨加熱器的電阻率之關係

2. 晶棒／坩堝拉昇旋轉機構

一般晶種是由軟性的吊線 (cable) 掛住，但也有使用水冷式的不銹鋼棒 (shaft) 的。晶棒與坩堝拉昇速度，必須能夠維持高準確度，才能保持液面在同一位置及精確的控制晶棒生長速度。如第一節所述，晶棒與坩堝在晶棒生長過程中，必須反向旋轉，以改善矽熔湯內的熱對稱性，及晶棒內攙雜物分佈之均勻性。一般增加晶種的轉速，晶棒內攙雜物的徑向分佈愈均勻。但是過高的晶種轉速，將使得固液界面形狀變的太凹，增加長晶的困難度。在某些晶種轉速範圍，甚至會發生自然共振的現象 (鐘擺原理)，造成吊線及晶棒呈現「進動現象 (precession)」。進動現象會造成晶棒長成扭曲狀。簡單的鐘擺週期 (T) 可表示為

$$T = 2\pi\sqrt{\frac{l}{g}} \tag{4.49}$$

其中 l 是鐘擺長度 (在 CZ 系統中，它相當於吊線支軸至晶棒重心之距離)，g 是重力加速度。於是晶種轉速的臨界值 (SR) 可表示為

$$\mathrm{SR} = \frac{1}{T} = \left(\frac{1}{2\pi}\right)\sqrt{\frac{g}{l}} \tag{4.50}$$

圖 4.26 顯示晶種轉速的臨界值隨著晶棒長度變化之關係。臨界晶種轉速，隨著吊線支軸至晶棒重心之距離 (鐘擺長度) 增加而下降。支軸至晶棒重心之距離，則隨著晶棒長度增加而下降。另外，在某些晶種轉速，由於晶線 (facet 或 flat) 會與直徑 sensor 的讀取速度同步 (synchronize)，引起直徑讀值及拉速的大幅度跳動。所以長晶時必須避開這些轉速。假如直徑讀值為每秒 5 次，那麼引起訊號干擾的晶種轉速可計算為

Scans/facet	[100] 晶種轉速 (rpm)	[111] 晶種轉速 (rpm)
3	25.00	33.33
4	18.75	25.00
5	15.00	20.00
6	12.50	16.67

操作上應避開這些晶種轉速。此外直徑讀值干擾的程度，隨著晶線受掃瞄(scan)的數目增加而遞減。也就是說(以100方向為例)，25.0rpm的干擾程度遠較12.50rpm嚴重。

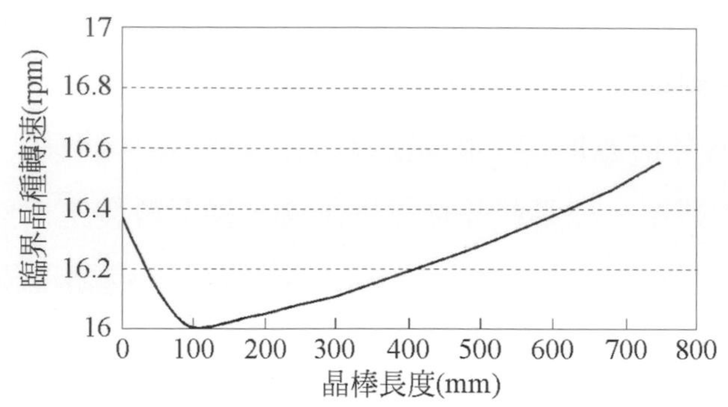

圖 4.26　晶種轉速的臨界值隨著晶棒長度變化之關係

3. 氣氛壓力控制

在CZ矽晶生長過程中，石英坩堝會和矽熔湯起反應，產生大量的一氧化矽(SiO)。在矽的熔化溫度之下，一氧化矽的蒸氣壓達到9 torr左右，因此很容易從熔湯表面揮發掉。如果CZ矽晶生長過程是在高度眞空下操作，那麼SiO從熔湯表面揮發所帶來的沸騰現象，將造成長晶的困難。因此，長晶爐內的操作壓力很少低於5 torr的。除非矽熔湯發生過熱現象，否則在5 torr以上沸騰現象是不會發生的。

從矽熔湯表面揮發的SiO氣體，在受到冷爐壁及氬氣的降溫作用後，會凝結形成煙霧狀微粒(smoke)。如果爐壁上凝結過多的微粒，這些微粒很可能重新掉入矽熔湯表面。當這些微粒撞到晶棒meniscus時，就可能使晶棒產生差排(dislocation)而導致多晶的產生。當長晶爐內的操作壓力接近大氣壓時，上述現象更爲嚴重[(3)]。因此一般長晶時的壓力是在5～100 torr之間。

爲了減少SiO微粒的凝結，長晶爐內必須持續通入氬氣(Ar)，以帶走由矽熔湯表面揮發出來的SiO氣體。通入的氬氣及大部份的SiO，則由長晶爐底部的眞空系統抽走。通入氬氣(Ar)的另一目的是要同時帶走CO氣體(由SiO與石墨元件起反應而產生)，以避免CO氣體重新溶入矽熔湯內，造成晶棒受到碳的汙染。一般氬氣的流量在20～150 slpm之間，端視長晶系統大小及製程設計而定。

4. 控制系統

控制系統是用以控制製程參數，例如晶棒直徑、拉速、溫度及轉速等。控制系統一般是採用閉環式 (closed loop) 回饋控制 (feedback control)。直徑控制 sensor (例如：CCD camera) 是用以讀取晶棒直徑，並將讀取之數值送至控制系統 (例如：PLC)。例如：爲了控制直徑，控制系統會輸出訊號調整拉速及溫度。相同地，長晶爐內壓力、氬氣的流量等參數，也是靠這種閉環回饋方式控制。

三、CZ 長晶操作流程與原理

以下就幾個重要程序分別說明之：

A. 加料 (Stacking Charge)：見圖 4.27(a)

此步驟主要是將塊狀或粒狀多晶矽原料及攙雜物 (dopant) 置入石英坩堝內。將多晶矽原料填裝於石英坩堝的方式，也必須依據一定的要領才行。不良的填裝方式，可能會造成石英坩堝的損傷或造成熔化時的困難 (例如架橋現象)。如果石英坩堝內一次無法填入足夠的多晶料，則可以採用二次加料方式。以目前業界長 12 吋晶棒爲例，一個坩堝第一次只能填裝 300kg 多晶料，等這 300kg 熔化後，還得分二次利用二次加料方式，最後添加到 450kg。雜質的種類係依電阻爲 N 或 P 型而定。P 型的攙雜物爲硼 (Boron)，N 型攙雜物則有磷 (phosphorous)、銻 (Antimony) 及砷 (Arsenic)，不過只有硼及磷可以在一開始就連同多晶矽原料加到坩堝內，銻、砷 (及紅磷) 都只能在多晶矽熔化後，利用氣相或液相的方式加到坩堝內。

B. 熔化 (Meltdown)：見圖 4.27(b)

當加完多晶矽原料於石英坩堝內後，長晶爐必須關閉並抽眞空使之維持在一定的壓力範圍。然後打開石墨加熱器電源，加熱至熔化溫度 (1420°C) 以上，將多晶矽原料熔化之。在此過程中，最重要的製程參數爲加熱功率的大小。使用過大的功率來熔化多晶矽，雖可以縮短熔化時間，將可能造成石英坩堝壁的過度損傷，而降低石英坩堝之壽命。反之若功率過小，則整個熔化過程耗時太久，產能乃跟著下降。當矽原料完全熔化後，矽熔湯的溫度會繼續上升一段時間。這是因爲熔化過程，石墨加熱器及石英坩堝之間維持一定的溫度差，用以克服熔化過程的潛熱。當熔化完成之後，溫度自然會往上升。所以一般在矽原料尚未完全熔化後時，就必須逐漸把加熱功率調降到長晶時需的功率，才能減少溫度 overshooting 的現象。

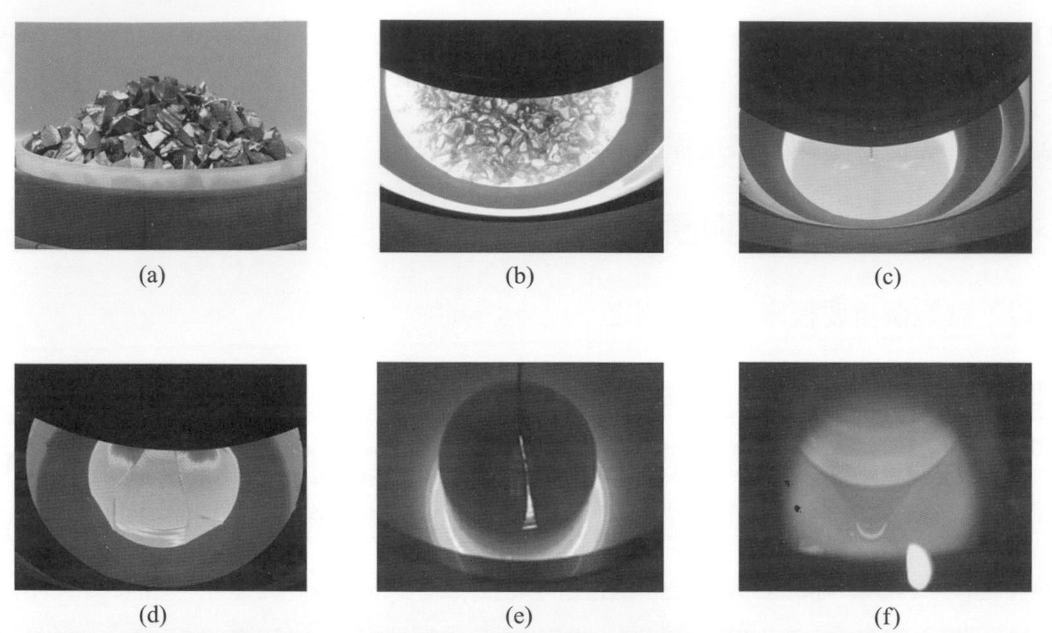

圖 4.27　CZ 長晶流程 (a) 加料，(b) 熔化，(c) 晶頸生長，(d) 晶冠生長，(e) 晶身生長，(f) 尾部生長

C. 晶頸生長 (Neck Growth)：見圖 4.27(c)

當矽熔湯的溫度穩定之後，將 <100> 或 <111> 方向的晶種 (seed) 慢慢浸入矽熔湯中。由於晶種與矽熔湯接觸時的熱應力，會使得晶種產生差排 (dislocations)，這些差排必須利用晶頸生長使之消失掉 (Dash Technique[4])。晶頸生長是將晶種快速往上提升，使長出的晶體的直徑縮小到一定的大小 (4 ～ 6mm)。由於差排線通常與生長軸成一個交角，只要晶頸夠長，差排便能長出晶體表面，產生零差排 (dislocation-free) 的晶體，如圖 4.28 所示。為了能完全消除差排，一般的原則是讓晶頸長度約等於一個晶棒的直徑，例如生長 12 吋的單晶，晶頸的長度最少是 300mm 長。對於 <111> 方向而言，由於其為最密堆積，所以並不須要長很細的晶頸但須使用很快的拉速。對於 <100> 而言，晶頸的直徑愈小，愈容易消除差排。但是當晶頸的直徑過小時，晶頸可能無法支撐晶棒本身重量而斷裂。晶頸能支撐晶棒重量的最小直徑可由下式表示 [5]

$$d = 1.608 \times 10^{-3} DL^{1/2} \tag{4.51}$$

其中 D 是晶棒直徑，L 是晶棒長度。根據上式，如果晶頸的直徑是 0.3cm，那麼將可分別支撐 200mm 及 300mm 的晶棒 197 及 87cm(相當於 144kg)。

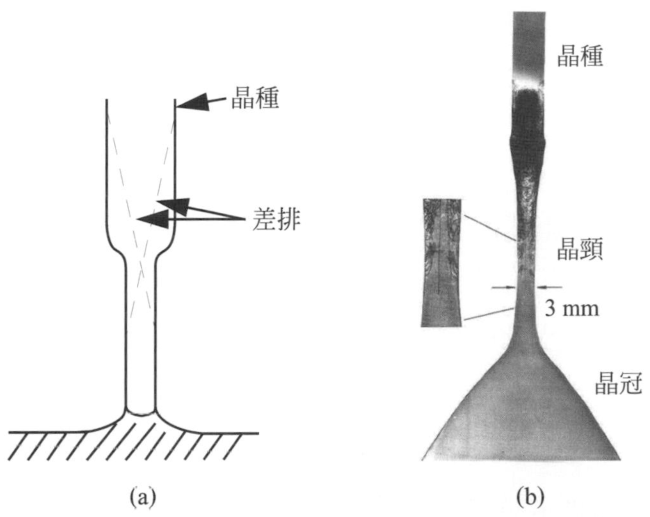

圖 4.28 利用晶頸生長以消除差排的技術 (Dash Techniquo)，(a) 差排消失的示意圖；(b) 利用 X- 光繞射拍攝一根實際生長的矽晶棒，可以看到在晶種底端有很多的差排，隨著晶頸生長，差排慢慢消失不見。

D. 晶冠生長 (Crown Growth)：見圖 4.27(d)

長完晶頸之後，須降低拉速與溫度，使得晶體的直徑漸漸增大到所需的大小。爲了經濟考量因素，一般晶冠的形狀通常較平，但對於拉超重攙的晶棒時，爲了克服組成過冷現象，晶冠的形狀則必須比較尖 (也就是說直徑的增加速率不能太快)。在此步驟中，最重要的參數是直徑的增加速率 (亦即晶冠的角度)。晶冠的形狀與角度，將會影響晶棒頭端的固液界面形狀及晶棒品質。如果降溫太快，液面呈現過冷情況，晶冠的形狀會因直徑快速增大而變成方形，嚴重時易導致差排的再現而失去單晶結構。

晶冠生長時的凝固界面通常是凸向熔湯方向的 (convex interface)，如果要將之調平，常見的方式有：(1) 增加晶轉、(2) 變動堝轉、(3) 調降堝位、(4) 加大磁場強度、(5) 提升拉速。

E. 晶身生長 (Body Growth)：見圖 4.27(e)

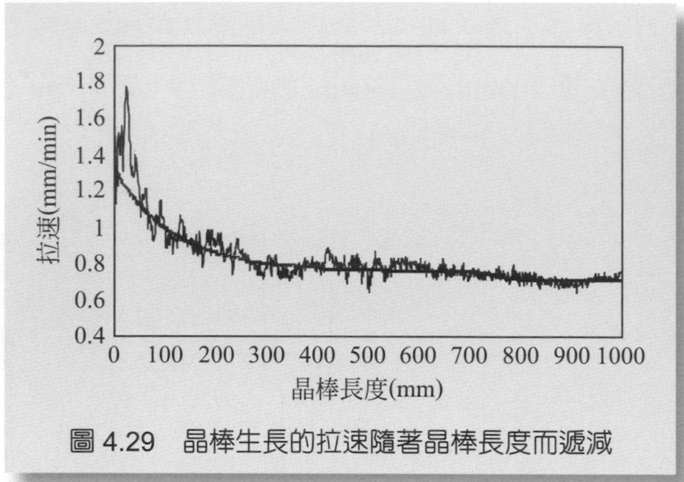

圖 4.29　晶棒生長的拉速隨著晶棒長度而遞減

長完晶頸及晶肩 (shoulder) 之後，藉著拉速與溫度的不斷調整，可使晶棒的直徑維持在 ±2mm 之間，這段直徑固定的部分即稱之爲晶身 (Body)。由於矽晶片即取自晶身，此階段的參數控制是非常重要的，最重要的指標是要能長出低晶体缺陷的晶棒、並且使得徑向電阻率及氧可以分布均勻。例如：坩堝與晶種的轉速關係著氧含量的濃度及分佈；拉速控制關係著晶棒直徑之均勻度及晶棒內部缺陷的形成 [6～9](OISF、D-defects、COP 等)。由於在晶棒生長過程中，液面會逐漸下降及加熱功率逐漸上升等因素，使得晶棒的散熱速率隨著晶棒長度而遞減。因此固液界面處的溫度梯度 (dT_s / dx，如式 (4.7) 所示) 減小，使得晶棒的最大拉速隨著晶棒長度而減小 (如圖 4.29 所示)。

F. 尾部生長 (Tail Growth)：見圖 4.27(f)

在長完晶身部分之後，如果立刻將晶棒與液面分開，那麼熱應力將使得晶棒出現差排與滑移線。於是爲了避免此一問題發生，必須將晶棒的直徑慢慢縮小，直到成一尖點而與液面分開。這一過程即稱之爲尾部生長。接著，長完的晶棒被昇至上爐室冷卻一段時間後取出，即完成一次生長週期。

在長完尾部之後，石英坩堝底部內總留有一些殘留的熔湯。其量的多寡與晶棒長度、直徑及坩堝底部形狀有關。有很多方式可試著去將殘留量減到最低，但經濟考量上，並不值得一定要這麼做，一來是因底部殘留量的雜質偏多，二來是因爲時間的花費過多。

另外值得一提的是，長晶時難免會遇到長到一半，就失去單晶性的情形，這時有二種可能性：

(1) 將晶棒重熔回去，再重新拉晶棒 (適用於在晶棒前半段失去單晶性時)。

(2) 將失去單晶性的晶棒移出長晶爐，再重新置入晶種，拉第二根晶棒 (適用於在晶棒後半段失去單晶性時)。

四、晶體方向 (Crystal Orientation)

理論上，CZ 法可以用來生長任何晶體方向的矽單晶，但是一般最常見的晶體方向爲 <100> 及 <111>。只有在極少數的用途上 (例如：微機械元件)，才需使用非 <100> 或 <111> 方向的矽晶片，例如：<110> 或 <115> 方向。<110> 方向晶棒是最難長成零差排的，因爲在矽晶裡主要的差排即是在 <110> 方向 (一般稱之爲 60° 差排)。因此當 <110> 方向晶種浸入矽熔湯內，所產生的 60° 差排將平行於生長軸，那麼這些 60° 差排便很難利用 Dash technique 予以消除。但由於 <110> 方向的電洞移動率比較快，爲了提升元件的速度，目前也開始有人使用 <110> 的矽晶片做先進元件的開發工作。

在工業生產上，晶種 (seed crystal) 是由已是零差排的單晶矽晶棒加工而來。而這用以製造晶種的矽晶棒可藉由 CZ 或 FZ 法生產之。晶種的形狀可以是圓柱形或方形，它的方向必須是非常準確。所以在加工上，須要借助 X- 光機來定位。

五、零差排的生長 (Dislocation-Free Growth)

在熱力學上，因爲差排的生成會增加晶體的 Gibbs 自由能，所以差排並非平衡狀態下的產物。在矽晶生長上，差排的生成是爲了釋放晶體內部的熱應力或機械應力。例如：晶種浸入矽熔湯時，由晶種與矽熔湯之間的溫度差導致的熱應力，將使得晶種內出現差排。如果晶種內的差排沒有被去除的話，差排將會延伸生長至晶棒內，最後導致多晶的產生。

因爲矽晶是鑽石立方 (diamond-cubic) 的結構，所以差排比較容易出現在 (111) 面上而沿著 <110> 方向延伸生長 [10～11]。當矽晶的生長方向爲 <100> 或 <111> 時，所有的 (111) 面都與生長軸成斜角，於是具有 (*a*/2) [101] 布格向量 (Burgers vectors) 的差排，便可利用 Dash technique 使之長出晶體表面而消失。具有零差排的晶種，是否一定能長出完全沒有差排的晶棒呢？事實上，差排是可能在任何時候重新出現於晶棒內的。因爲矽晶具有很高的彈性強度 (elastic strength)，如果長晶過程造成的熱應力或機械應力低於本身的彈性強度，那麼這些應力可以在晶棒冷卻過程時消失掉。但當熱應力或機械應力大於彈性強度時，差排便會形成以減小應變 (strain)。造成熱應力或機械應力大於彈性強度最常見的情況是，外來的顆粒 (foreign particle) 碰到固液界面。外來的顆粒可能來自石英坩堝 (石英碎片)、Si、SiC 等。一旦差排開始出現於固液界面處，差排馬上多重延伸，很快地晶棒就由單晶轉爲多晶 (學術上稱爲 lost structure 或 lost zero-dislocation)。

有經驗的長晶操作員，即能在長晶過程中，從晶棒的外觀判別其是否爲零差排單晶。這主要是基於矽單晶棒具有獨特的晶線 (growth line 或 facet) 之特性。以 <100> 矽單晶爲例，其外觀上可以見到 4 條等距對稱的晶線 (見圖 4.30(a))。圖 4.30(b) 爲一 <100> 矽單晶棒自晶冠 (crown) 上方的俯視圖，圖中可見 4 條由 facet 形成的隆起脊帶。facet 的寬度與矽熔湯表面的過冷度有關，過冷度愈大 facet 的寬度也愈大。從圖 4.30(b)，可以看到晶冠一開始的過冷度比較小，所以 facet 比較小，看起來就如同是一條線 (晶線)，但在晶冠後半段因爲過冷度增加了，facet 寬度就變寬了。從晶體結構上來看，facet 是由 {111} 面與晶體外圍表面相交而形成的，這是因爲 {111} 面上的 <110> 方向爲最密堆積，也是生長速度最慢的方向。沿著晶線切開而與生長面 (100) 成垂直的面爲 {110} 面。

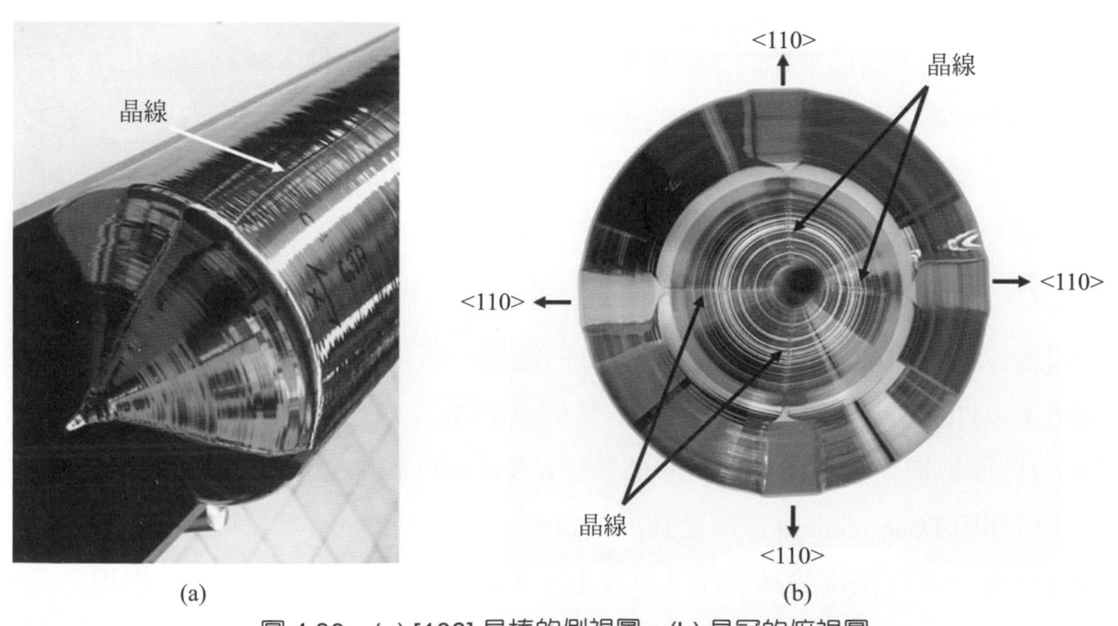

圖 4.30　(a) [100] 晶棒的側視圖，(b) 晶冠的俯視圖

在 [111] 矽單晶生長中，經常可見到非圓柱狀的晶棒。這是因爲 facets 的生成導致垂直於晶棒外圍的 <211> 方向生長速度遲緩之故。Facets 的生成則來自於過度的液面過冷現象。圖 4.31 表示 (111) 及 ($\bar{1}\bar{1}1$)facets 生長的原子最密堆積層的排列情形[12]。在 facet 上沿著生長方向的鋸齒狀結構，是由主導著平面 {111} 在 [$\bar{1}\bar{1}2$] 方向的徑向生長及外圍的 [$\bar{1}\bar{1}1$]facet 生長的溫度交替波動所引起的。當生長時的熱環境保持穩定，那麼 facet 的寬度可藉由穩定的鋸齒狀結構生長而保持一定。倘若液面過度的過冷，外圍的 ($\bar{1}\bar{1}1$)facet 生長則變成控制晶棒生長的主要機構，並繼續沿著與生長軸成 19.5° 的方向擴展。同時由於 facet 寬度的擴大，使得晶棒變成三角形。在晶冠生長時可以見到六條晶線，但在晶身生長時通常只見三個主要晶面，另外三個次晶面則不明顯，如圖 4.32 所示。當晶棒開始出現差排時，facet 寬度會漸漸變小甚至完全消失。

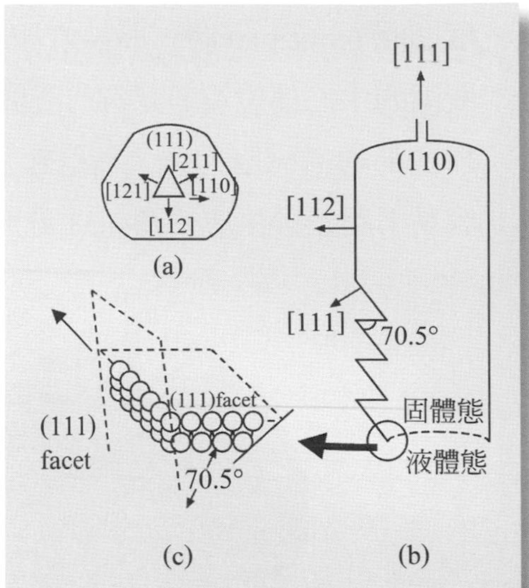

圖 4.31 [111] 矽單晶生長的 facet 生成機構矽單晶生長 (a) 晶冠的俯視圖，(b) 由 (110) 面側視沿著生長方向的鋸齒狀結構，(c)meniscus 附近的 (111) 及 facet 生長之關係[12]

(a)

(b)

圖 4.32 (a)[111] 晶棒的側視圖，圖中可看到一明顯的晶面；(b) 晶冠的俯視圖，圖中可見 6 條晶線

前面提過差排是可能在任何時候重新出現於晶棒內的，當固液界面形狀變成過度凹狀 (concave) 時，差排愈加容易出現。這是因爲晶棒外圍比中心先凝固，使得後凝固的中心部位沒有足夠的空間可以膨脹 (液態矽凝固時體積膨脹 9%)。於是造成晶棒內部的機械應力過大而引起差排之生成。另外當晶棒與液面分開時的熱應力，亦容易引起差排生成。圖 4.33 分別爲 [100] 及 [111] 差排線出現於晶棒的情形。

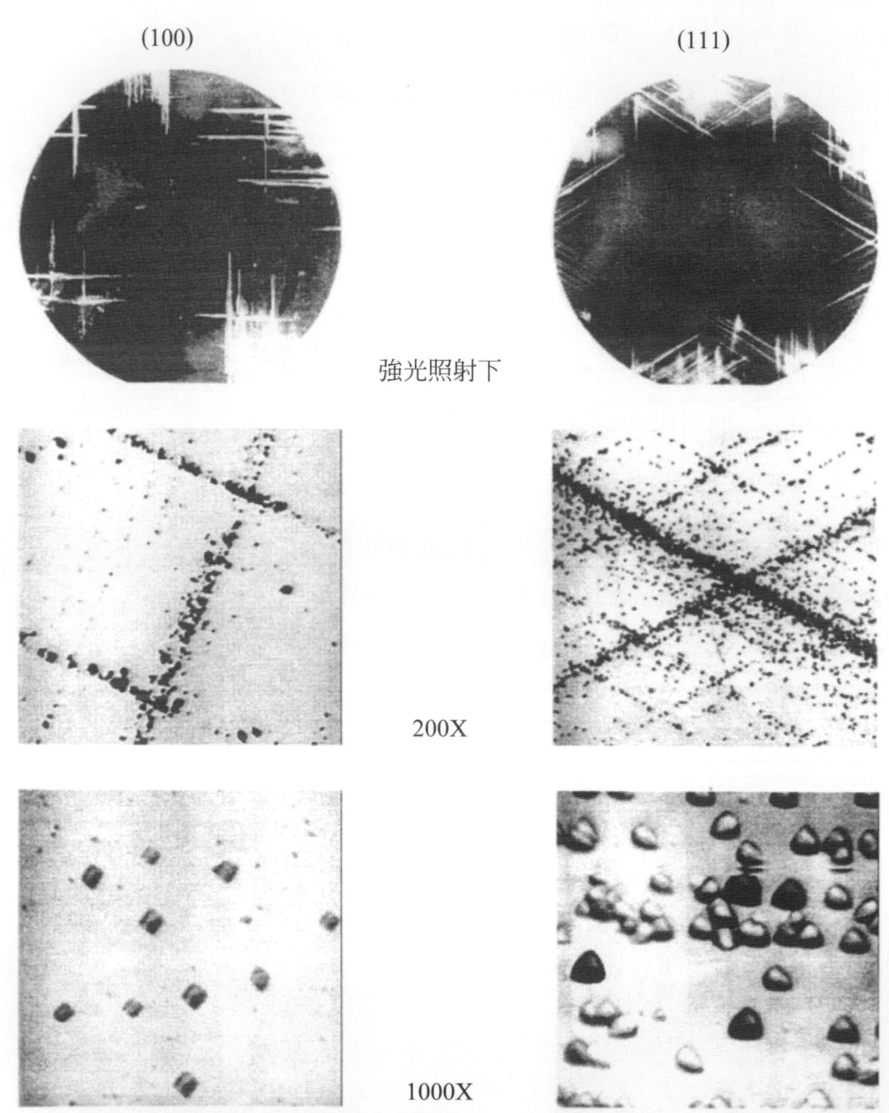

圖 4.33　差排線出現於 [100] 及 [111] 矽晶棒的情形，最上圖為由強光照射之下的差排線外觀，[100] 的差排線呈現四重軸對稱，[111] 則為 3 重軸對稱。中、下圖則為在光學顯微鏡下的差排形狀。

六、直徑自動控制

在 CZ 長晶裡，在石英坩堝中的矽熔湯之高度，隨著晶棒的生長而愈來愈低，整個系統的溫度場也隨時在變化著。如果不隨時調整長晶的參數，晶棒的直徑變化會非常劇烈。在 1970 年代以前，要能長出均勻直徑的晶棒，全靠操作員的經驗與技術來調整加熱功率與拉速。如今由於直徑自動控制系統的引入，使得生長均勻直徑的晶棒變得相當容易。

一般常見的直徑控制方法包括：(a) 利用晶棒或坩堝的稱重 [13 ~ 14]、(b) 利用 meniscus 光學反射的偵測 [15 ~ 16]、(c) 利用相機系統量測晶棒之映像 [17 ~ 20]。有關這些技術的原理及比較，讀者可參閱 Hurle[21 ~ 22] 的 Review 文章。Hurle 指出最好的直徑控制系統是要能夠偵測 meniscus 形狀的變化。因此以下我們將主要介紹偵測 meniscus 形狀的變化的光學系統。

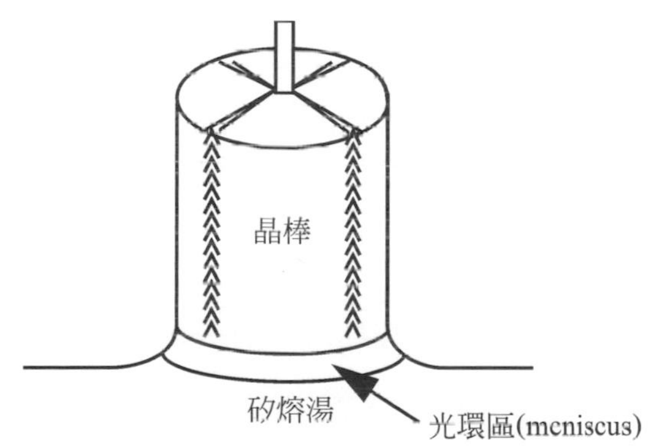

圖 4.34　CZ 長晶中 meniscus 區域呈現一明亮光環

在晶體生長理論章節裡，我們提到 meniscus 是液面藉著表張力吸附於晶棒下方的區域。Meniscus 的高度 (*h*) 隨著晶棒的直徑 (*d*) 的增加而增加 [21]。Meniscus 的直徑則稍微大於晶棒之直徑，如圖 4.34 所示。另外由於固液界面處在長晶過程會釋放出潛熱，使得 meniscus(尤其 facet 處) 顯得較自由液面來得明亮，而呈現一明亮光環 (見圖 4.27)。光環的亮度並非均勻分佈，而是隨著晶棒到自由液面的距離而遞減。圖 4.35(b) 顯示光學偵測器的輸出電壓 (明亮度) 與晶棒到自由液面的距離之關係，圖 4.35(a) 則顯示用一光學偵測器偵測 meniscus 來控制直徑的方法。假設晶棒 B 的直徑為目標值，那麼偵測器將偵測 meniscus 上 *B'* 點的訊號而得到如圖 4.35(b) 中所示的輸

出電壓 Y。於是 Y 值被用來當成直徑的設定值。如果晶棒的直徑突然增加到晶棒 A 的尺寸，那麼 meniscus 的位置將跟著往上變動，此時偵測器對焦的位置點 A' 更靠近晶棒本身。這相當於圖 4.35(b) 中輸出電壓將增加至 X 值。因爲 X 值大於設定值，控制系統便會調高溫度或拉速來達到直徑控制之目的。反之，如果晶棒的直徑突然縮小到晶棒 C 的尺寸，那麼偵測器將偵測 meniscus 上 C' 點的訊號而得到輸出電壓 Z。由於 Z 值小於設定值，控制系統便會調低溫度或拉速來增大直徑。

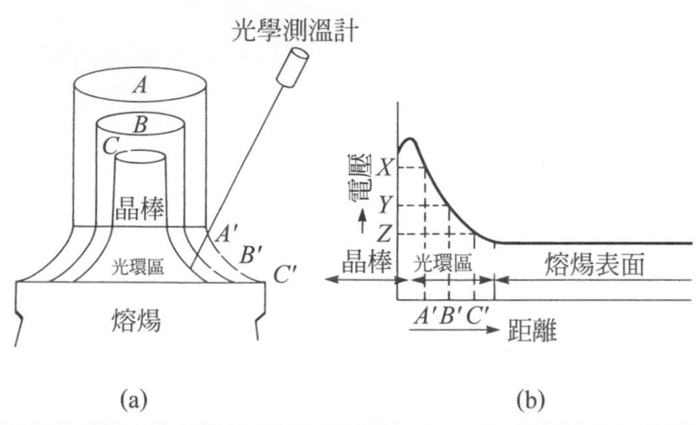

圖 4.35 (a) 顯示直徑的改變影響光學偵測器所偵測 meniscus 位置之示意圖，(b) 顯示光學偵測器的輸出電壓 (明亮度) 與晶棒到自由液面的距離之關係 [23]

利用相機系統量測晶棒影像的控制原理亦頗爲類似。在此要更進一步說明的是，晶棒直徑的偵測會受到液面位置 (指相對於石墨加熱器的高度) 的影響。由於偵測器的位置在長晶過程中可能是固定不變的，如果液面位置不同於原先的起始位置，偵測器所偵測到 meniscus 相對位置便會隨之改變，甚至直徑的設定值的參考訊號也有所不同。這會造成晶棒直徑的偵測值偏離實際值，於是即使控制系統作用得很好，使得直徑的讀值近似設定值，但實際去量測晶棒尺寸時，會發現其實是異於設定值的。這也是爲什麼在晶棒生長過程，坩堝位置須隨著拉速而不斷往上運動來保持液面位置固定的原因之一。爲了保持液面位置固定，坩堝的上升速度 (V_c) 可由晶棒與熔湯之間的質量守恆計算出來

$$V_c = \frac{\rho_s}{\rho_L}\frac{r^2}{R^2}V_p \tag{4.52}$$

其中 ρ_s 及 ρ_L 分別爲固態和液態矽的密度，r 及 R 分別爲晶棒和坩堝的直徑，V_p 則是拉速。另外即使液面位置維持不變，但由於液面高度的持續下降，使得晶棒受到坩堝壁輻射熱的程度愈來愈大，於是晶棒的拉速必須隨之遞減。這拉速遞減的效果亦會影響 meniscus 的形狀與高度，進而影響偵測器對直徑量測之準確性。如果偵測器沒有對這些因素做補償修正的話，我們一般可以發現晶棒的直徑自頭端 (Seed end) 到尾端有逐漸變小的趨勢。

七、摻雜技術 (Doping techniques)

矽晶在半導體元件的應用上，必須藉著摻雜物 (dopant) 來達到一定的電性。若矽晶摻入週期表上的III族元素 (例如：硼)，可形成帶正電 (P-type) 的半導體，摻入週期表上的V族元素 (例如：磷、砷、銻)，則可形成帶負電 (N-type) 的半導體。爲了因應不同應用上的各種電性要求，摻雜物的濃度範圍大概在 10^{14} 到 10^{19} atom/cm^3 之間。隨著摻雜物濃度的多寡及種類，摻雜的方法也略有不同。以下我們將就重度摻雜 (heavily doping)，輕度摻雜 (lightly doping)，中子照射摻雜 (Neutron transmutation doping，簡稱 NTD) 等三方面提出說明。

1. 重度摻雜 (heavily doping)

在 CZ 矽晶中的摻雜技術，最簡單的要屬重度的硼摻雜 (heavily boron doping，亦即所謂的 P^+) 了。由於硼的蒸氣壓 (vapor pressure) 很小，幾乎不會從液面揮發散失。所以摻雜時只須將一定重量的元素硼，隨著多晶矽原料加入石英坩堝內即可。晶棒內的濃度分佈可由式 (4.43) 計算得知。所須加入摻雜物純元素的重量 X (grams)，可由下式得之：

$$X = M(W/d)(N/A) = 7.12MWN_s x10^{-25} \tag{4.53}$$

其中 M 是摻雜物的原子重量 (atomic weight)，W 是矽熔湯的重量，A 是亞佛加厥常數 (6.02×10^{23})，N_s 是矽熔湯內所須摻雜物的濃度 (atom/cm^3)。

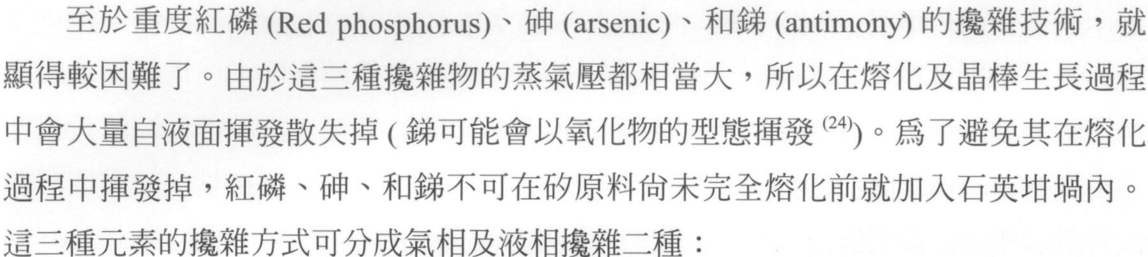

至於重度紅磷 (Red phosphorus)、砷 (arsenic)、和銻 (antimony) 的摻雜技術，就顯得較困難了。由於這三種摻雜物的蒸氣壓都相當大，所以在熔化及晶棒生長過程中會大量自液面揮發散失掉 (銻可能會以氧化物的型態揮發 [24])。爲了避免其在熔化過程中揮發掉，紅磷、砷、和銻不可在矽原料尚未完全熔化前就加入石英坩堝內。這三種元素的摻雜方式可分成氣相及液相摻雜二種：

(1) 氣相摻雜：

砷及紅磷的昇華溫度，分別只有 615°C 及 416°C，因此無法直接連同多晶矽一起加入到坩堝裡，只能採用氣相摻雜方式。如圖 4.36(a) 所示，氣相摻雜的作法是將這類的摻雜物，置於一底部爲一片薄矽晶片的密閉式的石英容器內，當矽原料完全熔化之後，再快速將此石英容器下降，直到容器底部浸入矽熔湯內，高溫使得這些摻雜物快速氣化，而溶入於矽熔湯內。

利用氬氣與爐壓的控制，可使得摻雜物自液面揮發散失速度，大約等於摻雜物藉由偏析作用自固液界面排到矽熔湯的速度，於是晶棒軸向的砷或紅磷濃度分佈就可以幾乎維持固定。如果經過一段時間，仍然無法順利拉出晶棒時，則必須再加入一定數量的摻雜物以補償已揮發散失的量，否則重新長出的晶棒之電阻率將會太高。砷 (尤其是三氧化砷) 具有毒性，所以在摻雜過程、打開爐體、清爐等程序時，必須特別的小心。

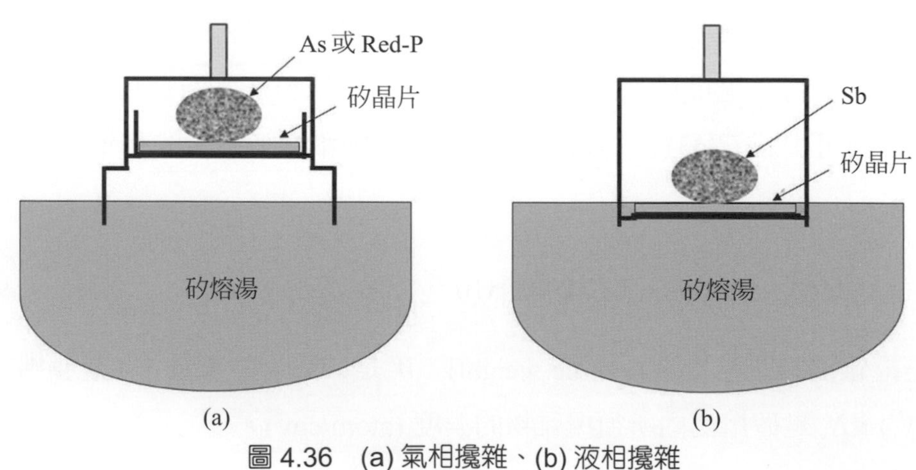

圖 4.36　(a) 氣相摻雜、(b) 液相摻雜

(2) 液相攙雜：

銻的蒸氣壓也相當大，但它的沸點高達 1587°C，但熔點只有 630°C，所以無法使用氣相攙雜，而只能採用液相攙雜方式。圖 4.36(b) 所示，作法上可以將 Sb 的攙雜物，放於一特製石英容器內的矽晶片上面，待坩堝內的多晶矽熔化後，將此容器移到熔湯上方，超過 630°C 的高溫，使得 Sb 快速熔化，滴入於 Si Melt 內。

在商業應用上，有關 N^+ 攙雜物的選定，與電阻率的範圍有關。一般電阻率在 0.4 Ω-cm 以上，是採用磷當攙雜物；電阻率在 0.01 ～ 0.1 Ω-cm 之間是採用銻當攙雜物；電阻率在 0.002 ～ 0.01Ω-cm 之間是採用砷當攙雜物；電阻率在 0.002 Ω-cm 以下是採用紅磷 (Red Phosphous) 當攙雜物。現在 N^+ CZ 矽晶生長的技術挑戰，是如何讓紅磷攙雜的矽晶之電阻率做到小於 0.001Ω-cm。

2. 輕度攙雜 (lightly doping)

對於微量的攙雜物濃度，由於很難精準的控制其重量 (指稱重上)，所以無法直接使用純元素當成攙雜物。因此一般採用其與矽的合金當成攙雜物。輕度攙雜的矽晶是採用硼 (P-type) 或磷 (N-type)。而這種 Si-B 或 Si-P 的合金一般是來自重度攙雜的 CZ-Si 或 FZ-Si 晶片。CZ-Si 的缺點是攙雜物在晶棒的軸向分佈不均勻 (尤其是磷)。相反地，FZ-Si 攙雜物在晶棒的軸向分佈則較均勻。

為了較易控制 Si-B 或 Si-P 的合金濃度之準確度，或許可以考慮利用 FZ 法，來生產可製成合金攙雜物之晶棒。在這一技術上，首先是利用類似生產矽多晶 (polysilicon) 的 Siemens[25] 方法來製造 FZ 法中的多晶原料棒。然後在 FZ 爐中，將多晶原料棒轉換成重度攙雜晶棒。接著將重度攙雜的晶棒切成薄晶片 (約 1mm 厚)，量測電阻率之後，即可用來當成 CZ 法的攙雜物。雖然這種製造合金攙雜物的成本過於昂貴，但是在生產磷的輕度攙雜 CZ 矽晶時，仍然主要使用由 FZ 法製造的重度攙雜磷來當攙雜物。但對於生產硼的輕度攙雜 CZ 矽晶，則使用由 CZ 法製造的重度攙雜硼來當攙雜物。由於晶棒軸向的電阻率分佈不均勻，所以在將重度攙雜硼的 CZ 矽晶棒切片並搗碎後，會依電阻率的範圍分類之。假設攙雜物合金的濃度為 N_d，那麼須要加入石英坩堝裡的攙雜物合金重量 (X)，可由下式得之：

$$X = N_s W / N_d \tag{4.54}$$

3. 中子照射攙雜 (Neutron transmutation doping，簡稱 NTD)

利用中子照射攙雜 (NTD) 的技術，可以解決 N 型 FZ 矽晶裡電阻不均勻的情形。在自然的矽中，含有約 3.1% 的同位素 ^{30}Si。這些同位素 ^{30}Si 在吸收熱中子 (thermal neutron) 並釋放一個電子之後，可轉換成 ^{31}P。[26]

$$^{30}\mathrm{Si} + \mathrm{neutron} \rightarrow {}^{31}\mathrm{Si} + \gamma \tag{4.55}$$

$$^{31}\mathrm{Si} \xrightarrow{2.6\,\mathrm{hr}} {}^{31}\mathrm{P} + \text{ electron} \tag{4.56}$$

藉著中子動能所進行的核反應，使得 ^{31}Si / ^{31}P 原子由原來的晶格位置偏離一小距離，而引起晶格缺陷。大部份的 ^{31}P 原子被局限於間隙型晶格內 (interstitial sites)，在這間隙型晶格位置，^{31}P 原子是不具備電子活化性的。但是將晶棒在約 800°C 做退火處理，可使得磷原子回到原來的晶格位置。由於大部份的中子可以完全通過矽的晶格，使得每一個 ^{31}Si 原子有相同的機率可以捕捉到中子，而轉換成磷原子。於是，^{31}Si 原子可以很均勻的分佈在晶棒中。

NTD 方法只適用於磷原子濃度低於 1.5×10^{14}/cm^3(或電阻率高於 30Ωcm) 的矽晶裡。超過此一濃度，NTD 所須的照射時間過於冗長，造成成本太高。所以 NTD 方法一般只使用在電阻率約 60Ωcm 以上的 FZ 矽晶上。在品質和經濟的角度上，NTD 方法並不適用於這電阻率範圍的 CZ 矽晶。品質上的理由，是因石英坩堝會造成 CZ 矽晶內含有些許非故意添加的硼、鋁、磷等雜質。這些雜質的濃度約在 5×10^{12} 到 1×10^{14}/cm^3 之間。而在電阻率約 60Ωcm 的 N- 型 CZ 矽晶中，所含的磷原子濃度大約為 7×10^{13}/cm^3。很顯然這些雜質的濃度將會影響 CZ 矽晶的電阻率。另外的原因是因為 CZ 矽晶中高濃度的氧原子 (5×10^{17}/cm^3)，會受到中子的碰撞移動，引起矽晶格受損。

八、電阻率與攙雜物之關係

半導體的電阻率 ρ 可表示為

$$\rho = \frac{1}{\sigma} = \frac{1}{e(n\mu_e + p\mu_h)} \tag{4.57}$$

其中 n_e，n_h 分別是電子及電洞的濃度 (1/cm^3)，μ_e，μ_h 分別是電子及電洞的流動率 (mobility)。

對於 P 型矽晶，$n_h >> n_e$，電阻率 ρ 可化簡為

$$\rho \approx \frac{1}{ep\mu_h} \tag{4.58}$$

對於 N 型矽晶，$n_e >> n_h$，電阻率可化簡為

$$\rho \approx \frac{1}{ep\mu_e} \tag{4.59}$$

而實際上，當矽晶摻雜物為磷或硼時，電阻率 ρ 可由摻雜物的濃度計算得到：

(1) 對於摻雜硼的 P 型矽晶 [26]，

$$\rho = \frac{1.305\times10^{16}}{N} + \frac{1.133\times10^{17}}{N[1+(2.58\times10^{-19}\times N)^{-0.737}]} \tag{4.60}$$

或

$$N = \frac{1.33\times10^{16}}{\rho} + \frac{1.082\times10^{17}}{\rho[1+(54.56\times\rho)^{1.105}]} \tag{4.61}$$

(2) 對於摻雜磷的 N 型矽晶 [27]，

$$\rho = (6.242\times10^{18}/N)\times10^{Z} \tag{4.62}$$

或

$$N = (6.242\times10^{18}/\rho)\times10^{W} \tag{4.63}$$

其中 N 是摻雜物的濃度 (atom/cm^3)，ρ 是電阻率 (Ω-cm)

$$Z = (A_0 + A_1Y + A_2Y_2 + A_3Y_3)/(1 + B_1Y + B_2Y_2 + B_3Y_3)$$

$$W = (C_0 + C_1X + C_2X_2 + C_3X_3)/(1 + D_1X + D_2X_2 + D_3X_3)$$

$$Y = (\log 10N) - 16 \qquad X = \log 10\rho$$

$A_0 = -3.0769$ $C_0 = -3.1083$

$A_1 = 2.2108$ $C_1 = -3.2626$

$A_2 = -0.62272$ $C_2 = -1.2196$

$A_3 = 0.057501$ $C_3 = -0.13923$

$B_1 = -0.68157$ $D_1 = 1.0265$

$B_2 = 0.19833$ $D_2 = -0.38755$

$B_3 = -0.018376$ $D_3 = 0.041833$

圖 2.58 爲在 300K 下所實際量測的電阻率與攙雜物濃度之關係 [26～27]。圖中的實線爲實際的數據，虛線則爲外插值。目前只有攙雜磷或硼的矽晶被實際量測，其它攙雜物的數據則尚未被建立。但一般而言，對於輕度攙雜 ($< 10^{17}$ atom/cm^3) 的矽晶，以上的方程式及圖 2.58 都適用於所有其它攙雜物。對於較高濃度的矽晶，由於不同攙雜物具有不同的活化能，所以對於相同濃度的各種攙雜物，電阻率會有所不同。

對於高電阻率 (> 0.1 ohm-cm) 的矽晶，電阻率 $\rho \propto 1/N$ 。於是晶棒軸向的電阻率分佈可由下式表示。

$$\rho = \rho_S \times (1-f)^{1-K} \tag{4.64}$$

其中 ρ 是晶棒任意位置的電阻率，ρ_S 是晶棒最頭端的電阻率，f 是凝固分率，k 是偏析係數。電阻率的軸向偏析是自然的現象，偏析係數 k 愈小，電阻率的軸向變化愈嚴重。由於下游的 IC 客戶對電阻率設有規格，往往一根晶棒只有部份長度符合規格。如圖 4.37 所示，以一裝有 450 公斤原料的 CZ 拉晶爐爲例，如果客戶的電阻率之規格爲 8 ～ 12 ohm-cm，那麼在拉出一根 250cm 長度的晶棒時，電阻率從頭端往尾端遞減，晶棒的尾部部分就會低於客戶規格的下限。

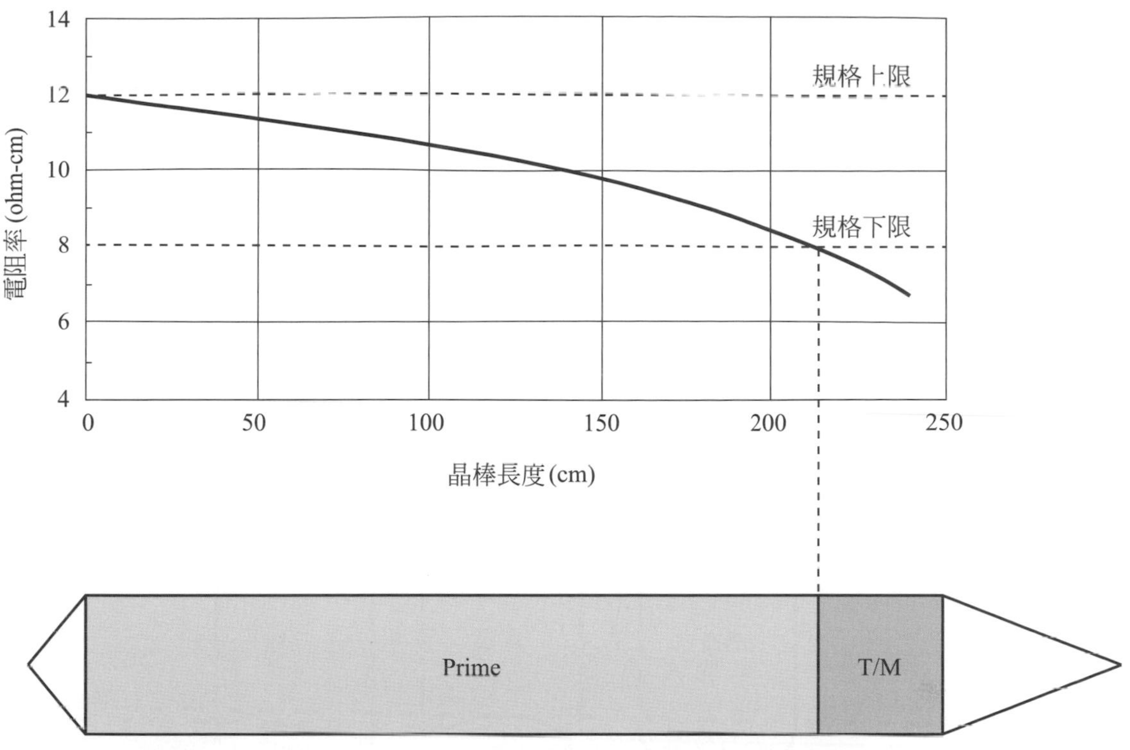

圖 4.37　電阻率在 450kg，12 吋晶棒的軸向分佈，晶棒尾部的電阻率落在規格之外

九、電阻率的徑向變化

矽晶片的電阻率大小，將影響其應用在半導體元件上的電子特性，例如：P-N junction 的空乏區寬度 (depletion width) 及崩潰電壓 (breakdown voltage) 等。一個電阻率徑向均勻分佈的矽晶片，自然能提升其應用在 IC 製程的良率。前面我們已提到，由於大部分攙雜物的偏析係數小於 1，使得晶棒的軸向電阻率隨著長度而遞減。事實上，這種軸向電阻率的偏析現象，也會反映在徑向分佈上。我們可用圖 4.38 做說明，晶片的切割總是垂直於生長軸，因此當固液界面爲凹形時，晶片的截面並非固液界面的軌跡。在晶片截面上每一位置的凝固時間並不相等，外側的部分比中心部分先凝固。所以晶片徑向電阻率會由邊緣向中心部分遞減。

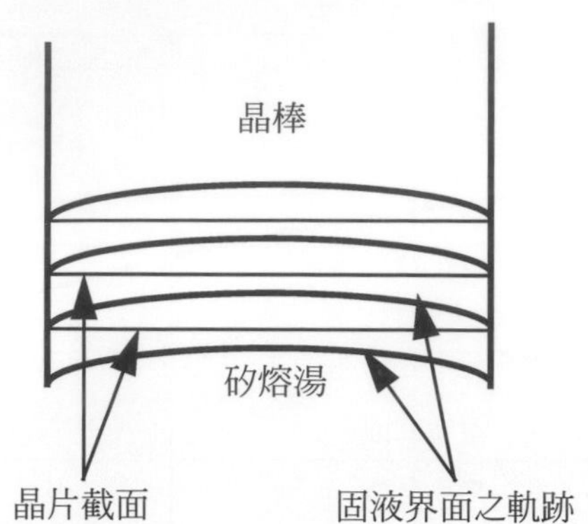

圖 4.38　在固液界面為凹形時，晶片的切割截面與固液界面軌跡之關係

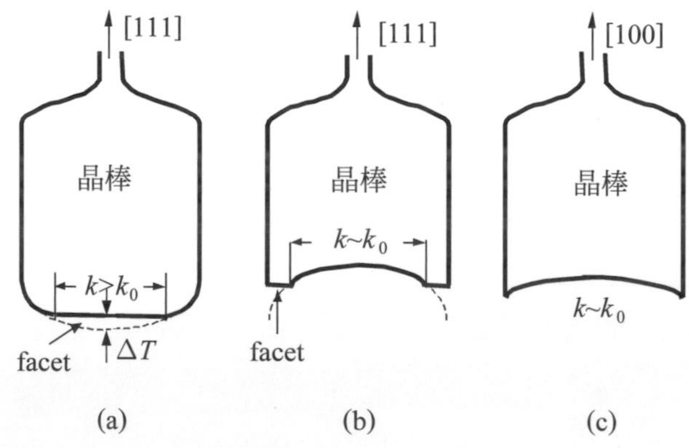

圖 4.39　facet 的形成與固液界面形狀及晶棒生長方向之關係，在 (a) 與 (b) 的 facet 區域之 k 值大於非 facet 區域。[100] 方向不會形成 facet。

徑向電阻的偏析現象，在 <111> 矽晶遠比 <100> 嚴重。在 <111> 矽晶生長時，平行於 (111) 面的 facet 出現在晶棒的中心或邊緣，端視固液界面的形狀爲凹或凸形而定，如圖 4.39 所示。圖中的曲線代表熔點的等溫線，水平的 facet 則是過冷的區域。在 <111> 方向，過冷度 ΔT 是爲了維持晶棒的生長速度 (當生長速度爲 0 時，facet 不會生成，固液界面與熔點的等溫線重疊)。facet 區域的生長機構，主要是藉著快速的橫向生長 (lateral growth)。於是這種快速的橫向生長，也快速的將固液界面前端的攙雜物代入晶棒中。因此在 facet 區域的有效偏析係數，會大於非 facet 區域 [28]。圖 4.40 (b) 爲在凸形固液界面的 Sb-doped <111> 矽晶之電阻率分佈情形，電阻由邊緣向中心部分遞減 [29]。

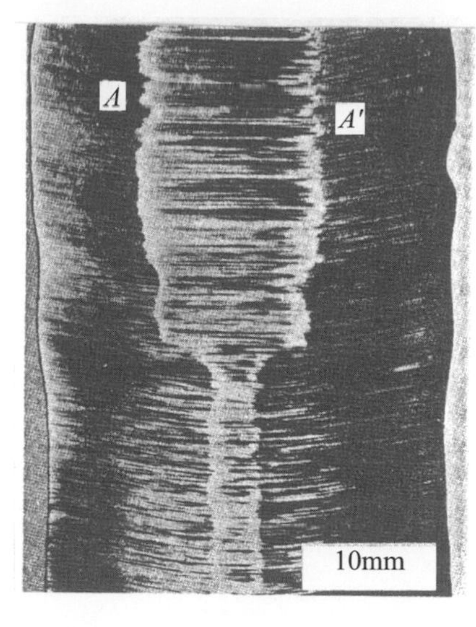

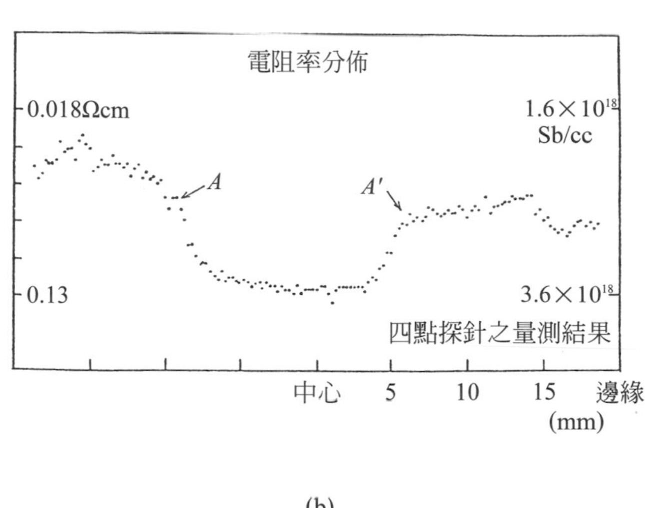

(a) (b)

圖 4.40 <111> CZ 矽晶生長時的偏析現象，(a)etch 晶棒縱向剖面，所顯現的 growth striation，(b) 沿著圖 (a) 中的 AA' 線之徑向電阻率分佈 [29]

除了以上所述巨觀上 (macroscopic) 的偏析現象外，在固液界面處溫度的波動 (fluctuation)，所引起的不穩定生長及重熔 (remelting) 現象，也會導致晶棒中攙雜物濃度的微觀變化，這種現象稱爲 striation。Striation 可利用很多技術予以顯現出來，例如：preferential etching[30～33](如圖 4.40(a) 所示)，X-ray topography[34]，spreading resistance measurement[30，32～33]，copper plating[28] 等。在 CZ 矽晶中，攙雜物的 striation 可分爲旋轉引起和非旋轉引起二種。旋轉引起的 striation 是因生長軸不在熱對稱軸上，當晶棒旋轉時，使得固液界面上的某一特定點通過週期變化的溫度熱場。於是這一特定點的生長速度便會隨之變動，而造成攙雜物濃度的微觀變化。Striation 條紋狀間隙距離 (λ) 可表示爲 [30]

$$\lambda = V/\omega \tag{4.65}$$

其中 V 是晶棒生長速度，ω 是晶軸轉速。非旋轉引起的 striation 主要是由熔湯內不規則的紊流所引起的。使用高晶軸轉速可以減小非旋轉引起的 striation，這是因爲強迫對流可以減小不穩定熱對流對固液界面的影響，同時晶棒也可快速通過溫度不穩定區域。圖 4.41 表示晶棒 striation 條紋在切成晶片時所出現的環狀條紋，亦即所謂的 swirl。此外，外加磁場也是種可以抑制 striation 有效方法之一。

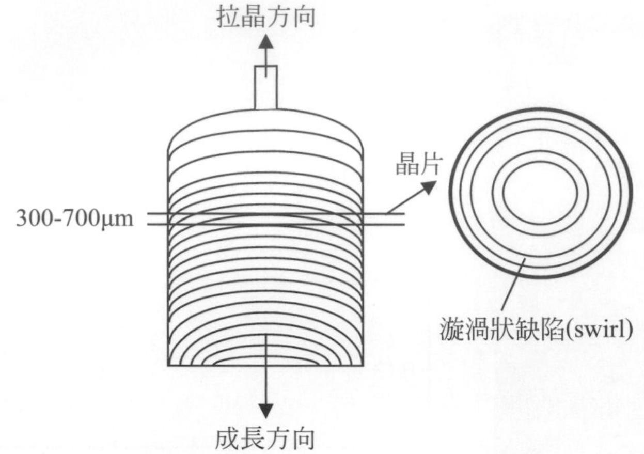

圖 4.41　晶棒 striation 條紋在切成晶片時所出現的環狀條紋，亦即所謂的 swirl

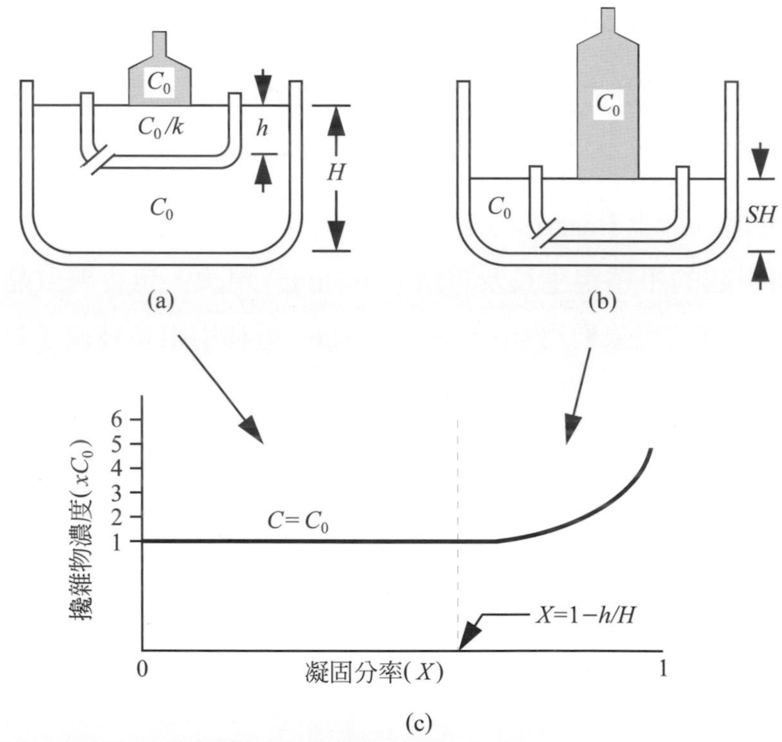

圖 4.42　使用 double crucible 改善攙雜物濃度分佈均勻度之技術。(a) 晶棒攙雜物濃度保持固定的階段，(b) 晶棒攙雜物濃度隨時間變化之階段，(c) 晶棒攙雜物濃度與凝固分率之關係。

矽熔湯內的對流型態可利用很多方式改變之。例如晶軸及坩堝轉速、坩堝尺寸、Hot Zone 設計等。另外，使用 double crucible[35] 可以同時改善軸向及徑向的電阻分佈之均勻度。圖 4.42(a) 顯示一內坩堝浸入置有矽熔湯的外坩堝內，內坩堝底部有一開口，

使得外坩堝的矽熔湯可以進入內坩堝。如果我們使得內坩堝的攙雜物濃度為 C_0/k，內坩堝的攙雜物濃度為 C_0，並使得內坩堝的熔湯量維持固定，那麼長出晶棒的攙雜物將保持一定濃度 C_0，如圖 4.42(c) 左半邊所示。這技術對於生長銻的重度攙雜較有用 (因為銻的偏析係數很小，在傳統的 CZ 製程裡的產出率低)。Double crucible 可以改善徑向電阻均勻度的原因，在於內坩堝隔絕了外坩堝內的不穩定熱對流，因此固液界面處的溫度較為穩定。

十、CZ 矽晶中氧的形成與角色

在 CZ 矽晶生長時，所使用的多晶矽原料純度非常高，其中所含的不純物濃度在 10^{12}atom/cm^3 以下。除了要達到特定的電性，而故意加入的攙雜物外，所長出的晶棒內所含的金屬不純物 (偏析係數遠小於 1) 濃度非常的低。然而 CZ 系統內所使用的石英坩堝 (quartz crucible)、石墨元件及氬氣等，卻會使得高濃度的氧 (10 ～ 20ppma)、碳 (0.01 ～ 0.2ppma) 等不純物進入晶棒中。其中氧的形成是來自於石英坩堝。由於石英坩堝 (SiO_2) 表面與矽熔湯接觸的部份，會慢慢溶解，導致大量的氧存在於矽熔湯內。石英坩堝在矽熔湯的溶解度約為 1.15×10^{-5}cm/min [36]。

圖 4.43 為氧在 CZ 矽晶生長時，如何由石英坩堝壁傳輸到固液界面而進入晶棒中的示意圖。氧的傳輸途徑可分為以下四個步驟：

(1) 石英坩堝壁與矽熔湯之間的溶解反應

$$SiO_2(s) \rightarrow Si(l) + 2O \tag{4.66}$$

(2) 由石英坩堝壁產生的氧原子，受到自然對流的攪拌作用，而均勻分佈於矽熔湯內。

(3) 隨著對流運動而傳輸到矽熔湯液面的氧原子，會以 SiO 的型態揮發掉。由於 SiO 的蒸氣壓 (vapor pressure) 在矽的熔點溫度約為 0.002atm[37]，超過 95% 的氧會從矽熔煬表面揮發掉。

$$Si(l) + O \rightarrow SiO(g) \tag{4.67}$$

(4) 在固液界面前端擴散邊界層的氧原子，藉由偏析現象進入晶棒中。

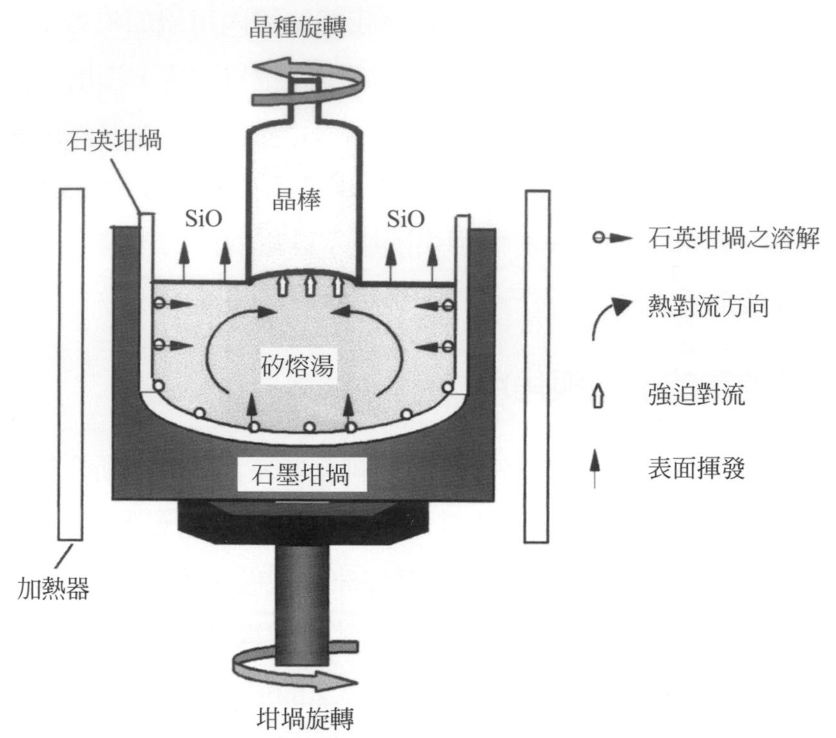

圖 4.43　氧在 CZ 矽熔湯內的傳輸途徑與機構

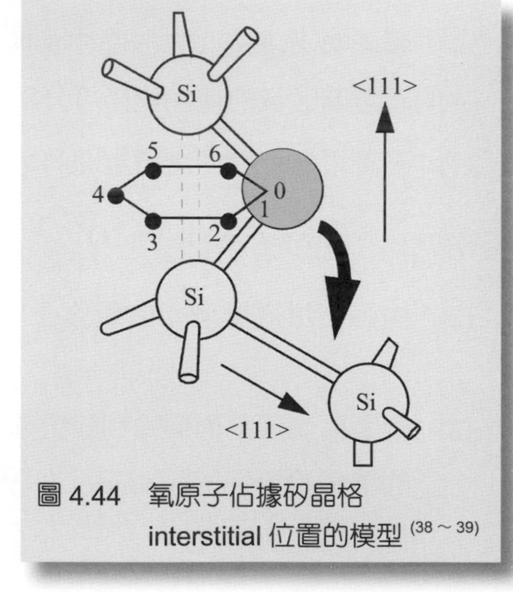

圖 4.44　氧原子佔據矽晶格 interstitial 位置的模型 (38～39)

氧原子攙入矽晶格裡，主要是位於間隙位置 (interstitial sites)，它們的位置是在臨近的二個矽原子中間，而沿著四個等位的 <111> 鍵方向 [38]。圖 4.44 顯示一個氧原子佔據矽晶格間隙位置的模型 [38～39]。圖中可見二個臨近的矽原子放棄它們之間的共價鍵，而與氧原子形成 Si-O-Si 的三角關係。其中 Si-O 鍵的距離爲 1.6Å，倘若 Si-Si 間的距離維持不變 (2.34Å)，那麼 Si-O-Si 的鍵結角大約爲 100°。[40] 由於晶體的對稱性，Si-O-Si 鍵有六個對等位置。Corbett 和 Watkins[41] 指出氧原子經常在這六個位置之間的來回跳動，這是因來回跳動不須打斷任何化學鍵，而只須一微小的活化能即可。

在晶格間隙位置的氧原子是不帶電性的。然而 Fuller[42] 等發現將 CZ 矽晶片在 400 ～ 500°C 做熱處理，一些晶格間隙位置的氧原子會與矽原子形成 SiO_x 的複雜析

出物，這種 SiO_x 析出物在 CZ 矽晶中所扮演的角色，就如同是帶負電荷的雙施體中心 (double donor center)，使得 P- 型 CZ 矽晶的電阻率上升或使得 N- 型 CZ 矽晶的電阻率下降，因此被稱爲熱施體 (thermal donor)。有關 SiO_x 析出物的眞實化學組成之研究相當多，其中最廣爲接受的是 Kaiser[43] 所提出的 $x = 4$。而這種熱施體可藉由較高溫度的熱處理予以消除 (例如 > 600°C)[42～43]。最近的研究發現在較高溫度 (600～900°C) 做熱處理時，CZ 矽晶中存在一種也是由氧引起且結構更複雜的 donor[44～46]。這種高溫熱處理出現的 donor 被稱爲新施體 (new donor)，它最大的生成速率是發生在約 800°C。爲了方便區別起見，在 450°C 左右出現的有時被稱爲舊施體 (old donor)。New donors 可藉由更高溫度的熱處理予以消除 (例如 > 1100°C)[47]。由於 CZ 矽晶棒在長晶爐內的冷卻速度緩慢，old donor 便經常存在著。然而在標準的 650～800°C 熱處理過程中，消除 old donor 卻會導致 new donor 的出現。所以 Wilson[48] 等提出在 650°C 的快速熱處理 (RTA)，通常僅數秒鐘即可有效的消除 old donor 並避免 new donor 的出現。

攙入矽晶中的氧濃度，可能在某些溫度範圍內超過溶解度，而在接下來的熱處理中形成氧析出物。適當的氧析出物雖可強化矽晶片，然而過多或過大的氧析出物卻會使得矽晶片在高溫熱製程 (thermal processing) 中產生撓曲 (warpage)[49～50]。有關在矽晶中由氧析出物所引起的晶格缺陷之研究相當多，這大多是透過穿透式電子顯微鏡去觀察不同熱處理條件下晶格缺陷。簡而言之，氧析出物引起的晶格缺陷計有：(1)SiO_x 析出物 ($X \approx 2$)、(2) 伴隨氧析出物而引起的疊差 (stacking fault)、(3) 伴隨氧析出物而引起的差排環 (dislocation loop)。

由於氧在矽晶片中引起電性 (亦即 thermal donor) 及機械性質上的不良效應，所以最早期氧被視爲矽晶內有害的雜質。但直到 1976 年，Rozgonyi 等 [51] 發現在矽晶片內部由氧析出物引起的缺陷，可以有效抑制磊晶的疊差或去除矽晶片表面的金屬不純物。這種氧在矽晶中的有益效應之作用被稱爲內質去疵法 (intrinsic gettering，簡稱 IG)。如圖 4.45 所示，熱處理導致靠近晶片表面處形成一沒有缺陷的區域 (稱之爲 denude zone)，而晶片內部則有著高密度的缺陷。IG 技術已被廣泛應用在使用矽晶片的積體電路製程中，而 IG 的效率與晶片內部的缺陷型態及密度有關 (亦即和晶片初期的氧濃度、熱處理條件有關)，假如氧濃度太低，那麼氧析出物便不會形成，也就沒有 IG 作用；反之如果氧濃度太高，氧析出物亦會出現在次表面區域，denude zone 便不會形成。所以控制氧在 CZ 矽晶片中的濃度大小及分佈均勻性，對其在 IC 元件 (特別是 MOS 元件) 的應用上是相當關鍵的。因此下一小節，將介紹如何控制 CZ 矽晶中的氧含量。

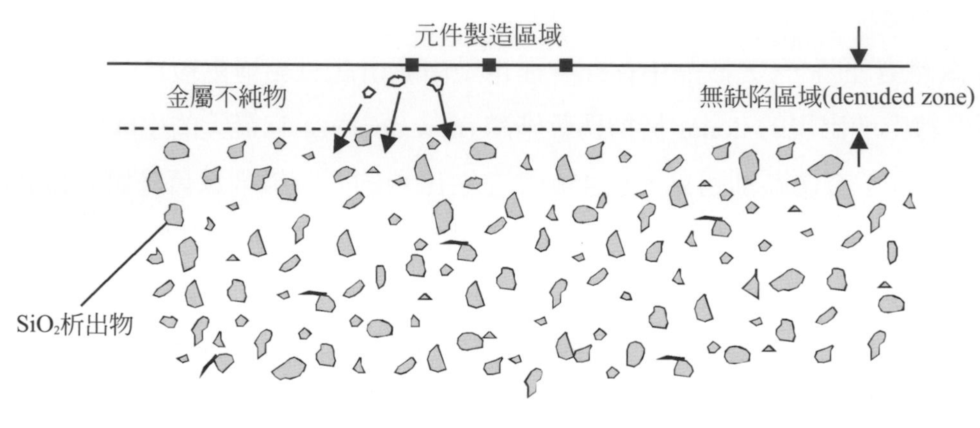

圖 4.45　內質去疵機構的示意圖

十一、氧含量的控制

如圖 4.43 所示，氧進入矽溶湯是因石英坩堝的溶解，小部份的氧會由固液界面處進入晶棒中，大部份的氧則會由矽溶湯表面以 SiO 的形態揮發掉。由於強大的對流作用，矽溶湯內部的攪拌現象是相當均勻的，氧濃度只有在以下三個邊界層內才存在差異性：(1) 石英坩堝與矽溶湯之界面、(2) 矽溶湯與晶棒之界面、(3) 矽溶湯與外圍氣氛之界面。

在矽溶湯中的氧濃度等於石英坩堝溶解速度與 SiO 揮發速度之差值。假設氧在各界面內的擴散是溶解與揮發速度的決定因素，氧在 CZ 晶棒的濃度 $[O]_{Si}$ 可表示爲 (52 ~ 55)：

$$[O]_{Si} = A_R v k_e C_m = A_c D(C_c - C_m)/\delta_c - A_m D(C_a - C_m)/\delta_m \tag{4.68}$$

其中 A_R 爲晶棒的截面積，A_c 爲石英坩堝與矽溶湯界面之面積，A_m 爲矽溶湯與外圍氣氛界面之面積，v 爲拉速，k_e 爲氧的平衡偏析係數，C_m 爲氧在溶湯中的濃度，C_c 爲氧在石英坩堝表面的濃度，C_a 爲氧在外圍氣氛之濃度，δ_c 爲石英坩堝與矽溶湯之擴散邊界層厚度，δ_m 爲矽溶湯與外圍氣氛之擴散邊界層厚度。在上式等號右側的第一項爲氧自石英坩堝到矽溶湯內部的質量傳輸率，第二項則爲氧自矽溶湯到外圍氣氛的質量傳輸率。

決定石英坩堝溶解速率的因素，爲坩堝壁的溫度及石英坩堝與矽溶湯界面之面積。石英坩堝的溶解速率，就如同大部份的化學反應一般，是隨著溫度的增加而呈指數增加。因此增加石英坩堝壁的溫度，會增加式 (4.68) 中的 C_c 值。石英坩堝壁溫度的增加，就相當於矽溶湯內溫度梯度的增加，這是因溶湯表面的中心必須維持在凝固點之故 (見圖 4.46 之說明)。導致矽溶湯內溫度梯度高之原因有很多，例如：自矽溶湯表面的熱散失過於嚴重即爲一例，這可能來自高晶軸或坩堝轉速引起的過多溶湯攪拌作用。

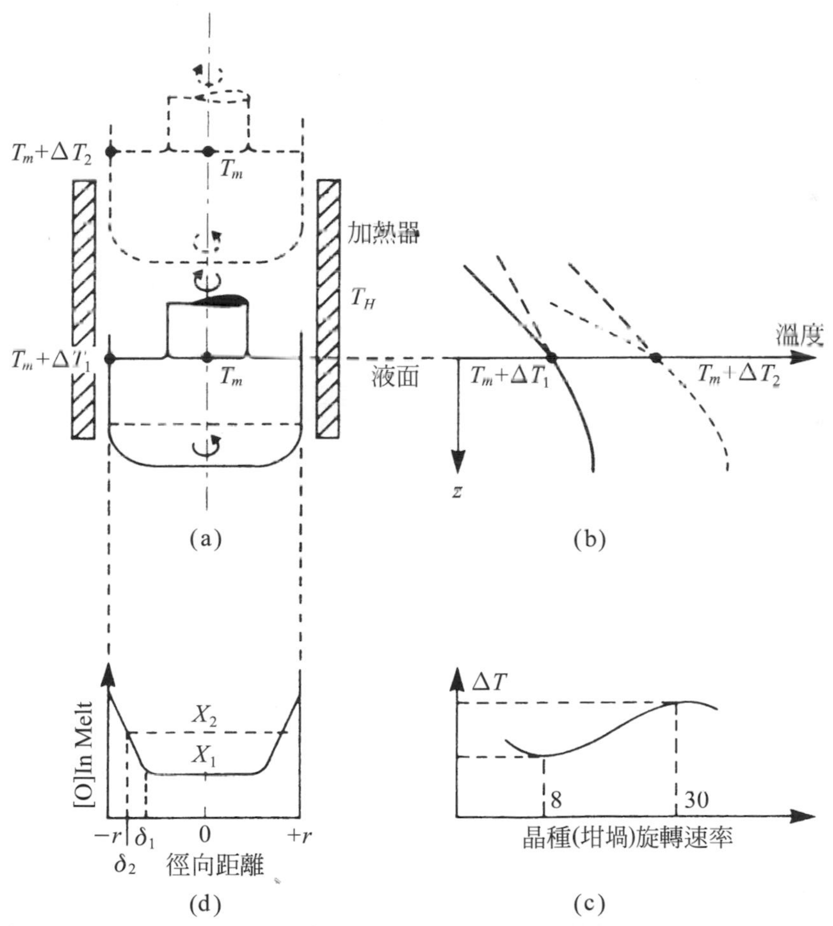

圖 4.46 (a) 當晶體生長時的起始坩堝位置較低時 (如圖中的實線)，石英坩堝壁上的溫度將比虛線位置來得低 ($T_m+\Delta T_1<T_m+\Delta T_2$)，導致較低的氧生成。(b) 在靠近石英坩堝壁的 melt-ambient 位置之溫度梯度，當起始坩堝位置較低時，溫度梯度較低。(c) 在固定起始坩堝位置時的徑向溫度梯度 ΔT 與坩堝轉速之關係。(d) 矽熔湯内氧濃度與坩堝徑向位置的關係，當增加熔湯内的旋轉攪拌作用，將使得邊界層的厚度由 δ_1 減小到 δ_2，因而使得矽熔湯内氧濃度由 X_1 增加到 X_2。[56]

石英坩堝與矽溶湯之界面面積，與矽溶湯之自由面積的比值 (A_c/A_m) 是另一個重要參數，因爲其可決定式 (6.68) 中的 C_m 值。這個面積比值，在固定的石英坩堝尺寸下主要取決於矽溶湯的重量，矽溶湯量愈多，A_c/A_m 值愈大，由石英坩堝壁所釋放出的氧也愈多。因此如果其它長晶條件維持不變的話，晶棒軸向的氧濃度分佈將是不均勻的，如圖 4.47 中的晶棒 *A* 所示。由於矽溶湯量隨著晶棒長度增加而遞減，使得晶棒內的氧含量也跟著遞減，至於晶棒後端氧含量的增加，是因爲 A_c/A_m 項的作用在殘留於石英坩堝矽溶湯量很少時變得較不重要，取而代之的原因，是因爲在長晶棒後端時的石英坩堝溫度增加迅速，使得 C_c 值大幅增加之故。事實上，如果長晶條件控制得當，這種晶棒軸向氧含量的不均勻性是可以改善的，如圖 4.47 中的晶棒 *B* 所示。另外使用 double crucible 技術 (如圖 4.42 所示)，亦可獲得軸向氧含量均勻分佈的晶棒，這也是因爲內坩堝的 A_c/A_m 值始終保持固定之故。

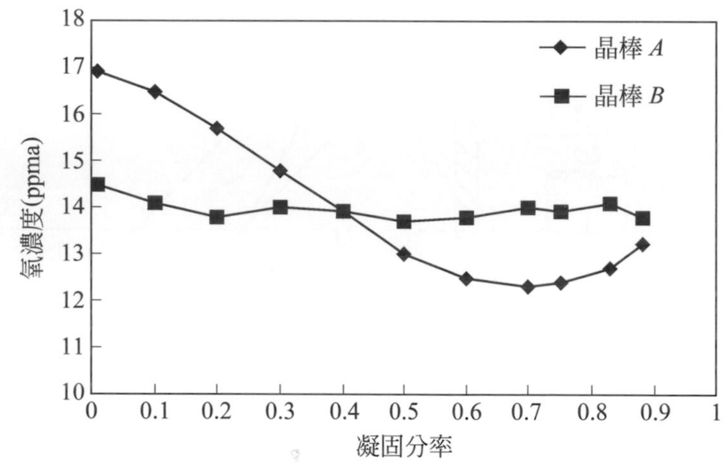

圖 4.47　矽晶棒內氧含量的軸向分佈圖，晶棒 *A* 為在固定不變的長晶條件下的軸向分佈，晶棒 *B* 則是長晶條件經過控制的軸向分佈

綜合以上的討論，我們可歸納出如要降低晶棒的氧含量，可控制以下的長晶條件：

(1) 降低 A_c/A_m 比值：例如：採用較大尺寸的石英坩堝。
(2) 降低 C_c 值：例如：採用低坩堝轉速或運用磁場。
(3) 增加擴散邊界層厚度 δ_C ：例如：採用低坩堝轉速或運用磁場。
(4) 增加 SiO 揮發速度：例如：採用高氬氣流量或低爐內壓力。
(5) 使用較短的加熱器：改變石英坩堝的溫度分佈，降低 C_c 值。

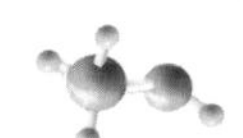

十二、矽晶中的徑向氧濃度分佈

矽晶圓在用途上，總是要求均勻的徑向氧濃度分佈 (oxygen radial gradient，以下簡稱 ORG)，一般常見的 200mm 及 300mm 矽晶圓的 ORG 規格是 5%。目前尚無如軸向雜質濃度分佈般的定量模型，可以用來適當的描述徑向雜質濃度的分佈。但是在經驗上，氧濃度的徑向分佈是晶圓的中心部份較高，而晶圓的邊緣部份較低，這是因爲在晶棒邊緣下方的熔湯，有一氧濃度偏低的區域 (因爲較靠近自由液面，氧原子較容易擴散到自由液面，而揮發掉)。ORG 的大小主要與晶軸及坩堝的轉速有關。

快速的晶軸轉速將有助於降低 ORG，這是因爲快速的晶軸轉速，有助於增加在固液界面下的強迫對流，使得固液界面下的溶質擴散邊界層的厚度較爲均勻。但相反地，增加坩堝轉速卻會導致 ORG 的增加，這是因爲增加坩堝轉速擴大晶棒邊緣下方的熔湯之氧空乏情形。所以爲了獲得均勻的徑向氧濃度分佈，必須選用高晶軸轉速與低坩堝轉速，只不過太高的晶軸轉速與太低的坩堝轉速，都比較不容易維持零差排的單晶生長，如何選擇適當的參數是很重要的。

十三、p^+ 及 n^+ 矽晶生長中的氧

最近幾年中，使用 n/n^+ 和 p/p^+ 的磊晶結構在 VLSI/ULSI 的應用上大量增加，這是因爲這種磊晶結構可以減少在 CMOS 的閉鎖 (latch-up) 現象，也可以降低漏電流 (leakage current)。在這些應用上，n^+ 和 p^+ 矽晶中的摻雜物的濃度約在 10^{18} ～ 10^{19} atom/cm^3 左右，使得電阻率約在 0.005 ～ 0.02 ohm-cm 之間。在輕度摻雜 $n-$ 和 $p-$ 矽晶中，氧的析出機構沒有差異，但在 n^+ 和 p^+ 矽晶中，則與導電型態有關 (亦即正或負)[57]。例如：Sb-doped 的 n^+ 矽晶，氧的析出行爲會受到抑制，而 B-doped 的 p^+ 矽晶則不受影響。由於這現象，p^+ substrate 可以提供良好的 intrinsic gettering 效果，但 Sb-doped 的 n^+ substrate 則導致過多的微缺陷生長及不佳的 intrinsic gettering 效果。引起 p^+ 及 n^+ 矽晶中，氧的析出行爲差異之可能原因曾被廣泛研究。氧的擴散機構被發現不受摻雜物影響 [58]，而氧析出物的成核 (nucleation) 機構則被認爲在 n^+ 和 p^+ 矽晶中有所區別。在實驗上，氧在 n^+ 和 p^+ 矽晶中的濃度則被發現有別於輕度摻雜矽晶 [59]。

圖 4.48 分別為直徑 100mm 的 p^+(電阻率 0.005 ～ 0.01ohm-cm)、n^+(電阻率 0.02 ～ 0.08ohm-cm)、$p-$(電阻率 8 ～ 20ohm-cm) 等三根晶棒的氧軸向分佈曲線。圖中可見 n^+ 晶棒中的氧平均比 p^+ 晶棒低約 25%。關於氧濃度在 Sb-doped 的 n^+ 晶棒中偏低的原因，有些人認為這是因大量 Sb_2O_3 自矽溶湯表面揮發，而導致矽溶湯內氧濃度之降低 (60)，也有人解釋為元素 Sb 的揮發，會加速 SiO 的揮發 (61)。這裡要提出的是，氧濃度在 p^+ 及 n^+ 矽晶中不同的現象，並非氧析出物特性差異之原因。成核機構的不同，可能為主要的原因。

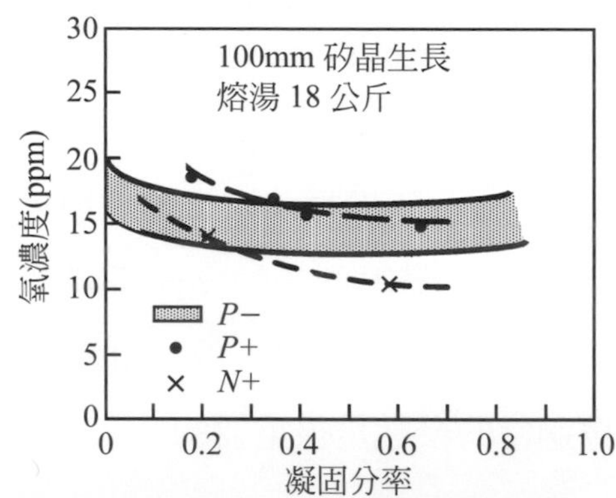

圖 4.48　在相同生長條件下，p^+、n^+、$p-$ 等三根晶棒的氧軸向分佈曲線之比較 (57)

十四、CZ 矽晶中碳的形成與角色

CZ 矽晶中碳的來源，主要來自熱場 (hot zone) 內的石墨元件，例如石墨加熱器、石墨坩堝、石墨絕緣材等。存在於 CZ 系統中的殘留氣體，例如：O_2、H_2O、SiO 等，會與這些石墨元件反應，形成 CO 或 CO_2 氣體，這些反應可能包括有：

(1) 石墨坩堝與石英坩堝之間的化學反應：

$$SiO_2 + 3C \rightarrow SiC + 2CO_{(g)} \tag{4.69}$$

$$SiC + SiO_2 \rightarrow SiO + CO_{(g)} \tag{4.70}$$

(2) 石墨元件與 SiO 的化學反應：

$$SiO + 2C \rightarrow SiC + CO_{(g)} \tag{4.71}$$

(3) 石墨元件與殘留 O_2 氣體化學反應：

$$O_2 + 2C \rightarrow 2CO_{(g)} \text{ (或 } O_2 + C \rightarrow CO_{2(g)}) \tag{4.72}$$

(4) 石墨元件與殘留 H_2O 氣體化學反應：

$$H_2O + C \rightarrow H_2 + CO_{(g)} \text{ (或 } 2H_2O + C \rightarrow 2H_2 + CO_{2(g)}) \tag{4.73}$$

當以上這些 CO 或 CO_2 氣體再度溶入矽溶湯內，即會造成矽晶棒中的碳污染。碳的另一來源爲多晶矽原料，但是相較之下，此一來源則比較微量。這是因爲碳在矽晶中的偏析係數爲 0.07[62]，而碳在矽晶中的濃度 (1×10^{16} ～ 4×10^{17} 之間) 又高於其在多晶矽原料中的濃度 (2×10^{15} ～ 8×10^{16} 之間)[62～63]。

碳原子在矽晶格中是佔據著置換型位置 (substitutional sites)，而且不帶電性[64]。由於碳的原子半徑遠比矽小，使得矽的晶格常數 (lattice parameters) 變小，並且造成區域應力[65]。由於碳位於置換型位置，使得它在矽晶中的擴散係數小於氧的擴散係數。再者碳也不易生成析出物，但是它的存在卻會影響氧的析出行爲[66]。例如：在矽晶中，高碳含量可以抑制 old thermal donar 的產生[67～69]，但卻會幫助 new donar 的產生[70～71]。碳可以促進 SiO_2 的成核及析出速率，目前商業用矽晶片裡頭，也有人故意去攙雜部份的碳，以增加氧析出物 (BMD) 的密度並減少其大小，如此可以增加機械強度及去疵 (gettering) 的能力。要減少晶棒碳污染的程度，最直接的方法是改變 Hot Zone 設計。Liaw[72] 指出在石墨元件上利用 CVD 的方法鍍上一層 SiC，可減少 CO 氣體的生成，進而有效的減少晶棒中的碳含量。在現代先進的 CZ 長晶爐中的重要 Hot Zone 元件，已廣泛使用這種鍍有 SiC 的石墨材料。另外如果 Hot Zone 的設計，能夠使得由液面揮發出的 SiO 氣體更有效的被 Ar 帶離長晶爐的話，便能減少 SiO 氣體與石墨元件反應的機會，如此即可減少晶棒中的碳含量。圖 4.49(a) 顯示 Ar 氣體的出口在爐體下方，這種設計使得 SiO 氣體的流動路徑經過大部份的高溫石墨元件，因而產生較多的 CO 氣體。反觀圖 4.49(b)，Ar 氣體的流動路徑是沿著絕緣材與爐壁之間，所以大部份 SiO 氣體不會接觸到高溫石墨元件，所以這種設計較能夠降低晶棒碳污染的程度。

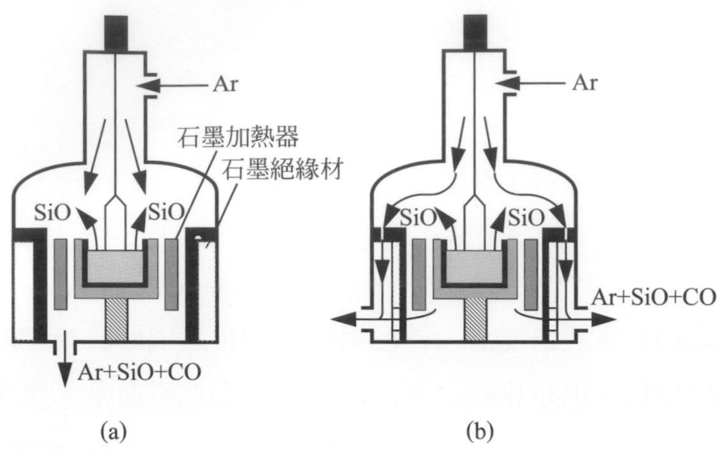

圖 4.49　在不同的 Hot Zone 設計之下 Ar 氣體的流動路徑

十五、金屬不純物

金屬不純物在矽中會引起深能階 (deep-level) 缺陷，因而有害於矽在 IC 元件上的應用 (例如：金屬會造成漏電或閘氧化層崩潰等問題)。所以吾人必須下降矽晶片中的金屬不純物濃度，才能提高其在 IC 應用上的良率。一般矽晶片表面的金屬不純物主要來自晶圓加工 (例如：蝕刻、清洗、及拋光) 及 IC 製程，而由晶體生長所引起的金屬不純物則常被忽略。然而這種晶體生長所引起的金屬不純物，卻可能影響氧析出物或 OISF 等缺陷之生成，同樣有害於 IC 元件。隨著 IC 製程邁向更高階，對於矽晶圓純度的要求也愈嚴格，因此由晶體生長所引起的金屬不純物的重要性已日益凸顯。

CZ 矽晶棒中的金屬不純物之可能來源，如圖 4.50 所示，計有 (a) 多晶矽原料、(b) 攙雜物、(c) 石英坩堝、(d) 石墨元件、(e)Ar 氣體、(f) 長晶爐。金屬不純物來自多晶矽原料及攙雜物的數量，取決於其純度及使用量。其它的四個來源則隨晶棒生長過程而變。至於攙入晶棒的機構，大部份是經由矽溶湯進入固液界面，只有微量的金屬不純物 (例如：Fe) 會自晶棒表面靠擴散進入。如果我們去觀察一矽單晶棒裡頭的徑向含鐵量 (Fe) 的分佈，我們通常可觀察到晶棒外側有一圈 Fe 含量偏高的區域，我們之為 edge Fe。這就是由石墨元件釋出的 Fe 擴散進入矽單晶棒的現象。

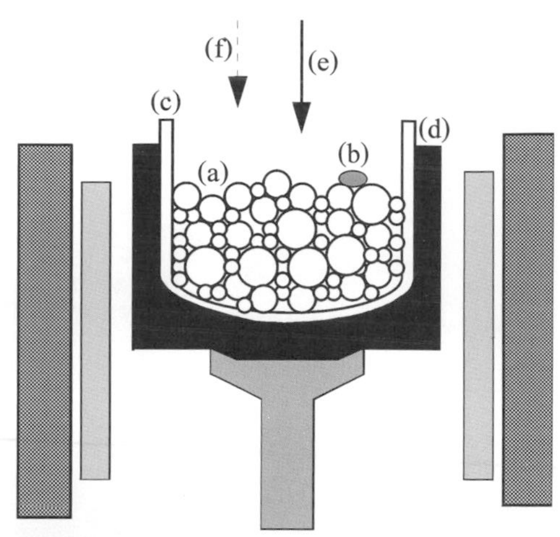

圖 4.50 CZ 矽晶棒內的金屬不純物之可能來源，(a) 多晶矽原料，(b) 攙雜物，(c) 石英坩堝，(d) 石墨元件，(e)Ar 氣體，(f) 長晶爐 [73]

十六、先進的熱場構造

圖 4.20 所示的 CZ 長晶爐內的熱場構造，是屬於傳統式的設計。在現代下游 IC 產業對矽晶圓材料品質依賴度日益增加之下，熱場的設計必須使得爐內的溫度分佈最佳化，以生長出低缺陷的晶棒。因此一些特殊的熱場元件，被使用在現代的 CZ 長晶爐內。其中最普遍使用的是輻射隔絕器 (radiation shield)[74～75]，如圖 4.51 所示，這種元件的作用及優點有下：

(1) 它可以減少矽熔湯、石英坩堝、石墨坩堝等元件在垂直熔湯方向的輻射熱損失。因此 radiation shield 可使長晶時所須消耗的功率降低約 1/3。

(2) 較低的功率消耗，使得石墨加熱器、石英坩堝的溫度降低，矽熔湯內的溫差較小。因此熱對流的程度減小，矽熔湯內溫度變動 (fluctuation) 的程度也減小。

(3) 熱對流程度減小，使得我們更易利用晶軸轉速及坩堝轉速去達到不同的對流形態。利用這種方式，可以更有彈性的控制晶棒中的氧含量。

(4) 它可以隔絕輻射到晶棒的熱源，使得晶棒的散熱更加容易，因此可以增加晶棒的生長速度，提高長晶製程的經濟效應。

(5) 與傳統 Hot Zone 相比，radiation shield 的加入使得 Ar 氣體的流動方式與速度改變。Ar 氣體被迫快速流過液面上方，而更有效的帶走 SiO 及加速其揮發程度。

(6) 它可以更有效的降低由石墨元件與 SiO 產生的 CO 氣體，重新溶回矽溶湯內的機會。

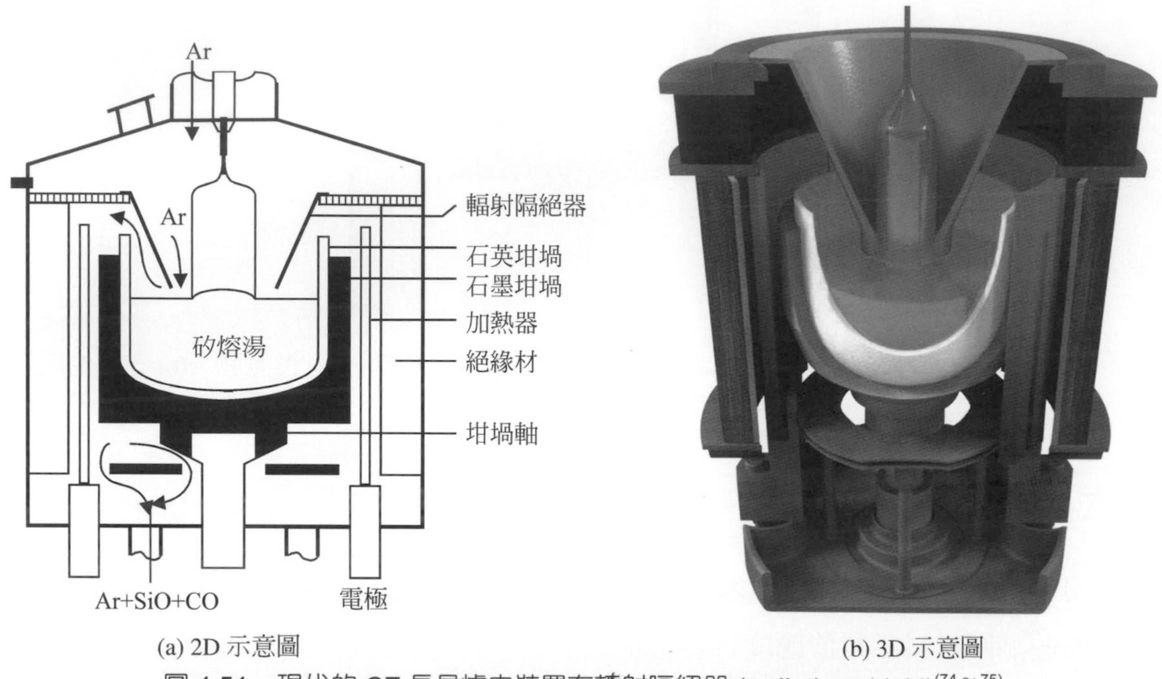

(a) 2D 示意圖　　(b) 3D 示意圖

圖 4.51　現代的 CZ 長晶爐內裝置有輻射隔絕器 (radiation shield)(74～75)

Radiation shield 的材料，通常是一些反射係數高的絕熱材，同時要考慮其是否會產生污染源，因此一般常見的材料爲 Mo 或鍍有一層 SiC 的石墨。此外，radiation shield 的形狀設計、其底部至液面的距離等因素，都是影響製程的重要因素。

十七、石英坩堝的重要性

石英坩堝可說是最重要的 Hot Zone 元件之一，它不僅能影響長晶的良率，也會影響其品質。最早期的石英坩堝是全部透明的結構，這種透明結構卻容易導致不均勻的熱傳輸條件，增加晶棒生長的困難度。現代的石英坩堝則存在二種結構，如圖 4.52 所示。石英坩堝外側是一層具有高氣泡密度的區域，稱之爲「氣泡複合層」(bubble composite layer)，內側則是一層 3 ～ 5 毫米的透明層，稱之爲「氣泡空乏層」(bubble free layer)。氣泡複合層的目的在於均勻的散射由加熱器所提供的輻射熱源。氣泡空

乏層的目的在於藉著降低與矽熔湯接觸區域的氣泡密度，而改善單晶生長的成功率及晶棒品質。

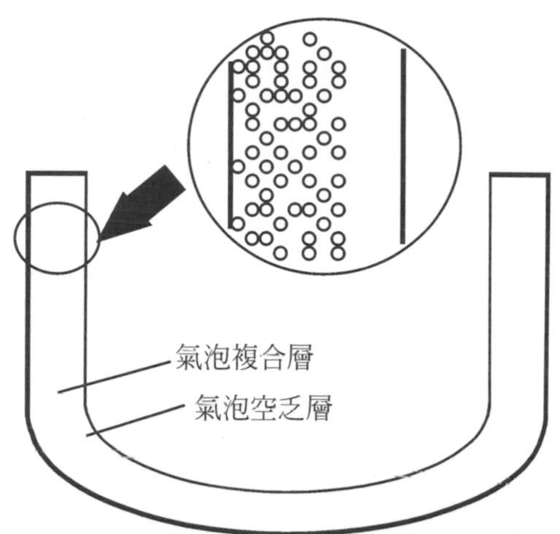

圖 4.52　現代的石英坩堝包含外側的氣泡複合層及內側的氣泡空乏層二種結構

石英坩堝本身是非晶質 (amorphous) 的介穩態，在適當的條件之下它會發生相變化而形成穩定的白矽石 (cristobalite) 結晶態，這種過程一般稱之爲「無光澤化 (devitrification)」。白矽石結晶態的形成包含成核 (nucleation) 與成長 (growth) 二個階段，成核通常發生在石英坩堝壁上的結構缺陷或雜質 (特別是一些鹼性金屬或重金屬)[76]。初期的白矽石結晶爲球狀，進一步的成長則是沿著坩堝壁呈樹枝狀 (dendritic) 往側向發展，這是因爲石英坩堝與矽熔湯的反應使得垂直方向的成長受到抑制之故。圖 4.53 爲不同階段的白矽石之大小與外觀 [76]。在白矽石結晶與非晶質石英坩堝壁之間常夾著一層矽熔湯，而在白矽石結晶的邊緣，通常覆蓋著棕色的 SiO 氣泡，如圖 4.54 所示。這層滲透入石英坩堝壁的矽熔湯，隨著時間的增加，可能使得白矽石結晶整個剝落。這些剝落白矽石顆粒，隨著流體而漂動在矽熔湯內。大部份的顆粒，在一定時間之後即可完全溶解與矽熔湯內。然而仍有些機率，部份較大的顆粒在未完全溶解之前，即撞到晶棒的生長界面，而導致差排的產生。在一個非常凹狀的生長界面的邊緣區域，對於這種由顆粒引起的差排現象，顯得特別敏感。微小的顆粒如果碰到生長界面的中心區域，仍有可能不會產生差排。

(a) 白矽石(cristobatlie)成核的最初階段

(b) 白矽石結晶逐漸成長變大

(c) 顯示一白矽石結構的放大相片

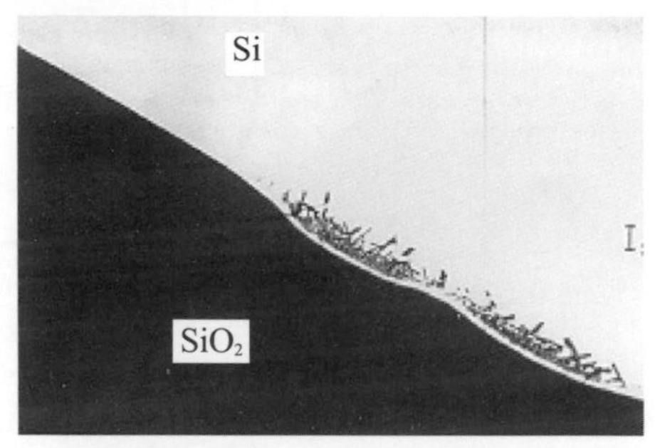

(d) 石英坩堝壁上的白矽石析出物

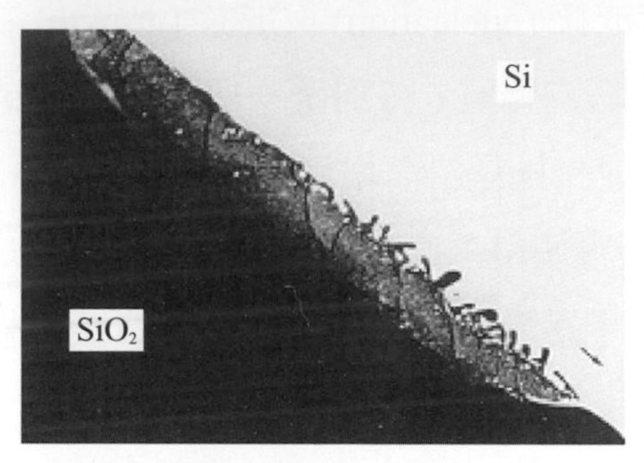

(e) 圖中顯示白矽石生長面在邊緣上出現生長晶面(facets)，而此生長晶面會在約 100μm 後消失

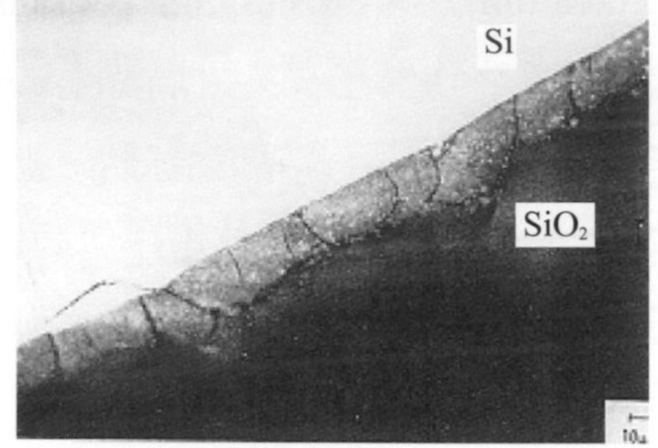

(f) 石英坩堝壁上的一完整白矽石結構

圖 4.53　石英坩堝在晶體生長過程中，不同階段的白矽石結晶之大小與外觀 (76)

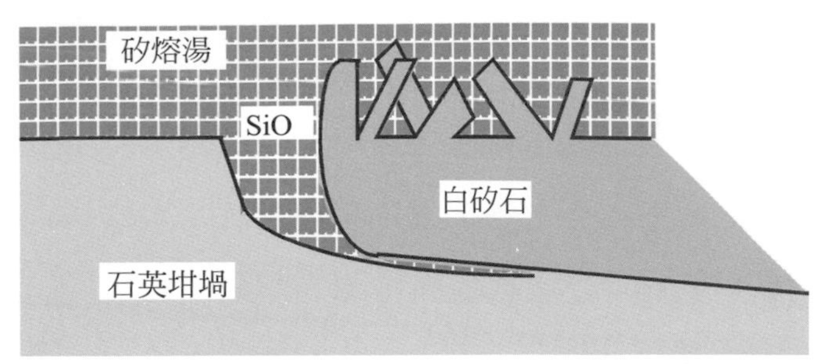

圖 4.54　一個白矽石 (cristobalite) 樹枝狀結晶的示意圖

生長中的晶棒受到白矽石顆粒碰撞，而產生差排的機率，隨著每單位時間由石英坩堝壁所釋出的顆粒數目及大小之增加而增加。亦即，產生差排的機率隨著石英坩堝的使用時間及溫度增加而增加。因此石英坩堝的使用總是有著時間的限制，超過一定的時間，過多的白矽石顆粒將從石英坩堝壁釋出，使得零差排的生長因而終止。這種石英坩堝使用壽命的限制，是生長更大尺寸晶棒及 CZ 矽晶生長的一大阻礙。

近來有人發現 [77]，只要在石英坩堝壁上塗上一層可以促進 devitrification 的物質，即可大幅地增加石英坩堝的使用壽命及長晶良率。這種可以促進 devitrification 的物質，可以是鹼金族或鹼土族的氧化物、碳酸物、氫氧化物、草酸鹽、矽酸鹽、氟化物等。但是考慮到大部份金屬元素對矽熔湯的污染問題，最合適的促進物是含有鋇離子 (Ba^{2+}) 的化合物。這是因為鋇在矽中的平衡偏析係數非常的小 ($\sim 2.25 \times 10^{-8}$)，使得它在矽晶棒中的濃度小於 $2.5 \times 10^{9}/cm^{3}$，因而不會影響到晶圓的品質。通常的作法是將石英坩堝壁塗上一層含有結晶水的氫氧化鋇 ($Ba(OH)_2 \cdot 8H_2O$)，這層氫氧化鋇會與空氣中的二氧化碳反應形成碳酸鋇 ($BaCO_3$)。而當這種石英坩堝在 CZ 長晶爐上被加熱時，碳酸鋇會分解形成氧化鋇 (BaO)，接著氧化鋇與石英坩堝 (SiO_2) 反應形成矽酸鋇 ($BaSiO_3$)。由於矽酸鋇的存在，使得石英坩堝壁上形成一層緻密微小的白矽石結晶。這種微小的白矽石結晶便很難被矽熔湯滲入而剝落，即使剝落也很快就被矽熔湯溶解掉，因此可以大幅地改善石英坩堝的使用壽命及長晶良率。另外在石英坩堝外壁形成一層白矽石結晶的好處，是它可以增加石英坩堝強度，減少高溫軟化現象。因此這項技術可說是當代石英坩堝製造技術的最大突破。

十八、結語

CZ 矽晶生長技術在未來 10 年的發展趨勢，將著重在以下幾個方向：

(1) 降低 300mm 晶棒的生產成本：例如增加坩堝尺寸，以盛裝更多的熔湯量來增加每爐長出的晶棒長度。或者藉著提高坩堝的壽命，可以在一 run 中長出多根晶棒。

(2) 持續改善晶棒的品質：藉著熱場設計上的優化，來降低晶體缺陷密度 (例如 COP、OISF 等) 來產生完美晶圓 (perfect silicon)、以及改善徑向的均勻性。

(3) 開發適當的技術來同時攙雜氮或氫或碳，來調控 BMD 密度及降低 COP。

(4) 開發超低電阻率的 300mm N^{++} 拉晶技術：透過熱場優化，來克服組成過冷現象，來避免斷線 (lose structure) 問題。

十九、參考資料

1. M. Watanabe, T. Usami, H. Muraoka, S. Matsuo, Y. Imanishi, H. Nagashima, in：Semiconductor Silicon, Eds. H.R. Huff, R.J. Kriegler, and Y. Takeishi, The Electrochem. Society, Pennington, N.J. (1981) p.126-137.
2. J. Kammeyer, private communication, Toyo Tanso, USA.
3. C.P. Chartier, C.B. Sibley, Solid State Technology, Feb (1975) p.31.
4. W.C. Dash, J. Appl. Phys. 30 (1959) p.459.
5. K.M. Kim, P. Smetana, J. Crystal Growth, 100 (1990) p.527.
6. W. V. Ammon, E. Dornberger, H. Oelkrug, H. Weidner, J. Crystal Growth, 151(1995) p.273.
7. N.I. Puzanov,A.M. Eidenzon, Semicond. Sci. Technol. 12(1997) p.991.
8. E. Dornberger, W.V. Ammon, Electrochemical Society Proceedings, vol.4(1995) p.294.
9. V.V. Voronkov, J. Crystal Growth, 59(1982) p.625.
10. J. Hornstra, J. Phys. Chem. Solids, 5 (1958) p.129.
11. T.Y. Tan, Philos. Mag. [Part] A 44(1981) p.101.
12. W. Lin, D.W. Hill, in Silicon Processing, ASTM STP 804, (D.C. Gupta, ed.) American Society for testing and Materials (1983) p.24-39.

13. W. Bardsley, G.W. Green, C.H. Holliday and DTJ Hurle, J. Crystal Growth, 16 (1972) p.277.
14. DTJ Hurle, J. Crystal Growth 42 (1977) p.473.
15. E.J. Patzner, R.G. Dessauer, and M.R. Poponiak, Solid State Tech. 10(10)：(1967) p.25-30.
16. K.M. Kim, A. Kran, K. Reidling, and P. Smetana, Solid State Tech 28(1)：(1985) p.165-168.
17. K.J. Gartner, K.F. Rittinghau, A. Seeger and W. Uelhoff, J. Crystal Growth, 13/14 (1972) p.619-623.
18. D.F. O'Kane, T.W. Kwap, L. Gulitz and A.L. Bednowitz, J. Crystal Growth, 13/14 (1972) p.624-628.
19. H.J.A. Van Dijk, C.M.G. Jochem, G.J. Scholl and Van der Werf, J. Crystal Growth, 21 (1974) p.310-312.
20. W. Geil, H. Malitzki, D. Tanzer, Crystal Res. & Technol. 17 (1982) p.723.
21. D.T.J. Hurle, J. Crystal Growth, 42 (1977) p.473-482.
22. D.T.J. Hurle, Crystal Pulling from the Melt, Springer-Verlag, Berlin Heidelberg, New York, 1993, p.86-91.
23. H.M. Liaw, Crystal Growth of Silicon in：Handbook of Semiconductor Silicon Technology, Eds. W.C. O'Mara, R.B. Herring and L.P. Hunt, Noyes Publications, New Jersey, 1990, p.138.
24. X. Huang, K. Tershima, K. Izunome and S. Kimura, J. Crystal Growth, 149 (1995) p.59.
25. US patent 3,042,494 of 1958/1962.
26. "Annual Book of ASTM Standards," Vol. 10.05 Electronics (II) F723-82. pp. 598-614, Am. Soc. Test. Mater. Philadelphia, Pennsylvania, 1984.
27. J.C. Irvin, Bell Syst. Tech. J. 41 (1962) p.387-410.
28. J.A.M. Dikhoff, Philps Technical Review, 25 (1963/1964) p.195-206.

29. J. Chikawa and J. Matsui, in： Handbook on Semiconductors, Eds. T.S. Moss, vol. 3, Elsevier Secience B.V., 1994.
30. A.J.R. de Kock, P.J. Severin and P.J. Roksoner, Phys. Status Solidi (a), 22 (1974) p.163.
31. A.F. Witt and H.C. Gatos, in： Semiconductor Silicon, Eds. R.R. Haberecht and E.L. Kern (Electrochem. Soc., New York, 1969) p.146.
32. P. Rai-Choudhury, J. Crystal Growth ,10 (1971) p.291..
33. R.G. Mazur, J. Electrochem. Soc. 114 (1967) p.255.
34. G.H. Schwuttke, J. Appl. Phys. 34 (1963) p.1662.
35. W. Lin and D.W. Hill, in： Silicon Processing, ASTM STP 804, (D.C. Gupta, ed.) pp. 24-39, American Society for Testing and Materials (1983).
36. Chaney and Varker, J. of Crystal Growth, 33 (1976) p.188.
37. O. Kubaschewski and T.G. Chart, J. Chem. Thermodynamics, 6 (1974) p.467-476.
38. W. Kaiser, P.H. Keck, and C.F. Lange, Phys. Rev. 101 (1965) p.1264-1268.
39. C. Haas, J. Phys. Chem. Solids, 15 (1960) p.108-111.
40. F. Shimura, in： Oxygen in Silicon, Ed. F. Shiuma, Semiconductors and Semimetals, Academic Press. Inc., New York, 1994, p.2.
41. J.W. Corbett, and G.D. Watkins, J. Phys. Chem. Solids, 20 (1961) p.319.
42. C.S. Fuller and R.A. Logan, J. Appl. Phys. 28 (1957) p.1427.
43. W. Kaiser, H.L. Frisch, and H.Reiss, Phys. Rev. 112 (1958) p.1546.
44. P. Capper, A.W. Jones, E.J. Wallhouse, and J.G. Wilkes, J. Appl. Phys. 48 (1977) p.1646.
45. P. Gaworzewski and K. Schmalz, Phys. Status Solidi A, 77 (1983) p.571.
46. J.W. Cleland, J. Electrochem. Soc. 129 (1982) p.2127.
47. V. Cazcarra and P. Zunino, J. Appl. Phys. 51 (1980) p. 4206.
48. S.R. Wilson, M.W. Paulson, and R.B. Gregory, Solid State Technol. (1985/06) p.185.
49. B.Leroy and C. Plougonven, J. Electrochem. Soc. 127 (1980) p.961.
50. H. Shimizu, T. Watanabe, and Y. Kakui, Japan. J. Appl. Phys. 24 (1985) p.815.

51. G.A. Rozgonyi, R.P. Deysher, and C.W. Pearce, J. Electrochem. Soc. 123 (1976) p. 1910.
52. A. Murgai, in Semiconductor Silicon 1981. edited by H.R. Huff and Kriegler (The Electrochemical Society, Pennington, NJ, 1981) p.11.
53. K. Hoshikawa, H. Hirata, H. Nakanishi, and K. Ikuta, in Semiconductor Silicon 1981. edited by H.R. Huff and Kriegler (The Electrochemical Society, Pennington, NJ, 1981) p.101.
54. T. Carlberf, T.B. King, and A.F. Witt, J. Electrochem. Soc. 129 (1982) p.189.
55. J.W. Moody, in Semiconductor Silicon 1986. edited by H.R. Huff and B. Kolbesen (The Electrochemical Society, Pennington, NJ, 1981) p.100.
56. A. Murgai, in Crystal Growth of Electronic Materials, edited by E. Kaldis, Elsevier Science Publishers B.V., 1985, p. 211-227.
57. H. Tsuya, Y. Kondo, and M. Kanamori, Jpn. J. Appl. Phys. 42 (1983) p.525.
58. A.S. Oates, and W. Lin, J. Crystal Growth, 89 (1988) p.117.
59. A.S. Oates, and W. Lin, Appl. Phys. Lett. 53 (1988) p.2660.
60. Y. Itoh, T. Masui, and T. Abe, Proc. 31st. Appl. Phys. Conf., Kawasaki, Japan, (1984) p. 609.
61. K.G. Barraclough, and R.W. Series, in：Reduced Temp Proc for VLSI, Ed. R. Reif, (1986) p. 452, Electrochem. Soc., Pennington, N.J..
62. T. Nozaki, Y. Yatsurugi, N. Akiyama, J. Electrochem. Soc. 117 (1970) p.1566.
63. R.W. Series, and K.G. Barraclough, J. Crystal Growth, 60 (1980) p.212.
64. R.C. Newman and J.B. Willis, J. Phys. Chem. Solids, 26 (1965) p.373.
65. J.A. Baker, T.N. Tucker, N.E. Mover, and R.C. Buschert, J. Appl. Phys. 39 (1968) p.4365.
66. J. Leroueile, Phys. Stat. Sol. (a), 67 (1981) p.177.
67. A.R. Bean, and R.C. Newman, J. Phys. Chem. Solids. 33 (1972) p.33.
68. J.W. Cleland, J. Electrochem. Soc. 129 (1982) p. 2127.
69. W. Wijaranakula, J. Appl. Phys. 69 (1991) p.2723.

70. P. Gaworzewski and K. Schmalz, Phys. Status Solidi A 77 (1983) p.571.

71. D. Wrruck and P. Gaworzewski, Phys. Status Solidi A 56 (1979) p.557.

72. H.M. Liaw, Crystal Growth of Silicon in： Handbook of Semiconductor Silicon Technology, Eds. W.C. O'Mara, R.B. Herring and L.P. Hunt, Noyes Publications, New Jersey, 1990, p.157.

73. K. Harada, H. Tanaka, J. Matsubara, Y. Shimanuki, and H. Furuya, J. Crystal Growth 154 (1995) p.47.

74. W. Zulehner, Materials Science Engineers, B4 (1989) p.1.

75. W. Zulehner, US patent 4330362 of May 18, 1982.

76. W. Zulehner and D. Huber： Crystals 8, 1 (1982), ed. J. Grabmaier, Spring-Verlag, Berlin, Heidelberg, New York.

77. European Patent, EP 0753605A1 (1997).

4-3 MCZ 矽單晶生長法

一、前言

MCZ 矽單晶生長法 (Magnetic Field Applied Czochralski Method)，是利用外加一磁場在傳統的 CZ 法上，以抑制晶體生長中熔湯裡的熱對流。在矽晶生長中，熔湯裡的熱對流對晶棒的品質影響很大，特別是一些不穩定的熱對流，容易導致固液界面的不穩定性及雜質分析的微觀偏析現象 (growth striation)。由於大部份的金屬及半導體熔液，都具有高導電性，所以在施以適當的磁場之下，可以抑制自然對流的程度，避免紊流的發生。這種施加磁場在晶體生長的方法，是早在 1966 年即被應用在生長砷化銻 (InSb) 的水平區融法 (horizonal zone-melting technique)[1～2]。在 1970 年 4000 高斯的水平磁場被應用在生長砷化銻 CZ 法上 [3]。

直到 1980 年，MCZ 法才被運用在矽晶生長上 [4]。最初的目的是在降低矽晶中的氧含量，這是因為磁場不僅抑制熱對流也降低了石英坩堝的溶解速率。此後不同的磁場設備陸續被開發出來，其中依據磁場方向來區分有橫型 (horizontal)、縱型 (vertical) 及勾型 (cusp) 三種 [5～10]。依據所使用的磁性物質來區分，有一般導體及超導體二種 [8]。本節將就 MCZ 的基本原理，以及各種磁場型態的特性提出說明。

二、MCZ 的基本原理

利用施加外在磁場可以有效的抑制熔湯內的對流形態。本章第一節在介紹熔湯的流動現象時，曾提及自然對流的程度可由無因次的 Gr 或 Ra 常數來判定，其中

$$\mathrm{Gr} = ag\Delta Td^3/v_k^2$$

$$\mathrm{Ra} = ag\Delta Td^3/k_m v_k$$

對於一個 $d = 0.3\mathrm{m}$、$\Delta T = 50\mathrm{K}$ 的 CZ 系統而言，在沒有施加外在磁場之下，Ra 值將高達 2.3×10^7（遠高於產生紊流的 Ra 臨界值 10^3)，因此熔湯的流動將非常不穩定。Chandrasekhar[11] 曾研究施加磁場對 Ra 臨界值 ($\mathrm{Ra_c}$) 增加之關係。根據其結果，Ra 臨界值可由另一無因次的 Hartmann 常數簡單表示之 [11～12]

$$\mathrm{Ra_c} = \pi^2 \mathrm{Ha}^2 \text{（在 Ha} > 10^3 \text{ 的情況下）} \tag{4.74}$$

$$\mathrm{Ha} = (\sigma/\rho v)^{1/2}(\mu H_0 d) = (\sigma/\rho v)^{1/2}(Bd) \tag{4.75}$$

其中σ是導電係數，μ是磁導率，H_0是磁場強度，d是坩堝直徑，B是磁場密度。如果液深等於 0.3m、磁場密度 B 爲 0.3T，根據表 4.2 所列矽熔湯的基本物理性質可以計算出 $\mathrm{Ra_c} \sim 1.2\times10^8$（大於 Ra 値 2.3×10^7）。因此當施加磁場到某種強度以上，即有穩定熔湯流動的作用。

接著我們可用電磁學的立場，來考慮磁場對熔湯的抑制作用。矽熔湯在高溫下可視爲一離子化的導體，根據 Lorentz 定律，當導體的運動與磁力線成直交時會產生感應電流。而感應電流又會產生與外加磁力線相反方向的磁場，使得導體的運動受到抑制。這種抑制熔湯流動的現象，將導致熔湯黏滯性的增加 [11]。我們在本章第一節亦曾提及，黏滯性的增加將增加有效偏析係數 K_{eff}。

表 4.2　矽熔湯的物理性質

項目	符號	數值	單位
1. 重力加速度	g	9.81	$\mathrm{m\ s^{-1}}$
2. 體積膨脹係數	α	1.41×10^{-5}	$\mathrm{K^{-1}}$
3. 熱擴展係數	k	2.28×10^{-5}	$\mathrm{m^2\ s^{-1}}$
4. 動態黏滯係數	v	3.50×10^{-7}	$\mathrm{m^2\ s^{-1}}$
5. 導電係數	σ	1.33×10^{6}	$\mathrm{S\ m^{-1}}$
6. 密度	ρ	2.53×10^{3}	$\mathrm{kg\ m^{-3}}$
7. 磁導率	μ	$4\pi\times10^{-7}$	$\mathrm{Wb\ A^{-1}\ m^{-1}}$
8. 磁場強度	H		$\mathrm{A\ m^{-1}}$
9. 磁場密度	B		T

三、橫型 MCZ 法

圖 4.55 爲一簡單的橫型 MCZ(HMCZ) 的示意圖。橫型磁場無法由普通的線圈產生，必須使用電磁鐵。然而傳統的電磁鐵設備應用在 CZ 長晶爐上，不僅佔用相當大的空間，而且不易維持磁場的均勻性，再者所消耗的功率也非常龐大。因此新式的 HMCZ 設備，都使用超導性磁鐵的設計。橫型磁場在 CZ 系統中，破壞了自然對流的軸對稱性，所以旋轉中的晶棒將經歷溫度的週期變化，因此區域性的微觀生長速度的變化，易導致 striation 的發生 [13]。但因爲使用橫型磁場，比較容易控制晶棒裡的微缺陷，以產生更完美品質的矽晶，它已成爲 300mm 矽晶生長最普遍被使用的技術。

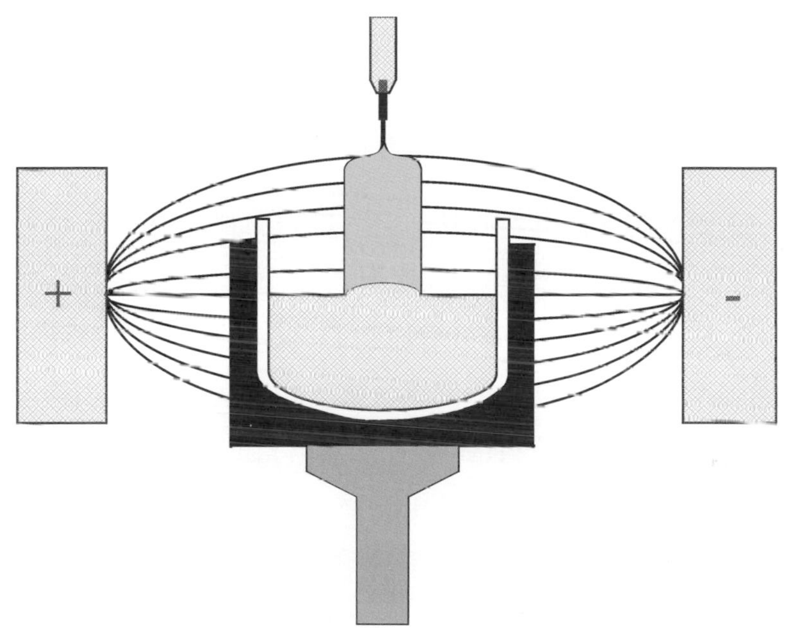

圖 4.55　一簡單的橫型 MCZ(HMCZ) 的示意圖

一般在 CZ 長晶系統中，熱對流容易造成熔湯表面的波動。當施加一定大小以上的橫型磁場，可以減少這種表面波動的現象 [14]，所以利用 HMCZ 生長矽單晶棒時，我們可以看到液面波動程度明顯比 Cusp 磁場來的小很多。圖 4.56 顯示在矽熔湯中心軸內所量測的溫度變化區線，與所施加的磁場種類、強度之關係 [15]。我們可看到橫型磁場與縱型磁場對矽熔湯溫度的影響各有不同：在施加縱型磁場時，可以提高矽熔湯的平均溫度，但施加橫型磁場則降低矽熔湯的平均溫度。這是因爲橫型磁場抑制縱向的熱對流，而縱型磁場則抑制橫向的熱對流。

Suzuki 等 [16] 發現在施加橫型磁場之下的最大生長速度為未加磁場的二倍。如式 (4.6) 所示，增加晶棒的溫度梯度 (dT_s/dx) 及降低熔湯內的溫度梯度 (dT_l/dx)，可以提高最大生長速度。如圖 4.56 所示，HMCZ 正可降低熔湯內的溫度梯度 (dT_l/dx)。

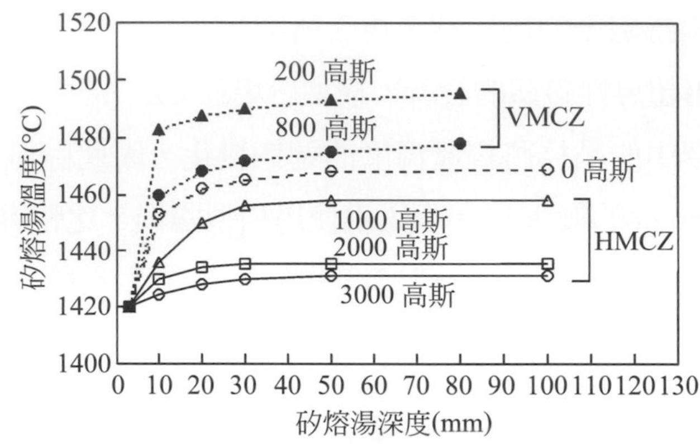

圖 4.56　矽熔湯中心軸內所量測的溫度變化區線，與所施加的磁場種類、強度之關係 [15]

HMCZ 另一重要的特性是其對矽晶中氧含量的抑制作用。圖 4.57[17] 顯示在一定的強迫對流條件之下，不同的橫型磁場強度對氧含量的影響。在磁場強度 1000G 時，氧含量可被減少近乎一半。在磁場強度增加到 1500G，氧含量可被降低更多，但更進一步的增加磁場強度，並沒明顯的降低氧含量。此外橫型磁場也使得氧含量在晶棒的軸向分佈較普通 CZ 晶棒均勻。HMCZ 抑制氧含量的原因為：(1) 降低石英坩堝的溶解量、(2) 由於臨近液面下 Marangoni flow 為主要的傳輸機構，使得 SiO 的揮發速率增加、(3) 由石英坩堝底部向上流動的氧傳輸速率受到抑制。另外研究發現在一定的橫型磁場強度之下，晶種轉速的快慢對氧含量沒有顯著的影響，但是坩堝轉速卻是控制氧含量的一主要因素。

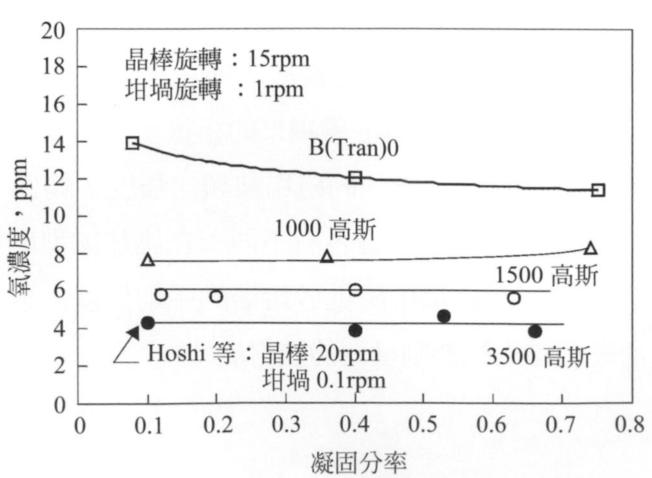

圖 4.57　橫型磁場強度在 100 mm 矽晶棒生長時對氧含量的影響 [17]

四、縱型 MCZ 法

圖 4.58 為一簡單的縱型 MCZ(VMCZ) 的示意圖。縱型磁場可以由傳統式線圈產生，因此設備的製造上較簡單且便宜，但是線圈的口徑必須足夠大才能圍繞整個坩堝、加熱器、絕緣材以及爐體等元件。以一個生長 8 吋矽晶的 CZ 系統而言，要產生縱型磁場須要使用的線圈口徑將大於 1 公尺。如此大的線圈口徑，使得功率的消耗相當大 (～ 100kW)。因此在線圈材料的選擇上，必須盡量採用低電阻的材料，於是銅似乎為最佳的選擇。由於磁場也會施加應力在加熱器上，為了避免應力週期性的發生使得加熱器產生共振或疲勞破壞，加熱器必須使用直流電源。

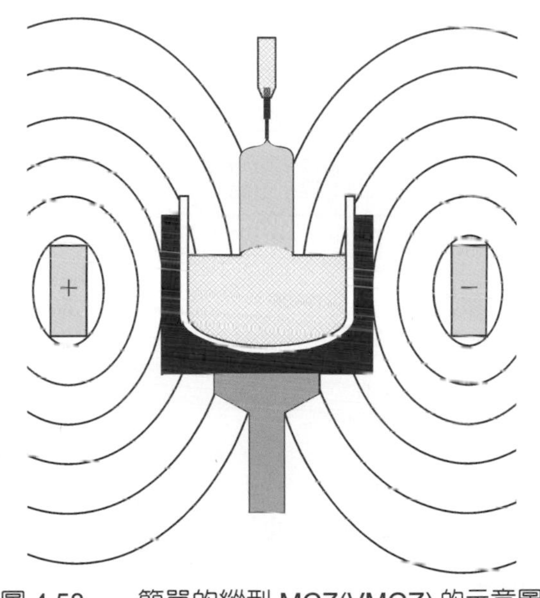

圖 4.58　一簡單的縱型 MCZ(VMCZ) 的示意圖

由於縱型磁場破壞了 Czochralski 系統原有的橫向對稱性，使得雜質濃度在晶棒的橫向分佈變得較不均勻 [(17)]。圖 4.59 顯示縱型磁場強度對矽晶棒中氧含量之影響 [(16)]，我們可以看到磁場強度的增加使得氧含量增加，而且軸向的變化也較大，這種特性與施加橫型磁場時恰好相反。有關這現象的解釋應該是比較容易理解的：由於縱型磁場抑制橫向的熱傳輸，所以熱傳導 (heat conduction) 在 VMCZ 系統內隨著磁場強度的增加而更顯得重要，結果使得石英坩堝壁的溫度 (及石英坩堝的溶解量) 也隨著磁場強度的增加而增加。另外由於臨近液面的熔湯呈現停滯現象，使得 SiO 的揮發速度減小。

另外一迴異於 HMCZ 的特性是，VMCZ 矽晶的氧含量會隨著晶種轉速的增加而增加。這原因是增加晶種轉速，將增加由 Cochran flow[18] 所引起的 centrifugal pumping[19] 作用，這種 centrifugal pumping 作用會將在石英坩堝底部含有較高氧含量的熔湯帶上生長界面，因而增加矽晶中的氧含量。坩堝轉速快慢對 VMCZ 矽晶中氧含量的影響則很小。事實上，由於設備上的限制及其他不利因素，在商業化的矽單晶生長裡，並沒有人採用 VMCZ 技術。

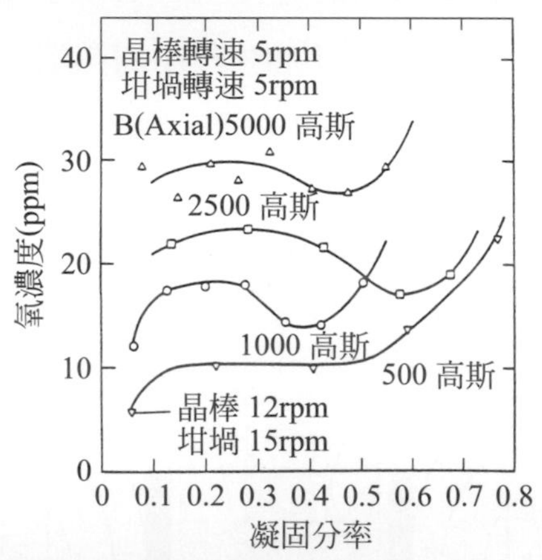

圖 4.59　縱型磁場強度對矽晶棒中氧含量之影響，在高氧含量時通常須改變晶種及坩堝轉速以減少差排的產生，在 5000G 時晶種及坩堝轉速必須同向旋轉才能生長出矽單晶 [16]

五、勾型 MCZ 法

前面我們已提到 HMCZ 及 VMCZ 在使用上都有其嚴重缺點。雖然兩者均能抑制矽熔湯內紊流的產生，但是 VMCZ 破壞了 Czochralski 系統原有的橫向對稱性，使得雜質濃度在晶棒的徑向分佈變得較不均勻；而 HMCZ 破壞了熱流的軸對稱性，使得晶棒生長的 striation 變得較嚴重。Series[20] 及 Hirata 等 [21] 分別提出解決這些問題的辦法，他們提出如果可以提供一個這樣的磁場：磁場在液面平面上爲橫向，而在熔湯內部則爲縱向的話，那麼在靠近固液界面處就沒有磁場的縱向分量以破壞橫向對稱性，同時整個熔湯內部的軸對稱性也得以維持。這種磁場型態被稱爲勾型 (Cusp)。

如圖 4.60 所示，Cusp 磁場結構可利用一對電流相反的 Helmholtz 線圈來達到。在這種磁場結構之下，大部份的矽熔湯都受到磁場的抑制作用，所以紊流程度可以有效地減小。Series[20] 及 Hirata 等 [21] 也發現 Cusp 磁場可以有效地降低矽晶中的氧含量，並維持非常好的徑向均勻性。在一般的長晶條件之下，這徑向均勻性甚至可能

比未加磁場時還好。Cusp 磁場之所以達到以上所述優點的原因，我們可將整個熔湯分成三個部份說明之：

(1) 在固液界面處，晶棒是在磁場縱向分量為零的狀況下生長，所以雜質濃度在晶棒的徑向分佈均勻度得以維持。

(2) 靠近晶棒下方的熔湯是處於低強度的磁場中，所以該處熔湯仍能均勻攪拌。

(3) 其它大部份的熔湯是處於高強度的磁場中，所以熱對流可以受到有效的抑制。此外磁場約略垂直於坩堝壁，使得臨近坩堝壁的擴散邊界層變厚，於是石英坩堝的溶解量減小使得長出的矽晶棒的氧含量降低。

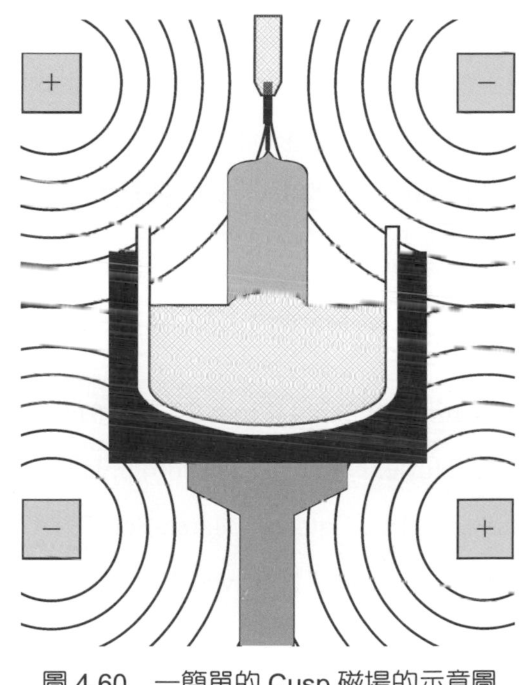

圖 4.60　一簡單的 Cusp 磁場的示意圖

有關上下磁場的中心平面 (磁場縱向分量為零) 偏離液面時所造的影響，Hirata 及 Hoshikawa[22] 發現當中心平面往上偏離使得自由液面存在 0.055T 的縱向磁場強度時，矽晶棒的氧含量比縱向磁場強度為零時高了近乎 35%。Watanabe 等 [23] 則更進一步發現磁場的中心平面位置，會影響矽熔湯內的對流狀況。當中心平面落在矽熔湯內部時，由於較對稱的磁力線，氧濃度的分佈較為均勻且不會出現生長條紋 (growth striations)。目前，Cusp 磁場很普遍的被使用在 200mm 的矽單晶生長上。但反而在 300mm 矽單晶生長上，它已被 HMCZ 所取代。

六、結語

MCZ 矽單晶生長法可以有效的抑制矽熔湯內的不穩定熱對流。其中 HMCZ 法可用以降低矽晶棒內的氧含量，但是由於其破壞了熱對流的軸對稱性，使得 striation 的程度變嚴重，同時龐大昂貴的磁場設備增加了生產成本。VMCZ 法則使得矽晶棒內的氧含量增加，同時由於其破壞了熱對流的橫向對稱性，因而易導致雜質濃度在晶棒的橫向分佈變得較不均勻，這些缺點嚴重地限制 VMCZ 法在現代矽晶圓工業的使用。Cusp 磁場則提供了同時解決 HMCZ 及 VMCZ 缺點的方法，然而上下磁場的中心平面相對於液面的位置，是影響氧含量控制的一主要因素。由於現代的 IC 工業製程愈來愈乾淨，對 Intrinsic gettering 的須求愈來愈小，這使得對矽晶棒中氧含量的需求也愈來愈低。爲了生產低氧濃度的矽晶棒，MCZ 法是目前唯一的選擇，因此現代化的 CZ 長晶爐都配備有一磁場產生裝置，其中 Cusp 磁場是最早被普遍用在 8 吋矽晶棒的成長上，但是到了 12 吋矽晶棒的世代，反倒是 HMCZ 因爲較易控制矽晶的缺陷生成，而更是被普遍採用。

七、參考資料

1. U.P. Utech and M.C. Flemings, J. Appl. Phys. 37 (1966) p.2021.
2. H.A. Chedzey and D.T.J. Hurle, Nature 210 (1966) p.933.
3. A.F. Witt, C.J. Herman, and H.C. Gatos, J. Mater. Sci. 5 (1970) p.822.
4. K. Hoshi., T.Suzuki, Y. Okubo, and N.Isawa, Ext. Abstr., Electrochem. Soc. Meet., 157th (1980) p.811.
5. K. Hoshikawa, Jpn. J. Appl. Phys. 21 (1982) p.545.
6. K.M. Kim and P. Smetana： J. Appl. Phys. 58 (1985) p.2731.
7. K.G. Barraclough, R.W. Series, G.J. Race and D.S. Kemp： Semiconductor Silicon 1986, (Electrochem. Soc., Pennington, NJ,1986) p.129.
8. M. Ohwa, T. Higuchi, E. Toji, M. Watanabe, K. Homma and S. Takasu： Semiconductor Silicon 1986, (Electrochem. Soc., Pennington, NJ,1986) p.117.
9. H. Hirata and K. Hoshikawa, J. Crystal Growth, 96 (1989) p.747.
10. H. Hirata and K. Hoshikawa, J. Crystal Growth, 98 (1989) p.777.

11. S. Chandrasekhar, Phil. Mag. 43 (1952) p.501.
12. S. Chandrasekhar, Hydrodynamics and Hydromagnetic Stability, Dover, (1980) p.171.
13. P.S. Ravishankar, T.T. Braggins and R.N. Thomas, J. Crystal Growth, 100 (1990) p.617.
14. K.Hoshi, N.Isawa, T.Suzuki, and Y.Ohkubo, J. Electrochem. Soc. 132 (1985) p.693.
15. M. Ohwa, T. Higuchi, E. Toji, M. Watanabe, K. Homma, and S. Takasu, in：Semiconductor Silicon 1986, Eds H.R. Huff, T. Abe, and B. Kolbesen, Electrochem. Soc., Princeton, New Jersey, 1986, p. 117-128.
16. T.Suzuki, N. Isawa, K. Hoshi, Y. Kato, and Y. Okubo, in：Semiconductor Silicon 1986, Eds H.R. Huff, T. Abe, and B. Kolbesen, Electrochem. Soc., Princeton, New Jersey, 1986, p. 142-152.
17. P.S. Ravishankar, T.T. Braggins and R. N. Thomas, J. Crystal Growth, 104 (1990) p.617.
18. W.G. Cochran, Proc. Cambridge Phil. Soc. 30 (1934) p.365.
19. L.N. Hjellming and J.S. Walker, J. Fluid Mech. 164 (1986) p.237.
20. R.W. Series, J. Crystal Growth 7 (1989) p.92.
21. H. Hirata and K. Hoshikawa, J. Crystal Growth 6 (1989) p.747.
22. H. Hirata and K. Hoshikawa, J. Crystal Growth 98 (1989) p.777.
23. M. Watanabe, M. Eguchi, and T. Hibiya, in "Semiconductor Silicon 1998" vol. 1 (H.R. Huff, H. Tsuya, and U. Gosele, eds), Electrochem. Soc., Pennington, New Jersey, (1998) p.441.

4-4 CCZ 矽單晶生長法

一、前言

目前半導體用途的矽單晶，有 98% 以上是由傳統式的 Czochralski(CZ) 法製造出來的。CZ 法是一種「batch」製程，在每次晶棒取出後石英坩堝即因由高溫冷卻到室溫而破裂，這種原物料的消耗以及需要額外的時間重新開始下一次長晶過程，對成本及產出率是很不利的因素。在今日的矽晶圓工業，為了降低生產成本以及增加晶圓在下游 IC 製程的可用面積，生產較大直徑及長度的矽晶棒是必須的。然而 CZ 法的另一問題是攙雜物濃度 (亦即電阻值) 軸向的不均勻分佈，這是由於坩堝內的矽熔湯量不斷的改變，所引起的非穩定態 (non-steady state) 的生長動力學現象。由於電阻率隨著晶棒長度的增加而遞減，往往整根晶棒的電阻率無法全部合乎客戶的規格，其中 N-type 矽晶棒由於攙雜物的偏析係數小，情況更為嚴重，因此這種自然偏析現象限制了晶棒長度增加的意義。

要解決以上這些缺點的辦法，是讓整個長晶製程處於穩定態 (steady state)。CCZ 長晶法 (continuous Czochralski process) 的概念是最早在 1954 年由 Rusler(1) 所提出的，在晶棒生長時不斷地添加矽原料，以保持矽熔湯量不變，如此一來即可減少電阻率軸向的偏析現象，也可長出較長的晶棒以增加產量。CCZ 法除了這些優點以外，由於矽熔湯量可以維持不變，所以氧含量的分佈亦較均勻。一般預期 CCZ 法可以降低生產成本約 40%(2)。利用二次加料的方法 (recharging process) 在一個石英坩堝內接連長出多根矽晶棒的概念，是最早應用在品質較低的 solar-grade 矽晶生長上以降低生產成本。這方法也可被應用在電阻率規格較緊的高品質 IC 用矽晶上，也就是說當電阻率在超出規格以前，即結束晶棒的生長，俟補充矽原料到石英坩堝內後，重新生長第二根晶棒。這種二次加料的方法是屬於半連續 (semicontinuous) 的製程。本節除了將介紹 CCZ 長晶法外操作原裡及特性外，也將介紹半連續的二次加料方法。

二、CCZ 長晶法

表 4.3 爲 CCZ 長晶法發展演進時間表。CCZ 長晶法的概念是在 1954 年由 Rusler[(1)] 所提出的，1979 年 Fiegl[(3)] 將二個爐子連接在一起，並利用虹吸管的原理將矽熔湯由其中一爐添加到另一爐內。1980 年代之後，日本的矽晶圓製造商開始將粒狀的矽多晶應用在 CCZ 法上。而直到今日，也只有日本的矽晶圓製造商繼續從事 CCZ 法的開發與研究 [(4～6)]。在這幾十年中，CCZ 法的發展主要在原料補充技術與設備之改善，原理上則是相當簡單的。在 CCZ 法中，新原料必須不斷地投入矽熔湯內，以維持一定的熔湯量。這種連續加料，最大的考慮是其液面的穩定性是否能夠維持，因爲液面的波動及異物的碰撞，都容易造成晶棒失去其單晶性。

表 4.3　CCZ 長晶法發展演進時間表

年份	項目	研究者 / 單位
1950	將 CZ 長晶法應用在半導體晶體的生長上	Teal & Little (Bell. lab.)
1954	利用雙重坩堝 (double-crucible) 及粒狀多晶的來進行 CCZ 法之開發	Rusler
1979	CCZ 法利用虹吸管原理以液態加料	Fiegl (Siltec)
1988-89	CCZ 法利用粒狀多晶矽加料	Nippon steel, SEH, OTC, NKK
1989	發展垂直分離雙重坩堝法 (vertically separated double-crucible method)	Mitsubishi
1994	CCZ 法利用多晶棒熔化系統來進行液態加料	Komatsu

CCZ 法的優點之一是，藉著維持固定的熔湯量，可以獲得較穩定的熔湯對流程度 (石英坩堝內的熔湯量不須太多)，以利晶體生長之進行。優點之二是，藉著維持固定的熔湯量，石英坩堝與矽溶湯之界面面積 (A_c) 與矽溶湯之自由面積 (A_m) 的比值 A_c/A_m 亦可維持一定，因此矽晶棒中氧的軸向分佈將較爲均勻。優點之三是藉著不斷補充矽原料及攙雜物，矽晶棒的電阻率之變化將較爲緩慢 (或維持一定)。利用 CCZ 法長出之矽晶棒的電阻率可表示爲 [(7)]

$$\rho = \rho_0 \frac{k_0 C_0}{C_r - (C_r - k_0 C_0)\exp(-k_0 V_s / V_0)} \tag{4.76}$$

其中 ρ_0 是在 $V_s=0$ 時矽晶的電阻率，C_0 爲矽熔湯內最初的攙雜物濃度，C_r 爲補充的矽原料裡的攙雜物濃度，V_s 爲晶棒的生長量，V_0 爲石英坩堝內的熔湯量。如果將補充的矽原料之濃度保持在 $C_r=k_0C_0$，那麼由上式可知長出的矽晶棒之電阻率，將永遠維持一定值 ρ_0，與晶棒的長度無關。所以藉著連續補充濃度的多晶原料，可以讓晶棒的軸向電阻率維持一定值。圖 4.61 爲一利用液態加料的 6 吋 CCZ 矽晶棒中的電阻率之分佈圖。[8]

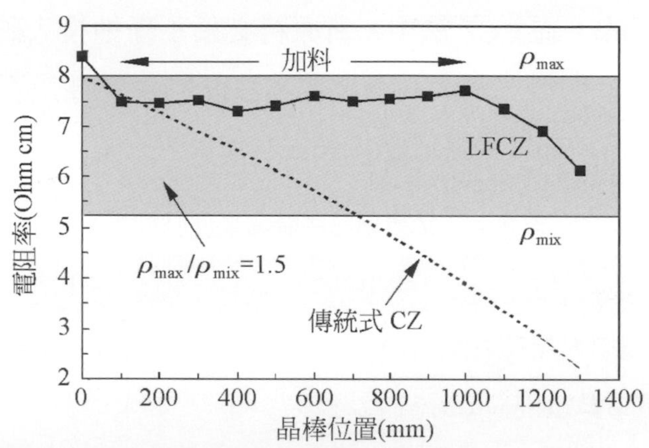

圖 4.61　利用液態加料 (LFCZ) 的 6 吋 CCZ 矽晶棒中的電阻率之分佈圖，虛線部份為傳統 CZ 晶棒中的電阻率之分佈 [8]

至於其它不純物在 CCZ 矽晶棒中的分佈，可由以下質量守恆的微分方程式導出：

$$V_0 dC_L = (C_0 - kC_L)dV_s \tag{4.77}$$

使用邊界條件：當 $V_s=0$ 時 $C_L=C_0$，方程式 (4.77) 的解爲

$$C_L/C_0 = 1/k[1-(1-k)\exp(-kV_s/V_0)] \tag{4.78}$$

假如 $kV_s/V_0 \ll 1$，方程式 (4.78) 可改寫爲

$$C_L = C_0[1+(1-k)V_s/V_0] \tag{4.79}$$

由上式可知，不純物在矽熔湯內的累積較一般的 CZ 法慢，因此不純物在 CCZ 矽晶棒中的分佈亦較均勻。

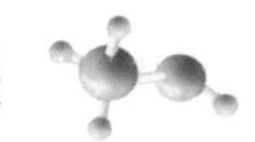

CCZ 法的缺點是設備及製程複雜性的增加，如何連續將原料加入生長中的系統是主要的考量。一般連續加料的方法可分爲液態加料 (Continuous Liquid Feed) 及固態加料 (Continuous Solid Feed)，以下將就這二種加料方式及設備分別說明之。

三、液態加料法

Fiegl[3] 最早利用液態加料方式在 CCZ 法上。圖 4.62 是其所使用連續性液態加料的長晶設備之示意圖，這種長晶設備包括二個獨立的爐子，其間藉著一石英管互相連接在一起。其中一個爐子是用來生長矽單晶，另一個爐子則被用來熔解多晶矽原料。右邊的熔解爐所使用的多晶矽原料，可以是多晶棒 (如圖所示)、塊狀多晶 (chunk poly) 或粒狀多晶 (granular poly)。矽熔湯由右邊的熔解爐傳輸到左邊的長晶爐之作用，係依據虹吸管的原理。爲了避免矽熔湯在石英管中重新凝固，可在石英管上纏繞 SiC 製的帶狀加熱器。爲了避免左邊長晶爐中的液面受到連續加料的干擾，可以在石英坩堝內放置一石英檔板 (quartz baffle)。有關加料速度的控制，是藉著靜水壓力 (亦即兩邊的液面高度差) 的控制。

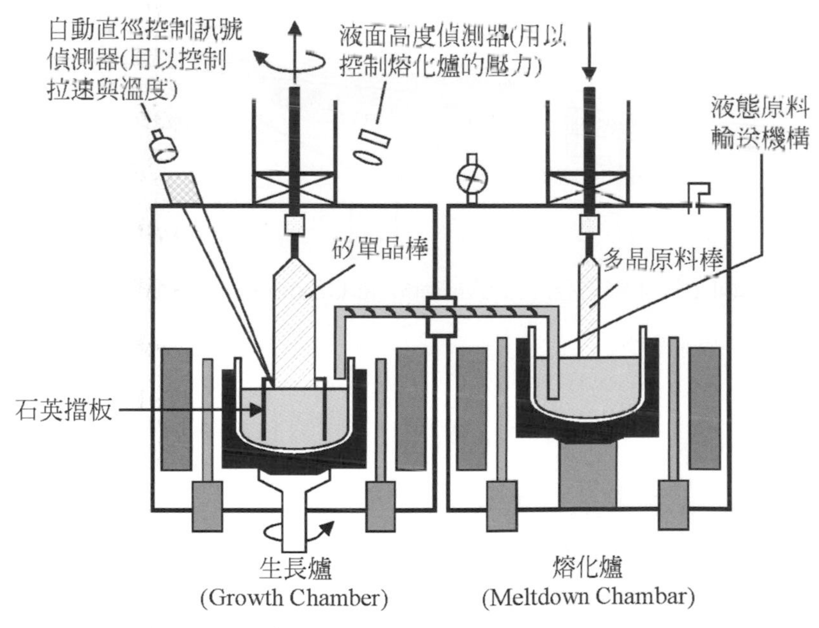

圖 4.62 連續性液態加料的長晶設備 [3]

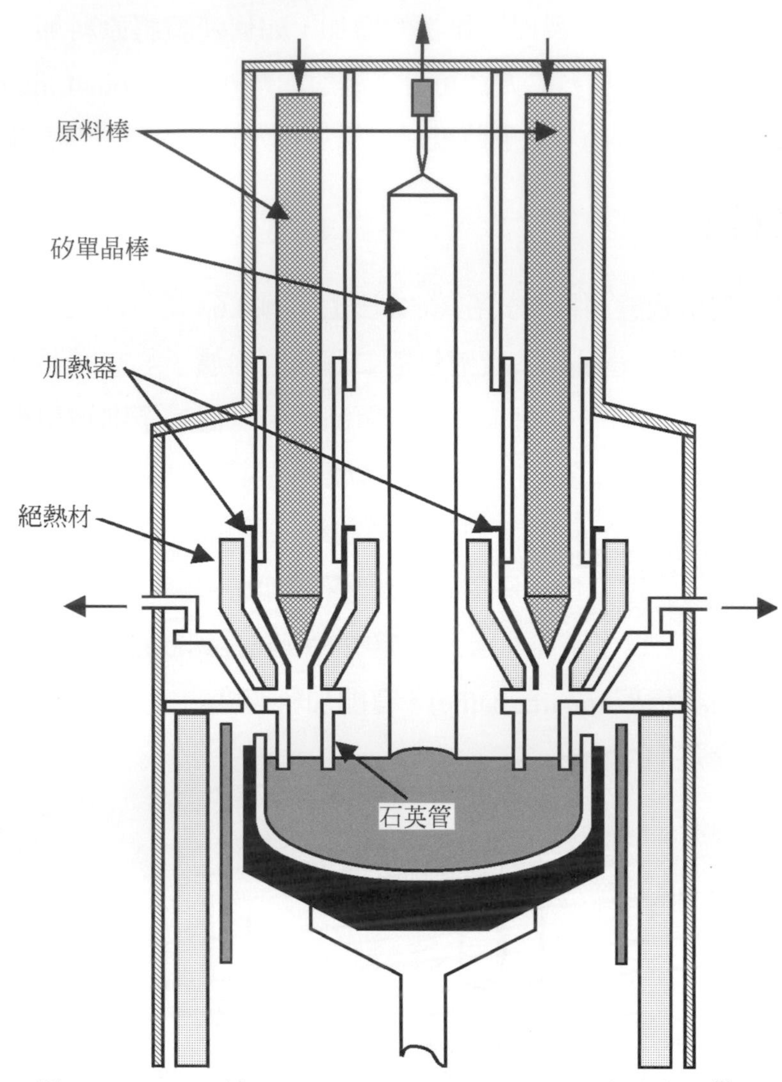

圖 4.63　LFCZ 法 (Liquid Feeding CZ method) 之示意圖 [(8)]

最近 Shiraishi 等 [(8)] 提出所謂 LFCZ 方法 (Liquid Feeding CZ method)，如圖 4.63 所示。液態加料是藉著二根熔解中的多晶棒，連續將矽熔融液滴入石英坩堝內。用來熔解多晶棒的石墨加熱器爲螺旋狀的結構，而所使用的矽多晶棒可由 SiH_4 原料利用 CVD 的方法產生。爲了獲得電阻率較均勻的矽單晶棒，可在每一定的間隔的多晶棒原料表面放置攙雜物。另外爲了減小熔解多晶棒的加熱器影響生長中的矽單晶棒，一石墨絕緣材被用以隔絕加熱器的輻射熱。當矽熔融液滴入石英坩堝時，很容易引起液面的波動，所以二個浸入液面的石英管被用以防止波動的液面影響晶棒的生長。有關加料速度的控制，是藉著監視矽單晶棒及二根多晶棒的重量變化。

四、固態加料法

固態加料法是直接將固態多晶矽原料加入石英坩堝內，加入的多晶矽原料可使用棒狀多晶、塊狀多晶、粒狀多晶等三種型態 [9～12]，如圖 4.64 所示。這些系統使用石英擋板 (quartz baffle) 來隔開晶棒生長區域及多晶原料熔化區，以避免固態多晶矽原料影響固液界面溫度的穩定性。在圖 4.64(a) 中，石英擋板延伸至晶棒下方，創造出 double crucible 的作用，因此晶棒生長區域的熔湯量可維持固定，固態多晶矽原料是採用塊狀多晶。在圖 4.64(b) 中，石英擋板延伸至坩堝底部，棒狀多晶原料則在石英擋板外側熔化。在圖 4.64(c) 中，石英擋板僅略浸入液面而已。圖 4.64(d) 則顯示使用粒狀多晶的情況。使用石英擋板在技術上最大的困難，是初期多晶矽熔化時的阻礙。如果將內外二個石英坩堝設計成可以上下分離 (如圖 4.65 所示，當多晶矽熔化時將內石英坩堝吊在多晶矽原料上方，俟多晶矽熔化後再使內外石英坩堝連結在一起)，即可克服石英擋板對多晶矽熔化過程的阻礙。使用石英擋板，雖可減少晶棒生長受到固態多晶矽原料的影響程度，但是石英擋板卻會造成額外的氧進入系統中 [13]。此外，石英的高溫軟化問題，也是使用擋板的一缺點。圖 4.66 為一粒狀多晶加料設備之示意圖 [14]，這種設備包括一用以儲存粒狀多晶的漏斗型容器 (hopper) 及一振動式的進料器 (feeder)。

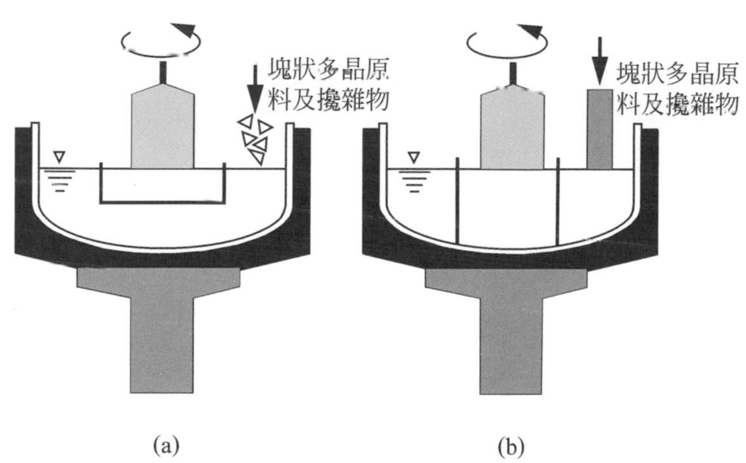

圖 4.64　固態加料法之示意圖：(a) 使用塊狀多晶原料及 double crucible，(b) 使用棒狀多晶原料，石英擋板延伸至坩堝底部。

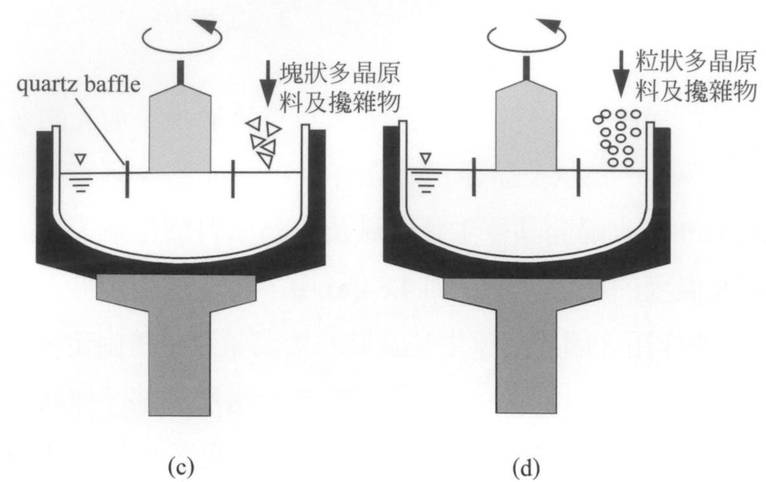

圖 4.64　(c) 使用塊狀多晶原料，石英擋板僅略浸入液面而已，(d) 顯示使用粒狀多晶的情況。(續)

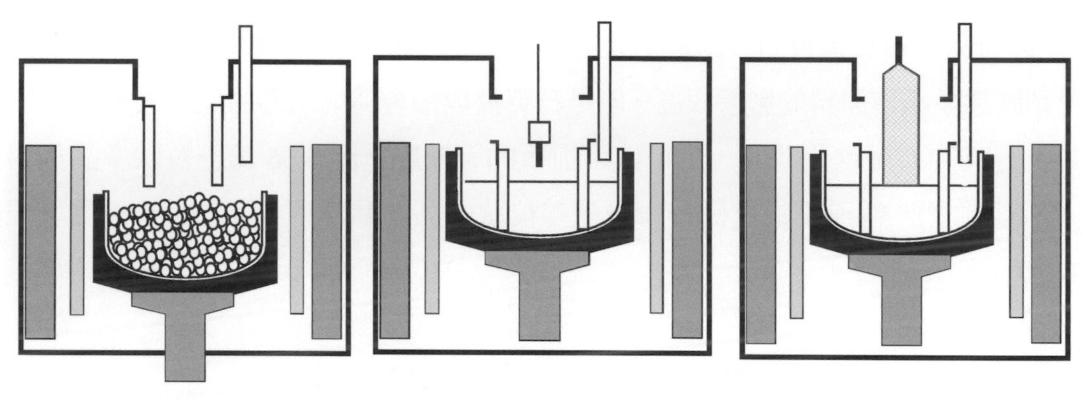

圖 4.65　double crucible 的操作方法：在熔化時，內部的石英坩堝被吊在生長爐上方，俟多晶矽熔化後再使內外石英坩堝連結在一起

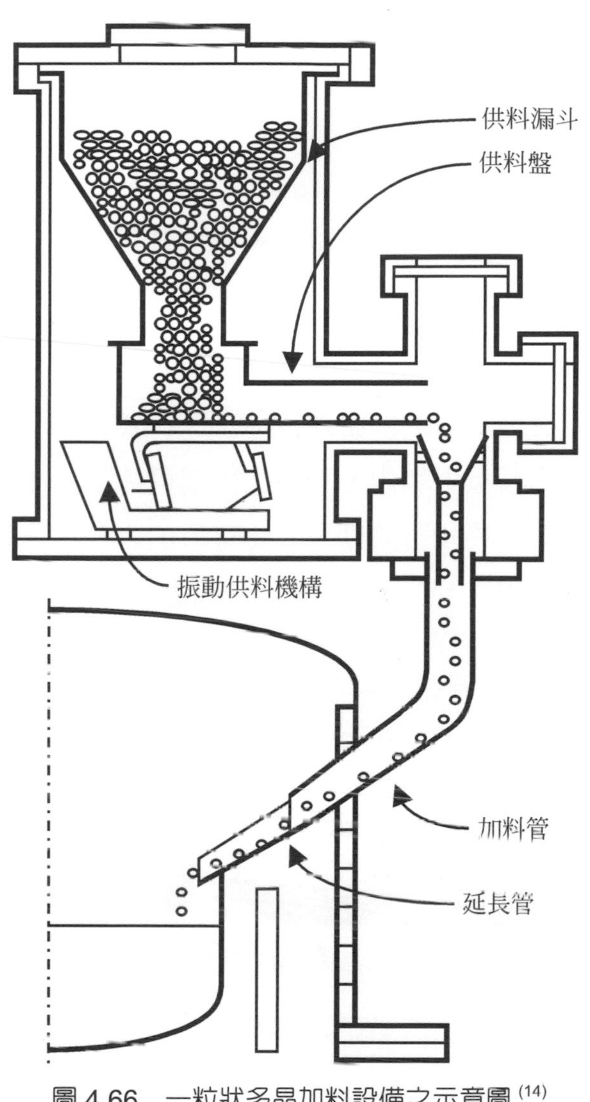

圖 4.66　一粒狀多晶加料設備之示意圖 (14)

五、二次加料方法 (Recharging process)

一些研究報告指出，如果利用二次加料的方法在同一個石英坩堝內接連長出多根矽晶棒，即可以降低生產成本 [15～16]。這方法最早被應用在生產品質較低的 solar-grade 矽晶上，後來這方法也被應用在電阻率規格較緊的高品質 IC 用矽晶上 (特別是 N-type 矽晶)。

圖 4.67 顯示利用二次加料生長多根晶棒的操作程序。首先依照一般 CZ 長晶法的方式拉第一根矽晶棒直到其電阻率達到 ρ_2(電阻規格的下限)，俟第一根矽晶棒冷卻取出之後，重新加料到石英坩堝內，等熔化後即可拉第二根矽晶棒。在重新加料時，須考慮到熔湯內攙雜物的殘留濃度，必要時須加入些許攙雜物。如果一直重複這種方式，就可接連產生多根合乎電阻規格的矽單晶。

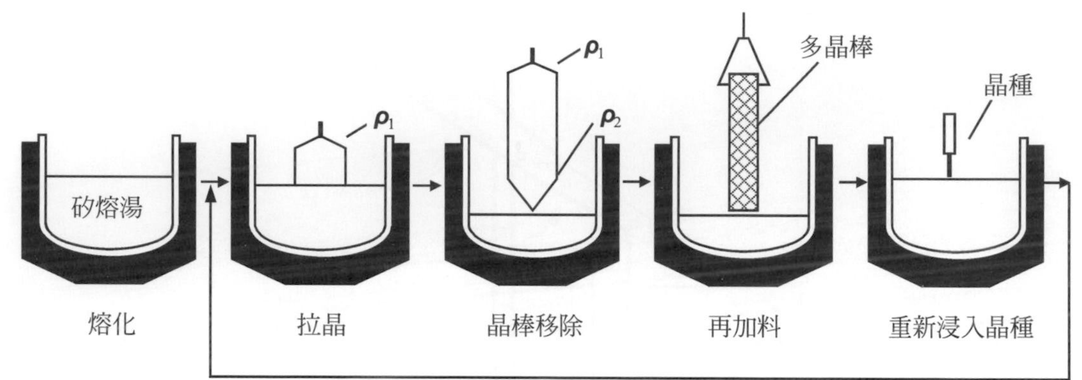

圖 4.67　利用二次加料生長多根晶棒的操作程序

重新加料的方式有很多種。例如：Lane 及 Kachare[17] 使用由 Siemens 反應爐產生的 U 型矽多晶棒的一半爲重新加料的原料，然後將多晶棒接在二次加料的機構上置入長晶爐中。Helda 及 Liaw[18] 則將矽多晶原料連同攙雜物置於一容器內，容器底部爲一種在高溫下變形的物質，在低溫時它可支撐矽多晶原料的重量，但當容器下降到離液面 1 ～ 2 英吋時，容器底部開始變形打開，使得矽多晶原料漸漸進入石英坩堝內。當然目前最普遍使用的方式，是如圖 4.66 所示的粒狀多晶加料設備或者使用石英二次加料管。

二次加料法的缺點之一，是矽熔湯內的不純物濃度會隨著重新加料的次數而增加。不純物的濃度可以重複利用方程式 (4.38) 而計算得知。假設在最初的矽多晶原料

或矽熔湯內不純物的濃度為 C_0，而每次加料的重量都相同。那麼在開始生長第 n 根晶棒時熔湯內的不純物濃度 (C_L^n)，可表示為 [19]

$$C_L^n = C_0 p^{n-1} + C_0 g(p^{n-2} + p^{n-3} + \cdots\cdots + 1) \\ = C_0[p^{n-1} + g(p^{n-1} - 1)/(p-1)] \tag{4.80}$$

其中 $p = (1-g)^k$。在第 n 根晶棒生長結束時，熔湯內的不純物濃度為

$$C_L^{n+1} = C_L^m (1-g)^{k-1} = C_L^m [p/(1-g)] \tag{4.81}$$

假如 $k << 1$，則 $p \approx 1$。因此式 (4.80) 及 (4.81) 可寫為

$$C_L^n = C_0[1 + g(n-1)] \tag{4.82}$$

及

$$C_L^{n+1} = C_0[1 + ng/(1-g)] \tag{4.83}$$

為了瞭解不純物濃度在矽熔湯內的累積程度，讓我們假設 g 等於 0.9，n 等於 5。那麼不純物濃度在第 5 根晶棒開始生長及結束時分別為最初濃度的 4.6 及 46 倍。因此這種殘留不純物 (特別是碳含量) 的增加，將使得利用二次加料法所獲得的晶棒品質逐漸變差。在此必須一提的是，石英坩堝的使用壽命是限制二次加料法普遍使用的另一因素，然而今日的石英坩堝的品質已大幅改善，使得其壽命可增加到 2、3 百小時以上，所以許多矽晶圓材料商都已廣泛使用重新加料方式在同一石英坩堝內長出 5 根以上的矽單晶棒。

六、結語

CCZ 法的優點為：(1) 晶棒品質均勻度的提高、(2) 產能的增加、(3) 晶棒可用率的增加。傳統的 CZ 法 (batch process) 則無法滿足以上三點。但由於設備及製程複雜性的增加，使得 CCZ 法並未普遍被應用在工業生產上。二次加料法雖然會使得殘留不純物濃度逐漸增加，但是反而較為普遍採用，這是因為利用二次加料法來生產偏析係數較小的 N-type 矽晶，可提高晶棒合乎電阻率規格的比率，設備及製程較 CCZ 法簡單。為了降低生產成本及提高產能，CCZ 法及二次加料法的持續開發是必須的。

七、參考資料

1. G.W. Rusler： US patent 2,892,739 (1954).
2. A. Anselmo, V. Prasad, J. Koziol and K.P. Cupta, J. Crystal Growth 131 (1993) p.247-264.
3. G. Fiegl, Solid State Technology, August 1983, p.121.
4. Y. Yamashita, M.Kojima, H. Hirano, 174th ECS Meeting, Extended Abstracts (1988) p.675.
5. Y. Shima, M. Suzuki, et al., 177th ECS Meeting, Extended Abstracts (1990) p.675.
6. M. Kida, A. Arai, et. al., 175th ECS Meeting, Extended Abstracts (1989) p.343.
7. F. Shimura, "Semiconductor silicon crystal technology", Academic Press, Inc., San Diego, California, 1989, p. 181.
8. Y. Shiraishi, S. Kurosaka, and M. Imai, J. Crystal Growth 166 (1996) p.685-688.
9. W. Lin and K.E. Benson, Ann. Rev. Mater. Sci. 17 (1987) p.273.
10. W. Helgeland, C. Chartier, J. Talbott and F. Meler, Microelectronic Manufacturing and Testing (1989).
11. R.A. Levy, in： Microelectronics Materials and Processes, Proc. Nato ASI, 1986.
12. A. Anselmo, V. Prasad, J. Koziol and K.P. Gupta, J. Crystal Growth 131 (1993) p.247-264.
13. R.E. Chaney and C.J. Varker, J. Crystal Growth 33 (1976) p.188.
14. Electronics, June 22, 1978, p.44.
15. R.M. Moore, Solar Energy 18 (1976) p.225.
16. K.M. Koliwad, M.H. Leigold, G.D. Cumming and T.G. Digges, Jr., in： 12th IEEE photovoltaic Specialists Conf., Baton Rouge, LA, 1976 (IEEE, New York, 1976) p.841-844.
17. R.L. Lane and A.H. Kachare, J. Crystal Growth 50 (1980) p.437.
18. H.M. Liaw, U.S. Patent 4,394,532 (1983).
19. R.H. Hopkins, R.G. Seidensticker, J.R. Davis, P. Rai-Choudury, P.D. Blais and J.R. McCormick, J. Crystal Growth 42 (1977) p.493.

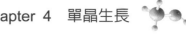

4-5 FZ 矽單晶生長法

一、前言

FZ 法 (Float Zone method) 是起源於區熔法 (zone melting method)，而在 1953 年由 Keck 及 Golay[1] 兩人將之應用在生長矽單晶上。雖然目前矽晶在半導體工業的應用上，大多是使用 CZ 法製造的，但是 FZ 矽晶由於不含氧及低金屬污染的特性，因此主要被用在高功率電晶體等分離式元件 (discrete device) 元件上。在這些應用上，FZ 矽晶不僅要能耐高電壓外，而且也須達到電阻率均勻分佈的要求。但是傳統的攙雜方式，使得 FZ 矽晶的徑向電阻率較難控制均勻，但利用中子照射 (NTD) 的方法，則可改善這問題。但使用中子照射的方法生產成本顯得太高了，所以只適合使用在高壓的功率元件上 (例如 IGBT)。因此 FZ 矽晶的未來發展，在於改善傳統攙雜方式，以達到電阻率均勻分佈的要求。與 MCZ 的原理一樣，施加磁場在 FZ 法上，同樣可以抑制熔湯流動，而改善電阻率均勻性。本節除了要介紹 FZ 設備原理與操作要點外，也將分別介紹一些影響徑向電阻率分佈的重要參數及特性。

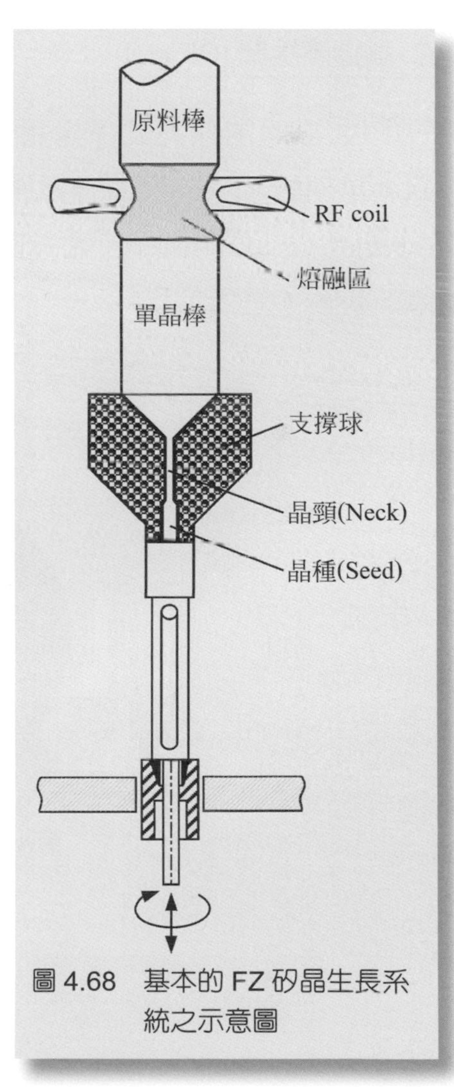

圖 4.68 基本的 FZ 矽晶生長系統之示意圖

二、FZ 法的基本設備

圖 4.68 為一基本的 FZ 矽晶生長系統之示意圖。其中較重要的元件包括有：爐壓控制、機械機構、高週波線圈 (RF coil) 等。

A. 爐壓控制

爐壓是影響生產零差排 (dislocation-free) 單晶的良率的重要因素之一。經驗發現在真空之下，比較難生產出零差排 (dislocation-free) 的單晶。一般相信這是因爲在真空中過多的矽自矽熔湯內揮發，而這些揮發物可能沉積在爐壁或者 RF coil 上，當沉積物再度剝落到熔融區 (melt zone)，即可能引起差排的產生。所以 FZ 法通常是在 1 大氣壓 Ar 氣流的水冷式氣密爐中操作。

B. 機械機構

FZ 法的主要機械機構包括：晶種旋轉及升降之機構、高週波線圈升降之機構等。在設計上最大的考量，是如何減少這些機械運動所引起的振動，因爲振動可能造成熔融區的不穩定，因而影響長晶過程的進行。爲了降低電動馬達所引起的振動大小，一般須使用比實際應用需求大的馬達，而使之操作在較小的轉速。軸承 (bearings) 的種類亦是影響振動程度的要因之一。

C. 高週波線圈 (RF coil)

FZ 法的加熱方式係採用 RF(radio frequency) 的誘導加熱 (induction heating) 方式。早期的 RF coil 係採用多重纏繞線圈 (multiturn coil)，如今則已被「針眼」線圈 (needle-eye coil) 所取代 [(2)]。針眼線圈的形狀是外側厚內側薄，其中心部份通有冷卻水，如圖 4.69 所示 [(3)]。

圖 4.69　一針眼線圈的實例照片 [(3)]

選擇適當的 RF 電源的頻率 f 是很重要的。由於高週波對矽熔湯誘導產生的電磁力正比於 $f^{-1/2}$，所以隨著使用頻率下降，RF 電源最好須先濾波以減少雜訊頻率所引起的振動。使用比較高的頻率 (> 2MHz)，可以得到較好的表面加熱效果 (strong skin effect) 及較佳的原料棒熔化效果。另一方面過大的頻率 (> 5MHz)，由於其較差的誘導電磁支撐力，易造成熔融區熱場的軸向不對稱性，因而可能產生螺旋狀的晶棒。因此一般 FZ 法採用 2 ～ 5MHz 的頻率範圍。另外由於 Ar 的崩潰電壓較低，爲了避免電弧 (arcing) 現象的發生，使用的 RF 電壓必須低。

圖 4.70 爲浙江晶盛機電所生產的 8 吋 FZ 矽晶棒生長爐的外觀。這樣一個商業 8 吋 FZ 爐子，可以拉出長度 160 公分長的單晶棒。

圖 4.70　浙江晶盛機電所生產的 8 吋 FZ 矽晶棒生長爐的外觀

三、零差排矽單晶生長程序

圖 4.71 爲 FZ 法操作過程的示意圖，FZ 法所使用的多晶原料棒，一般是利用 Siemens[(4)] 生產多晶原料的方式而來的 (參見本書第 2 章第 1 節)。但是爲了節省成本或者在 Solar cell 用途上之考量，亦有人採用鑄造 (casting) 的方式 [(5)]。如圖 4.71(a) 所示，多晶原料棒係固定在 RF coil 的上方，其底端削尖成圓錐狀，矽單晶晶種則置於多晶原料棒下方。因爲原料棒是屬於沒攙雜的 intrinsic silicon，在低溫時很難被 RF 加熱，所以必須靠預熱加熱器將其預熱到 600°C 以上，再進一步利用 RF 誘導加熱作用而使得溫度逐漸上升，當其底部開始熔化時，同時下降原料棒及 RF 線圈使得熔融區附著在晶種上，而形成固液平衡狀態。接著將晶種與原料棒以相反方向旋轉，如此可以使得熔融區內的攙雜物分佈更爲均勻。

當晶棒與晶種熔接在一起時，晶棒與 RF coil 須以極快速度 (約 30mm/min) 同時往上移動，如此即可長出一細長的晶頸 (neck) 以消除差排，如圖 4.71(c) 所示。晶頸完成後，慢慢的讓晶棒直徑增加到目標大小，這個階段就如同 CZ 法中的晶冠生長 (Crown growth) 一般，如圖 4.71(d) 所示。放肩速度太快會造成差排的產生，所以一般放肩的角度要控制在 30±5 度左右。當晶冠快完成時，晶種必須偏心 5mm 左右 (如圖 4.80(b) 所示)，以使得熱的傳導及對流狀況更理想。晶棒直徑大小的控制係利用調整熔融區溫度 (加熱功率) 及 RF coil 的上升速度來決定。最後晶棒的尾端亦須如同 CZ 法般漸漸收尾，以防止滑移線 (slip) 的產生，如圖 4.71(f) 所示。圖 4.72 及圖 4.73 分別爲 FZ 晶身生長時之示意圖及實際照片。

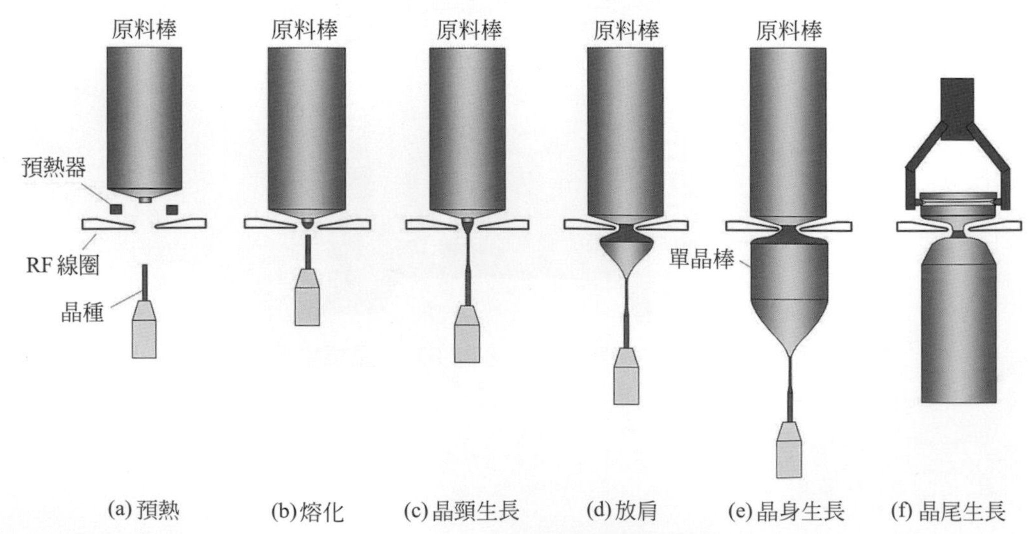

圖 4.71　FZ 法操作過程的示意圖

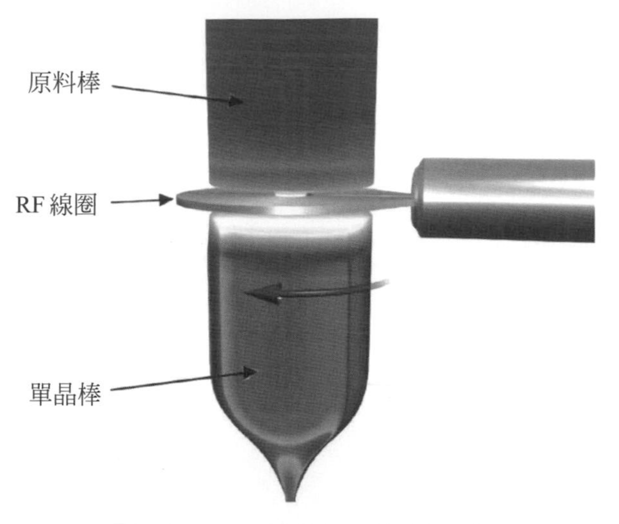

圖 4.72 FZ 晶身生長時之示意圖

圖 4.73 FZ 晶身生長時之實際照片

四、理論上的考量

在 FZ 法中熔融區的流體流動現象，是影響晶體品質的重要因素之一。在利用 RF 的加熱方式中，熱是由在物體表面薄層 (skin-depth layer) 的 AC 電流所產生，因此熔融區表面的溫度將比任何地方高。這種現象將產生如圖 4.74(a)(6) 的自然對流。如果多晶原料棒不旋轉或者其轉速遠比晶種轉速慢 (但同向)，那麼所產生的流動方式將如圖 4.74(b) 所示。如果多晶原料棒與晶種的旋轉方向相反，所產生的流動方式將如圖 4.74(c) 所示。表面張力 (Marangoni force) 所產生的流動方式將如圖 4.74(d) 所示，這種表面張力對流與時間有關 (time dependent) 且為影響整個熔融區的流動形態最重要的對流方式。由 RF coil 誘導產生的電磁力，則會使熔融區產生如圖 4.74(e) 的對流方式。固液界面的形狀是由以上的對流方式以及熔融區的移動速度所決定，在較慢的生長速度之下，固液界面的形狀為凸狀，當生長速度較快時，固液界面的形狀將如圖 4.74(f) 所示。

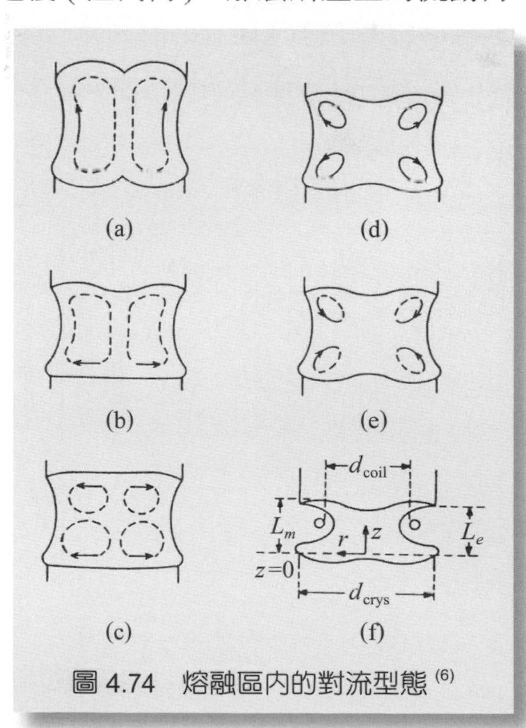

圖 4.74 熔融區內的對流型態 (6)

在介紹了幾種熔融區內的對流型態之後，我們要來看影響熔融區形狀穩定性的一些主要因素：

A. 表面張力 (Surface Tension)

熔融區之所以可以被支撐在單晶棒及原料棒之間，主要是藉著矽熔湯表面張力的作用。如果假設表面張力爲唯一支撐熔融區的作用力，那麼熔融區形狀的平衡方程式可寫爲：

$$\frac{d^2z/dr^2}{[1+(dz/dr^2]^{3/2}}+\frac{dz/dr}{r[1+(dz/dr)^2]^{1/2}}=\frac{(L-z)\rho g}{\gamma} \tag{4.84}$$

其中 γ 爲表面張力，ρ 是密度。很多人 [7～8] 利用上式去估計能夠維持穩定形狀的最大熔融區長度 L_e，

$$L_e \le A\left(\frac{\gamma}{\rho g}\right)^{1/2} \tag{4.85}$$

其中 A 的範圍爲 2.62 至 3.41。較合理的估計爲 $A \approx 3$。對矽而言，$(\gamma/\rho g)^{1/2} = 5.4\text{mm}$。圖 4.75[6] 是一般熔融區長度 ($L_m$) 及 RF coil 直徑 ($d_{coil}$) 隨著晶棒直徑之關係。圖中的虛線爲由式 (4.85) 算出的能夠維持穩定形狀的最大熔融區長度。由圖 4.75 發現，這樣的理論估計，僅在晶棒直徑 d_{coil} 小於 50mm 時才有效，對於較大直徑的晶棒，只能依賴實際經驗。

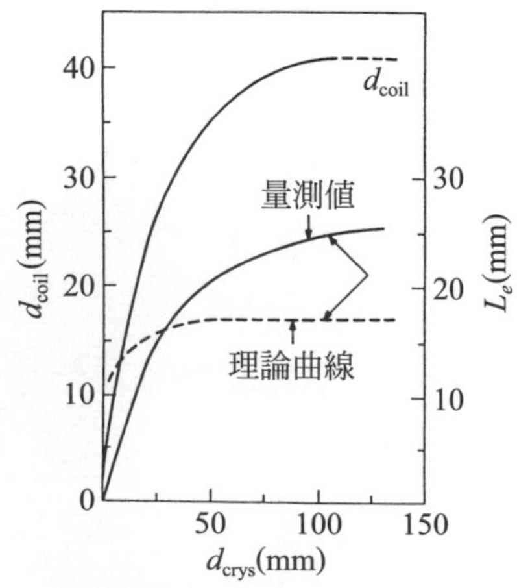

圖 4.75　最大穩定的熔融區長度 (L_m) 及 RF coil 直徑 (d_{coil}) 隨著晶棒直徑之關係 [6]

B. 電動支撐力 (Electrodynamic Supporting Force)

由誘導電流產生的電動支撐力，對熔融區的形狀及穩定性有一定的影響，尤其當高週波線圈內徑愈小，影響愈大。事實上，此一作用力在程度上與表面張力相當，但當晶棒直徑愈來愈大時，電動支撐力則更顯得重要。

C. 重力 (Graviation)

很明顯的，重力是扮演著破壞熔融區穩定性的角色。若沒有重力的話，FZ 法可長出任何直徑的單晶。

D. 離心力 (Centrifugal Forces)

離心力是由晶種旋轉所產生，其主要的影響區是熔融區下方的靠近固液界面的熔湯。這一作用傾向於讓熔融區下方的形狀外凸。一旦出現凸出狀，會使得形狀累積式的變得更凸，這是因爲離心力隨著直徑增加而增加。爲了減少此一現象，對大尺寸的晶棒生長時，所使用的晶種轉速一定要慢。

五、攙雜技術 (Doping Technique)

FZ 法的攙雜技術有以下幾種：

1. 填裝攙雜法 (Pill doping Method)[9]：如圖 4.76 所示

此方法較適合用在偏析係數低及揮發性低的攙雜物如 Ga($k = 0.008$) 及 In($k = 0.0004$)。這方法是在原料棒上接近圓錐部份鑽一小洞，再把 Ga 或 In 塞在洞中。由於攙雜物的偏析係數很低，在生長過程中熔融區內的濃度幾乎不會減少太多，因此生長出的晶棒之軸向電阻較爲均勻。

2. 核心攙雜法 (Core doping Method)

這種攙雜技術是將整根原料棒中混入攙雜物。我們知道原料棒是利用 CVD 方法製造來的，因此製造原料棒所使用的晶種，可以使用已含有攙雜物的矽晶。接著利用 zone refining 的技術，可以控制多晶原料棒中攙雜物的濃度。例如：要降低多晶原料棒中攙雜物的濃度，必須增加 zone refining 的來回次數。使用這攙雜技術，比較不易控制晶棒之軸向電阻之均勻度，所以一般只適合用在偏析係數較大的硼上。

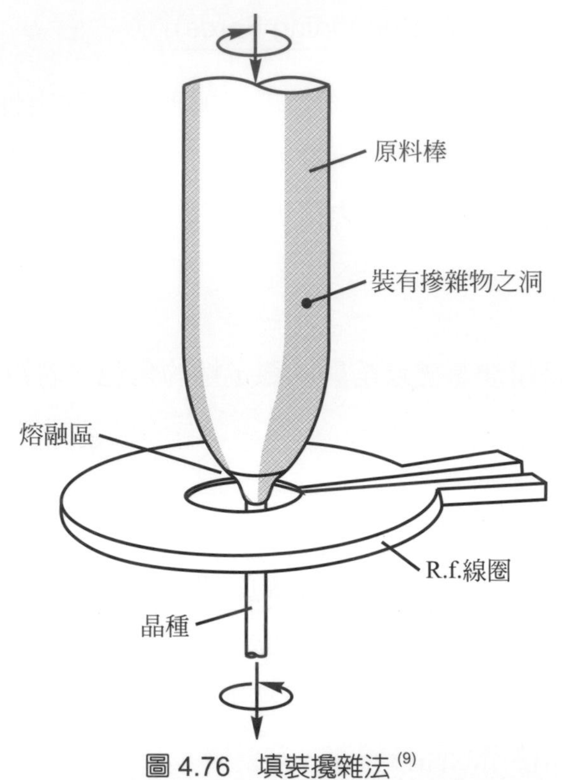

圖 4.76　填裝攙雜法 [9]

3. 氣體攙雜法 (Gas doping Method)：如圖 4.77[10] 所示

這種攙雜技術是將易揮發的 PH_3(N-type) 或 B_2H_6(P-type) 氣體直接吹入熔融區。這是目前最普遍使用的攙雜方法，所使用的攙雜氣體必須藉著 Ar 氣體稀釋後，再通入熔融區內。利用這方法的優點是，生產者不須再儲存不同電阻率的多晶原料棒。

4. 中子放射法 (NTD Method)

由於在 FZ 法中，RF 的加熱方式使得熔融區內呈現熱非對稱性，如果用前述三種攙雜方法，那麼電阻率的徑向分佈將會很不均勻。利用 NTD[11] 的方法，可以解決 N 型 FZ 矽晶裡電阻不均勻的情形。在自然的矽中，含有約 3.1% 的同位素 ^{30}Si。這些同位素 ^{30}Si 在吸收熱中子 (thermal neutron) 並釋放一個電子之後，可轉換成 ^{31}P。

$$^{30}Si + neutron \rightarrow {}^{31}Si + \gamma \tag{4.86}$$

$$^{31}Si \xrightarrow{2.6\,hr} {}^{31}P + electron \tag{4.87}$$

藉著中子動能所進行的核反應，使得 $^{31}Si/^{31}P$ 原子由原來的晶格位置偏離一小距離，而引起晶格缺陷。大部份的 ^{31}P 原子被局限於間隙型晶格內 (interstitial sites)，在這間隙型晶格位置，^{31}P 原子是不具備電子活化性的。但是將晶棒在約 800°C 做退火處理，可使得磷原子回到原來的晶格位置。由於大部份的中子可以完全通過矽的晶格，使得每一個 ^{31}Si 原子有相同的機率可以捕捉到中子，而轉換成磷原子。於是，^{31}P 原子可以很均勻的分佈在晶棒中。NTD 方法只適用於磷原子濃度低於 $1.5 \times 10^{14}/cm^3$ (或電阻率高於 30Ωcm) 的矽晶裡。超過此一濃度，NTD 所須的照射時間過於冗長，造成成本太高。所以 NTD 方法一般只使用在電阻率約 60Ωcm 的 FZ 矽晶上。

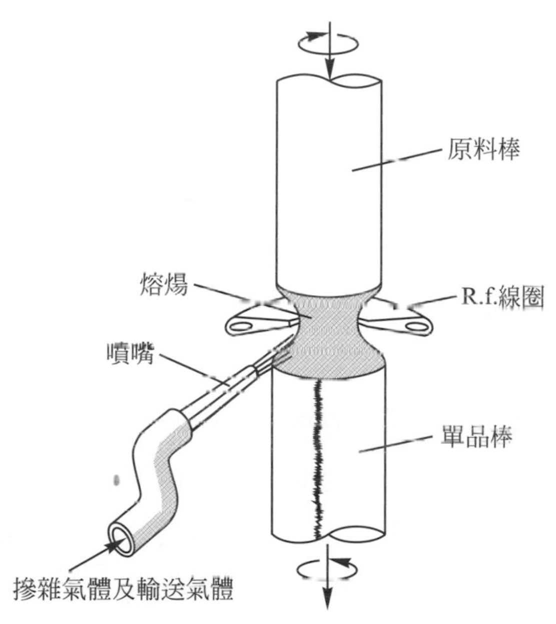

圖 4.77　氣體攙雜法 [10]

六、影響 FZ 生長的重要參數

A. 原料棒及晶種轉速

研究發現晶種轉速影響熔融區形狀及徑向電阻率分佈甚巨，圖 4.78[12] 顯示不同晶種轉速對熔融區內對流形態之影響。在較低的晶種轉速時，離心力對靠近成長界面的熔湯對流影響不大。此時自然對流主要發生在熔融區中心部份，這使得成長界面爲凹形，如圖 4.78(a) 所示。

對於高晶種轉速 (> 15rpm)，離心力對靠近成長界面的熔湯對流影響變得相當顯著，這一作用不僅讓熔融區下方的表面形狀變爲爲外凸，也使的固液界面由凹形變爲凸形，如圖 4.78(b) 所示。

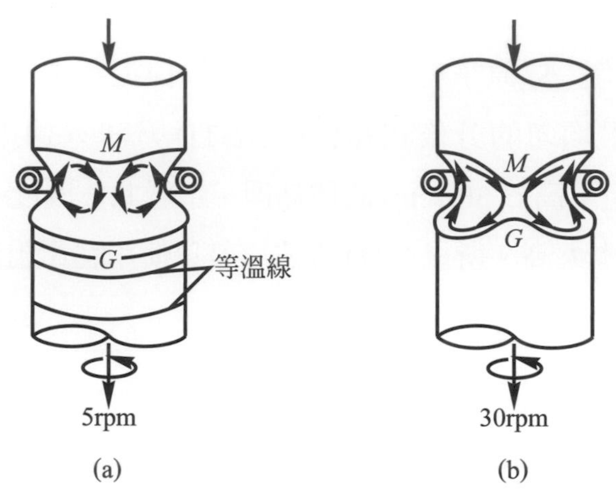

圖 4.78　不同晶種轉速對熔融區內對流形態之影響 [12]

對於 <111> 方向的 FZ 矽晶而言，facet 很容易發生在凸形的固液界面，一旦產生 facet，那麼徑向電阻變化率便會變得很大。因此在低晶種轉速時，凹形的固液界面可減少徑向電阻變化率。這種現象正好與 CZ 法相反，在 CZ 矽晶生長時增加晶種轉速將有利於減少徑向電阻變化率。在 <100> 方向的 FZ 矽晶生長中，facet 通常不會產生，因此徑向電阻變化率將比 <111> 方向小。然而增加晶種轉速，仍會在熔融區邊緣產生對流遲滯區，使得擴散邊界層厚度之徑向變化率增加 (根據 BPS 理論，有效偏析係數與擴散邊界層厚度有關)，因此徑向電阻變化率亦會隨晶種轉速而變大。圖 4.79 爲 <100> 及 <111> 方向的 FZ 矽晶之徑向電阻變化率與晶種轉速之關係 [13]。

至於原料棒轉速之影響，要比晶種轉速來得小。這是因熔融區上方表面的形狀略爲凹陷，也就是說熔融區上方的半徑較小，所以離心力之作用比熔融區下方小。當原料棒旋轉方向與晶種反向時，徑向電阻率不均勻性可略爲改善；但兩者同向時，徑向電阻變化率將變大。

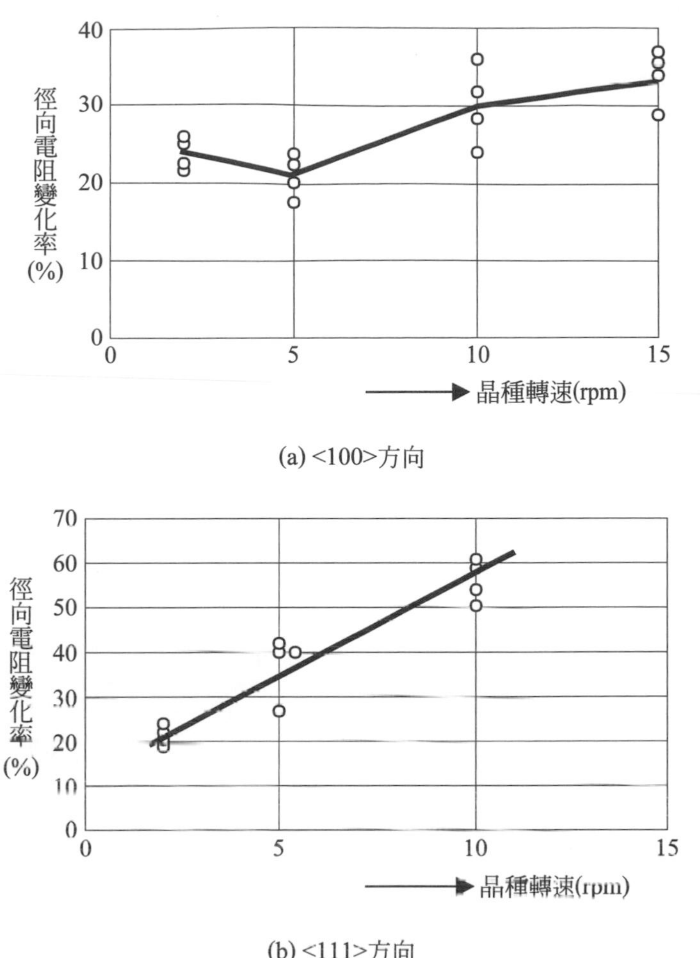

圖 4.79 <100> 及 <111> 方向的 FZ 矽晶之徑向電阻變化率與晶種轉速之關係 [13]

B. RF 線圈內徑

我們在前面提過，FZ 法係採取 RF 誘導加熱方式，這原因在於其提供之電動支撐作用。RF 線圈之內徑大小，是影響熔融區形狀穩定之重要因素之一。圖 4.80 爲不同的 RF 線圈內徑對熔融區影響之示意圖 [14]。當 RF 線圈內徑小時，RF 與熔融區之間的耦合 (coupling) 較緊密，因此縱向及徑向的溫度梯度較爲陡峭，所以在原料棒熔化後，即形成一外窄徑深的穩定熔融區，如圖 4.80(a)。

當使用較大的 RF 線圈內徑時，RF 與熔融區之間的耦合較鬆散，因此縱向及徑向的溫度梯度較為平緩，所以在原料棒熔化後即形成一外長徑淺的不穩定形狀熔融區，如圖 4.80(b)。

當我們固定 RF 線圈內徑時，RF 與熔融區之間的耦合情況，則可靠改變熔融區長度來控制。對於較短的熔融區長度，耦合情況較強，因此生長界面的形狀趨近凹狀。對於較長的熔融區長度，耦合情況較弱，因此生長界面的形狀趨近凸狀。

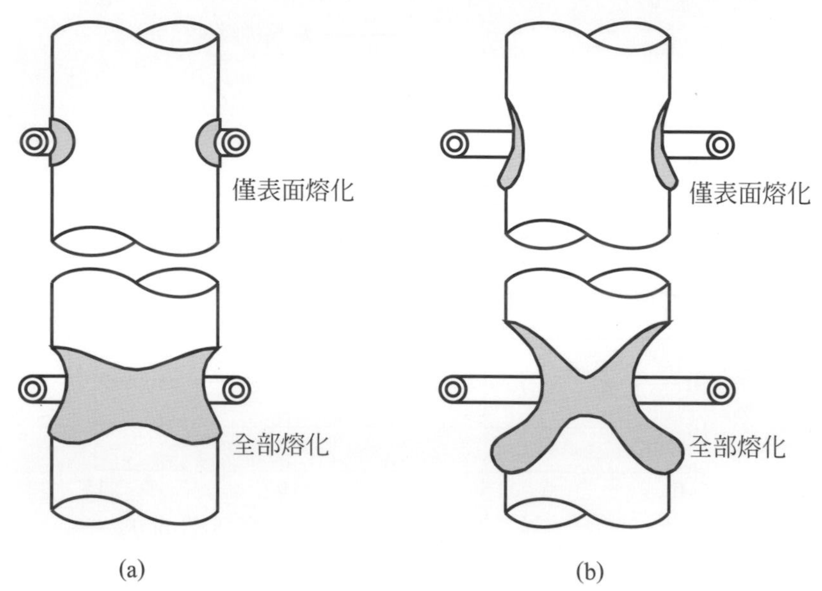

圖 4.80　不同的 RF 線圈內徑對熔融區影響之示意圖 [14]

C. 生長速率

關於生長速率對生長界面形狀之影響的研究有很多 [15～17]。在 FZ 法中，生長速率對生長界面的熱傳現象亦扮演著重要的角色，因為它代表著單位時間多少的潛熱 (latent heat) 進入系統中。由於潛熱是自熔融區上方的熔化界面消耗掉，同時也自熔融區下方的生長界面釋放出，這種現象導致熔融區的內部比外圍具有更高的溫度梯度。因此熔融區內部的形狀特別會受到生長速率之影響，圖 4.81 即顯示在低晶種轉速時生長速率與熔融區內部的形狀之關係 [12]。在生長速率為零時，上下兩個界面的形狀很相似。隨著生長速率的增加，熔化界面的形狀變得愈來愈凸，而生長界面則變得愈來愈凹。

在考慮生長速率與晶種轉速的配合上，經驗發現在低晶種轉速之下，增加生長速率有助於改善徑向電阻率之均勻性；在高晶種轉速時，則降低生長速率有助於改善徑向電阻率之均勻性。

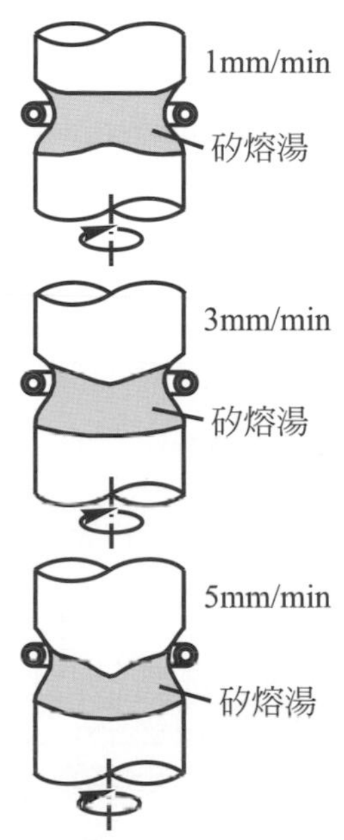

圖 4.81 在低晶種轉速時生長速率與熔融區內部的形狀之關係 [12]

D. 偏心 (Eccentricity)

所謂「偏心」是指原料棒的中心線與晶種的中心線不重疊，早在 1960 年代即有人發現偏心現象可以改善晶體的品質 [18]。在操作上，首先是讓原料棒與晶種同心，在晶冠生長時才將晶種移至偏心位置。圖 4.82[12] 爲在高晶種轉速的對流型態，我們可以發現在同心的狀況之下，較冷的熔湯總是流過生長界面的中心，造成凸形界面；但是在偏心的狀況之下，則是由較熱的熔湯流過生長界面的中心，因此造成凹形生長界面及較均勻的熔湯內攙雜物之混合。所以當偏心程度愈大時，生長界面將變得愈凹且徑向電阻率均勻性愈佳。但是偏心現象對低晶種轉速的影響不大。

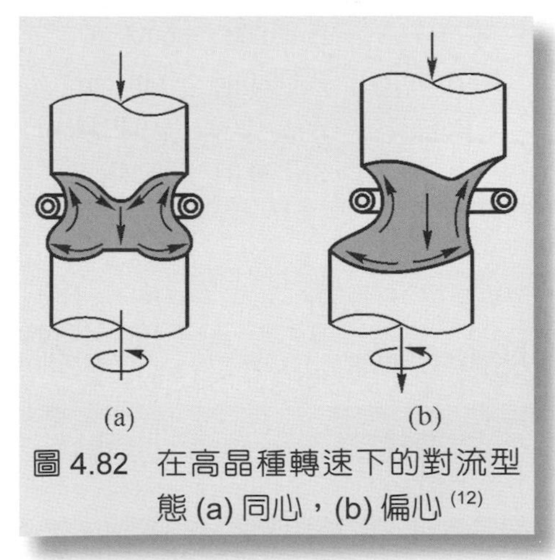

圖 4.82 在高晶種轉速下的對流型態 (a) 同心，(b) 偏心 [12]

七、FZ 矽晶之特性

由於 FZ 矽晶生長時，矽熔湯不接觸任何物體，所以可以長出遠比 CZ 法純度高的單晶。FZ 法長出的矽晶不僅所含的氧非常低，而且也可以生產出 CZ 法無法達到的高電阻率。一般商業用的 FZ 矽晶之電阻率約在 10 至 5000Ωcm 之間，這種高電阻率的 FZ 矽晶主要被用在高功率的元件 (power device) 上。利用 NTD 攙雜方法所長出的 FZ 矽晶，更能精準的控制電阻率，所以不僅可用在高功率的元件上也可用在紅外偵測器 (infrared detector) 的用途上。

在 CZ 法中，氧的角色可以增加矽晶的機械強度。但是 FZ 矽晶內僅含有相當微量的氧，所以在高溫的電子元件製造過程中，很容易因爲熱應力而產生差排、滑移線或者撓曲現象 (warpage)[19～20]。這也是爲什麼在 IC 製程應用上，大多使用 CZ 矽晶的原因之一。爲了克服這些缺點，亦有人試著在 FZ 矽晶中故意攙雜氧或氮，以增加機械強度。表 4.4 爲 FZ、CZ、MCZ 矽晶特性之比較。

表 4.4　FZ、CZ、MCZ 矽晶特性之比較

	CZ	MCZ	FZ	FZ + NTD
Diameter	76 ～ 300mm	125 ～ 300mm	50 ～ 200mm	50 ～ 150mm
Type/Dopant	P/B N/P，As，Sb	P/B N/P	P/B N/P	N/P
Resistivity Range	B：0.03 ～ 60Ωcm P：0.006 ～ 60Ωcm As：0.002 ～ 0.01Ωcm Sb：0.01 ～ 0.1Ωcm	B：1 ～ 500Ωcm P：1 ～ 500Ωcm	B：0.1 ～ 5,000Ωcm P：0.1 ～ 10,000Ωcm	P：30 ～ 600Ωcm
Res. radial gradient	B，AS，Sb：1 ～ 10% P：3 ～ 15%	B：1 ～ 10% P：3 ～ 15%	B：5 ～ 15% P：5 ～ 15%	≤ 3%
Oxygen range	B，P，As：10 ～ 20ppma Sb：5 ～ 15ppma	5 ～ 15ppma		
≤ 0.2ppma	≤ 0.2ppma			
ORG	1 ～ 8%	1 ～ 8%		
Carbon conc.	≤ 0.4ppma	≤ 0.2ppma	≤ 0.1ppma	≤ 0.1ppma
OSF	≤ 10 ～ 20/cm^2	≤ 10 ～ 20/cm^2	free	free
BMD	10^3 ～ 10^7/cm^2	≤ 10^3 ～ 10^7/cm^2	≤ 10^3/cm^2	≤ 10^3/cm^2
Life time	> 200msec	> 200msec	300 ～ 10^{4}msec	100 ～ 5000msec

八、MFZ(Magnetic FZ)

最早運用磁場在 FZ 法中是在 1981 年 (21)，當時 De Leon 等使用一縱向磁場 (axial magnetic field) 來生產高電阻率的 FZ 矽晶，他們發現徑向的電阻率之均勻性因而獲得改善。之後，關於 VMFZ 矽晶特性之研究相當多 (22～27)。有關 TMFZ (transverse magnetic FZ) 之研究應用則較少 (28～29)。

1. TMFZ (transverse magnetic FZ)

Kimura 等 (28) 施加 1800G 的橫向磁場在 Ga-doped FZ 矽晶生長上，他們發現有以下二點明顯的效應：

(1) 由晶種旋轉所引起的羽毛狀 striations(這是因熱場非爲軸對稱性所引起的)，因橫向磁場的作用而變少，而且形狀也變得較爲規則。

(2) 非旋轉所引起的 striations 之頻率，也因橫向磁場的作用而變少。

Robertson 等 (29) 更進一步研究更強的橫向磁場 (5500G) 對 FZ 矽晶的影響，他們發現在強磁場之下，固液界面的形狀變得較平，這種變平的固液界面，將減少晶體旋轉經過不對稱的熱場的重熔 (melt back) 程度，因此使得由晶種旋轉所引起的 striations 變得更規則。但是攙雜物在 FZ 矽晶的不均勻性，並沒因施加橫向磁場而大幅改善，這也是爲什麼 TMFZ 沒被廣泛使用之原因。

2. VMFZ (vertical magnetic FZ)

Kimura 等研究縱向磁場強度在直徑 80mm 及 104mm 的 <111> FZ 生長過程中，對徑向電阻率分佈之影響，如圖 4.83(25)。隨著磁場強度之增加，FZ 矽晶的中心部份電阻率有下降的趨勢。這是因爲當磁場強度增加，熔融區的對流逐漸受到抑制，熱的傳輸變成主要靠著熱傳導 (thermal conduction)，於是固液界面的形狀變成凸狀，而使得 FZ 矽晶的中心部份產生 facet，如圖 4.84 所示。另一方面 facet 在 104mm 的 FZ 矽晶的形成，所須的磁場強度比 80 mm 的 FZ 矽晶低。這是因爲隨著晶棒直徑之增加，熱更難由表面藉著熱傳導的作用傳輸到中心部份，因此 facet 更易生成。

事實上從圖 4.83 中，我們可發現在 80mm FZ 矽晶中 0.05T 的磁場強度，及在 104mm FZ 矽晶中 0.025T 的磁場強度，使得徑向電阻變化率爲最小。因此究竟多大的縱向磁場強度可使得徑向電阻變化率爲最小？這很難由理論去預測，只能由實驗上去找最佳化條件。

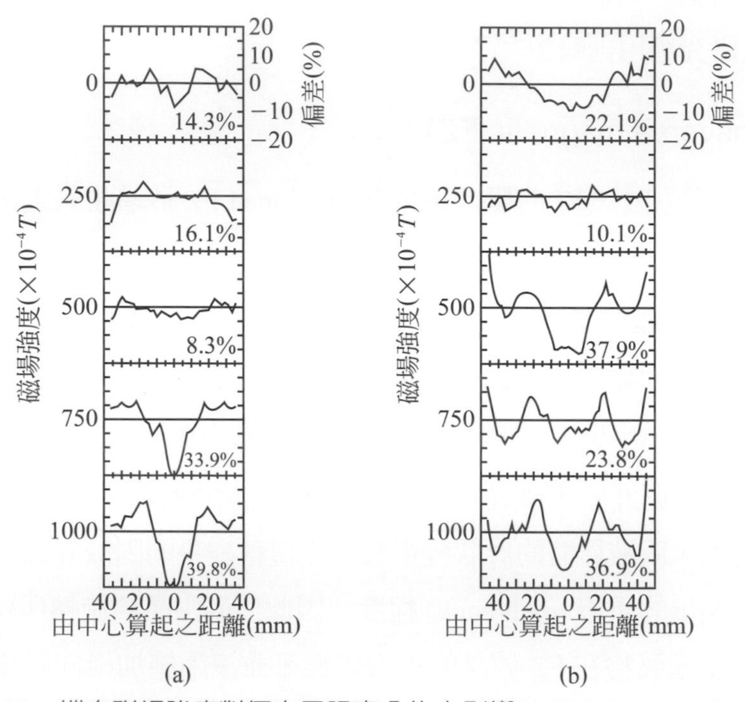

圖 4.83　縱向磁場強度對徑向電阻率分佈之影響 (a)80mm，(b)104mm[25]

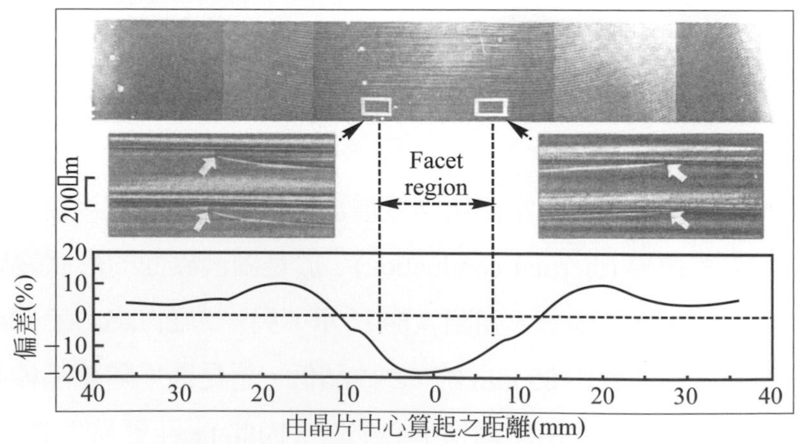

圖 4.84　在一磁場強度 0.1T 的 <111> 方向之 VMFZ 矽晶中，沿著生長軸的蝕刻條紋 (striation pattern)。Facet 的寬度係由圖中左右箭頭間的平均距離所決定 [25]

九、結語

FZ 矽晶由於不含氧及低金屬污染的特性，因此主要被用在高功率電晶體等 discrete 元件上。在這些應用上，FZ 矽晶不僅要能耐高電壓外，而且也須達到電阻率均勻分佈的要求。但是傳統的攙雜方式，使得 FZ 矽晶的電阻率較難控制均勻，利用中子照射 (NTD) 的方法，則可改善這問題。但是近年來，discrete 元件的價格大幅下跌，使用中子照射的方法生產成本顯得太高了。因此 FZ 矽晶的未來發展，是改善傳統攙雜方式，以達到電阻率均勻分佈的要求。本節除了介紹 FZ 設備原理與操作要點外，也介紹了一些影響徑向電阻率分佈的重要參數，利用這些長晶參數的控制以及 VMFZ 可以些許的降低徑向電阻變化率。雖然 FZ 矽晶比 CZ 矽晶具有較差的機械性質，因而限制其在高溫 IC 製程上的運用，但其高純度的特性，仍維持其在功率元件市場之重要角色。目前商業化的 FZ 法已可生產 8 吋單晶，由於製程的限制，要發展 12 吋單晶則相當困難。

十、參考資料

1. P.H. Keck, and M.J.E. Golay, Phys. Rev. 89 (1953) p.1297.
2. W. Keller, US Patent 3,827,017, Feb. 2, 1980.
3. https：//www.sciencedirect.com/science/article/pii/B9780444633033000079
4. K. Reuschel, Simens Z. 41 (1967) p.669.
5. H.J. Fenzl, W. Erdmann, A. Muhlbauer, and J. M. Welter, J. of Crystal Growth 68 (1984) p.771-775.
6. J.C. Brice, "Crystal Growth Processes", John Wiley and Sons Inc., New York, (1986) p.159.
7. R.E. Green, J. Appl. Phys. 35 (1964) p. 1297.
8. W. Heywang, Z. Naturf. 2a (1956) p.238.
9. W.G. Pfann, "Zone Melting", 2nd ed., Wiley, New York, 1966, p.20.
10. W. Keller and A. Muhlbayer, "Floating-Zone Silicon", Marcel Dekker, New York, p.83.
11 J.M. Meese, eds., "Neutron Transmutation Doping in Semiconductors," Plenum, New York, 1979.

12. W. Keller, J. Crystal Growth, 36 (1976) p. 215.
13. W. Keller and A. Muhlbayer, "Floating-Zone Silicon", Marcel Dekker, New York, p.125.
14. W. Keller and A. Muhlbayer, "Floating-Zone Silicon", Marcel Dekker, New York, p.132.
15. A. Muhlbauer, Int. Z. Elektrowarme 23 (1965) p.35.
16. W.R. Wilcox and R.L. Duty, J. Heat Transfer 88C (1966) p. 45.
17. C.E. Chang and W.R. Wilcox, J. Crystal Growth 21 (1974) p.135.
18. W. Keller, US Patent 3,414,388, Dec. 29, 1966.
19. B. Leroy and C. Plougonven, J. Electrochem. Soc. 127 (1980) p.961-970.
20. S. Tajasu, H. Otsuka, N. Yoshihiro, and T. Oku, Jpn. J. Appl. Phys., Suppl. 20 (1981) p.25-30.
21. N. De Leon, J. Guldberg and J. Salling, J. Crystal Growth 46 (1981) p.406.
22. G.D. Roberton, Jr. and D. O'Connor, J. Crystal Growth 76 (1986) p.111-122.
23. K.H. Lie, J.S. Walker and D.N. Riahi, J. Crystal Growth 109 (1991) p.167-173.
24. P. Dold, A. Croll, and K.W. Benz, J. Crystal Growth 183 (1998) p.545-553.
25. K. Kimura, H. Arai, T. Mori and H. Yamagishi, J. Crystal Growth 128 (1993) p.282-287.
26. Th. Kaiser, K.W. Benz, J. Crystal Growth 183 (1998) p.564-572.
27. A. Croll, F.R. Szofran, P. Dold, K.W. Benz, S.L. Lehoczky, J. Crystal Growth 183 (1998) p.554-563.
28. H. Kimura, M.F. Harvey, D.J. O'Connor, G.D. Robertson and G.C. Valley, J. Crystal Growth 62 (1983) p.523.
29. G.D. Roberton, Jr. and D. O'Connor, J. Crystal Growth 76 (1986) p.100-110.

5 矽晶圓缺陷

一、前言

在 CZ 矽晶 (as-grown CZ-Si crystals) 中，通常存在著不同型態的生長缺陷。這些生長缺陷，通常會降低 IC 製程的良率與可靠性，因此早在 70 年代開始就受到廣泛的研究[1～4]。生長缺陷主要是由本質點缺陷所引起的，本質點缺陷包括間隙型原子 (self-interstitial，以符號 I 表示) 及空位 (vacancies，以符號 V 表示) 二種。最早有關生長缺陷的研究主要在於 FZ 矽晶，在 FZ 矽晶中的主要生長缺陷，包括 A-swirl[5～6] 及 B-swirl[7～10]，係由 self-interstitial 所引起的。由電子顯微鏡的研究顯示 A-swirl 缺陷係一種間隙型的差排環 (interstitial-type dislocation loop)[11～12]。而 B-swirl 則被認爲是種由間隙型矽原子聚結形成的較小缺陷[13]。後來另外一種空位型的生長缺陷也被發現，稱之爲 D-defects[14]。D-defects 則被認爲是種由空位聚結形成的孔洞。

存在於 FZ 矽晶中的 A-swirl 及 D-defects，後來也在 CZ 矽晶中被發現[15～18]。在 CZ 矽晶中，另一種常見的缺陷爲 OISF，除了零星散佈在矽晶中的 OISF 外，在某些生長條件下，高密度的環狀 OISF-ring(oxidation induced stacking fault-ring)，也常出現在 CZ 矽晶裡[19～40]。在 1989 及 1990 年間，有關 OISF-ring 的研究中，有兩項重要的發現。首先是 Hasebe 等[39] 發現隨著長晶拉速的降低，OISF-ring 的位置將由晶體的邊緣往中心移動，最後消失不見。其次是 Tachimori 等[40] 發現 MOS 元件的閘氧化層的完整性 (gate oxide integrity，以下簡稱 GOI) 與 OISF-ring 的位置有很大的相關性，亦即 GOI 良率在 ring 的外圈部份很好，但在 ring 的內圈部份卻很差。由於這些發現吸引了人們的注意，在往後幾年內，一些存在於晶圓的 OISF-ring 內圈部份的生長缺陷 (grown-in defects) 陸續被發現，例如：LSTDs(laser scattering tomography defects)[41～42]、FPDs (flow pattern defects)[27]、COPs(crystal originated particles)[29] 等，這些空位型的生長缺陷被證明與 GOI 的良率有很大的關係 [23～25]。但由間隙型矽原子所引起的相關生長缺陷 (例如：差排環)，則不會影響到閘氧化層的 GOI，但卻會增加主元件的 junction leakage 問題 [46]。

有關點缺陷的生成理論，首推 Voronkov 於 1980 年所提出的 *V*/*G* 理論 [3]。後來雖然不同的數學模式，陸續被提出來模擬點缺陷在高溫的擴散與再結合反應，及說明 CZ 矽晶在室溫下觀察到的生長缺陷之分佈 [47～54]。但定性上，Voronkov 的 *V*/*G* 理論已普遍被接受，並合理地解釋 OISF-ring 內外側不同的生長缺陷行爲。在固液界面生成的點缺陷，會在晶棒的冷卻過程中聚結成核，形成所謂的「微缺陷 (microdefects)」，或稱「二次生長缺陷 (secondary grown-in defects)」。未形成微缺陷的殘留點缺陷，則會影響氧析出物 (oxygen precipitates)[55～60] 及 OISF 的產生 [61]。

近年來，隨著元件邁向 3 奈米以下的製程，矽晶圓缺陷對其良率之影響也愈加顯著。爲了改善晶圓的品質，以符合高階元件的要求，有關這些矽晶圓缺陷的本質與形成機構及控制缺陷的技術，已被廣泛的研究。除此之外，矽磊晶由於具有超低缺陷密度的特性，已經開始被用在這些高階元件製程上了。未來如果要繼續使用 CZ 矽晶圓在更高階元件上的話，那麼生產接近磊晶品質的超低生長缺陷 CZ 矽晶圓是必須的。這則須藉著改善 CZ 長晶製程，或者利用「退火 (annealing)」技術來達成 [62～66]。

除了以上的生長缺陷外，氧析出物 (oxygen precipitates) 及 OISF(oxidation induced stacking faults) 等缺陷，也會在元件的高溫熱製程中產生。如果氧析出物存在於元件區域內，將會影響區域性的導電度、降低少數載子的生命週期及造成 p-n junction 的 leakage current 等不良效應。而如果能控制在晶片表面的元件區域 (denuded zone) 內，沒有氧析出物；但元件內部卻有高密度的氧析出物，則可達到內質去疵 (intrinsic gettering，簡稱 IG) 的作用。OISF 通常在高溫氧化過程中，沿著板狀氧析出物處成核產生。OISF 的存在，將會造成 p-n junction 的 leakage current 及降低 lifetime。雖然氧析出物及 OISF 主要是在元件的加工製程中產生，但仍與晶體生長時的參數 (例如：拉速、熱歷史等) 有著一定的關聯性。

本章將著重於介紹 CZ 矽晶常見的各種缺陷，第一節將介紹點缺陷的生成理論、點缺陷隨著溫度聚結形成二次成長缺陷的機構以及各種微缺陷的特性。第二節將介紹氧析出物的形成機構與特性，以及與長晶參數之間的關聯性。第三節將介紹 OISF 的形成機構與特性。

二、參考資料

1. A.J.R. de Kock, P.J. Roksnoer, P.G.T. Boonen, J. Crystal Growth 22 (1974) p.311.
2. H. Foll and B.O. Kolbesen, Appl. Phys. Letters, 8 (1975) p.319.
3. V.V. Voronkov, J. Crystal Growth 59 (1982) p.625.
4. T.Y. Tan and U. Gosele, Appl. Phys., 8 (1975) p.319.
5. T.S. Plaskett, Trans. Metall. Soc. AIME 233 (1965) p.809.
6. T. Abe, T. Samizo and S. Maruyama, Jpn. J. Appl. Phys. 5 (1966) p.458.
7. A.J.R. de Kock, Philips Res. Rept., Suppl. 1 (1973) p.1.
8. H. Ohtsuka, M. Nakamura, and M. Watanabe, Intrinsic gettering technique for MOS VLSI fabrication, Nikkei Electron., Aug. 31 (1981) p.138-145.
9. H. Foll, B.O. Kolbesen and W. Frank, Phys. Status Solidi A, 29 (1975) K83.
10. T.Abe, in: VLSI Electronics Microstructure Science (N.G. Einspruch and H. Huff, eds.), Vol. 12, p.3-61, Academics Press, New York, 1985.
11. P.M. Petroff and A.J.R. de Kock, J. Crystal Growth, 30 (1975) p.117.
12. P.M. Petroff and A.J.R. de Kock, J. Crystal Growth, 36 (1976) p.4.
13. H. Foll, U. Gosele and B.O. Kolbesen, J.Crystal Growth., 40 (1977) p.90.
14. P.J. Roksnoer and M.M.B. Van den Boom, J. Crystal Growth 53 (1981) p.563.
15. D.I. Pomerantz, J. Electrochem. Soc. 119 (1972) p.255.
16. S. Yasuami, M. Ogino, ans S. Takasu, J. Crystal Growth 39 (1977) 9.227-230.
17. W. Wijaranakla, J. Electrochem. Soc., 139, No.2 (1992) p.604.
18. H. Harada, T. Abe: Proceeding of the 5th Intern. Symp. on Silicon Materials Sci. and Tech. Semiconductor Silicon, 76 (1986).

19. K. Daiso, S. Shinoyama, N. Inoue, in: Review of the Electrical Communication Laboratories, Vol.27, No.1-2, Jan-Feb. (1977) p.33-40.
20. S.P. Murarka, J. Appl. Phys. 49-4, April (1977) p.2513-2516.
21. B. Leroy, J. Appl. Phys. 53-7, July (1982) p.4779-4785.
22. S. Ohushi, M. Hourai, and T. Shigematsu, Mat. Res. Soc. Symp. Proc. Vol. 262 (1992) p.37-43.
23. M. Hasebe, Y. Takeoka, S. Shinoyama and S. Naito: Proc. Intl. Conf. Sci. and Tech. Defect Control in Semicond. Yokohama, Vol.1, 157 (1986).
24. T. Abe, OYO BUTURI, 59 (1990) p.272.
25. S. Sadamitsu, M. Okui, K. Sueoka, K. Marsden, and T. Shigematsu, Jpn. J. Appl. Phys. Vol. 34 (1995) p. L597-L599.
26. S. Sadamatitsu, S. Umeno, Y. Kolike, H. Hourai, S. Sumito, and T. Shigematsu, Jpn. J. Appl. Phys., 32 (1993) p.3575.
27. H. Yamagishi, I. Fusegawa, N. Fujimaki, and M. Katayama, in Proceedings of the Symposium on Advanced Science and Technology of Silicon Materials, Kona, Hi, p.83, Japan Society for the Promotion of Science, The 125th Committee (1991).
28. H. Yamagishi, I. Fusegawa, N. Fujimaki, and M. Katayama, in Semiconductor Science and Technology, 7 (1992) A.135.
29. J. Ruta, E. Morita, T. Tanaka, and Y. Shimanuki, Jpn. J. Appl. Phys., 29 (1990) p.1947.
30. J.P. Fillard, J. Crystal Growth., 103 (1990) p.71.
31. M. Houri, T. Nagashima, E. Kajita, S. Miki, T. Shigematsu, M. Okui, Semiconductor Silicon, edited by H.R. Huff, W. Bergholz, K. Sumino, 156 (1990).
32. D. Zemke, P. Gerlach, W. Zulehner, K. Jacobs, J. Crystal Growth., 139 (1994) .
33. K. Marsden, S. Sadamitsu, M. Houriai, S. Sumita, and T. Shigematsu, J. Electrochem. Soc. Vol.142, No.3, March (1995) p.996.
34. M. Houri, T. Nagashima, E. Kajita, S. Miki, T. Shigematsu, and M. Okui, J. Electrochem. Soc. Vol.142 (1995) p.3193.
35. R. Habu and A. Tomiura, Japn J. Appl. Phys, 35 (1996) p.1-9.

36. N.I. Puranov and A. M. Eidenzon, Semicond. Sci. Technol. 12 (1997) p.991-997.

37. T. Sinno, R. Brown, W. v. Ammon, and E. Dornberger, J. Electrochem. Soc. Vol.145 No.1 (1998) p.302.

38. E. Dornberger and W. v. Ammon, J. of ECS, 143 (1996) p.1649.

39. M. Hasebe, Y. Takeoka, S. Shinomiya and S. Naito, Jpn. J. Appl. Phys., 26 (1989) L1999.

40. H. Tachimori, T. Sakon and T. Kaneka, 7th Kessho Kougaku Symposium of Japan Soc. of Appl. Phys. (JSAP Catelog No.: 902217,1990) p.27.

41. P. Gall, J.P. Fillard, J. Bonnafe, T. Rakotomovo, H. Rufer and H. Schwenk: Proc. Int. Conf. Defect Control in Semiconductors, Yokohoma, 1989, K. Sumino, Editor (North-Holland, Amsterdam, 1990) p.255.

42. S. Sadamitsu, S. Umeno, Y. Koike, M. Hourai, S. Sumita and T. Shigematsu: Jpn. J. Appl. Phys., 32 (1993) p.3675.

43. M. Itsumi, H. Akiya, T. Ueki, M. Tomita and M. Yamawaki, J. Appl. Phys. 78 (1995) p.5984.

44. M. Miyazaki, S. Miyazaki, Y. Yanase, T. Ocjiai and T. Shigematsu, Jpn. J. Appl. Phys. 34 (1995) p.6303.

45. M. Itsumi, H. Akiya, T. Ueki, M. Tomita and M. Yamawaki, Jpn. J. Appl. Phys. 35 (1996) p.812.

46. T. Abe, Proc. 2nd Int. Symp. On Ultra-Clean Processing of Silicon Surfaces (UCPSS'94), eds M. Heyns, M. Meuris, P. Mertens, Acco (Leuven, Amersfoort), (1994) p.283.

47. T.Y. Tan and U. Gosele, Appl. Phys. A37 (1985) p.1.

48. W. Wijaranakula, J. Electrochem. Soc. 139 (1992) p.604.

49. R. Habu, I. Yunoki, T. Saito and A. Tomiura,, Jpn J. Appl. Phys, 32 (1993) p.1740.

50. R. Habu, K. Kojima, H. Harada and A. Tomiura,, Jpn J. Appl. Phys, 32 (1993) p.1747.

51. R. Habu, K. Kojima, H. Harada and A. Tomiura,, Jpn J. Appl. Phys, 32 (1993) p.1754.

52. R.A. Brown, D. Maroudas and T. Sinno, J. Crystal Growth 137 (1994) p.12.

53. R. Habu, in: Proceedings of The Kazusa Akademia Park Forum on the Science and Technology of Silicon Materials 1997, p.158-172.
54. S. Kobayashi, J. of Crystal Growth 180 (1997) p.334-342.
55. H.R. Huff, R.J. Kriegler and Y. Takeishi, eds., Semiconductor Silicon 1981 (Electrochemical Society, Pennington, NJ, 1981).
56. J. Narayan and T.Y. Tan, Eds., in Defects in Semiconductors II (North-Holland, New York, 1983).
57. S. Mahajan and J.W. Vorbett, eds., in Defects in Semiconductors II (North- Holland, New York, 1983).
58. A. Borghesi, B. Pivac and A. Sassella, J. of Crystal Growth 126 (1993) p.63-69.
59. K. Sueoka, N. Ikeda, T. Yamamoto, and S. Kobayashi, Jpn. J. Appl. Phys. Vol. 34 (1995) p.4599-4605.
60. S. Kobayashi, J. of Crystal Growth 174 (1997) p.163-169.
61. R. Falster, V.V. Voronkov, J.C. Holzer, S. Markgraf, S. McQuaid, and L. Mule'Stagno, in: Semiconductor Silicon 1998, The Electrochemical Society Proceedings Volume 98-1 (1998) p.468.
62. S. Samato, T. Kawaguchi, S. Nadahara, and K.Yamabe, Ect. Abst. 184th Soc. Meeting of Electrochem. Soc., Vol.93-2 (1993) p.426.
63. Y. Matsushita, M. Wakatsuki, and Y. Saito, in Extended Abstracts of the 18th Conference on Solid State Devices and Materials, Tokyo, August 20-22, (1986) p.529.
64. H. Hubota, M. Numano, T. Amai, M. Miyashita, S. Samata, and Y. Matsushita, in Semiconductor Silicon 1994, The Electrochemical Society Proceedings Volume 94-10 (1994) p.225.
65. N. Yamada and H. Yamada-Kneta, in: Proceedings of The Kazusa Akademia Park Forum on the Science and Technology of Silicon Materials 1997, p.468-471.
66. S. Nadahare, H. Kubota, and S. Samata, Solid State Phenomena Vol.57-58 (1997) p.19-26.

5-1 CZ 矽晶的點缺陷與微缺陷

一、前言

今日的微電子元件正朝 3 奈米的製程邁進，使得其對所使用的 CZ 矽晶片之純度與完美性之要求，也日益嚴格。雖然生產零差排的單晶，早已不是問題，但在 CZ 矽晶中仍存在著無數的結晶缺陷。這些缺陷除了包括空位 (vacancies)、間隙型原子 (interstitials)、雜質原子等點缺陷外，也包含了微缺陷 (microdefects)。這些微缺陷，例如：孔洞 (voids)、差排環、氧析出物等，都是在晶體生長過程或者是在進一步的熱處理中，由點缺陷的聚結所產生的。殘留在晶體中的點缺陷，不會影響元件的良率，但是微缺陷卻會影響 MOS 元件的閘氧化層之完整性 (gate oxide integrity，簡稱 GOI)。因此在過去的 30 年中，矽晶缺陷一直受到廣泛的研究。本節將介紹在 CZ 矽晶生長時點缺陷的形成，以及在晶體冷卻過程中，所包含的點缺陷反應，以及微缺陷的生成。

二、點缺陷的生成理論

我們在第 2 章曾提及，根據熱力學的原理，本質點缺陷 (intrinsic point defects) 一定會出現在晶體中。對於具有差排的晶體，大部份的點缺陷都被差排所消耗掉。但對於零差排 (dislocation-free) 的 CZ 矽單晶，在缺乏類似差排這類可以消耗點缺陷的晶格缺陷之下，從固液界面生成的本質點缺陷，在隨著晶棒的冷卻過程中，可能發生擴散 (diffusion)、再結合 (recombination) 等反應，最後在特定溫度範圍內，藉著過飽合析出而聚結形成微缺陷 (microdefects)。最早在 FZ 矽單晶中被發現的微缺陷，是呈現一圈一圈類似旋渦狀的 (如圖 5.1 所示 [1])，所以稱爲「swirl-defects」。較大的 swirl 缺陷，稱爲 A-swirls[2～3]，較小的 swirl 缺陷則稱爲 B-swirls[4～7]。而這些 swirl 缺陷，以及所謂的「D-defects」，也同樣在 CZ 矽晶中被發現 [8～11]。這些微缺陷其實都是本質點缺陷的聚結物 (agglomeration)，例如：A-swirls 本身就是由間隙型矽原子 (self-interstitials) 聚結所形成的差排環 [12～13]，而 D-defects 則是由空位 (vacancies) 聚結所形成的小孔洞。更進一步的研究發現，這些微缺陷在 CZ 矽晶中徑向分佈，是不均勻的。通常 D-defects 出現在晶片的中心部份，而 A-swirls 則在晶片的外圈，而在 D-defects 及 A-swirls 的中間又常可發現一環狀的 OISF (稱為 OISF-ring)。後來的研究又發現增加生長速率及降低軸向溫度梯度，將增加 D-defects 區域的面積及密度 [14]。圖 5.2 顯示 CZ 矽晶棒內的缺陷隨著位置與溫度的變化情形。在 CZ 矽單晶生長過程中，是什麼因素控制點缺陷的分佈與密度呢？

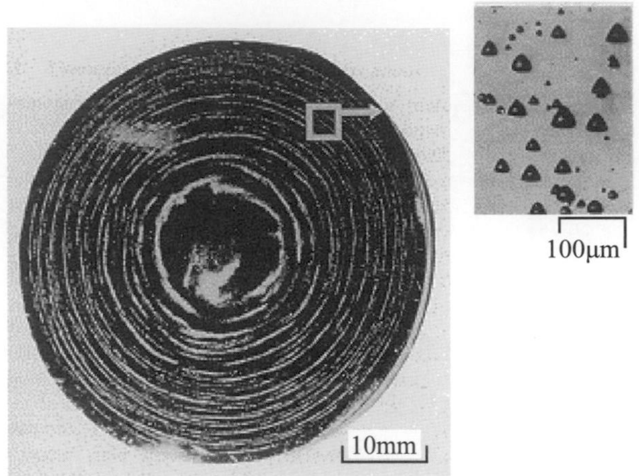

圖 5.1　利用 Sirtl 蝕刻技術，所觀察到的典型 FZ 矽晶中之 Swirl 型缺陷，這些缺陷係由一些蝕刻坑洞所組成 [1]

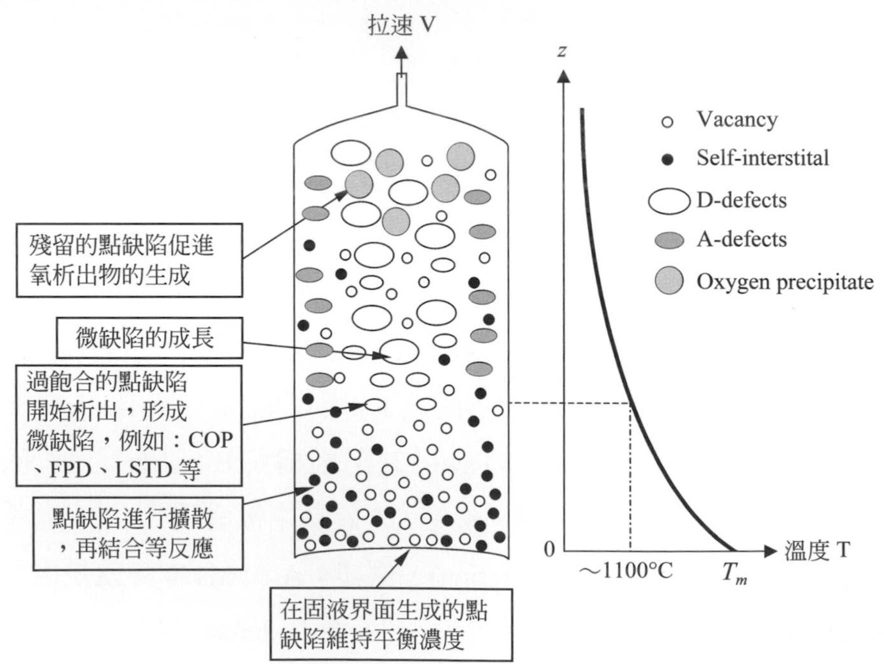

圖 5.2　CZ 矽晶棒內的缺陷隨著位置與溫度的變化情形

我們在第 2 章亦曾提及，在 CZ 矽晶棒中的本質點缺陷之平衡濃度是隨著溫度而遞減的，也就是說，在結晶凝固的那一剎那，有著最大的點缺陷濃度，隨著晶棒的冷卻過程中，點缺陷的平衡濃度會隨溫度而降低。式 (2.5) 及 (2.6) 可改寫為

$$C_{ie} = C_{i0} \exp\left[\frac{-E_i}{kT}\left(\frac{1}{T}-\frac{1}{T_0}\right)\right] \tag{5.1}$$

$$C_{ve} = C_{v0} \exp\left[\frac{-E_v}{kT}\left(\frac{1}{T}-\frac{1}{T_0}\right)\right] \tag{5.2}$$

其中 C_{ie}、C_{ve} 分別為 self-interstitial 及 vacancy 的平衡濃度，C_{i0}、C_{v0} 分別為 self-interstitial 及 vacancy 在熔點溫度 T_0 時的平衡濃度，E_i、E_v 分別為生成 vacancy 及 self-interstitial 所須的能量，k 為波茲曼常數。在過去，有不少研究試著由實驗或理論上去估計，這些本質點缺陷的平衡濃度及擴散係數 (15～21)，但一直沒有公認較正確的表示。但一般認為在固液界面處的 vacancy 的平衡濃度 C_{ve} 大於 self-interstitial 的平衡濃度 C_{ie}，且 vacancy 的擴散係數 D_{v0} 小於 self-interstitial 的擴散係數 D_{i0}。例如根據 Wijaranakula 等 (10，22～23) 的估計，C_{ve}、C_{ie}、D_v 及 D_i 可分別表示為

$$C_{ie}(T) = 2.18\times10^{26} \exp\left(\frac{-3.1(\text{eV})}{kT}\right) \tag{5.3}$$

$$C_{ve}(T) = 8.56\times10^{21} \exp\left(\frac{-1.56(\text{eV})}{kT}\right) \tag{5.4}$$

$$D_v(T) = 1.60\times10^{-1} \exp\left(\frac{-0.61(\text{eV})}{kT}\right) \tag{5.5}$$

$$D_i(T) = 2.62\times10^{-1} \exp\left(\frac{-1.31(\text{eV})}{kT}\right) \tag{5.6}$$

在固液界面形成的本質點缺陷，會在矽晶棒的冷卻過程中，進行擴散、及再結合等反應，使得矽晶棒內的點缺陷濃度逐漸降低。適當地使用包含擴散、及再結合的數學模型，可以描述存在於矽晶棒內的點缺陷行為 (10，23～32)。表 5.1 為不同研究者所使用的本質點缺陷之擴散方程式。這些擴散方程式係由下列幾項所組成：

(1) 一般擴散項：$\nabla\cdot(D_{IV}\nabla N_{I,V})$

(2) drift flow 項：$\nabla\cdot D_{IV}N_{I,V}\varepsilon^{f}_{I,V}\nabla T)/RT^{2}]$

(3) 熱擴散項：$-\nabla\cdot D_{IV}N_{I,V}Q^{*}_{I,V}\nabla T)/RT^{2}]$

(4) 由晶體生長所引起的運動：$-\nabla\cdot(uN_{I,V})$

(5) 再結合項：$-k_R(N_IN_V-N^{eq}_IN^{eq}_V$

表 5.1　不同研究者所使用的本質點缺陷之擴散方程式

研究者	方程式
Voronkov[1]	$J_{I,V}=(uN_{I,V}-D_{I,V}\nabla N_{I,V})$
Tan-Goesele[2]	$\frac{d}{dx}\left[D_{I,V}\frac{d(N_{I,V}-N^{eq}_{I})}{dx}\right]-u\frac{dC_{I,V}}{dx}-k_R(N_IN_V-V^{eq}_IN^{eq}_V)=0$
Wijaranakula[3]	$\frac{dN_I}{dt}=D_I\nabla\cdot\left[\nabla N_I+\frac{N_I\varepsilon^m_I}{kT^2}\right]+\left(\frac{1}{\tau_VN_V}\right)(N^{eq}_IN^{eq}_V-N_IN_V)$ $\frac{dN_V}{dt}=D_V\nabla\cdot\left[\nabla N_V+\frac{N_V\varepsilon^m_V}{kT^2}\right]+\left(\frac{1}{\tau_IN_I}\right)(N^{eq}_IN^{eq}_V-N_IN_V)$
Habu 等 [4-6]	$\frac{dN_{I,V}}{dt}=\nabla\cdot\left[D_{I,V}\nabla N_{I,V}-\left(u+\frac{D_{I,V}(\varepsilon^f_{I,V}-Q^*_{I,V})}{RT}\cdot\nabla T\right)N_{I,V}\right]$ $-\frac{4\pi(D_I+D_V)N_IN_VR_c}{E}\exp\left(-\frac{\Delta G}{RT}\right)RT\ln\left(\frac{N_IN_V}{N^{eq}_IN^{eq}_V}\right)$
Brown 等 [7]	$\frac{dN_{I,V}}{dt}=D_{I,V}\nabla\cdot\left[\nabla N_{I,V}+\frac{N_{I,V}\cdot\varepsilon^f_{I,V}}{kT^2}\cdot\nabla T\right]+k_R(N^{eq}_IN^{eq}_V-N_IN_V)$

其中

- I：間隙型原子
- V：空位
- $J_{I,y}$：I 及 V 的擴散流通量 (flux)
- $N_{I,y}$：I 及 V 的濃度
- E：I 及 V 再結合所釋出能量
- k_R：再結合速率
- $\tau_{I,V}$：再結合的回復時間
- u：晶體生長速率
- $Q^{*}_{I,V}$：I 及 V 的傳導熱
- R_c：I 及 V 可以再結合的臨界距離
- $N^{eq}_{I,V}$：I 及 V 的平衡濃度
- $D_{I,V}$：I 及 V 的擴散係數
- $\varepsilon^{m}_{I,V}$：I 及 V 的移動能量
- $\varepsilon^{f}_{I,V}$：I 及 V 的生成能

在表 5.1 所列的這些擴散方程式中，基本上對於一般擴散項的表示是相同的。但對於 drift flow、及熱擴散項的表示則有所不同，例如：Voronkov's 及 Tan-Gosele's 的方程式就忽略這二項 (24～25)。由於這些數學模型的最後結果，在定性上大多同意本質點缺陷受生長速率 V 及軸向溫度梯度 G 之影響。因此為了方便說明起見，以下將介紹 Voronkov 的 V/G 理論，以使讀者能更深入的了解點缺陷的形成與相關反應。

Voronkov 的模型是基於以下二個基本假設：

(1) 在固液界面處 ($z = 0$、$T = T_0$) 的實際本質點缺陷濃度 C_i、C_v 等於平衡濃度 C_{i0}、C_{v0}，而 C_{v0} 略大於 C_{i0}，但在接近 T_0 溫度的 self-interstitial 之擴散係數 D_i 遠較 vacancy 的擴散係數 D_v 大 ($D_vC_{ve} < D_iC_{ie}$)。

(2) 由於 self-interstitial 及 vacancy 的再結合速率足夠快，所以隨著溫度的降低，C_i 與 C_v 的平衡關係得以維持 (mass action law)，亦即

$$C_iC_v = C_{ie}C_{ve} = C_{i0}C_{v0}\exp(-2z/l) \tag{5.7}$$

其中 z 為固液界面至晶棒的距離，$l = 2kT_0^2/G_0(E_i + E_v)$ 為點缺陷消除的一特性長度。

點缺陷的一維傳輸方程式可寫為：

$$\frac{\partial C_i}{\partial t} - V\frac{\partial C_i}{\partial z} = \frac{\partial\left(D_i\frac{\partial C_i}{\partial z}\right)}{\partial z} + k_R(C_{ie}C_{ve} - C_iC_v) \tag{5.8}$$

$$\frac{\partial C_v}{\partial t} - V\frac{\partial C_v}{\partial z} = \frac{\partial\left(D_v\frac{\partial C_v}{\partial z}\right)}{\partial z} + k_R(C_{ie}C_{ve} - C_iC_v) \tag{5.9}$$

將以上兩方程式相減，我們可得到：

$$\frac{\partial(C_i - C_v)}{\partial t} - V\frac{\partial(C_i - C_v)}{\partial z} = \frac{\partial\left(D_i\frac{\partial C_i}{\partial z} - D_v\frac{\partial C_v}{\partial z}\right)}{\partial z} \tag{5.10}$$

在穩定狀態之下，$\partial(\cdots)/\partial t=0$，因此式 (5.10) 可改寫爲

$$\frac{\partial\left[(C_i-C_v)-\left(D_i\frac{\partial C_i}{\partial z}-D_v\frac{\partial C_v}{\partial z}\right)\right]}{\partial z}=0 \tag{5.11}$$

所以我們可以得到

$$V(C_i-C_v)-\left(D_i\frac{\partial C_i}{\partial z}-D_v\frac{\partial C_v}{\partial z}\right)=\text{常數}=\lambda \tag{5.12}$$

上式即爲在表 5.1 所見到的方程式。其中 λ (flux) 的正負符號，決定了在距離 $z>l$ 時殘留在晶棒的點缺陷種類。由於點缺陷發生擴散、再結合等反應，在距離 $z>l$ 時，殘留在晶棒的點缺陷濃度，已不再等於在固液界面處 ($z=0$) 之起始濃度。由於每一種點缺陷的總流通量 (flux)，包含由晶棒運動 (亦即拉速 V) 所引起的點缺陷傳輸項 (∇C)，以及一反比於固液界面處濃度曲線的擴散項 (正比於軸向溫度梯度 G)，所以最終殘留的點缺陷種類與濃度，將與這兩個流通量項的比值有關，亦即 V/G。

$$\frac{V}{G}=\frac{\text{由晶棒生長所引起的濃度 flux}}{\text{擴散項}}$$

根據 Voronkov 這個 V/G 理論，出現在 CZ 晶棒中的過多點缺陷 (excess point defect，指 self-interstitial 與 vancancy 之濃度差)，有以下三種可能情形：

(1) 當 V/G 很大的時候 (大於一臨界值 ζ_t)，式 (5.12) 的擴散項將較傳輸項小，因此

$$\lambda=V(C_i-C_v)-\left(D_i\frac{\partial C_i}{\partial z}-D_v\frac{\partial C_v}{\partial z}\right)\approx V(C_i-C_v)=V(C_{i0}-C_{v0})<0$$

所以最終殘留的過多點缺陷，爲在固液界面處起始濃度較高者，也就是 vacancy($C_{v0}>C_{i0}$)，如圖 5.3(a) 所示。當過多點缺陷爲 vacancy 時，我們稱這種矽晶爲「v- 型矽晶」。這些殘留的 vacancy 是構成 D-defects 的來源 (詳見下一小節的討論)。

(2) 當 V/G 很小的時候 (小於一臨界值 ζ_t)，式 (5.12) 的傳輸項將較擴散項小，因此最終殘留的過多點缺陷，應爲具有較大「濃度與擴散係數乘積」的點缺陷。由於 $D_vC_{ve}<D_iC_{ie}$，所以最終殘留的過多點缺陷爲 self-interstitial，如圖 5.3(b) 所示。這些殘留的 self-interstitial 是構成 A-swirl 及 B-swirl 的來源。

(3) 當 V/G 約等於 臨界值 ζ_t 時，式 (5.12) 的傳輸項與擴散項大約相同，所以最終殘留的 self-interstitial 及 vacancy 的濃度都很小，如圖 5.3(c) 所示。根據一些研究者的實驗結果 (32～34)，臨界值 ζ_t 的大小為 1.3×10^{-3} $cm^2min^{-1}K^{-1}$(或 2.2×10^{-5} $cm^2sec^{-1}K^{-1}$)。

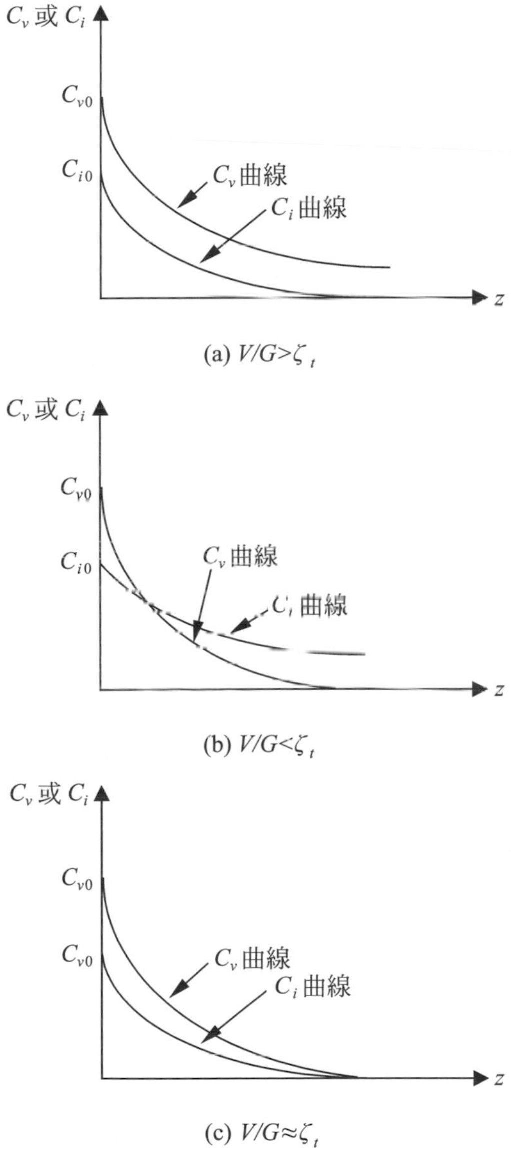

(a) $V/G>\zeta_t$

(b) $V/G<\zeta_t$

(c) $V/G\approx\zeta_t$

圖 5.3　點缺陷濃度隨著晶棒軸向位置之變化情形：(a) $V/G>\zeta_t$，(b) $V/G<\zeta_t$，(c) $V/G\approx\zeta_t$

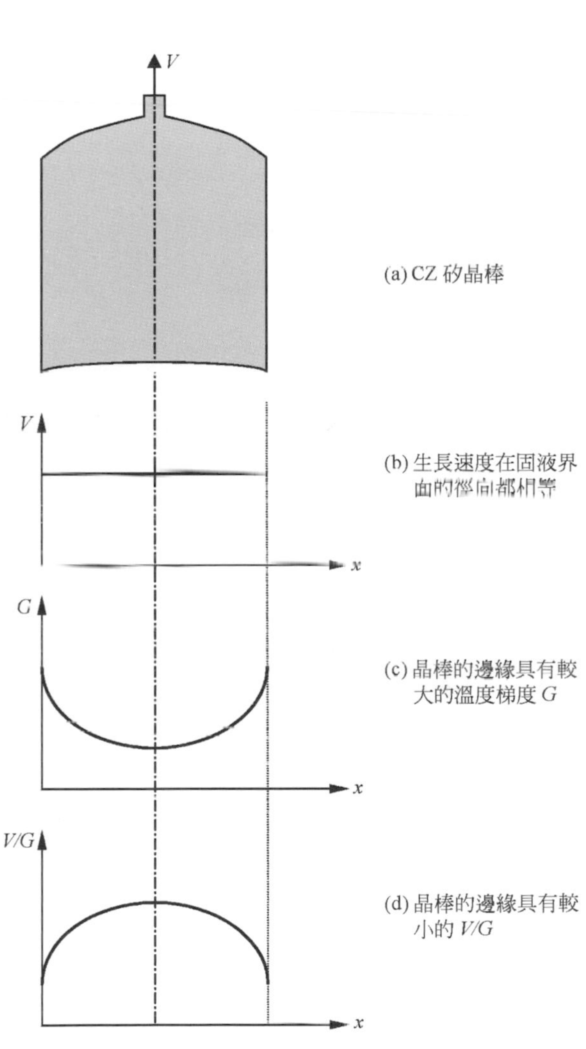

圖 5.4　CZ 晶棒的拉速 (V)、溫度梯度 (G) 以及 V/G 值在固液界面處的徑向分佈

以上三個情形說明了，一維空間的殘留過多點缺陷與 V/G 的關係。現在讓我們應用以上的關係，來看看殘留過多點缺陷於晶棒徑向的二維分佈情形。以圖 5.4 爲例，在一般 CZ 矽晶生長中，在固液界面徑向的所有位置之生長速度 V 可考慮成完全相等。但由於晶棒表面的散熱比中心快的原因，使得晶棒邊緣的軸向溫度梯度 G 大於晶棒中心位置 [35]。因此，我們可以很容易的了解到，V/G 值在固液界面的徑向分佈是不均勻的，而且中心部份總是會較邊緣高。所以不同的 V/G 值，將產生不同的點缺陷種類與分佈。依點缺陷分佈，我們可簡單地將 CZ 矽晶分成以下三類：

A. v- 型矽晶

如圖 5.5 所示，當固液界面徑向所有位置的 V/G 值均大於臨界值 ζ_t 時，整個晶片內的過多點缺陷皆爲 vacancies。這樣子的矽晶，我們稱之爲 v- 型矽晶。而 vacancies 濃度的分佈是中心位置最高，邊緣位置最低。增加 V/G 值，可增加 vacancies 的濃度。

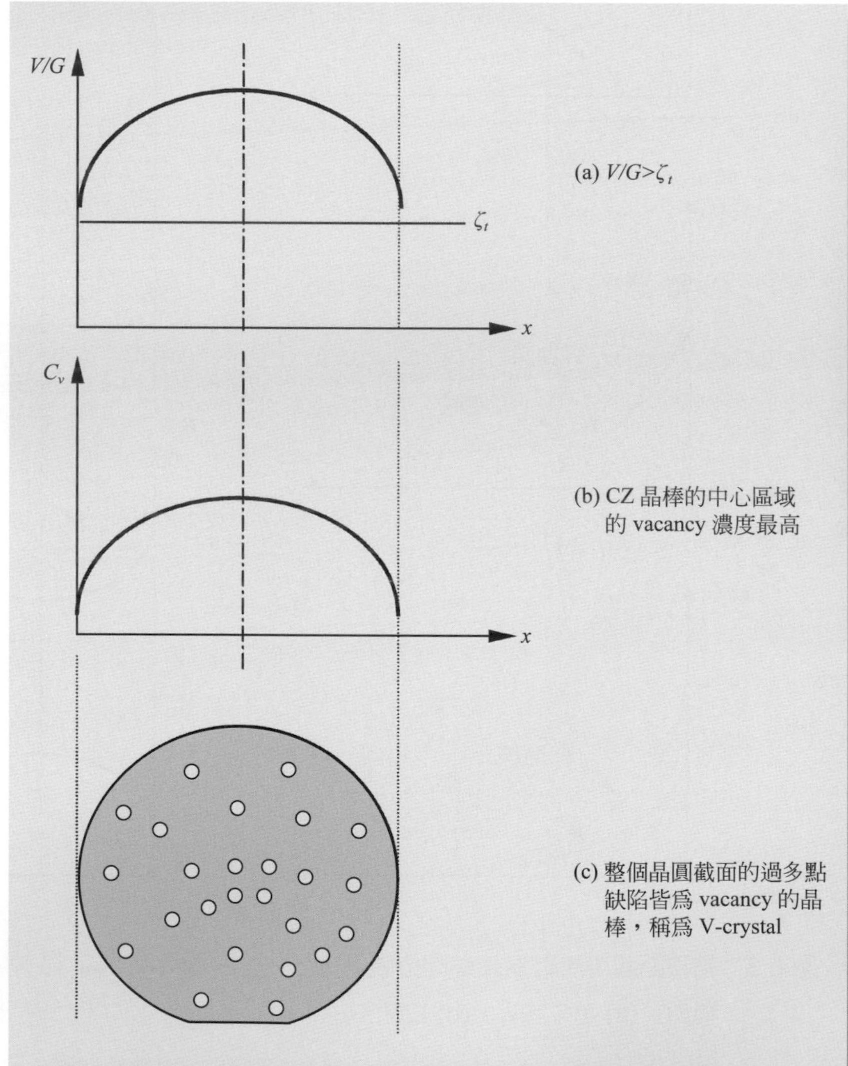

圖 5.5　當整個固液界面的 V/G 值皆大於臨界值 ζ_t 時，點缺陷 (vacancy) 在未析出形成微缺陷前之徑向分佈情形

B. i- 型矽晶

如圖 5.6 所示，當固液界面徑向所有位置的 V/G 值均小於臨界值 ζ_t 時，整個晶片內的過多點缺陷皆為 self-interstitials。這樣子的矽晶，我們稱之為 i- 型矽晶。而 self-interstitials 濃度的分佈是中心位置最低，邊緣位置最高。降低 V/G 值，可增加 self-interstitials 的濃度。

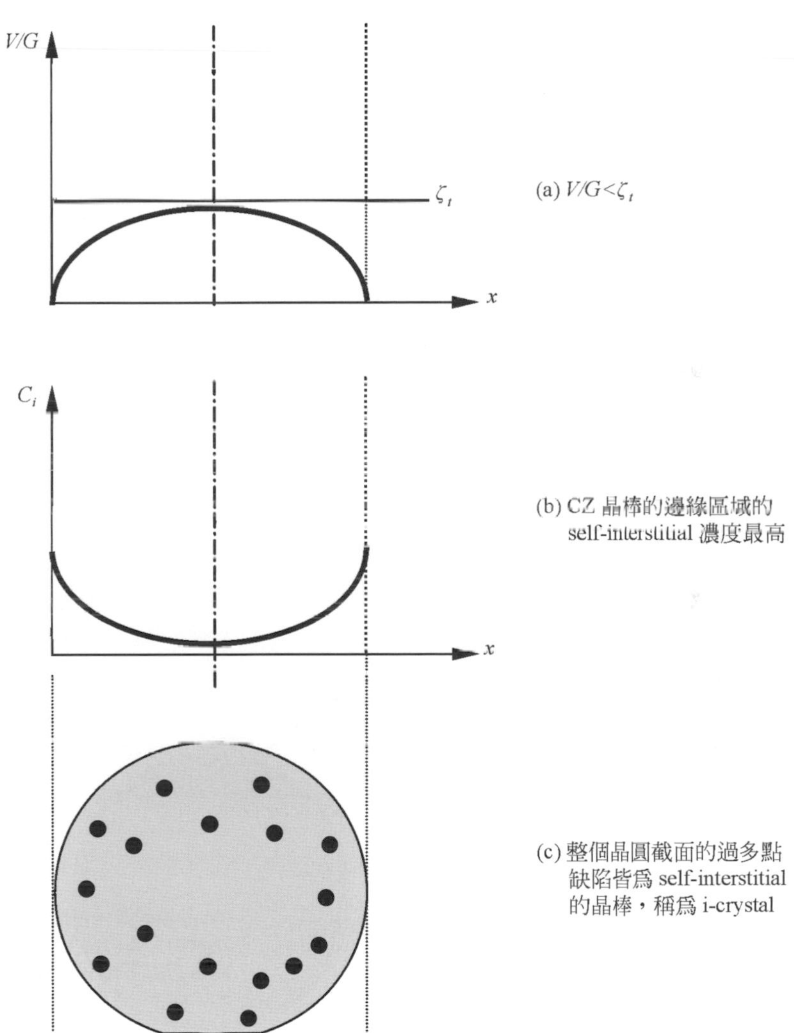

V/G
ζt
x
(a) V/G<ζt
Ci
x
(b) CZ 晶棒的邊緣區域的 self-interstitial 濃度最高
(c) 整個晶圓截面的過多點缺陷皆為 self-interstitial 的晶棒，稱為 i-crystal

圖 5.6　當整個固液界面的 V/G 值皆小於臨界值 ζ_t 時，點缺陷 (self-interstitial) 在未析出形成微缺陷前之徑向分佈情形

C. Mixed- 型矽晶

如圖 5.7 所示，當矽晶中心部份的 V/G 值大於臨界值 ζ_t，但邊緣部份的 V/G 值小於臨界值 ζ_t 時，會使得晶片中心部份存在著過多的 vacancies，而邊緣部份存在著過多的 self-interstitials。值得注意的是，分隔這二區的界線是在 V/G 等於臨界值的位置，一般我們可稱這分界線爲「V/I boundary」。它的位置可用半徑 $R_{V/I}$ 來表示，當生長速率愈快時，v- 型區域愈大，半徑 $R_{V/I}$ 也愈大。V/I boundary 的位置爲 OISF-ring 可能出現的位置。

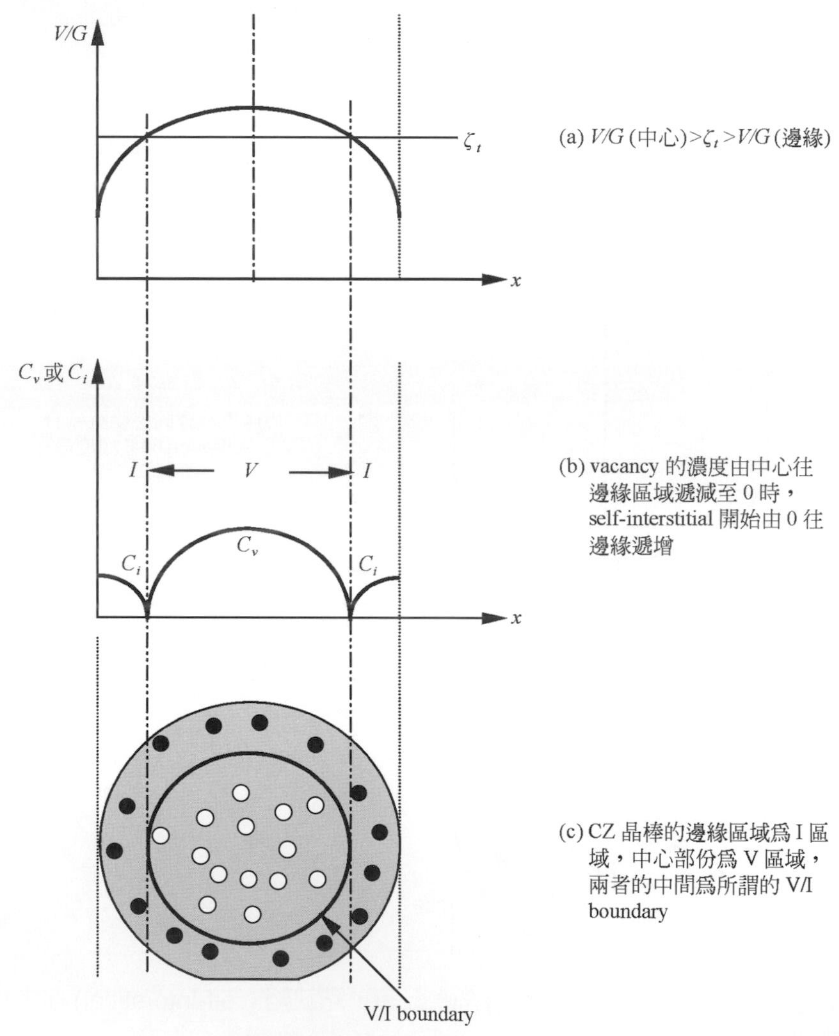
V/G
ζ_t
x
(a) V/G (中心)>ζ_t>V/G (邊緣)
C_v 或 C_i
I
V
I
C_i
C_v
C_i
x
(b) vacancy 的濃度由中心往邊緣區域遞減至 0 時，self-interstitial 開始由 0 往邊緣遞增
(c) CZ 晶棒的邊緣區域爲 I 區域，中心部份爲 V 區域，兩者的中間爲所謂的 V/I boundary
V/I boundary

圖 5.7　當矽晶中心部份的 V/G 值大於臨界值 ζ，但邊緣部份的 V/G 值小於臨界值 ζ_t 時，會使得晶片中心部份存在著過多的 vacancies，而邊緣部份存在著過多的 self-interstitials

三、微缺陷的生成

自固液界面生成的點缺陷，在晶棒的冷卻過程中，由於再結合與擴散等機構的作用，使得其殘留濃度已低於在固液界面時的濃度。然而點缺陷在 CZ 矽晶中的飽合濃度，亦隨著溫度的下降而劇降。這使得點缺陷在 CZ 矽晶中呈現過飽和狀態，當過飽和達到一定程度，便會析出形成微缺陷。微缺陷的生成，可由古典成核理論來說明[32，36～39]。

1. 微缺陷的成核理論

以由 vacancies 聚結形成空位聚合物 (vacancy cluster) 爲例，生成這種微缺陷的驅動力 (driving force) 爲 vacancies 過飽合所導致的體積自由能增加 f

$$f = kT\ln\left(\frac{C_v}{C_v^{eq}}\right) \tag{5.13}$$

其中 C_v 及 C_v^{eq} 分別爲實際及平衡時的 vacancics 濃度。如果假設析出的微缺陷爲球形的話，那麼根據古典成核理論，生成一微缺陷的總自由能的變化量可表示爲

$$\Delta G_v = -\frac{4\pi r^3}{3\Omega}kT\ln\left(\frac{C_v}{C_v^{eq}}\right) + 4\pi r^3\sigma \tag{5.14}$$

其中 Ω 爲矽原子的體積 ($2.0\times10^{-23}\text{cm}^3$)，$\sigma$ 爲矽的表面能 (約等於 890erg/cm^2)[40]。在 $r = 0$ 時，ΔG_v 等於 0，而在臨界值 $r = r^*$ 時，ΔG_v 達到最大值 ΔG_v^*。在能量最大値時，$d(\Delta G_v)/dr = 0$，因此

$$r^* = \frac{2\pi\Omega}{kT\ln\left(\frac{C_v}{C_v^{eq}}\right)} \tag{5.15}$$

$$\Delta G^* = \frac{16\pi}{3}\frac{\sigma^2\Omega^3}{\left[kT\ln\left(\frac{C_v}{C_v^{eq}}\right)\right]^2} \tag{5.16}$$

圖 5.8 顯示 vacancy 濃度及驅動力 f 隨著溫度的變化情形。在成核溫度 T_n 以前，vacancy 濃度的下降係因爲發生 out diffusion 與 recombination 之故。當溫度下降到 T_n 時，由於驅動力 f 大於臨界值，使得 vacancy 濃度因爲產生空位聚合物的原因而劇降，vacancy 濃度的劇降使得成核過程在約短短 10℃內即結束掉。成核一般發生在 1100℃左右，實際的成核溫度 T_n 與起始 vacancy 濃度 C_v (或者 V/G) 有關，較高的 C_v 將比較早析出形成空位聚合物 (亦即成核溫度較高)。

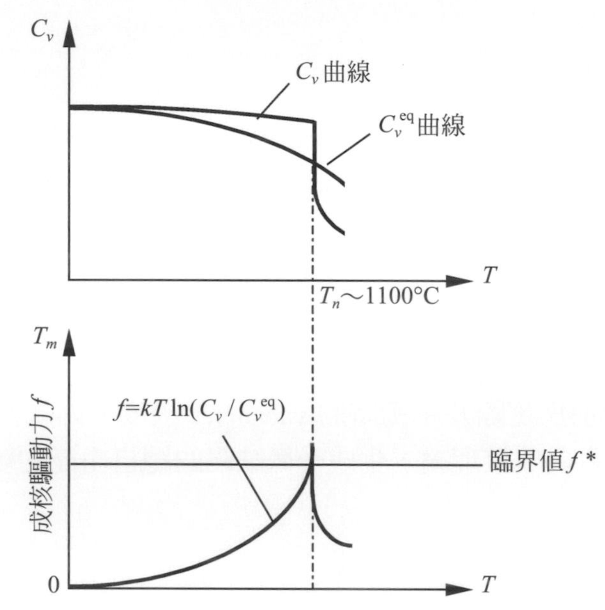

圖 5.8　vacancy 濃度及驅動力 f 隨著溫度的變化情形

2. 微缺陷的成長

在微缺陷核胚 (nuclei) 達到臨界大小之後，它將消耗掉部份的臨近殘留 vacancy，而成長變大。Falster 等 [38] 定義一特殊的鍵結溫度 T_b(估計爲 1020℃)，在高於 T_b 的溫度範圍內，大部份的 vacancy 是自由的，在低於 T_b 的溫度範圍內，vacancy 開始與氧形成 O_2V 的鍵結，直到溫度 T_c (～ 950℃)。在低於 T_c 的溫度，自由的 vacancy 濃度已經很低了。因此在 T_n ～ T_c 的溫度範圍內，空位聚合物可以消耗自由的 vacancy，而變大。所以晶棒在 T_n ～ T_c 的溫度範圍內的冷卻速率 q 及起始 vacancy 濃度 C_{v0}，將決定微缺陷的最後大小與密度。根據 Voronkov 等的推導 [38]，微缺陷的最後大小 r 與密度 N 可表示爲

$$r = 1.35(m^*)^{1/3}\left(\frac{C_{v0}DkT^2}{qE^*\rho}\right)^{1/2} \propto \left(\frac{C_{v0}}{q}\right)^{1/2} \tag{5.17}$$

$$N = \left(\frac{1.74}{4\pi n^*}\right)\left(\frac{qE^*}{DkT^2}\right)^{3/2}\left(\frac{2C_{v0}}{\rho}\right)^{-1/2} \propto q^{3/2}C_{v0}^{-1/2} \tag{5.18}$$

其中 D 爲 vacancy 的擴散係數。而冷卻速率 q，則正比於軸向的溫度梯度 (dT/dz)，因爲 $q = dT/dt = (dT/dz)(dz/dt) = V(dT/dz)$。

在一般的 V- 型 (或 mixed- 型) CZ 矽晶中，中心部份總是具有較大及較多的空位聚合物。這是因爲 V/G 由中心往晶棒邊緣遞減，使得成核溫度 T_n 也由中心往晶棒邊緣遞減。也因此中心部份具有較大的溫度區間 $T_n \sim T_c$、較小的軸向的溫度梯度 (dT/dz) 及起始 vacancies 濃度，所以根據式 (5.17) 及 (5.18)，晶棒的中心部份的空位聚合物總是比邊緣部份大而多。

3. 微缺陷的種類

依據點缺陷的種類 (interstitial 或 vacancy)，微缺陷可分爲 A-defects 及 D-defects 二種。對於 D-defects 而言，由於量測方法的不同 (例如：etching，copper decoration，gold diffusion，Laser Scattering Tomography 等)，因而具有不同的名稱 (例如：FPD、COP、LSTD 等)[4，24，35，40～44]。

A. A-defects

A-defects 係一種由過飽合的 interstitial 聚結所產生的差排環 [6，12，13，45]，在業界也有人稱之爲 L-pits 或 LDL (large dislocation loop) 或 LDP (large dislocation pit)。根據 Vanhellemont 等 [46]，臨界的圓形差排環半徑 r_c 可表示爲

$$r_c = \frac{L}{bkT\ln\dfrac{C_i}{C_i^{eq}} - \gamma} \tag{5.19}$$

$$L \approx \frac{\mu b^2}{4\pi}\ln\frac{r}{5b} \tag{5.20}$$

其中 L 是差排的線張力 (line tension)，γ 是表面能，b 是 Burger vector 的長度。這種由 self-interstitial 所引起的差排環，不會影響到閘氧化層的 GOI，但卻會增加元件的 junction leakage 問題 [47]。

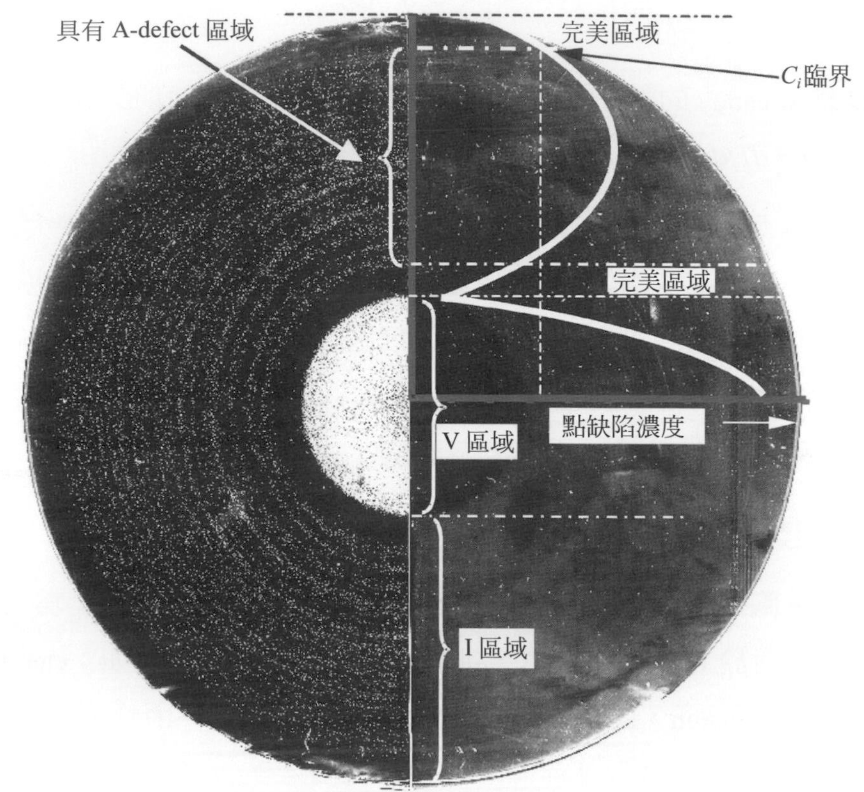

圖 5.9　利用銅飾 (copper decoration) 技術所觀察到 mixed- 型矽晶中的環狀 A-defects，與點缺陷徑向濃度分佈。圖中心部份的白點則為 D-defects。當 interstitial 的濃度小於形成 A-defects 的臨界值時，不會形成微缺陷，例如靠近晶棒的邊緣處，由於 out-diffusion 之故，而產生完美區域

圖 5.9 顯示一利用 copper decoration 技術所觀察到 mixed- 型矽晶中的環狀 A-defects，在圖中心部份的白點則爲 D-defects。圖 5.10 則爲在光學顯微鏡及 TEM 下所觀察到的 A-defects。當 interstitial 濃度低於飽合濃度時，interstitial 雖不會形成 A-defects，但卻可能聚結形成較小的缺陷，稱爲 B-swirls (或稱爲 B-band)，一般 A-defects 的大小約在 0.1~1μm 左右，而 B-swirls 則小於 0.1μm。B-swirls 通常會出現在靠近 *V/I* boundary 的外側，以及靠近晶棒的邊緣區域。在早期，B-swirl (B-band)

尙不會影響 IC 元件的電性，但隨著元件尺寸的縮小，現在這些 B-swirl 已會造成 IC 元件的漏電流 (leakage current) 等電性問題。在 CZ 矽晶生長中，如果將拉速慢慢增加，所出現的軸向缺陷分佈，將可能如圖 5.11 所示 [38]。圖中 P-band 是 OISF-ring 或 *V/I* 界面的位置，B-band 則爲 B-swirls 的位置。這裡必須一提的是，矽晶圓中若出現 A-defects 的話，它對 IC 元件的不良影響是遠大於 D-defects 的。這是使用 mixed- 型矽晶 (或稱 Ring-type 矽晶) 時，必須特別注意的地方。

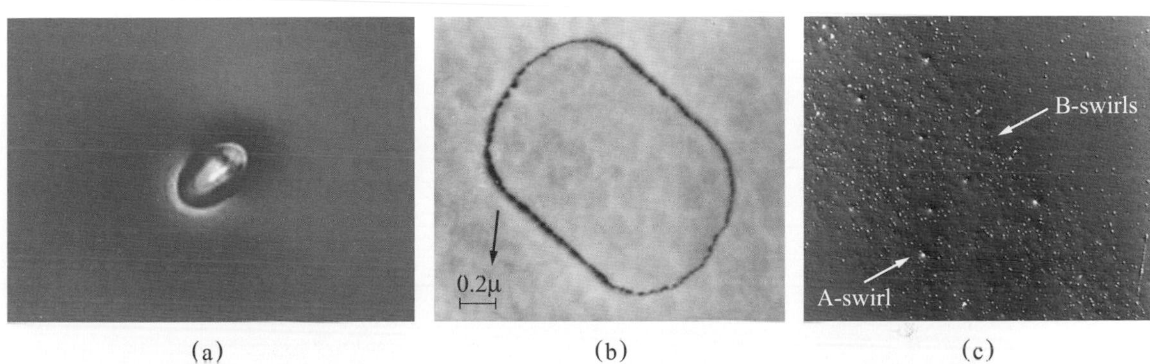

圖 5.10 (a) 經過 Secco 蝕刻後，在 OM 下觀察到的差排環；(b) 在 TEM 下觀察到的差排環；(c) A-defects 與 B-swirls 的大小比較，圖中比較大的缺陷是 A-defects，較小的是 B-swirls

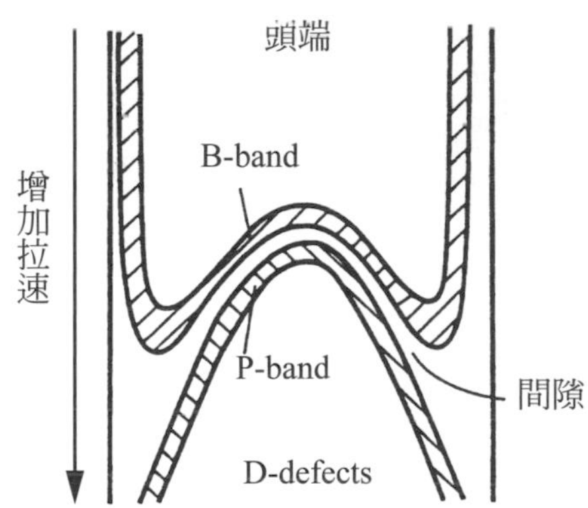

圖 5.11 在 CZ 晶體生長中，漸漸增加拉速時，微缺陷在縱剖面的可能分佈情形；在晶棒的頭端，因拉速較低，為 interstitial 型態的缺陷。隨著拉速的增加，漸漸變成 vacancy 型態的缺陷。

B. D-defects

D-defects 是一種由 vacancies 聚結產生之孔洞的統稱。D-defects 的密度將直接影響 GOI 良率，如圖 5.12 所示。最近利用 TEM 的觀察顯示，這種孔洞為八面體狀 (octahedral)，而構成這八面體的主要結晶面為 {111}[48～51]，如圖 5.13 所示[51]。觀察到的八面體孔洞，可能是單獨存在的、也可能出現孿生形狀。而依據檢驗方式的不同，D-defects 又稱為 FPD、COP、LSTD 等種類。

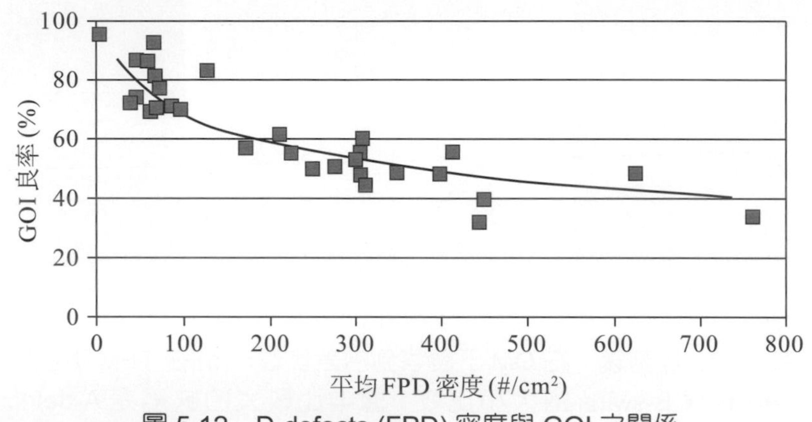

圖 5.12　D-defects (FPD) 密度與 GOI 之關係

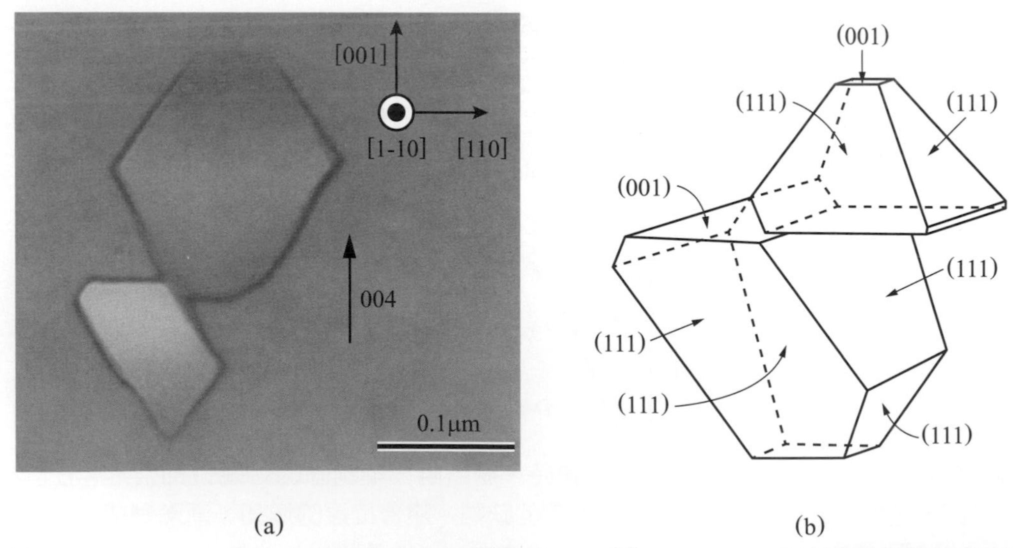

圖 5.13　(a) TEM 照片中所觀察到的八面體狀 COP[51]；(b) COP 八面體結構的示意圖

(1) FPD (Flow Pattern Defect)

FPD 名稱的由來是因爲這種觀察到的缺陷的形狀，就像是流體紋路般，如圖 5.14 所示。FPD 的檢測方法，是將矽晶片垂直浸入 Secco 溶液中約 10 到 30 分鐘，由於 Secco 溶液會與矽晶片反應產生氫氣泡，當這些氫氣泡填充在每一個孔洞位置時，便影響了 Secco 溶液的垂直流動，因而產生了 V- 型的特殊蝕刻特性。在每個 V- 型紋路的端點，即爲一個孔洞，稱爲 FPD。

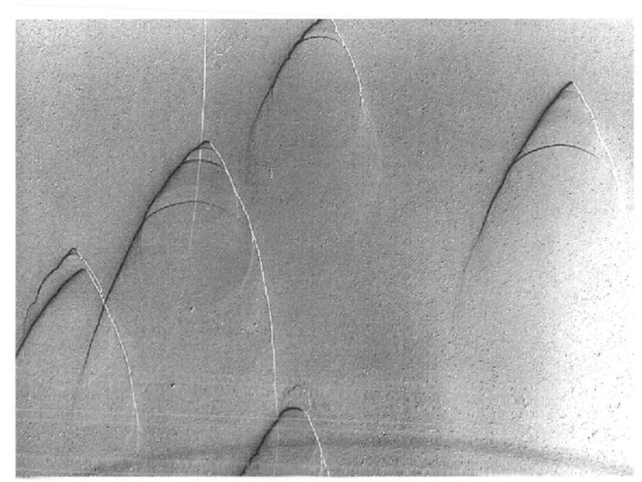

圖 5.14 利用 Secco etching 處理後，在光學顯微鏡下所觀察到的 FPD 照片

(2) COP (Crystal Originated Particle)

存在於矽晶片的 voids，在經過鹼性氧化溶液 SC1 (NH_4OH：H_2O_2：H_2O = 1：1：5) 的處理後，可出現小的蝕刻坑洞。而這種晶片，在經由光線散射儀器 (例如：CR80、SP1 等) 所量測出來的微粒 (particle)，一般稱之爲 LPD (Light Point Defect)。最早期，LPD 一直被認爲是晶圓加工過程所引進的污染微粒，直到 1990 年才發現大部份的 LPD 是由長晶過程所產生的 voids，因此被稱之爲 COP[(52)]。圖 5.15 即爲利用 AFM (atomic force microscopy) 所觀察到的孿生狀 COP[(37)]。COP 的大小一般在 20 到 200nm 之間。另外，觀察發現晶片重覆在 SC1 溶液中清洗後，COP 的大小與數目會顯著的增加。這是因爲原來出現在晶片表面的 COP，不會因重覆清洗而消失，而位於次表面的 voids 卻會因重覆清洗，而出現在表面成爲新的 COP，如圖 5.16 所示 [(52)]。

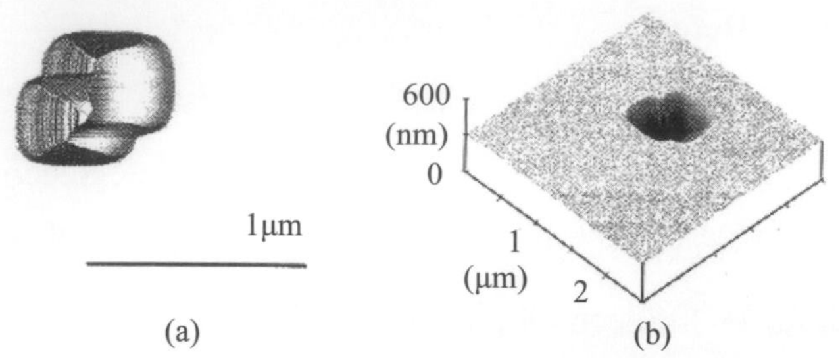

圖 5.15　利用 AFM (atomic force microscopy) 所觀察到在經過 4 小時 SC1 處理後的孿生狀 COP：(a) top view，(b) 3-D view[37]

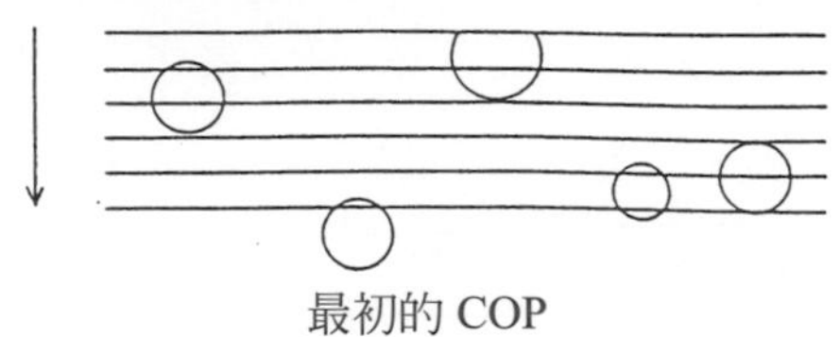

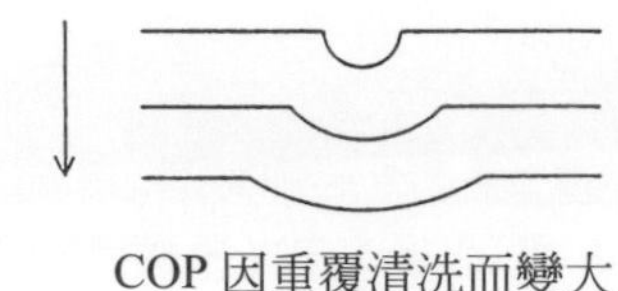

圖 5.16　COP 隨重覆清洗而變大

(3)　LSTD(laser scanning tomography defects)

利用雷射斷層掃瞄技術 (laser scanning tomography)，所觀察到的缺陷，稱之為 LSTD[53～56]。LSTD 技術，可以說是量測 BMD 及 COP 等微缺陷密度，最有用的方法，它目前的量測極限約為 13nm，而一般所能量測到的微缺陷大小約為數拾 nm。LSTDs 最早被報導含有氧雜質 [56]，而且微觀上，LSTD 在軸向的分佈，似乎與氧原子相同 [57]。因此早期相信 LSTDs 是種在晶體生長時所形成的氧析出物，而過飽合 vacancies 則是促進氧析出物的生成。最近 Umemo 等 [58] 利用 IR-LST、OPP (optical precipitate profiler) 及 Secco 選擇性蝕刻等方法，來比較相同區域的各種缺陷，他們發現 FPDs、SEPDs (Secco etch pits defects) 及 LSTDs 應是相同種類的缺陷。另外也發現，FPDs 在高溫退火處理後會消失，但 SEPDs 則仍然出現在和 LSTDs 一樣的位置。

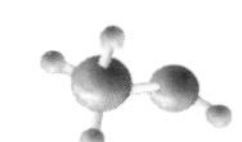

再者，利用 TEM 直接觀察 LSTDs 的結構，也顯示其為單一、孿生或三重的八面體孔洞 [48～50]，這種結構類似於由 AFM 所觀察到的 COP[58]。從這些不同的研究，LSTD 和 COP、FPD 等缺陷一樣，都是種孔洞型的 D-defects。然而，量測到的 LSTD 密度，通常比 FPD 大了將近 10 倍 [59]，這可能是 Secco 溶液僅將部份的生長微缺陷以 FPD 的型態蝕刻出來，而其它的微缺陷則以 SEPDs 的型態出現。

四、影響微缺陷生成的其它因素

上節提到，微缺陷的生成與點缺陷濃度及冷卻速率有關。因此如何在長晶爐內設計一個理想的 Hot Zone，是控制缺陷濃度與種類的主要關鍵。這種可以控制溫度的 Hot Zone 設計，已成為每個矽晶圓材料廠，開發超低缺陷產品，必須努力的地方。事實上，一些研究報告也發現，其它雜質原子的存在，也會影響微缺陷的生成。另外，使用退火 (annealing) 處理的技術，也可有效地降低矽晶圓表面的 COP 數目。

1. 氧的影響

在前面，我們提過氧會與 vacancies 形成 O_2V 的複合物。但氧的存在，對於 D-defects 的形成及 GOI 的影響非常微小 [60～61]。

2. 氮的影響

研究發現，氮的存在 (即使濃度低於偵測限定 2×10^{14} atom/cm^3)，可以有效的抑制 D-defects 的形成，使得 COP 變的比較小且少，因而大幅地提高 GOI[62～64]。在目前的商業 CZ 矽晶中，大部份的製造商已開始在長晶製程中添加微量的氮原子，使得 D-defects(或 COP) 變得比較小，如圖 5.17 所示。事實上，除了降低 COP 外，氮的存在也可以減少 A-swirl 的生成。一個解釋是，利用以下的反應，氮可以促進空位與間隙型原子之間的再結合 [61]：

$$N_2\ (\text{interstitial}) + V \rightarrow N_2\ (\text{substitutional}) \qquad (5.21)$$

$$N_2\ (\text{substitutional}) + I \rightarrow Si + N_2\ (\text{interstitial}) \qquad (5.22)$$

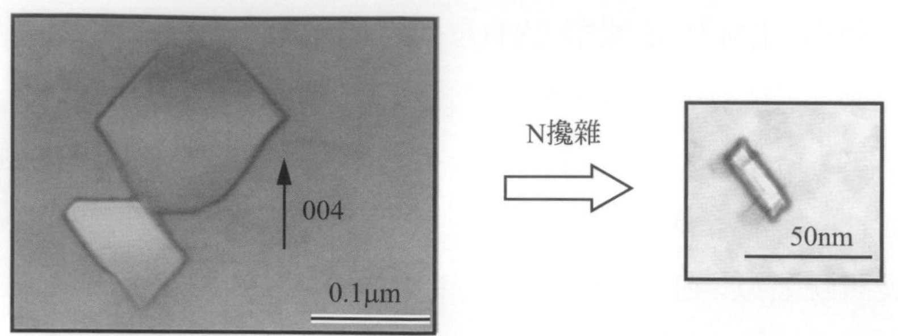

圖 5.17　摻雜 N 的矽晶的 COP 大小會變得比較小

但是氧的存在，會下降氮對於 D-defects 的抑制效果，這是因爲氧會下降氮的擴散率之故 [65]，也就是說氮對 COP 的降低效應在高氧的矽晶裡比較不明顯。另一個對氮效應的解釋是，氮的存在改變了 V/G 的曲線，如圖 5.18 所示。。隨著氮含量的增加，會產生 COP (I 區) 的臨界 V/G 會增加，這意味著越不容易產生 COP。而且產生 A-defects (II 區) 的臨界 V/G 會隨著含氮量降低，這意味著越不容易產生 A-defects。至於 IV 區，如果在低氧狀態下，它就是一個沒有 COP 及 A-defects 的 Pv 區；但是氧含量高或者氮含量太高時，它就會引發 OISF 的產生。氮在矽晶裡的偏析係數只有 0.0007，因此在攙有氮的晶棒尾端就比較容易有 OISF 的問題。這種添加氮原子的技術，已成爲發展高階矽晶圓材料的一大利器，它已普遍用在生產以下三種矽晶片上：

(1) PP^- 矽晶 (PP^- Epi)

(2) 超完美拋光片 (perfect silicon)

(3) 退火晶片 (annealing wafer)

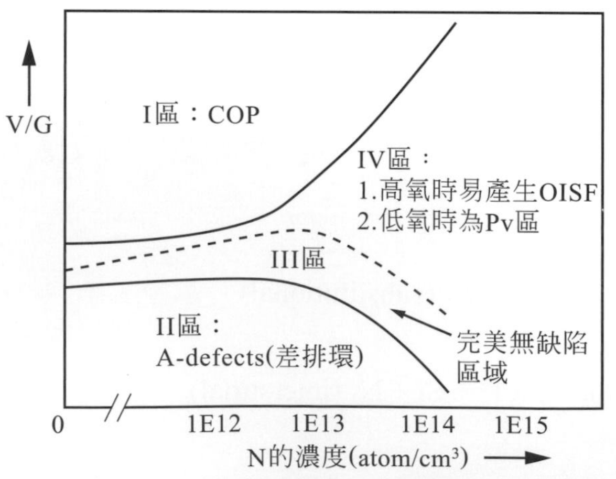

圖 5.18　V/G 及微缺陷隨著 N 的濃度變化之關係

3. 硼的影響

亦有研究指出，當硼的濃度超過一臨界值時，COP 的產生將受到有效的抑制。而這臨界值的大小，與晶棒的直徑有關，例如：對 200mm 的晶棒，臨界值爲 4.8×10^{18} atom/cm^3；對 150mm 的晶棒，則爲 6.3×10^{18} atom/cm^3，如圖 5.19 所示[66]。這種硼對本質點缺陷的影響，也直接反應在 OISF ring 的位置上。而硼的濃度 C_B 對臨界 V/G 值 (亦即 ζ_t) 亦有著以下線性的影響 (如圖 5.20)[67]

$$\begin{aligned}\zeta_t(C_B) &= \zeta_t(0) + \beta C_B \\ &= (1.34\times10^{-3} + 1.2\times10^{-22}\,\mathrm{cm}^3 C_B)\,\mathrm{cm}^2 K^{-1}\,\mathrm{min}^{-1}\end{aligned} \tag{5.23}$$

一個可能的解釋是，高濃度的硼使晶格產生的收縮，導致較低的 vacancies 濃度。

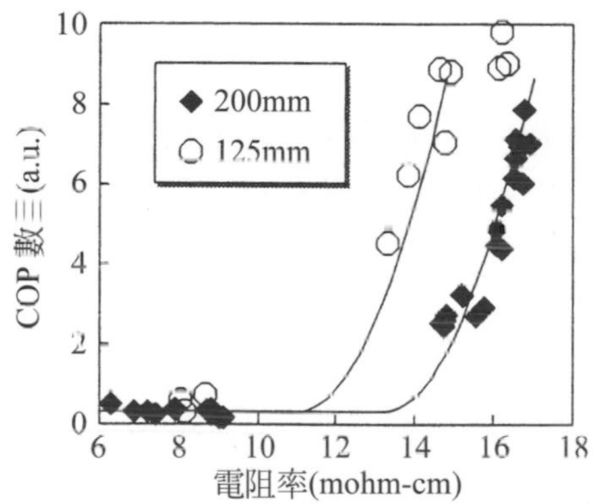

圖 5.19　在 125 及 200 mm 的 P- 型矽晶中，COP 與硼濃度的關係[66]

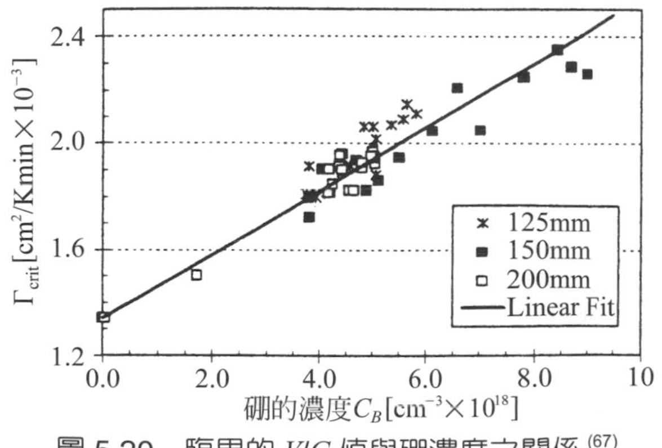

圖 5.20　臨界的 V/G 值與硼濃度之關係[67]

4. 氫的影響

氫原子是最早被報導會影響 CZ 矽晶裡微缺陷的形成之雜質元素，研究指出，如果 CZ 矽晶裡含有 $1.0\times10^{15}\,cm^{-3}$ 的氫原子，就可有效的抑制 COP 的形成。其中一個解釋是，氫原子會佔據在矽晶格的空位 (vacancy) 位置，因此降低了整體 vacancy 及 COP 濃度。因為具有這種降低 COP 的作用，氫原子的存在，可以使得生產超完美矽晶圓 (perfect Silicon) 變得比較容易，也就是說它可以讓操作範圍 (process window) 變的更寬，所以在商業上，也是有人在添加氫在完美晶圓的生產製造上。

5. N- 型摻雜 (Sb, As, Red-P) 的影響

許多研究都發現，一些 N 型重摻元素 (例如 Sb, As, P) 對於矽晶中 COP 的影響是與 P 型摻雜 (硼) 迥然不同的。首先，Ing 在他的的研究 (68) 中指出，當硼的濃度超過一定值之後，會使得臨界 V/G 值 (亦即 ζ_t) 增加，因此有降低 COP 的作用。但是 Sb, As, P 等三元素的濃度超過一定值之後，會使得臨界 V/G 值 (亦即 ζ_t) 降低，因此有增加 COP 的作用，如圖 5.21 所示。圖 5.22 則顯示摻雜 Sb, As, P 等三元素的矽晶棒中，COP 數目隨著摻雜濃度變化的關係，圖中可看到 COP 數目都是先隨著濃度的下降而增加，但是到了一個更低濃度時，COP 數目反而開始下降了 (69)。

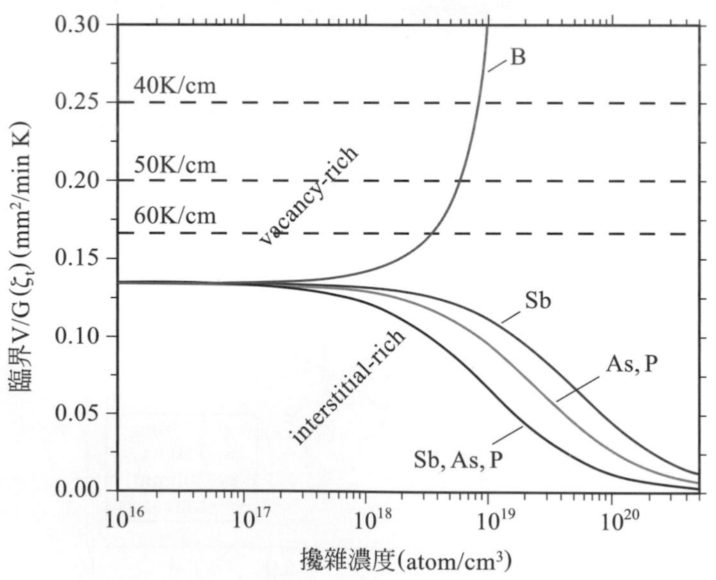

圖 5.21　臨界 V/G (ζ_t) 與攙雜濃度間的關係。圖中的虛線是在拉速 V = 1mm/min 下，不同 G 值時的 V/G 值 (68)

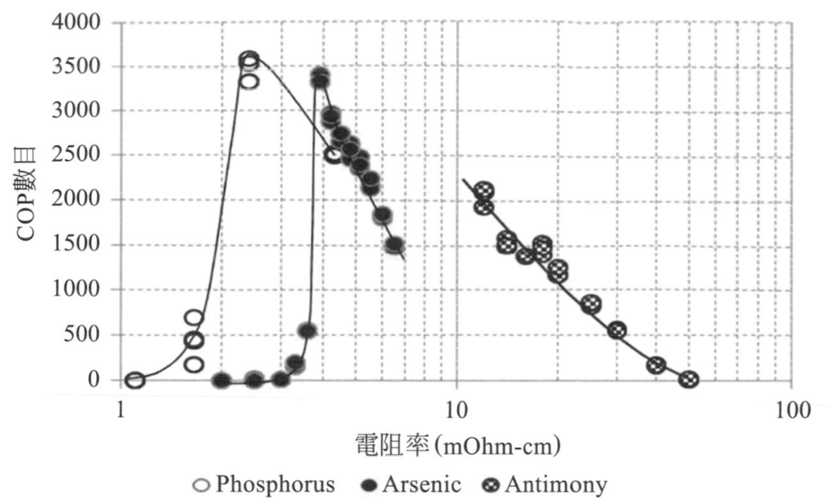

圖 5.22　攙雜 Sb, As, P 等三元素的矽晶棒中，COP 數目隨著攙雜濃度變化的關係 (69)

6. 退火 (Annealing) 處理

近來一些研究指出 (70 ~ 79)，在氫氣氛或氬氣氛下進行高溫退火 (high temperature annealing) 處理，可以有效地減少矽晶片表面的孔洞型微缺陷 (例如 COPs)，進而提高在 MOS 元件應用上的 GOI。由於矽晶圓表面 (包括 COP 的表面) 都覆蓋著一層自然氧化層 (native oxide)，不論是利用氫氣氛或氬氣氛，在高溫之下，只要將矽晶片加熱到約 1200℃的高溫，這層在晶圓表面的自然氧化層即出現熱不穩定性而解離產生額外的矽原子。而這些額外的矽原子會填充在 COPs 的位置上，使得這些孔洞型微缺陷漸漸變小，甚至消失。這樣的「修補」效果與起初矽晶圓表面的 COPs 大小有關，可以想見的是，愈小的 COPs 愈容易在退火處理中消失。所以想要有效地減少矽晶片表面的孔洞型微缺陷，首先得生產出 COPs 比較小的矽晶圓片，而要達到這一點要求，可以在長晶時利用添加氮原子的技術或者靠著增加晶棒的冷卻速率來達成。目前最先進的退火處理技術，可使晶圓表面產生 COP-free 區域約 7-10μm 深。

除了可以減少矽晶片表面的 COPs 外，高溫退火處理也可以促進氧在晶片表面的 out-diffusion，因而可以產生至少 10μm 的 denuded zone (有關 denuded zon 的介紹，請參見本章下一節)。如圖 5.23 所示，這種促進氧 out-diffusion 的作用，不論在氫氣氛或氬氣氛下都是差不多的。

在氬氣氛或氫氣氛下進行高溫退火處理，對某些晶圓表面特性有著一定的差距。最明顯的差別是，氫氣氛會促進硼原子在晶圓表面的 out-diffusion，但是氬氣氛則不會改變硼原子在晶圓表面的濃度，如圖 5.24 所示。當 IC 製程中對晶圓表面的硼原子濃度大小要求比較嚴格時，這兩種不同氣氛下處理過的矽晶圓就沒有互相取代性；也就是說，當 IC 製程已使用氬氣氛退火的矽晶圓去調整製程參數時，若改用氫氣氛退火處理的矽晶圓，即會出現電性上的明顯差異 (尤其是 throttle voltage V_{th})。但這也不全盡然，如果在 IC 製程中的離子植入 (implanting) 的劑量遠高於矽晶圓內的摻雜濃度時，則矽晶圓內的硼原子濃度就不是那麼關鍵了。一些研究指出，當 IC 製程的線寬度縮小到 0.13 微米以下時，矽晶圓表面的硼原子的縱向均勻度是很關鍵的，因此就難以使用氫氣氛退火的矽晶圓了。

氫氣氛退火矽晶圓或氬氣氛退火矽晶圓的另一差別是，氫氣會與矽原子發生反應，使得矽晶圓表面的粗糙度 (haze level) 變得比較差；使用氬氣退火的矽晶圓之粗糙度，則明顯優於氫氣氛退火矽晶圓。

要能有效地減少矽晶片表面的孔洞型微缺陷，一般須在 1200℃以上的溫度下進行 1 小時以上的高溫退火，因此雖然矽晶片表面的微缺陷受到抑制，但這種高溫環境卻容易將爐管內的金屬污染源，引進到矽晶片內。因此如何消除可能的金屬污染，是這種退火晶圓必須要克服的地方。目前大部份的矽晶圓製造商都有能力生產商業化的退火晶圓，而這種退火晶圓較常被使用在驅動 IC 及高壓元件上。

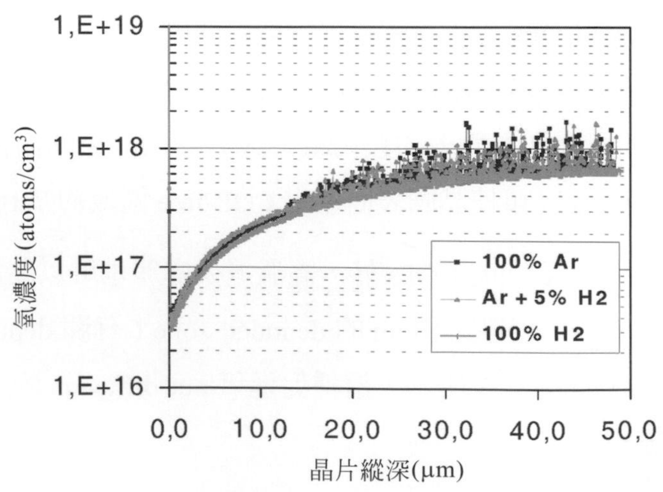

圖 5.23 在氬氣氛或氫氣氛下進行高溫退火處理，均可以促進氧在晶片表面的 out-diffusion。

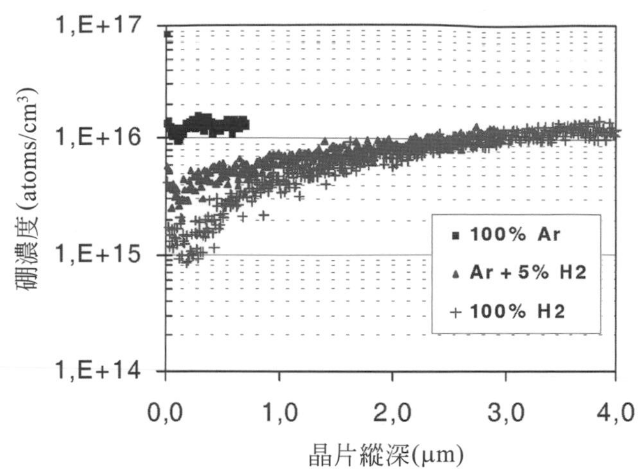

圖 5.24 氫氣氛退火會促進硼原子在晶圓表面的 out-diffusion，但是氬氣氛退火則不會改變硼原子在晶圓表面的濃度。

五、矽晶棒徑向微缺陷的分佈

在前面的圖 5.4 中，我們提到一般 *V/G* 在晶棒的分佈是中心高、邊緣低，這其實是個爲了方便說明的最簡化情況。在今日，矽晶圓廠都可以透過設計出特殊的熱場，來盡量讓徑向 *V/G* 變的比較均勻，不再只是中心高、邊緣低。假設圖 5.25(a) 的粗線變化曲線是由熱場設計，在拉速 *V* 比較大的狀況下所決定的徑向 *V/G* 值。同樣地，我們可以把 *V/G* 大於臨界值 ζ_t 上方的範圍稱爲 V-riched 的區域，在這區間微缺陷的種類將依空位 (vacancy) 的多寡又再細分爲 COP、P-band、及 P_v 等三區。其中 P-band 是指這區內可能會形成小的 OISF 及氧析出物，而 P_v 區則是只存在著 vacancy 卻沒有其它缺陷的完美區域 (v-riched perfect region)。同樣地，我們可以把 *V/G* 小於臨界值 ζ_t 上方的範圍稱爲 I-riched 的區域，在這區間微缺陷的種類將依間隙原子 (vacancy) 的多寡又再細分爲 A-defects、B-band、及 P_i 等三區。其中 A-defects 就是差排環，B-band 就是前面提到的 B-swirls 也就是小的 interstitial 原子聚合物，而 P_i 區則是只存在著 interstitial 卻沒有其它缺陷的完美區域 (i-riched perfect region)。所以從圖 5.25 中的 *V/G* 曲線，我們可以發現這樣的晶棒將有二個 COP 區 (中心及邊緣)，另有也個 P-band，及一 P_v 區。

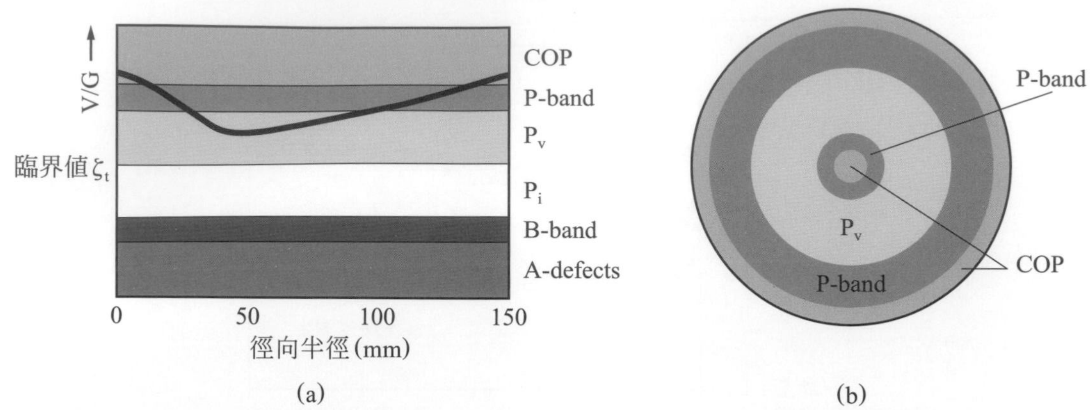

圖 5.25　(a) 在拉速較大的狀況下，徑向 *V*/*G* 的分佈；(b) 晶棒徑向微缺陷的分佈

如果我們使用跟圖 5.25 同樣的熱場，只是把拉速 V 降低，我們就可能得到如圖 5.26 及圖 5.27 二種狀況。在圖 5.26 的情況下，從中心到邊緣的 *V*/*G* 值都落在 P_v 及 P_i 區間內，所以晶棒內就完全沒有 COP、P-band、B-band、及 A-defects 等爲缺陷，我們就可以說這樣產出的晶片爲「完美矽晶片 (perfect silicon)」。要做到這種完美無缺陷的二個主要關鍵因素爲，第一是要設計出可以讓溫度梯度在徑向很均勻的熱場，第二是要控制拉速在一個狹窄的範圍內 (約 0.48~0.55 mm/min)。

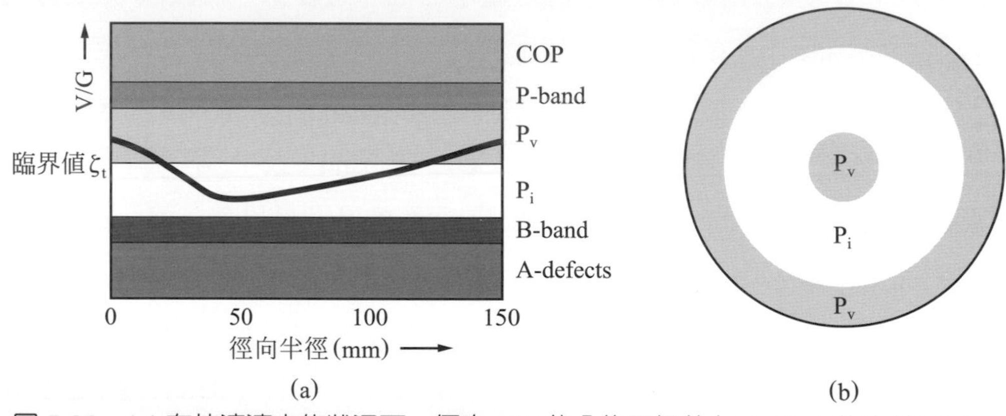

圖 5.26　(a) 在拉速適中的狀況下，徑向 *V*/*G* 的分佈正好落在 P_v 及 P_i 的完美區域；(b) 晶棒徑向只有 P_v 及 P_i，所以稱為「完美矽晶片 (perfect silicon)」

至於圖 5.27 的情況，是在拉速比較低的狀況下所得到的 *V*/*G* 曲線，從圖中我們可以看到僅有中心及邊緣落在完美的 P_i 區，但是有大部分的區域落在 B-band 及 A-defects 區域內，產出這樣的晶棒就無法使用在正片 (prime wafer) 上，因爲它會造成 IC 元件的漏損電流 (leakage) 問題。所以，假如我們的目標是要產出圖 5.26 那樣

的完美晶棒，那麼在拉速偏低時就會產生如圖 5.27 的 A-defects 狀況，如果拉速偏高了，就會產生如圖 5.25 的 COP 狀況，這就是為什麼前面提到要控制拉速在一個狹窄的範圍內的原因。

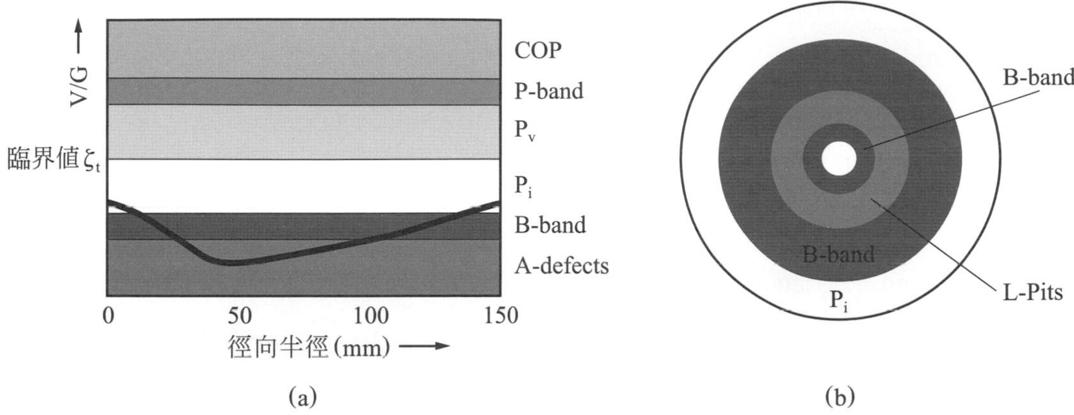

圖 5.27　(a) 在拉速較低的狀況下，徑向 *V/G* 的分佈落在 P_i、B-band 及 A-defects 等三區；(b) 晶棒徑向微缺陷的分佈

六、參考資料

1. T.Abe, Crystal fabrication, in: VLSI Electronics Microstructure Science (N.G. Einspruch and H. Huff, eds.) Vol. 12, pp. 3-61, Academic Press, New York, 1985.
2. T.S. Plaskett, Trans. Metall. Soc. AIME 233 (1965) p.809.
3. T. Abe, T. Samizo and S. Maruyama, Jpn. J. Appl. Phys. 5.
4. A.J.R. de Kock, Philips Res. Rept., Suppl. 1 (1973) p.1.
5. H. Ohtsuka, M. Nakamura, and M. Watanabe, Intrinsic gettering technique for MOS VLSI fabrication, Nikkei Electron., Aug. 31 (1981) p.138-145.
6. H. Foll, B.O. Kolbesen and W. Frank, Phys. Status Solidi A, 29 (1975) K83.
7. T.Abe, in: VLSI Electronics Microstructure Science (N.G. Einspruch and H. Huff, eds.), Vol. 12, p.3-61, Academics Press, New York, 1985.
8. D.I. Pomerantz, J. Electrochem. Soc. 119 (1972) p.255.
9. S. Yasuami, M. Ogino, ans S. Takasu, J. Crystal Growth 39 (1977) 9.227-230 .
10. W. Wijaranakla, J. Electrochem. Soc., 139, No.2 (1992) p.604.

11. H. Harada, T. Abe: Proceeding of the 5th Intern. Symp. on Silicon Materials Sci. and Tech. Semiconductor Silicon, 76 (1986).
12. P.M. Petroff and A.J.R. de Kock, J. Crystal Growth, 30 (1975) p.117.
13. P.M. Petroff and A.J.R. de Kock, J. Crystal Growth, 36 (1976) p.4.
14. T. Abe, and H. Harada, MRS Symp. Proc., 14 (1983) p.1.
15. H. Zimmermann and H. Ryssel, Appl. Phys. A, 55 (1992) p.121.
16. N.A. Stolwijk, J. Holzl, W. Frank, E.R. Weber, and M. Mehrer, ibid., 39 (1986) p.37.
17. H. Bracht, N. A. Stolwijk, and M. Mehrer, Mater. Sci. Forum, 143 (1994) p.785.
18. P.B. Rasband, P. Clancy, and M.O. Thompson, J. Appl. Phys., 79 (1996) p.12.
19. P.E. Blochl, E. Smargiassi, R. Car, D.B. Laks, W. Andreani, and S.T. Pantelides, Phys. Rev. Lett., 70 (1993) p.2435.
20. P.J. Kelly and R. Car, Phys. Rev. B., 45 (1992) p.6543.
21. Y. Bar-Yam and J.D. Joannopoulos, ibid., 30 (1994) p.1844.
22. W. Wijaranakla, J. Electrochem. Soc., 140, No.11 (1993) p.3306.
23. N. Ono, K. Harada, J. Furukawa, K. Suzuki, M. Kida, and Y. Shimanuki, in: Semiconductor Silicon 1998, H.R. Huff, H. Tsuya, and U. Gosele, eds. Vol. 1 (1998) p. 503.
24. V.V. Voronkov, J. Crystal Growth 59 (1982) p.625.
25. T.Y. Tan and U. Gosele, Appl. Phys. A37 (1985) p.1.
26. R. Habu, I. Yunoki, T. Saito and A. Tomiura, Jpn. J. Appl. Phys. 32 (1993) p.1740.
27. R. Habu, K. Kojima, H. Harada and A. Tomiura, Jpn. J. Appl. Phys. 32 (1993) p.1747.
28. R. Habu, K. Kojima, H. Harada and A. Tomiura, Jpn. J. Appl. Phys. 32 (1993) p.1754.
29. R.A. Brown, D. Maroudas and T. Sinno, J. Crystal Growth 137 (1994) p.12.
30. T. Sinno, R.A. Brown, W.v. Ammon, and E. Dornberger, J. Electrochem. Soc. Vo. 145, No.1, Jan. (1998) p.302.
31. B.M. Park, in: Semiconductor Silicon 1998, H.R. Huff, H. Tsuya, and U. Gosele, eds. Vol. 1 (1998) p. 515.

32. T. Sinno, and R.A. Brown, in: Semiconductor Silicon 1998, H.R. Huff, H. Tsuya, and U. Gosele, eds. Vol. 1 (1998) p. 529.
33. E. Dornbergher, W.v. Ammon, Electrochemical Society Proceddings Volume 95-4, (1995) p.294-305.
34. W.v. Ammon, E. Dornberger, H. Oelkrug and H. Weidner, J. Crystal Growth 151 (1995) p.273.
35. A.M. Eidenzon, N.I. Puzanov, and V.I. Rogovoi, Kristallografiya, 34 (1989) p.461.
36. K. Nakamura, T. Saishoji, M. Nishimura, S. Togawa, and J. Tomioka, in: Proceedings of The Kazusa Akademia Park Forum on the Science and Technology of Silicon Materials 1997, p.197.
37. J. Vanhellemont, E. Dornberger, D. Graf, J. Esfandyari, U. Lambert, R. Schmolke, W.v. Ammon, and P. Wagner, in: Proceedings of The Kazusa Akademia Park Forum on the Science and Technology of Silicon Materials 1997, p.173.
38. V.V. Voronkov, and R. Falster, J. Crystal Growth 194 (1998) p.76-88.
39. P.S. Plekhanov, U.M. Gosele, and T.Y. Tan, J. Applied Physics, Vol.84, No.2 (1998) p.718.
40. V.V. Voronkov, Kristallografiya 19 (1974) p.228.
41. R. Falster, V.V. Voronkov, J.C. Holzer, S. Markgraf, S. McQuaid, and L. Mule'Stagno, in: Semiconductor Silicon 1998, The Electrochemical Society Proceedings Volume 98-1 (1998) p.468.
42. A.J.R. de Kock, and W.M. van de Wijgert, J. Crystal Growth 49 (1980) p.718.
43. P.J. Roksnoer, and M.M.B. van de Boom, J. Crystal Growth 53 (1983) p.563.
44. H. Yamagishi, I. Fusegawa, N. Fujimaki, and M. Katayama, Semicond. Sci. Technol. 7 (1992) p.135.
45. H. Foll, B.O. Kolbesen, Appl. Phys., 8 (1975) p.319.
46. J. Vanhellemont, H. Bender, and C. Claeys, Inst. Phys. Conf. Ser. 104 (1989) p.461.

47. T. Abe, Proc. 2nd Int. Symp. On Ultra-Clean Processing of Silicon Surfaces (UCPSS'94), eds M. Heyns, M. Meuris, P. Mertens, Acco (Leuven, Amersfoort), (1994) p.283.
48. M. Kato, Y. Ikeda, and Y. Kitagawara, Jpn. J. Appl. Phys., 35 (1996) p.5597.
49. M. Nishimura, S. Yoshino, M. Moyoura, S. Shimura, T. Mchedilidze, and T. Hikono, J. Electrochem. Soc., 143 (1996) p.243.
50. T. Ueki, M. Itsumi, and T. Takeda, Appl. Phys. Lett. 70 (1997) p.1248.
51. Y. Ikematsu, T. Mizutani, K. Nakai, M. Fujinami, M. Hasebe, and W. Ohashi, in: Proceedings of The Kazusa Akademia Park Forum on the Science and Technology of Silicon Materials 1997, p.439.
52. J. Ruta, E. Morita, T. Tanaka, and Y. Shimanuki, Jpn. J. Appl. Phys., 29 (1990) p.1947.
53. P. Gall, J.P. Fillard, J. Bonnafe, T. Rakotomavo, H. Rufer, and H. Schwenk, in: Defect Control in Semiconductors p.255 (North-Holland, Amsterdam, 1990) p.255.
54. K. Marsden, S. Sadamitsu, T. Yamamoto, and T. Shigematsu, Jpn. J. Appl. Phys. 34 (1995) p.2574.
55. K. Sueoka, N. Ikeda, and T. Yamamoto, Appl. Phys. Lett. 65 (1994) p.1686.
56. S. Sadamitsu, S. Umeno, Y. Koike, M. Hourai, S. Sumita, and T. Shigematsu, Jpn. J. Appl. Phys. 32 (1993) p.3675.
57. S. Umeno, S.Sadamitsu, H. Murakami, M. Hourai, S. Sumita, and T. Shigematsu, Jpn. J. Appl. Phys. 32 (1993) L.699.
58. S. Umeno, M. Okui, M. Hourai, M.Sano, and H. Tsuya, Jpn. J. Appl. Phys. 36 (1997) L.591.
59. J. Vanhellemont, G. Kissinger, S. Senkader, D. Graf, K. Kenis, M. Depas, U. Lambert, and P. Wagner, The Electrochem. Soc. Proc. Vol. 96-13 (1996) p.226.
60. P.C. Hasencak, M. Heyns, R. Falster and R. De. Keersmaeker, Extended Abstract No. 259, ECS Spring Meeting, Atlanta, May, 1988, The Electrochemical Society, NJ, 1988.

61. W.v. Ammon, A. Ehlert, U. Lambert, D. Grof, M. Brohl and P. Wagner, in H.R. Huff, W. Bergholz and K. Sumino (eds.), Semiconductor Silicon, Proc. 7th int. Symp. On Silicon Materials Science and Technology, Vol. 94-10, The Electrochemical Society, 1994, p.136.
62. T. Abe, T. Ito and Y. Ikeda, Nikkei Microdevices, July (1987) p.139.
63. T. Abe and M. Kimura, in H.R. Huff, K. Barraclough and J. Chikawa (eds.) Semiconductor Silicon 1990, The Electrochemical Society, Pennington, NJ. 1990, p.105.
64. T. Abe and H. Takeno, Mater. Res. Soc. Symp. Proc., Pittsburg, 262 (1992) p.3.
65. W.v. Ammon, P. Dreier, W. Hensel, U. Lambert, L. Koster, Materials Science and Engineering B36 (1996) p.33-41.
66. M. Suhren, D. Graf, U. Lambert, and P. Wagner, Electrochemical Society Proceeding, Vol. 96-13 (1996) p.132.
67. E. Dornberger, D. Graf, M. Suhren, U. Lambert, P. Wagner, F. Dupret, and W.v. Ammon, J. Crystal Growth 179 (1997).
68. Ing, Heavily n-type doped silicon and the dislocation formation during its growth by the Czochralski method (2017)
69. M. Porrini, Microdefect formation in heavily-doped silicon crystals (2015)
70. Y. Matsushita, M. Wakatsuki, and Y. Saito, in Extended Abstracts of the 18th Conference on Solid State Devices and Materials, Yokyo, August 20-22, 1986 (The Japan Society of Applied Physics, 1986) p.529.
71. S. Nadahara, H. Kubota, and S. Samata, Solid State Phenomena Vol. 57-58 (1997) p.19-26.
72. Y. Matsushita, S. Samata, M. Miyashita, and H. Kubota, Proc. 1994 Int. Electron Devices Meeting Technical Digest, San fransico, CA (IEEE, Piscataway, NJ) 321 (1994).

73. H. Kubota, M. Numano, T. Amai, M. Miyashita, S. Samata, and Y. Matsushita, Semiconductor Silicon 1994 eds. H.R. Huff, W. Bergholz and K. Sumino (The Electrochem. Soc. Inc., Pennington), 225 (1994).
74. H. Abe, I. Suzuki, and H. Koya, J. Electrochem. Soc. Vol. 144, No. 1 January (1997) p.306.
75. K. Izunome, M. Miyashita, A. Ichikawa, Y. Kirino, J. Arita, and A. Ueki, Jpn. J. Appl. Phys. Vol. 36 (1997) L1127-L1129.
76. Kurihara, Y. Kirino, Y. Matsushita, and K. Yamabe, Toshiba Review 49 (1994) p.387.
77. W. Wijaranakula, H.D. Chiou, Appl. Phys. Lett, Vol. 64, No. 2 February (1994) p.1030.
78. N. Yamada, H. Yamada-Kneta , in: Proceedings of The Kazusa Akademia Park Forum on the Science and Technology of Silicon Materials 1997, p.468.
79. D. Graf, U. Lambert, M. Brohl, A. Ehlert, R. Wahlich, P. Wagner, Materials Science and Engineering B36 (1996) p.50-54.

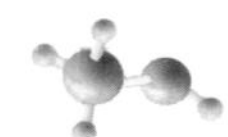

5-2 氧析出物 (Oxygen Precipitation)

一、前言

氧析出物之所以出現在矽晶中，是因爲位於 interstitial 的氧濃度，在一般 IC 元件製程的溫度呈現過飽和狀態。由於矽晶中的氧析出物，對於元件良率同時具有有益及有害的影響，因此在過去的 30 年中，一直受到廣泛地研究。而就如同疊差 (stacking fault)、差排環 (dislocation loop) 等晶格缺陷一樣，氧析出物也扮演著可以吸附臨近雜質之角色。氧析出物可以藉著以下兩個可能機構，來達到吸附臨近雜質的作用：第一是氧析出物可以做爲其它雜質析出的核胚、第二是氧析出物本身在晶格內所產生的應力場，可以引起雜質快速地擴散過來，而優先溶解在此應力場內。換句話說，氧析出物等晶格缺陷，對於雜質原子具有較高的溶解度。

存在於矽晶中的氧析出物，在元件的應用上具有以下的作用 [1]：

1. 內質去疵作用 (intrinsic gettering，簡稱 IG)

在元件製程中，氧析出物可以吸附一些有害的金屬雜質 (例如：Ni、Fe、Na、Ag 等快速擴散元素)。而這種作用的效率，主要正比於析出的氧濃度。因此因應不同的元件製程之需要，對於氧析出物密度之要求也有所不同，這也是爲什麼氧濃度成爲矽晶中主要的規格之原因。而氧析出物必須僅出現在遠離矽晶表面的區域，因爲它若出現在元件區域內，則會造成 junction leakage 的問題。所以在控制氧析出物的形成上，一般都是利用氧在高溫下的 out-diffusion 使其在矽晶表面的濃度低於飽和濃度，因而產生一層沒有氧析出物的 denuded zone。

2. 氧析出物的有害作用

溶解在矽晶中的氧，具有抑制差排產生及減少滑移的作用 [2]，所以適量的增加氧含量，有助於增加矽晶片的強度。而適當的氧析出物，也有助於矽晶的機械性質，因爲氧析出物可以具有析出硬化的作用。但是大量的氧析出物 (尤其在具有應變或高溫之下)，將使得氧析出物附近環繞著大的差排環。而在具有應變 (strain) 的環境之下，差排環將在晶格內移動，最後穿越晶片表面。因此這將使得晶片在熱處理過程，

出現撓曲 (warpage) 等變形 [3～6]。而當氧析出物太大時，會對附近的晶格產生較大的應力 (Stress)，一旦外加的應力 (例如熱應力) 夠大，就會從氧析出物處開始產生差排及滑移線。另外在氧析出物附近形成的雜質團，如果存在於元件區域內，將會影響區域性的導電度及造成 p-n 接合的漏損電流 (leakage current) 等不良效應。而存在於元件區域內的氧析出物本身，也會降低少數載子的生命週期 [7]。

毫無疑問的，元件製造商針對其本身不同製程的需要，對於矽晶中氧析出物濃度之要求，也必須恰到好處。然而在過去矽晶圓廠卻面臨著如何控制氧析出物濃度的困難，這是因爲從晶棒上切下來的每一片晶片，都經歷了不同的熱歷史 (thermal history)。因此氧析出物在晶棒的軸向分佈往往是不均勻的。

根據一些研究報告指出，氧析出物的徑向分佈，則與徑向的空位及間隙型原子的分佈，有很大的關係 [8～10]。在晶片外圈的 I-riched 區域所存在的壓應力，使得氧析出物很難在這個區域內形成 (因爲會添加更大的壓應力)。但在晶片內圈的 V-riched 區域，由氧析出物釋出的間隙型原子，可以補償原先由過多空位所造成的拉應力，因此，vacancy 可以促進氧析出物的形成。

20 多年前，Falster 開發出所謂的 MDZ 方法 (Magic Denuded Zone)[11]，利用高溫的 RTA 熱處理，可以精確地控制 vacancy 濃度在晶片縱向深度的分佈，進而精確地控制氧析出物的形成 (因爲氧析出物的形成與 vacancy 濃度有關)。這種 MDZ 方法，使得 denuded zone 的深度與氧析出物濃度 (BMD)，不再與氧濃度有關，甚至 CZ 晶棒的熱歷史也不再影響氧析出物的行爲。這種 MDZ 方法可謂近代 IG 技術的一大突破性發明。

本節將依序介紹氧析出物的形成機構、種類與影響因素，最後則介紹 MDZ 技術。

二、氧析出物的形成

1. 成核 (Nucleation)

在 CZ 矽晶中，氧是主要的雜質元素，它一般是位於兩個矽原子之間的 interstitial 位置，如圖 4.44 所示。在熔點溫度 (1420℃) 時，進入矽晶格中的氧原子濃度約等於最大溶解度。而隨著溫度的降低，氧的溶解度也跟著降低，這使得矽晶中的氧濃度變成過飽和，而這種過飽和即代表著析出氧化物的一種熱力學驅動力。

氧析出物形成的第一步，是成核 (nucleation)，也就是說在矽晶格內生成由數個氧原子聚結而成的核胚 (nuclei 或 embryo)。接著根據矽晶的特性及熱環境，這些核胚可以成長形成氧析出物或甚至溶解消失掉。

氧析出物的成核過程，可爲均質成核 (homogeneous nucleation)[12～18] 或非均質成核 (heterogeneous nucleation)[19～27]。前者係指隨機發生在同質相中的成核過程，例如由少數氧原子聚結在矽晶格內。而後者則指須借助其它晶格缺陷而形成核胚的一種過程。非均質成核通常比均質成核需要更少的能量，也因此較容易發生。

A. 均質成核 (homogeneous nucleation)

在成核理論中，一個非常重要的參數是臨界半徑 r_c。當核胚半徑 $r > r_c$ 時，核胚會繼續成長；當核胚半徑 $r < r_c$ 時，核胚則傾向於溶解消失。這將與矽晶的一些特性有關，例如：self-interstitial 及 vacancy 濃度、雜質種類與濃度、溫度等 [15～16]。

假設在沒有應變 (strain) 的情形下，由均質成核方式形成一半徑 r 的球形核胚，所產生的自由能變化量 ΔG 可表示爲

$$\Delta G = -\frac{4}{3}\pi r^3 \Delta G_v + 4\pi r^2 \gamma \tag{5.24}$$

其中 γ 是單位面積的表面能，ΔG_v 是體積自由能。ΔG_v 又可表示爲

$$\Delta G_v = \frac{kT}{\Omega} \ln \frac{C_{ox}}{C_{ox}^*} \tag{5.25}$$

其中 k 是波茲曼常數，Ω 為氧原子的體積，C_{ox} 為氧濃度，C_{ox}^* 為氧的飽合濃度。在 $r=0$ 時，ΔG 等於 0，而在臨界值 $r=r_c$ 時，ΔG 達到最大值 ΔG^*。在能量最大值時，$d(\Delta G)/dr=0$，因此

$$r_c = \frac{2\gamma\Omega}{kT\ln\left(\frac{C_{ox}}{C_{ox}^*}\right)} \tag{5.26}$$

根據古典的成核理論，半徑 r 的核胚在每單位體積內的數目 N，將遵守波茲曼分佈

$$N(r) = c\exp\left(-\frac{\Delta G}{kT}\right) \tag{5.27}$$

其中 c 代表每單位體積可以成核的位置數目。成核速率 $J_0 = N/t$，t 為時間。因此 J_0 可表示為

$$J_0 = 4\pi r_c^2 c(D/d)Zn(r_c) \tag{5.28}$$

其中 D 為氧原子的擴散係數、d 為氧原子的「跳躍距離 (atomic jump distance)」、Z 為 Zeldovich factor ($Z \approx 10^{-2}$)，相當於成核後氧原子在析出核胚中的比率。圖 5.28 顯示成核速率與氧濃度及溫度之間的關係 (28)。通常均質成核被認為，較易發生在輕度摻雜而沒有碳等不純物的矽晶中。這種成核方式必須在足夠低的溫度範圍內，才能有足夠的過飽和度促進氧析出物的成核，然而溫度又必須不能太低，才能使得氧原子可以藉擴散移動。因此 500 ～ 900℃似乎為最合適的均質成核溫度，而最大的成核速率約發生在 750℃ (2，29)，如圖 5.28(c)。

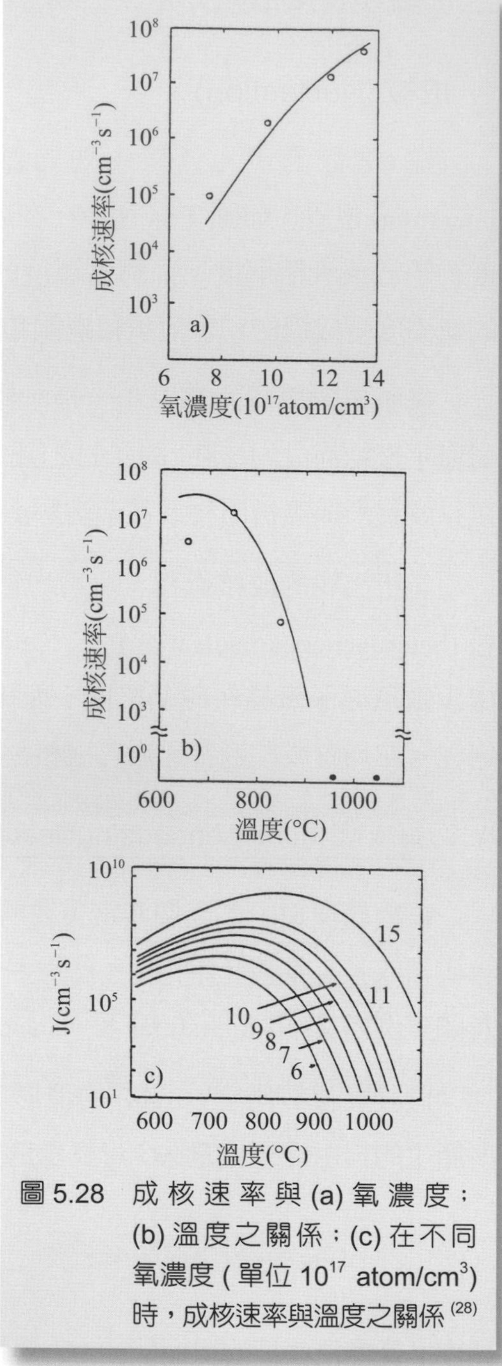

圖 5.28 成核速率與 (a) 氧濃度；(b) 溫度之關係；(c) 在不同氧濃度 (單位 10^{17} atom/cm^3) 時，成核速率與溫度之關係 (28)

在具有應變的情況下，式 (5.24) 的自由能變化量 ΔG，尚須考慮到應變能 (starin energy)，有關這方面的成核模型，讀者可參閱參考資料 29。

B. 非均質成核 (heterogeneous nucleation)

非均質成核是指，氧析出物必須借助其它晶格缺陷的存在才成核的一種過程，這些晶格缺陷主要為碳原子、C-O 複合物及點缺陷等。目前尚無具體的數學模型來描述這種成核機構，但一些實驗數據都顯示非均質成核機構的確存在 [19～27]。

以碳的影響而言，碳原子在矽晶格內，可以形成 SiC 晶粒，而使得體積收縮約 50%。因此碳的存在，可以產生有助於成核的自由體積。一些含碳的矽晶顯示，與氧析出物有關的氧含量變化量將會增加。同時在氧析出物形成後，利用 FTIR 量測到的置換型的碳濃度的確減少了。

除了碳原子之外，C-O 複合物也被認為可以當成非均質成核的核胚 [21，30～33]。實驗觀察顯示，C-O 複合物的 IR 吸收光譜與因氧析出物而導致的氧原子之吸收能帶的改變有關。因此 C-O 複合物的確可以當成非均質成核的核胚。

至於本質點缺陷 (特別是在矽晶生長時產生的 vacancy 聚合物)，也被假設為可能的核胚 [12，19，34]。一個支持這假設的論點是，vacancy 聚合物可以釋放氧析出物所造成的壓應力。

2. CZ 矽晶的氧析出物之成核

CZ 矽晶棒在生長過程的整個熱歷史，不僅影響點缺陷及微缺陷的生成，也影響著氧析出物的行為。一些研究發現，矽晶片在經過一系列熱處理之後的氧析出物密度 (bulk micodefect density，簡稱 BMD) 與晶體生長時的熱歷史有著很大的關係 --- 特別是在某一溫度範圍內的停留時間 [35～36]。假如晶棒在 650 至 700℃的溫度區間停留時間增加的話，那麼氧析出物將會增加。假如晶棒在低於 T_n 溫度 (亦即約 1000℃) 的停留時間增加的話，那麼氧析出物將受到很大的抑制。有關這種停留時間之效應的解釋是，在 $T_n \sim T_c$ 的溫度範圍內，沒有因空位聚合物成長而被消耗掉的殘留 vacancy，將在 650 至 700℃的溫度區間內，促進氧析出物的成核 [37]。因此增加在低於 T_n 溫度 (亦即約 1000℃) 的停留時間，將使得額外的 vacancy 被空位聚合物消耗掉，所以沒有足夠的殘留 vacancy，可以促進氧析出物的成核。

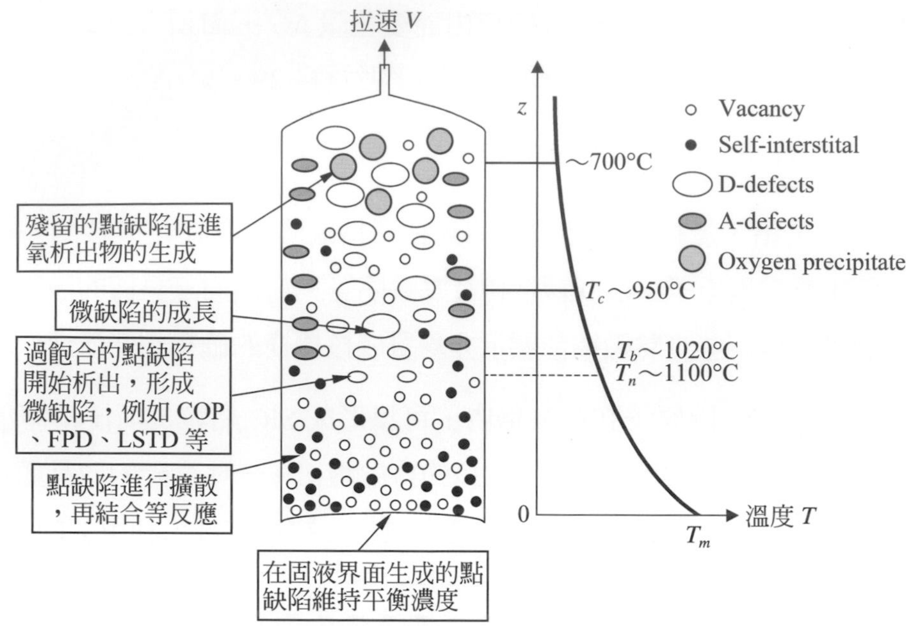

圖 5.29　整個 CZ 矽晶棒內的缺陷型態，隨著晶棒熱歷史的變化情形

事實上，氧析出物與點缺陷的反應是息息相關的。如圖 5.29 所示，整個 CZ 矽晶棒內的缺陷型態，隨著晶棒的熱歷史變化可以歸納成以下的步驟：

(1) 在固液界面附近 (約 1420℃) 的本質點缺陷之再結合過程，決定殘留在晶棒的點缺陷型態及濃度—— Voronkov 的 V/G 理論 (見本章第 1 節)。
(2) 在 $T_m \sim T_n$ 溫度區間內，點缺陷進行 out-diffusion 與 recombination 過程。
(3) 在 T_n 溫度時，過飽合的點缺陷析出形成微缺陷。Vacancy-riched 區域形成 D-defects(亦即空位聚合物)，而 interstitial-riched 區域形成 A-defects(亦即差排環)。
(4) 在 $T_n \sim T_c$ 溫度區間內，微缺陷消耗臨近的點缺陷，而成長變大。
(5) 在 $T_b \sim T_c$ 溫度區間內，部分的 vacancy 與氧原子形成 O_2V 鍵結。
(6) 在 650 ～ 700℃的溫度區間內，殘留的點缺陷 (指 vacancy) 促進氧析出物的成核。

三、氧析出物之種類

由於 CZ 矽晶生長過程中，晶棒在冷卻到室溫的過程中，總是有一些微小的氧析出物會形成。但是其在高溫的停留時間卻不夠久到，足以讓氧析出物長到可觀的大小，不過在將矽晶片做進一步的熱處理時，卻可使這些氧析出物長到較大的尺寸，同時也使得在 interstitial 位置的氧濃度，因進一步的析出行爲而減少。

氧析出物的形狀與大小，與熱處理的溫度有很大的相關性[28]。過去有關氧析出物的 morphology 結構之研究，主要是藉著電子顯微鏡 (TEM)。但是仍須借助以下的分析工具，才能提供足夠的資訊予以判別：

(1) 化學蝕刻方式[38～40]：提供快速的研究氧析出物之密度與分佈。
(2) IR-LST：可以快速的量測氧析出物之密度、大小與分佈。
(3) 紅外光譜分析 (IR)[41]：用以量測形成氧析出物之後的殘留氧濃度。
(4) XRT(X-ray topography)[42]：可以快速地流灠整個晶片上氧析出物之分佈。
(5) SIRM[43]：可以提供非破壞性地檢驗氧析出物 (特別是低密度時)。
(6) 中子繞射法[44]：可以統計氧析出物之大小形狀。
(7) 電阻量測、DLTS (deep transient spectroscopy)、EPR (electron paramagnetic resonance)：可以研究由氧析出物引起的 thermal donor。

藉著以上這些分析工具，在過去 20 多年的研究中，所觀察到的 morphology 結構計有：球狀非晶質的氧析出物、多面體非晶質的氧析出物、八面體非晶質的氧析出物、板狀 (platelike) 非晶質的氧析出物、及條狀 (ribbonlike) 結晶態的氧析出物等。如圖 5.30 所示，這些形狀與熱處理的溫度有關：

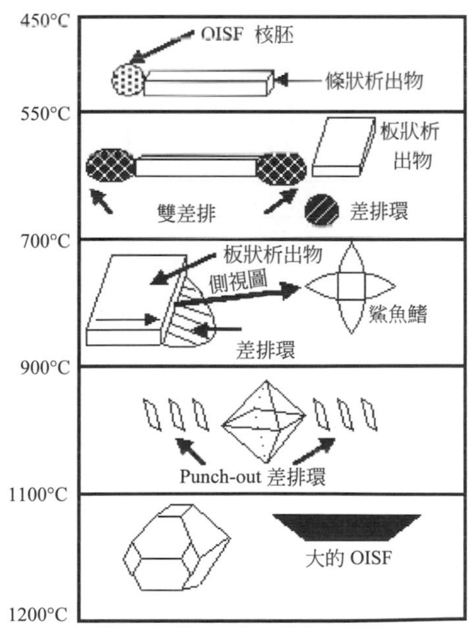

圖 5.30 氧析出物的 morphology 結構，與熱處理溫度的關係

A. $T < 550^\circ C$

過去很少文獻探討在這溫度區間熱處理所產生氧析出物之形貌 (morphology [45～46])，但是主要的研究在於探討此溫度區間所產生的 thermal donor。Thermal donor 本身是種 SiO_x 的複雜析出物，有關 SiO_x 析出物的眞實化學組成之研究相當多，有人認爲 $1 \le x \le 2$，不過最廣爲接受的是 Kaiser 所提出的 $x = 4$[47]。由於這些 thermal donor 的研究，都局限於短暫的熱處理時間 (低於 100 小時)，因此氧析出物無法形成可觀察到的大小。但是如果將熱處理時間延長到 500 ～ 5000 小時，那麼利用 TEM 將可觀察到條狀 (ribbonlike) 的結晶態氧析出物 [48]，這些氧析出物具有僅約數 nm 的截面，但是長度可達數微米。此外，通常疊差 (stacking fault) 型態的缺陷，會伴隨著這些條狀氧析出物出現，如圖 5.31 所示 [49]。氧析出物之所以呈現條狀的原因，在因爲氧之擴散係數在此一溫度區間甚低，因此條狀較其它形狀容易生成。

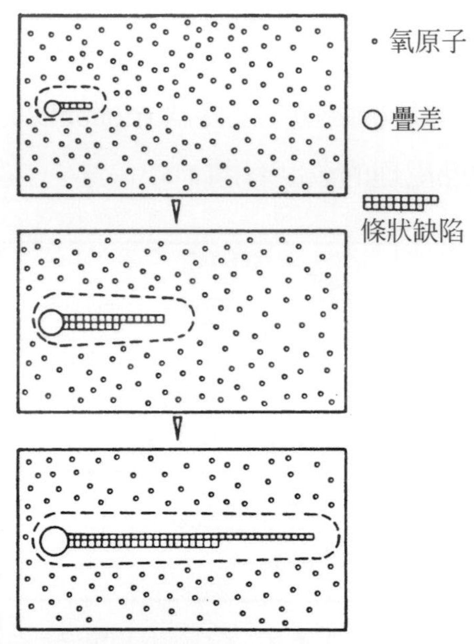

圖 5.31　低溫 (< 550℃) 熱處理，產生條狀 (ribbonlike) 氧析出物過程的示意圖 [49]

B. $T = 550 \sim 700^\circ C$

550 ～ 700℃，是一般矽晶圓廠用以消除 thermal donor 的熱處理溫度。在此一溫度範圍內熱處理 10 ～ 20 小時，即可發現位於 interstitial 位置的氧濃度顯著降低。在這溫度範圍內，通常可觀察到以下的缺陷：

(1) 比較長而平坦的條狀氧析出物，這些氧析出物一般出現在 {100} 面上，而在條狀氧析出物兩端常伴隨著外質差排。

(2) 板狀 (platelike) 的非晶質氧析出物，如圖 5.32 所示 (50)。

(3) 差排環變得更大，而且不須伴隨著條狀氧析出物 (48～51)。

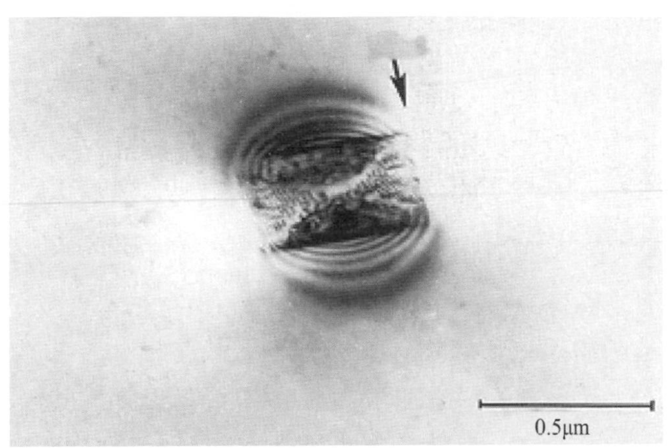

圖 5.32　板狀氧析出物的 TEM 照片 (50)

C. T = 700～900°C

如前所述，氧析出物的最大成核速率，正好落在此一溫度區間內。在此溫度區間內，條狀的氧析出物不再維持穩定。板狀的氧析出物則呈現方形，它的邊是沿著 <110> 方向，而 habit plane 爲 {100}。隨著熱處理時間的增加，板狀氧析出物的密度會減少，而形狀上會漸漸出現所謂「鯊魚鰭 (shark's fins)」的形狀，如圖 5.33 所示。圖 5.34 則顯示不同形狀的氧析出物演變的次序 (52)。

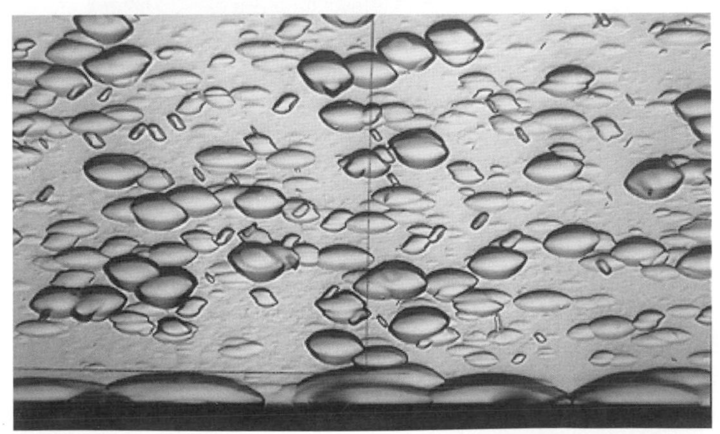

圖 5.33　「鯊魚鰭 (shark's fins)」形狀的氧析出物 (50x)

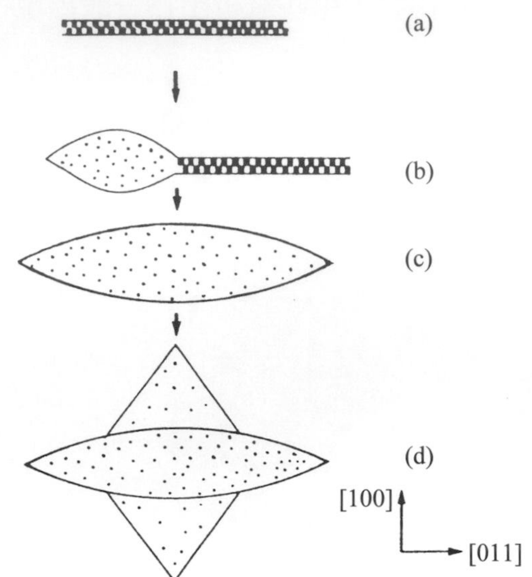

圖 5.34　不同形狀的氧析出物的演變次序 (52)

D. T = 900 ～ 1100˚C

隨著熱處理溫度的增加，氧析出物的形狀變得愈來愈緊密。在這溫度區間內，八面體顯然是最常見的氧析出物，如圖 5.35 所示 (53)。這是因爲，氧析出物的表面能可藉由較緊密的形狀而減低，而八面體的 {111} 結晶面則具有較低的表面能。另外，在這溫度範圍內，觀察到的一個重要現象是，差排環受到成長中的氧析出物的排擠 (punch-out)，以做爲釋放應變的新方式，如圖 5.36 所示 (50)。

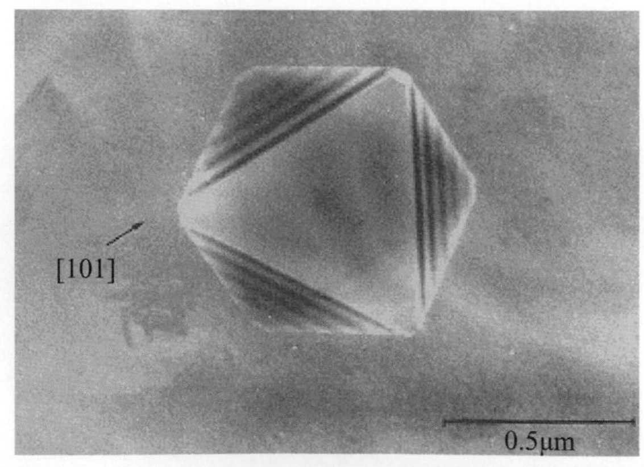

圖 5.35　八面體狀氧析出物的 TEM 照片 -- 由 [111] 方向所觀察到的 dark-field weak-beam image(53)

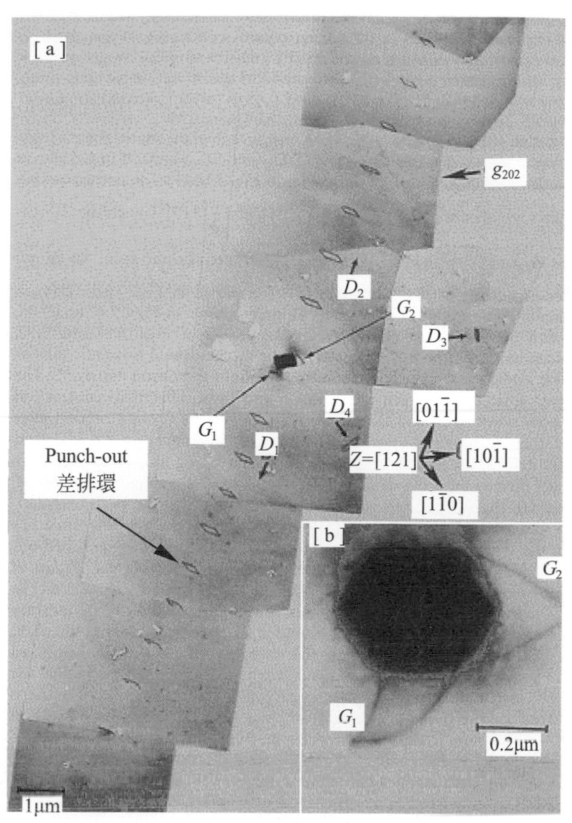

圖 5.36　八面體狀氧析出物及 punch-out 差排環的 TEM 照片：(a) 由 [121] 方向所觀察到的 image，(b) 由 [111] 方向所觀察到的 image。圖中的 D_1、D_2、D_3、D_4 指示 punch-out 差排環的排列方向 (50)

E. *T* > 1100℃

在此一溫度範圍內，氧析出物的形狀又變得更緊密，因此多面體或球狀是最常見的氧析出物，以使表面能最小化，如圖 5.37 所示。由於 misfit 的關係，通常氧析出物與矽晶格之間的界面附近，不會有任何應變的存在，再者疊差也變得很大，X-ray topography 甚至可觀察到直徑超過 200mm 的疊差 (54)。

圖 5.37　球狀氧析出物與 punch-out 差排環的照片 (100x、secco etching)

F. 多重熱處理步驟的影響

以上的溫度區間，簡單的區分了氧析出物隨著溫度的演變過程。而事實上，在眞正的元件製程中，包含了相當複雜的熱週期 (thermal cycle)，如圖 5.38 之例子 [(55)]。如此複雜的熱週期，所產生的氧析出物也變得更爲複雜。

一般而言，如果在低於主析出溫度做預先退火處理 (preannealing)，將可增加氧析出物的密度，如果在高於主析出溫度做預先退火處理，將可降低氧析出物的密度，如圖 5.39 所示 [(49)]。而在一般常用的 IG (intrinsic gettering) HiLoHi 熱處理中，包含以下三個步驟：

(1) Hi：首先在高於 1100℃的高溫下，使氧進行 out-diffusion，使得晶片表面的 20 ～ 100μm，成爲氧空乏區。

(2) Lo：接著讓晶片在 650 ～ 800℃的溫度下，使得晶片內部產生高密度的氧析出物核胚，而晶片表面則具有相當少的氧析出物 (denuded zone)。

(3) Hi：最後是在約 1000℃下，讓核胚成長爲穩定的氧析出物。

通常在元件製程後的氧析出物濃度約在 10^7 至 10^{10} cm^{-3} 之間，這些數目不僅與熱週期有關，也跟下一小節所要討論的種種因素有關。

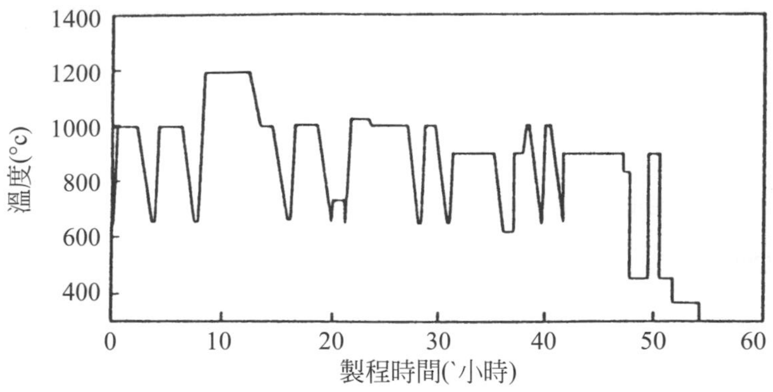

圖 5.38 一典型 CMOS 製程的熱週期 (thermal cycle)[55]

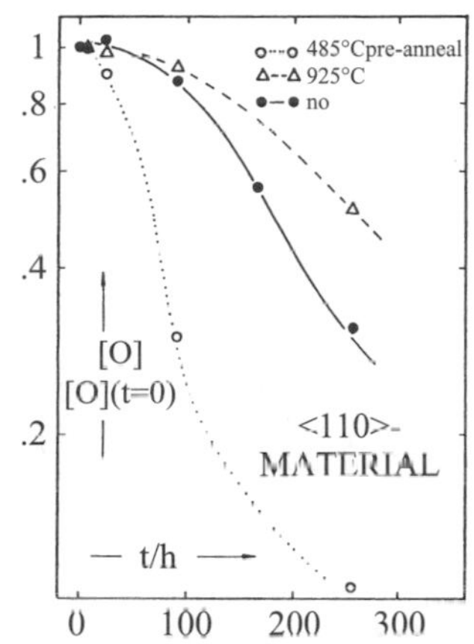

圖 5.39 析出氧濃度變化量 Δ[Oi] 與在 650℃做熱處理時間的關係，圖中三條曲線包包括 (1) 在 485℃預熱 24 小時、(2) 在 925℃預熱 2 小時及 (3) 沒有預熱 [49]

四、影響氧析出行為的因素

矽晶中氧析出物的形成，主要與氧濃度、熱處理溫度及時間有關。除此之後，氧析出物也與長晶條件 (例如：拉速、熱歷史)、不純物 (例如：碳、金屬雜質)、摻雜物的種類及濃度、微缺陷等。了解這些影響缺陷生成的基本原因，將有助於吾人去改善 CZ 矽晶生長製程，以達到提供高品質的矽晶圓，以滿足 VLSI/ULSI 元件應用上之最終需求。

1. 氧濃度的影響

起始氧濃度 $[Oi]_0$ 被認為是影響氧析出物濃度的最主要因素。為了瞭解兩者之間的相關性，首先我們應理解到氧析出物濃度應該正比於 $\Delta[Oi]$，而這裡的 $\Delta[Oi]$ 是指熱處理前後 interstitial 位置的氧濃度差。很顯然的，起始氧濃度 $[Oi]_0$ 愈高的話，氧的過飽合程度也愈大，那麼也較容易生成氧析出物。根據這論點，我們不難理解到 $[Oi]_0$ 與 $\Delta[Oi]$ 的關係，應遵守 S-curve 的觀念 (56～57)，如圖 5.40 所示 (56)。在圖中的區域 I，因為氧含量低，過飽和低，所以氧析出物的濃度很低；在區域 II 內的氧析出物濃度，隨 $[Oi]_0$ 快速增加；而在區域 III 內的氧析出物濃度 $\Delta[Oi]$ 以正比的關係，隨 $[Oi]_0$ 慢慢增加。典型的元件製程，通常要求具有區域 II 內的氧析出物濃度，這使得氧濃度成為一個必須嚴格控制的參數。

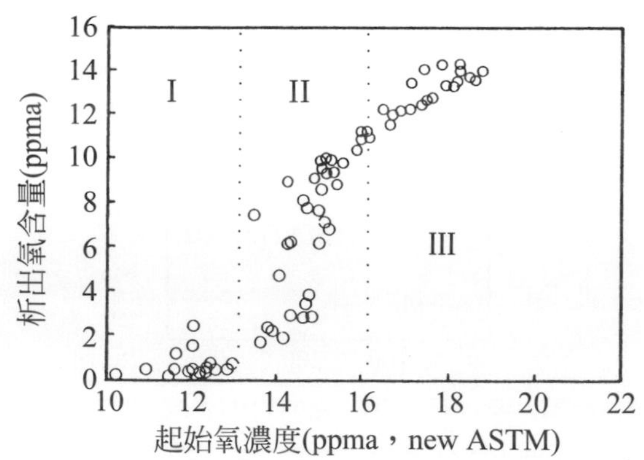

圖 5.40　典型的析出氧濃度變化量 $\Delta[Oi]$ 與起始氧濃度 $[Oi]_0$ 之關係

2. 拉速及熱歷史的影響

在所有長晶條件中，拉速對氧析出物濃度有著很重要的影響。這是因為拉速影響矽晶格內的 vacancy 及 interstitial 之濃度與分佈，而這些 vacancy 及 interstitial 又左右著氧的析出行為，此外拉速也影響晶棒的冷卻速率及熱歷史。在固液界面的瞬時拉速，決定了點缺陷的濃度，而往後的拉速則決定可促進氧析出物的殘留 vacancy 濃度。圖 5.41 是一個 CZ 矽晶棒的拉速 (代表著晶棒的冷卻速度) 及 $\Delta[Oi]$ 的縱向分佈的例子，我們可以看到晶棒的頭端及尾端，具有較大的 $\Delta[Oi]$。以尾端為例，這是因為在尾部生長 (tail growth) 的拉速較快 (亦即在 T_n ～ T_c 溫度區間的停留時間較短)，因此具有較多的殘留 vacancy 以供氧化物的析出。同樣的，自晶冠 (crown) 處的快速

散熱，也使得晶棒頭端具有較快的冷卻速率，及較多的氧析出物。

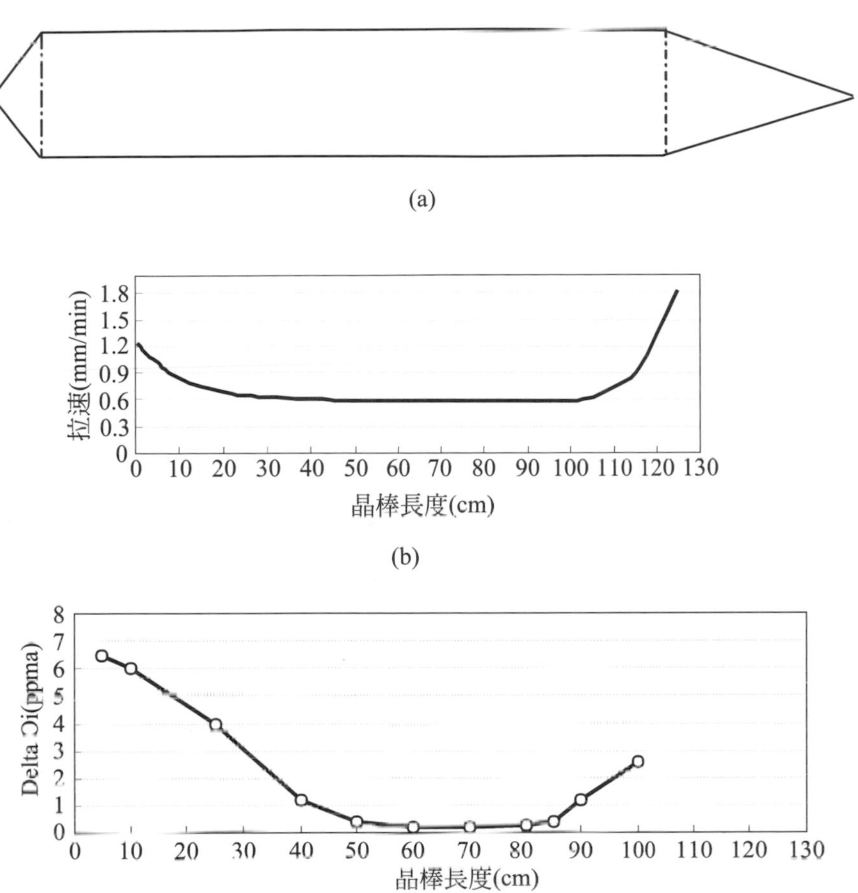

圖 5.41 (a)CZ 矽晶棒，(b) 拉速縱向分佈，(c)Δ[Oi] 的縱向分佈

3. 雜質元素的影響

A. 碳

當矽晶中的碳含量超過 3×10^{16} atom/cm^3 時，它將有助於氧析出物的形成 (58～63)。碳可以使得這些氧析出物變小且變多，這原因可能是基於以下二種機構：

(1) 由於較小的共價半徑，碳造成矽晶格的收縮，也因此可以補償氧析出物形成時的體積膨脹 (28)。

(2) 碳的存在，可以減低氧析出物與矽晶格之間的表面能 (64)。

Shimura 等 [63] 利用 SIMS 的觀察結果顯示，具有高碳含量的區域與高氧析出物的區域互相重疊。而 Sun 等 [65] 藉由 FTIR 的量測，發現矽晶片在 750℃熱處理之後，位於 substitutional 位置的碳濃度及 interstitial 位置的氧濃度同時減少。他們認為碳原子直接介入氧析出物內，因而促進不具應變 (strain-free) 的八面體狀氧析出物的形成。事實上，高的碳濃度將強烈地影響氧析出物的 morphology，因為它可降低由氧析出物所引起的應變能 (strain energy)，這個結果，使得具有較低表面能的八面體狀氧析出物可以在低溫形成 [65～66]。在商業用途上，已有人故意添加碳在矽晶上藉此來降低氧析出物的大小並大幅增加其密度，以提高矽晶片的機械強度。

此外，高碳含量可以抑制 old thermal donor 的產生 [67～69]，但卻會幫助 new thermal donor 的產生 [70～71]。

B. 氮

在矽晶製程中，廣泛地使用氮氣環境，並且因而發現晶片的強化效果 [2，72]，這也因此吸引人們想要瞭解氮在矽晶中所扮演的角色之興趣。以對氧析出物的影響而言，Shimura 等 [72] 發現氮可以促進氧析出物的形成，特別是對於低氧矽晶。氮促進氧析出物形成的現象，也解釋了其在 CZ 矽晶中的強化效果。近來，先進的矽晶圓材料已廣泛地利用添加氮，來增加 BMD 密度，以提高 IG 的能力，如圖 5.42 所示。

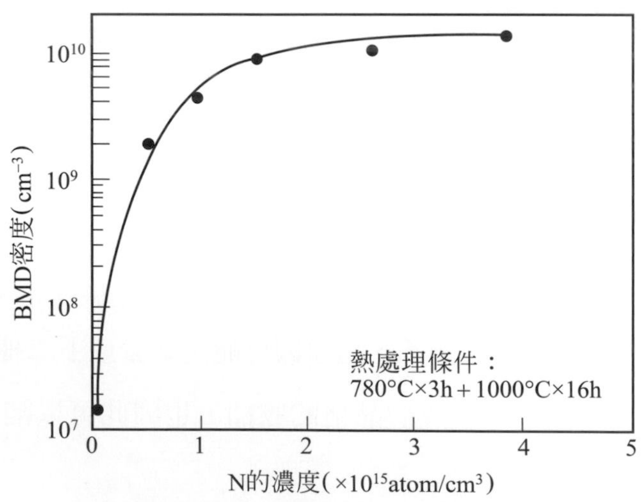

圖 5.42　添加氮到矽晶中，BMD 密度隨著氮的濃度增加而增加

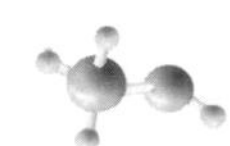

Sun 等[73] 發現，氮可以促進氧析出物在 750 至 1100℃之間的成核，這被解釋爲氮析出物可以當成非均質成核的位置，而且氮聚結在環繞氧析出物的應變區域內，可以抑制 self-interstitial 矽原子的移動。

最近 Ammon 等[74] 的研究指出，氮促進氧析出物生成的效果甚至遠高於碳。他們認爲氮促進 vacancy 及 interstitial 的再結合，因而使得氧析出物的臨界半徑 r_c 變小 (請參考 Vanhellemont[75] 所推導的有關臨界半徑 r_c 之方程式)。

C. 氫

氫在矽晶中，可以增加氧的擴散係數[76～77]、促進 thermal donor 的生成[78]、以及促進氧析出物的形成。Hara 等[79] 認爲氫促進氧析出物形成的機構爲：

(1) 氫原子的聚合物，可當成氧析出物的成核位置。

(2) 增加氧的擴散係數，亦謂著增加氧析出物的成長速率。

近來，在氫氣的環境下做高溫退火處理 (hydrogen annealing) 的 CZ 矽晶片，受到廣泛的研究[80～89]。由於氫氣促進氧在晶片表面的 out-diffusion，使得在晶片表面具有一層 denuded zone，而晶片內部的 BMD 則不受影響。但是如果在矽單晶的生長過程中添加氫氣，它不僅可以讓 COP 變少，也可以增加 BMD 的密度。

D. 硼

氧析出物的密度，在重度硼摻雜 (heavily doped) 的矽晶中，遠比在輕度硼摻雜 (lightly doped) 的矽晶高；而板狀析出物的生長速率則較慢[90]。利用 TEM 研究氧析出物在重度硼摻雜矽晶中的 morphology 發現[91～92]：

(1) 在 650℃觀察不到析出物，即使熱處理時間長達 128 小時。

(2) 板狀析出物在 800℃時形成。

(3) 在 1050℃時，出現結合差排環的多邊形析出物。

Hahn 等[91] 解釋以上的觀察，認爲 B_2O_3 聚結物有助於促進氧析出物的成核。但由於 B_2O_3 聚結物的存在，減低了氧的流通量 (flux)，使得氧的過飽合度降低，這因此減低板狀析出物的成長速率。

E. 磷

一般發現在重度磷攙雜的矽晶中，氧析出物的形成受到顯著的抑制 (93～96)。這也是在 IG 應用的考量上，N^+ 矽晶不如 P^+ 矽晶的地方。圖 5.43 顯示在 P^- 型及 N^- 型矽晶中，氧析出物濃度 (BMD) 與電阻率 (亦即攙雜濃度) 之間的關係，BMD 密度隨著硼濃度增加而逐漸增加，但隨著磷濃度增加而逐漸減低 (95)。N^+ 矽晶之所以抑制氧析出物的原因，是缺乏可能促進非均質成核的媒介。

F. 銻及砷

和磷的效應一樣，高濃度的銻及砷將減少氧析出物的形成 (20，97～102)。Shimura 等 (100) 認爲帶負電的 vacancy 是氧析出物的成核中心，而帶正電的 Sb^+ 與 vacancy 之間的庫倫吸引力，減低了 vacancy 的濃度，也因此連帶地抑制了氧析出物的成核。再者，銻及砷對於 CZ 矽晶中氧濃度的抑制效應，使氧的過飽合度降低，這也是減低氧析出物的原因之一 (103)。Porrini 等 (104) 也發現，重攙砷的矽晶棒中的氧析物濃度確實隨著砷濃度 (亦即電阻率) 而大幅降低，當它低於 4 mohm-cm 時，氧析出物的濃度陡峭地降了 10^4 倍，如圖 5.44(b) 所示。這現象顯然跟氧的過飽和度有關，在圖 5.44(a) 我們可以看到氧的濃度是隨著電阻率下降而遞減的。

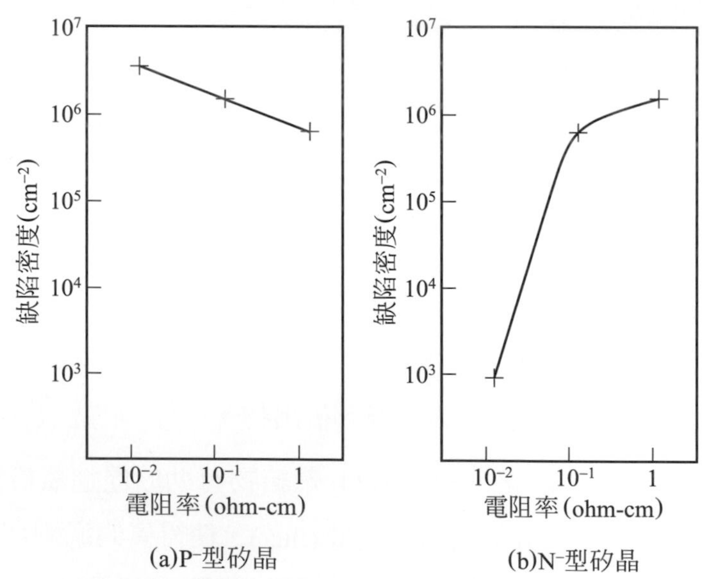

圖 5.43　在 P^- 型及 N^- 型矽晶中，氧析出物濃度 (BMD) 與電阻率 (亦即攙雜濃度) 之間的關係 (95)

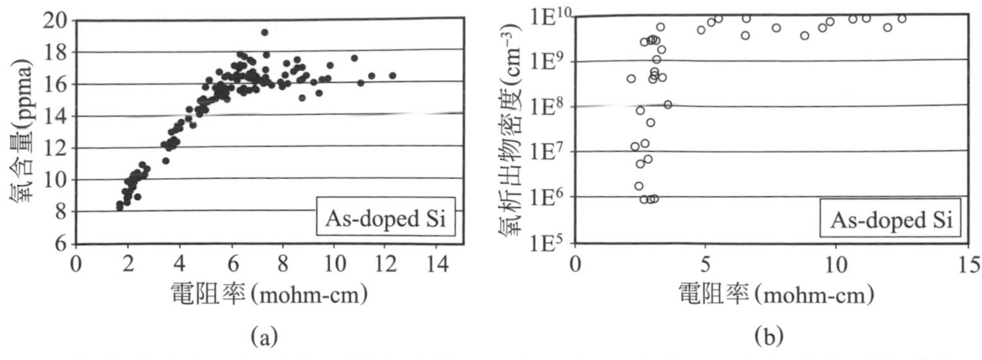

圖 5.44 (a) 氧的濃度在重摻砷的晶棒中隨著電阻率下降而遞減，(b) 氧析物在重摻砷的晶棒中隨著電阻率下降而遞減 [104]

G. 鐵

由於一些金屬不純物，例如：Fe、Cu、Ni、Cr 等，會降低少數載子的生命週期，所以一直受到廣泛的研究。爲了避免金屬不純物影響製程良率，金屬可由 IG 方法自晶片表面區域除去。最近 Hackl 等發現，當矽晶中 Fe 濃度超過 1×10^{11} atom/cm^3 時，氧析出物的成核與成長會受到抑制 [105]。

五、MDZ (Magic Denuded Zone)

IG 的原理在於利用晶片內部的氧析出物 (BMD) 所造成的應力場，以吸附來自晶片表面的金屬不純物，因而使晶片表面產生一層 (20 ～ 100μm) 低缺陷的區域 (denuded zone)，以供 IC 製程使用。前面提過，傳統的 IG 技術包括了：(1) 先在高於 1100℃的溫度下使表面的氧 out-diffusion，以產生氧空乏區、(2) 接著讓晶片在較低的溫度 (650 ～ 800℃) 下，使得晶片內部產生高密度的氧析出物核胚、(3) 最後是在約 1000℃下，讓核胚成長爲穩定的氧析出物。

然而傳統的 IG 技術，很難精確的去控制晶片內部的氧析出物密度與 denuded zone 的深度，這是因爲太多的因素控制著氧析出物的成核與成長。舉凡氧濃度、晶棒的熱歷史、熱處理溫度與時間及雜質種類與濃度等因素，甚至 IC 客戶的熱製程都讓 IG 控制變得相當複雜。再加上 wafer-to-wafer 的變異性，以及耗時等缺點，都促使近代的科學或工程人員，致力於尋求可以精確控制 IG 的方法。一直到 1997 年，Falster 開發出所謂的 MDZ 方法 (Magic Denuded Zone)[11]，可以精確而快速地控制氧析出物的形成，因而獲得具再現性與可靠性的 IG 效果。而且 denuded zone 的深度與氧析出物濃度 (BMD)，不再與氧濃度、CZ 晶棒的熱歷史及 IC 製程應用有關。

由於在高溫下，vacancy 不僅可以快速地在矽晶中擴散，也可以促進氧析出物的成核。因此有異於傳統 IG 技術利用氧的擴散機構 (耗時)，MDZ 的原理在於精確地控制 vacancy 濃度在晶面縱深方向的分佈，以達到快速控制氧析出物密度的目的。

在薄矽晶片內的本質點缺陷濃度，可藉由高溫 RTA 處理而改變之。事實上，研究發現 [106～107]，在氮氣環境下進行高溫 RTA 處理，可以使晶片表面產生 vacancy，因而加速低溫時的氧析出物成核。而為了在晶面縱深方向，創造一理想的 vacancy 濃度分佈，必須牽涉到 Frenkel pair 的產生與再結合、晶片表面 vacancy 及 interstitial 濃度的流動量 (flux) 及擴散等機構。

假設在熱處理溫度，Frenkel pair 的產生與再結合的速率足夠快的話，那麼 C_v 及 C_i 可表示為 [11]

$$\frac{dC_v}{dt} = D_v \frac{d^2C_v}{dz^2} - K(C_vC_i - C_{ve}C_{ie}) \tag{5.29}$$

$$\frac{dC_i}{dt} = D_i \frac{d^2C_i}{dz^2} - K(C_vC_i - C_{ve}C_{ie}) \tag{5.30}$$

在加熱到 1000℃以上的溫度時，Frenkel pair 的產生速率已經相當快了，因此 $C_vC_i = C_{ve}C_{ie}$，如圖 5.45(a)。在晶片表面的 C_v 及 C_i 濃度係由氣氛環境及發生在表面的可能反應所決定。例如：在氧化的氣氛下進行高溫 RTA 處理，可以使得晶片表面變成 interstitial-rich；而在氮氣環境下進行高溫 RTA 處理，可以使得晶片表面變成 vacancy-rich。實驗上也發現，只要在 1200℃的溫度退火 10 秒鐘，使得過多的 interstitial 擴散到晶片表面，整片晶片的 C_v 及 C_i 濃度將接近平衡濃度，亦即 $C_v = C_{ve} > C_i = C_{ie}$，如圖 5.45(b)。接著讓矽晶片快速冷卻，由於 V-I 再結合的關係，使得晶片內部的 vacancy 濃度大幅降低，而晶片表面區域的 vacancy 濃度甚至因 out-diffusion 的原因而降得更低，如圖 5.45(c)。這使得晶片縱深方向出現 vacancy 濃度梯度，亦即晶片表面的 vacancy 濃度低，而內部高。這種 vacancy 濃度的實際分佈係與退火溫度及冷卻速度有關。

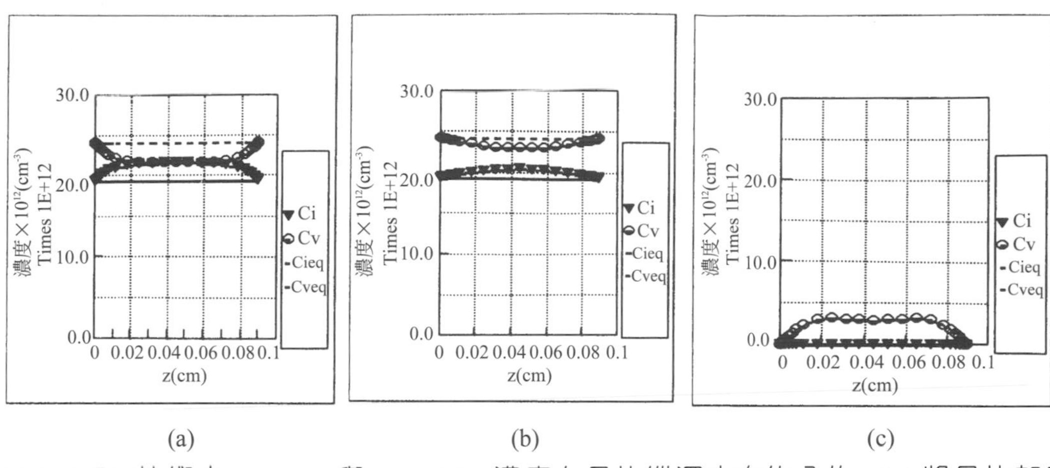

圖 5.45 MDZ 技術中 vacancy 與 interstitial 濃度在晶片縱深方向的分佈：(a) 將晶片加熱到 1200℃，(b) 在 1200℃退火 9 秒鐘，使得晶片內產生過多的 vacancy，(c) 將晶片快速冷卻到 790℃。(11)

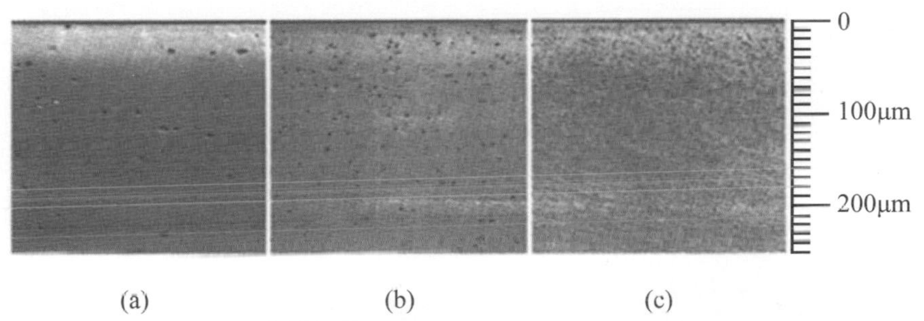

圖 5.46 傳統的析出行為，熱處理條件為 4hrs-800℃ + 16hrs-1000℃。氧濃度在 (a)、(b)、(c)，分別為 6、7、8 × 10^{17} cm^{-3}。而 BMD 密度在 (a)、(b)、(c)，分別為 3 × 10^{7} cm^{-3}、7 × 10^{8} cm^{-3}、4 × 10^{10} cm^{-3} (11)

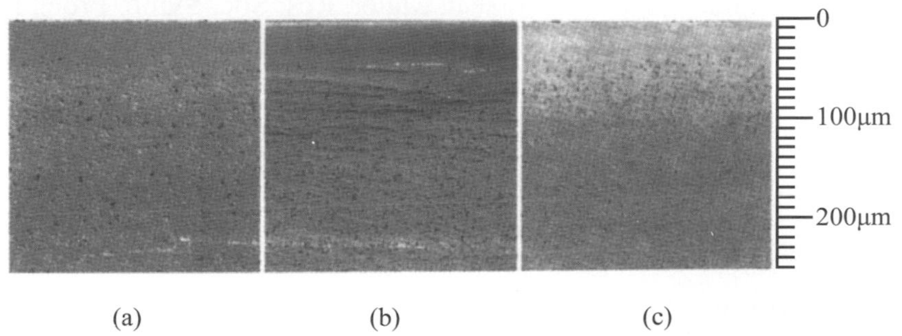

圖 5.47 MDZ 的析出行為，MDZ 條件為在 1250℃ Ar 氣氛中 10 秒，析出條件為 4hrs-800℃ + 16hrs-1000℃。氧濃度在 (a)、(b)、(c)，分別為 6、7、8 × 10^{17} cm^{-3}。而 BMD 密度在 (a)、(b)、(c)，分別為 4 × 10^{10} cm^{-3}、2 × 10^{10} cm^{-3}、6 × 10^{10} cm^{-3} (11)

在傳統的 IG 技術中，氧析出行爲與氧的濃度有很大的關係，如圖 5.46(11)。但在 MDZ 方法中，這種可以加速氧析出行爲的 vacancy 濃度分佈，使得氧析出物的成核在極短的時間內發生後，旋即因 vacancy 濃度的大量消耗而中止，這也使得氧析出行爲不再與氧濃度有關，如圖 5.47(11)。除此之外，MDZ 的高溫環境也可消除由 CZ 矽晶生長中所產生的氧析出物，使得 CZ 矽晶生長的熱歷史，不再影響氧析出行爲。MDZ 所創造的 vacancy 濃度分佈，也全然與起始晶片的本質點缺陷之濃度無關。

六、參考資料

1. W. Zulehner and D. Huber, in: Crystals 8, 1 (1982), ed. J. Grabmaier, Spring-Verlag, Berlin, Heidelberg, New York.
2. W. C. O'Mara, in Handbook of Semiconductor Silicon Technology, eds. W.C. O'Mara, R.B. Herring, and L.P. Hunt (1990) p.521.
3. H.D. Chiou, Y. Chen, R.W. Carpenter, and J. Jeong, J. Electrochem. Soc. Vol. 141, No.7, July (1994) p.1856.
4. K.G. Moerschel, C.W. Pearce, and R.E. Reusser, in Semiconductor Silicon 1977, H.R. Huff and E. Sirtl, Eds, PV77-2, The Electrochemical Society Proceedings Series, Princeton, NJ (1977) p.170.
5. B. Leroy, and C. Plougonven, J. Electrochem. Soc. 127 (1980) p.961.
6. C.O. Lee and P.J. Tobin, ibid., 133 (1986) p.2147.
7. J.M. Hwang and D.K. Schroder, J. Appl. Phys. 59 (1986) p.2476.
8. S. Ogushi, M. Hourai and T. Shigematsu, Mater. Res. Soc. Symp. Proc., Pittsburg, 262 (1992) p.37.
9. M. Hourai, T. Nagashima, E. Kajita, S. Miki, S. Sumita, M. Sano and T. Shigematsu, in H.R. Huff, W. Bergholz and K. Sumino (eds.), Semiconductor Silicon, Proc. 7th int. Symp. On Silicon Materials Science and Technology, Vol. 94-10, The Electrochemical Society, 1994, p.156.
10. K. Sueoka, N. Ikeda, T. Yamamoto and S. Kobayashi, Jpn. J. Appl. Phys., 33 (1994) L 1507.

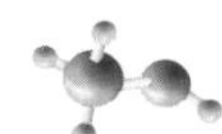

11. R.Falster, Mat. Res. Soc. Symp. Proc. Vol. 510, 1998 Materials Research Society, p.27-35.
12. S.M. Hu, Appl. Phys. Lett. 36 (1980) p.561.
13. S.M. Hu, J. Appl. Phys. 52 (1981) p.3974.
14. N. Inoue, J. Osaka, and K.Wada, J. Electrochem. Soc. 129 (1982) p.2780.
15. S.M. Hu, Materials Research Society Symp. 59 (1986) p.249.
16. N. Inoue, K. Watanabe, K. Wada, and J. Osaka, J. Crystal Growth 84 (1987) p.21.
17. J. Vanhellemont and C. Caleys, J. Appl. Phys. 62 (1987) p.3960.
18. J. Vanhellemont and C. Caleys, J. Appl. Phys. 71 (1992) p.1073.
19. K.V. Ravi, J. Electrochem. Soc. 121 (1974) p.1090.
20. A.J.R. de Kock and W.M. van de Wijgert, Appl. Phys. Lett. 38 (1981) p.888.
21. G.S. Oehrlein, J.L. Lindstrom, and J.W. Corbett, Appl. Phys. Lett. 40 (1982) p.241.
22. K.Wada, H. Nakanishi, H. Takaoka, and N. Inoue, J. Crystal Growth 57 (1982) p.535.
23. R.A. Craven, Materials Research Society Symp. 36 (1985) p.159.
24. T.Y. Tan and C.Y. Kung, J. Appl. Phys. 59 (1986) p.917.
25. N. Inoue, K.Wada, and J. Osaka, in Defects and Properties of Semiconductors: Defect Engioneering, edited by J. Chikawa, K. Sumino, and K. Wada (KTK Scientific, Tokyo, 1987) p.197.
26. W. Zulehner, in Proceedings of the STEP Europe Conference 1988, p.68.
27. H. Furuya, I. Suzuki, Y. Shimanuki, and K. Murai, J. Electrochem. Soc. 135 (1988) p.677.
28. A. Borghesi, B. Pivac, A. Sassella, and A. Stella, Applied Physics Reviews, 77 (9) 1 May 1995, p.4169.
29. N. Inoue, K. Wada, and J. Osaka, Semiconductor Silicon 1981, p.282.
30. S. Kishino, Y. Matsushita, and M. Kanamori, Appl. Phys. Lett. 35 (1979) p.213.
31. P. Fraundorf, G.K. Fraundorf, and F. Shimura, J. Appl. Phys. 58 (1985) p.4049.
32. F. Shimura, J. Appl. Phys. 59 (1986) p.3251.
33. Q. Sun, K.H. Yao, J. Lagowski, and H.C. Gatos, J. Appl. Phys. 67 (1990) p.4313.

34. E.W. Hart, Acta Metallogr. 6 (1958) p.553.
35. Y. Shimanuki, H. Furuya, I. Suzike, and K. Murai, Jpn. J. Appl. Phys. 24 (1985) p.1594.
36. N.I. Puzanov and A.M. Eidenzon, Semicond. Sci. Technol. 7 (1992) p.406.
37. R. Falster, V.V. Voronkov, J.C. Holzer, S. Markgraf, S. McQuaid, and L. Mule'Stagno, in: Semiconductor Silicon 1998, The Electrochemical Society Proceedings Volume 98-1 (1998) p.468.
38. A.F. Secco, J. Electrochem. Soc. 136 (1972) p.948.
39. M. Wright-Jenkins, J. Electrochem. Soc. 1246 (1977) p.757.
40. W. Bergholz, in Semiconductors: Impurities and defects in Group IV Elements and III-V Compounds, O. Madelung and M. Schulz (eds.), p.126, Landolt Boernstein New Series III/22b, Springer, Berlin.
41. F. Schomann, and K. Graff, J. Electrochem. Soc. 136 (1989) p.2025.
42. B.K. Tanner, X-Ray Diffraction Topography, Pergamon Press, Oxford (1976).
43. Z. Lascik, J.R. Booker, W. Bergholz, and R. Falster, Appl. Phys. Lett 55 (1989) p.2645.
44. S. Messoloras, J.R. Schneider, R.J. Stewart, and W. Zulehner, Semicond. Sci. and Technol. 4 (1989) p.340.
45. W. Bergholz, J.C. Hutchison, and P. Pirouz, Inst. Phys. Conf. Ser. 76 (1985) p.11.
46. M. Reiche, J. Reichel, and W. Nitzsche, Phys. Stat. Sol. (a) 107 (1988) p.851.
47. W. Kaiser, H.L. Frisch, and H.Reiss, Phys. Rev. 112 (1958) p.1546.
48. A. Bourret, J. Thibault-Desseaux, and D.N. Seidmann, J. Appl. Phys. 55 (1984) p.825.
49. W. Bergholz, in: Oxygen in Silicon, Ed. F. Shiuma, Semiconductors and Semimetals, Academic Press. Inc., New York, 1994, p.513.
50. F. Shimura, H. Tsuya, and T. Kawamura, J. Appl. Phys. 51 (1980) p.269-273.
51. W. Bergholz, P. Pirouz, and J.L. Hutchison, J. Electron Materials 14a (1984) p.717.
52. W. Bergholz, M.J. Binns, G.R. Booker, J.L. Hutchison, S.H. Kinder, S. Messoloras, R.C. Stewart, and J.C. Wilkes, Philos. Mag. B59 (1989) p.499.
53. F. Shimura, J. Crystal Growth 54 (1981) p.588-591.
54. J.R. Patel, K.A. jackson, and H. Reiss, J. Appl. Phys. 48 (1997) p.5279.

55. G. Fraundorf, P. Fraundorf, R.A. Craven, R.A. Frederick, J.W. Moody, and R.W. Shaw, J. Electrochem. Soc. 132 (1985) p.1701.

56. R. Swaroop, N. Kim, W. Lin, M. Bullis, L. Shive, A. Rice, E. castel, and M. Christ, Solid state Technology (1987) p.85.

57. H.D. Chiou, J. Electrochem. Soc. 141 (1994) p.173.

58. K.G. Barraclough, and J.G. Wilkes, in Semiconductor Silicon 1986, edited by H.R. Huff, T. Abe, and B. Kolbesen (The Electrochemical Society, Pennington, NJ, 1986) p.889.

59. S. Kishino, Y. Matsushita, and M. Kanamori, Appl. Phys. Lett. 35 (1979) p.213-215.

60. G.S. Oehrlein, D.J. Challou, A.E. Jawaorowski, and J.W. Corbett, Phys. Lett. 86 (1981) p.117-119.

61. M. Ogino, Appl. Phys. Lett. 41 (1982) p.847-849.

62. C.Y. Kung, L. Forbes, and J.D. Peng, Mater. Res. Bull. 18 (1983) p.1437-1441.

63. F. Shimura, R.S. Hockett, D.A. read, and D.H. Wayne, Appl. Phys. Lett. 47 (1985) p.794-796.

64. Y. Shimanuki, H. Furuya, and I. Suzuki, J. Electrochem. Soc. 136 (1989) p.2058.

65. Q. Sun, K.H. Yao, J. Lagowski, and H.C. Gatos, J. Appl. Phys. 67 (1990) p.4313.

66. P. Fraundorf, G.K. Fraundorf, and F. Shimura, J. Appl. Phys. 58 (1985) p.4049.

67. A.R. Bean, and R.C. Newman, J. Phys. Chem. Solids. 33 (1972) p.33.

68. J.W. Cleland, J. Electrochem. Soc. 129 (1982) p. 2127.

69. W. Wijaranakula, J. Appl. Phys. 69 (1991) p.2723.

70. P. Gaworzewski and K. Schmalz, Phys. Status Solidi A 77 (1983) p.571.

71. D. Wrruck and P. Gaworzewski, Phys. Status Solidi A 56 (1979) p.557.

72. F. Shimura, and R.S. Hockett, Appl. Phys. Lett. 48 (1986) p.224.

73. Q. Sun, K.H. Yao, H.C. Gatos, and J. Lagowski, J. Appl. Phys. 71 (1992) p.3760.

74. W.v. Ammon, P. Dreier, W. Hensel, U. Lambert, L. Koster, Materials Science and Engineering B36 (1996) p.33-41.

75. L. Vanhellemont, C. Claeys, J. Appl. Phys. 62 (9) (1987) p.3960；71 (2) (1992) p.1073.

76. R.C. Newman, J.H. Tucker, A.R. Brown, and S.A. McQuaid, J. Appl. Phys. 70 (1991) p.3061.

77. L. Zhong, and F. Shimura, J. Appl. Phys. 73 (1993) p.707.

78. C.D. Lamp, and D.J. James II, Appl. Phys. Lett. 62 (1993) p.2081.

79. A. Hara, M. Aoki, T. Fukuda, and A. Ohsawa, J. Appl. Phys. 74 (1993) p.91380. Y. Matsushita, M. Wakatsuki, and Y. Saito, in Extended Abstracts of the 18th Conference on Solid State Devices and Materials, Yokyo, August 20-22, 1986 (The Japan Society of Applied Physics, 1986) p.529.

81. S. Nadahara, H. Kubota, and S. Samata, Solid State Phenomena Vol. 57-58 (1997) p.19-26.

82. Y. Matsushita, S. Samata, M. Miyashita, and H. Kubota, Proc. 1994 Int. Electron Devices Meeting Technical Digest, San fransico, CA (IEEE, Piscataway, NJ) 321 (1994).

83. H. Kubota, M. Numano, T. Amai, M. Miyashita, S. Samata, and Y. Matsushita, Semiconductor Silicon 1994 eds. H.R. Huff, W. Bergholz and K. Sumino (The Electrochem. Soc. Inc., Pennington), 225 (1994).

84. H. Abe, I. Suzuki, and H. Koya, J. Electrochem. Soc. Vol. 144, No. 1 January (1997) p.306.

85. K. Izunome, M. Miyashita, A. Ichikawa, Y. Kirino, J. Arita, and A. Ueki, Jpn. J. Appl. Phys. Vol. 36 (1997) L1127-L1129.

86. Kurihara, Y. Kirino, Y. Matsushita, and K. Yamabe, Toshiba Review 49 (1994) p.387.

87. W. Wijaranakula, H.D. Chiou, Appl. Phys. Lett, Vol. 64, No. 2 February (1994) p.1030.

88. N. Yamada, H. Yamada-Kneta , in: Proceedings of The Kazusa Akademia Park Forum on the Science and Technology of Silicon Materials 1997, p.468.

89. D. Graf, U. Lambert, M. Brohl, A. Ehlert, R. Wahlich, P. Wagner, Materials Science and Engineering B36 (1996) p.50-54.

90. S. Matsumoto, I. Ishihara, H. Kaneko, H. Harada, and T. Abe, Appl. Phys. Lett. 46 (1985) p.957.

91. S. Haha, F.A. Ponce, P. Masher, S. Dannefaer, D. Kerr, W. Puff, V. Stojanoff, W. W. Furtado, D.A.P. Bulla, P.B.S. Santos, S. Ishigami, and W.A. Tiller, in Defects in Silicon II, edited by W. Bullis, U. Gosele, and F. Shimura (The Electrochemical Society, Pennington, NJ, 1991) p.297.
92. S. Haha, F.A. Ponce, W.A. Tiller, V. Stojanoff, D.A.P. Bulla, and W.E. Castro, J. Appl. Phys. 64 (1988) p.4454.
93. A.J.R. de Kock, and W.M. van de Wijgert, J. Crystal Growth 49 (1980) p.718-734.
94. C.W. Pearce and G.A. Rozgonyi, in VLSI Science and Technology/1982, edited by C.J. Dell'Oca and W.M. Bullis, Electrochem. Soc. Princeton, New Jersey, 1982, p.53-59.
95. H. Tsuya, Y. Hondo, and M. Kanamori, Jpn. J. Appl. Phys. 22 (1983) L16-L18.
96. F. Secco d'Aragona, J.W. Rose, and P.L. Fejes, in VLSI Science and Technology/1985, edited by W.M. Bullis and S. Broydo, Electrochem. Soc., Princeton, New Jersey, 1985, p.106-117.
97. H. Harada, T. Itoh, N. Ozawa, and T. Abe, in VLSI Science and Technology/1985, edited by W.M. Bullis and S. Broydo, Electrochem. Soc., Princeton, New Jersey, 1985, p.526.
98. T. Tsuya, M. Kanamori, M. Takeda, and K. Yasuda, in VLSI Science and Technology/1985, edited by W.M. Bullis and S. Broydo, Electrochem. Soc., Princeton, New Jersey, 1985, p.106-117.
99. H. Walitzki, H.J. Rath, J. Reffle, S. Pahlke, and M. Blatte, in Semiconductor Silicon 1986, edited by H.R. Huff, T. Abe, and B. Kolbesen (The Electrochemical Society, Pennington, NJ, 1986) p.86.
100. F. Shimura, W. Dyson, J.W. Moody, and R.S. Hocket, in VLSI Science and Technology/1985, edited by W.M. Bullis and S. Broydo, Electrochem. Soc., Princeton, New Jersey, 1985, p.507.
101. T. Nozaki and Y. Itoh, J. Appl. Phys. 59 (1986) p.2562.
102. S. Gupa, S. Messoloras, J.R. Schneider, R.J. Stewart, and W. Zulehner, Semicond. Sci. Technol. 7 (1992) p.443.

103. K.G. Barraclough, J. Crystal Growth 99 (1990) p.654.

104. M. Porrini, V. V. Voronkov, and A. Giannattasio, ECS Journal of Solid State Science and Technology, 8 (1) P12-P17 (2019)

105. B. Hackl, K.L. Range, H.J. Gores, L. Fabry and P. Stallhofer, J. Electrochem. Soc. 139 (1992) p.3250.

106. R. Falser, M. Pagani, D. Gambaro, M. Cornara, M. Olmo, G. Ferrero, P. Pichler, and M. Jacob, Solid State Phenomena, 57-58 (1997) p.349.

107. M. Pagani, R. Falster, G.R. Fisher, G.C. Ferrero, and M. Olmo, Appl. Phys. Lett., 70 (1997) p.1572.

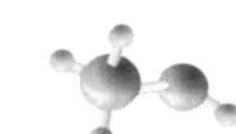

5-3 OISF (Oxidation Induced Stacking Faults)

一、前言

當矽晶片在經過約 900 至 1200℃的熱氧化 (thermal oxidation) 製程後，經常可發現表面出現疊差 (stacking fault)。這些由氧化過程所引起的疊差，一般稱之爲 OSF 或 OISF(oxidation-induced stacking fault)。由於每個疊差都結合著部份差排，所以疊差對矽晶片之電子性質的影響，與差排相似，如表 5.2。但是疊差較經常出現在電子元件區域，所以受到廣泛的研究。當 OISF 貫穿 p-n 接合時，將大量的增加再結合電流 (recombination current)，因而在 p-n 接合處產生漏損電流 [1～4]。然而一些 MOS 元件 (例如：DRAM、CCD)，卻須要求很低的漏損電流以確保元件在使用上的可靠性。在 MOS 電容器中的 OISF 則會降低動態記憶體元件的 refresh 特性，通常，OISF 密度與 refresh time 成反比 [5]。另外，研究也發現在 MOS 結構中的 OISF，會增加表面產生速率 (surface generation velocity) 及降低 bulk lifetime[6]。

出現在 CZ 矽晶的 OISF，有時呈現環狀分佈，稱爲「環狀 OISF (OISF-ring)」。基本上，環狀 OISF 是出現在 *V*/*I* boundary 的位置。但是這並不意味著 *V*/*I* boundary 的位置，一定會產生環狀 OISF。環狀 OISF 的出現與否，與晶體生長條件及元件製程本身的熱週期有關。

疊差也會出現在磊晶層內 [7～8]，這種疊差一般稱之爲「磊晶疊差 (epitaxial stacking fault)」。磊晶疊差的結構及形成機構均與 OISF 不同，前者大多在矽晶基材表面的不純物處形成，而延伸生長到磊晶層內。

本節將介紹 OISF 的成核機構與影響其成長及消失的因素，接著將介紹 OISF 的 morphology，及影響環狀 OISF 的晶體生長條件。至於磊晶疊差，已於前面的第 4 章第 6 節有所介紹，讀者可再翻閱參考之。

表 5.2 矽晶圓參數對電子元件的影響

材料參數	對電子元件的影響
1. 差排 (Dislocation)	(1) 增加漏損電流 (2) 降低少數載子的生命週期 (3) 影響 bipolar gain (4) 造成對位控制 (Overlay) 的誤差
2. 疊差 (OISF)	(1) 增加漏損電流 (2) 降低閘氧化層品質 (3) 造成 breakdown
3. 金屬雜質 (Metallics)	(1) 增加漏損電流 (2) 降低少數載子的生命週期 (3) 降低閘氧化層品質 (4) 影響 bipolar gain
4. 電阻率及 RRG(Resistivity)	(1) 影響啓始電壓 (Threshold voltage) (2) 影響崩潰電壓
5. 方向性 (Orientation)	(1) 影響表面電荷 (2) 影響啓始電壓 (3) 攙雜植入的深度
6. D-defects、FPDs、COPs、LSTDs	(1) 降低閘氧化層品質 (2) 造成崩潰 (breakdown) (3) 增加漏損電流
7. A-defects(Dislocation loop)	(1) 增加漏損電流 (2) 降低少數載子的生命週期 (3) 影響 bipolar gain
8. 氧析出物 (Oxygen Precipitates)	(1) 影響去疵 (gettering) 效果 (2) 影響機械性質 (3) Thermal donar 的影響
9. 平坦度 (Flatness)	(1) 影響元件線寬度 (2) 影響啓始電壓 (3) 影響 CMP 後的薄膜厚度均勻性 (4) 影響曝光的對焦
10. 撓曲度 (Warp)	(1) 影響元件線寬度 (2) 影響啓始電壓
11. TTV	(1) 影響元件線寬度 (2) 影響啓始電壓

二、OISF 的成核機構

在本書第 2 章第 1 節中，我們曾介紹過疊差的結構。在一般的矽晶中所觀察到的 OISF 幾乎都爲發生在 (111) 面上，爲具有布格向量 $\frac{a}{3}$ <111> 的外質疊差 (ESF)，至於內質疊差 (ISF) 則僅發現在磊晶層中 [9～10]。OISF 係由於過多的 interstitial 矽原子，在一些成核位置上析出所形成的缺陷。在矽晶中可以形成 OISF 的成核位置，可區分爲兩類：

1. 外在引起的成核位置

當晶片受到機械上的損傷 (mechanical damage) 時，再經過熱氧化的過程之後，即易引起疊差的發生 [7, 11]。此外，晶片不論在晶體生長製程中或加工製程引入重金屬污染源 (Fe、Cu、Ni 等) 的話，也很容易促進 OISF 的生成 [12～14]。

2. 內在的成核位置

最早的研究發現，在每個 OISF 的中心，常可以發現板狀的氧析出物，因此板狀氧析出物被認爲是促進 OISF 的成核中心 [15]。也有研究發現，多邊形的氧析出物則不會促進 OISF 的發生 [10]。有不少模型被提出來解釋，板狀氧析出物可以當成 OISF 成核位置的原因 [16～27]。其中 Okuyama 等 [10, 28] 提出，在垂直板狀氧析出物的方向具有一壓縮應變場，而在平行板狀氧析出物的方向具有一膨脹應變場，如圖 5.48 所示。由於環繞在 self-interstitial 的矽原子的周圍，亦會存在一壓縮應變場，因此在熱氧化過程中，自 Si/SiO_2 界面所排出的 self interstitial，會受到板狀氧析出物的膨脹應力場之吸引，而擴散到板狀氧析出物的邊緣。這些 self-interstitial 因而聚結形成 OISF。

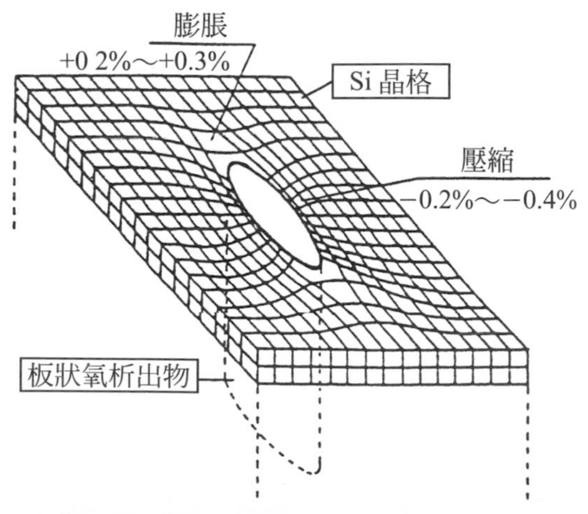

圖 5.48　環繞一板狀氧析出物的應變場 (strain field)[10]

三、OISF 的成長與消失

OISF 的成長與熱週期的氧化溫度、時間、氣氛環境、結晶方向、雜質濃度等因素有關 [29]。圖 5.49 顯示 n^- 型 (100)CZ 矽晶片在不同溫度的 100% 的氧氣氛中進行氧化處理後，OISF 的長度隨著氧化時間的變化情形 [30]。通常 OISF 的長度 L(μm) 可表示為

$$L = At^n \exp(-Q / kT) \tag{5.31}$$

其中 A 為常數，t 為氧化時間 (hrs)，n 為圖 5.50 中的曲線斜率 (約為 0.8)，Q 為 OISF 生長的活化能 (約為 2.3eV)。OISF 的生長速率隨著氧化速率及溫度的增加而增加。

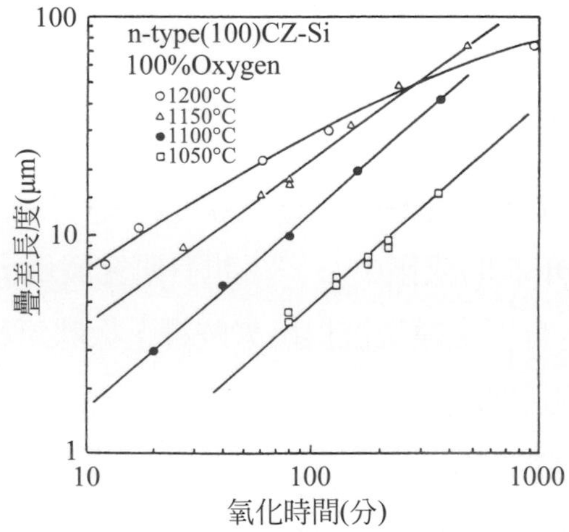

圖 5.49　n^- 型 (100)CZ 矽晶片在不同溫度的 100% 的氧氣氛中進行氧化處理後，OISF 的長度隨著氧化時間的變化情形 [30]

圖 5.50 顯示不同結晶方向的 n- 型 CZ 矽晶片，在 dry O_2 環境下氧化 3 小時的 OISF 成長情形 [30]。從圖中，我們可以發現兩個現象：首先是 (100) 矽晶片的 OISF 生長速率較 (111) 及 5^0-off-(100) 晶片高，這可能是因為 (100) 矽晶片比較容易受到機械上的損傷及化學侵蝕之故，再者 (100) 矽晶片表面也可比其它方向的晶片表面提供更多的 self-interstitial 以利 OISF 的產生。第二是我們可以發現 OISF 的生長過程可分為「生長 (growth)」及「退化生長 (retrogrowth)」等二個階段。(100) 矽晶片與 5^0-off-(100) 晶片的生長動力機構顯然相同，只不過 5^0-off-(100) 晶片的退化生長發生在較低的溫度。通常退化生長的發生溫度，隨著氧化氣氛中氧分壓的增加而增加 [31]。

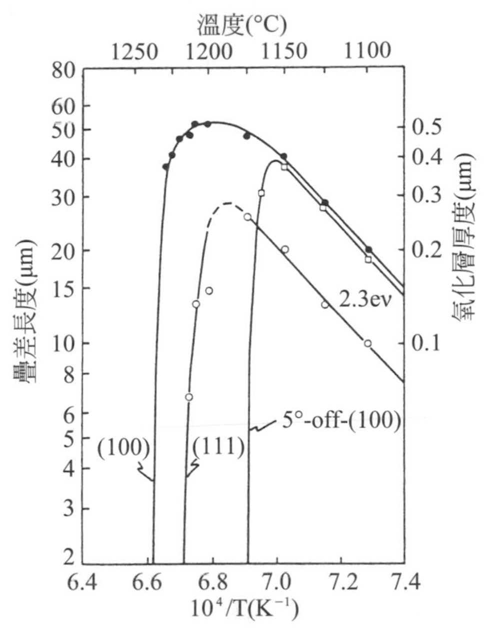

圖 5.50 不同結晶方向的 n^- 型 CZ 矽晶片，在 dry O_2 環境下氧化 3 小時的 OISF 成長情形 [30]

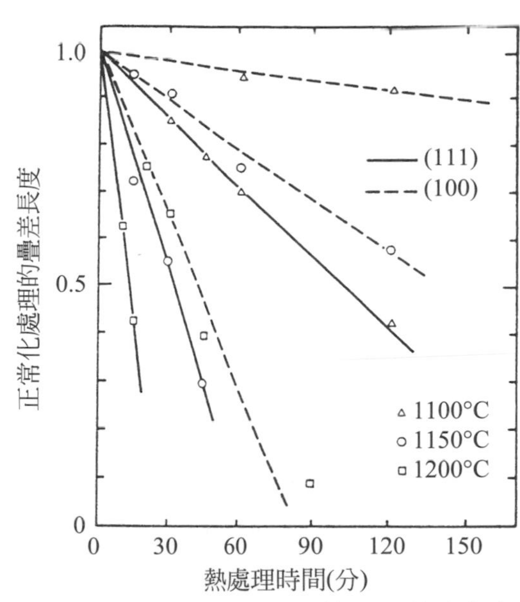

圖 5.51 n(100) 及 n(111) 的矽晶片在氮氣環境下熱處理後，OISF 的縮小與熱處理時間及溫度之關係 [32]

此外，一些研究也發現在非氧化的氣氛下進行高溫熱處理，將導致 OISF 的縮小 [32～34]。圖 5.51 顯示 n(100) 及 n(111) 的矽晶片在氮氣環境下熱處理後，OISF 的縮小與熱處理時間及溫度之關係 [32]。由圖中，我們可知道：(1) OISF 隨著熱處理時間呈線性活化能、(2) OISF 的縮小速率隨溫度增加而增加、(3) (111) 矽晶片的縮小速率比 (100) 快。圖 5.51 的結果顯示 OISF 的縮小，也遵守 Arrhenius 方程式，因此造成 OISF 縮小的活化能，對於 (111) 及 (100) 分別爲 4.1、4.9eV。一般認爲造成這種現象的機構，爲高溫時的爬升作用 (climb)，使得 OISF 因吸收 vacancies 或釋出 interstitials 而縮小 [32～34]。

四、OISF 的形貌 (morphology)

一般要觀察 OISF 的形貌，必須先使試片經過特殊熱處理 (模擬元件氧化製程的熱週期)，然後經由 Secco 蝕刻處理之後，再利用光學顯微鏡來觀察 OISF 的形貌。而由於蝕刻溶液的不同、及 OISF 的成核機構不同等，OISF 的 morphology 形狀也會有所不同。其中，由氧析出物等內在成核位置所引起的 OISF，通常呈啞鈴形，如圖

5.52(a) 所示。這是因為在疊差兩端為部份差排，所造成的蝕刻形狀。而在晶片表面由金屬雜質或機械損傷，所引起的疊差則呈現半月形，如圖 5.52(b) 所示。前面我們已提過，OISF 幾乎都為發生在 (111) 面上，因此這些 OISF 將與 (100) 相交在 <110> 方向上。而由於 <110> 方向彼此互相垂直，所以在 (100) 矽晶上所觀察到的 OISF 都是互相平行或垂直的。

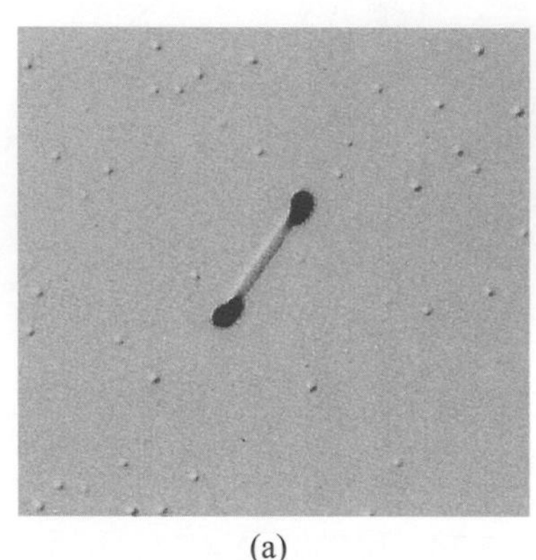
(a)

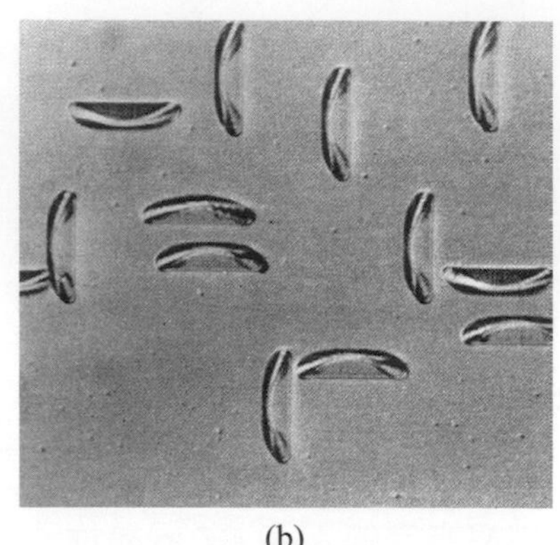
(b)

圖 5.52 OISF 在 (100) 矽晶中的 morphology：(a)bulk OISF(500x)，(b)surface OISF(500x)

五、環狀 OISF

在 CZ 矽晶中的 OISF，常出現環狀的分佈，稱為「環狀 OISF (OISF-ring)」。在 mixed-type CZ 矽晶中的 *V/I* boundary，是環狀 OISF 可能出現的位置，如圖 5.53 所示。圖 5.53(c) 是指在經過 D-defects 成核 (～ T_n) 及成長 (T_n ～ T_c)、O_2V 鍵結 (T_b ～ T_c) 等過程之後的殘留 vacancy 濃度之徑向方佈，其中 P-band 是指幾乎沒有殘留 vacancy 濃度的區域，這也是 OISF-ring 生成的區域。而在 P-band 兩側為具有較高的殘留 vacancy 濃度之 H-band 及 L-band，在這兩區域內容易具有較高的氧析出物 [35]。事實上，*V/I* Boundary 僅是 OISF-ring 生成的潛在位置，至於 OISF-ring 是否會在這位置上出現，則與晶體生長時的條件及熱處理條件有關 [36～41]：

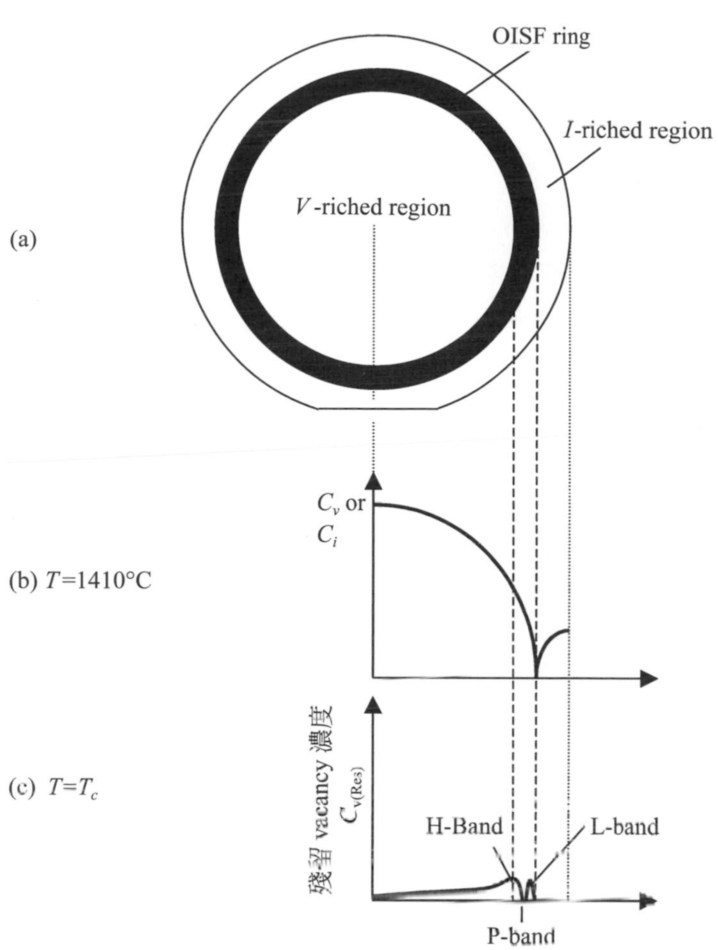

圖 5.53 (a)CZ 矽晶中的環狀 OISF，(b) 在固液界面的點缺陷濃度之徑向分佈，(c) 在 T_c 溫度時的殘留 vacancy 濃度之徑向方佈

1. 晶棒的熱歷史

CZ 矽晶棒在通過 900 ～ 1050℃之間的冷卻速度，是影響 OISF 產生的關鍵溫度。如果 CZ 矽晶棒在這範圍內的冷卻速度較慢的話，那麼較多的 O_2V 鍵結，將成爲 OISF 的成核位置。因此避免 OISF-ring 產生的方法之一，在增加晶棒在 900 ～ 1050℃之間的冷卻速度。所以有人利用在長晶爐裡安裝一個水冷套 (water cooling jacket)，就可降低 OISF 出現的機會。

2. 拉速

一些研究發現，OISF-ring 的直徑通常隨著晶體生長時的拉速增加而增加，如圖 5.54 所示。這一點其實是因爲 *V/I* Boundary 也跟著拉速增加而往晶棒邊緣移動之故。而根據筆者的經驗，*V/I* Boundary 位置愈往中心移動 (也就是說拉速愈慢時)，OISF-ring 愈容易生成。這可能的解釋是，*V/I* Boundary 位置愈靠近中心時，冷卻速度愈慢，因此促進較多 O_2V 鍵結之產生。

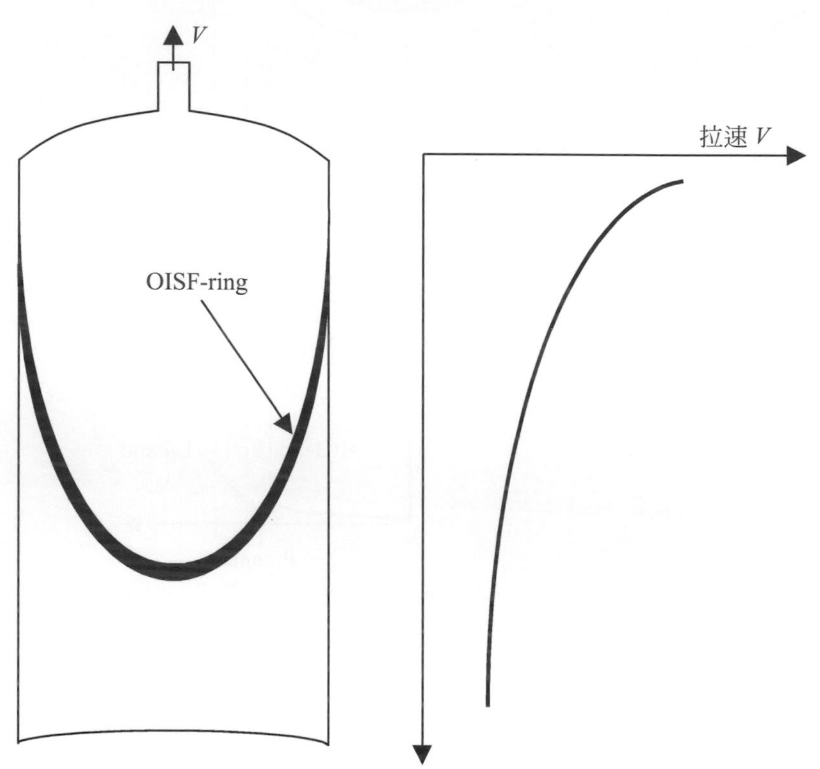

圖 5.54　OISF-ring 位置隨著拉速的變化情形

六、參考資料

1. G.H. Schwuttke, K. Brack, and E. W. Hearn, Microelectron, Reliab. 10 (1971) p.467-470.
2. K.V. Ravi, C.J. Varker, and C.E. Volk, J. Electrochem. Soc. 120 (1973) p.533-541.
3. S.P. Murarka, T.E. Seidel, J.V. Dalton, J.M. Dishman, and M.H. Read, J. Electrochem. Soc. 127 (1980) p.717-724.

4. J.M. Diahman, S.E. Haszko, R.B. Marcus, S.P. Murarka, and T. T. Sheng, J. Appl. Phys. 50 (1979) p.2689-2696.

5. H. Strack, K.R. Mayer, and B.O. Kolbesen, Solid-State Electron. 22 (1979) p.135-140.

6. S. Prussin, S.P. Li, and R.H. Cockrum, J. Appl. Phys. 48 (1977) p.4613-4617.

7. R.H. Finch and H.J. Queisser, J. Appl. Phys. 24 (1963) p.406-415.

8. S. Mendelson, J. Appl. Phys. 35 (1964) p.1570-1581.

9. W. Zulehner and D. Huber, in "Crystals 8: Silicon-Chemical Etching" (J. Grabmaier, ed.), p1-143, Springer-Verlag, Berlin and New York, 1982.

10. S. Sadamitsu, M. Okui, K. Sueoka, K. Marsden, and T. Shigematsu, Jpn. J. Appl. Phys. Vol. 34 (1995) L597-L599.

11. H.J. Queisser, P.G.G. van Loon, J. Appl. Phys. 35 (1964) p.3066-3069.

12. C.W. Pearce and R.G. McMahon, J. Vac. Sci. Technol. 14 (1977) p.40-43.

13. F. Shimura, H. Tsuya, and T. Kawamura, J. Appl. Phys. 51 (1980) p.269-273.

14. F. Shimura and R.A. Craven, in "The Physics of VLSI" (J.C. Knight, ed.), Am Inst. Phys., New York (1984) p.205-219.

15. M. Hasebe, Y. Takeoka, S. Shinoyama, and S. Naito, Ext. Abstr. 48th Autumn Meeting of the Japan Society of Applied Physics, Nagoya, October, 20p-Y-6..

16. M.L. Joshi, Acta Metall. 14 (1966) p.1157-1172.

17. W.K. Tice and T.C. Huang, Appl. Phys. Lett. 24 (1974) p.157.

18. D.M. Maher, A. Staudinger, and J.R. Patel, J. Appl. Phys. 47 (1976) p.3813.

19. G.A. Rozgonyi, S. Mahajan, M.H. Read, and D. Brasen, Appl. Phys. Lett. 29 (1976) p.531.

20. T.Y. Tan, L.L. Wu, and W.K. Tice, Appl. Phys. Lett. 29 (1976) p.765.

21. S. Mahajan, G.A. Rozgonyi, and D. Brasen, Appl. Phys. Lett. 30 (1977) p.73.

22. J.R. Patel, K.A. Jackson, and H. Reiss, J. Appl. Phys. 48 (1977) p.5279.

23. A. Staudinger, J. Appl. Phys. 49 (1978) p.3870.

24. K. Wada, H. Takaoka, N. Inoue, and K. Kohra, Jpn. Appl. Phys. 18 (1979) p.1629.

25. H. Takaoka, J. Oosaka, and N. Inoue, Proc. 10th Conf. Solid State Devices, Tokyo, 1978, Jpn. J. Appl. Phys. 18 (1979) Suppl. 18-1, p.179.

26. C. Claeys, G. Declerck, R. van Overstraeten, H. Bender, J. Van Landuyt, and S. Amelinckx: Semiconductor Silicon 1981, eds H.R. Huff, R.J. Kriegler and Y. Takeishi (Electrochem. Soc., Pennington, 1981) p.730.
27. F.A. Ponce, S. Hahn, T. Yamashita, M. Scott, and J.R. Carruthers: Microscopy of Semiconducting Materials 1983, eds. A.G. Cullis and D.C. Joy (The Institute of Physics, London, 1983) Inst. Phys. Conf. Ser. No. 67, p.65.
28. T. Okuyama, S. Sadamitsu, S. Sumita, T. Shigematsu, and Y. Tomokiyo, Proc. Xth European Congress on Electron Microscopy, Granada, 1992, eds. A. Lopez-Galindo and M.I. Rodriguez-Garcia (Universidad de Granada, Granada, 1992) Vol.2, p.157.
29. Y. Sugita, Oyo Butsuri 46 (1977) p.1056-1068.
30. S.P. Muraka, J. Appl. Phys. 48 (1978) p.5020-5026.
31. S.P. Muraka, J. Appl. Phys. 49 (1978) p.2513-2516.
32. Y. Sugi, H. Shimura, A. Toshinaka, and T. Aoshima, J. Vac. Sci. Technol. 14 (1977) p.44-46.
33. C.L. Claeys, G.J. Declerk, and R.J. Van Overstraeten, Appl. Phys. Lett. 35 (1974) p.797-799.
34. T.R. Sanders and P.S. Dopbson, Philos. Mag. [8] 20 (1969) p.1567-1573.
35. R. Ralster, V.V. Voronkov, J.C. Holzer, S. Markgraf, S. McQuaid, and L. Mule'Stagno, in Semiconductor Silicon 1998, The Electrochemical Society Proceedings Volume 98-1 (1998) p.468.
36. M. Hasebe, Y. Takeoka, S. Shinoyama, and S. Naito, in Defects Control in Semiconductors, K. Sumino. Ed. (1990) p.157.
37. K. Marsden, T. Kanda, M. Okui, M. Hourai, and T. Shigematsu, Materials Science and Engineering B36 (1996) p.16-21.
38. M. Porrini and P. Rossetto, Materials Science and Engineering B36 (1996) p.162-166.
39. J. R. Raebinger, A. Romanowski, Q. Zhang, and G. Rozgonyi, Appl. Phys. Lett. 69 (20) p.3037-3038, 11 November 1996.
40. N. Ikeda, A. Buczkowski, and F. Shimura, Appl. Phys. Lett. 63 (1993) p.2914.
41. G. Kissinger, J. Vanhellemont, U. Lambert, D. Graf, T. Grabolla, and H. Richter, Jpn. J. Appl. Phys. Vol. 37 (1998) L306-L308.

6 矽晶圓之加工成型

一般的半導體元件，都是建築在拋光晶圓 (polished wafers) 或磊晶 (epitaxial wafers) 上。爲了維持元件製程之良率與產品之品質，必須使用高品質的矽晶圓。固然 CZ 矽晶生長的製程參數，是影響矽晶圓品質的主因，但是如何將一根高品質的矽單晶棒加工成爲拋光晶圓，必須牽涉到近 20 個繁雜的步驟，這些步驟也必須確保不會引起額外的加工缺陷或者污染源才行。

圖 6.1 是一個最基本的矽晶圓加工流程。要注意的是，矽晶圓加工並沒有所謂的「標準」流程，在矽晶圓材料廠的實際流程是比圖 6.1 還要來的複雜，而眞正流程的順序，也將依各矽晶圓材料廠製程需要而異。以下簡述這些各別加工步驟之目的，而詳細的製程要點將分別在本章各節中一一介紹之：

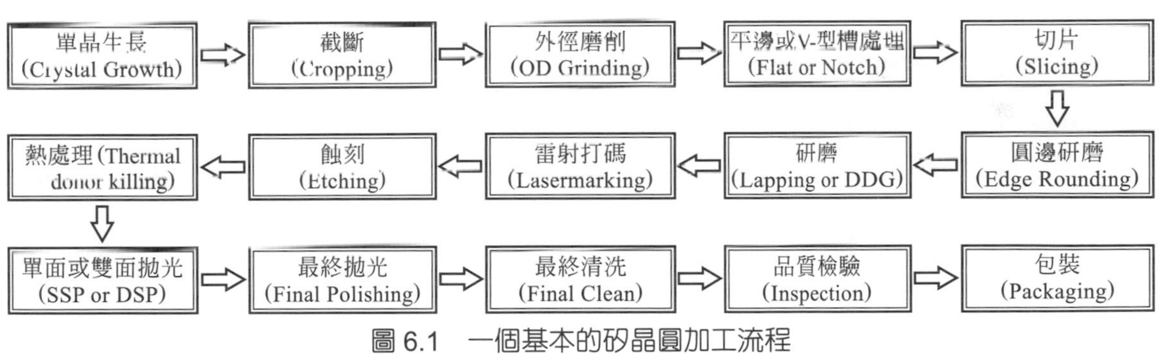

圖 6.1　一個基本的矽晶圓加工流程

(1) 截斷 (cropping)：這步驟是利用外徑切割機 (OD saw)、帶鋸 (band saw)、內徑切割機 (ID saw)、或線鋸 (wire saw) 來去除矽單晶棒的晶冠 (crown)、尾部 (tail) 以及超出客戶規格的部份。同時也用以將矽單晶棒分段成切片 (slicing) 設備可以處理的長度。

(2) 外徑磨削 (OD grinding)：這步驟是利用鑽石磨輪，將切斷後的矽單晶棒之直徑磨削到一定的大小。

(3) 平邊或 V- 型槽處理 (flat or notch grinding)：這步驟是利用鑽石磨輪，將晶棒外徑磨出平邊或 V- 型槽，以做爲在使用晶圓時方向定位之用。

(4) 切片 (slicing)：這步驟是利用內徑切割機 (ID saw) 或線切割機 (wire saw)，將矽單晶棒切成薄晶片。

(5) 圓邊研磨 (edge Rounding)：這步驟是利用鑽石磨輪，將剛切下來的 as-cut 晶片之銳利邊緣磨成特定的圓弧形。

(6) 研磨 (lapping or DDG)：這步驟是利用研磨機 (lapper) 或雙面研磨機 (double disk grinder)，除去切片或磨輪所造成的鋸痕 (saw mark) 及表面損傷層。

(7) 雷射打碼 (laser marking)：這步驟是利用雷射光在晶片的背面，打上一系列代表晶片身份的號碼，以做為追蹤該晶圓歷史資料之用

(8) 蝕刻 (etching)：這步驟是利用酸性或鹼性化學蝕刻液，除去前面切片、研磨等機械加工步驟在晶圓表面所造成的損傷層 (damaged layer)。

(9) 熱處理 (Thermal donor killing)：這步驟是利用爐管退火處理 (furnace annealing) 或高溫快速退火 (Rapid thermal annealing) 來消除 thermal donor。

(10) 單面或雙面拋光 (single side polishing 或 double side polishing)：這步驟是利用單面或雙面拋光機 (polisher)，將晶圓精拋到局部平坦度極佳、且沒有損傷層的表面狀態。

(11) 最終拋光 (final polishing)：這步驟是利用 CMP 的方式，將晶圓正面進一步精細拋光，以達到最佳粗糙度的鏡面狀況。

(12) 最終清洗 (cleaning)：這步驟是用以去除殘留在晶片表面的微粒、金屬及有機物。

(13) 品質檢驗 (inspection)：這步驟是利用平坦度量測、表面顆粒量測、目檢、及邊緣檢測等方式，來確保所生產晶圓是合規的。

(14) 包裝 (packaging)：這步驟是將晶圓真空封裝於晶舟內，以避免晶圓在儲存或運送出貨過程中，受到污染。

6-1 截斷 (Cropping)

一、前言

截斷 (cropping) 的製程目的有三：(1) 用以切除矽單晶棒的晶冠 (crown)、尾部 (tail) 以及超出客戶規格的部份、(2) 用以將矽單晶棒分段成切片 (slicing) 設備可以處

理的長度、(3) 用以切取試片，以做爲量測矽晶棒之電阻率、氧含量、及 OISF 等性質之目的。最早期，用以切斷矽單晶棒的設備爲外徑切割機 (OD saw) 及內徑切割機 (ID saw)，但隨著矽晶棒尺寸的日益增加，這種外徑切割機已被帶鋸 (band saw) 及線鋸 (wire saw) 所取代，內徑切割機其實也被普遍用在小尺寸矽晶圓的切片 (slicing) 用途上。因此本節除了略爲描述外徑切割機、帶鋸 (band saw)、及線鋸 (wire saw) 外，重點將放在介紹內徑切割機的原理與製程要點上。

二、截斷之設備

1. 外徑切割機 (OD saw)

圖 6.2(a) 爲一典型的外徑切割機之示意圖。外徑切割機所使用的刀片，一般在外徑鑲有鑽石微粒，如圖 6.2(b)。刀片中間的開口，是做爲將刀片固定在切割機上之用途。爲了確保截斷後的晶棒，能有一個較平滑的切面，刀片的直徑必須足夠大，才能一次將晶棒截斷。如此一來，刀片的直徑必須至少等於晶棒直徑的兩倍以上才行。可想而知的，隨著矽晶棒尺寸的日益增加，刀片的直徑便變得相當龐大，而要維持大直徑刀片的強度，刀片的厚度也要跟著增加。於是，使用外徑切割機切割大尺寸的矽晶棒，所造成的切口材料的損失 (kerf loss) 是相當大的，這在經濟上的考量是不划算的。因此，外徑切割機已經不再被採用。

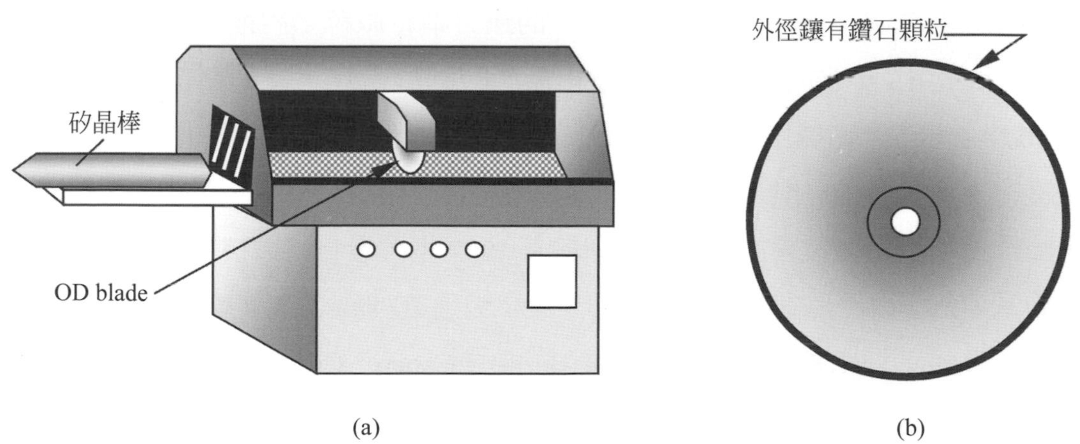

圖 6.2 (a) 一典型的外徑切割機，(b) 外徑切割機所使用的 OD 刀片

2. 帶鋸 (Band saw)

帶鋸是一般機械加工中，很普遍的工具。如果在刀片上鑲上鑽石顆粒，即可應用在矽晶棒的切斷用途上，如圖 6.3 所示。一般刀片的厚度約爲 0.3 至 0.5mm，而寬度約爲 40mm。通常切斷一 12 吋晶棒約需 15 ～ 30 分鐘左右，切損可降到 800μm 以下。利用帶鋸切斷矽晶棒的精度優於 OD saw，而且帶鋸也可用在特殊加工用途上 (例如：縱切——取 slab)。帶鋸刀片材料的選定及切削速率等因素，將影響刀片的壽命。利用帶鋸來截斷矽晶棒的方式，已廣泛使用在 12 吋晶棒的截斷上面了。

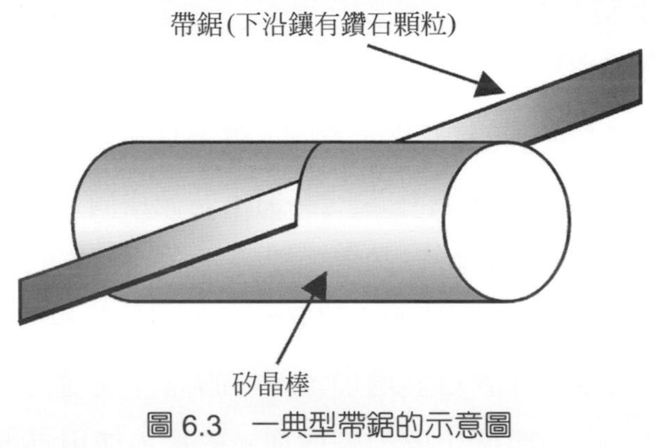

圖 6.3　一典型帶鋸的示意圖

3. 內徑切割機 (ID saw)

圖 6.4 顯示一正在切割矽晶棒的內徑切割機及原理示意圖。與外徑切割機不同的地方是，內徑切割機係利用不銹鋼刀片的鑲有鑽石微粒之內徑，以切斷晶棒。事實上，早在 1913 年已有人利用內徑爲鋸齒狀的圓形刀片，做爲鋸物的用途 [(1)]。而在 1950 年 Jansen[(2)] 依據磨耗切割 (abrasive cutting) 原理，將 ID 刀片用在切削一些牙床組織上。直到 1960 年後，ID 切割技術才被用在切割鍺及矽晶棒之用途上，這也才開始帶動整個切割技術的快速發展。接著 1967 年，鑽石電鍍技術 (應用嵌有鑽石顆粒的電鍍鎳) 被應用在 ID blade 上 [(3)]。最早製造 ID saw 設備的公司爲 Do-All，後來陸續有 Hamco、K&O Lee、Mayer & Berger、Capco、Crouzet、Silicon Technology Corp、TSK 等公司也製造內徑切割機。

其實最早期的內徑切割機，是被用來做爲切片 (slicing) 用途的。但由於近來，在大尺寸矽晶的切片用途上，線切割機 (wire saw) 漸漸取代了內徑切割機，才使得內徑

切割機的應用開始萎縮到 cropping 上。但是，傳統的小尺寸矽晶圓廠，仍然有人使用內徑切割機來做為 slicing 的設備。

(a)

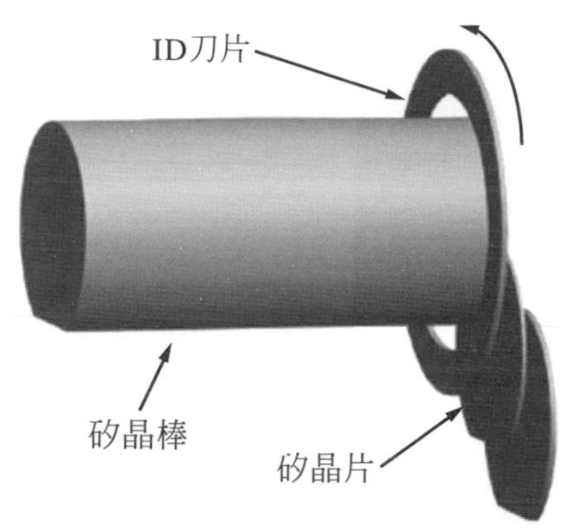

(b)

圖 6.4　(a) 一典型的內徑切割機，(b) 內徑切割機的原理示意圖

4. 線切割機 (Wire saw)

線切割機用在截斷的用途上，通常是採用鑽石環形切割線 (diamond circle wire)，這與用在切片上的多線切割機 (multi wire saw) 有所不同。在這幾種截斷機中，線切割機的切損是最小的，大概比帶鋸少了 60%，因此普及性也日漸增加中。圖 6.5 即為一線切割機正在切斷晶棒的實際照片。圖 6.6 為浙江晶盛機電所製造的 8-12 吋矽晶棒截斷機，這樣的截斷機的切斷速度是 25 mm/min，相當於截斷一根 12 吋晶棒僅需 12 分鐘。

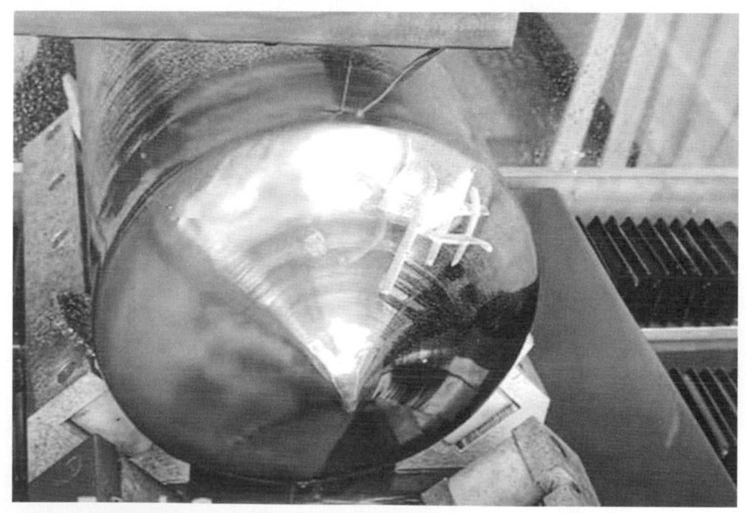

圖 6.5　一線切割機正在切斷晶棒的實際照片

圖 6.6　浙江晶盛機電所製造的 8-12 吋矽晶棒截斷機

三、ID Saw 的切割原理

矽晶圓加工成型的目的，是要將矽晶棒或矽晶片加工到所須的尺寸規格。在所有的加工步驟上，都必須利用機械或化學的方法，從晶棒或晶片除去部份的材料。例如：切斷 (cropping)、外徑磨削 (grinding)、切片 (slicing)、研磨 (lapping) 等步驟，即屬於機械加工方法。而機械加工方法又可依所使用的研磨劑 (abrasive) 的型態，分成「自由研磨劑加工法 (free abrasive machining)」及「固定研磨劑加工法 (fixed abrasive machining)」。前者是指研磨劑顆粒藉著油或水等流體的帶動，而在工具與被加工物之間自由移動。當工具相對於被加工物運動並施以壓力時，研磨劑顆粒的區域性壓力，將造成被加工物表面的破裂，而使得部份材料自表面被移除。利用這種研磨切割方式的例子，有 wire/slurry sawing 及 lapping 等。另外，固定研磨劑加工法是指研磨劑係固定在切削工具上，藉由切削工具的快速運動，研磨劑顆粒施加在被加工物的區域性壓力可能非常高，因此切削可以很快。利用這種研磨切割方式的例子，有 ID sawing、OD sawing、grinding 等。

利用 ID Saw 來進行切斷 (cropping) 或切片 (slicing) 時，須要達到：(1) 快速切割、(2) 完美直線切割、(3) 表面損傷最小化的要求。由於 ID 刀片非常薄 (約在 300 至 400μm 之間)，所以必須利用張力拉伸刀片到達幾乎其彈性限度的程度，以促進刀片的剛性 (rigidity)，如此才能垂直切割。在這種高張力狀態下，僅僅 150grams 的側向力量，就足以引起刀片偏曲 0.025 至 0.04mm。這種垂直切割的要求，在 slicing 時比 cropping 來的重要，因為非直線的切割，將使切割出的晶片產生撓曲變形 (bow or warp)。一般商業的 ID Saw，都配備著偏曲感應器 (deflection sensor)，用以偵測導致非直線切割的可能情形。而這種可能導致非直線切割的條件，一般可利用刀片的修整 (blade dressing) 予以校正消除。一個有經驗的技術員，通常可以藉著修整刀片的一邊，來補償校正可能的非直線切割。有時候，刀片與晶棒接觸的切削區域相當長，假如刀片不是「自由」地往下切削時，這對刀片造成的壓力變得相當大，亦是導致非直線切割的原因。相同地，適當的修整刀片之鑽石顆粒，將可讓刀片進行「自由」切削，降低刀片所承受之力。

利用 ID Saw 進行切斷或切片時，必然會對晶棒的切割表面造成損傷。研磨劑顆粒 (亦即鑽石) 隨著刀片運動的過程，會造成很大的區域性應力，因此將在刀片前端及兩側的矽晶中，產生差排或微缺陷 [4]。當微缺陷互相交錯時，即釋出可以被冷卻流體帶走的鋸屑 (debris)。在刀片前端的微缺陷，會隨著刀片往前移動而自然去除，但在刀片兩側矽晶中微缺陷則殘留在晶棒 (或晶片) 中，如圖 6.7 所示 [5]。ID Saw 對晶棒 (或晶片) 所造成的損傷，與刀片上各別的鑽石顆粒施加在晶棒上面的力量有關。例如：較大的切削速率、偏軸的切削方向、偏離平面的刀片振動等因素，都會使損傷程度變大 [6]。

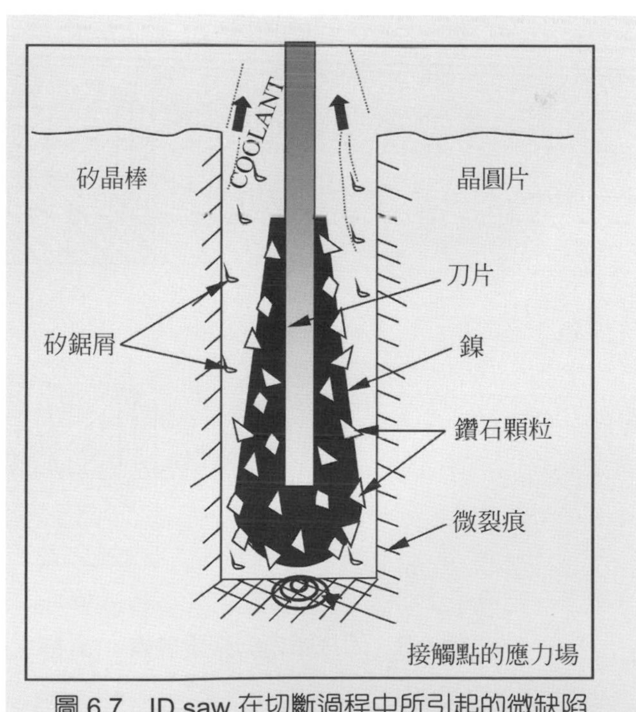

圖 6.7　ID saw 在切斷過程中所引起的微缺陷

四、重要的製程參數

前面提過，利用 ID Saw 來進行切斷 (cropping) 或切片 (slicing) 時，須要達到：(1) 快速切割、(2) 完美直線切割、(3) 表面損傷最小化的要求。而影響這些特性的製程參數有：刀片張力 (blade tension)、修整 (dressing)、冷卻流體 (coolant) 等。

1. 刀片張力 (blade tension)

當 ID Saw 在組裝刀片時，首先是要精確的對準中心，以確保切割效果與使用壽命。因爲假如刀片偏離中心點時，較高點的鑽石顆粒將會比其它地方磨耗較快，因而降低使用壽命。

當對準中心後，刀片可藉由 (1) 水壓方式 (hydraulic) 或 (2) 機械方式 (如圖 6.8 所示 [7])，施以張力。理論上，水壓方式優於機械方式，因爲其可以簡單快速地組裝，而且水壓也可輕易量測來判定刀片張力。但是水壓張力設備的密封度 (sealing) 是比較麻煩的地方，所使用的 O-rings 必須保持乾淨，才能避免滲漏及壓降的問題，而這點在切割環境中，是相當難維持的。

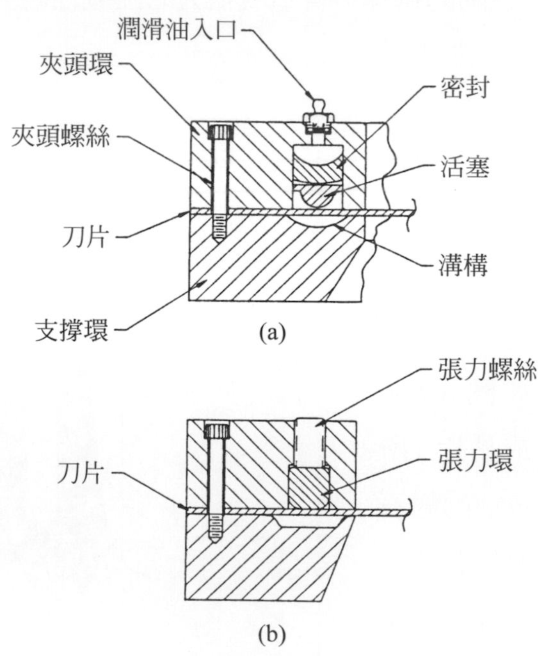

圖 6.8　刀片張力的架設機構：(a) 靜水壓式固定，(b) 機械式固定 [7]

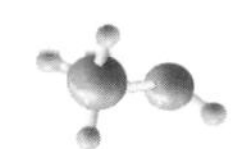

機械上施加張力，係採用螺絲 (threaded or bolted) 固定的方式。由於在螺紋之間的鋸屑及磨擦力，可能影響扭力具的讀值，所以一般是利用量測刀片內徑的變化量來判定刀片張力。最適當的內徑的變化量，係參考各 ID Saw 設備廠商所建議的值，一般為 0.5 至 0.8%。

在操作過程中，磨擦力及熱可能釋放些許張力，因此重新調整張力是必須的步驟。

2. 修整 (dressing)

在切割的過程中，刀片上的鑽石顆粒會跟著磨耗。這種磨耗情形常常是不均勻的，因而可能引起非直線切割。所以必須利用約 320 grit 的氧化鋁磨石棒 (硬度範圍為 G、H、或 I) 來修整刀片。圖 6.9 顯示削銳刀片的三種方式：

(1) 當刀片出現過多負向偏離 (negative deflection) 時，可以修整 "ingot side"，如箭頭①的方向。

(2) 當刀片出現過多正向偏離 (positive deflection) 時，可以修整 "open side"，如箭頭②的方向。

(3) 箭頭③的方向，必須隨時修整。

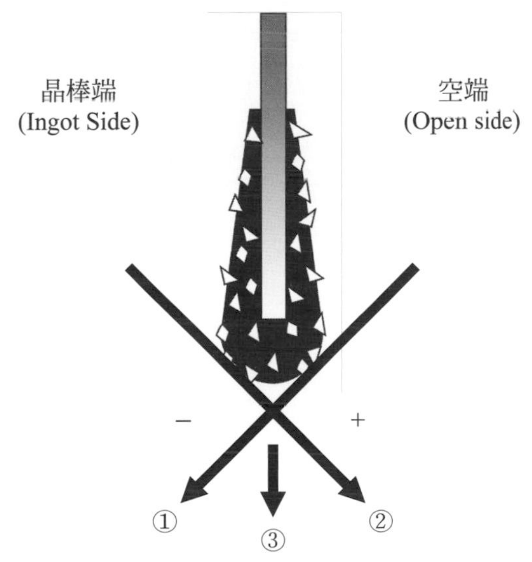

圖 6.9 削銳刀片的三種方式

3. 冷卻劑 (coolant)

冷卻劑的目的在爲了帶走切割時產生的鋸屑 (debris)，以及保持矽晶棒和刀片的低溫。而冷卻劑的選定，必須還要考慮到其是否會污染晶棒或腐蝕刀片等因素。事實上，在切斷及切片用途上所使用的冷卻劑，並沒有統一的標準。自來水 (或者再添加一些其它冷卻液) 即爲蠻普遍被使用的冷卻劑。

五、參考資料

1. G. Gorton, U.S. Patent No. 1,073,600, Sept. 23, 1913.
2. M.T. Jansen, J. Dental Res. Vol. 29 (1950) p.401-406.
3. S.I. Weiss, U.S. Patent No. 3,356,599, Dec. 5, 1967.
4. L.D. Dyer, Proc. Low Cost Solar Array Wafering Workshop, Phoenix, AZ, (1982) p.269-277.
5. R.L. Lane, Solid State Technology, July (1985) p.119-123.
6. R.L. Merk, M.C. Huffstuter, Jr., J. Electrochem. Soc. Vol. 116 (6).
7. R.L. Lane, in: Handbook of Semiconductor Silicon Technology，edited by W.C. O'Mara, R.B. Herring, L.P. Hunt, Noyes Publications, Park Ridge, New Jersey, 1990.

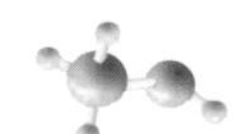

6-2 外徑磨削 (OD Grinding)

一、前言

由於 CZ 矽晶棒的外徑表面並不會很平整，而且直徑也比最終拋光晶圓所規定的直徑規格大，因此外徑磨削 (OD grinding) 的目的即在於獲得較精確的直徑。外徑磨削所使用的設備為滾圓機 (OD grinder)，通常這種滾圓機也可用來做為晶棒的平口 (flat) 及 V- 型槽 (notch) 之磨削用途上。

二、外徑磨削之設備

圖 6.10 為浙江晶盛機電所製造的 8-12 吋矽晶棒滾圓機 (OD grinder)，而圖 6.11 則為該滾圓機在進行外徑磨削過程的局部照片。圖中待磨削的矽晶棒係固定在兩個可慢速旋轉的支架之間。藉由磨輪，以快速旋轉的方式沿著晶棒表面來回運動，而達到磨削晶棒表面以達到均勻外徑的滾圓目的。圖 6.12 顯示這種以磨輪去磨削外徑的示意圖。

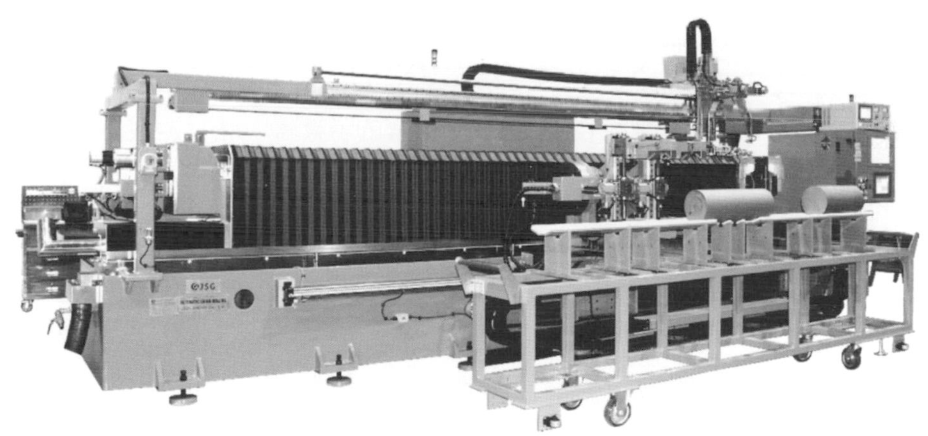

圖 6.10　浙江晶盛機電所製造的 8-12 吋矽晶棒滾圓機

圖 6.11　滾圓機在進行外徑磨削過程的局部照片 (本照片由浙江晶盛機電提供)

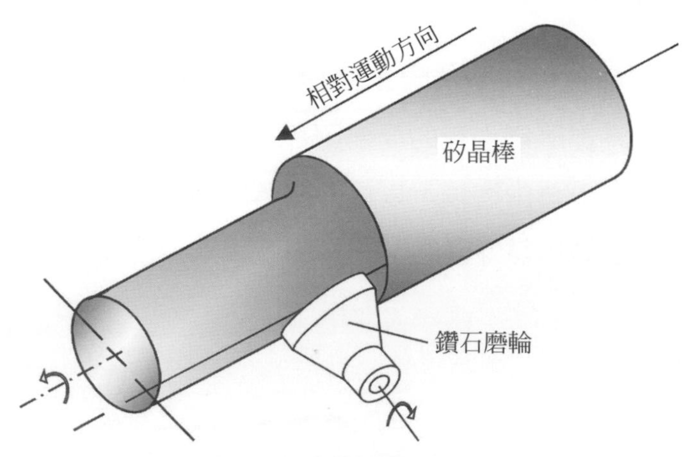

圖 6.12　外徑磨削過程的示意圖

磨輪可採用金屬黏結、或陶瓷燒結 (sintering)、或樹脂黏結等方式的杯形鑽石磨輪。一般而言，金屬黏結磨輪強度較佳，較不易有鑽石顆粒掉落的問題，所以較爲普遍被採用。此外比較先進的滾圓機都配置有 X-ray 繞射儀，以做爲方向定位之用。這種磨床在更換適當的鑽石磨輪後，也可用以磨削出晶棒的平口 (flat) 及 V- 型槽 (notch)，見本章第 3 節。

外徑磨削過程比較重要的是控制直徑的偏差量、橢圓度、及 V- 型槽定位精度。例如表 6.1 即爲晶盛機電的滾圓機可達到的重要參數能力。

表 6.1　滾圓機可達到的重要參數能力 (本表由浙江晶盛機電提供)

項目	參數
矽棒直徑	ϕ200 ～ ϕ340mm
晶棒長度	300 ～ 3300mm
直徑偏差	≤ ±0.06[mm]
頭尾錐度	≤ ±0.06mm/3300mm
橢圓度	≤ ±0.06mm
V 槽定位精度	≤ ±0.1°
表面粗糙度	Ra 2[μm]

三、外徑磨削之方法

由於現代 CZ 矽晶生長技術的進步，生長出來的矽晶棒相等筆直，也甚少有晶棒扭曲 (doglegging) 的問題，因此外徑磨削是相當簡單的製程步驟。所以就如同一般的機械加工一般，經由自動化控制後的加工精度，都不成問題。而矽晶棒固定在支架上的 centering 問題，則是外徑磨削中最關鍵的要點之一，因爲如果沒有對好中心，磨削出來的晶棒可能會發生 UD(under diameter) 的問題，造成良率上的損失。通常外徑磨削後之晶棒直徑，必須大於最終拋光晶圓直徑 1mm 以上，以配合後面圓邊 (edge profiling) 等製程的磨耗量。例如以 12 吋的矽晶棒爲例，經過外徑磨削後的直徑約爲 301 ± 0.06mm。

由於鑽石磨輪在去除矽表面的過程中，會在晶棒的表皮層內產生微缺陷，如圖 6.13 所示。愈粗的磨輪、愈大的磨削深度與愈快的磨輪移動速率，都將使微缺陷的程度變大。所以在外徑磨削過程中，必須先使用粗磨輪 (粒度小於 #100) 磨削後，再用細磨輪 (粒度約介於 #200 至 #400 之間) 將晶棒磨削到設定的直徑。近代的磨床上，通常同時配裝著兩個粗細度不同的鑽石磨輪，粗磨輪在前，而細磨輪在後。因此在每個 pass 中，粗磨輪先通過晶棒，接著是細磨輪。這種方式節省掉更換磨輪的不便。

外徑磨削過程，也必須使用冷卻劑 (通常爲自來水)，以移去所產生的熱與矽屑。

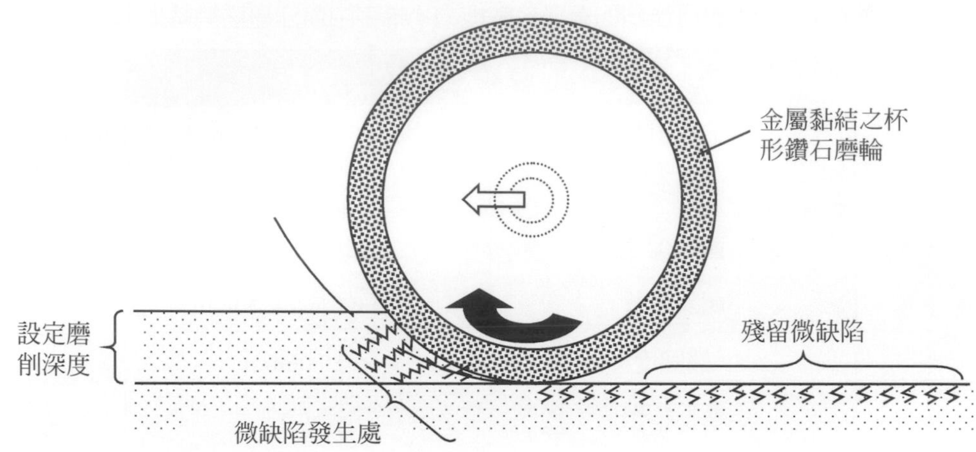

圖 6.13　外徑磨削過程導致晶棒表面產生微缺陷之示意圖

6-3　方位指定加工－平邊與 V- 型槽 (Flat & Notch Grinding)

一、前言

平邊 (flat) 與 V- 型槽 (notch) 的作用，主要是被用以判定矽晶棒或矽晶片上的特定結晶方向。這種基準不僅被矽晶圓廠，用在切片 (slicing) 及雷射打碼 (laser marking) 等製程的定位上外，也被 IC 廠用在許多不同製程的定位上。一般而言，flat 或 notch 是用在要求重複性高、且需要精準擺置矽晶片的製程上。在 SEMI 上，依據矽晶圓的尺寸及導電性型態，對 flat 及 notch 的規格設有一定的標準。在早期，小尺寸的 IC 廠習慣使用 flat 來當作定位的方式，後來 IBM 發展出 notch 規格以作爲當時他們的 125mm 矽晶圓之定位標準。這使得近來 200mm 以上的矽晶圓，幾乎都採用 notch 做爲規格之標準。

二、平邊加工

平邊加工所使用的設備，即爲外徑磨削 (grinding) 製程所使用的滾圓機。而所使用的磨輪，亦爲其中粒度較小的杯型鑽石磨輪，如圖 6.14 所示。在矽晶棒上的平邊，可能有 1 或 2 個。其中較大平邊的截面爲 (110)，稱爲「主要平邊 (primary flat)」。表 6.2 爲 SEMI 所訂定的主要平邊寬度規格 [(1)]。而「次要平邊 (secondary flat)」則指較小

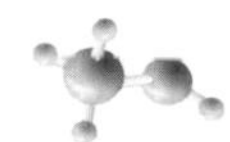

的平邊，它是用以指示結晶軸方向和導電性形態，如圖 6.15 所示。次要平邊的規格如表 6.3 所示 [2]。200 mm 以上的矽晶圓已很少使用平邊來做為方位的判定，而且當使用平邊方式時，也多半只用主要平邊。此外在做平邊與 V- 型槽方位指定加工時，都必須用到 X-ray 繞射儀來定結晶方位，有關這方面的介紹，將參見第 8 章第 3 節。

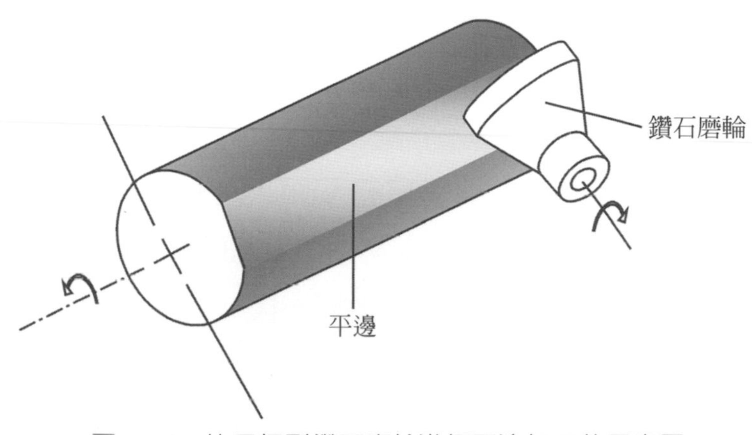

圖 6.14　使用杯型鑽石磨輪進行平邊加工的示意圖

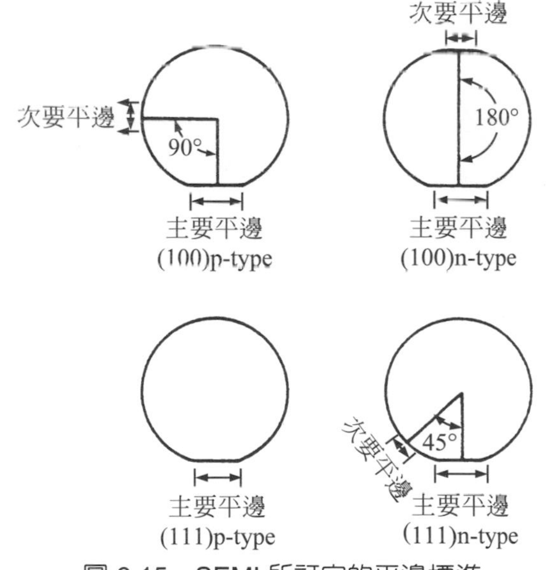

圖 6.15　SEMI 所訂定的平邊標準

表 6.2　主要平邊之規格

直徑	長度與容忍度
4 in.	32.5 ± 2.5mm
5 in.	42.5 ± 2.5mm
6 in.	47.5 ± 2.5mm

表 6.3　次要平邊之規格

直徑	長度與容忍度
4 in.	18.0 ± 4.0mm
5 in.	27.5 ± 4.0mm
6 in.	37.5 ± 4.5mm

三、V- 型槽加工

V- 型槽的尺寸規格只有一種，V- 型槽的方向通常為 <110> 或 <100>，如圖 6.16 所示。V- 型槽加工所使用的設備，亦為外徑磨削 (grinding) 製程所使用的磨床。而所使用的鑽石磨輪之外沿形狀就如同 V- 型槽形狀一樣，如圖 6.17 所示。圖 6.18 為 V- 型槽加工後之矽晶棒。

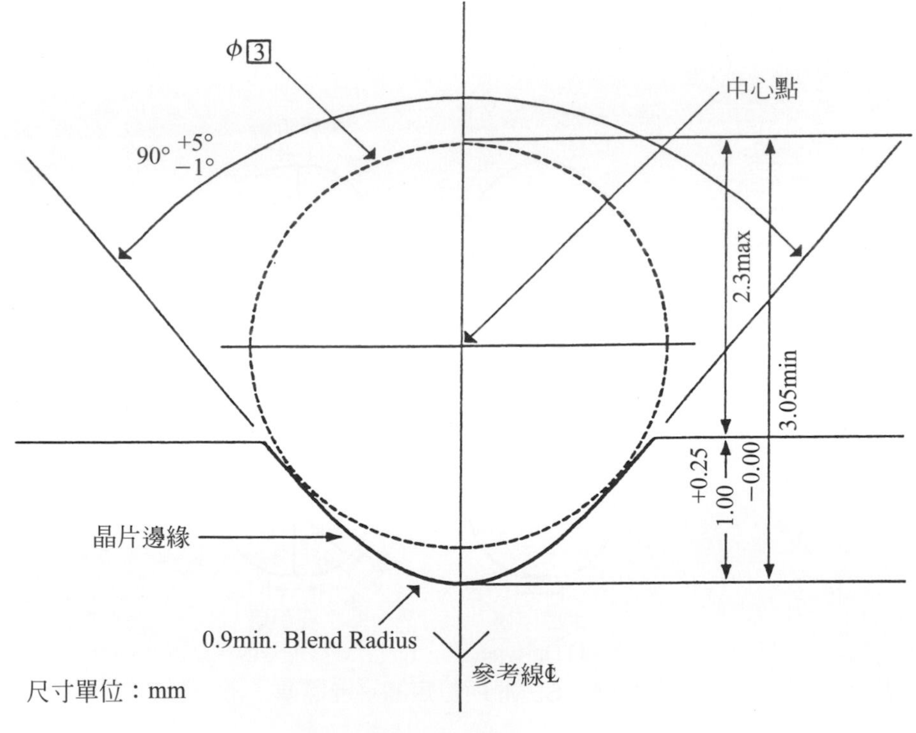

圖 6.16　V- 型槽的尺寸規格

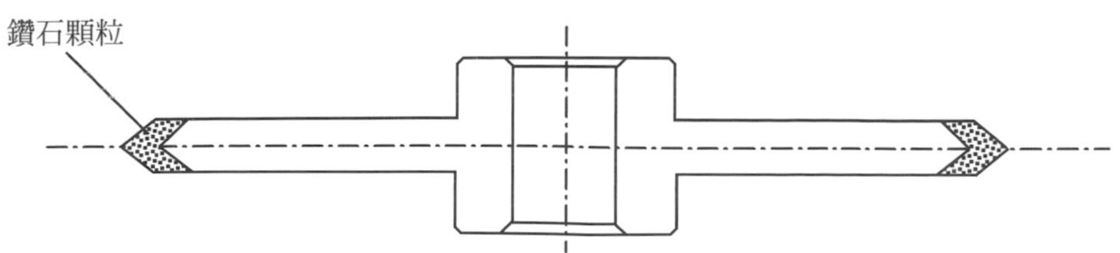

圖 6.17　用以進行 V- 型槽加工之鑽石磨輪之示意圖

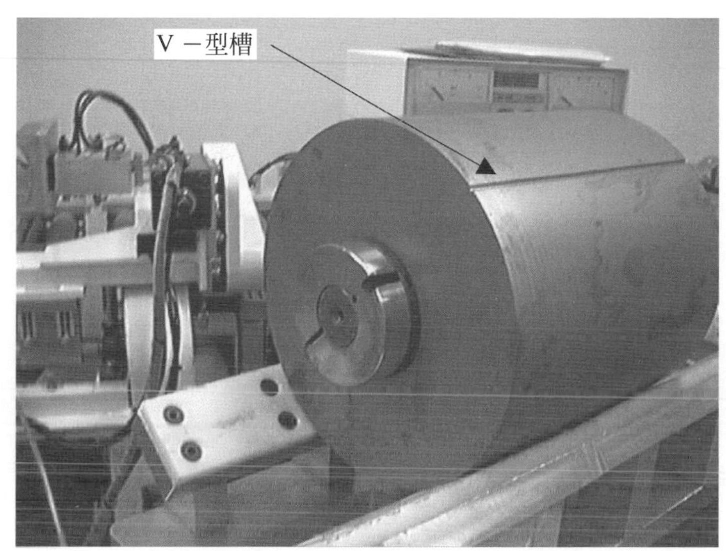

圖 6.18　V- 型槽加工後之矽晶棒

四、參考資料

1. 1995, SEMI M8-93, pp.107-135 (1995).
2. 1991, SEMI M1-90, p.12 (1991).

6-4 切片 (Slicing)

一、前言

這步驟的目的，在於將矽單晶棒切成具有精準幾何尺寸的薄晶片。此一製程決定了晶圓在往後製程中撓曲度的大小，同時對往後製程之效率 (如晶面研磨、蝕刻、拋光等) 亦有決定性的影響。在早期，內徑切割機 (ID saw) 一直普遍被用在小尺寸矽晶的切片製程上，但隨著晶圓尺寸的增加，切片所使用的設備之發展趨勢，必須合乎以下 3 個主要特性：(1) 具備切割大尺寸晶棒 (直徑 200 ～ 300mm) 的能力、(2) 具有低切損 (kerf loss)、高切片效率的特性、(3) 具有較佳的晶片表面性質，以簡化後段加工製程。基於以上這些考量，線切割機 (wire saw) 已逐漸取代內徑切割機，而普遍被用在大尺寸矽晶的切片製程上。在本章第 1 節，我們已介紹過內徑切割機，所以本節將著重於介紹線切割機在矽晶切片上的應用，此外也將比較內徑切割機與線切割機的優缺點。

二、晶棒黏著 (Crystal Mounting)

當晶棒到達切片區域時，已被磨好外徑及平邊 (或 V- 型槽)。在切片過程中，必須確保晶棒能穩固地固定在切片機上，才能使切出來的晶片具有較佳的平坦度。所以在一般的操作上，必須在切片之前，用蠟或樹脂 (epoxy) 將晶棒黏著在一黏著砧板 (mounting block) 上，如圖 6.19 所示。砧板的材料通常為石墨 (亦可使用樹脂)，其表面具有與晶棒直徑相同的圓弧狀。這個石墨砧板，除了具備支撐晶棒的功能外，也可防止晶棒在切片結束前發生崩角 (exit chipping) 的現象。此外，黏著完畢的晶棒與固定器的相對方位角度，往往有些偏差，但這

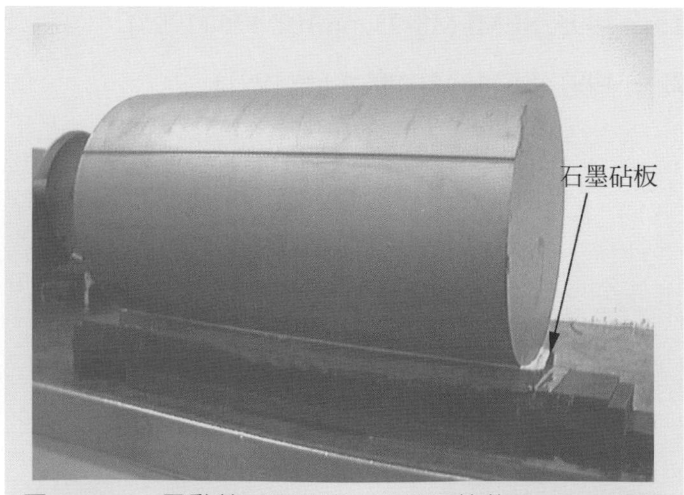

圖 6.19　一已黏著石墨砧板，準備切片的 200mm 晶棒

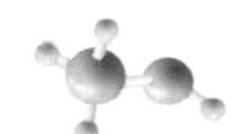

個偏差量可在安裝晶棒於切割機的時候，校正回來。雖然切完的晶片的一角，仍黏著樹脂與石墨，但若將晶片浸入熱水中後，很容易因樹脂之軟化而去除。

晶棒黏著時的重要製程參數爲接著膠硬化時間、接著膠中硬化劑與樹脂的混合比例、還有晶棒接著角度。一般業界的要求是要控制晶棒方位的準確度達到小於 0.1°。

三、線切割機 (wire saw) 之介紹

雖然早在 1950 年代開始，線切割機就已被用在半導體的切片用途上了。但一直到 1990 年代，才被工業界普遍用在 200mm 以上矽晶的切片上。這是因爲在早期，線切割機只是少數幾個公司秘密使用的 know-how[1～4]。由參考資料 5-12 中，讀者可以發現線切割機的發展過程。切割機的切片方式可分成砂漿線 (slurry wire) 及鑽石線 (diamond wire) 二種，以下先介紹砂漿線的部分。

圖 6.20 爲使用砂漿線的線切割機操作原理的示意圖。線切割方式是屬於「自由研磨加工法 (free abrasive machining)」。線切割機所使用的鋼線，係由送線導輪 (feed reel) 開始纏繞，接著繞過三或四軸的主輥 (main roller)。在主輥上的導線器 (wire guide)，具有很多等間隔的溝槽 (grooves)，鋼線即沿著這些溝槽，由主輥的一側繞到另一側，這種安排就像是織布機上的網狀織線。通過主輥的鋼線，最後回到迴線導輪 (take-up reel) 上。鋼線的張力係由一具有回饋控制 (feedback control) 系統的張力調整機構所控制。

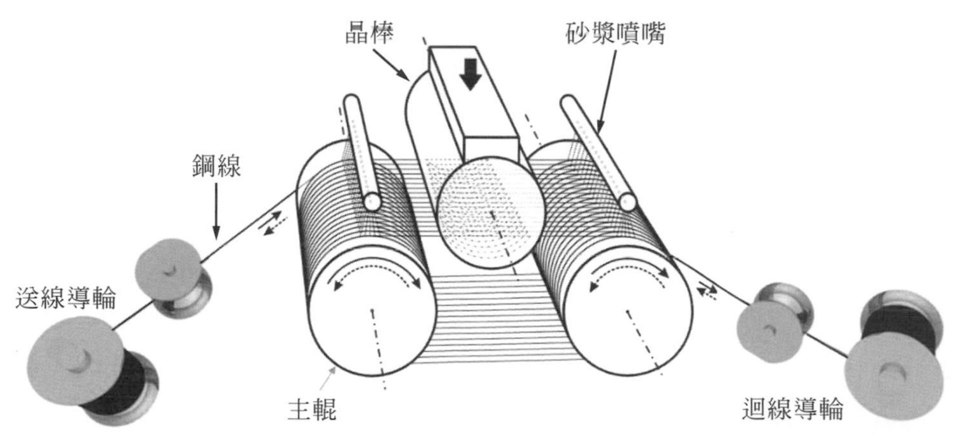

圖 6.20 使用砂漿線的線切割機操作原理的示意圖

繞在送線導輪上的鋼線，如果伸展開來，可以長達數百公里。當然鋼線愈長，須要更換鋼線的週期也就愈久。在進行切割時，鋼線必須適當地施以張力，並快速地來回拉動 (約 600 ～ 800m/min)。在切割過程，尚須在鋼線上噴灑由二丙二醇及碳化矽 (SiC) 混合而成的油基砂漿 (slurry)。這種砂漿不僅是種研磨劑，且可以用來帶走在切割過程產生之熱。圖 6.21 顯示一正在線切割機裡進行切片動作的照片，以及完成切片後晶片尚留在石墨砧板上的照片 [13]。一般而言，切斷 8 吋晶棒需要 8 小時，切斷 12 吋晶棒需要 13 小時左右。

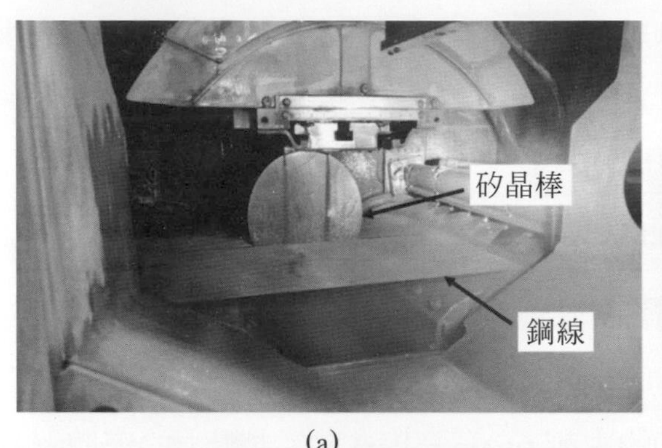

(a)

(b)

圖 6.21　(a) 一矽晶棒正在線切割機裡進行切片動作，(b) 完成切片後晶片尚留在石墨砧板上的照片 [13]

雖然油基 (oil-based) 系列的砂漿，普遍被工業界所採用，但卻存在著變質 (oil breakdown) 及環保上的潛在問題。當然如果經常更換砂漿的話，倒不至於遇到變質的問題。然而，在砂漿回收系統逐漸被採用的今日，砂漿的黏稠度必須受到嚴格的監控，才可確保切片的品質。此外，目前也有公司採用水基 (water-based) 系列或水溶性的砂漿，例如：PEG(聚乙二醇)。砂漿中的研磨粉粒 (粒度約 #600 ～ #800) 之所以普遍採用碳化矽的原因，是基於碳化矽的高硬度與較低的價格。再者，由於綠色碳化矽含有較少的金屬雜質 (例如：Al、Na、Ca、Fe)，而且因爲形狀比較尖銳，具有更高的切削速度，所以比黑色碳化矽更常被使用。

使用內徑切割機進行晶棒的切片時，晶片是一片接一片被切下來的，但線切割機卻可以同時將矽晶棒切成晶片。使用線切割機得到晶圓的厚度，係由主輪上溝槽的間距 (pitch) 所決定。而線切割機的切割速率，則主要由導線的移動速率及導線施加於晶棒上的力量所決定。

在整個切割過程中，影響矽晶圓的品質以及成品良率的主要因素有：切割砂漿的黏稠度、碳化矽微粉的大小及形狀、切割砂漿的流量、鋼線的速度、及鋼線的張力等。此外，鋼線的直徑會直接影響切損的多寡，使用愈細的鋼線雖然會降低切損 (kerf loss)，但鋼線也比較容易斷掉。目前比較常用的鋼線直徑在 130 ～ 170μm 之間，使用這直徑範圍所造成的切損約在 160 ～ 200μm 之間。圖 6.22 顯示切割時，各種幾何尺寸的定義及比較。

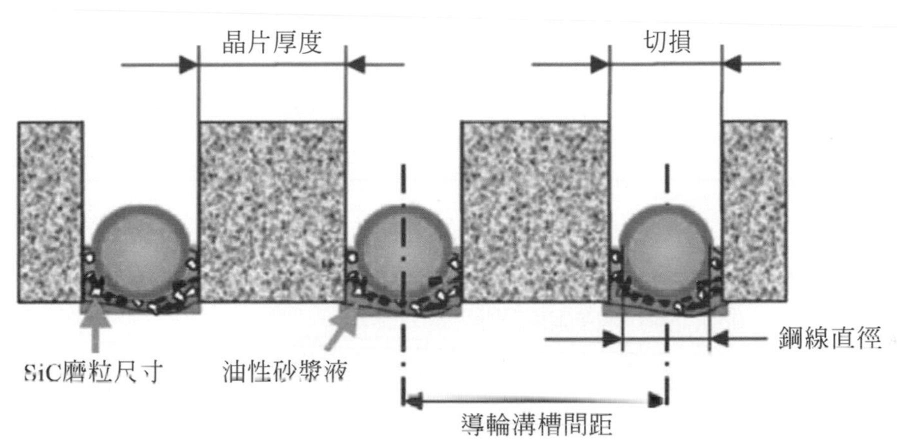

圖 6.22 顯示切割時，各種幾何尺寸的定義及比較

1. 切割砂漿的黏稠度

由於在整個切割過程中，碳化矽微粉是懸浮在切割砂漿上而通過鋼線進行切割的，所以切割砂漿主要提供懸浮和冷卻的作用。切割砂漿的黏稠度會影響碳化矽微粉懸浮的情況。由於鋼線在切割矽晶棒的過程中，會因爲摩擦發生高溫，它必須藉著切割砂漿來冷卻降溫，所以切割砂漿的黏稠度也會影響冷卻的效果。

2. 碳化矽微粉的大小及形狀

線切割的原理，其實是靠著鋼線帶著碳化矽微粉在矽晶棒上進行切削動作。所以碳化矽微粉的大小及型狀，直接影響切割的能力，也影響這切出的晶片表面之光潔程度。一般來說，比較規則的微粉，切出來的矽晶片表面的光潔度比較好。而大小分佈均勻的細粉，則會提高切割能力。一般來說，使用越小的碳化矽微粉，使用切損 (keff loss) 比較小外，矽晶表面的損傷層也比較淺，但缺點是切割速度就跟著下降。圖 6.23

顯示材料的去除率(亦即切割速度)與微粉大小、鋼線速度、及負載力 (work load) 間的關係 [14]，我們可以看到使用 #600 的微粒是比 #1000 具有更快的切削性的。

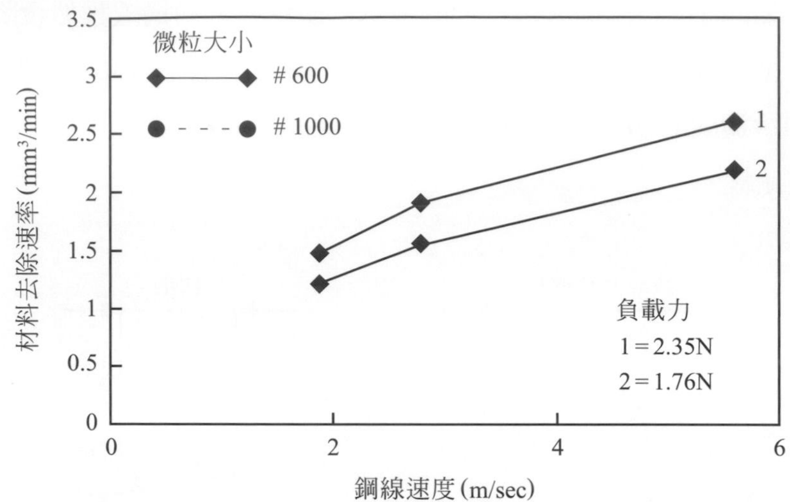

圖 6.23 材料的去除率(亦即切割速度)與微粉大小、鋼線速度及負載力 (work load) 間的關係 [14]

3. 切割砂漿的流量

切割砂漿的流量，會影響切割及冷卻的效率。一般流量在 65 ～ 80 l/min 左右，如果流量太慢，就會出現切割能力嚴重下降，並導致晶片表面出現比較嚴重的鋸痕，也會造成斷線問題。

4. 鋼線的速度

一般線切割機都是採用雙向走線的方式，也就是它會先往一方向前進一段時間，再停下來往反方向再前進一段時間。鋼線的運行速度，直接影響切割能力，速度越快切割就越快，如圖 6.22 所示。但這也要與切割砂漿做適當的搭配才行，如果速度跟不上切割砂漿的切割能力，就會出現比較嚴重的鋸痕甚至斷線；反之，如果超出切割漿料的切割能力，就可能導致切割砂漿流量跟不上，而出現厚薄不均勻的形況。一般鋼線的平均速度大概在 10 ～ 15 米 / 秒。

5. 鋼線的張力

鋼線的張力控制，也是影響是矽晶片切割效果的重要因素之一。鋼線的張力過小，將會導致鋼線彎曲度增大，使得帶動砂漿能力下降，切割能力降低。而鋼線張力過大時，懸浮在鋼線上的碳化矽微粉就會難以進入鋸縫，切割效率降低，進而出現鋸痕甚至斷線。

6. 溫度的控制

一般操作溫度在 25℃左右，但鋼線的切削動作，會導致溫度的上升。而這上升的溫度所引起的熱膨脹現象，容易讓晶片產生變形而影響到平坦度。這種溫度增加效應在切削的初期 (也就是所謂的 cut-in 位置) 最嚴重，因此我們在觀察晶片的表面波度 (waviness，也就是指局部撓曲的梯度) 變化時，都可發現在 cut-in 位置的波度變化比較大，這是因爲在鋼線的切削過程裡，最難去控制 cut-in 位置的晶片形狀。而這樣的溫度效應，跟冷卻系統及切削速度等因素有關。

7. 進料速度 (feed rate)

進料速度 (feed rate) 是指進料台 (feed table) 帶著晶棒往下移動的速度，如圖 6.24 所示。切割開始前，晶棒慢慢往下碰到網線，這時晶棒與鋼線之間的壓力，使得鋼線形成彎曲。一旦材料的去除率與進料速度相匹配，整個切割過程將達到動力平衡狀態，在固定的進料速度與負載之下，這樣的平衡將由鋼線的速度、張力、及砂漿的切割力所決定。研究顯示 [15]，越快的進料速度，切割面的表面粗糙度也越高，而且表面損傷層也越深，如圖 6.25 所示。

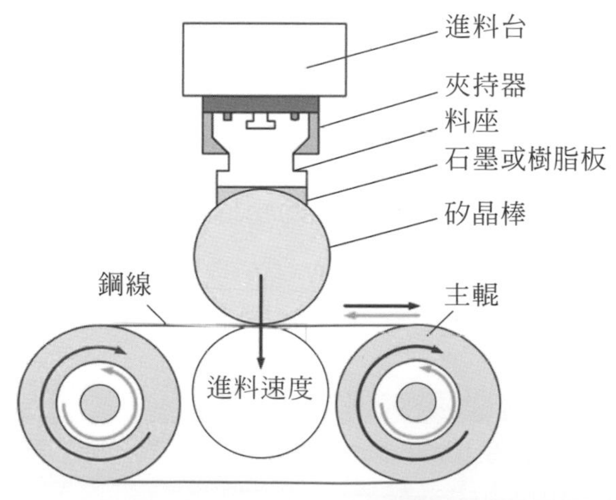

圖 6.24　進料速度是指進料台帶著晶棒往下移動的速度

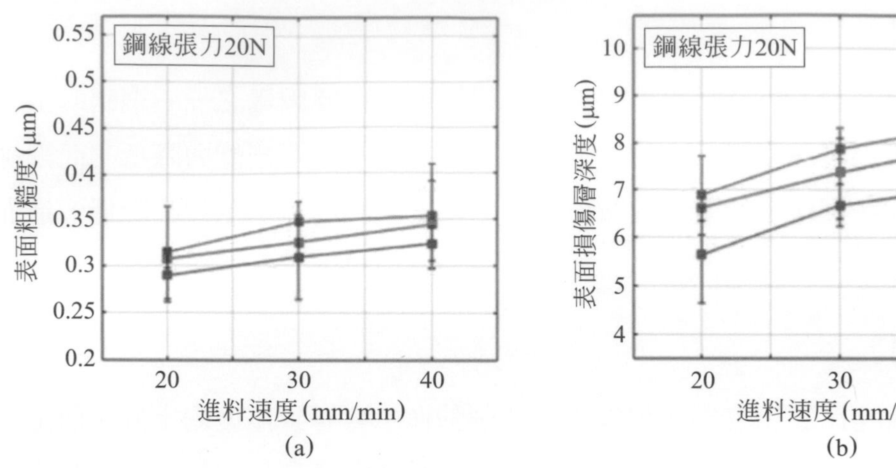

圖 6.25　(a) 進料速度對表面粗糙度的影響，(b) 進料速度對表面損傷層深度的影響

四、鑽石線切割

鑽石線 (diamond wire)) 與砂漿線 (slurry wire) 最大的不同點，在於鑽石線是在鋼線表面電鍍了鑽石磨粒，如圖 6.26 所示。砂漿線的切割是屬於自由研磨的加工方式，一般而言，SiC 研磨顆粒在晶棒的移動速度大概是鋼線速度的一半左右。而鑽石線上的鑽石顆粒的移動速度就等於鋼線速度，所以理論上，鑽石線的切割速度就可以達到砂漿線的二倍。因爲鑽石線對矽晶棒就有直接的切割作用，因此不需使用砂漿，而是直接使用水當冷卻液就可。除此之外，在原理上是與砂漿線很類似的。圖 6.27 爲浙江晶盛機電所製造的鑽石線切割機的照片。

除了切割速度快以外，使用鑽石線的優點還包括：生產成本低、較佳的 TTV、使用冷卻水的冷卻效果比較好、及環保等。但缺點是表面損傷層比較深及表面粗糙度較差。鑽石線目前已很廣泛被用在切太陽能晶棒上，應用在切半導體用的矽晶棒上之比率則相對比較少，但有日益增加的趨勢。

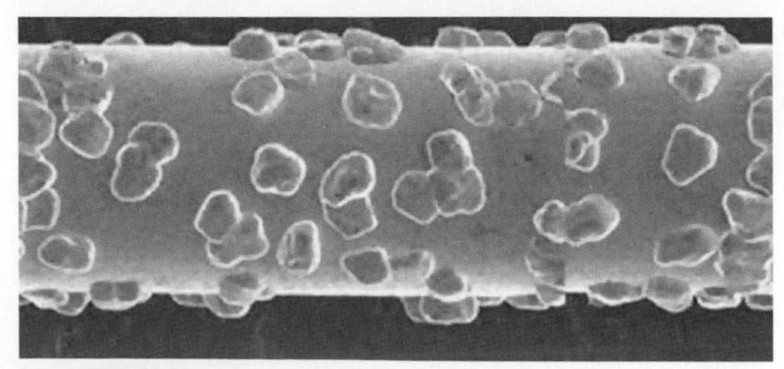

圖 6.26　鑽石線 (diamond) 表面電鍍著一顆一顆的鑽石磨粒

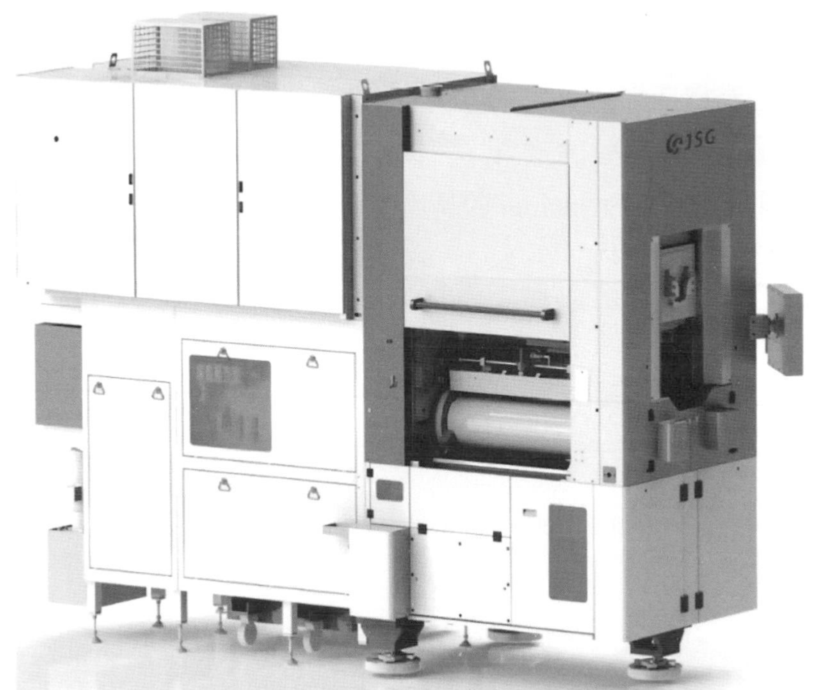

圖 6.27　浙江晶盛機電所製造的鑽石線切割機的照片

五、切割晶圓之表面性質的考量

影響切割晶圓 (as-cut wafers) 品質的最重要因素，就是機台的設計與穩定性。此外，晶棒進給程式、鋼線速率及漿料特性都應審慎搭配，才可獲得符合規格的晶圓基板。以下是切割晶圓必須考量的性質：

1. 晶圓結晶方位

切完的晶片，必須檢測其結晶方位。通常結晶方位的偏差都在 0.1° 以內，因爲一旦待切的晶棒被調整到正確的切割角度，所有的晶片都將具有蠻精準的結晶方位。

2. TTV (Total Thickness Variation)

TTV 是指晶圓最大及最小厚度之差 [16]，如圖 6.28 所示。一般使用線切割機的 300mm 矽晶片之 TTV 可控制在 10μm 以內。

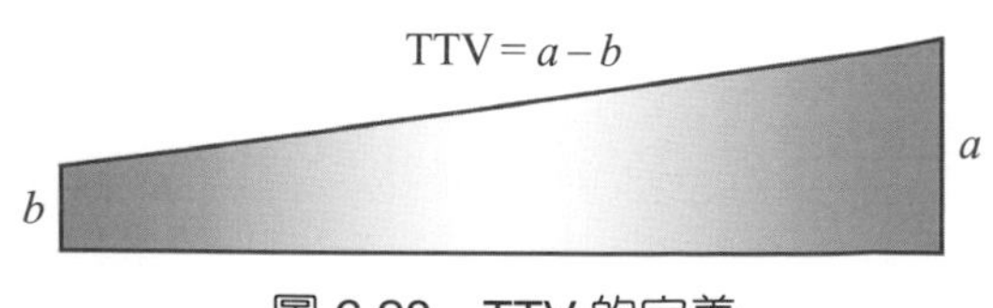

圖 6.28　TTV 的定義

3. 撓曲度 (warp)

撓曲度的定義為在掃瞄晶片時所訂定的參考平面，至晶片中心平面 (median surface) 最大距離與最小距離的差值 [17]。圖 6.29 顯示一些晶片變形後的 TTV 與撓曲度 [17]。一般使用線切割機的 300mm 矽晶片之撓曲度可控制在 20μm 以內。

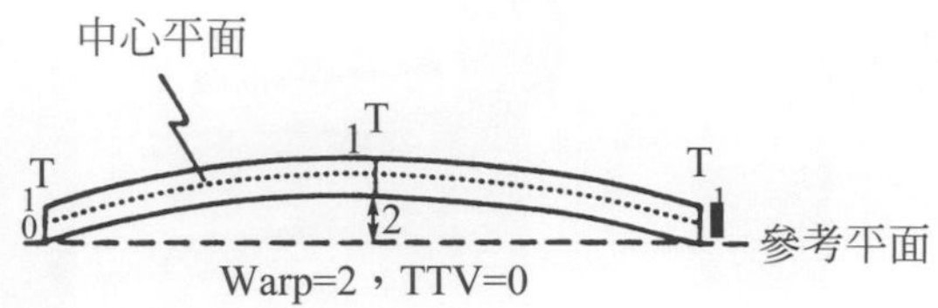

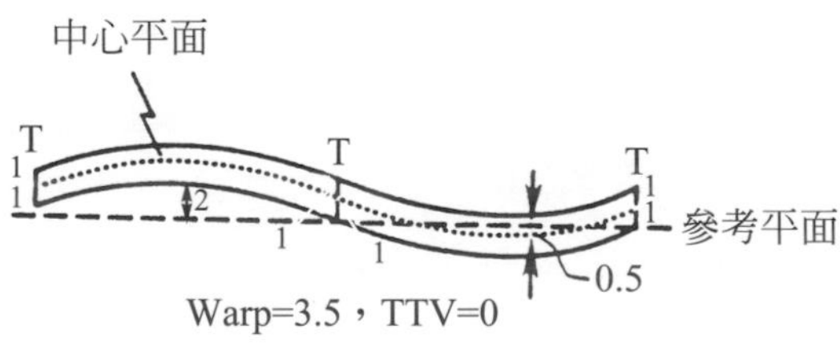

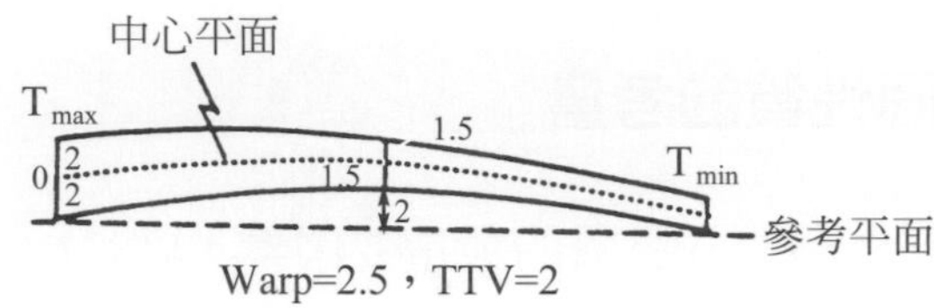

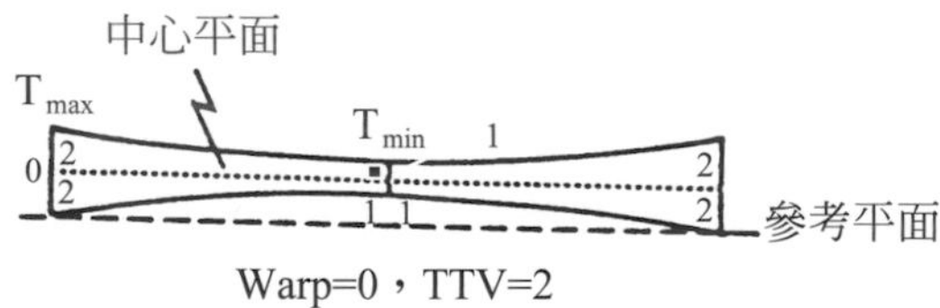

圖 6.29　一些晶片變形後的 TTV 與撓曲度之計算範例 [17]

4. 彎曲度 (bow)

彎曲度係用以指出晶片的凹狀或凸狀變形。圖 6.30 顯示晶片凹狀及凸狀變形的量測值 a 及 b，而彎曲度即定義為 $(a-b)/2$。彎曲度一直是使用內徑切割機的主要問題，但在使用線切割機時，由於晶片兩側受到相同的力量，所以通常彎曲度接近於 0。

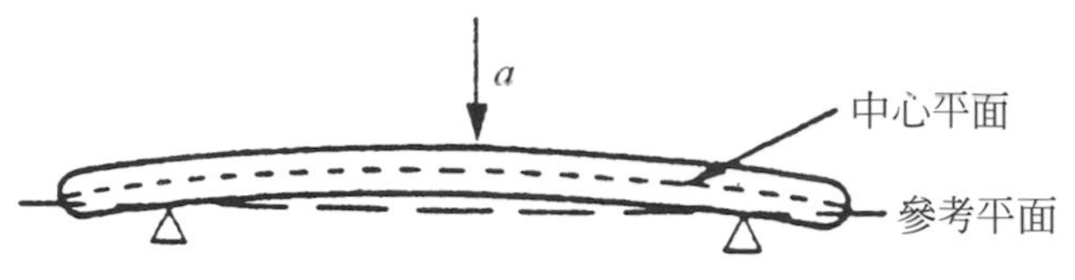

將晶圓片翻轉

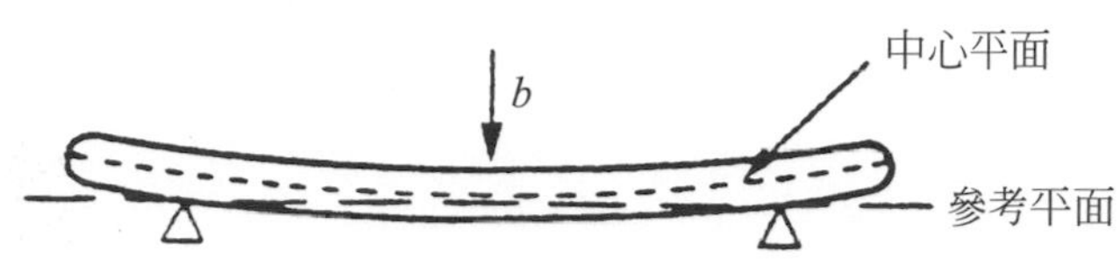

圖 6.30　彎曲度之定義與量測方法

六、線切割機與內徑切割機之比較

表 6.4 係列線切割機與內徑切割機之切割特性的比較 (18)。事實上，依據產品的用途範圍，這兩類型的切割機各有其特別的優缺點。但以大尺寸矽晶圓而言，線切割機由於較小的切損與損傷層，所以在產出率與良率上都遠優於內徑切割機。

內徑切割機的刀片之重要性，就如同線切割機的鋼線一樣。不良的內徑刀片，可能引起不當的磨耗而造成過多的晶片變形；而不良的鋼線，則可能在切片過程中斷裂並導致良率的損失。不良的內徑刀片，較易事先偵測出來，再利用修整 (dressing) 予以補償。而不良的鋼線，則很難事先發現，例如：鋼線內部含有 25μm 以上大小的缺陷，就極易在切片過程中斷裂 (4)。此外，線切割機的消耗品之價格往往爲內徑切割機的兩倍以上。因此基於成本的考量，線切割機似乎較不適合小尺寸的矽晶圓。

內徑切割機所產生的矽晶片，具有較大的表面損傷層，而且也較爲不均勻分佈。這一點對於厚晶片的重要性不是特別重要，因爲損傷層總可在研磨 (lapping) 及蝕刻 (etching) 過程予以去除。但對於薄晶片，線切割機即顯得較具優勢。再者，線切割機的切損 (kerf loss) 也遠比內徑切割機小。

以晶片的變形量 (warp、bow、TTV) 而言，線切割機都優於內徑切割機。但是內徑切割機具有刀片偏曲度的偵測器，可以事先偵測出可能造成“out-of-control”的條件，而予以適當的調整。但是，線切割機則不具有預先偵測不良切割條件的能力。

由於線切割機可以在一次的切割過程中，將一段晶棒同時切成晶片，再加上近年來線切割機在機台穩定性的快速改良，使得切片的產出率大幅地改善，以 200mm 矽晶片而例，線切割機的產出率爲內徑切割機的 5 倍以上。若同時考慮以上的所有因素，線切割機的切割成本將可低於內徑切割機的 20% 以上。

表 6.4　線切割機與內徑切割機之切割特性的比較

性質	線切割機	內徑切割機
切割方法	自由研磨劑加工 (Free Abrasive machining)	固定研磨加工 (Fixed Abrasive machining)
典型的切斷表面特徵	線鋸痕 (wire marks)	Chipping & Fracture
損傷層深度	5 到 15μm 之間	20 到 30μm 之間
產生率	110 到 220cm^2/hr 之間	10 到 30cm^2/hr 之間
每次切片的晶片數目	200 到 400 之間	1
切損 (kerf loss)	150 到 210μm 之間	300 到 500μm 之間
最小可切出之晶片厚度	200μm	350μm
最大可切之晶棒直徑	300mm 以上	200mm
晶片之彎曲度	非常輕微	嚴重

七、參考資料

1. M. Wolf, "Comparison of Various Silicon Sawing Methods," Proc. Low-Cost Solar Array Wafering Workshop, p.18, JPL 82-9, June 1981.
2. K. Tabata, et al., "Silicon Slicing for Solar Cell," Tech. Digest Int'l., PVSEC-1, p. 809, Kobe, Japan.

 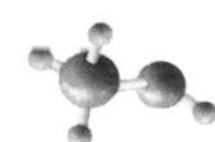

3. Solarex Corp., "Evaluation of the Technical Feasibility and Effective Cost of Various Wafer Thickness for the Manufacture of Solar Cells," Final Report, DOE/JPL, 955077-79, March 20, 1980.
4. R. Wells, Solid State Technology, Sept. (1987) p.63-65.
5. H.A. Wilson, et al., "Crystal Cutting Saw," U.S. Patent No. 2,831,476, April 22, 1958.
6. B.A. Dreyfus, "Machine for sawing Samples of Brittle Materials," U.S. Patent No. 3,115,087, Nov. 3, 1964.
7. J.R. Bonnetoy, et. al., "Machine for Sawing Samples of Brittle Materials," U.S. Patent No. 3.525,324, Aug. 25, 1970.
8. J.L. Bowman, "Machine for Cutting Brittle Materials," U.S. Patent No. 3,824,982, July 23, 1974.
9. H.W. Mech, "Machine for Cutting Brittle Materials using a reciprocating Cutting Wire," U.S. Patent No. 3,831,576, Aug. 27, 1974.
10. H.W. Mech, "Machine for Cutting Brittle Materials," U.S. Patent No. 3,841, 297, Oct. 15, 1974.
11. H. Shimizu, "Wire-Saw," U.S. Patent No. 3,942,508, Mar. 9, 1976.
12. R.C. Wells, "Wire Saw," U.S. Patent No. 4,494,523, Jan. 22, 1985.
13. https://www.precision-surface.com/what-is-wafering-/-slicing/
14. https://doi.org/10.3390/pr8101319
15. https://hal.archives-ouvertes.fr/hal-03170941/document
16. ASTM F657, Annual Book of ASTM Standards, 1995.
17. ASTM F534, Annual Book of ASTM Standards, 1995.
18. I. Fao, V. Prasad, F.P. Chiang, M. Bhagavat, S. Wei, M. Chandra, M. Costantini, P. Leyvraz, J. Talbott, and K. Gupta, in: Semiconductor Silicon 1998, H.R. Huff, H. Tsuya, and U. Gosele, eds. Vol. 1 (1998) p. 607.

6-5 圓邊 (Edge Rounding)

一、前言

由內徑切割機或線切割機所切出的矽晶片，其邊緣通常具有銳角 (sharp corner) 或微缺陷。因此在早期，很多元件的良率問題，都被發現與晶片邊緣的物理狀況有關。晶片邊緣可以影響機械強度，也容易產成微粒 (particles) 而造成污染，甚至影響光阻層及磊晶層厚度的均勻性。後來發現避免這些問題之道，是將晶片的銳利邊緣修整成圓弧狀，這個步驟即稱之為「圓邊 (Edge Rounding)」。基本上，圓邊製程的目的有三：

1. 防止晶圓邊緣破裂

晶圓在製造與使用過程中，常會遭受到晶舟 (cassette)、機械手 (robot) 等之撞擊。例如：將晶圓放置於晶舟內的過程，可能使與晶舟接觸的晶圓邊緣產生應力集中的區域，因而導致晶圓邊緣的破裂 (edge chipping)。而這種由應力集中所產生的破裂現象，會使得晶圓在元件製造過程中不斷的釋放出的污染微粒，造成良率的損失。將晶圓邊緣修整成圓弧狀，將可減少破裂與微粒的產生 [1]。

2. 防止晶格缺陷的產生

晶圓在元件製造過程中會經歷無數的熱週期 (thermal cycle)，例如：氧化、擴散、薄膜生長等。這些加熱與冷卻過程通常相當劇速，因而使得受熱不均勻的晶圓產生熱應力。一旦這些熱應力超過晶格的彈性強度，晶格缺陷將以差排及滑移線等型式產生。而晶圓邊緣的銳角與微缺陷，正好提供區域性的應力促進晶格缺陷的成核。圓弧狀的晶圓邊緣，可以避免晶格缺陷的產生。

3. 增加磊晶層及光阻層的平坦度

在磊晶製程中，銳角區域的生長速率會較平面高，因此使用未經圓邊處理的晶圓，容易在邊緣區域產生突起 (稱為 epitaxial crown)，如圖 6.31 所示。同樣的，在利用旋轉塗佈機 (spin coater) 上光阻 (photoresist) 時，表面張力會使得光阻液在晶圓邊

緣產生堆積現象。這些磊晶層及光阻層不平坦的問題，將會影響光罩 (photomasking) 對焦的準確性。將晶圓邊緣修整成圓弧狀，將可改善磊晶層及光阻層的平坦度。

圓邊製程可利用化學蝕刻 (chemical etching) 及輪磨 (edge grinding) 等方式來達成。其中化學蝕刻雖可達到圓邊的效果，但是控制上較爲困難。利用輪磨方式進行圓邊處理是最爲穩定的。

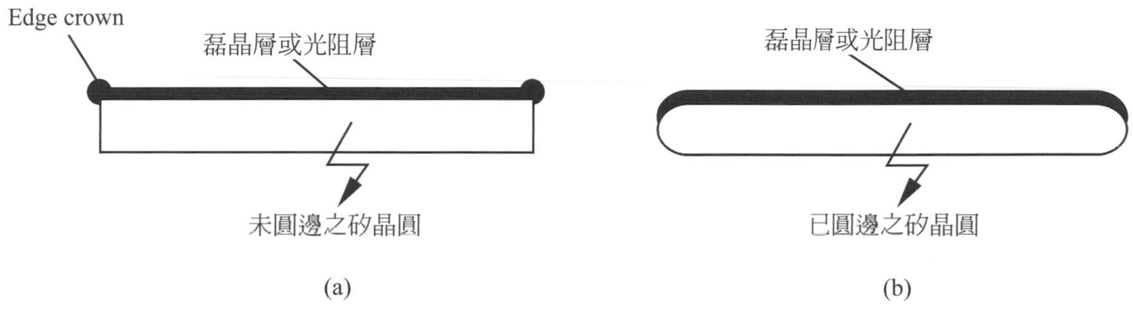

圖 6.31　磊晶層及光阻層厚度之均勻性：(a) 未圓邊之矽晶圓，(b) 已圓邊之矽晶圓

二、圓邊的型式

目前商業的晶圓邊緣形狀主要有二：圓弧形 (R-type) 及梯形 (T-type)，如圖 6.32 所示。通常晶圓客戶不會硬性要求圓邊形狀是否爲圓弧形或梯形，只會要求圓邊規格在 SEMI 的尺寸規範以內。但有些人認爲 R-type 晶圓與晶舟爲點接觸，較易造成應力集中，因而偏向於使用 T-type 圓邊。但也有人認爲 R-type 的形狀比較不會產生破片，其實這與機台的種類的搭配有關。但近年來，12 吋矽晶圓的客戶對於圓邊的形狀規格需求比較嚴格，很多客戶都會要求供應商採用比較類似的圓邊形狀與尺寸，這樣比較好控制在線上的破片率。

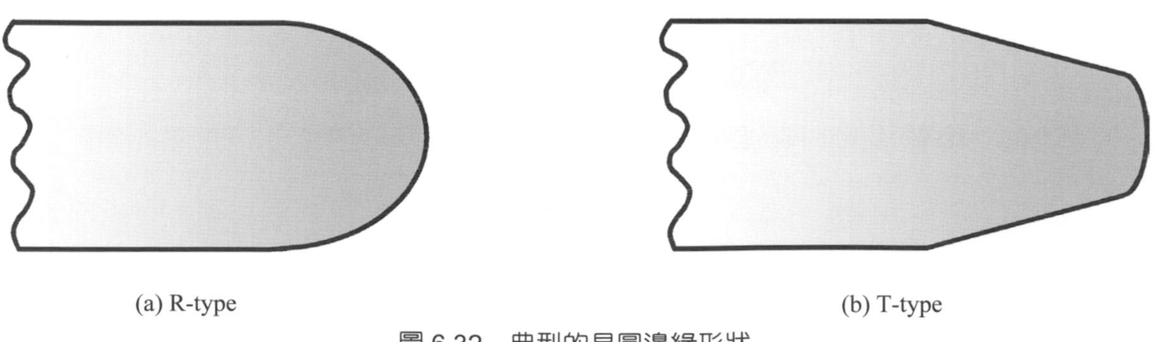

圖 6.32　典型的晶圓邊緣形狀

三、圓邊設備

目前商業最普遍使用的圓邊設備爲邊磨機 (edge grinder)。一般的邊磨機都已自動化，可以藉著機械手 (robot) 自晶舟連續式的取晶片進行圓邊處理。圖 6.33 爲圓邊過程的示意圖，邊磨機具有一與圓邊形狀相同的鑽石磨輪，如圖 6.34 所示，而晶片則被固定在一眞空吸盤 (vacuum chuck)。鑽石磨輪係以高速旋轉，晶片則以慢速旋轉。由於磨輪與晶片的接觸面積相當小，邊磨機必須具備可以重複控制研磨力量的能力，才能確保圓邊的效果。圖 6.35 爲浙江晶盛機電所製造的邊磨機之照片。

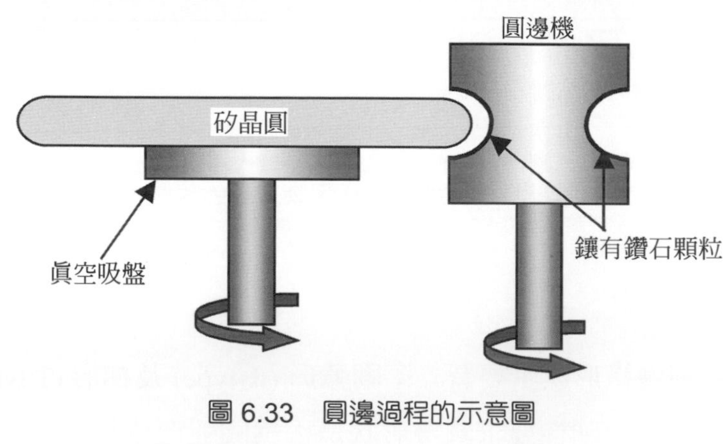

圖 6.33　圓邊過程的示意圖

圖 6.34　圓邊所使用的鑽石磨輪照片，該磨輪配有 4 個粗磨的溝槽及 2 個細磨的溝槽

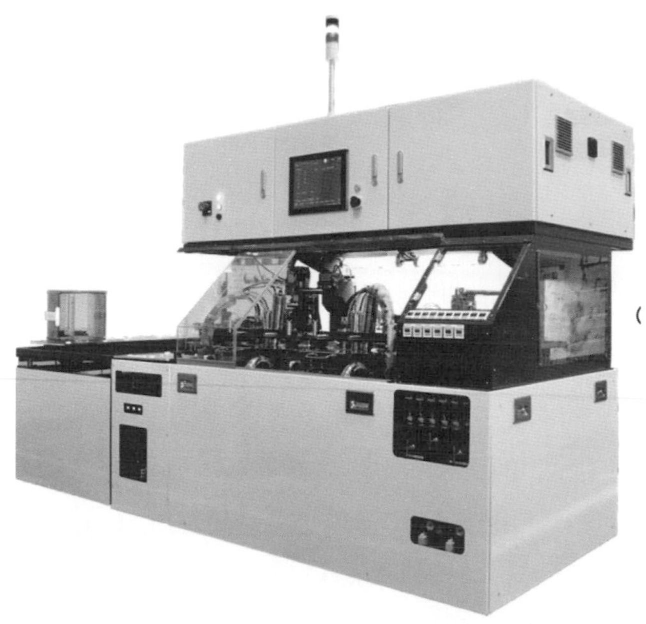

圖 6.35　浙江晶盛機電所製造的邊磨機之照片

四、參考資料

1. D.C. Guidici, Microelectronics, Vol. 9, No. 1 (1978) p.14-17.

6-6 研磨 (Lapping)

一、前言

由於切片之後的矽晶圓仍未具有合乎半導體製程所要求的曲度、平坦度、與平行度，但是晶圓拋光 (polishing) 過程中表面磨除量僅約 15μm，所以無法大幅度改善晶圓的曲度與平行度。這使得研磨 (lapping) 成爲晶圓拋光 (polishing) 製程之前，能夠有效改善晶圓的曲度、平坦度與平行度之關鍵製程。因此研磨製程的目的在於除去切片所造成的鋸痕 (saw mark) 及表面損傷層，同時達到一個拋光製程可以處理的平坦度。通常經過研磨後的晶片之總厚度偏差 (TTV) 已經達到數微米以下了。研磨所使用的設備一般稱之爲「研磨機 (lapper)」。

值得一提的是，隨著 grinding 技術的改良，目前亦有製造業者使用雙盤研磨 (double-side grinding，簡稱 DDG) 的製程來取代現有研磨製程。使用 DDG 的優點是它的研磨去除率比 lapping 快，所以生產成本較低，我們將在下一節介紹 DDG 製程。

二、研磨機之介紹

現代的研磨機 (lapper)，都是採用雙面同時研磨 (double-side lapping) 的方式，如圖 6.36 所示。圖 6.37 爲浙江晶盛機電所製造的 12 吋矽晶圓研磨機的照片。這樣的研磨機的主要元件包括：(1) 兩個反向旋轉的上下研磨盤、(2) 數個置於上下研磨盤之間而用以承載晶圓的載具 (carriers)、(3) 用以供應研磨砂漿 (slurry) 的設備。以下將就這些主要元件分別說明之。

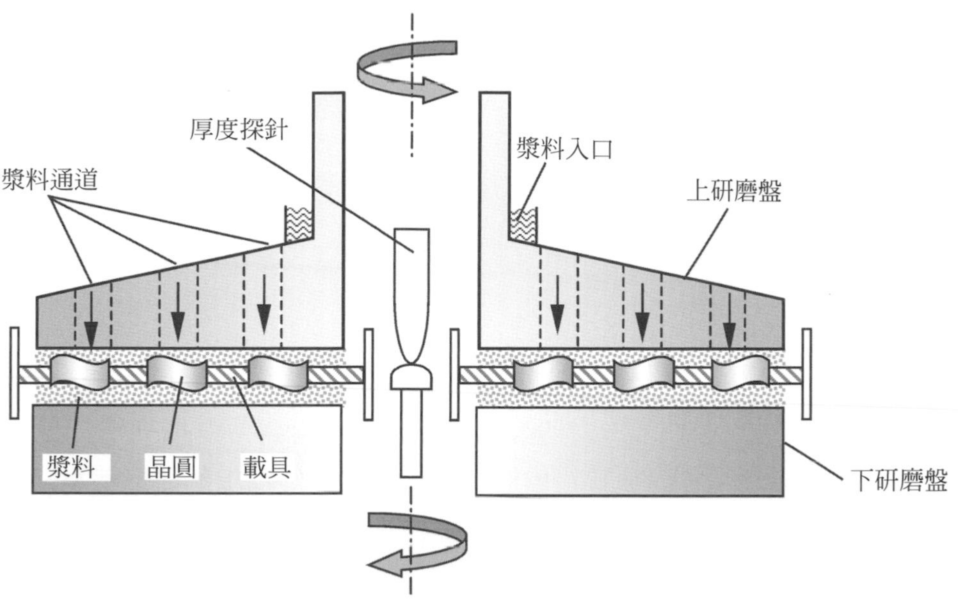

圖 6.36　研磨機的結構示意圖

圖 6.37　浙江晶盛機電所製造的 12 吋矽晶圓研磨機之外觀

1. 研磨盤

A. 研磨盤之材質

爲了維持研磨加工的精度，研磨盤的材質必須具有以下的特性：

(1) 必須具有均勻分佈的硬度。

(2) 必須可以耐長時間的磨耗。

(3) 不易造成晶片表面之刮傷 (scratch)。

(4) 容易修整。

由於以上這些考量，使得球狀石墨鑄鐵成爲最普遍被採用的研磨盤材料。如果使用比石墨鑄鐵還軟的材質的話，研磨砂漿之顆粒將容易完全鑲入研磨盤內，而容易造成晶片表面之刮傷；反之，如果研磨盤太硬的話，研磨砂漿之顆粒將容易擠向待磨晶片，造成晶片的過度損傷與研磨盤的快速磨耗。因此較適當的硬度範圍在 140 ～ 280 HB(及表面硬度 185 HS) 之間。鑄鐵中的球狀石墨可提供研磨過程適當的潤滑作用，其適當粒徑在 20 ～ 50μm 之間，而密度則在 12080 顆 /cm^2。事實上，鑄鐵研磨盤中的球狀石墨結構會隨著縱深而增加，如圖 6.38 所示，所以當研磨盤逐漸磨耗時，因表面硬度的變異，將導致研磨效率的略微變動。

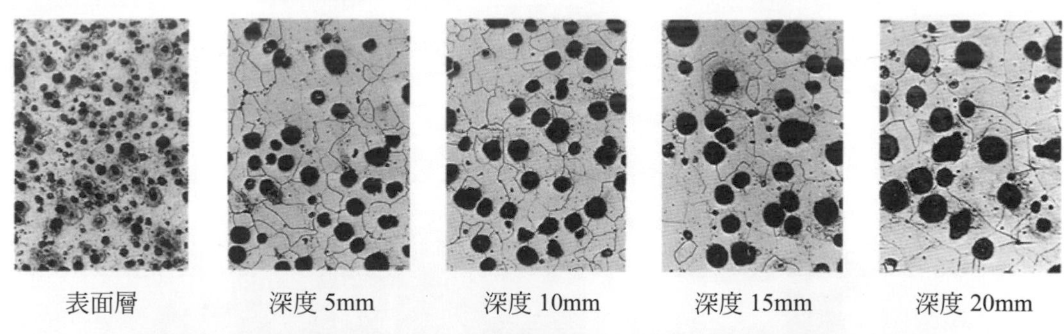

圖 6.38 鑄鐵研磨盤的球狀石墨晶粒大小隨著縱深方向的變化 (100x)

B. 研磨盤之溝槽

如圖 6.39 所示，研磨盤面上具有一些垂直交錯的溝槽。一般溝槽的寬度爲 1 ～ 2mm，深度爲 10mm。這些溝槽具有以下的作用：

(1) 使得研磨砂漿更均勻的分佈在晶片與研磨盤之間，因此荷重較爲均勻。

(2) 溝槽可作為排出研磨屑與研磨漿料之用。

(3) 上研磨盤的溝槽比下研磨盤細而密，這是為了減少晶片與上研磨盤之間的吸附力，以利研磨終了時晶片的取出。

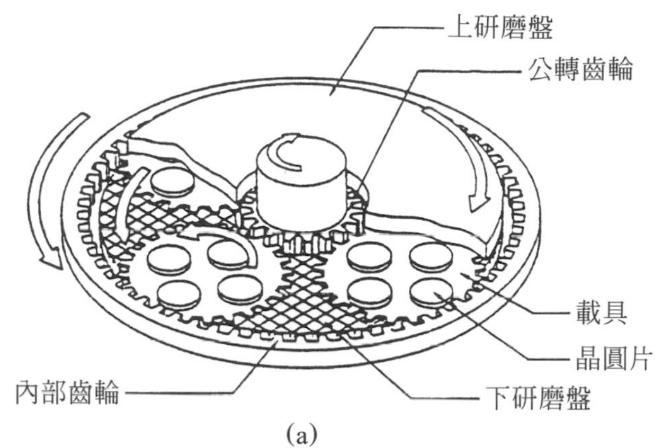

圖 6.39　(a) 研磨機之示意圖，圖中顯示研磨盤、及載具 (遊星輪) 等重要元件，晶片置於載具中藉著齒輪做公轉及自轉運動，(b) 研磨機之細部照片，圖中可見研磨盤面上垂直交錯的溝槽 (本照片由浙江晶盛機電提供)

2. 載具 (carrier)

載具 (carrier) 也常被稱為遊星輪，如圖 6.39 所示，載具待研磨的晶片係以人工方式置於載具上。載具上具有數個比晶圓直徑略大的洞，以利晶片的安裝。載具在外周有齒輪形狀，並由機台內外環的齒輪的帶動下，相對於盤面同時做公轉與自轉運動，以確保晶圓之平坦度。因為需要在狹小的空隙中支撐晶片，載具通常是採用由高強度的彈簧鋼材料，並具有高精度的平坦度。

3. 研磨砂漿 (slurry)

研磨砂漿的主要成份為氧化鋁、鋯砂、水及界面活性懸浮劑。氧化鋁粉的粒度約在 6 ～ 10μm 左右，它的韌性及堅實度都比碳化矽佳，所以對去除量的控制較佳且對晶片造成的損傷亦較小，是以普遍被使用。研磨砂漿為弱鹼性，所以在研磨完畢後要迅速放入液流槽中，避免在空氣中暴露過久，使得晶片上殘留的研磨砂漿在晶片表面留下沾汙 (Stain)。此外，研磨砂漿黏度或比重異常時，將導致研磨刮傷。研磨砂漿係由上研磨盤的上方注入，如圖 6.36 所示。

三、研磨的操作

晶片研磨過程之控制，是以研磨盤轉速與所施加之荷重爲主。圖 6.40 爲研磨過程中研磨壓力與時間之關係，首先研磨壓力須由小慢慢增加 (圖中 I 區)，以使研磨砂漿能夠均勻散佈，及去除晶片上的高出點 (註：高出點爲研磨過程最初應力集中之處，在高荷重時極易破裂)。穩定態 (圖中II區) 的研磨壓力一般在 100g/cm^2 左右，而研磨時間約爲 10 ～ 15 分鐘。在研磨結束前亦須慢慢將研磨壓力降低 (圖中III區)。晶片的研磨速率一般係隨以下參數而增加：

(1) 研磨壓力之增加。

(2) 研磨砂漿的流速之增加。

(3) 研磨砂漿內研磨粉濃度之增加。

(4) 研磨盤轉速之增加。

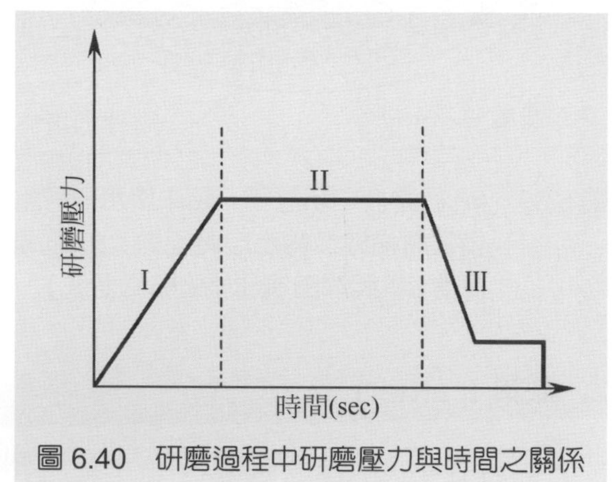

圖 6.40　研磨過程中研磨壓力與時間之關係

研磨製程的完成，是以定時或定厚度 (磨除量) 爲主。其中定厚度的方法，是利用一厚度探針，來感應晶片的厚度，一旦達到設定的厚度，機台便會慢慢減壓而停止研磨。

四、研磨盤之修整

隨著研磨次數的增加，研磨盤會發生磨耗現象。而由於盤面內側的線速度與外側不同，研磨盤面會出現凹凸狀。圖 6.41 顯示盤面的凹凸狀受載具與研磨盤相對旋轉方向的影響，在圖 6.41(a) 爲上凸下凹，而圖 6.41(b) 爲上凹下凸。當盤面會出現凹凸狀時，必須將研磨盤再度修平，才能確定晶片的平坦度。研磨盤的修整方式有：

(1) 使用單面研磨系統調整下研磨盤。

(2) 使用鑄鐵修整齒輪 (dressing gear) 來同時修整上下研磨盤。

(3) 讓上下研磨直接互相接觸後，進行研磨修整。

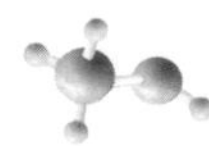

其中方式 (1) 的修整效率較低，方式 (2)、(3) 則較常被採用。修正盤的材質亦爲鑄鐵，其形狀則與載具相同，同樣具有外徑齒輪與中空部份，但較厚。

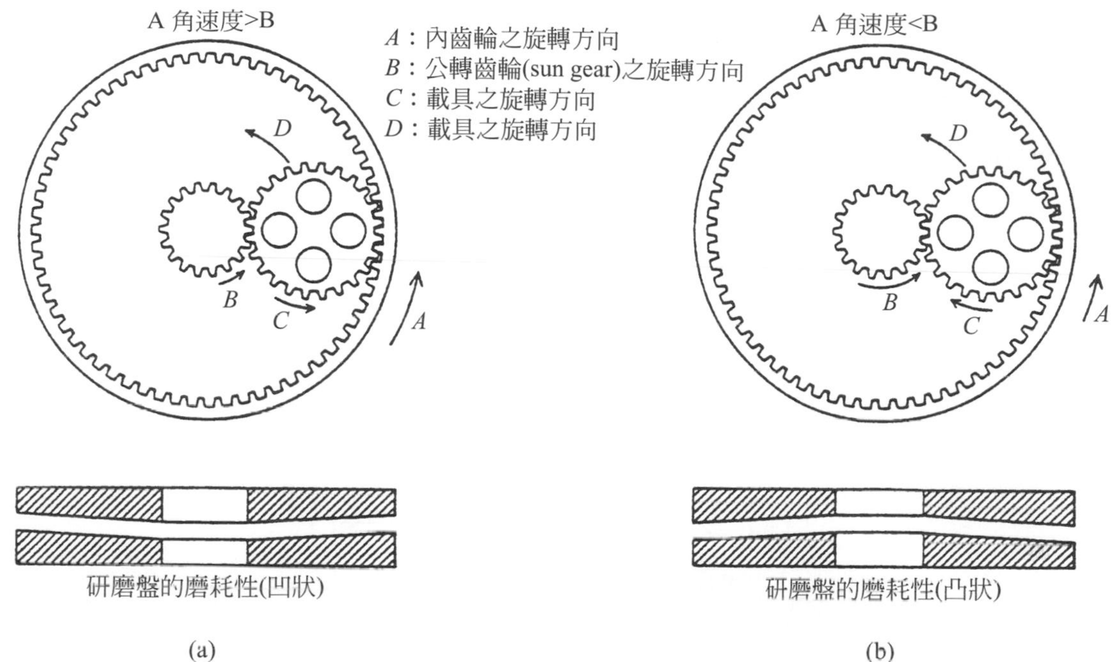

圖 6.41 盤面的凹凸狀與載具與研磨盤相對旋轉方向的關係：(a) 上凸下凹，(b) 上凹下凸

6-7 雙盤研磨 (Double Disk Grinding, DDG)

一、前言

早在 1930 至 1950 年代，雙盤研磨 (Double Disk Grinding, DDG) 技術就被應用在簡單形狀的小型金屬工件用的研磨上。在 1960 至 1970 年代，它開始被用於研磨由各種類型的材料製成，且具有不同的尺寸和形狀的工件上。從 1980 年代到 1990 年代中期，整個 DDG 的技術變得更具靈活性、精確度。於是它在 1990 年代開始被引入半導體行業，被應用在 200 和 300 毫米矽晶片的研磨上 [1～7]。

DDG 製程的目的，與上一節介紹的 Lapping 是一樣的。都在於除去切片所造成的鋸痕 (saw mark) 及表面損傷層，同時達到一個拋光製程可以處理的平坦度。

二、雙盤研磨技術之介紹

在雙盤研磨 (DDG) 中，矽晶圓的兩面在一個工藝步驟中同時被研磨，它是屬於一種自由浮動 (free floating) 的加工方式。圖 6.42 爲 DDG 研磨的示意圖，晶片是靠左右的水靜壓 (hyro-pad) 而直立在一對同軸對稱而平面平行的鑽石砂輪之間。晶片由載具環 (carrier ring) 上的指狀凹口 (notch finger) 帶動旋轉，轉速大概在 30rpm 左右。左右二個磨輪以高達 4000 ～ 6000 rpm 的轉速同時對晶片的正背面進行減薄延磨。

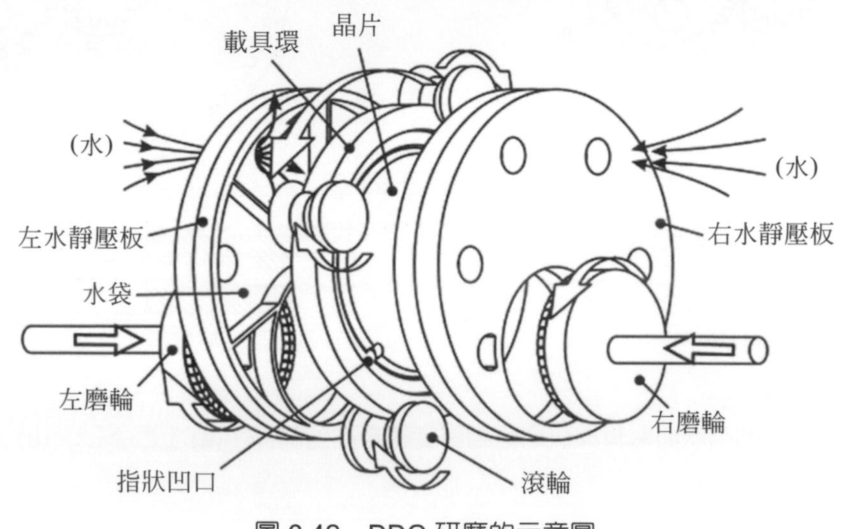

圖 6.42　DDG 研磨的示意圖

雙盤研磨工藝可分爲粗磨及細磨二類，粗磨用的磨輪鑽石顆粒的大小爲 #300 ～ 2000，細磨用的磨輪鑽石顆粒的大小爲 #2000 ～ 10000。選用哪一種鑽石顆粒的大小取決各矽晶圓廠製程設計上的考量，使用越小號 (也就是顆粒越大) 的磨輪，那麼研磨速度就越快，但是表面損傷層就越深。一般磨輪的進刀速度 (feed rate) 控制在 100 ～ 200μm/min 之間。如果使用低磨輪轉速，但是進刀速度比較快時，那麼晶片表面的粗糙度 (roughness) 就比較差。以一個使用 #2000 磨輪的工藝爲例，如果要磨掉 70μm 的厚度，那麼一台設備每小時大概可以完成 25 片。

現代的表面研磨技術發展已經非常成熟，所以在 300mm 矽晶圓的加工上，已經可以使用 DDG 技術來取代傳統的 lapping 技術，但是這二個技術之間其實是各有優缺點的。表 6.5 顯示這二種技術之間的比較，從表中我們可以看到，在大部分的比較項目中，DDG 都是優於 lapping 的，但 DDG 在波度 (waviness) 及奈米形貌 (nanotopography) 上則不如 lapping。尤其在奈米形貌上，因爲 DDG 通常會使得晶片的中心出現一個凹處 (dimple)，如圖 6.42 所示。如果要改善這樣中間凹陷的現象，一般的作法是去調整磨輪主軸 (spindle) 的角度 [8]。

表 6.5 lapping 與 DDG 優缺點之比較

特性參數	研磨 (lapping)	雙盤研磨
波度 (wavness) 之改善	非常好	好
產出率 (thruput)	低	高
耗材成本	高	低
自動化程度	低	高
環保	差	好
奈米形貌 (nanotopography)	較好	較差

三、參考資料

1. H. Tameyoshi, Double-face machining method and device for wafer, Japanese Patent JP11-090801, 1999
2. I. Toshio, Double face grinding device for thin disk-shaped workpiece, Japanese Patent JP10-156681, 1998.
3. J. Ikeda, T. Sasakura, Y. Yoshimura, K. Ueda, Double side grinding apparatus for plate disklike work, US Patent 5,989,108, 1999.
4. S. Ikeda, K. Okabe, S. Okuni, T. Kato, H. Oshima, Semiconductor wafer and production method thereof, European Patent Application EP1049145, 2000.

5. U. Koichi, T. Yasuto, Double side grinding and cross section measuring device for thin plate disk workpiece, Japanese Patent JP11-198009, 1999.
6. S. Nobuto, T. Akihide, Double grinding device for high brittle material, Japanese Patent JP09-262747, 1997.
7. F. Hasegawa, M. Kobayashi, Method of manufacturing semiconductor wafers and process of and apparatus for grinding used for the same method of manufacture, US Patent 5,700,179, 1997.
8. G.J. Pietsch, M. Kerstan, Understanding simultaneous double disk grinding: opearation principle and material removal kinematics in silicon wafer planarization, Precision Engineering 29 (2) (2005) 189–196.

6-8 蝕刻 (Etching)

一、前言

晶圓經前述的切片及研磨等機械加工製程之後，其表面因加工應力而形成一層損傷層 (damaged layer)。爲了使整片晶圓維持高品質的單晶特性，這層損傷層必須予以去除。去除損傷層的方法，通常是採用化學蝕刻 (chemical etching) 的方式。如果去除損傷層沒用使用化學蝕刻的方式去除，而是直接採用拋光的方式，那麼這些損傷層很容易在拋光過程剝落，而造成晶片的刮傷 (scratch)，因此化學蝕刻是道必須存在的製程。而依據所使用蝕刻液的不同，化學蝕刻又分爲酸性蝕刻 (acid etching) 及鹼性蝕刻 (caustic etching) 兩種。

隨著線寬度的逐漸縮小，在元件的應用上對晶圓的金屬雜質含量、平坦度、微粗糙度 (microroughness) 之要求也愈嚴格。因此了解基本的蝕刻化學，將有助於選用最合適的蝕刻技術與製程參數，以確保蝕刻後晶圓的品質 (例如體金屬含量、平坦度等) 可以合乎下世代晶圓的需求。

二、酸性蝕刻 (Acid etching)

1. 蝕刻原理及製程條件

酸性蝕刻是種等方性 (isotropic) 的製程，也就是說矽晶的各結晶方向受到均勻的化學蝕刻。最普遍被採用的酸性蝕刻液，通常由不同比率的硝酸 (HNO_3)、氫氟酸 (HF) 及一緩衝酸液 (例如：CH_3COCH、H_3PO_4 等) 所組成。參考資料 (1 ～ 8) 爲一些不同酸性蝕刻液成份的蝕刻機構及蝕刻特性之研究報告，讀者可自行參閱。

酸性蝕刻的反應機構，包含兩個步驟。首先是利用硝酸 (HNO_3) 來氧化矽晶片表面，如式 (6.1) 及 (6.2) 所示。接下來矽晶表面所形成的氧化物，可被氫氟酸 (HF) 溶解而去除，如式 (6.3) 所示。因此硝酸是一種氧化劑 (oxidant)，而氫氟酸則爲溶劑 (solvent)。Hun[9] 曾描述一使用 $KBrO_3$ 的系統以取代 HNO_3，但目前尚無取代 HF 的配方。

步驟Ⅰ：$Si + 2HNO_3 \rightarrow SiO_2 + 2HNO_2$ (6.1)

$2HNO_2 \rightarrow NO + NO_2 + H_2O$ (6.2)

步驟Ⅱ：$SiO_2 + 6HF \rightarrow H_2SiF_6 + 2H_2O$ (6.3)

在化學動力學的考量上，以上反應式的蝕刻速率係由蝕刻液的擴散 (diffusion) 或化學反應所控制。當蝕刻液含有較高濃度的硝酸 (HNO_3) 時，蝕刻速率由氧化物的溶解速率所決定；當蝕刻液含有較高濃度的氫氟酸 (HF) 時，蝕刻速率則由硝酸的濃度所決定。

根據 Fick's 擴散定律，擴散速率正比於擴散係數與氧化劑的濃度梯度。而後者又與擴散邊界層厚度成反比。因此利用晶片的旋轉或振動、及打入氣泡 (gas bubbling) 等攪拌 (agitation) 方式，可以因擴散邊界層厚度的降低而提高氧化劑的擴散速率及最終蝕刻速率。擴散控制的蝕刻反應，對於微量的溫度變化不至於太敏感，但對於 gas bubbling 的穩定性與均勻性則十分敏感。因此在整個蝕刻反應過程中，酸槽內的氣泡大小與分佈必須隨時維持固定。

但當攪拌程度大到一定程度時，蝕刻速率便由擴散控制轉為化學反應控制。這時，維持穩定的溫度及正確 HF 濃度就變得非常重要了。而為了維持正確的 HF 濃度，必須持續將酸補充入酸槽內。

緩衝酸液不僅具有緩衝蝕刻速率的作用，而且可以做為改善晶片表面的濕化 (wetting) 程度的界面活化劑。良好的濕化條件可以促進均勻的蝕刻程度，避免晶片表面出現不規則的蝕刻結構。因此使用在蝕刻製程的緩衝酸液，必須具有以下的性質：

(1) 在 HF/HNO_3 中具有一定的化學穩定性。
(2) 在蝕刻過程中，不會與反應產物發生進一步反應。
(3) 可溶解在 HF/HNO_3 之中。
(4) 可以濕化晶片表面。
(5) 不會產生化學泡沫。

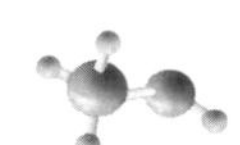

基於以上的考量，醋酸 (CH_3COCH) 及磷酸 (H_3PO_4) 爲最普遍被使用的緩衝酸液。其中醋酸具有較高的蒸氣壓，所以在蝕刻酸液中的濃度較不穩定。磷酸雖可以改善晶片表面的反射度 (reflectivity)，但卻會下降蝕刻速率。

硝酸 (HNO_3) 與氫氟酸 (HF) 的混合比率，須考慮到緩衝酸液及攪拌程度。通常 HF // HNO_3 的比率約在 0.25 至 0.75 之間，而蝕刻溫度須控制在 18 ～ 24℃之間，以減少金屬擴散進入晶片表面的可能性。一般酸性蝕刻的厚度去除量爲 20μm 左右，蝕刻速率約爲 0.1μm/sec。去除量越大時，晶片表面的反射率 (reflectivity) 越高。

2. 酸性蝕刻的特性

蝕刻後的晶片，必須具有一定的 TTV(total thickness variation)、TIR(total indicator reading)、STIR(site total indicator reading)、粗糙度 (roughness)、反射度 (reflectivity)、波度 (waviness) 及金屬含量等品質參數，以合乎往後製程或客戶之規格要求。影響這些品質的製程參數計有：晶片旋轉速率、打氣泡 (gas bubbling)、HF 濃度、緩衝酸液、晶片盒的設計等。

在酸槽內旋轉晶片的技術，是改善晶片表面均勻性的最常用方法之一。由於晶片邊緣的線速度較中心部份高，晶片邊緣的蝕刻速率會比中心快。但是利用由酸槽下方打入的氣泡，可能獲得較爲均勻的蝕刻速率。

以蝕刻速率及平坦度而言，HF 濃度與打氣泡是最主要的製程參數。而粗糙度及反射度，則主要受蝕刻的去除量以及蝕刻前的表面損傷狀況之影響。

3. 酸性蝕刻設備

酸性蝕刻所使用的設備一般稱之爲「酸槽 (acid etcher)」，它通常包括一個初步清洗用的 HF/O3 槽、一個用以進行蝕刻反應的蝕刻槽 (etching bath)，以及一個沖洗用的去離子水槽 (rinsing bath)，如圖 6.43 所示。水槽係採用 QDP (quick dump rinsing) 或 HOF (high over flow) 的方式來快速沖洗掉晶片上的殘留蝕刻酸液，以中止蝕刻反應。酸槽及晶片盒所使用的材料爲聚二氟乙烯 (polyvinylldifluride，簡稱 PVDF)。晶片盒可設計成自身旋轉或晶片旋轉的方式，以改善晶片的表面特性。

晶片由蝕刻槽移到水槽的速度必須夠快 (小於 2 秒)，才能中止進一步的蝕刻反應。所以這種移轉過程，必須靠機械手 (robot) 來完成。此外，在蝕刻槽底部用以打入氣泡的孔洞之大小數目，對晶片的平坦性有著決定性的影響。在環保及安全性的考量上，酸槽上方必須裝置有排氣系統 (exhaust system)。

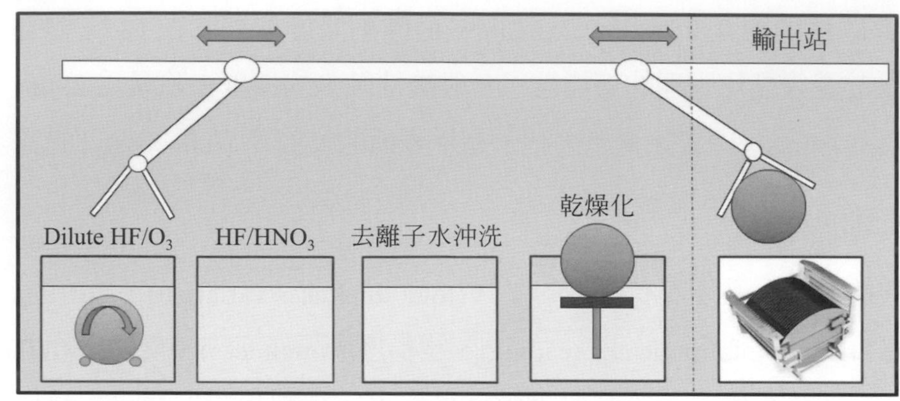

圖 6.43　酸性蝕刻槽的示意圖

三、鹼性蝕刻 (Caustic Etching)

1. 蝕刻原理及製程條件

鹼性蝕刻是種非等方性 (anisotropic) 的製程，也就是說蝕刻速率與結晶方向有關。這是由於 (111) 表面具有較少的自由鍵 (dangling bond)，所以比 (100) 或 (110) 不易被 OH- 蝕刻反應掉。鹼性蝕刻最常使用的化學品爲 KOH 或 NaOH，而蝕刻的反應機構可寫爲：

$$Si + 2\,KOH + H_2O \rightarrow K_2SiO_3 + 2H_2 \uparrow \qquad (6.4)$$

使用 NaOH 的缺點是，蝕刻後晶片裡的體金屬 (例如 Ni) 會遠比使用 KOH 高至少二個數量級 [9]，如圖 6.44 所示，因此一般業界都是採用 KOH 居多。通常 KOH 的濃度在 30 至 50% 之間，而反應溫度約在 60 到 120℃之間。一些文獻上指出，蝕刻速率隨 KOH 濃度增加到一最大值後，會隨著 KOH 濃度的更進一步增加而反而遞減 [10～11]。這是因爲 KOH 濃度太高時，Si-Si 鍵結會被打斷，因而生成 $Si(OH)_4$，這個反

應消耗了 4 個水分子，由於鹼性蝕刻液內的水分變少了，使得蝕刻速率受到限制。基本上較高的 KOH 濃度 (40 ～ 50%)，不僅在控制蝕刻去除量上較爲容易之外，也由於較高的黏滯性，使得晶片上比較不會遺留著斑點 (stain)。此外斑點的產生、金屬污染及蝕刻速率等與溫度有很大的關係。通常愈高的溫度，晶片表面愈不會遺留著斑點，但造成金屬污染的機會卻反而增加。鹼性蝕刻速率也與晶片表面的機械損傷程度有關，一旦損傷層完成去除掉後，蝕刻速率會變的比較緩慢。

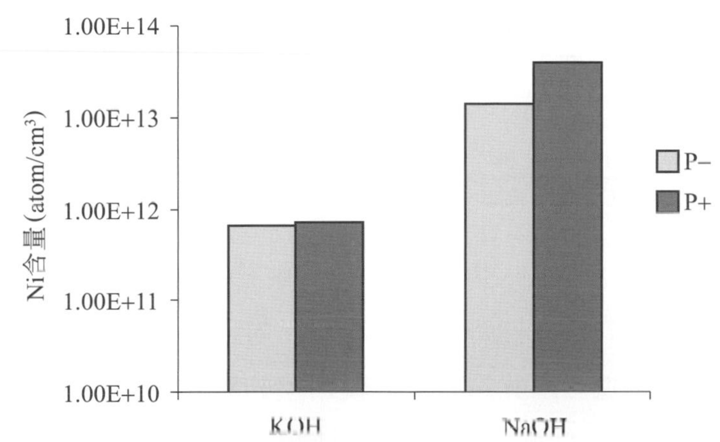

圖 6.44 當 KOH 及 NOH 蝕刻液內含有 100 ppb 的 Ni 時，蝕刻後晶片內的 Ni 含量。圖中顯示經過 NaoH 蝕刻，晶片的 Ni 含量是遠高於 KOH 蝕刻的。這是因為在相同濃度下，Na+ 比 K+ 與更多的水分子結合，使得在 NaOH 溶液中的自由水分子比在 KOH 中少，因此促進了 Ni 在矽晶片表面的附著 (9)。

2. 鹼性蝕刻的特性

鹼性蝕刻後的晶片，同樣必須達到一定的表面特性。一般而言，鹼性蝕刻後的晶片平坦度比較良好，所以不須使用特殊的晶片盒來進行蝕刻反應，也不須採用晶片旋轉的方式。如果溫度及 KOH 濃度能穩定控制在 1% 以內，TTV 也不成問題。

鹼性蝕刻晶片的粗糙度與反射度，則與晶片先前的機械損傷層有很大的關係。一般而言，鹼性蝕刻晶片的粗糙度比酸性蝕刻晶片大，也因此晶片表面較容易吸附一些不必要的微粒 (particles)。當晶片由蝕刻槽移到沖洗槽的移轉時間太長的話，晶片表面愈容易遺留著斑點，特別是在低溫下進行蝕刻反應時，斑點特別容易出現。

3. 鹼性蝕刻設備

鹼性蝕刻設備主要包括一個蝕刻槽、一個可以去除氧化層的 HF 槽及沖洗用的水槽 (rinsing bath)。水槽係採用 QDP (quick dump rinsing) 或 HOF (high over flow) 的方式。蝕刻槽與晶片盒使用的材質，可採用 PFA (perfluoroal-koxyalkane) 或 PEEK (polytheretherketone)。蝕刻槽上方必須裝置有排氣系統，以快速帶走 KOH 的蒸氣。

蝕刻槽的溫度必須能夠穩定地控制在 ±1℃以內，而晶片的移轉過程，亦必須靠機械手 (robot) 來完成。由於在反應過程所產生的 H_2 氣泡，可以加速晶片的蝕刻反應，所以在設備的設計上，通常不須採用晶片旋轉或打入氣泡的方式。

四、酸性蝕刻與鹼性蝕刻之比較

表 6.6 爲酸性蝕刻與鹼性蝕刻特性之比較。雖然鹼性蝕刻在成本與環保考量上優於酸性蝕刻，但蝕刻後的表面性質尚未臻理想。未來酸性蝕刻的發展，必須著重於酸液使用量與成本之降低，因此重新回收使用過的酸液，似乎是有必要的。以另一個製程觀點來看，如果未來磨削 (grinding) 或拋光 (polishing) 技術能有更進一步的精進的話，也許蝕刻製程就可以完全被這些製程所取代了。

圖 6.45 顯示一 (100) 方向的晶片在經過酸性蝕刻及鹼性蝕刻後，晶片表面的微結構。這些微結構的差異，將會影響晶片表面的放射率 (emissivity) 及反射率 (reflectivity)。一般使用鹼性蝕刻時，須要將晶片背面做簡單的拋光處理，使其光亮度接近酸性蝕刻的表面光亮度。

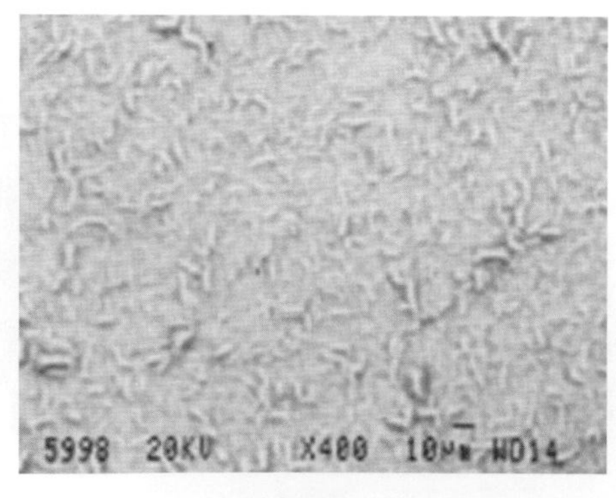

(a) 400x

(b) 400x

圖 6.45 (a) 酸性蝕刻後的晶面微結構比較平整，(b) 鹼性蝕刻後的晶面微結構比較粗糙

表 6.6　酸性蝕刻與鹼性蝕刻之比較

參數	酸性蝕刻	鹼性蝕刻
反應熱量	放熱	吸熱
蝕刻之方向性	等方性	異方性
金屬 (Cu、Ni) 污染程度	(1) 蝕刻酸液的純度較高 (2) 蝕刻溫度低，金屬擴散程度小	(1) 蝕刻液的純度較差 (2) 蝕刻溫度高，金屬擴散程度大 (3) (111) 比 (100) 嚴重
平坦度 (STIR、TIR、TTV)	須使用晶片旋轉，特製晶片盒、打氣泡等方式來改善平坦度	不須特殊機構即可維持一定的平坦度
粗糙度 (roughness)	(1) 比鹼性蝕刻小 (2) 與晶片原先的損傷程度有關	(1) 比酸性蝕刻大 (2) 與晶片原先的損傷程度有關
晶片表面殘留微粒	(1) 原先就已存在於晶片表面上的微粒就難去除 (2) 較低的粗糙度比較不會吸附微粒	(1) 原先就已存在於晶片表面上的微粒容易去除 (2) 較差的粗糙度比較容易吸附微粒
斑點 (stains)	(1) 晶片移轉時間必須小於 2 秒，才能有效防止斑點的產生 (2) 低電阻率的晶片比較容易產生斑點	(1) 晶片移轉時間必須小於 4 秒，才能有效防止斑點的產生 (2) 與電阻率無關
成本考量	化學品比鹼性蝕刻液貴 2 倍左右	
蝕刻槽的使用壽命	較短	較長

五、參考資料

1. H. Robbins, and B. Schwartz, J. Electrochem. Soc. 106 (1959) p.505.
2. H. Robbins, and B. Schwartz, J. Electrochem. Soc. 107 (1960) p.109.
3. B.Schwartz, and H. Robbins, J. Electrochem. Soc. 108 (1961) p.365.
4. B.Schwartz, and H. Robbins, J. Electrochem. Soc. 123 (1976) p.1903.
5. W. Kern, RCA Review, 278 (1978).
6. S. Ghandi, VLSI Fabrication Principles (1982).
7. S. Izidinovetal, Electrokhimiya 26 (1990) p.2622.

8. P. John, and J. Mcdonald, J. Electrochem. Soc. 2622 (1993).
9. D. Sinha, ECS Journal of Solid State Science and Technology, 7 (5) N55-N58 (2018)
10. H. Seidel, L. Csepregi, A. Heuberger, and H. Baumgartel, J. Electrochem. Soc. 137 (1990) p.3612.
11. O.J. Glembocki, E.D. Palik, G.R. de Guel, and D.L. Kendall, J. Electrochem. Soc. 138 (1991) p.1055.

6-9 拋光 (Polishing)

一、前言

晶圓拋光從製造程序來區別，可分爲邊緣拋光 (edge polishing) 與晶圓表面拋光 (wafer polishing) 兩種。其中邊緣拋光的主要目的，在於降低微粒 (particles) 附著於晶圓的可能性，並使晶圓具有較佳的機械強度以降低因碰撞而產生破片的機會。晶圓表面拋光的目的，則在於改善前製程所留下的微缺陷，並獲得一局部平坦度極佳的晶圓，以滿足 IC 製程的需要。晶圓表面拋光通常包括 2 ～ 3 個步驟，或者可以簡單的分爲「粗拋 (first polishing)」及「精拋 (final polishing)」二步驟。粗拋的主要作用爲去除損傷層 (stock removal) 及改善表面平坦度，所以一般的去除量約在 15 ～ 20μm 左右。精拋的作用則在於改善晶圓表面的微粗糙度 (haze removal)，達到如鏡面的平滑度，一般的去除量在 1μm 以下。在 200mm 以下的矽晶圓多半是採用單面拋光 (single side polishing, SSP)，到了 300mm 之後，則是採用雙面拋光 (double side polishing, DSP)。在 300mm 製程中，矽晶圓經過雙面拋光後，晶片的正面還要再經過一道 CMP 的精拋才算完成。

晶圓的拋光方式是採用化學機械式研磨 (Chemical Mechanical Polishing，CMP)。雖然 CMP 現也被用在 IC 工業做爲獲得全面平坦化 (global planarization) 的目標，但兩者在製程目的與對塵粒數及金屬離子的污染防制，則有著明顯的不同。因此在機台、及製程參數等方面之選用，也有著很大的差異。

本節除了要介紹邊緣拋光、單面拋光、雙面拋光、及最終 CMP 拋光等方式外，將著重於介紹晶圓表面拋光的設備、原理、製程參數、及拋光特性等。

二、邊緣拋光 (edge polishing)

本章第 5 節所介紹的圓邊製程，是利用磨輪將晶片邊緣磨出特定的 T- 型或 R- 型倒角，但其表面的粗糙度及微缺陷還太高，就必須利用邊緣拋光的方式，將倒角及 V- 型槽拋光以達到光滑的表面狀態。經過邊緣拋光後的邊緣，需要合乎客戶所要求的規格參數。圖 6.46(a) 顯示倒角的所有重要參數，圖 6.46(b) 則爲將過拋光後的 T- 型倒角照片。圖 6.47 爲浙江晶盛機電所製造的邊緣拋光機的外觀及內部構造之照片。

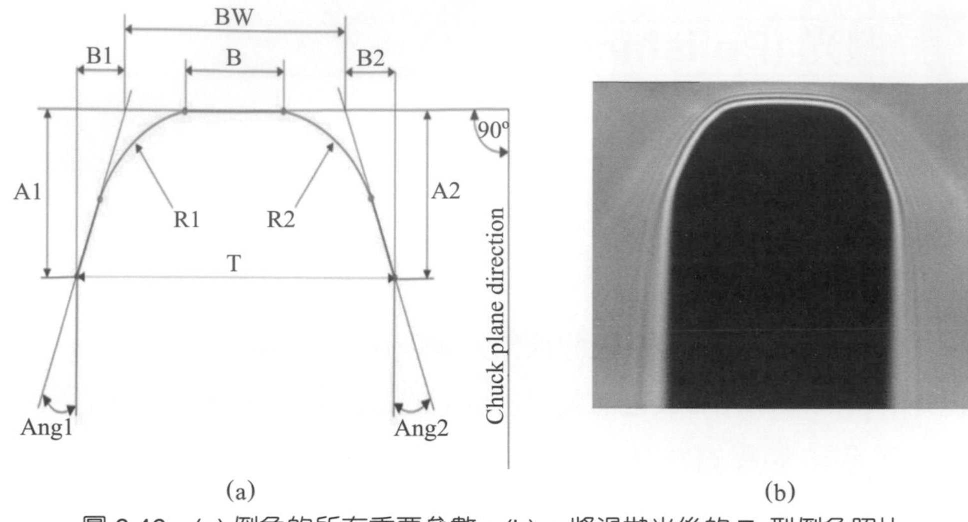

(a) (b)

圖 6.46 (a) 倒角的所有重要參數，(b) 一將過拋光後的 T- 型倒角照片

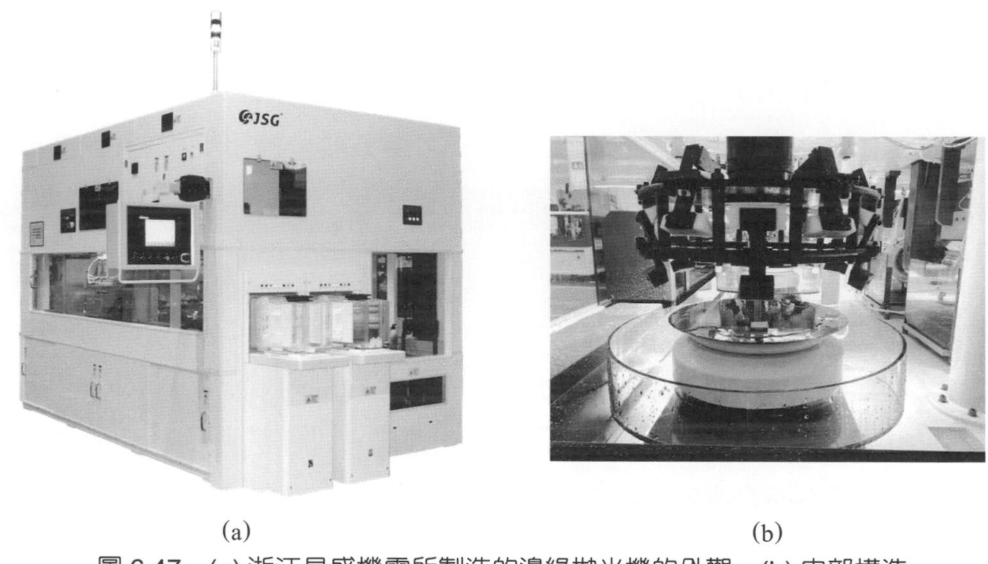

(a) (b)

圖 6.47 (a) 浙江晶盛機電所製造的邊緣拋光機的外觀，(b) 內部構造

邊緣拋光設備可依其機械運動型態區分成以下兩類：

第一種邊緣拋光方式係將旋轉中晶圓以傾斜方式加壓於轉動中的拋光布，如圖 6.48 所示。拋光布的材質爲聚氨酯 (polyurethane，PU)，它係黏在一圓筒上，圓筒的兩側各有一傾斜的眞空吸盤以固定晶圓。通常其中一側是用以拋光晶圓邊緣的上半部，然後再將晶圓翻轉到另一側的眞空吸盤，以拋光下半部。在進行邊緣拋光爲了達到最佳的拋光效果，必須選用適當的拋光液以搭配拋光布。拋光液通常以懸浮的矽酸膠 (SiO_2-slurry + K_2CO_3) 爲主，並慢慢的加到拋光布上。這種邊緣拋光的優點是

成本較低，但缺點是晶圓的邊緣可能刮傷拋光布，造成晶圓的破裂。

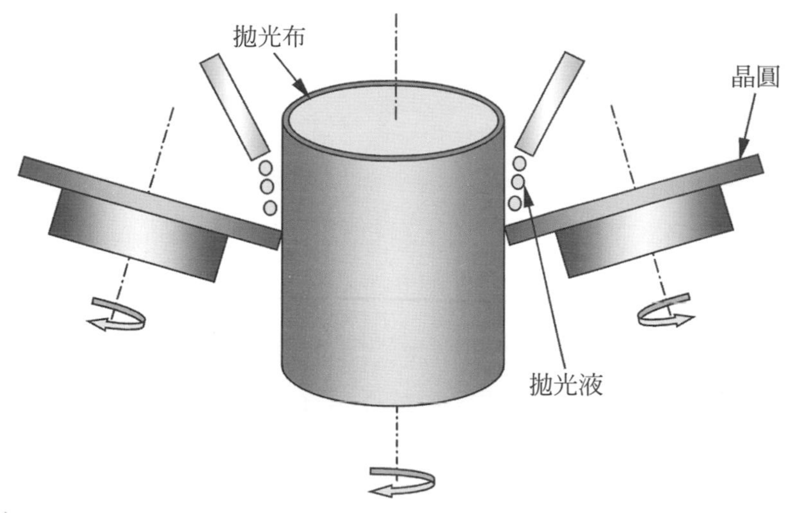

圖 6.48　第一種邊緣拋光方式之示意圖

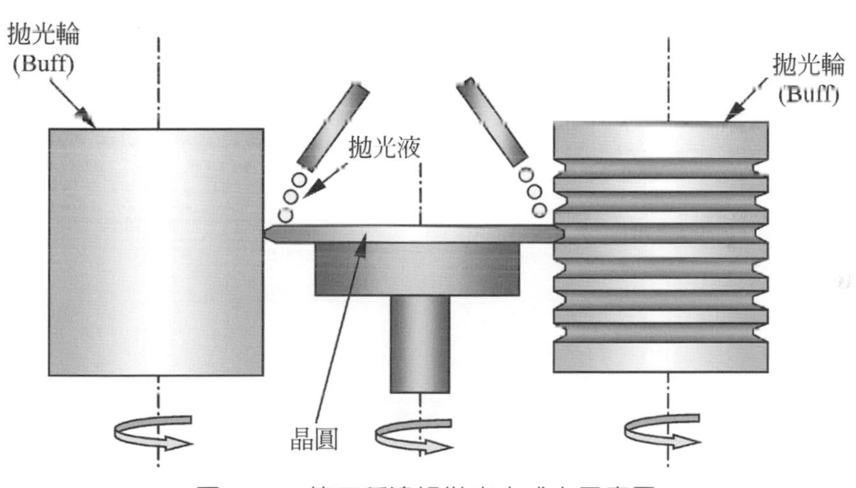

圖 6.49　第二種邊緣拋光方式之示意圖

第二種邊緣拋光方式，係預先在拋光輪 (Buff) 上車出晶片外緣的形狀後，再進行拋光的動作。拋光輪所使用的材料爲發泡固化的 PU (foamed polyurethane)。如圖 6.49 所示，這種拋光設備具有二個拋光輪，其中一拋光輪 (圖 6.48 中的右側) 上具有很多的溝槽，每個溝槽都具有晶片倒角的形狀，這個拋光輪是用以拋光晶圓邊緣的 A1, R1, A2, R2 部分。而另一拋光輪 (圖 6.49 中的左側) 則具有平滑的表面，這拋光輪是用以拋光 B 部分。拋光液係以噴灑式的方式加到拋光輪上，所以拋光液的消耗量大於第一種邊緣拋光方式。

邊緣拋光後的晶片必需馬上清洗，清洗過後再做目視檢查是否有缺口 (chip)、裂痕 (scratch) 或污染物的存在，然後再進行晶圓表面拋光。

三、晶圓表面拋光 (Wafer Polishing)

1. 拋光設備

拋光製程的生產方式依設備的不同，有批式拋光機 (batch-type polisher) 及單片式拋光機 (single-wafer polisher) 二種。批式生產方式視晶圓尺寸而定，一次可同時拋多片晶圓，每批次的時間大約為 20 ～ 40 分鐘。單片式拋光主要應用在大尺寸晶圓，一次只能拋一片晶圓，每次拋光的時間大約為 3 ～ 4 分鐘。另外依拋光面數目的不同，又可分為單面拋光機 (single-side polisher) 及雙面拋光機 (double-side polisher)。單面拋光機主要用在 200mm 以下的矽晶圓，只對晶片正面進行拋光，雙面拋光機則應用在 300mm 的矽晶圓，同時對正面及背面進行拋光。

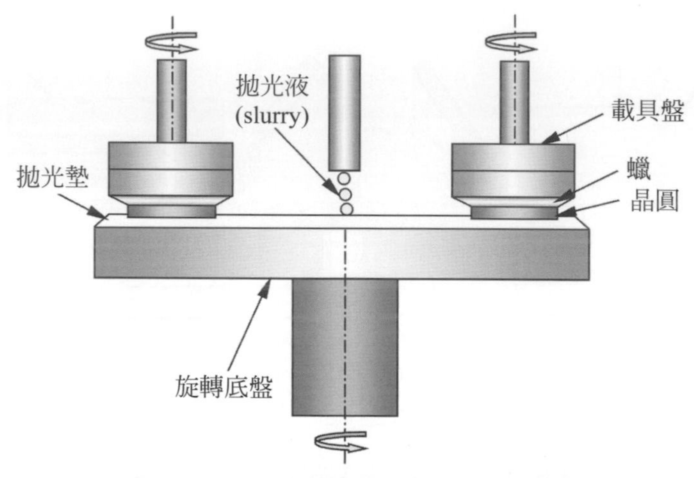

圖 6.50　單面晶圓拋光製程的示意圖

圖 6.50 則為單面拋光製程的示意圖，如圖所示晶圓係利用臘黏著 (wax mounting) 或眞空夾持方式 (所謂 waxless mounting) 固定於載具盤 (carrier plate) 上，拋光時將晶片加壓於一旋轉中的拋光墊 (polishing pad) 上，同時加入適當的拋光液 (slurry)，以達到平坦度極佳的鏡面拋光效果。圖 6.51 為浙江晶盛機電所製造的雙面拋光機的照片。雙面拋光機台很類似圖 6.36 的 lapping 機台，但是它的上下盤面不再是鑄鐵盤，而是由拋光墊所取代，晶片同樣在遊星輪內做著自轉與公轉的運動，但所加入的研磨液 (slurry) 成分跟用在 lapping 裡頭的砂漿是有著很大的不同的。

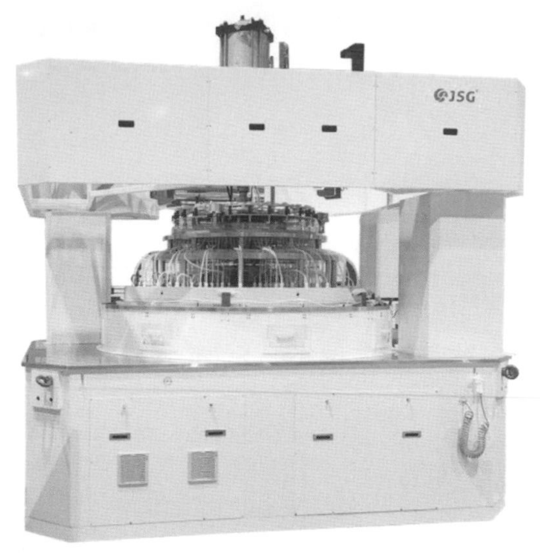

(a) (b)

圖 6.51 (a) 浙江晶盛機電所製造的雙面拋光機的外觀，(b) 內部構造可看到每個遊星輪內放置了三片矽晶片

2. 拋光原理

晶圓表面拋光所使用的拋光液係由具有 SiO_2 的微細懸浮矽酸膠及 NaOH(或 KOH、NH_4OH、K_2CO_3) 氧化劑等所組成，此外也會加入一些高分子 (polymer)、表面活性劑、穩定劑、分散劑、螯合劑 (chelating agents) 等添加物。這樣的拋光過程同時包含了化學與機械 (Chemo-Mechanical) 的反應機構。

所謂化學反應機構，是首先利用拋光液中的 NaOH 來氧化晶圓的表面層，如式 (6.5) 及 (6.6) 所示。

$$Si + 4OH^- \rightarrow Si(OH)_4 \tag{6.5}$$

$$SiOH_4 \rightarrow SiO_2 + 2H_2O \tag{6.6}$$

而機械反應機構，則是藉著拋光墊、矽酸膠、與晶圓之間的機械磨擦作用以去除氧化層及提供腐蝕氧化反應的動能來源。最佳的反應機構是當機械力與化學力二者處於平衡時的狀態，拋光過程中若有過於激烈的機械力作用將容易造成刮傷 (scratch)。雖然巨觀上，整個系統的操作溫度僅約爲 30 ～ 40℃，但在微觀上拋光墊、矽酸膠、與晶圓之間的機械磨擦可使接觸點的溫度達到 500℃以上。

晶圓表面拋光的移除量主要與壓力及轉盤的旋轉速度有關，因此根據 Preston's 經驗方程式，移除率 R 可表示爲

$$R = kP_{\text{loc}}V_{\text{rel}} \tag{6.7}$$

其中 k 爲 Preston 常數，P_{loc} 爲區域性壓力，V_{rel} 爲轉盤與晶圓間的相對旋轉速度。由於 Preston's 方程式尚無法涵蓋拋光過程中的拋光液、拋光墊的重要性。後來有人將 Preston 方程式中的常數 k，分離出拋光液、拋光墊、及晶圓表面特性等參數對移除率的影響 (1)：

$$R = C \cdot \frac{HV_p}{HV_p + HV_w}\left(\frac{1}{E_s} + \frac{1}{E_w}\right)P_{\text{loc}} \cdot V_{\text{rel}} \tag{6.8}$$

其中 HV_{p} 爲拋光墊的硬度值，HV_{w} 爲晶圓表面的硬度值，E_{s} 爲研磨顆粒的彈性係數，E_{w} 爲晶圓表面的彈性係數，C 爲常數。

3. 重要製程參數

拋光中要獲得合理的移除量，同時兼具良好的表面性質的話，很難在單次的拋光步驟中達到。所以拋光過程至少須分成兩道以上的步驟，亦即「粗拋 (first polishing)」、及「精拋 (final polishing)」。粗拋必須在較高的拋光液濃度下進行，而精拋則使用較稀的拋光液及較軟的拋光墊。除此之外，影響拋光速率與品質的製程參數計有：(1) 臘黏著 (wax mounting)、(2) 拋光墊 (polishing pad) 的特性、(3) 拋光液、(4) 壓力、(5) 轉盤的旋轉速度、(6) 溫度、(7) 遊星輪等。

A. 臘黏著 (wax mounting)

在單面拋光製程中，矽晶圓必須能夠被牢固地支撐以施壓在拋光墊上，而不至於產生彎曲變形或破片等損傷。用以黏著晶圓的方法有：臘黏著 (wax mounting) 及無臘黏著 (waxless mounting) 兩種。

在臘黏著方法上，晶圓必須利用熱塑性的臘將其固定在一平坦的載具盤上。在操作上是先將一層厚度 5 ～ 10μm 的臘均勻鍍在高速旋轉 (300 ～ 400rpm) 的載具盤上，接著將這層臘加熱到 90 ～ 100℃的軟化溫度，最後利用眞空加壓的方式使晶圓

黏著在載具盤上。如果晶圓與載具盤間的黏著技術不佳的話，將會影響到拋光後晶圓表面的平坦度或造成表面缺陷。例如：當臘層中含有氣泡或微粒時，會造成拋光時的區域性壓力而導致晶圓的彎曲度 (bow) 或凹洞 (dimple) 的產生。

在完成拋光步驟後，須利用加熱的方式使臘融化，然後利用特殊的鑷子將晶圓自載具盤上移除。這種上臘及去臘的過程較爲耗時，也需小心的操作以避免破片的發生。

晶圓的黏著技術，不僅要能均勻的支撐晶圓以承受拋光壓力，也要能承受當晶圓在拋光墊上運行的剪向摩擦力。利用臘黏著方法當然可以達到這種要求，因爲臘具有黏著性。但是無臘黏著 (waxless mounting or free mounting) 的技術，則必需使用其它方法來支撐剪向摩擦力。例如：雙面拋光 (double-sided polishing) 即必需採用無臘黏著，而在操作上可以採用類似雙面研磨 (double-side lapping) 的方式。

表 6.5　拋光墊的重要性能指標與影響

性能指標	影響
表面形貌	槽寬增加，提高拋光液的停留時間。寬槽距，增加拋光速率
硬度	硬度大時，拋光效率快、平坦度好，但增加表面劃傷
密度	間接反映內在孔隙率，影響拋光液儲存和釋放能力
粗糙度	影響接觸面積和拋光效率，越粗糙，則拋光速率越快
彈性係數	影響拋光的機械穩定性和韌性。通常彈性模量越高，拋光速率越快。
孔隙率	渣漿迴圈性能更好，高拋光速率
壓縮比回彈率	對拋光壓力的敏感性以及影響壽命末期的工藝表現
表面張力	可能會對拋光液的磨粒抓取能力有所影響
耐磨性	拋光墊壽命的主要考量指標

B. 拋光墊 (polishing pad)

拋光墊在整個拋光過程中扮演著多重角色，它除了用以協助拋光液的有效均勻分佈外，也要能夠提供新補充進來的拋光液，並順利的將舊的拋光液及反應物排出。爲了維持製程的穩定性、均勻性與再現性，拋光墊材料的物性、化性及表面形貌，都須維持穩定的特性。因此在拋光墊材料的選用上，必須考慮到以下的參數：材質、密度、厚度、表面形態、化學穩定性、壓縮比回彈率、彈性係數、硬度、粗糙度、表面張力、耐磨性。表 6.5 條列這些參數的可能影響。舉例而言，拋光墊的孔隙率越高和粗糙度越大，其攜帶拋光液的能力越強，材料去除率增大。但拋光墊使用後會產生變形，表面變得光滑，孔隙減少和被堵塞，使拋光速率下降，必須進行修整來恢復其粗糙度，改善傳輸拋光液的能力，一般採用鑽石修整器修整。

基本上，拋光墊有三種不同材質結構，以因應粗拋、細拋或精拋的製程需要：

(1) 聚氨酯固化之拋光墊 (Polymeric Pad)

這種拋光墊主要用在粗拋製程上，它的主要成份為發泡固化的 PU(polyurethane)，它具有類似海綿的多孔性結構，在結構上還分成研磨層、黏著層、緩衝層等，如圖 6.52 所示。使用越硬的 PU 拋光墊，拋光速率越快，而且晶片邊緣的塌邊現象可獲得改善，因而提高平坦度，但缺點是比較容易造成晶片表面的劃傷。此外亦有拋光墊在生產過程中即加入研磨粒子，使拋光墊與拋光液結為一種新式的拋光墊 (slurryless pad)，在拋光過程中僅須通入水即可。

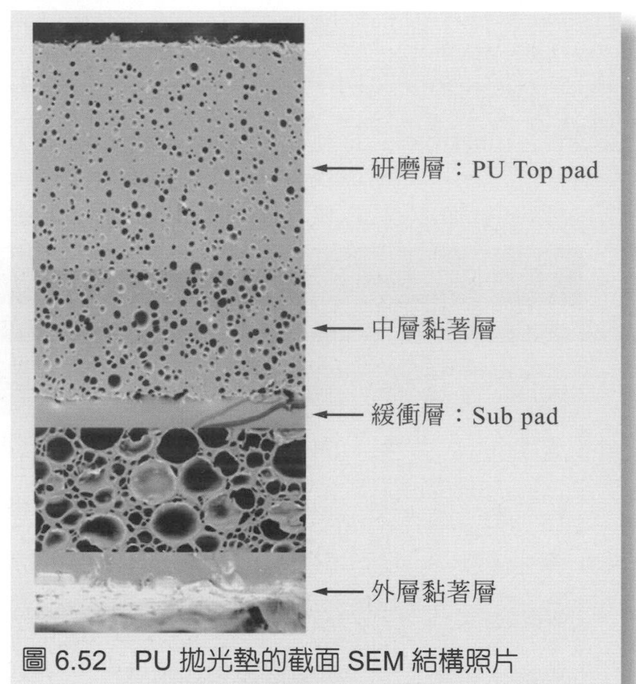

圖 6.52　PU 拋光墊的截面 SEM 結構照片
(本照片由智勝科技股份有限公司提供)

聚氨酯因具有高抵抗力磨損的機械性質，及化學抵抗性，已成為拋光墊材質首選材料。拋光墊在研磨拋光製程過程，協助拋光液的有效均勻分佈，並順利的將新舊的拋光液置換及反應物排出，因此拋光墊表面的親水狀態，攸關製程的穩定性、均勻性與再現性。此外，拋光墊表面的粗度峰 (asperity)，因水的擴散、拋光墊對酸鹼值 (pH) 的敏感程度、溫度，都是影響拋光墊機械及化學性質的要因。

(2) 不織布拋光墊 (Impregnated Pad)

這種拋光墊主要用在細拋 (intermediate polishing) 製程上。它的原材料爲 Polyester 棉絮類纖維，在經過針扎作業形成毛毯 (felt) 結構後，接著使之在 Polymer 化學溶液槽中浸泡，並使 Polymer 滲入毛毯之纖維結構。最後再經烘烤之步驟，即可形成類似絲瓜布的強韌結構。

(3) 絨毛結構拋光墊 (Poromeric Pad)

這種拋光墊主要用在精拋製程上。圖 6.53 爲其材質結構的截面照片，這種拋光墊的基材結構爲上述的不織布，以提供材料基礎的機械強度。中間一層爲 Polymer，表面層則爲多孔性的絨毛結構。絨毛結構的孔洞形狀，有類似可樂瓶、淚滴形、U 形等種類。這種孔洞的作用就如同水母一吸一放的原理般，在拋光墊受到壓力時拋光液會進到孔洞中，而在壓力釋放時拋光墊會回復到原來的形狀，將舊的拋光液及反應物排出，及補充新的拋光液。此外絨毛的長短與均勻性，將影響拋光特性，例如：絨毛愈長時拋光的移除率較低。

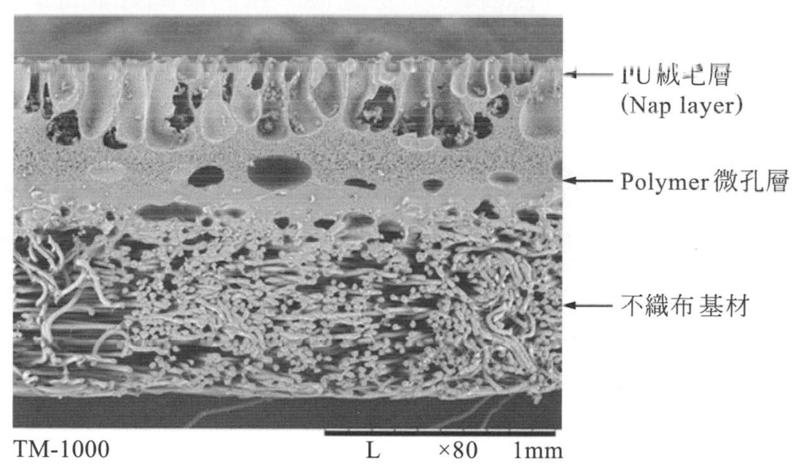

圖 6.53 絨毛結構拋光墊的截面 SEM 照片 (本照片由智勝科技股份有限公司提供)

C. 拋光液 (slurry)

如前所述，拋光液係由具有 SiO_2 的微細懸浮矽酸膠及 NaOH (或 KOH、NH_4OH) 氧化劑等所組成，此外也會加入一些高分子 (polymer)、表面活性劑、穩定劑、分散劑、螯合劑 (chelating agents) 等添加物。拋光液中的 SiO_2 粒度、濃度與 PH 值等參數，是影響拋光移除率及品質的重要因素。

以 SiO_2 粒度而言，磨粒尺寸越小，表面損傷層厚度也越小，一般而言，在拋光過程，每次磨削層的厚度僅爲磨粒尺寸的 1/4。在粗拋階段由於要求較大的去除量，所以可以使用 SiO_2 粒度較大 (約 70 ～ 80nm) 及濃度較高的拋光液，雖然較高的濃度可以增加拋光移除率，但卻也易產生 haze 及劃傷 (scratch)。這也是爲什麼精拋必須使用 SiO_2 粒度較小 (約 20 ～ 30nm) 及濃度較稀的拋光液，以改善粗糙度 (haze) 的原因。

而隨著 SiO_2 磨粒濃度的增加，意味著單位面積參與磨削的磨粒數目增加，所以拋光速率會增加。但當磨粒濃度過大時，拋光液的黏度增大，流動性降低，反而影響表面氧化層的有效形成，導致拋光效率下降。

拋光液的 PH 值，會對表面膜的形成、材料的分解及溶解度、拋光液的黏性等方面造成影響。目前常用的拋光液呈鹼性，它具有腐蝕性小、選擇性高等優點。隨著拋光液的 PH 值之增加，晶片表面原子、分子的結合力減弱，容易被機械去除，所以拋光移除速率將慢慢增加，但 PH 值超過 12 之後，由於矽晶片表面的親水性增強，拋光移除速率反而快速降低 [2～3]。此外晶圓表面的親水性也隨 PH 值之增加而增加。一般常用的拋光液之 PH 值範圍約在 10.5 ～ 12 之間。

如圖 6.54 所示，在拋光的過程，晶片的邊緣承受比較大的區域應力，導致邊緣的平坦度較差，添加適當的高分子可以降低摩擦力，降低晶片邊緣的去除速率，如此一來就可以降低塌邊的現象。前面提過使用比較硬的 PU 拋光墊也是可以使用此圖來理解其原理的。

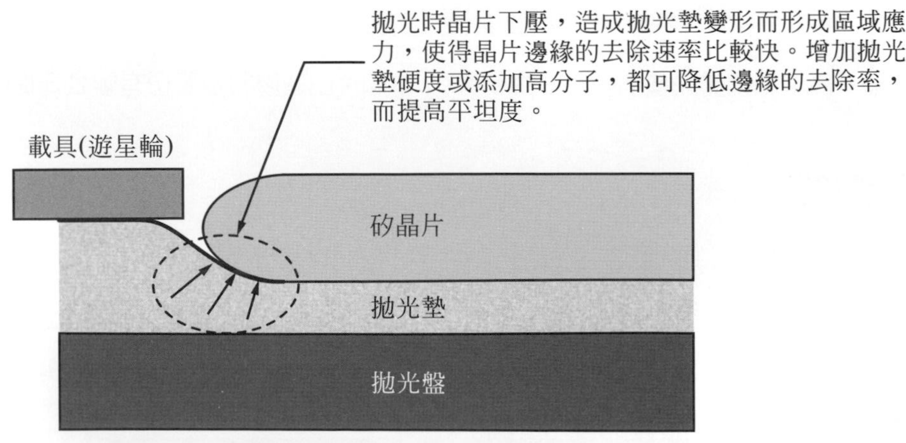

圖 6.54　在拋光的過程，晶片的邊緣承受比較大的區域應力

抛光液內加入分散劑的目的，在於它可以使磨粒顆粒之間產生排斥力，防止磨粒聚集，從而保證抛光液的穩定性，減少加工表面缺陷。但隨著分散劑的加入，會導致摩擦力減少，抛光效率降低。至於抛光液內加入螯合劑的目的，則在於降低抛光後晶片內部的金屬 (Ni 及 Cu) 含量。

D. 壓力

當抛光壓力過低時，化學反應佔主導地位，此時晶片表面的氧化層生成較快而無法被機械及時去除，導致過度腐蝕，從而產生腐蝕坑及及橘皮壯波紋，增加了表面的粗糙度。隨著壓力的增加，晶片表面的粗糙度得以改善，抛光移除速率將增加。但是使用過高的壓力，機械抛光佔主導地位，晶片表面的氧化層無法及時生成，就被機械磨除，也就是說機械抛光是直接作用在矽晶片表面，這就容易造成機械磨傷。此外，也容易導致不均勻的抛光移除率、增加抛光墊的磨耗、不佳的溫度控制以及破片等缺點。因此選用適當的壓力，是抛光製程的重要考量之一。

E. 轉盤的旋轉速度

增加轉盤的旋轉速度，雖可以增加抛光移除速率，但卻會產生過高的局部溫度以及使得抛光液比較難均勻分佈在抛光墊等缺點。此外研究指出，隨著載具轉速增加，晶片中心跟邊緣的抛光速率差異也會加大，如圖 6.55 所示。轉速一般晶圓表面抛光所使用的轉速約在 150 至 300rpm 之間。

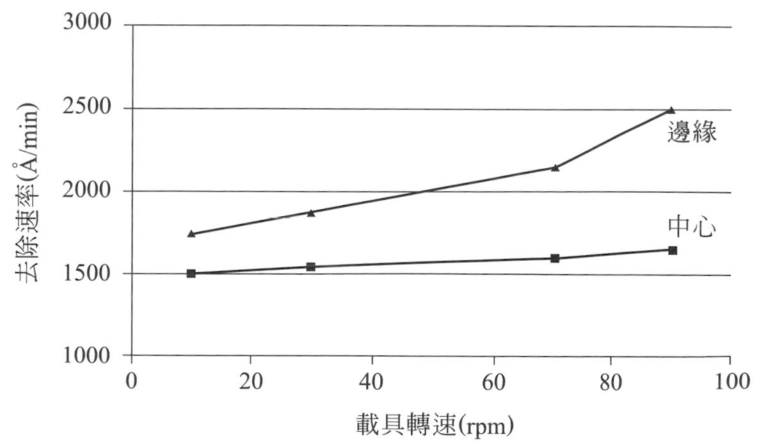

圖 6.55 隨著載具轉速增加，晶片中心跟邊緣的抛光速率差異加大

F. 溫度

由於拋光液的化學特性，增加溫度，化學反應加快，導致拋光移除速率的增加。一般普遍使用的拋光溫度約為 30 ～ 40℃，這通常是利用光學測溫器在拋光墊上所量測到的溫度。但根據研究計算的結果，拋光墊、矽酸膠與晶圓之間的機械磨擦可使接觸點的溫度達到 500℃以上。當溫度太高時，會引起拋光液的過度揮發及快速的化學反應，易導致表面損傷層的厚度增大，因而產生不均勻的拋光效果及 haze。

G. 遊星輪

在圖 6.51(b) 上，我們可以看到使用在雙面拋光 (DSP) 機上的遊星輪 (carrier) 照片，一般 DSP 機台上可以放置 5 個遊星輪，每個遊星輪上可以安裝 3 片矽晶片，也就是每個批次可以同時對 15 片矽晶片進行拋光。遊星輪的厚度會影響矽晶片的受力狀況，當遊星輪過厚時，矽晶片的邊緣受壓力小，中間受壓力大，於是容易將矽晶片拋成凹狀，並且機械研磨作用減弱，拋光去除率減小。當遊星輪過薄時，矽晶片的邊緣受壓力大，容易將矽晶片拋成凸狀。因此遊星輪的厚度選定，必須要與矽晶片的最終厚度做匹配，才能達到良好的表面平坦度。通常來說，如果矽晶片的厚度小於遊星輪的厚度時，可以得到比較好的平坦度 (ESFQR)。

四、最終拋光 (Final Polishing)

前面提過 200mm 的矽晶片是採用單面拋光，經過單面拋光機的拋光後，基本上已經算是完成拋光的所有工藝。但是 300mm 的矽晶片是採用雙面拋光，但光經過雙面拋光之後是不夠的，晶片的正面還是要再經過進一步的精拋才行，最後這一道正面拋光，一般稱之為最終拋光 (final polishing)，有些矽晶圓業者直接稱之為 CMP，以與 DSP 做區別。

圖 6.56(a) 為常見的 CMP 製程的示意圖，圖 6.56(b) 則為 CMP 拋光的實際照片。圖中我們可以看到一些 CMP 拋光的重要物件，包括：

(1) **拋光墊**：拋光晶圓的最主要部分，因為這道最終拋光的去除量只有約 0.3μm，所以用到的拋光墊比在 DSP 用到的軟一些。事實上，在最終拋光過程，一般要用到 2 ～ 3 道的精拋，所使用的拋光墊也各有不同。

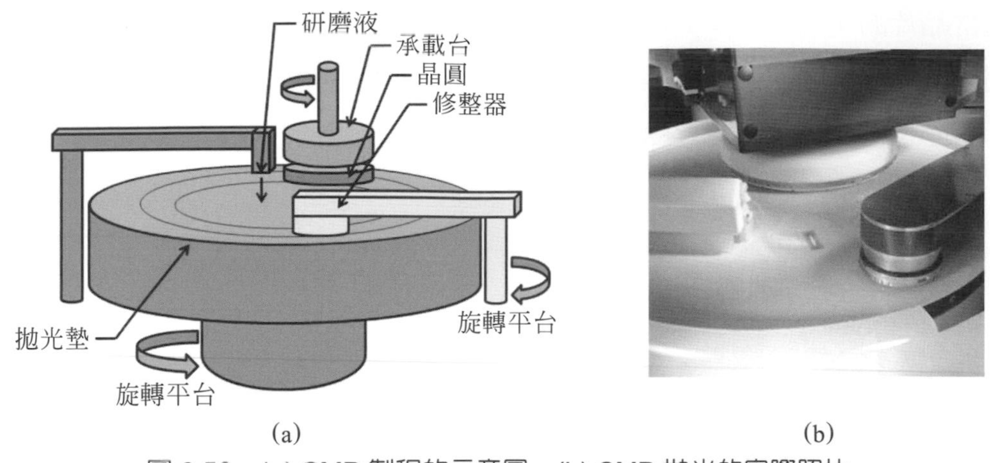

圖 6.56　(a) CMP 製程的示意圖，(b) CMP 拋光的實際照片

(2) **拋光液**：最終拋光用到的拋光液，在這 2 ～ 3 道的工序中，也是有所不同的，但基本上跟 DSP 用到的拋光液成分卻很相近。

(3) **研磨頭**：研磨頭的主要功能在於移動晶片與加壓研磨，晶片必須要靠研磨頭上的彈性矽膠膜 (membrane) 來吸住，並移動到拋光墊上進行拋光動作。Membrane 上可分成 5 或 7 個環狀區域，藉著控制每個區域內的下壓時的壓力分佈，可以控制晶片的表面形狀變化及平坦度。在 membrane 外頭還有一個保持環 (retainer ring) 壓在晶片周圍，以確保時晶片不至於滑出造成破片，如圖 6.57 所示。

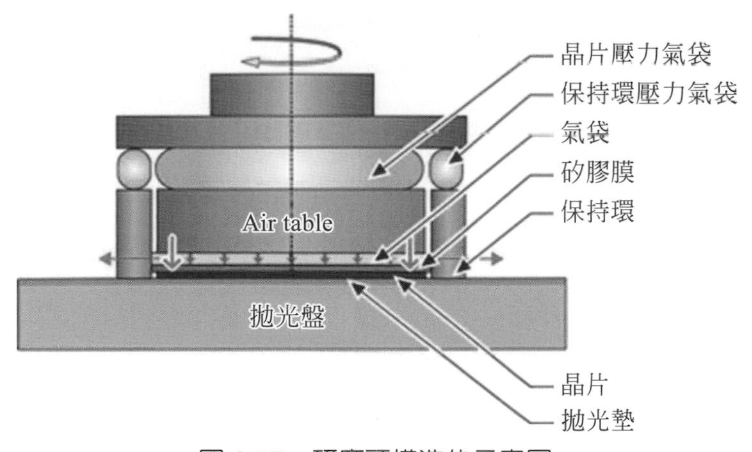

圖 6.57　研磨頭構造的示意圖

(4) **修整器**：因爲拋光墊的表面形貌對拋光表面影響很大，因此最終拋光過程定期的要使用修整器對拋光表面進行修整，以移除髒污，並恢復拋光墊的表面狀態。修整器上面的鑽石大小、形貌、及分布都會影響拋光墊的表面修整狀況。

通常晶片的平坦度的最大決定因素在於雙面拋光 (DSP)，最終拋光對改善平坦度的作用不大，只要不惡化平坦度就已經是很好了。最終拋光的重點還是在於表面粗糙度、表面顆粒的改善。圖 6.58 為浙江晶盛機電所製造的最終拋光機。

圖 6.58　浙江晶盛機電所製造的最終拋光機

表 6.6　拋光後晶片表面的關鍵參數

晶片特性	參數	描述
表面品質	LPD, LPD-N	研磨引起的缺陷，或晶体生長缺陷
	Area count	LPD cluster
	Scratch count	表面的刮傷數
	Haze, roughness	表面殘留的粗糙度
	Backside defects	晶片背面的汙漬或刮傷
平坦度	GBIR	由拋光引起的整体厚度變化
	SFQR	由 FP 引起的局部厚度變化
	ESFQR	由 FP 引起的邊緣平整度變化
	THA2, THA4	晶片表面形貌的變化，$2 \times 2mm^2$ and $10 \times 10mm^2$
金屬	表面金屬	拋光研磨後經過清洗，表面的金屬含量
	體金屬	FP 研磨後經過清洗，體金屬含量 (Cu, Ni)

五、晶面拋光後的表面特性

晶圓的拋光目的在於拋亮晶圓的表面，並改善晶面表面的品質與局部平坦度。表 6.6 列出拋光後晶片表面需要特別關注的一些重要參數，基本上晶片表面的顆粒數、刮傷、汙漬等缺陷要少、粗糙度要小、平坦度要好、及金屬含量要小。早期 8 吋晶圓製造廠檢驗平坦度所使用的設備，多是使用電容的原理，例如 ADE 的機台，但到了 12 吋晶圓，檢驗平坦度的設備，則是使用光學原理，例如 Wafer Sight 的機台。以下將簡介一些常用的平坦度參數及其定義。

1. TTV (Total Thickness Variation)

TTV 的定義爲整片晶圓最厚與最薄位置的厚度差，它的另一個命名法稱爲 GBIR-Global Backside Ideal Focal Plane Range，如圖 6.59 所示。TTV 的大小將會影響到半導體元件的微影製程之對焦，當然隨著線寬的持續縮小，對 TTV 的要求也越加嚴格。通常一片 12 吋晶圓的 TTV 必須要做到 1.0 微米以下。

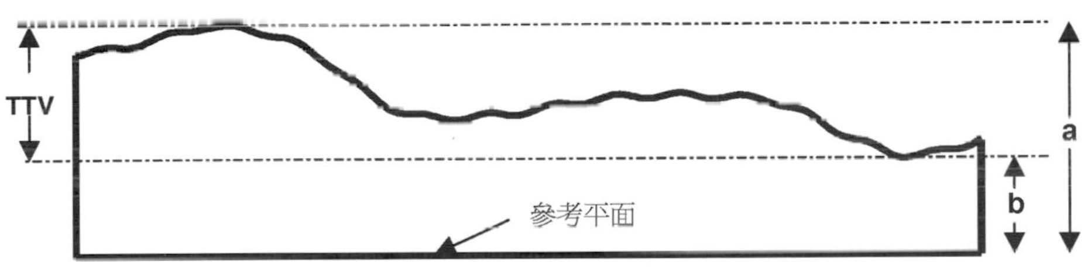

圖 6.59 TTV(GBIR) 的定義：TTV = a – b

2. LTV (Local Thickness Variation)

LTV 的定義法有點類似 TTV，只不過 TTV 是考量整片晶圓的厚度差，而 LTV 則只針對晶圓局部區塊 (例如 25 × 25，或 20 × 20mm^2) 內最厚與最薄位置的厚度差，它的另一個命名法稱爲 SBIR-Site Backside Ideal Focal Plane Range，如圖 6.60 所示。通常一片 12 吋晶圓的 LTV 必須要做到 100 奈米 (nm) 以下。

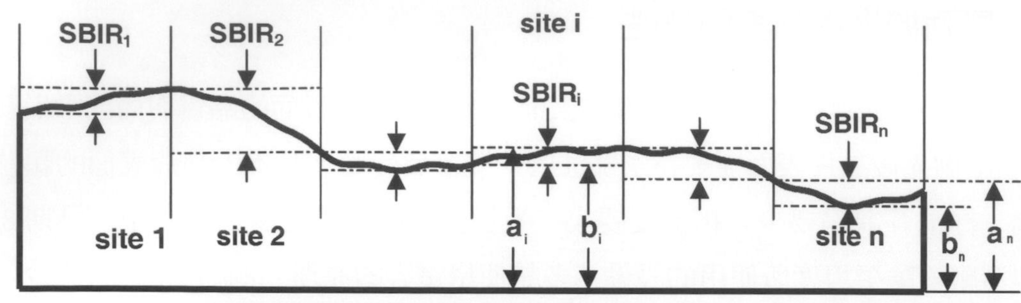

圖 6.60　LTV(SBIR) 的定義：$LTV = a_i - b_i$

3. STIR (SITE TOTAL INDICATOR READING)

前面提到的 SBIR 是把晶片的背面當成參考平面，我們也可把參考平面定在晶面的正面。這裡要提到的方法之一，是使用最小平方和法，也就是說晶片的表面每一點到參考平面的距離之平方和是最小的。STIR 的另一個命名法稱爲 SFQR，如圖 6.61 所示。在矽晶圓局部平坦度 (local flatness) 的規格上，SFQR-Site Frontside Least Squares Focal Plane Range 是比較普遍被使用的一個參數。當然講到 STIR (或 SFQR)，我們還是需要定義它的區塊大小。目前在 300mm 上比較常用的大小是 $26 \times 8mm^2$。而一般 300mm 晶圓對 SFQR 的要求，需要達到 50 奈米以下了。

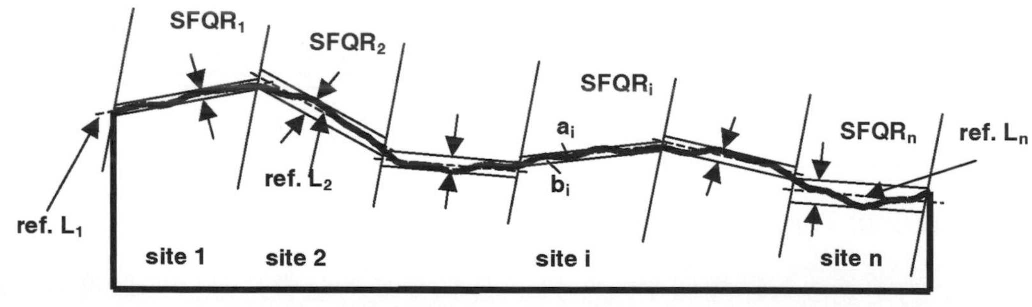

圖 6.61　STIR(SFQR) 的定義：$SFQR_i = |a_i| + |b_i|$

4. SFPD (SITE FOCAL PLANE DEVIATION)

SFPD 的參考平面之決定法與 STIR 一樣，也是使用最小平方和法。STIR 的另一個命名法稱爲 SFQD，如圖 6.62 所示。SFQD 與 SFQR 的定義頗爲相似，也算是比較常用到的平坦度參數之一。

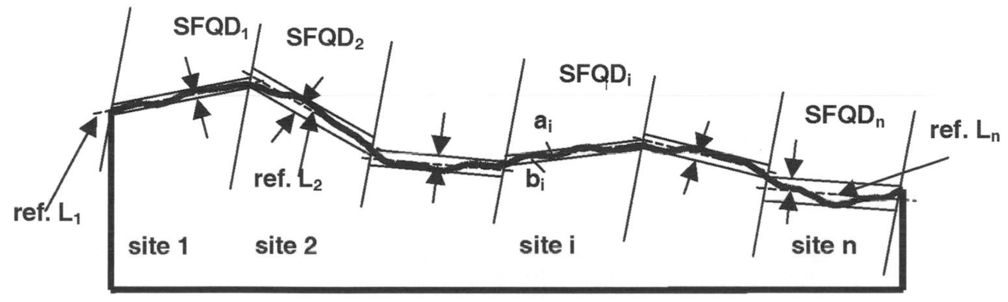

圖 6.62 SFPD(SFQD) 的定義：$SFQD_i = \pm 1 \max(|a_i|, |b_i|)$

六、參考資料

1. C.W. Liu, B. T. Dai, W.T. Tseng, and C.F. Yeh, J. Electrochem. Soc. 143 (1996) p.716.
2. H.W. Gutsche, "Surface damage in silicon", Presented at the 6th annual IEEE Microelectronics Symposium in Clayton, MO (1967).
3. J.S. Basi, "Silicon Wafer Processing", US Patent No. 4,057,939 (1977).
4. TTV-ASTM FR657
5. Bow-ASTM F534.3.1.2
6. Warp-ASTM F1390
7. Flatness ASTM F1530 F1241

6-10 清洗 (Cleaning)

一、前言

由於半導體元件製程日益精密複雜，因此對晶圓表面潔淨度的要求也日益提高。晶圓表面的清洗製程，基本上與 IC 製造的清洗概念相似。然而，IC 製程的清洗技術與去光阻技術，則比晶圓表面的清洗技術來得複雜許多。在晶圓的加工製程中，有很多步驟需要用到清洗製程，但本節重點將主要著重於拋光 (polishing) 後的最終清洗，因爲這是影響晶圓表面潔淨度最重要的步驟。

晶圓洗淨的具體目的，乃在於清除晶圓表面的所有污染源，例如：微粒 (particle)[1～2]、金屬離子 (metal ion)[3～4] 及有機物 (organic)[5] 等。然而在 ULSI 製程中，閘氧化層 (gate oxide) 的厚度已低於 20Å 以下，因此清洗後的晶圓表面的微粗糙度 (micro-roughness)[6～7]，是必須加以考量的。表 6.7 列出這些可能存在於矽晶片表面的汙染源的可能來源及其對半導體元件的影響。

過去 50 年來晶圓的清洗技術，一直是沿用 1960 年的 RCA[8] 濕式化學洗淨 (wet chemical cleaning) 配方，唯一的差異僅是應用上化學配方比率與清洗順序的些微修改調整。除了傳統的 RCA 濕式化學洗淨技術外，目前也有不少新開發的清洗技術被應用在 IC 製程的清洗步驟中，例如：乾式清洗技術 (dry cleaning)[9～16] 及氣相清洗技術 (vapor cleaning)[17～19] 等。不過這些複雜的 IC 製程清洗技術，將不在本書的介紹範圍內。

清洗完畢的晶圓，還須經過乾燥處理，以去除晶圓表面殘留的水份。最常見的方法有旋轉乾燥技術 (Spin Dryer)[20～23]、異丙醇乾燥技術 (IPA Dryer)[24～26] 及表面張力乾燥技術 (Marangoni Dryer)[27～28] 等三種。

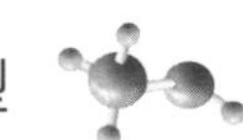

表 6.7　存在於矽晶片表面的汙染源的可能來源及其對半導體元件的影響

污染物	來源	對半導體元件的影響
微粒 (Particle)	(1) 一般來自製程用中所使用的超純水、氣體及化學品，以及機台、晶舟甚至是製程線上的人員。 (2) 藉由靜電、凡得瓦爾力、毛細管現象或化學鍵而吸附於晶圓表面，或者陷入晶圓表面細微凹凸而生成的溝渠之中。	阻礙蝕刻；阻礙薄膜生長；造成金屬線路的短路
金屬不純物 (Metal Impurity)	主要來自於製程環境及設備、及化學品與化學品容器本身	降低閘極崩潰電壓；接面漏電；載子生命期降低；臨限電壓改變
有機物 (Organic)	有機物爲含碳之化合物、牆壁的油漆、幫浦的機油、塑膠容器以及作業員的身體及衣物也都是可能的來源。	降低閘極崩潰電壓；造成 Haze 問題；增加氧化速率；影響 CVD 薄膜厚度
自然生成氧化層 (Native Oxide)	自然生成氧化層起因於晶圓表面暴露於空氣或水中的溶氧，而氧將晶圓表面的矽氫鍵（Si-H）氧化成爲羥基 (Si-OH)，或是將矽氧化成爲二氧化矽所生成，其中反應的速率與溶氧濃度即浸泡時間有關。	閘氧化物品質降低；高接觸電阻；矽化物品質差
晶圓表面的微粗糙 (Surface Roughness)	晶圓表面的微粗糙一般來自於潔淨製程中 SC-1 的製程，並與清洗溶液中氨水及雙氧水的混和比例、製程溫度及洗淨時間有直接的關聯。	氧化速率改變

二、晶圓清洗的基本環境與設施

晶圓片最終清洗的環境，必須是具有高度潔淨的無塵環境，以 12 吋晶圓片的生產而言，機台工作的區域是保持在潔淨度一級 (Class 1) 的環境中。這是爲了避免晶圓表面在清洗前後，受到空氣環境中的微粒污染。除了有效的控制微塵量外，空氣中各種揮發物質的控制，也十分重要。例如：過高的溫度，會造成清洗後晶圓表面的濛霧 (haze) 現象。此外，所使用化學藥品的純度也非常重要，使用高純度的化學藥品，才可以減少晶圓片受到金屬污染的影響。因此目前所使用的化學藥品必須是 UPS (uptrapure grade) 等級的，其中所含個別金屬不純物通常小於 0.1ppb，而所含大小超過 0.2μm 的微粒數必須少於每毫升 100 顆以內。

三、矽晶圓清洗的基本原理

目前矽晶圓清洗製程大都採用 RCA[(8)] 的清洗方法。這方法是由 Kern 及 Puotinen 二人於 1960 年在 RCA 發展出來的，但直到 1970 年才將這方法發表在文獻上。所謂 RCA 清洗方法，其實包含了使用兩個連續的清洗液：

(1) SC-1 (standard cleaning 1)：NH_4OH-H_2O_2-H_2O，這種清洗液又簡稱 APM (Ammonium peroxide mixture)。它一般的濃度配方在 1：1：5 至 1：2：7 之間，而最合適的清洗溫度在 70 ～ 80℃之間。這配方中，氨水 (NH_4OH) 的作用在於以弱鹼性活化矽晶圓及微粒子表面，使晶圓表面與微粒子間相互排斥，進而達到洗淨目的。而雙氧水也可將晶圓表面氧化，藉由氨水對二氧化矽的微蝕刻達到去除微粒及有機物的效果。由於氨水的沸點較低且 SC1 步驟容易造成表面微粗糙的現象，因此氨水與雙氧水濃度比例的控制很重要。

(2) SC-2 (standard cleaning 2)：HCl-H_2O_2-H_2O，這種清洗液又簡稱 HPM (Hydrochloric peroxide mixture)。它一般的濃度配方在 1：1：6 至 1：2：8 之間，而最合適的清洗溫度也在 70 ～ 80℃之間。SC2 主要作用在去除金屬雜質，其原理是利用雙氧水先氧化金屬汙染物，再以鹽酸與金屬離子生成可溶性氯化物而溶解溶於水中。

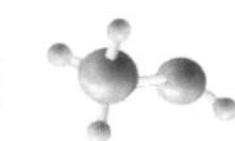

表 6.8 用以清除微粒、金屬、有機物、及自然氧化物的適當化學液

污染源種類	清洗方法	
微粒	濕式化學清洗	APM(NH_4OH-H_2O_2-H_2O)
	機械式清洗	Ultrasonic Brush-scrubbing Jet-scrubbing
金屬	濕式化學清洗	HPM(HCl-H_2O_2-H_2O) SPM(H_2SO_4-H_2O_2-H_2O) DHF(HF-H_2O) FPM(HF-H_2O_2-H_2O)
	乾式化學清洗	Cl_2 + UV(λ < 400nm)
有機物	濕式化學清洗	SPM(H_2SO_4-H_2O_2-H_2O) APM(NH_4OH-H_2O_2-H_2O) Ozone-water
	乾式化學清洗	UV/O_3 O_2-plasma
自然氧化層	濕式化學清洗	HF (HF-H_2O) BHF (HF-NH_4F-H_2O)
	乾式化學清洗	HF-vapor

以下我們將介紹 SC-1 及 SC-2 用以清除微粒、金屬及有機物的機構原理。表 6.8 則加列了一些也可以用來清除微粒、金屬、有機物及自然氧化物的化學液，以供讀者之參考。

1. 微粒之去除

殘留在矽晶圓表面的微粒，係來自前面加工步驟中所使用的設備、化學品、空氣環境、去離子水及晶舟等等。隨著半導體元件尺寸的日益縮小，其製程良率對微粒的大小與數目之要求，也愈加嚴格，例如以前矽晶圓表面微粒大小的要求只到 0.12 微米，現在當 IC 製程線寬已縮小到 5 奈米以下時，對微粒大小的要求已經到了 19 奈米以下。因此殘留在矽晶圓表面的微粒，必須要在最終清洗製程中，有效的予以去除。

爲了要有效的去除與控制微粒，我們必須去了解微粒的黏附 (adhesion) 與移除 (removal) 機構。微粒的黏附，主要由以下五種機構所造成 [30～31]：

(1) 靜電引力 (Electrostatic force)。

(2) 凡得瓦耳力 (van der Waals force)。

(3) 毛細引力 (Capillary force)。

(4) 化學鍵結作用 (Chemical bond)。

(5) 表面平整度之阻力 (Surface topography force)。

而微粒之移除機構可分爲以下四類：

(1) 直接溶解於清洗液中。

(2) 先被氧化而後溶解於清洗液中 (如圖 6.63 所示)。

(3) 由於清洗液蝕刻晶圓表面，而使得微粒脫離晶圓表面 (如圖 6.64 所示)。

(4) 使得微粒與晶圓之間產生電性排斥力 (如圖 6.65 所示)。

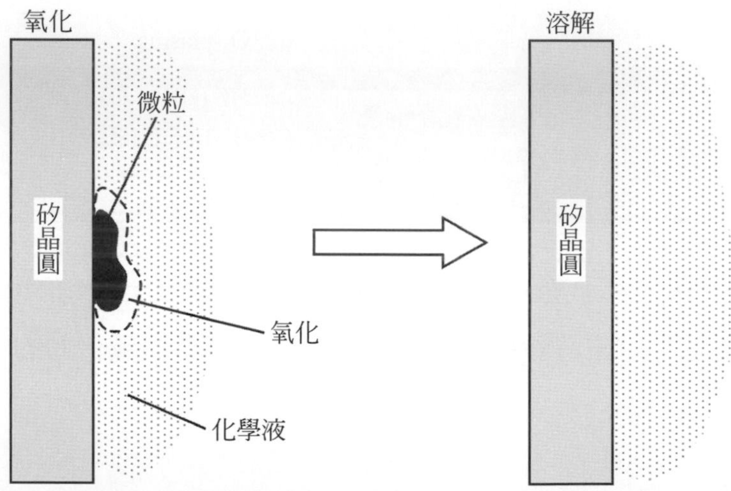

圖 6.63　微粒在強氧化劑中被氧化後，即因溶於酸或鹼中而被去除之

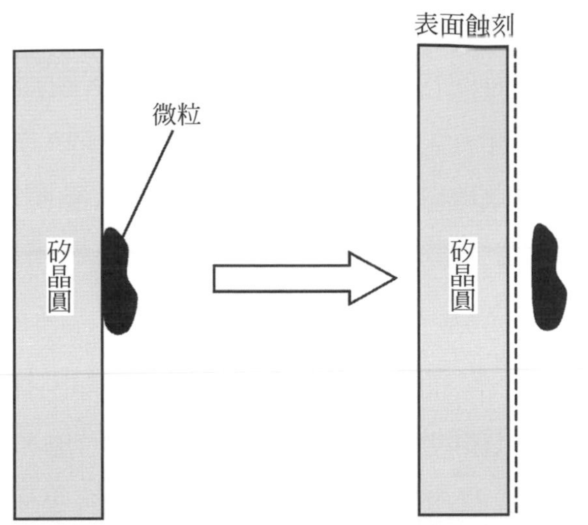

圖 6.64 清洗液對晶圓表面的蝕刻效應，使得微粒自晶圓表面脫離

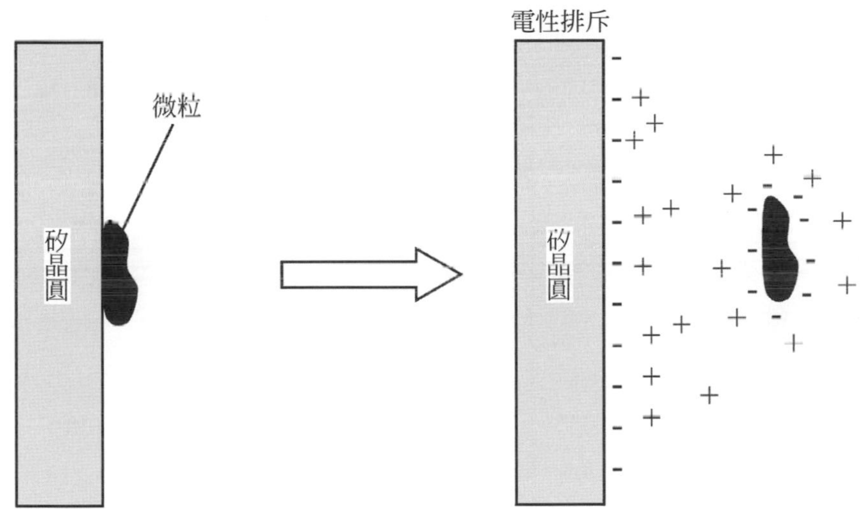

圖 6.65 鹼性清洗液使得微粒與晶圓之間產生電性排斥力

事實上，SC-1 清洗液同時具備了移除機構 (2) 及 (4)：首先是 H_2O_2 將矽晶表面氧化，而 NH_4OH 的 OH- 離子則提供負電荷在矽晶表面與微粒上。此外，尚有一些其它方法可以用來改善微粒之移除效率。其中最廣爲使用的方法爲超音波清洗 (megasonic cleaning)[32]。圖 6.66 顯示利用超音波清洗晶圓表面的機構，當超音波平行於晶圓表面時會逐漸濕化微粒，因而使得微粒自晶圓表面被震落脫離。這種將超音波施加到 SC-1 清洗槽的方法，甚至可以在低於 40℃的溫度下移除微粒 [31]。這裡要特別一提的是，SC-1 由於可以輕微地蝕刻掉晶圓基材，因此當晶圓置於 SC-1 過久時，容易因不均勻蝕刻速率，而產生微粗糙度 (microroughness) 的增加及擴大 COPs(crystal originated particles)。

Si 微粒及矽晶片表面不管在酸性或鹼性清洗液內，都同樣帶著負電荷，因爲同性相斥原理，Si 微粒就可以被酸性或鹼性清洗液去除。但是 SiO_2 微粒在酸性清洗液內具有正電荷，在鹼性清洗液內具有負電荷，所以比較容易用鹼性清洗液去除，卻不容易被酸性清洗液去除。SC1 就是一種鹼性清洗液，所以它可以同時有效地去除 Si 及 SiO_2 微粒。而 SC2 是一種酸性清洗液，很難去除 SiO_2 微粒。

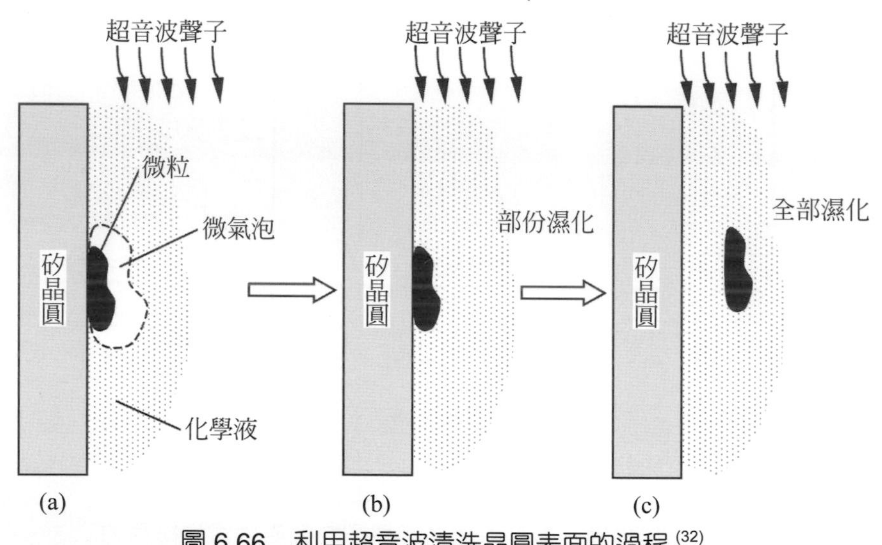

圖 6.66　利用超音波清洗晶圓表面的過程 [32]

2. 金屬之去除

當矽晶圓表面受到金屬污染時，它將對半導體元件製程有很大的負面影響。例如：Fe、Cu、Na 等金屬會導致 OISF 的產生 [33～34]，因而增加 p-n 接合的 leakage current，及降低少數載子的生命週期 [35]。矽晶圓表面的金屬污染源，可能來自前面加工製程所使用的化學品、設備等。金屬雜質沉積在晶圓表面的機構有二：

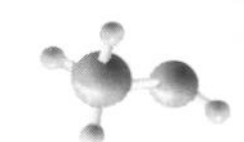

(1) 利用金屬原子 (通常爲 Au 等貴重金屬) 與停留在晶圓上的氫原子之電荷交換，而直接鍵結在矽晶表面上[36]。這類型的金屬雜質不易經由濕式化學清洗法予以去除。

(2) 由於矽晶表面的氧化，使得金屬雜質 (例如：Al、Cr、Fe 等) 同時被氧化而帶入氧化層內。這類型的金屬雜質可藉由蝕刻掉氧化層而予以去除。

SC-1 及 SC-2 清洗液內都含有高氧化力的 H_2O_2，所以具有移除金屬雜質的能力。其中 SC-1 可以去除 IB 族、IIB 族、Au、Ag、Cu、Ni、Cd、Co、Cr 等金屬雜質，而 SC-2 則可去除鹼金屬離子、Cu 及 Au 等殘留金屬、$Al(OH)_3$、$Fe(OH)_3$、$Mg(OH)_2$、及 $Zn(OH)_2$ 等氫氧化物的金屬離子。SC2 去除金屬離子的作用，主要是先利用雙氧水來氧化金屬汙染物，再以鹽酸與金屬離子生成可溶性氯化物而溶解溶於水中。此外，稀釋的 HF 溶液也可利用移除氧化層的過程，順便帶走埋在氧化層裡的金屬雜質。

3. 有機物之去除

晶圓表面的有機污染源，主要來自裝置晶圓的塑膠晶舟、空氣中的有機蒸氣及前面加工製程所使用的化學品等。殘留於晶圓表面的有機物，具有阻絕洗淨的作用、增加熱氧化速率、造成薄膜生長不均勻、造成 haze、及影響 IC 製程的蝕刻效應等不良影響。

晶圓材料廠中有機物的移除，主要靠可用 SC1 及 DIO3 (Ozone in DI water)。其中 SC-1 清洗液中的 NH_4OH 可以慢慢蝕刻掉自然氧化層，同時 H_2O_2 會促進重新長出一層氧化層。它對有機物的去除機制與微粒去除類似。但是 DIO3 則可以直接將有機物分解，而予以去除。

四、濕式化學清洗機台

濕式化學清洗技術，目前有三種不同型式的清洗機台：浸泡式化學清洗機 (Immersion Chemical Cleaning Station)[37]、單片式清洗機 (Single wafer cleaner)[38～40]、密閉容器化學清洗機台 (Enclosed-Vessel Chemical Cleaning System)[39]。在矽晶圓材料廠的清洗製程，大多使用浸泡式化學清洗機爲主，但是單片式清洗機則逐漸被使用在 300mm 矽晶圓的清洗上，以去除更小顆的微粒。

圖 6.67 爲一浸泡式化學清洗機台的外觀及內部照片，在這樣的機台內通常含有 6 個以上的基本步驟，如圖 6.68 所示。首先利用機械手臂將裝置有晶圓片的晶舟，置入裝有 SC1 的超音波清洗槽內約 5 分鐘後 (實際時間因製程之需要而異)，再同樣利用機械手臂取出晶舟並快速置入裝有去離子水 (DI water) 的第二槽，以 QDP (quick dump rinsing) 或 HOF (high over flow) 的方式沖洗掉晶圓上的殘留 SC1 溶液。接著將晶舟置入裝有 SC2 的清洗槽內，以去除殘留金屬離子，然後經由 QDP 或 HOF 沖洗與超音波的最後洗濯之後，即可利用旋轉 (spin) 或 IPA 烘乾晶圓。有些製造商甚至在 SC1 槽之前，多加一道臭氧清洗 (Ozone cleaning)[41] 步驟，以增加去除有機物的效率 (註：當臭氧溶於純水時，會形成可以分解有機物的強氧化劑)。此外臭氧可使晶圓的表面產生一層緻密的氧化層，以增加晶圓的儲存壽命。

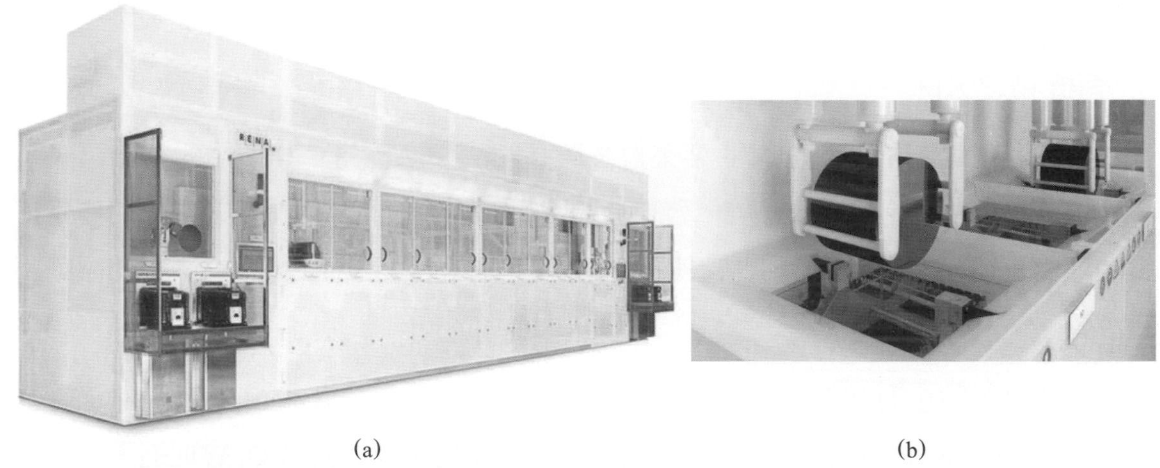

圖 6.67　(a) 一化學清洗機台之外觀照片，(b) 化學清洗機台內部照片 (本照片由 Rena 公司所提供)

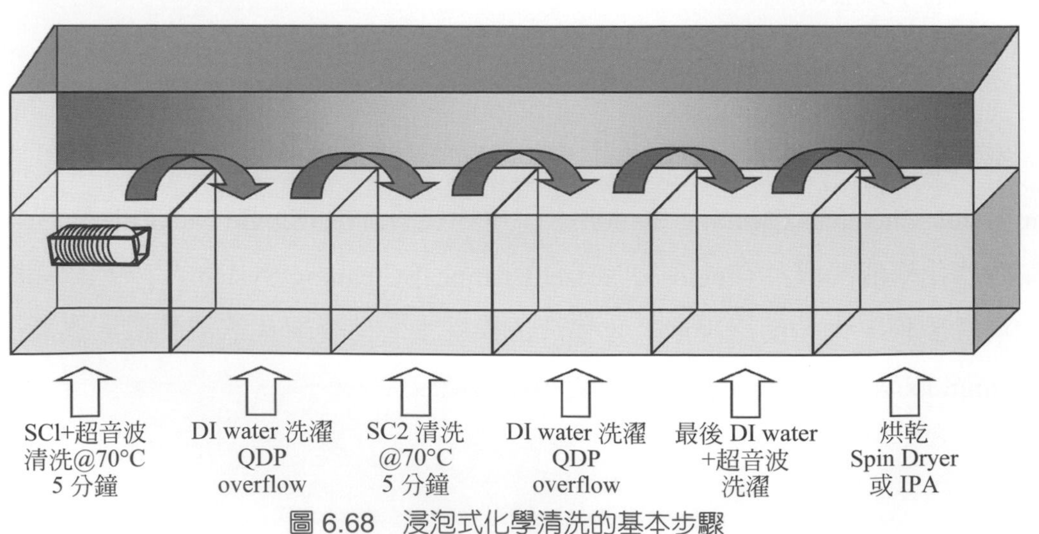

圖 6.68　浸泡式化學清洗的基本步驟

一般而言，化學槽中的濃度與溫度，必須能夠穩定控制在設定的條件下，才可確保晶圓片的清洗品質。但是由於清洗製程中經常使用的 SC-1 配方，會在 50℃以上迅速的分解揮發。因此在清洗過程中需要不時加注 (spiking) 適量的 NH_4OH 及 H_2O_2，以維持穩定的濃度。常見的加注方法有 (1) 定時定量加注、(2) 電導度控制加注、(3) IR 濃度分析加注等。良好的加注設計可以保持品質穩定並延長化學槽換酸鹼的時間。IR 濃度分析加注算是目前精確度較好的方式，可望成爲未來製程發展的趨勢。

圖 6.69 爲一單片式清洗機的外觀及內部清洗腔照片，單片式清洗機是由幾個清洗腔體組成，再通過機械手將每一片晶圓送至各個腔體中進行單獨的噴淋式清洗，清洗腔體可按客戶需求進行配置，如配備標準清洗液 (SC1)，氫氟酸 (HF)，臭氧水 (DI-O3) 等。它的清洗效果較好，避免了交叉污染和前批次污染後批次，但缺點是清洗效率較低，成本偏高。

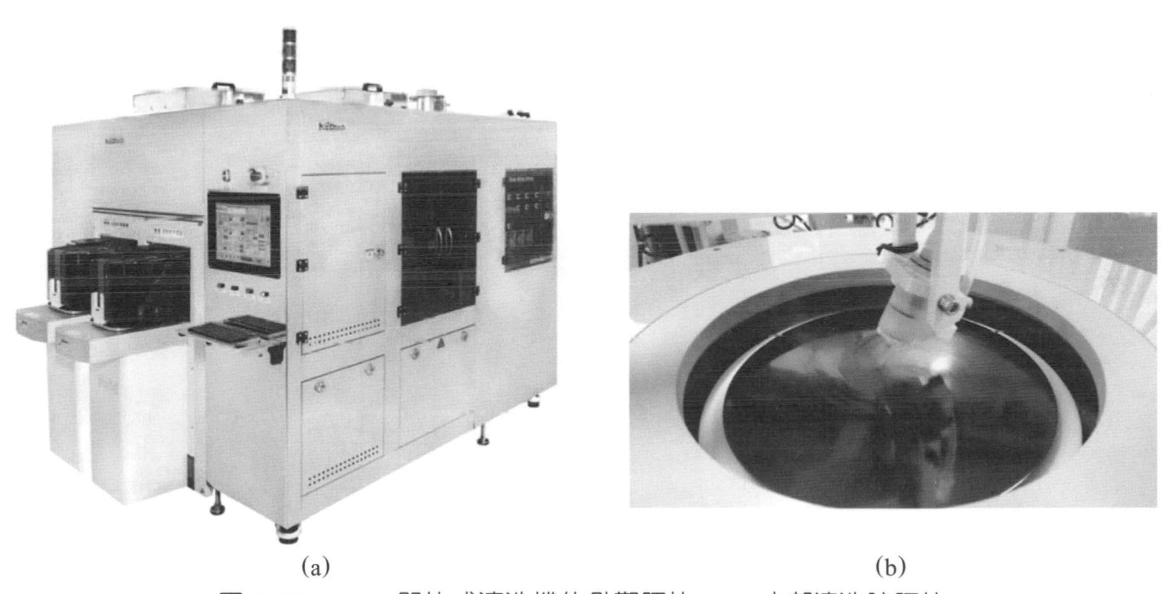

(a)　(b)

圖 6.69　(a) 一單片式清洗機的外觀照片，(b) 內部清洗腔照片

五、乾燥技術

清洗完畢的晶圓，必須經過適當的乾燥處理，以去除表面的殘留水份。這個步驟也是非常關鍵的，不適當的乾燥處理不僅會在晶圓表面留下水痕 (water mark)，也可能導致微粒污染。目前較常用在矽晶圓材料製程的乾燥方法，有旋轉乾燥技術 (Spin Dryer)、異丙醇乾燥技術 (IPA Dryer) 及表面張力乾燥技術 (Marangoni Dryer) 等三種。

1. 旋轉乾燥技術 (Spin Dryer)

旋轉乾燥機依晶圓片的擺置方式可分爲水平式 (horizontal) 及下墜層流 (downflow) 二種。又可依晶圓數目分成單晶片式 (single wafer)、單晶舟式 (single cassette) 及多晶舟式 (multi cassette) 等三類。

圖 6.70 爲下墜層流旋轉乾燥機 (downflow spin dryer) 的示意圖。這種乾燥技術的原理，是利用矽晶圓在高速旋轉下所產生的離心力，使得殘留水份以物理方式脫離晶圓表面。並且配合通入的高速潔淨氣流及伯努利定律 (Bernoulli's theorem)，將陷在凹槽內的水滴吸出 (如圖 6.71 所示 [21])，並使得旋轉甩出的水珠蒸發乾化並排出乾燥機外。一般旋轉乾燥技術的轉速在 1000 ～ 2000rpm 之間。以轉速 1000rpm 及旋轉半徑 25cm 爲例，所產生的離心力可達到 276G，所需的乾燥時間約爲 5 分鐘。

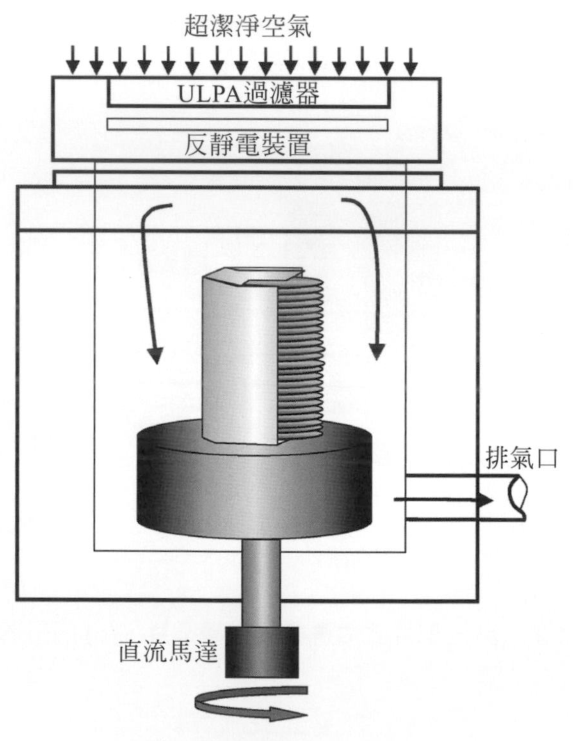

圖 6.70　下墜層流旋轉乾燥機 (downflow spin dryer) 的示意圖

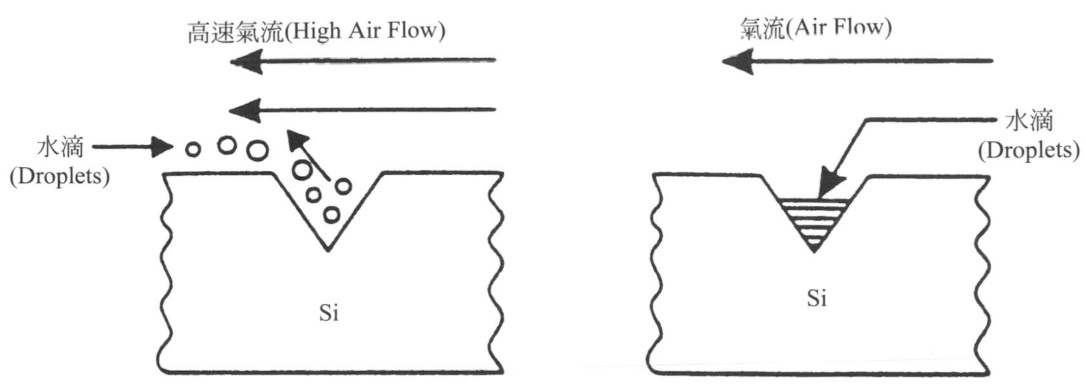

圖 6.71 由於高速旋轉，使得晶圓表面產生伯努利效應的低壓，將陷在凹槽內的水滴吸出 [21]

這種乾燥技術比較容易重新產生微粒污染，因此要減少微粒污染，必須考慮以下的機台設計與製程要點：

(1) 在高速旋轉下，旋轉乾燥機必須能夠保持平穩，不能有振動現象 (註：旋轉乾燥機的振動，易使的晶圓擺動撞擊晶舟的 V- 型溝槽，因而產生碎片微粒)。
(2) 旋轉速率應該要避開機械的共振點 (mechanical resonancc)，以減少因振動而產生的微粒。
(3) 旋轉乾燥機的排氣壓力 (exhaust pressure)，必須小心調整以避免伯努利效應所產生的低壓，使得排氣倒灌而產生嚴重污染。
(4) 旋轉乾燥機的不銹鋼壁，必須定期檢查清洗，以除去可能產生微粒的污泥。
(5) 通入旋轉乾燥機的空氣，必須先將過 ULPA 過濾器，以減少殘留微粒。

2. 異丙醇乾燥技術 (IPA Dryer)

圖 6.72 為異丙醇乾燥系統的結構圖 [24]，這種乾燥技術相對於旋轉乾燥技術，是一種「準靜態性」的方法。在操作上，異丙醇 (IPA) 係以高純度的氮氣做為傳輸氣體 (carrier gas)，而導入一置有晶圓的蒸氣乾燥室內。蒸氣乾燥室內的底部加熱器，使得 IPA 受熱蒸發為蒸氣，而且由於 IPA 蒸氣與晶圓表面的水份呈現共沸點，因而使得晶圓表面的水份被 IPA 蒸氣所帶走。這些含有水份的 IPA 蒸汽則在經過蒸汽室上方的

冷卻器 (chiller) 時，重新凝結爲液體，而流入蒸汽室下方的接受器 (receiver) 內以回收淨化後再使用。整個乾燥過程中，除了機械手臂傳送晶圓進出 IPA 蒸氣室外，沒有其它活動的機械元件會造成微粒污染，而且也不易產生水痕 (water mark)，所以這種乾燥方法比旋轉乾燥技術佳。

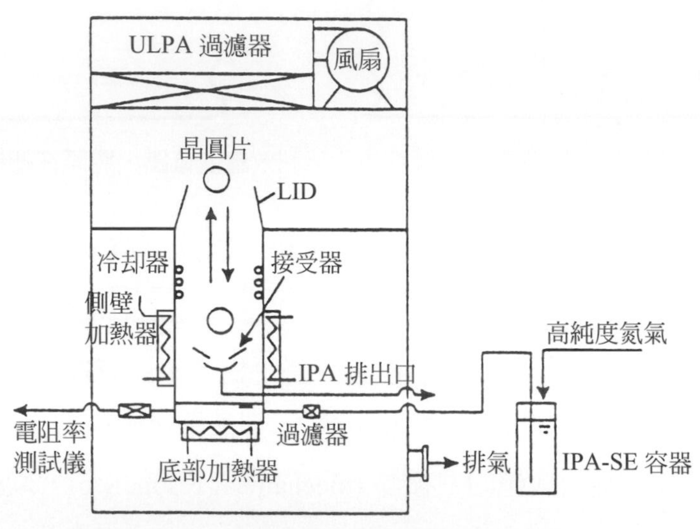

圖 6.72 異丙醇乾燥系統的結構圖 [24]

這種乾燥技術要注意的要點是：

A. IPA 的純度與含水量

通常 IPA 必須由電阻率測試儀來偵測其純度與含水量。研究發現，當 IPA 的含水量超過 2000ppm 以上時，晶圓表面的微粒數將會有顯著的增加，如圖 6.73 所示 [26]。因此 IPA 的含水量必須控制在 2000ppm 以下。

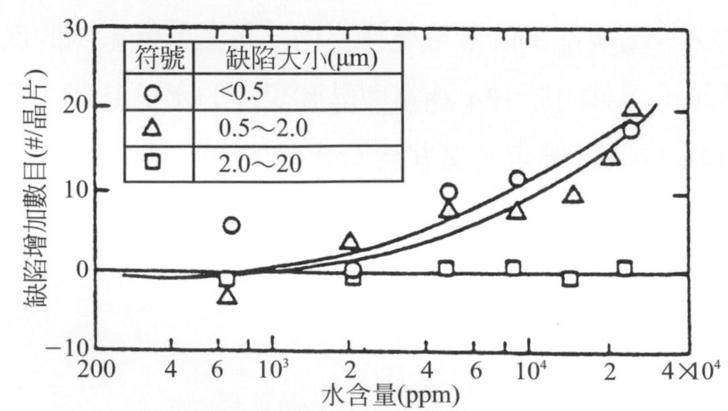

圖 6.73 晶圓表面的微粒數與 IPA 含水量的關係 [26]

B. 加熱器的條件

研究發現，底部加熱器的功率大小對晶圓表面的微粒數有一的影響。當底部加熱器溫度過高時，會導致 IPA 的沸騰，因而使得晶圓表面的微粒數增加，如表 6.9 所示 [24，26]。此外，側壁加熱器 (side wall heater) 的存在，將有助於避免 IPA 及水汽凝結在蒸氣室的側壁上，以減少晶圓表面出現霧狀 (haze) 的微粒污染，如表 6.10 所示 [24，26]。

表 6.9 底部加熱器的功率大小對晶圓表面的微粒數的影響 [24，26]

底部加熱器功率 (W/cm^2)	微粒大小			總數
	< 0.5	0.5 ～ 2.0	2.0 ～ 20	
2.8	12	19	2	23
5.2	158	128	5	291

表 6.10 側壁加熱器對晶圓表面的微粒數的影響 [24，26]

側壁加熱器	微粒大小			總數
	< 0.5	0.5 ～ 2.0	2.0 ～ 20	
OFF	159	130	7	296
ON	15	25	0	40

3. 表面張力乾燥技術 (Marangoni Dryer)

表面張力乾燥技術 (Marangoni Dryer) 是個比較新的技術，它與異丙醇乾燥技術有點類似，但乾燥原理卻不同。這種乾燥技術是利用 IPA 與 DI 純水之間不同的表面張力 (IPA 的表面張力小於 DI 純水)，將晶圓表面的殘留水份吸收到水槽，而脫水乾燥。如圖 6.74 所示 [27]，當晶圓在經由最後純水洗濯之後，將晶圓由 DI 水槽中，緩慢拉出水面，此時將以氮氣做傳輸媒介的 IPA 蒸汽，吹向潮濕的晶圓表面。這造成的效應是：晶圓表面的 IPA 濃度大於 DI 純水內的 IPA 濃度，於是晶圓表面較小的 IPA 表面張力，使得晶圓表面的水分子被吸入水槽內。

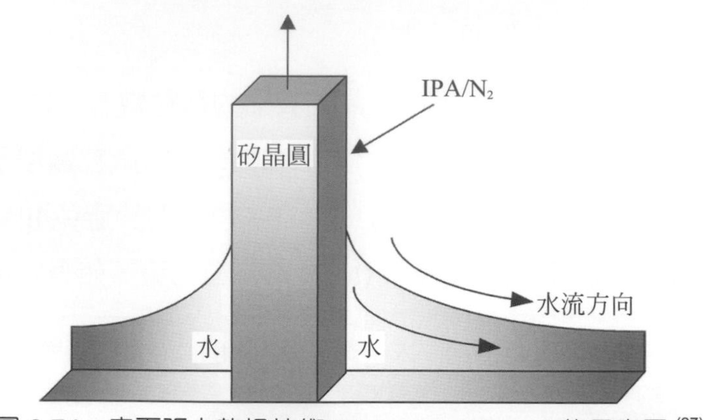

圖 6.74　表面張力乾燥技術 (Marangoni Dryer) 的示意圖 [27]

表面張力乾燥技術也算是種「準靜態性」的方法，它的優點是不易產生水痕及微粒污染，且生產成本也較低。其乾燥效果對於 IC 元件清洗製程後，殘留於深窄溝渠內的水份之去除，特別顯著。

六、參考資料

1. M. Meuris, P.W. Mertens, A. Opdebeeck, H.F. Schmidt, M. Depas, G. Vereecke, M. M. Heyns, A. Philipossian, Solid State Technology, (7/1995) p.109.
2. G. Gale, A. Busnaina, F. Dai, I. Kashokosh, Semiconductor International, (8/1996) p.133.
3. K.K. Christenson, D.M. Smith, D. Werho, Microcontamination, (6/1994) p. 89.
4. T. Shimono, M. Tsuji, M. Morita, and Y. Muramatsu, Microcontamination Conference Processing, (1991) p.543.
5. K. Hashimoto, K. Egashira, M. Suzuki, D. Matsunaga, 1991 International Conference on Solid State Device and Materials, Yokohama, (1991) p.143.
6. M. Miyashita, T. Tsuga, K. Makihara, and T. Ohmi, J. Electrochem. Soc. 139 (1992) p.536.
7. T. Ohmi, M. Miyashita, M. Itano, I. Imaoka, and I. Kawanabe, IEEE Trans. Electron. Dev., 39 (1992) p.537.
8. W. Kern and D.A. Puorinen, RCA Rev. 31 (1970) p.187.

9. X. Xu, R.T. Kuehn, M.C. Ozturk, J.J. Wortman, R.J. Nemanich, G.S. Harris, and D.M. Maher, J. Electron. Matls. 22 (1993) p.335.
10. J.R. Vig, J. Vac. Sci. Technol. A, 3 (1985) p.1027.
11. J. Ruzyllo, G.T. Duranko, and A.M. Hoff, J. Electrochem. Soc., 134 (1987) p.2052.
12. M. Suemitsu, T. kaneko, and N. Miyamoto, Jpn. J. Appl. Phys. 12 (1989) p.2425.
13. T.R. Yew, and R. Reif, J. Appl. Phys., 68 (1990) p.4681.
14. T. Hsu, B. Anthony, R. Qian, J. Irby, S. Banerjee, A. Tasch, S. Lin, H. Marcus, and C. Magee, J. Electron. Matls., 20 (1991) p.279.
15. J. Cho, T.P. Schneider, J. Vander weide, H. Jeon, and R. J. Nemanich, Appl. Phys. Lett. 59 (1991) p.1995.
16. T. Yamazaki, N. Miyata, T. Aoyama, and T. Ito, J. Electrochem. Soc., 139 91992) p.1175.
17. B.E. Deal, M.A. Mcneilly, D.B. Kao, J.M. de Larios, Solid State Technology, 73 (July 1990).
18. S.R. Kasi and M. Liehr, Appl. Phys. Lett., 57 (1990) p.2095.
19. A. Ermolieff, F. Martin, A. Amouroux, S. Marthon, and J.F.M. Wextenforp, Semiconductor Science Technology, 6 (1991) p.98.
20. T. Ohmi, ed., "Ultra Technology Handbook", Vol. 1 (1993) p.825.
21. Morio Denki Co., "Special Features of Morio's Spin Dryer," 4 (1995).
22. S. Verhaverbeke, "Wet Procesing System," CFM Technology, 1-1 (1996).
23. K.K. Christenson, "The Use of centrifugal Force to Improve Rinsining Efficiency," Electrochemical Society Meeting, New Orleans, (10/1993) P.153.
24. H. Mishima, T. Yasui, T. Mizuniwa, M. Abe, and T. Ohmi, IEEE Trans. On Semiconductor Manufacturing, Vol. 2, No.3, (8/1989) p.69.
25. J.L. Alay, S. Verhaverbeke, W. Vandervorst, and A. Heyns, "Critical Parameters for Obtaining Low Particle Densities in an HF-Last process," 1992 International on Solid-State Devices and materials, Yokohama, 123 (1992).

26. H. Mishima, T. Yasui, T. Mitzuniwa, M. Abe, and T. Ohmi, "high Purity Isopropanol and its application to particle-free wafer drying", Proc.
9th Int. Symp. Contamination Control, Los Angles, (9/1988) p.51-56.
27. K. Wolk, B. Eitel, M. Shenkl, S. Rummelin, and R. Schild, Solid Satae Technology 87 (8/1996).
28. R. Schild, K. Locke, M. Kozak, and M. Heyns, "Marangoni Drying: a new concept for drying silicon wafers," Proc. 2nd Int. Symp. UCPSS, Bruges, Belgium (1994).
29. M. Liehr, Mat. Res. Soc. Symp. Pro., 259 (1992) p.3.
30. M.Itano, T. Ohmi, et al., Journal of Electrochemical Society, 142 (3/1995) p.971.
31. C.Y. Chang, and T.S. Chao, in: "ULSI Technology", edited by C.Y. Chang and S.M. Sze, The McGraw-Hill Co., 1996, p.60.
32. S. Shwartzman, A. Mayer, and W. Kern, RCA Rev. 46 (1985) p.81.
33. W.B. Henley, L. Jastrzebski, and N.F. Haddad, Mat. Res. Soc., Symp. Proc. 315 (1993) p.299.
34. H. Park, O.R. Helms, D. Ko, M. Tran, and B.B. Triplett, Mat. Res. Soc., Symp. Proc. 315 (1993) p.353.
35. L. Jastrzebski, O. Milic, M. Dexter, J. Lagowski, D. Debusk, K. Nauka, R. Witowski, M. Gordon, and E. Persson, J. Electrochem. Soc., 140 (1993) p.1152.
36. T. Ohmi, T. Imaoka, I. Sugiyama, and T. Kezaka, J. Electrochem. Soc., 139 (1992) p.3317.
37. J. Molinaro, "Advanced Wafer Processing Standard Guide," Submiron Systems, 2-1 (1994).
38. K.K. Christenson, "The Use of Centrifugal Force to Improve Rinsing Efficiency, " Electrochemical Society Meeting, New Orleans, 153 (10/1993).
39. Y. Hiratsuka, Ultra Clean Technology, Vol. 8-3 (1996) p.171.
40. "Mercury Spray Processing Systems", Surface Conditioning Division, FSI International (1/1995).
41. T. Ohmi, T. Tsuga, , M. Kogura, and T. Imaoka, , J. Electrochem. Soc., 140 (1993) p.805.

6-11 矽晶圓的背面處理

一、前言

因應不同的製程目的之需要，有時我們必須在矽晶圓的背面做一些特殊的製程處理。例如，爲了增加矽晶圓對金屬雜質的去疵能力 (gettering capability)，我們可以在晶背上做噴砂處理 (sand blasting)，或者也可在晶背上長上一層多晶矽 (poly silicon)。還有爲了防止攙雜物從晶背擴散出來，我們往往需要在重攙 (heavily doped) 的矽晶圓之背面長上一層低溫氧化物 (low temperature oxide，簡稱 LTO)。

本節將針對這些特殊的背面處理製程，做個簡單的介紹。

二、背面噴砂處理

所謂的噴砂處理是在晶片的背面施以一定的壓力，因而使得晶片的背面產生一機械應力層。這層應力層並沒有直接吸引金屬雜質的去疵能力，而是當具有應力層的晶片在高溫製程 (> 900℃) 之下，這層應力層會導致疊差 (stacking fault) 的產生，而具有吸引金屬雜質的去疵能力的就是這些疊差缺陷本身。

如圖 6.75 所示，矽晶片經由傳輸帶通過一帶有 SiO_2 微粒的漿料的噴槍下方，噴槍藉著壓縮空氣 (compression air) 將 SiO_2 漿料來前後回地噴在晶圓的背面，藉著壓力的控制，可以控制應力層的深度及產生的疊差密度。但這種噴砂處理容易造成晶片表面顆粒數增加，所以一般只用在 8 吋以下的矽晶圓製程上。

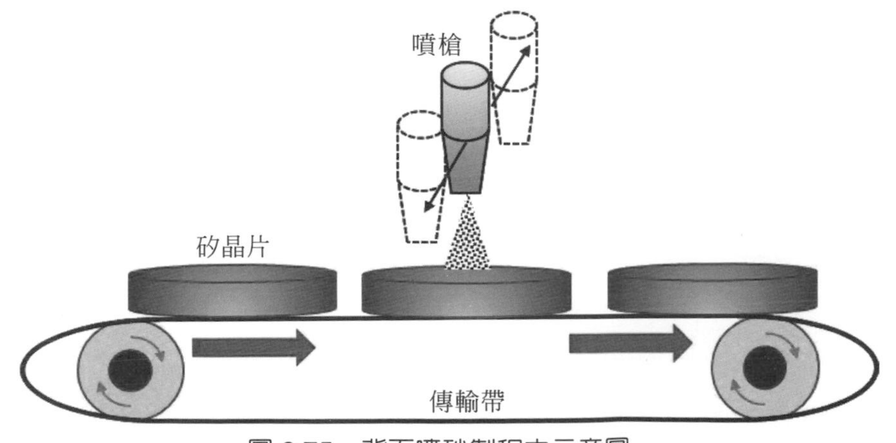

圖 6.75　背面噴砂製程之示意圖

三、多晶矽

由於多晶矽具有許多的的晶界 (grain boundry)，這些晶界可以當成很好的去疵中心 (gettering center)，提供矽晶片絕佳的吸引金屬雜質的能力。前面提到的噴砂處理的背面，尚需經過高溫過程，才能有去疵能力。但背面具有多晶矽的矽晶圓則不需額外的高溫處理，即已有足夠的去疵能力。所以，顯然多晶矽有其一定的優勢。

一般多晶矽的產生，是發生在一批式 (batch-type) 的 CVD 反應爐管裡，如圖 6.76 所示。在這樣的反應爐裡，我們通入 SiH_4 氣體，當加熱到約 630 ～ 680℃左右，會解離產生 Si 原子及 H_2 氣體，這些 Si 原子會因此沉積在矽晶片的表面產生一層多晶矽。利用 SiH_4 解離，生成多晶矽的反應式如下所示：

$$SiH_{4\ (gas)} \rightarrow Si_{\ (solid)} + 2H_{2\ (gas)} \tag{6.9}$$

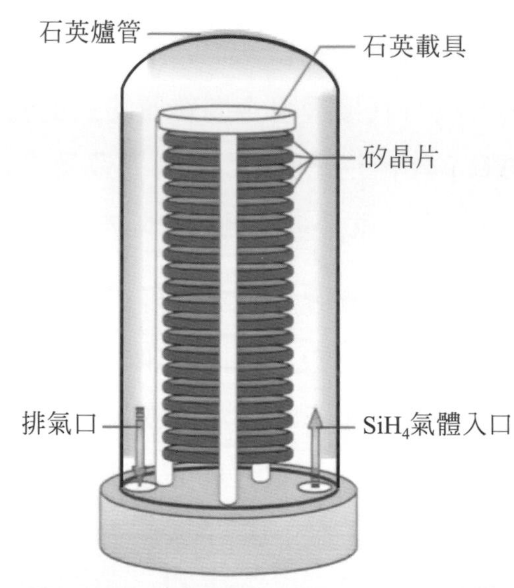

圖 6.76　一多晶矽沉積反應爐的示意圖

一般多晶矽層的厚度約在 8000Å 左右，在 CVD 反應爐長出來的多晶矽是正面與背面都會有，晶圓正面的多晶矽層可以在拋光 (polishing) 的製程中被去除。

圖 6.77(a) 顯示多晶矽層的 SEM 照片，這樣的晶粒大小跟沉積溫度有關，溫度越高，晶粒越大。由於多晶層的晶格常數跟矽晶片不同，因此長完多晶層之後，矽晶片的撓曲度 (warp) 會變大，形狀會如圖 6.77(b) 般變成如碗狀般的負 bow。而撓曲度的大小，會隨著沉積溫度，而呈指數型下降，但會隨著多晶層的厚度呈線性的增加。

還有必須特別提出的一點是，生產多晶矽的反應溫度正好是 BMD(Bulk Micro Defect) 的成核溫度，所以經過多晶矽處理過的矽晶圓會具有比較高的 BMD 密度。因此其對去疵能力的助益是雙重的，不僅多晶矽本身所提供的外質去疵能力 (extrinsic gettering) 外，其導致的高 BMD 密度也提供了很好的內質去疵能力 (intrinsic gettering)。

目前使用多晶矽當背面的矽晶圓只有出現在 200mm 以下的直徑，在 300mm 的矽晶圓由於是雙面拋光的原因，在製程上要引進多晶矽背面有比較大的技術瓶頸需要突破，所以只有少數的矽晶圓廠願意在 300mm 的矽晶圓上引入背面多晶矽。

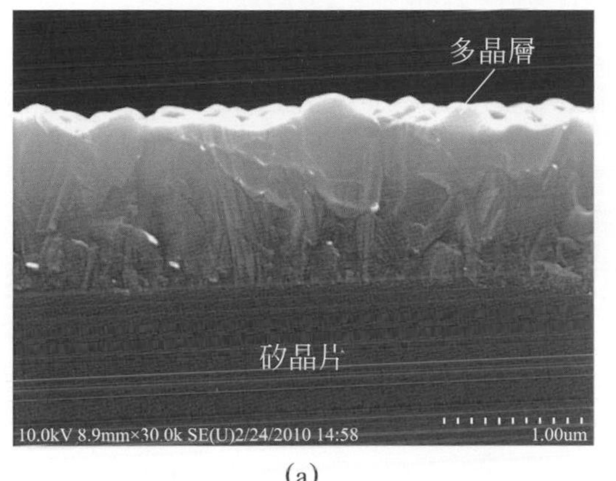

(a)

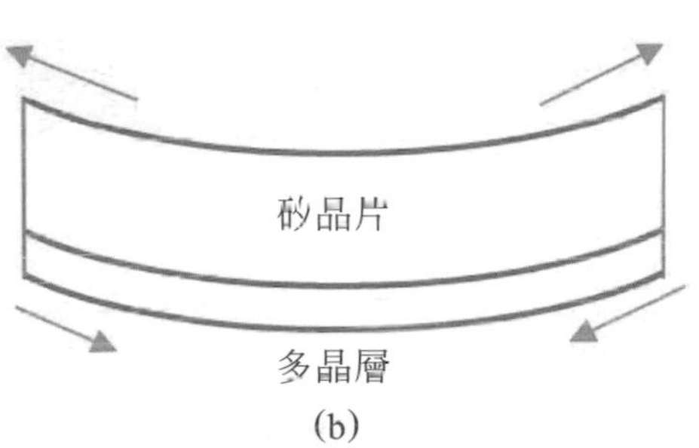

(b)

圖 6.77　(a) 多晶矽層的 SEM 照片，(b) 長完多晶層之後，矽晶片的變形方向

四、低溫氧化層 (LTO)

在大部份的微電子元件上所使用的矽磊晶，都是在重度攙雜 (10^{19} ～ 10^{21} atom/cm^3) 的矽晶片基材上再長上一層輕度攙雜 (10^{14} ～ 10^{17} atom/cm^3) 的單晶薄膜。爲了防止攙雜原子自重攙基材的背面擴散出來，我們有時需要在晶片的背面長上一層低溫氧化膜 (low temperature oxide)。低溫氧化膜一般是利用 APCVD 或 PECVD 反應爐來產生：

1. APCVD LTO：

圖 6.78 爲利用 APCVD 去長 LTO 的示意圖，使用的反應氣體爲 SiH_4 & O_2 化學反應爲

$$SiH_4 + O_2 \rightarrow SiO_2 + 2H_2 \tag{6.10}$$

反應溫度約為 400 ～ 430℃，這種 APCVD 是採用機械傳輸帶 (conveyor belt) 讓晶片通過反應區。在反應區的兩端利用高速的 N_2 氣體來做為保護氣簾 (gas curtain)，藉以分隔沈積室內外的氣體。這個方法的優點是低成本、高產出率。但缺點是，由於不是密閉式的系統，所以長出的 LTO 之厚度均勻性比 PECVD 差一些，也容易有顆粒汙染的問題。

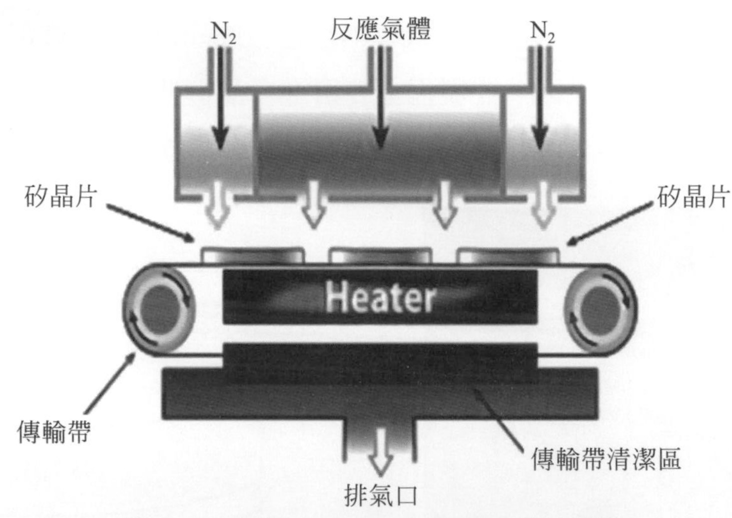

圖 6.78　利用 APCVD 去長 LTO 的示意圖

2. PECVD LTO：

圖 6.79 為利用 PECVD 去長 LTO 的示意圖，使用的反應氣體為 SiH_4 & N_2O 化學反應為

$$SiH_4 + 2N_2O \rightarrow SiO_2 + 2N_2 + 2H_2 \tag{6.11}$$

反應溫度約為 300 ～ 350℃，電漿 (Plasma) 可藉由 RF 或微波來產生。PECVD LTO 的優點是，厚度均勻性佳，薄膜的密度較高。但缺點是產出率比較低，而且 LTO 內部容易產生孔隙。

一般而言，LTO 的厚度只要 2000 ～ 4000Å 即可有效的防止自動攙雜 (auto doping) 現象。在 200mm 以下的製程中，PECVD-LTO 是在批式 (batch-type) 反應爐下進行的。但到了 300mm 矽晶圓時，PECVD-LTO 則必須在單片式的反應爐中進行。

這使得 LTO 在 300mm 的應用上變成非常昂貴的一道製程，所以很多 300mm 的 IC 客戶都盡量避免使用具有 LTO 的 PP+ 矽磊品。此外，LTO 層跟多晶層一樣，都會讓矽晶片的撓曲度 (warp) 變大，也會讓矽晶片的形狀往負 bow 的方向彎曲。

矽晶片長完 LTO 層之後，晶片的邊緣也會覆蓋上一層 LTO，所以還要進一步的 LTO 去邊處理。這種去邊處理，可以採用氣相或液相的 HF 去蝕刻掉邊緣的 LTO 層，如圖 6.80 所示。

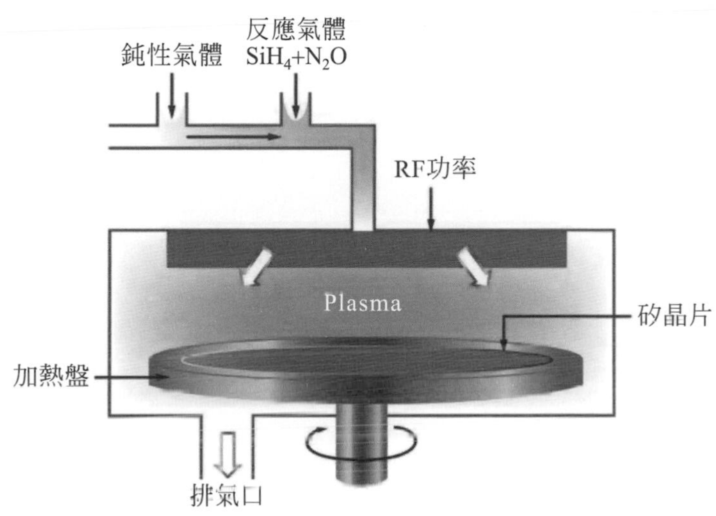

圖 6.79　利用 PECVD 去長 LTO 的示意圖

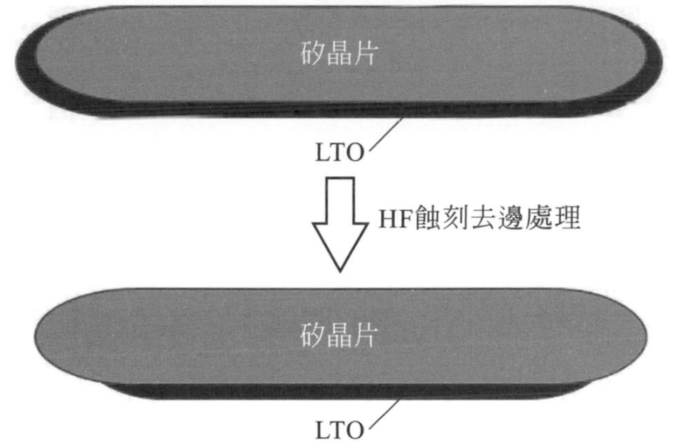

圖 6.80　使用氣相或液相 HF 對 LTO 層進行去邊處理

Note

7 矽磊晶生長技術

所謂的「磊晶 (epitaxy)」，是指在一單晶基材 (substrate) 上所長出的一層單晶薄膜，而這層薄膜的原子排列方式，延續著基材的原子排列方式。Epitaxy 這個字其實是取自希臘文，其中 "epi" 意味著 "upon"，而 "taxis" 則意味著 "ordered"。磊晶生長中基材的角色，就如同是 CZ 矽晶生長所使用的晶種 (seed)，只不過磊晶生長是發生在矽的熔點以下。當磊晶層的材料與基材完全相同時，稱爲「同質磊晶 (homoepitaxy)」，例如：在矽晶片上長一層矽薄膜。當磊晶層的材料與基材不相同時，稱爲「異質磊晶 (heteroepitaxy)」，例如：將矽長在藍寶石 (sapphire) 上。

磊晶的生長可以分爲氣相 (VPE)、液相 (LPE) 及固相 (SPE) 等方式，目前工業生產的矽磊晶，大多是採用化學氣相沉積方法 (Chemical Vapor Deposition，簡稱 CVD)。這些矽磊晶的厚度因應用上的不同而異，一般在 CMOS 用途上，約在 2 到 20 微米之間。但在功率元件用途上，最厚可達到 100 微米。最早的矽磊晶是出現在 1950 年代末期，當時是利用氫來還原三溴矽烷，而產生可以沉積在晶片上的矽原子[(1)]。後來的發展則開始使用矽甲烷 (SiH_4)、二氯矽烷 (SiH_2Cl_2)、三氯矽烷 ($SiHCl_3$)、四氯矽烷 ($SiCl_4$) 等做爲矽磊晶的原料氣體。在矽晶圓材料製造廠，所生產的矽磊晶是長在整面晶片上，但對於 IC 製程可能只須在晶片特定的部份長矽磊晶，稱爲「選擇性磊晶 (Selective Epitaxial Growth，簡稱 SEG)」。

矽磊晶是最早被用來改善雙極電晶體 (bipolar transitors) 的品質[(2)]，這些電晶體起初是建築在一般 CZ 矽晶片上，由於集極 (collector) 的崩潰電壓 (breakdown voltage) 取決於矽晶片的電阻率大小，因此要求愈高的崩潰電壓則須使用高電阻率的矽晶片。但是高電阻率加上晶片的厚度，使得集極具有太大的電阻，反而限制了高頻訊號的回應效果，而且增加功率的消耗。因此在低電阻率的矽晶片上長一層高電阻率的矽磊晶，可以解決以上的問題。在低電阻率的矽晶片上長一層高電阻率的矽磊晶的方法，也可被用來減低 CMOS 元件 (complementary metal-oxide-semiconductor) 的閉鎖 (latch-up) 問題 [3]。由於磊晶層的表面性質優於 CZ 拋光晶片 (polished wafer)，近來許多高階元件的應用上也常採用矽磊晶以增加製程良率。不過由於矽磊晶的價格遠高於拋光晶片，多少也限制了矽磊晶在 IC 用途上的佔有率。目前全球的 discrete 元件約有 60% 以上使用矽磊晶，而 40% 使用拋光晶片；至於 IC 元件則有 65% 以上使用拋光晶片，只有約 35% 使用矽磊晶。

磊晶生長製程包含了很多複雜的物理與化學步驟，本章首先將介紹 CVD 的基本原理，接著將分別介紹原料氣體的選擇、生長磊晶的設備、製程要點、磊晶品質等，最後則將介紹矽磊晶的應用與未來發現趨勢。至於選擇性磊晶技術 (SEG) 則不在本章的介紹範圍內。

7-1 CVD 基本原理

一、前言

化學氣相沉積方法 (Chemical Vapor Deposition，簡稱 CVD)，顧名思義，乃是利用化學反應的方式，使得氣體反應物生成固態生成物，並沉積在晶片表面的一種薄膜沉積技術。CVD 技術中包含了非常複雜的化學與物理現象，這個製程通常可由化學反應及輸送現象 (例如：對流、擴散) 的交互作用來描述 [5]。這些現象可歸類爲質量傳輸 (mass transport) 及表面動力學 (surface kinetics) 兩類。

(1) 質量傳輸 (mass transport) 爲藉由對流、擴散等輸送現象，使反應氣體 (reactants) 及反應產物，在主氣流 (main gas stream) 及晶片表面之間的傳送現象。這些傳輸速率與壓力及氣流速度有關，而且受到晶片表面邊界層 (boundary layer) 的擴散速率之限制。

(2) 表面動力學 (surface kinetics) 是指發生在晶片表面的物理現象，這包括反應物的吸收、化學反應、晶格的嵌入 (site incorporation) 及產物的釋出。這些表面動力學主要由化學反應速度所控制，大部份表面動力現象與溫度有關。

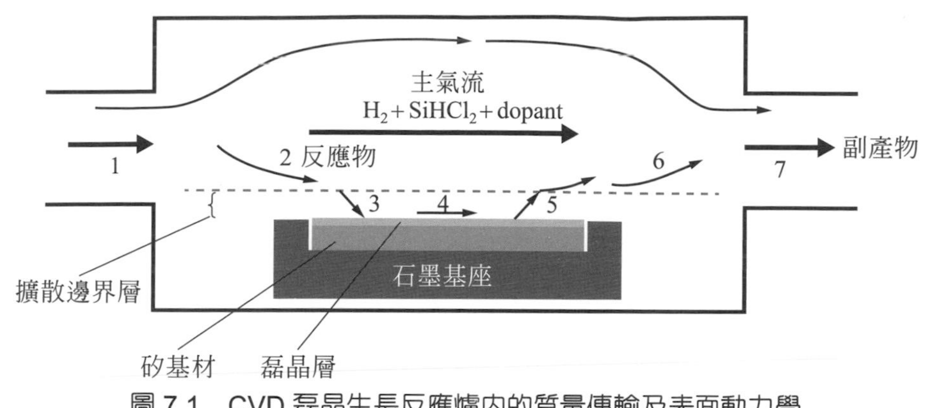

圖 7.1　CVD 磊晶生長反應爐內的質量傳輸及表面動力學

我們現在用圖 7.1 來說明這些 CVD 的質量傳輸及表面動力學。CVD 的基本程序可分爲以下七步驟，主氣流具有很高的速率，但是在迫近晶片表面時，速率會減小。圖中的邊界層係指晶片上方呈現滯流的區域。

(1) 將反應氣體傳送到反應器 (reactor) 磊晶生長區域內。

(2) 將反應產物傳送到晶片表面。

(3) 反應產物被晶面表面吸收。

(4) 在晶面表面發生化學反應、表面擴散、晶格的嵌入等現象。

(5) 由晶面表面釋出殘留氣體及副產物。

(6) 將殘留氣體及副產物傳送到主氣流中。

(7) 將殘留氣體及副產物傳送到反應器外。

步驟 (1)、(2)、(6)、(7) 是屬於質量傳輸的例子，步驟 (3) 到 (5) 則屬於表面動力學的例子。以上這些步驟僅僅描述氣相沉積 (VPE) 的基本反應，反應器中尙包括很多的化學反應。在整個磊晶生長過程中，最慢的反應步驟將決定整個生長過程的反應速率。這個最慢的反應步驟稱爲「速率限制步驟 (rate-limiting step)」。以上的觀念對於描述生長過程是非常重要的。假如生長速率是由步驟 (3)、(4) 或 (5) 決定的話，這種製程稱之爲「表面控制製程 (surface-controlled process)」。假如生長速率是由步驟 (1) 或 (2) 決定的話，這種製程稱之爲「質量傳輸控制製程 (mass-transport-controlled process)」。在不同的生長條件之下，一個 CVD 製程可以是表面控制也可以是質量傳輸控制的製程。

在初步的了解 CVD 反應的機構之後，讓我們從反應物在經過邊界層所涉及的輸送現象，開始一步步的深入了解 CVD 的操作原理。

二、輸送現象

以化學工程的角度來看，任何流體的傳輸，都包含了熱傳 (heat transfer)、質傳 (mass transfer) 以及動量的傳遞 (momentum trnasfer) 等三種傳遞現象。

A. 熱傳

熱的傳輸靠著三種主要模式，亦即輻射 (radiation)、對流 (convection) 及傳導 (conduction)。因爲 CVD 的沉積反應是在高溫下進行，所以這三種模式都存在於系統中，而熱的傳輸方式也會影響 CVD 反應的表現，例如：薄膜的均勻性，因此我們必須去瞭解每一種模式在系統中所扮演的角色。如圖 7.1 所示，晶片是置於受熱的基座 (susceptor) 上方，兩者之間的熱能傳輸主要是藉由傳導作用。而熱源則通常藉輻射作用，將熱能傳遞到基座。

對流作用主要是藉由流體的流動而產生。對流可分爲自然對流 (natural convection) 與強迫對流 (forced convection) 等二類，前者是因流體的溫度梯度所導致的密度差異所引起的，而後者則是因反應爐內的壓力梯度所引起的。由於對流牽涉到流體的流動形式，所以是種比較複雜的熱傳方式，例如：層流 (laminar flow) 或紊流 (turbulent flow)，都會影響到熱的傳遞。

B. 動量的傳遞

CVD 製程是藉著氣體間的化學反應，來形成所需要的固態薄膜之一種沉積技術。由於氣體是屬於流體的一種，因此流體力學裡頭的一些現象，都將可能影響 CVD 反應的進行。現在讓我們用流體的流動行爲，來介紹 CVD 反應的動量傳遞。

流體的流動可以是層流 (laminar flow) 或紊流 (turbulent flow)。其中層流是種有秩序的流動行爲，每個流動層與臨近流動層之間的相互運動爲平順的滑移，層與層之間僅以分子等級發生混合作用。圖 7.2 顯示兩個平板之間的流體行爲，上平板靜止不動，而下平板以速度 V 往 z 方向運動。臨近下平板的一層流體立即往 z 方向運動，同

時獲得一定的動量 (動量 = 質量 × 速度)。藉著分子擴散機構，流體可將動量依序傳給下一層的流體，使之亦朝 z 方向運動。因此 z 方向的動量可以藉由 y 方向流體來傳遞。由以上的說明，可以清楚的瞭解到爲什麼流體的流動可以被視爲一種動量傳遞。

反過來說，紊流則代表一種不規則的流動行爲，層與層之間是靠著一團流體發生混合作用。當流體的運動速度增加時，它將容易由層流轉爲紊流。

在流體力學裡，我們習慣以「雷諾係數 (Reynolds number)」來評估流體的流動方式：

$$\mathrm{Re} = \frac{D\rho v}{\mu} \tag{7.1}$$

其中 D 爲流體流經的管徑，ρ 爲流體密度，v 爲流體流速，μ 爲流體的黏度 (viscosity)。一般而言，當 Re 小於 2100 時，流體的流動方式爲層流；Re 大於 2100 時，則傾向於紊流。

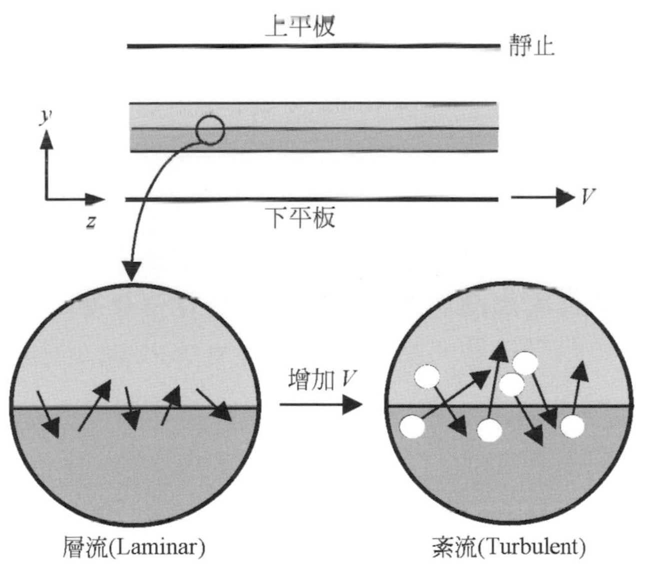

圖 7.2　層流與紊流藉由流體分子的動量傳遞行為

基本上，CVD 製程並不希望反應氣體是以紊流的方式在反應器內流動，這是因爲紊流容易揚起反應器內的微粒，影響沉積薄膜的品質。因此大多數的 CVD 設計，都傾向於使反應氣體在層流的型式之下，流過反應器，以增加 CVD 反應的穩定性。

圖 7.3 顯示一簡單的水平式 CVD 裝置，反應氣體係以層流的型式流經晶片上方。由於流體在晶座及晶片表面的流速爲零，因此在層流區與晶片表面之間會存在著流速梯度，這個區域一般稱之「邊界層 (boundary layer)」。邊界層的厚度 δ 定義爲

$$\delta = \left(\frac{D_r x}{\mathrm{Re}} \right)^{1/2} \tag{7.2}$$

其中 D_r 爲反應爐管的直徑，x 爲沿著反應爐的距離。反應氣體必須通過邊界層，而到達晶面表面。而反應產生的副產物亦須通過邊界層，擴散回到主氣流內，以便隨著主氣流經 CVD 的排氣系統而排出反應器外。

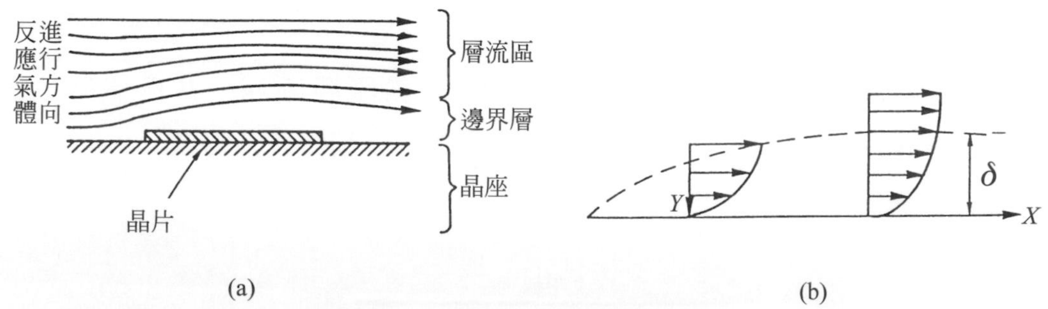

圖 7.3　反應氣體以層流的型式流經晶片上方時，所形成的邊界層 δ，及與移動方向 X 之間的關係

C. 質傳

由於反應氣體是在晶片的表面進行化學反應，而產生薄膜沉積的作用的。因此可以瞭解到，在晶片表面的反應氣體濃度，將因爲化學反應的消耗，而比在主氣流內的反應氣體濃度低。從熱力學的角度來看，爲了降低系統的自由能，高濃度端的氣體分子將向低濃度端移動，以便平衡兩端的濃度差距，這個現象即稱爲「擴散 (diffusion)」。這種擴散作用，提供了氣體分子在邊界層進行質量傳遞的驅動力。

我們可以用圖 7.4 來說明 CVD 反應的質量傳遞，假設反應氣體在主氣流裡的濃度爲 C_g，而在晶片表面的濃度爲 C_s ($< C_g$)，圖中的 F_i 爲反應氣體在主氣流中與在晶片表面的流通量 (flux) 差，而 F_o 則爲反應氣體在晶片表面的消耗量。目前有一些不同的磊晶生長模型假設 [5～6]，可以用來更進一步瞭解質量傳遞機構。最簡單的模型是，假設 (1) 邊界層內的濃度梯度爲線性函數、(2) F_o 正比於 C_s。因此 F_i、F_o 可分別表示爲

$$F_i = h_g(C_g - C_s) \tag{7.3}$$

$$F_o = k_s C_s \tag{7.4}$$

其中 h_g 爲氣相中的質量傳輸係數，這個係數受溫度的影響不大。k_s 爲化學反應常數，這個值則與溫度有關，且一般可表示 $k_s = k_0 \exp(-E_a/kT)$，其中 k_0 爲一與溫度無關的常數，E_a 爲化學反應的活化能。

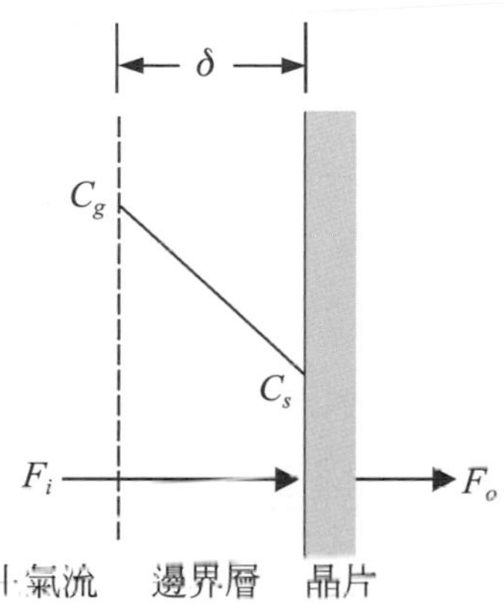

圖 7.4 CVD 反應物由主氣流裏往晶片表面擴散時，反應物在邊界層兩端所形成的濃度梯度之情形

在穩定狀態時，兩個流通量應該相等 ($F_i = F_o$)，因此由式 (7.3) 及 (7.4) 可導得

$$C_s = \frac{C_g}{1 + (k_s / h_g)} \tag{7.5}$$

假如 $h_g >> k_s$，則 $C_s \approx C_g$，這種反應條件稱爲「表面反應控制製程 (surface-controlled process)」。反過來說，當 $h_g << k_s$，則 $C_s \approx 0$，這種反應條件稱爲「質量傳輸控制製程 (mass-transport-controlled process)」。當 CVD 反應屬於表面反應控制時，其反應速率可寫爲

$$\begin{aligned} \text{沉積速率} &= k_s \times C_s = k_s \times C_g \\ &= k_0 \exp(-E_a/kT) \times C_g \end{aligned} \tag{7.6}$$

反之，當 CVD 反應屬於質量傳輸控制時，這時反應速率可寫為

$$沉積速度 = \frac{dD \cdot C_g}{\delta} = D_0 \cdot \exp\left(-\frac{E_d}{kT}\right) \cdot \frac{C_g}{\delta} \tag{7.7}$$

其中 D_0 為擴散常數，E_d 為氣體分子進行擴散所需的能量。式 (7.6) 及 (7.7) 所表示的速率方程式，即為著名的 Arrhenius 方程式的型式。表面反應控制通常是因為溫度不夠高，反應物無法適時得到所需的能量所致。至於質量傳輸控制，則是因為反應速率太快所致，所以通常發生在高溫區。

由於邊界層對質量傳輸現象，有很重要的影響，因此在設計反應器或製程參數時，都必須考慮到邊界層的效應。為了獲得均勻的磊晶薄膜，邊界層必須隨著溫度與反應物濃度的變化做調整。圖 7.5 顯示磊晶生長速率與雷諾係數 Re 的關係 [7]。在一反應室內，Re 的大小可由改變氣體流速來調整，因此改變反應器內的氣體流速，可改變邊界層厚度來獲得均勻的磊晶生長速率。

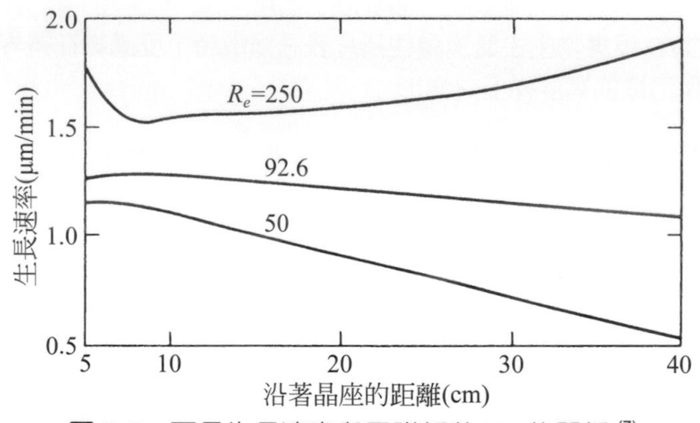

圖 7.5　磊晶生長速率與雷諾係數 Re 的關係 [7]

三、生長動力學與機構

在晶片表面沉積一磊晶層的過程，可由兩個步驟來說明：成核 (nucleation)、成長 (growth)。所謂「成核 (nucleation)」是指在一相 (phase) 中產生另外一相，在磊晶生長時，即指在矽晶片上長出磊晶層。當這新生成的相達到一定的臨界大小 r_c 時，這新的相才變成穩定，而被稱為「晶核 (nucleus)」。反之，如果新相在未達臨界大小

時，它是不穩定的，一般稱之爲「晶胚 (embryo)」。成核的方式有二種：均質成核 (homogeneous nucleation)、及非均質成核 (heterogeneous nucleation)。前者是指晶胚的生成不須仰賴其它相的幫助，而非均質成核則須借助其它的相。在 CVD 製程中，均質成核代表著在氣相中自然生成晶胚的過程，而非均質成核則藉著晶片表面生成晶胚。

在磊晶生長過程中，必須避免均質成核機構的發生，因爲在氣相中生成的晶核可能掉落在晶面表面，而產生缺陷。由於均質成核的發生，需要較大的過飽和度，所以避免之道，是使反應氣體濃度低於臨界值。

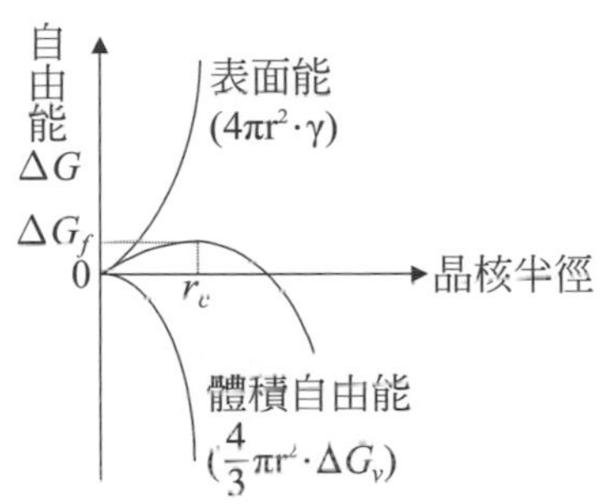

圖 7.6　晶核大小與自由能曲線之關係

晶核的發生總是伴隨著自由能的變化 ΔG，這包括體積自由能 ΔG_v 的減少與表面能 γ 的增加，如圖 7.6 所示。假設產生的晶胚爲半徑 r 的球形，總自由能的變化可寫爲

$$\Delta G = \left(\frac{4\pi r^3}{3}\right)\Delta G_v + (4\pi r^2)\gamma \tag{7.8}$$

由熱力學的觀點，晶胚的臨界半徑 r_c 是發生在自由能最大值時，所以

$$r_c = -\frac{2\gamma}{\Delta G_v} \tag{7.9}$$

將式 (7.9) 代入式 (7.8) 中，可以得到生成臨界晶胚的自由能 ΔG_f

$$\Delta G_f = \frac{16\pi\gamma^3}{3(\Delta G_v)^2} \tag{7.10}$$

半徑大於 r_c 的晶核，將藉著繼續成長而下降自由能。半徑小於 r_c 的晶胚，則容易再度消失以減小自由能。通常晶胚的臨界半徑約在數個 Å 之間，相當於數十個原子的聚結。均質成核的成核速率 dN/dt 可表示為 [8]

$$dN/dt = C\exp(-DG_f/kT) \tag{7.11}$$

在真正的磊晶生長過程中，大部份的成核過程是非均質地發生在晶片表面，所以必須考慮到薄膜與晶片之間的表面能 (surface energy)，因此晶核的形狀也就不會是前面所提及的球形了。圖 7.7 顯示薄膜在晶片表面的濕化 (wetting) 情形，其中 θ 是濕化角度 (wetting angle)，γ_{GS}、γ_{GF}、γ_{SF} 分別為氣相 - 晶片、氣相 - 薄膜、晶片 - 薄膜之間的表面能。非均質成核的臨界自由能可表示為 [9]

$$\Delta G_{\text{hetero}} = \Delta G_{\text{homo}}[(2+\cos\theta)(1-\cos\theta)^2/4] \tag{7.12}$$

按照式 (7.12)，ΔG_{hetero} 總是小於 ΔG_{hetero}，所以非均質成核是比均質成核容易發生的。由於濕化角度 θ 是影響非均質成核的一重要因素，因此在磊晶生長前的表面處理，是決定磊晶品質的重要因素之一。

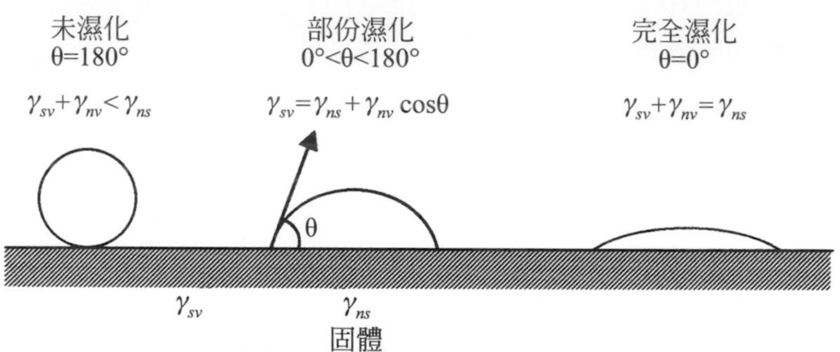

圖 7.7　薄膜在晶片表面的濕化 (wetting) 情形

在成核之後，磊晶層的成長機構，一般可使用 plateau-ledge-kink 模型 [10] 來說明，如圖 7.8 所示。首先，這些通過邊界層到達晶片表面的氣體粒子，可能物理性的被晶片表面所吸附，這些暫時被吸附的粒子稱為吸附原子 (Adatoms)。這些吸附原子可能與其他的吸附原子互相作用，而在晶面表面形成一穩定的核團 (cluster)，終而化

學性地吸附在晶片表面上。吸附原子在晶片表面必須尋求一個最穩定(能量最低)的位置，否則將可能與氣流中的其他氣體反應，又再度離開晶片表面。例如：在圖中的平坦區域 (plateau)，吸附原子與晶片的矽原子，只形成一或二個鍵結，這種原子很容易擴散到 ledge 位置，最後到達 kink 位置。在 kink 位置的吸附原子，可與鄰近原子形成較多的鍵結，所以較不易再擴散到其它位置。藉由這種吸附原子的擴散作用，磊晶層可以持續成長。

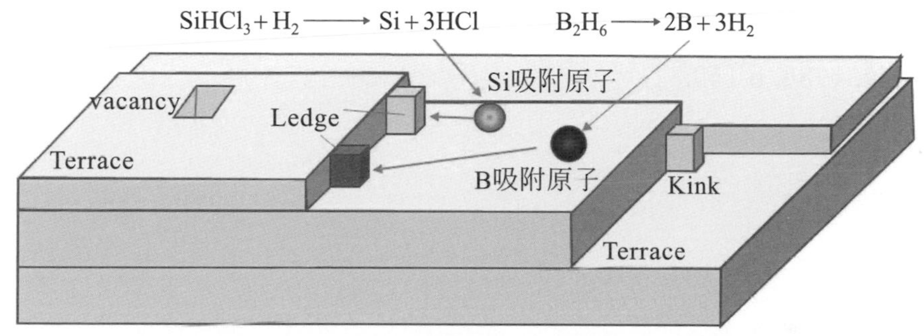

圖 7.8 利用吸附原子 (adatoms) 的磊晶生長模型 (plateau-ledge-kink)，圖中的矽原子及摻雜原子(硼)都是利用這種模型進入磊晶的晶格裡

四、參考資料

1. R.C. Sangster, E.F. Maverick, and M.L. Croutch, J. Electrochem. Soc., 104 (1957) p.317-319.
2. H.C. Theuerer, J.J. Kleimack, H.H. Loar, and M. Christensen, Proc. IRE 48 (1960) p.1642.
3. H.W. Law, P.F. Pinizzotto, and A.F. Tasch, Jr., in: "VLSI Handbook" (N.G. Einspruch, ed.) Academic Press, New York (1985) p.503-514.
4. J.L. Vossen and W. Kern (eds.), Thin Film Processes, Academic, New York, 1978.
5. A.S. Grove, "Mass Transfer in Semiconductor Technology," Ind. Eng. Chem., 58 (1966) p.58.6.V.S. Ban, Proceedings of the 6th International Conference on Chemical Vapor Deposition, The Electrochemical Society 1977, p.66.

7. C.W. Manke and L.F. Donaghey, Proceedings of the Sixth International Conference on Chemical Vapor Deposition 1977, Electrochem. Soc. Pennington, New jersey 1977, p.51.
8. J.C. Brice, The Growth of Crystals from Liquids, North-Holland Pub., Amsterdam (1973).
9. R.E. Reed-Hill, Physical Metallurgical Principles, Van Nostrand, New York, 1973.
10. S.Wolf and R.N. Tauber, Silicon Processing for the VLSI Era, Vol. 1, Lattice Press, California, 1986, p.140.

7-2 矽磊晶的生長

在矽晶基材上長磊晶，依據電性及攙雜濃度，可分成 PP^+、PP^-、NN^+ 等幾類。所謂 PP^+ 是指在重攙的 P^+ 基材上長出輕攙的 P^- 磊晶，這樣的 PP^+ 磊晶具有許多優點，包括：(1) 可以抑制閉鎖 (latch-up) 現象、(2) 抑制滑移線 (slip) 的產生、(3) 優越的內質去疵能力、(4) 較低的漏電流。而 PP^- 是指在輕攙的 P^- 基材上長出輕攙的 P^- 磊晶，這樣的 PP^- 磊晶的訴求主要在於磊晶具有比一般拋光片還完美的表面品質 (COP free)。至於 NN^+ 是指在重攙的 N^+ 基材上長出輕攙的 N^- 磊晶，主要被應用在功率元件上。

本節主要在於說明磊晶生長時的一些要點，包括所使用的原料、生長速率的影響因素、攙雜技術、自動攙雜現象、所使用的設備 (reactor)、及生長流程等。

一、原料氣體與化學反應機構

一個成功的矽磊晶生長，與反應器內的化學反應有很大的相關性。工業上用來生產矽磊晶的主要原料，爲氫氣 (H_2) 與氯矽烷 (chlorosilanes) 類的氣體。這些氯矽烷類的氣體包括：四氯矽烷 (silicon tetrachloride，$SiCl_4$)、三氯矽烷 (trichlorosilane，$SiHCl_3$)、二氯矽烷 (dichlorosilane，SiH_2Cl_2)。此外矽烷 (silane，SiH_4) 也被用在低溫的矽磊晶生長製程中。在一般的溫度範圍內，SiH_4 皆以氣體的方式存在。而雖然 $SiHCl_3$、$SiCl_4$、SiH_2Cl_2 在室溫時爲液態，但皆很容易在略高的溫度時，由液態轉爲氣態。$SiHCl_3$ 及 $SiCl_4$ 是以液態狀儲存於 50 磅至 100 磅的筒中，必須隨同氫氣 (hydrogen bubbler) 將其氣體帶到反應器內，如圖 7.9 所示。

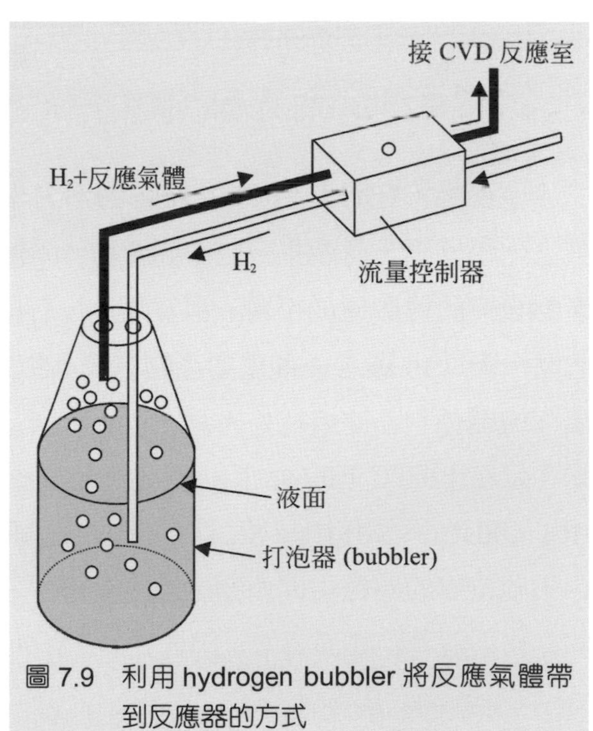

圖 7.9 利用 hydrogen bubbler 將反應氣體帶到反應器的方式

利用以上四種原料氣體來產生矽磊晶的淨化學反應可寫爲[1]

$$SiCl_4 + H_2 \rightarrow Si + 4HCl \tag{7.13}$$

$$SiHCl_3 + H_2 \rightarrow Si + 3HCl \tag{7.14}$$

$$SiH_2Cl_2 + H_2 \rightarrow Si + 2HCl \tag{7.15}$$

$$SiH_4 \rightarrow Si + 2H_2 \tag{7.16}$$

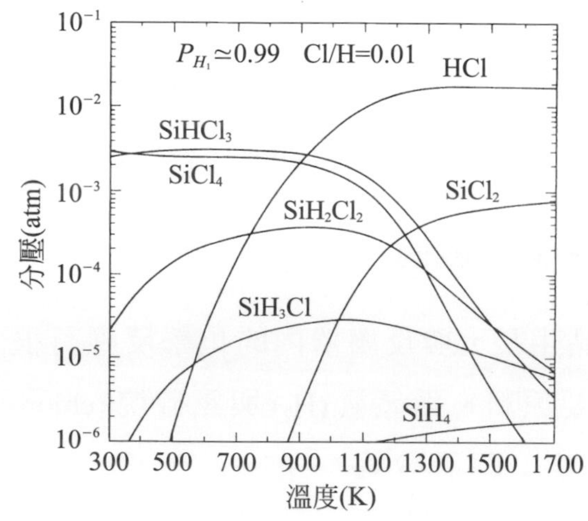

圖 7.10 由紅外光譜所偵測到一水平式反應室中 $SiCl_4 + H_2$ 反應的產物[2]

事實上，在研究 H-Cl-Si 系統的熱力學顯示，在沉積過程中尚會發生一連串的其它化學反應，而產生一些中間產物。平衡時的計算結果，顯示有 14 種可能的中間產物會與固態矽達成平衡。但實際上，有些中間產物的分壓小於 10^{-6}atm，所以可以忽略。圖 7.10 顯示一些重要產物在磊晶生長條件 (Cl/H = 0.01) 之下，的氣體分壓與溫度的關係[3]。使用紅外光譜、質量光譜或 Raman 光譜可以測得這些中間產物的種類。以在 1200℃下的 $SiCl_4 + H_2$ 之沉積反應爲例，有四種中間產物可以被量測出來：HCl、$SiHCl_3$、SiH_2Cl_2、$SiCl_4$ [4]。圖 7.11 顯示在一水平式反應器 (horizontal reactor) 中不同位置的四種中間產物之濃度變化[4]，其中 $SiCl_4$ 濃度是遞減的，而其它三種中間產物則隨著距離而遞增。因此式 (7.13) 的淨反應可能是由以下反應所組成的

$$SiCl_4 + H_2 \leftrightarrow SiHCl_3 + HCl \tag{7.17}$$

$$SiHCl_3 + H_2 \leftrightarrow SiH_2Cl_2 + HCl \tag{7.18}$$

$$SiH_2Cl_2 \leftrightarrow SiCl_2 + H_2 \tag{7.19}$$

$$SiHCl_3 \leftrightarrow SiCl_2 + HCl \tag{7.20}$$

$$SiCl_2 + H_2 \leftrightarrow Si + 2HCl \tag{7.21}$$

要注意的是，以上這些反應是可逆的。因此還原與蝕刻 (etching) 兩個過程是彼此互相競爭的，這端視反應物的莫耳分率與生長溫度而定。圖 7.12 顯示 $SiCl_4$ 及 H_2 混合物在大氣壓力之下，蝕刻與沉積的分界隨著溫度與 $SiCl_4$ 分壓的變化情形 [5]。

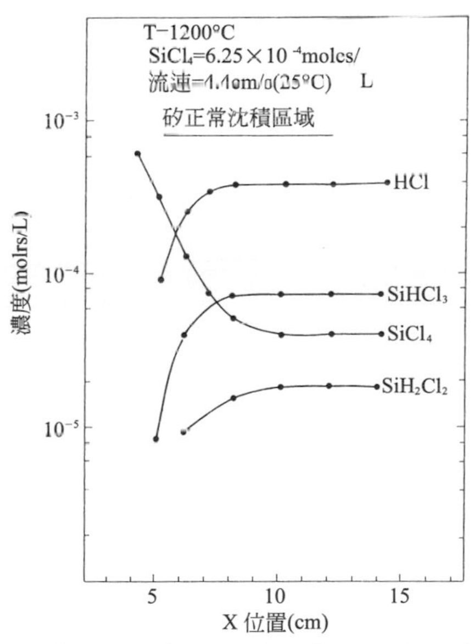

圖 7.11 在一水平式反應室中不同位置的四種中間產物之濃度變化 [4]

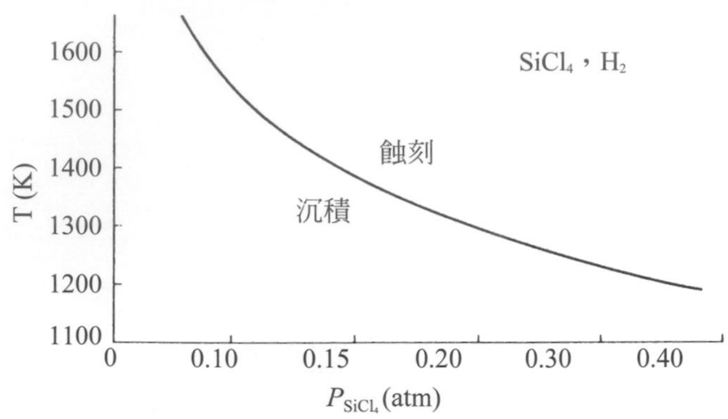

圖 7.12　$SiCl_4$ 及 H_2 混合物在大氣壓力之下，蝕刻與沉積的分界隨著溫度與 $SiCl_4$ 分壓的變化情形 (5)

與 $SiCl_4$ 的化學反應不同，SiH_4 的還原反應是不可逆的。式 (7.16) 的淨反應係由以下兩個步驟所組成的

$$SiH_4 \rightarrow SiH_2 + H_2 \tag{7.22}$$

$$SiH_2 \rightarrow Si + H_2 \tag{7.23}$$

表 7.1　矽磊晶生長所使用的原料氣體之比較

	$SiCl_4$	$SiHCl_3$	SiH_2Cl_2	SiH_4
反應溫度	1125 ～ 1200℃	1100 ～ 1150℃	750 ～ 1100℃	550 ～ 1000℃
反應產物	Si + HCl + 反應副產物	Si + HCl + 反應副產物	Si + HCl + 反應副產物	Si + H_2
沉積速率 (μm/min)	0.5 ～ 1.0	0.5 ～ 1.5(batch) ～ 5 (single wafer)	0.1 ～ 1.0	0.01 ～ 0.3
Autodoping 現象	HCl 可蝕刻晶片表面及引起 autodoping	HCl 可蝕刻晶片表面及引起 autodoping	HCl 可蝕刻晶片表面及引起 autodoping	(1) 沒有表面蝕刻現象 (2) 很少 autodoping
優點	低生產成本	低生產成本及高純度	較 SiH_4 便宜，較 $SiCl_4$ 容易控制	在室溫爲氣體，氣體流量控制較容易
備註	(1) HCl 會引起反應與污染的問題 (2) 適合較厚的磊晶	(1) 使用在大氣壓下 (2) 特別適用於 CMOS 用途	使用在低壓及較薄的磊晶	(1) 高雜質濃度 (2) 具有安全性及維修的考量 (3) 適合較薄的磊晶 (< 0.5 微米)

原料氣體的選用，必須考慮到成本、生長速率、原料氣體的可靠性、品質等因素。表 7.1 是原料氣體的比較表。在 40 年前，$SiCl_4$ 被視爲唯一純度較高的原料，所以曾廣被使用。在今日，SiH_2Cl_2 已可用來生產電阻率 50Ω-cm 的磊晶，而 $SiHCl_3$ 及 $SiCl_4$ 的純度更高，生產電阻率 100Ω-cm 的磊晶已不是問題。目前在矽晶圓工業的矽磊晶生長，通常使用 $SiHCl_3$。使用 SiH_2Cl_2 的矽磊晶生長則較 $SiHCl_3$ 及 $SiCl_4$ 更難控制，這是因爲沒有使用 bubbler，因而容易在原料輸送管路內發生凝結現象。另一方面，$SiHCl_3$ 及 $SiCl_4$ 則不適用於低壓的製程，這是因爲它們低蒸氣壓的特性，導致在排氣管路內的凝結。因此低壓的製程，通常使用 SiH_2Cl_2 當原料。商業矽磊晶一般是在大氣壓下生長的，原因之一是原料氣體較不會在冷的表面凝結產生微粒。

在四種原料氣體中，含有較多 Cl 的，會在沉積過程中產生更多的蝕刻作用。這蝕刻作用不僅可以去除晶片表面的雜質，但也會引起 pattern shift 的現象。使用 SiH_4 的主要優點是，它可以在較低的溫度下沉積產生矽磊晶。但是卻很難避免氣相中的均質成核所產生的矽微粒，一旦產生矽微粒則很容易引起不佳的表面性質或甚至引起多晶生長。再者 SiH_4 不含 Cl 離子，所以沒有蝕刻作用，也因此產生的矽磊晶將含有較高濃度的金屬不純物。由於這些缺點，在傳統的矽磊晶生長製程中，很少使用 SiH_4。

二、生長速率

矽磊晶的生長速率與原料氣體的種類、溫度、壓力及濃度等因素有關。圖 7.13 是使用不同原料氣體的生長速率與溫度之關係 [1]。從圖中可以發現在低溫區 (區域Ⅰ) 的生長速率受溫度的影響很大，而在高溫區 (區域Ⅱ) 的生長速率受溫度的影響則較小。因此區域Ⅰ屬於表面反應控制，而區域Ⅱ屬於質量傳輸控制。生長速率隨原料氣體在傳輸氣體 (carrier gas) 中的分壓增加而線性地增加。在區域Ⅱ中生長速率在較高溫度時略爲增加的原因，係因反應物的擴散係數隨溫度略增之故。因此在實際的磊晶製程中，通常在區域Ⅱ內操作，以減少溫度變化所帶來的影響。

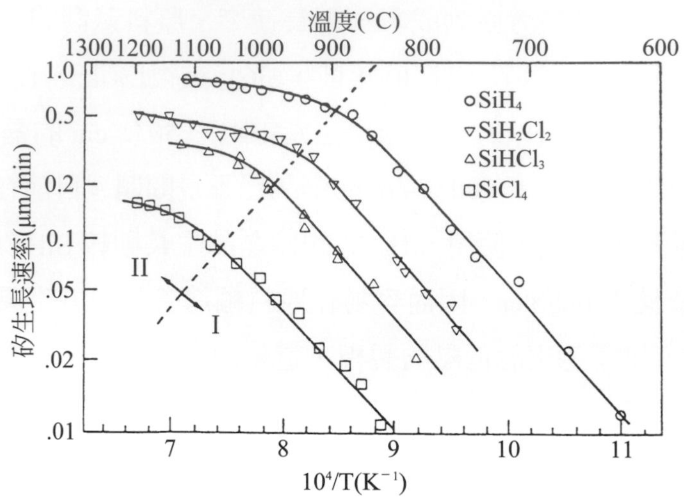

圖 7.13　使用不同原料氣體的磊晶生長速率與溫度之關係 (1)

圖 7.14 顯示在大氣壓下的最大矽磊晶生長速率 (6)。當矽原子吸附在晶片上後，這些原子必須在晶片上移動，以發現最佳的晶格嵌入位置。在很高的生長速率之下，沒有足夠的時間讓這些吸附原子移動，因此容易導致多晶的生長。由於最佳的嵌入位置是在單層的邊緣，所以生長是徑向的而非縱向的。這種生長機構，可以說明生長速率隨結晶方向而異的現象。而所謂 pattern shift 的現象，則起源於生長速率的差別。例如：在選擇性磊晶 (SEG) 中，當磊晶是長在含有 pattern 的 (111) 晶片上時，由於矽原子較易填充在 [110] 或 [100] 方向，會使得 pattern 發生偏移或變形的現象。

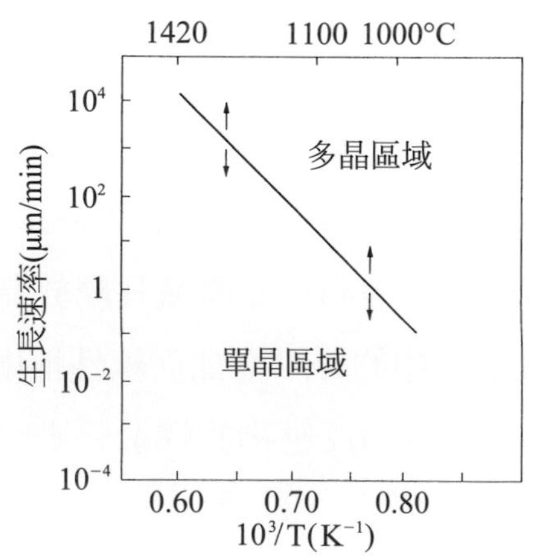

圖 7.14　在大氣壓下的最大矽磊晶生長速率 (6)

三、攙雜技術 (Doping Method)

爲了控制磊晶層的導電性與電阻率大小，必須在磊晶生長過程中將攙雜物加入 CVD 系統內。在一般的應用上，磊晶層的攙雜濃度約在 10^{14} 到 10^{17} atom/cm^3 之間。攙雜物一般是以氫化物 (hydrides) 的型態加入系統中，例如：B_2H_6 被用以產生 P$^-$型攙雜物 (B)，PH_3 及 AsH_3 則分別被用以產生 N$^-$型攙雜物 P 及 As。這些氣體是有劇毒的，而且在室溫以上的溫度相當不穩定，所以通常需使用大量的 H_2 將之稀釋到 10 ～ 1000ppm 之後，才加入 CVD 反應器內。加入反應器的氫化物會在高溫分解產生攙雜物原子，而這些攙雜物原子嵌入磊晶層的機構，就如同在前面 CVD 原理中提及的矽原子一樣，必須考慮到質量傳輸與化學反應 [7]。我們可用圖 7.8 來說明 [8]，以 B_2H_6 爲例，它首先是吸附在磊晶層表面，然後分解產生 B 原子，接著 B 原子仍以 plateau-ledge-kink 的模式移動到矽晶格內。

$$B_2H_6(gas) \rightarrow 2B(solid) + 3H_2(gas) \tag{7.24}$$

$$2B(solid) \rightarrow 2B^{+}(solid) + 2e^{-}$$

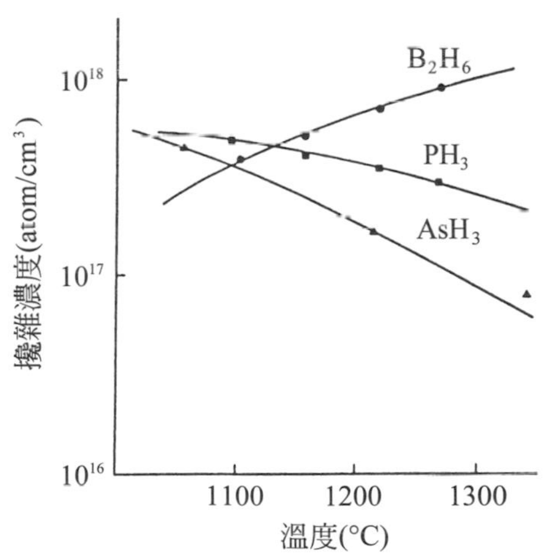

圖 7.15　在固定分壓 (1×10^{-6}) 之下，嵌入磊晶層的攙雜物濃度與溫度之關係 [9]

影響攙雜物嵌入磊晶層的因素，包括溫度、生長速率、氣相中攙雜物與矽的比率、反應室的幾何形狀等。圖 7.15 顯示在固定分壓 (1×10^{-6}) 之下，嵌入磊晶層的攙雜物濃度與溫度之關係 [9]，As 及 P 的攙雜濃度隨著磊晶溫度增加而減少，但 B 的攙雜濃度則隨著磊晶溫度增加而增加。在調整磊晶溫度以改善電阻率均勻性時，須注意到這些差異性。

此外，原料氣體與摻雜氣體之間的相互作用，使得整個摻雜過程變得更複雜。研究發現 PH_3 及 B_2H_6 對矽的沉積速率之影響正好相反 (10)，PH_3 會抑制沉積速率，而 B_2H_6 則增加沉積速率。相反的，嵌入磊晶層的摻雜物濃度也會受生長速率影響。圖 7.16 爲磷的嵌入與生長速率的關係 (10)，在高溫時 (1500K)，生長速率對磷的摻雜濃度影響不顯著；但在較低的溫度 (1350K)，最大的摻雜濃度出現在生長速率約 1μm/min 左右。

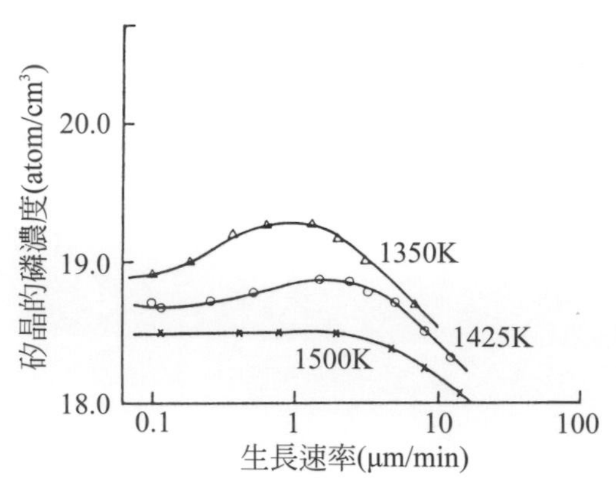

圖 7.16 在 PH_3 固定分壓 (1.2×10^{-6}) 及不同溫度之下，磷的嵌入與生長速率的關係 (10)

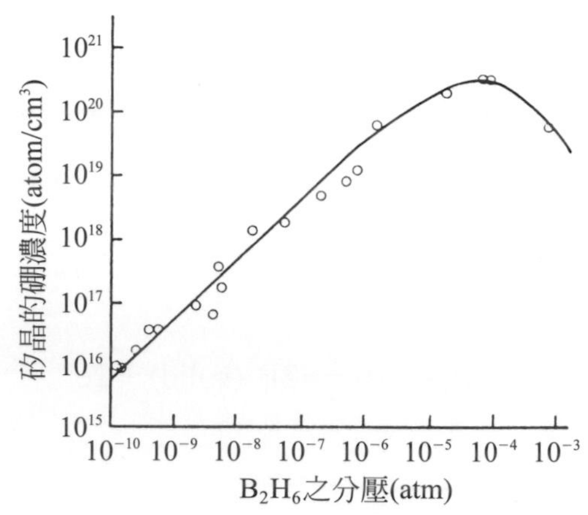

圖 7.17 硼的摻雜濃度與摻雜氣體 B_2H_6 的分壓之關係 (11)

圖 7.17 與圖 7.18 分別顯示硼及磷的摻雜濃度與摻雜氣體的分壓之關係 (11～12)。對硼而言，摻雜濃度隨 B_2H_6 的分壓呈線性增加，直到分壓 5×10^{-5} 左右，而最大的濃度則出現在 5×10^{-4}。在更高分壓時，硼濃度反而下降的原因可能是摻雜氣體發生凝結作用，使得硼沒有進入磊晶層內。對磷而言，摻雜濃度在分壓 10^{-6} 之前，維持線性增加；而在更高分壓時，則呈平方根的緩慢增加。

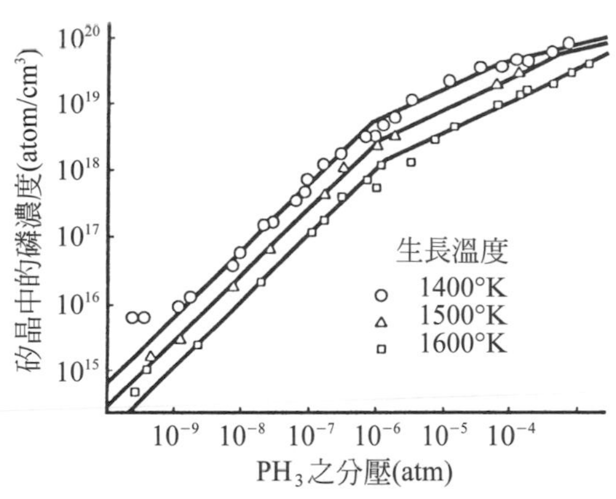

圖 7.18　磷的摻雜濃度與摻雜氣體 PH3 的分壓之關係 (12)

四、自動摻雜現象 (Autodoping)

在許多的微電子元件用途上，所使用的矽磊晶，都是在重度摻雜 (10^{19} ～ 10^{21} atom/cm^3) 的矽晶片上長一層輕度摻雜 (10^{14} ～ 10^{17} atom/cm^3) 的薄膜。在高溫之下，摻雜物可能以固相擴散 (solid-state outdiffusion) 或氣相自動摻雜 (autodoping) 方式自矽晶片表面釋出 (13～14)。圖 7.19 顯示 CVD 系統中各種摻雜物的來源 (12)。這些來自矽晶片中的雜質原子，可能由晶片經由界面擴散到磊晶層內，或由氣相重新回到磊晶層內。由晶座 (susceptor) 或反應器所釋出的不純物也會引起自動摻雜現象。

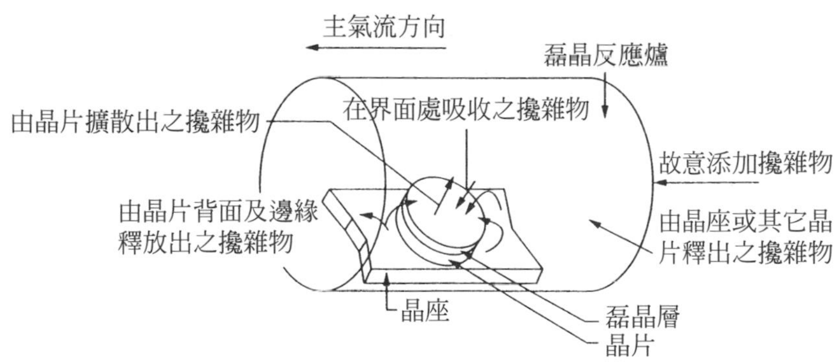

圖 7.19　在水平 CVD 反應室中各種摻雜物的來源 (13)

圖 7.20 顯示在重度攙雜矽晶片上的輕度攙雜矽磊晶，之縱向攙雜濃度分佈 [14]。在靠近晶片 / 磊晶界面附近的攙雜濃度，主要由晶片往外擴散到磊晶層的攙雜物所控制，而形成一過渡區 (圖中的 *A* 區)。這個效應會慢慢變小，因爲生長速率遠比往外擴散的速率快。因此接下來的攙雜物濃度，主要由氣相中的攙雜物來源所控制。假如自晶面揮發出來的攙雜物，超過故意攙入的攙雜物，那麼就會產生自動攙雜的現象 (圖中的 *B* 區)。不過這種自動攙雜效應，會隨著磊晶生長的進行而變得愈來愈不顯著，這是因爲晶片、晶座會漸漸被一層輕度攙雜受覆蓋，使得攙雜物的釋出變慢。一旦自動攙雜受到抑制，攙雜物濃度主要受到故意攙入的攙雜物所控制，因此縱向濃度分佈曲線會變平緩。

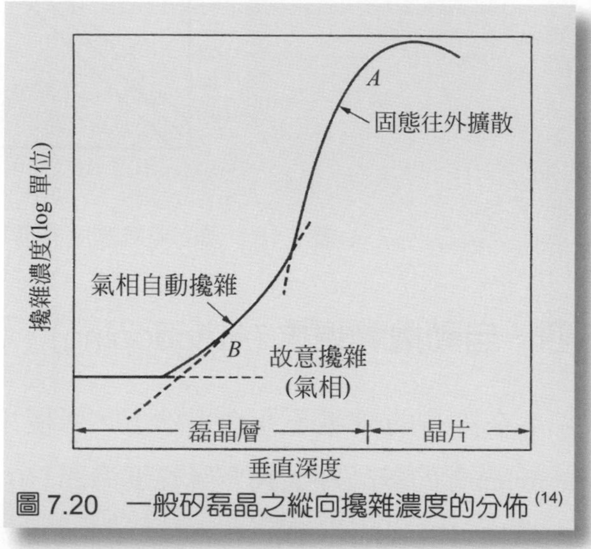

圖 7.20　一般矽磊晶之縱向攙雜濃度的分佈 [14]

自動攙雜現象，限制了攙雜濃度在可控制範圍的磊晶層厚度，及最小的攙雜濃度。因此自動攙雜現象一直受到廣泛的研究 [13~20]。有關自動攙雜現象的抑制方法有下：

A. 封閉晶片背面 (backside sealing)

在矽晶片背面長上一層二氧化矽 (SiO_2) 或氮化矽 (Si_3N_4)，可以避免攙雜物自晶片背面揮發出來。這方法最常用在 N^+ 或 P^+ 矽晶片上，以生長高電阻率的磊晶層，做爲 CMOS 製程之用。在晶背長上一層低溫二氧化矽 (通稱爲 Low Temperature Oxide，簡稱 LTO) 的方法，是目前最廣爲使用的。有關 LTO 的介紹，請參見本書第六章第 11 節。

B. 高溫氫氣烘烤 (high temperature hydrogen baking)

將矽晶片先在較高的溫度的氫氣環境下，烘烤一段時間 (5 ～ 10 分鐘)，可使得晶片表面出現一攙雜物濃度較低的空乏區。這可同時減少磊晶生長時的固相擴散 (solid-state outdiffusion) 或氣相自動攙雜 (autodoping) 現象。經驗發現，如果是含砷的

N^+ 基材，必須採用比較高的溫度去做烘烤；果是含硼的 P^+ 基材，必須採用比較低的溫度去做烘烤。

C. 低壓磊晶生長

在低壓 (reduced pressure) 下，生長矽磊晶可以減少 As 及 P 的自動攙雜現象。如圖 7.21 所示，攙雜物會自晶片的背面及邊緣釋出，在低壓的條件之下，邊界層厚度較薄，且增加氣流的速度 (21～23)。因此高速的主氣流較容易將揮發出來的 As 及 P 等雜質帶走，因而減少其重新嵌入磊晶層的機會。圖 7.22 顯示在不同壓力下生長的 As-doped 磊晶層之攙雜物濃度曲線，在低壓時，濃度過渡區域之寬度較小。

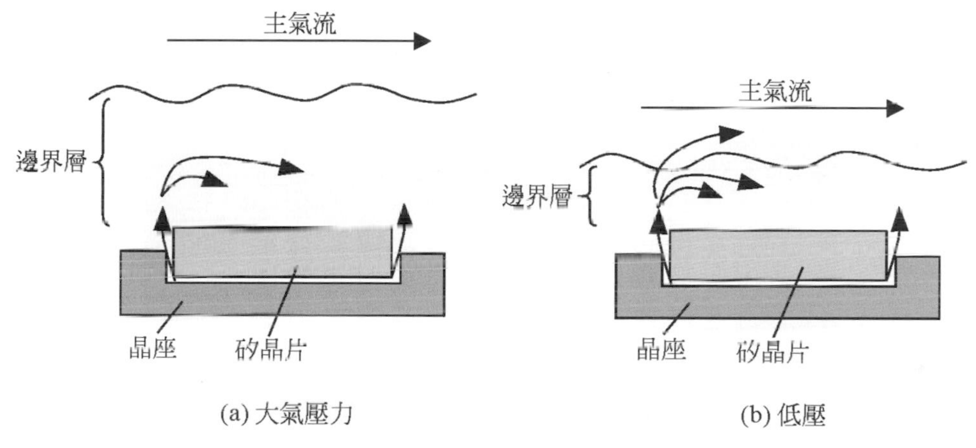

圖 7.21　在低壓及大氣壓之下的自動攙雜現象

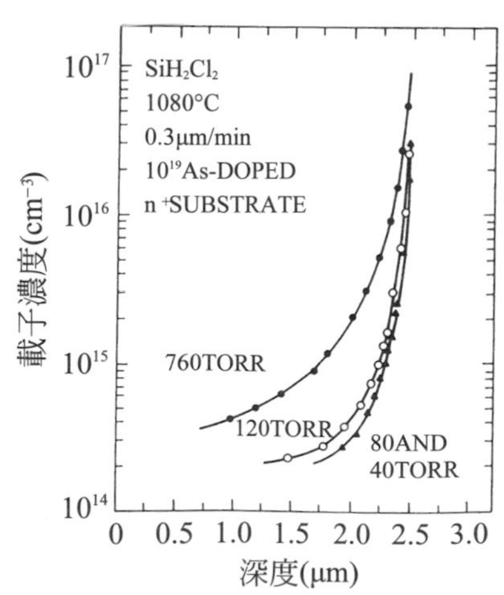

圖 7.22　在不同壓力下生長的 As-doped 磊晶層之攙雜物濃度曲線

D. 增加氫氣流量

在磊晶的生長過程中，若增加氫氣流量就能增加擴散邊界層厚度，使得從晶背跑出來的摻雜物，比較容易進入主氣流被帶走，而減少被帶入磊晶表面的機會。但是，增加氫氣流量的副作用是增加產生滑移線 (slip dislocation) 產生的機率。

E. 使用多孔性的石墨基座

目前業者很普遍的做法是在石墨基座上打出很多微細的孔洞，如圖 7.23 所示，也有人使用多孔性 (porous) 的石墨基座。這二種方式都能大幅地降低自動摻雜的現象，原因是從晶背跑出來的摻雜物，可以透過這些孔洞被快速帶走，而不會跑到晶片的表面。

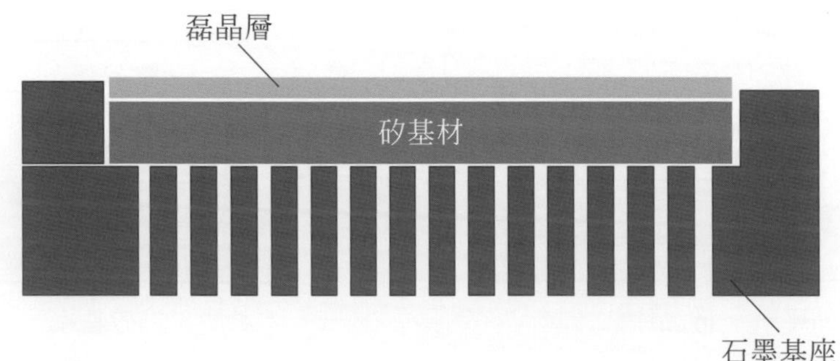

圖 7.23　具有多孔性 (porous) 或人工打孔的石墨基座可以降低自動摻雜的現象

五、磊晶生長設備介紹

一個典型的磊晶生長設備，係由氣體供應系統、高純度石英鐘形罩 (bell jar) 或反應器、基座、加熱系統、冷卻系統、電子控制系統及排氣系統等組成。

1. 氣體供應系統及排氣系統

氣體供應系統是用以提供反應氣體 (H_2、$SiHCl_3$、SiH_2Cl_2、$SiCl_4$、SiH_4、HCl 等)、摻雜氣體 (B_2H_6、PH_3、AsH_3 等)、淨化用氣體 (purging gas，N_2 或 H_2)。除了 N_2 外，以上的氣體都具有易爆性、腐蝕性或劇毒等危險性，因此氣體供應系統必須設有一定的安全防護裝置，這包括防漏安全閥、毒氣偵測器等。氣體輸送管路一般使用電子拋光過的不銹鋼，而且氣體在進入反應器之前，必須先通過氣體純化器，

以減低不純物的含量。而爲了控制磊晶的性質，必須使用高精確度的流量控制器。在環保考慮之下，在排氣系統中必須利用水霧式 scrubber 處理掉未反應的氣體與副產物 (註：大部份的這些氣體幾乎完全溶於水)。

2. 反應器與基座的種類

磊晶生長爐一般是使用高純度石英鐘形罩 (bell jar)，爲了防止爐壁過熱，必須使用氣體來冷卻石英鐘形罩。石英鐘形罩內的基座 (susceptor) 是用以支撐矽晶片，以及做爲在使用幅射熱源的 CVD 系統中的熱能傳遞媒介。因此，基座本身的強度應該要高，而且不能與反應氣體發生反應或者釋放出不純物。基於這些考量，晶座的材料一般採用鍍有一層碳化矽 (SiC) 的石墨。這層鍍上的碳化矽及磊晶過程沉積其上的 Si，可以防止石墨中的不純物揮發出來。

在單晶片式反應器 (single wafer reactor) 未被使用以前，早期的商業化的磊晶生長是屬於 batch 式的，其所使用的反應器及石墨基座，有三種主要的幾何形狀，包括水平式 (horizontal reactor)、垂直式 (vertical or pancake reactor)、直筒式 (barrel or cylinder reactor)。這些不同設計的反應器各有其優點及缺點 [24]。以下將分述四種反應室的特點：

A. 水平式反應器 (horizontal reactor)

圖 7.24(a) 爲一水平式反應器的示意圖，圖 7.24(b) 則爲所使用的石墨基座。在水平式反應器中，氣體是由管狀爐的一端進入，再從另一端排出。當氣體通過置於基座上的矽晶片時，這些氣體會受熱發生反應，因而在晶片上沉積一層矽磊晶。水平式反應器存在強烈的氣體空乏現象，也就是說隨著反應的進行，以及所產生的副產物之稀釋作用，使得反應氣體濃度沿著氣流方向有遞減的現象。改善這種氣體空乏現象的方法之一，是使石墨基座傾斜置於水平式反應器內，這可使得氣體加速通過較狹窄的部份。較快的氣流速度，可縮小邊界層的厚度，因此可增加氣體的傳輸及生長速率。

最早的水平式反應器之口徑爲圓形的，後來演變成方形的，以產生更均勻的氣流。水平式反應器的優點是高產生率、低生產成本等。但缺點是很難控制在整個晶座上沉積反應的均勻性，也因此磊晶層的厚度存在著 wafer-to-wafer 及 run-to-run 的差異性。這些缺點可採用單晶片式反應器 (single wafer reactor) 來改善之。

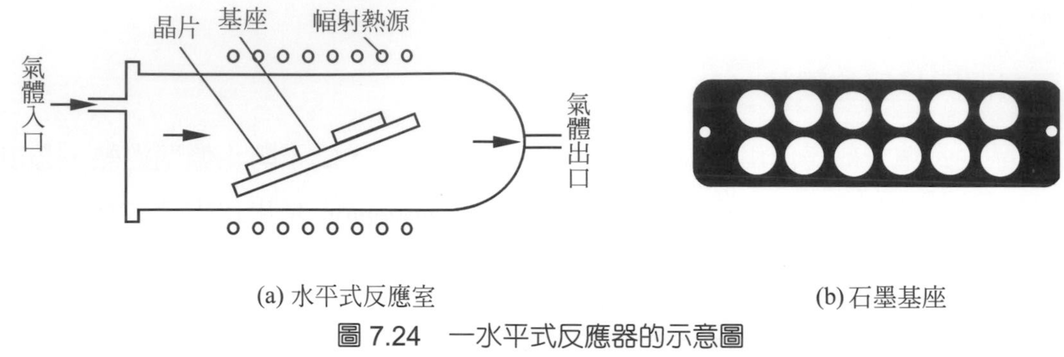

(a) 水平式反應室　　(b) 石墨基座

圖 7.24　一水平式反應器的示意圖

B. 垂直式反應器 (vertical or pancake reactor)

最早的垂直式反應器，是在 1961 年由 Theuerer 所使用的單晶片式垂直反應器。圖 7.25(a) 爲後來商業化的垂直式反應器，其所使用的基座可以同時置放較多的晶片，如圖 7.25(b)。由於基座的特殊形狀，這種垂直反應器又稱爲 pancake reactor。這種反應器的加熱方式，通常使用置於基座下方的螺旋狀 RF 線圈。原料氣體則從基座中間的管路進入反應器內，這些氣體在基座上方形成對流式的流動方式，在基座上方的徑向流速約爲 5 ～ 10 cm/sec。

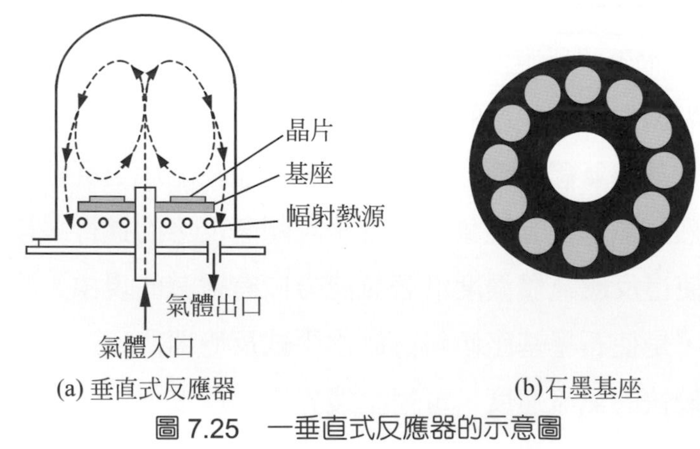

(a) 垂直式反應器　　(b)石墨基座

圖 7.25　一垂直式反應器的示意圖

垂直式反應器的優點包括：

(1) 利用旋轉基座，可改善 wafer-to-wafer 的磊晶層性質的均勻性。

(2) 較高的產出率。

其缺點則爲：

(1) RF 加熱方式，易引起滑移線的產生。

(2) 沉積在石英爐壁上的 Si 微粒，容易掉到晶片上引起缺陷的產生。

(3) 氣體的對流方式，會引起較嚴重的自動攙雜現象。

C. 直筒式反應器 (barrel or cylinder reactor)

圖 7.26 爲一直筒式反應器的示意圖 (26)。直筒式反應器係使用一反置的石英鐘形罩，原料氣體來自反應器頂端的兩個入口，經過彼此混合後，進入反應器內，未反應的氣體則自反應器底部排出。直筒式反應器所使用的基座，是一具有 5 到 7 個截面的多面方柱，每個截面傾斜 3 到 5 度，使得頂端較底部略小。晶片即平置於每個截面上，傾斜角就如同在水平式反應器室的基座一樣，是爲了補償氣體在底部的空乏效應。基座本身是以約 2rpm 的速率旋轉，以增加磊晶層性質的均勻性。

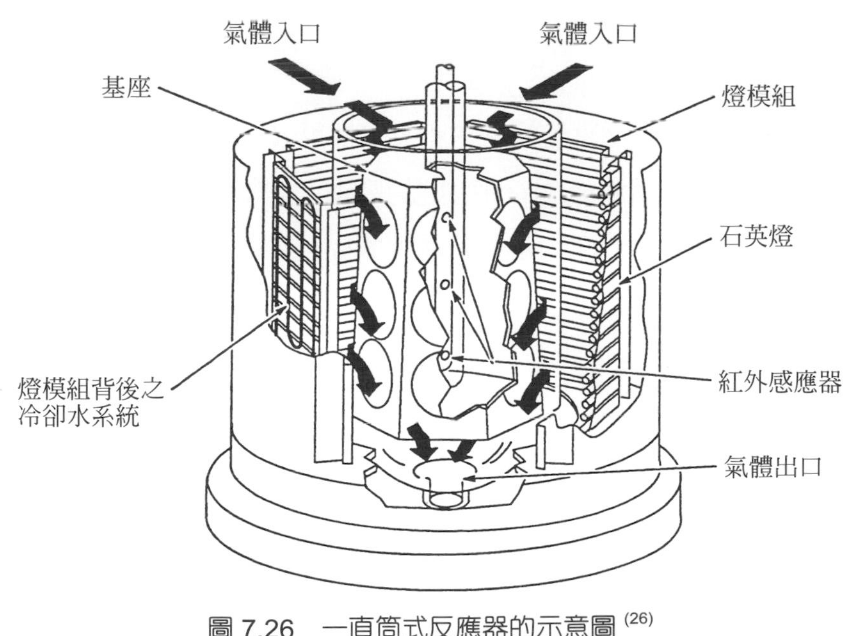

圖 7.26　一直筒式反應器的示意圖 (26)

直筒式反應器的優點計有：

(1) 均勻性較佳。

(2) 在晶片正面的加熱方式，可以減小滑移線的產生。

(3) 自動攙雜現象較小。

(4) 在石英壁上的沉積物，較不易直接掉落到晶片上。

而其缺點為：

(1) 較不適合大尺寸的磊晶。

(2) 機械設計上的複雜性，使得可靠性較低。

D. 單晶片式反應器 (single wafer reactor)

隨著晶圓尺寸的增加，以及對磊晶層厚度與電阻率均勻性要求的提高，傳統的 batch 式反應器很難去控制這些品質的均勻性。因此現代的矽磊晶技術，傾向於使用單晶片式反應器 (single wafer reactor)。圖 7.27 為 Applied Materials 製造的單晶片式反應器 (Centrua) 的照片及內部示意圖，在這樣一套設備中，可以同時配置 3 個反應器。藉著機械手臂，可將晶片分別送至不同的反應器內。在個別的反應器內，基座是水平置放的，可且可利用旋轉去增加磊晶層性質的均勻性。在基座上下方，均有石英 - 鹵素燈以提供紅外光輻射熱。而為了維持有效的輻射熱，所使用的石英鐘形罩必須是完全透明的。在單晶片式反應器裡，基座及支撐針 (Supporting Pin) 的設計很重要，因為其對磊晶的品質有很大的影響。例如基座的尺寸設計，會影響晶片徑向溫度分佈，進而影響磊晶層厚度的徑向均勻性及晶片的區域平坦度。

(a)

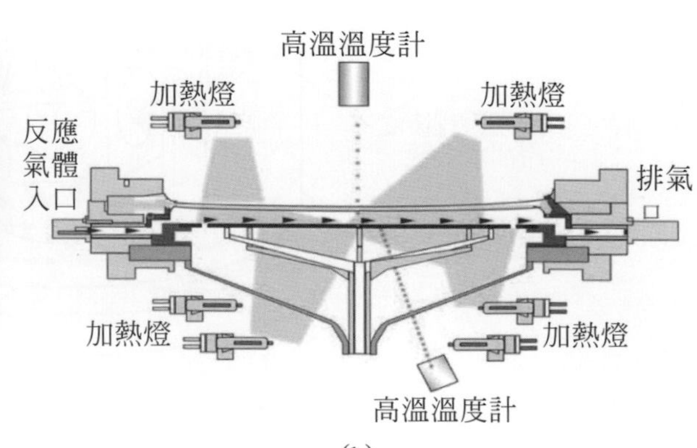

(b)

圖 7.27 (a) Applied Materials 製造的單晶反應器的照片，(b) 內部結構示意圖

3. 加熱系統

矽磊晶生長，一般是在 1000 ～ 1200℃的高溫下操作。大部份的反應器都須使石英壁保持在較低的溫度，以減少石英壁的化學反應。為了降低製程的生產週期 (cycle time)，CVD 反應器須有快速加溫及冷卻的能力。早期的加熱方式是利用 RF 線圈，來加熱石墨晶座。但如何由晶座將熱均勻的傳給晶片，是設計上比較困難的地方，尤其是對大尺寸的晶圓系統時。在圖 7.28 中，矽晶片一開始係平置於晶座上，由於晶片正面的熱散失，使得溫度由晶座底部的 T_1 遞減到晶片背面的 T_2、以及晶片正面的 T_3。這樣的溫度梯度，容易使晶片產生彎曲。一旦晶片邊緣與晶座失去接觸，這樣一來熱的傳導變得較沒效率，因而產生徑向的溫度梯度與應力，嚴重的情況，更會使得滑移線因應而生。Liaw 及 Rose 曾討論一些可以減少滑移現象的各種石墨晶座形狀的設計 (27)。

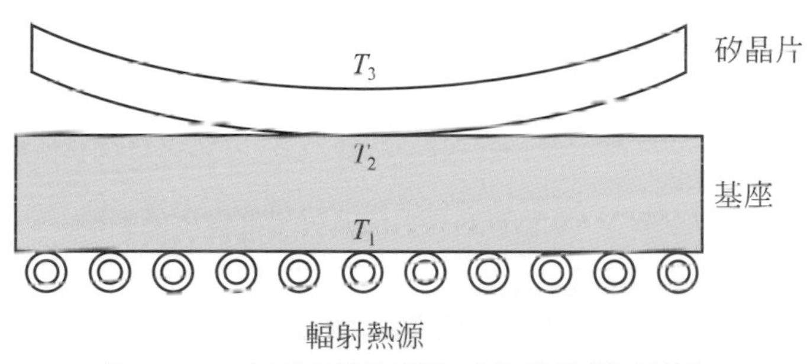

圖 7.28　由溫度梯度所造成的晶片彎曲現象

現代的磊晶反應爐，大多使用石英 - 鹵素燈以提供紅外光輻射熱。這個方法可以提供比 RF 熱源更均勻的加熱方式 (28)。例如在 Applied Materials 所設計的 300mm 反應器中，設有 76 個鹵素燈，以提供更快速的加熱速率。

六、矽磊晶生長的基本流程

磊晶的實際生長流程，因製程需要、所使用的設備、性質要求而略有所不同。圖 7.29 是一簡化的生長流程溫度變化的範例，在典型的生長流程中總是包括以下 6 個重要步驟：

(1) 利用 N_2 氣體 purge 反應器，以去除反應器中的空氣，再通入 H_2 氣體以去除氮氣。

(2) 加溫到預熱溫度 (約 800℃)。

(3) 在預熱溫度烘烤一段時間，以去除反應器中的水氣。

(4) 加熱到沉積溫度，並通入氫氣座烘烤，以去除自然氧化層及有機物。

(5) 沉積反應。

(6) 利用 H_2 氣體冷卻。

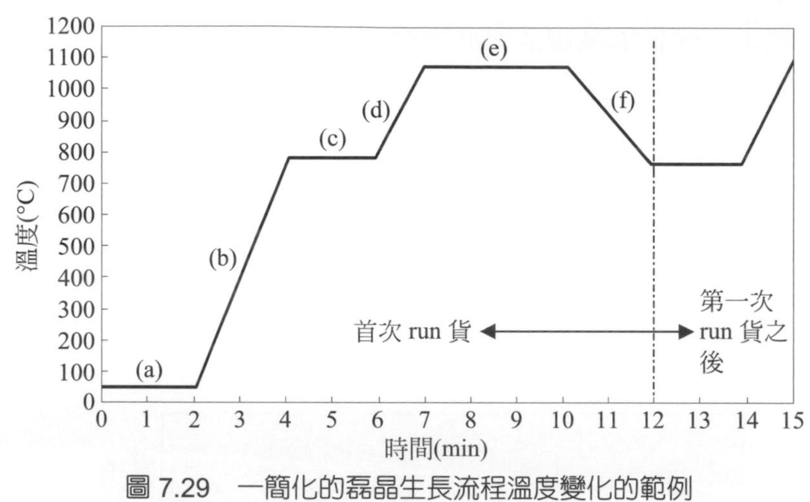

圖 7.29 一簡化的磊晶生長流程溫度變化的範例

因此典型的使用單晶片式反應器之製程，可描述如下：首先是將晶片置入反應器中，在關閉反應器後，必須通入氮氣以去除殘留在反應器中的空氣，再通入氫氣以去除殘留氮氣。接著加熱到約 800℃的預熱溫度，以去除反應器中的水氣。要注意的是，以上的步驟僅適用於反應器長第一片磊晶時，在連續生產的情況之下，反應器始終保持在 700℃以上，因此晶片是直接置入 700℃以上的反應器中。在早期的製程中，尙須在高於沉積溫度的高溫下，利用 HCl 氣體蝕刻 (insitu etching) 晶片表面。由於現代的晶片較爲乾淨，所以僅須直接將溫度增加到沉積溫度 (約 1050 ～ 1100℃ for $SiHCl_3$) 即可，在這加溫過程中，H_2 氣體可還原去除掉晶片表面的自然氧化層 (native oxide，約 0.5 ～ 1.5nm 厚) 及有機物。當溫度提高到沉積溫度，並達到平衡後，即可通入反應氣體，進行沉積反應。一旦沉積過程結束後，關掉反應氣體，通入氫氣使反應器溫度降至約 700℃左右。接著可將長完磊晶層的晶片移到另一爐中，持續冷卻到室溫。而原來的反應器則須使用 HCl 來 purge，以清除沉積在爐壁上的 Si。

七、參考資料

1. F.C. Eversteyn, Philips Res. Rep. 19 (1974) p.45-46.
2. E.Sirtl, L.P. Hunt, and D.H. Sawyer, J. Electrochem. Soc. 121 (1974) p.919.
3. J. Nishizawa and M. Saito, Proceedings of the Eighth International Conference on Chemical Vapor Deposition 1981, Electrochem. Soc., Pennington, New Jersey, p.317.
4. V.S. Ban and S.L. Gilbert, J. Electrochem. Soc., 122 (1975) p.1382.
5. J. Bloem, J. Crystal growth 50 (1980) p.581.
6. F.C. Eversteyn, Philips Res. Rep., 29 (1974) p.45.
7. R. Reif, T.I. Kamins, and K.C. Saraswat, J. Electrochem. Soc. 126 (1979) p.644- 660.
8. M.L. Yu, D.J. Vitkavage, and B.S. Meyerson, J. Appl. Phys., 59 (1974) p.919.
9. J. Bloem, J. Crystal Growth, 18 (1973) p.70-76.
10. P. Rai-Chaudhury, and E.I. Salkovitz, J. Crystal Growth, 7 (1970) p.353-360.
11. J. Bloem, L.J. Giling, and M.W.M Graef, J. Electrochem. Soc. 121 (1974) p.1354-1357.
12. P.H. Langer and J.I. Goldstein, J. Electrochem. Soc. 124 (1977) p.591-598.
13. G.R. Srinivasan, J. Electrochem. Soc. 127 (1980) p.1334-1342.
14. G.R. Srinivasan, J. Electrochem. Soc. 125 (1978) p.146.
15. W.H. Shepard, J. Electrochem. Soc. 115 (1968) p.652.
16. W.C. Metz, Proceedings of the Eighth International Conference on Chemical Vapor Deposition 1984, Electrochem. Soc., Pennington, New Jersey, p.420.
17. J.J. Grossman, J. Electrochem. Soc. 109 (1965) p. 1055-1061.
18. M. Wong and R. Reif, IEEE Trans. Electron Devices ED-32 (1985) p.83-94.
19. G.R. Srinivasan, J. Electrochem. Soc. 127 (1980) p. 2305-2306.
20. R.B. Herring, Silicon Epitaxy at Reduced Pressure, in Proc. 7th Intl Conf. On Chemical Vapor Deposition (T.O. Sedgewick, ed.), Proc. Vol. 79-3, p.126-139, Electrochem. Soc., Pennington, NJ (1979).
21. M. Ogirima, H. Saida, M. Suzuki, and M. Maki, J. Electrochem. Soc. 125 (1978) p.1879-1883.
22. D.L. Rode, W.R. Wagner, and N.E. Schumaker, Appl. Phys. Lett. 30 (1977) p.75-78.

23. W. Benzing, "A Near Future Perspective on Silicon Epitaxy," Proceedings of the Ninth International Conference on Chemical Vapor deposition 1984, Electrochem. Soc., Pennington, New Jersey, 1984, p.373.

24. H.C. Theuerer, J. Electrochem. Soc. 125 (1978) p.317-320.

25. T. Dom, "Silicon Epitaxy: An Overview" Microelectronic Manufacturing and Testing, September, 1984.

26. H.M. Liaw, and J.W. Rose, Silicon Vapor-Phase Epitaxy, Chapter 1 in Epitaxial Silicon Technology (B.J. Baliga, ed.), pp. 1-89, Academic Press, New York (1986).

27. M.L. Hammond, "Silicon Epitaxy," Sol. State Technol. 21 (1978) p.68.

7-3 矽磊晶的性質

磊晶層的性質在決定元件的電性上，扮演著重要的角色。舉凡磊晶層的厚度、電阻率、厚度變化對平坦度的影響、表面粗糙度、磊晶表面缺線等，這些都是很在重要的品質參數，本節將一一做說明。

一、磊晶厚度

磊晶層的厚度對於電子元件上的應用，是個很重要的參數，例如它會影響到崩潰電壓 (Breakdown Voltage，V_B)，這裡所謂的崩潰電壓是指當閘極上的逆向偏壓大到一定的程度時，本不該導通的源極及漏極之間突然產生極大的電流，出現崩潰現象。在功率金氧半場效電晶體 (Power MOSFET) 裡，當閘極不施加偏壓時，大部分施加的電壓都由輕慘的磊晶層支撐著，一般磊晶層厚度越厚，可承受的崩潰電壓就越大。此外，因此磊晶層的厚度也會影響到導通電阻 ($R_{DS(ON)}$)，它可決定元件功率之損失大小，一般磊晶層厚度越厚，導通電阻越大。因此磊晶層的厚度必須被小心的控制在可接受的範圍之內。

影響厚度均勻性的主要因素為氣體流量的穩定性，在「質量傳輸控制」區域裡，磊晶生長速率是受到原料氣體 (例如：$SiHCl_3$) 流量的控制，愈大的氣體流量，生長速率愈快。H_2 氣體的流量亦可影響生長速率，當 H_2 流量增加時，邊界層厚度會減少，因而增加生長速率，也就是增加了厚度。一般矽磊晶的厚度在晶片的邊緣會長的比中心厚，如圖 7.30 所示。尤其是在晶片邊緣的在 4 個 (110) 方向，磊晶層的偏厚狀況會特別的明顯，如圖 7.31 所示。這種邊緣厚度偏厚的現象，就會影響到晶片的區域平坦度，例如 ESFQR。所以，矽晶圓材料製造商為了改善矽磊晶的區域平坦度，主要是往以下二方面去做：

(1) 在基材的拋光工藝上著手，故意拋出邊緣下塌形狀的晶片，以補償磊晶邊緣偏厚的現象。

(2) 利用石墨基座的設計，使得 4 個 (110) 方向偏厚的問題得到抑制。

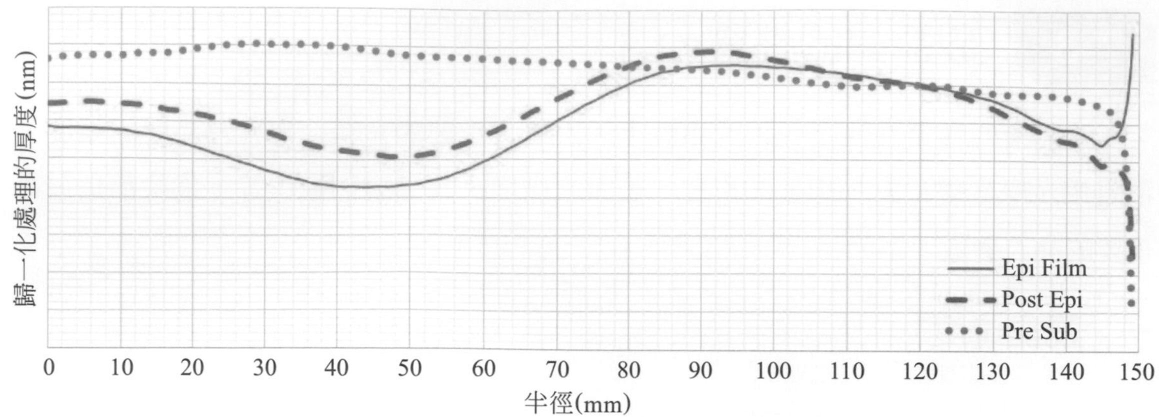

圖 7.30　典型的磊晶厚度徑向的變化趨勢，圖中的實線為磊晶層 (Epi film) 的厚度，可以看到在晶片邊緣長的比較厚；點虛線是拋光後基材 (Pre Sub) 的厚度曲線，它在邊緣是往下塌的。把這兩條線加在一起，就得磊晶片總厚度 (Post Epi) 的變化曲線。

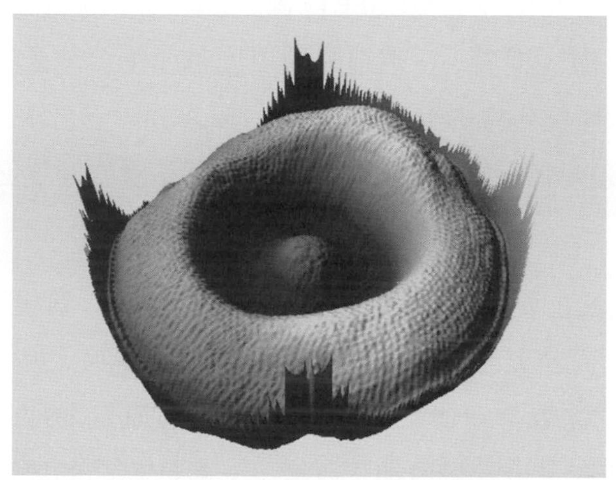

圖 7.31　磊晶層厚度的 3D 圖，圖中晶片邊緣有 4 個長的比較厚的區域，這是 (110) 的位置。這 4 個位置的出現將嚴重影響區域平坦度 (ESFQR)

二、磊晶電阻率

磊晶層的電阻率也是個很重要的品質參數，包括電阻率的目標直，及電阻率徑向均勻性都必須被小心的控制在可接受的範圍之內。電阻率就如同厚度一樣，也會影響崩潰電壓及導通電阻。電阻率越高，崩潰電壓越高、導通電阻越大。電阻率及徑向的均勻性主要由溫度、攙雜物濃度、及攙雜物氣流位置所控制。例如攙雜物氣流只是從一個固定位置吹入反應爐內時，徑向電阻率的均勻性就比設計成 2 個或 3 個攙雜物氣流入口的來得差。

磊晶層的電阻率縱深分佈，也是需要仔細控制的。圖 7.32 顯示一個 5μm PP^+ 磊晶的電阻率縱深分佈，P^+ 基材的電阻率約在 0.016 ohm-cm，而磊晶層的電阻率約在 11 ohm-cm，途中我們可以看到一個電阻率的過渡區 (transition width)，在應用上，這個過渡區的寬度要控制的越窄越好。

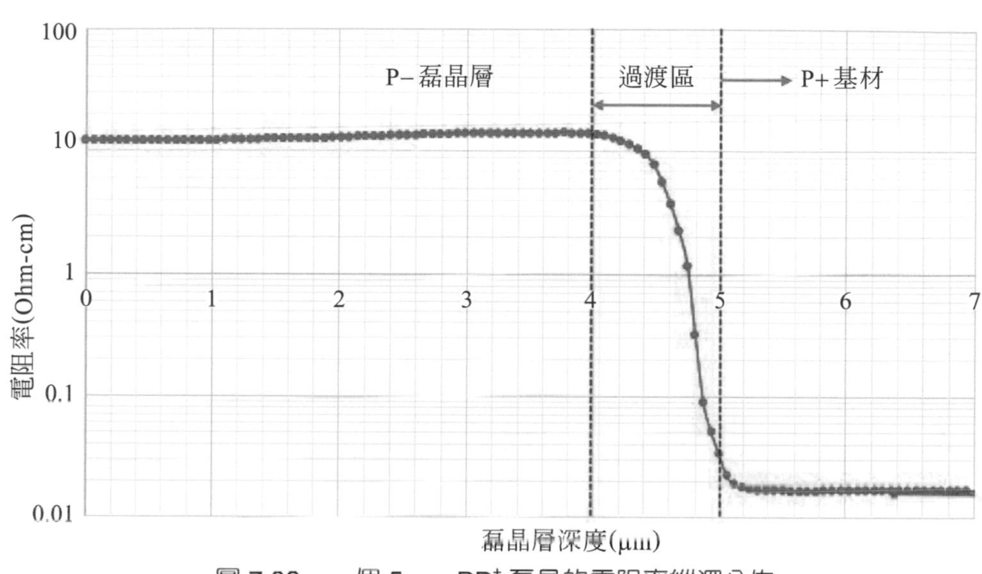

圖 7.32　一個 5 μm PP^+ 磊晶的電阻率縱深分佈

三、結晶方向的影響

晶片基材的結晶軸方向，對於磊晶層的性質也有些許的影響。例如在功率元件的應用上，由於較低的表面狀態密度 (surface state density)，所以晶片基材的結晶軸方向在小尺寸的磊晶上大都是使用 <111>[(1)]。基於類似的理由，一些雙極數位 (bipolar digital) 元件製造商也使用 <111> 來減少不必要的場效應 (field effects)。另一方面，在使用 <111> 晶片的雙極元件，通常須使晶片方向稍微偏離 <111> (約 3°)，以產生較平坦、粗糙度低的磊晶層。這是因爲 <111> 方向的生長速率最慢，如果晶片上暴露著異於 <111> 的局部方位，那麼在這些異位方向的快速生長速率，將使得整個晶片上磊晶層的厚度非常不均勻。因此在切斷 <111> 晶片時，總是要故意讓其偏離些許角度。在選擇性磊晶生長 (SEG) 時，生長速率隨著結晶軸方向而異的現象，是引起圖案偏移 (pattern shift)、圖案扭曲 (pattern distortion)、圖案流失 (wash out)，如圖 7.33 所示，等問題的主要原因。

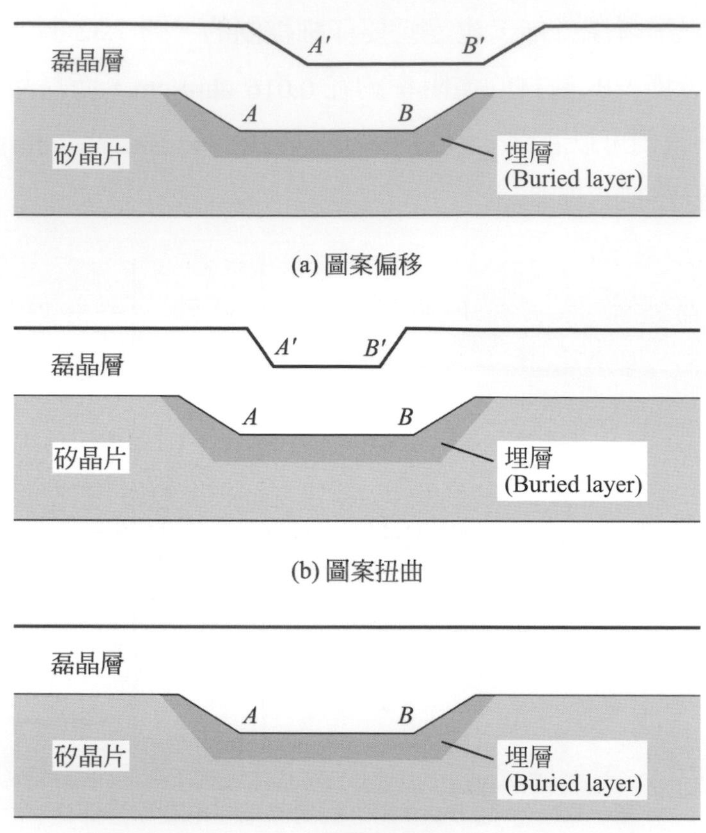

圖 7.33　圖案偏移 (pattern shift)、圖案扭曲 (pattern distortion)、圖案流失 (wash out) 等現象的示意圖

四、PP$^+$ 磊晶的特性

相較於拋光晶片 (polished wafers)，PP$^+$ 矽磊晶具有以下的特性與優勢：

1. 較佳的內質去疵 (intrinsic gettering) 效率

矽磊晶 (pp$^+$ Epi) 的內質去疵效率，之所以優於拋光晶片，是基於以下三種機構：

(1) 當矽磊晶是使用高攙雜的基材 (P$^+$ substrate) 時，高濃度的硼 (Boron) 會促使基材內部產生較高濃度的氧析出物 (稱爲 BMD，詳見第 5 章第 2 節)。這些氧析出物會造成局部的晶格扭曲，因而在氧析出物的周圍產生應力場 (strain field)。當矽晶中含有金屬污染源時，這些應力場便可以吸附這些金屬污染源，使得矽晶表面不致於受到這些金屬污染源的影響，這種去疵機構一般稱之爲「Relaxation

gettering」。所以一般使用矽磊晶 (pp^+ Epi) 時，是不用去擔心內質去疵效率不足的問題。不過，當基材中的硼濃度高到一定程度以上時 (例如電阻率小於 0.006 ohm-cm)，過高的氧析出物反而會使得晶片產生撓曲現象 (warpage) 及誤置差排 (misfit dislocation)。

(2) 當矽磊晶是使用高攙雜的基材 (P^+ substrate) 時，基材部份對金屬污染源的溶解度將遠高於磊晶層，於是在 IC 高溫製程中，磊晶層中的金屬污染源便會移到基材中，因而達到優於拋光晶片的內質去疵效率。這種去疵機構一般稱之爲「Segregation gettering」。

(3) 對於 Fe 污染源而言，Fe 容易與硼產生 Fe-B 鍵結。所以在使用高攙雜基材的矽磊晶中，Fe 容易受到 Coulomb 作用力，而移到基材內部，產生優於拋光晶片的內質去疵效率。這種去疵機構一般稱之爲「Coulomb gettering」。

2. 較小的漏損電流 (leakage current)

漏損電流一直是 IC 製程 (特別是在 burn in 之後) 中最常見的失效模式之一，漏損電流 (j_{leak}) 的大小與少數載子的生命週期 (minority carrier lifetime，τ_{rec} 及 τ_{gen}) 及攙雜濃度 (N_D) 有關。

$$j_{leak} = q\sqrt{\frac{D_n}{\tau_{rec}}}\frac{n_i^2}{N_D} + q\frac{n_i w}{\tau_{gen}} \tag{7.25}$$

根據上式，要降低漏損電流的話，必須增加少數載子的生命週期以及使用高攙雜的矽晶。因此矽磊晶正好可以提供解決方案，一來較佳的內質去疵效率導致較高的少數載子生命週期，再者高攙雜基材也可降低漏損電流。

3. 較佳的閘氧化層品質 (Gate oxide integrity，簡稱 GOI)

閘氧化層的品質對於 MOS 元件的製程良率及可靠性，是個很重要的指標。而閘氧化層的品質除了與 IC 製程本身有關係外，也直接受到所使用的晶片之品質的影響。一般而言，較多的矽晶圓缺陷 (例如，COP) 將會降低 GOI。而這些矽晶圓缺陷在矽磊晶中是遠低於拋光晶片的，所以矽磊晶通常具有遠比拋光晶片優越的 GOI。

4. 較易解決閉鎖 (latch-up) 問題

隨著元件密度的增加，在 CMOS 元件結構中，極可能產生一些不必要的寄生元件，因而使得 CMOS 元件無法正常運作。使用矽磊晶可以解決閉鎖現象，因爲低阻值的基材提供了多數載子流通的路徑，因而有效的降低寄生電晶體的產生。

五、磊晶缺陷

一般常見的磊晶層缺陷有：Slip、Stacking Fault、Hillocks、Spikes、Haze、等，如圖 7.34 所示。

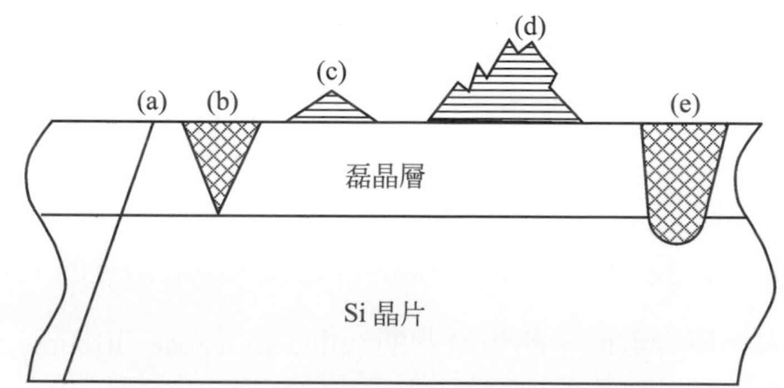

圖 7.34　磊晶層內常見的缺陷：(a) 差排線，(b) 磊晶疊差，(c)hillock，(d)spikes，(e) 由晶片延伸到磊晶層的疊差

1. 差排與滑移線 (Dislocation and Slip)

當一矽晶片受熱不均勻時，晶片上不均勻的熱膨脹程度，將產生所謂的熱應力。這個熱應力可能使晶片產生彎曲現象。在較低的溫度 (< 900℃) 時，矽晶格的降伏點 (yield point) 較高，使得晶片呈現彈性行爲。在更進一步的冷卻過程中，熱應力便會漸漸消失，使得晶片回復到原來的形狀。

但假如熱應力超過彈性限度時，晶片會呈現塑性行爲。這將伴隨著差排與滑移線的產生。差排一般是由晶片的邊緣開始發生，因爲該處的應力最高，這些差排容易往晶片中心滑移，而產生塑性變形以消除應力。圖 7.35 爲在 150mm 的晶片上產生滑移現象的臨界徑向溫度梯度與沉積溫度的關係，愈高的沉積溫度所能容忍的徑向溫度梯度愈小 [(2)]。

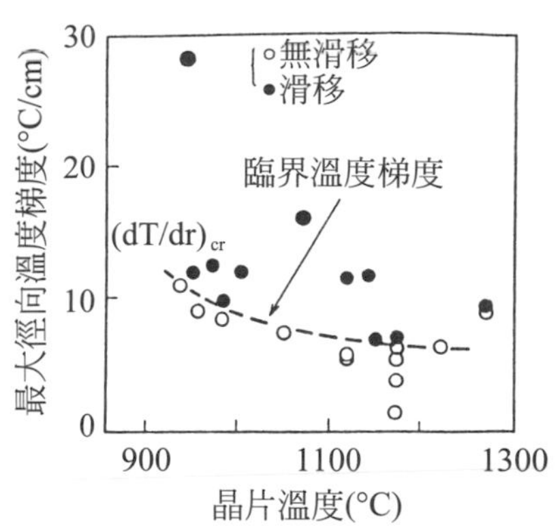

圖 7.35　在 150mm 的晶片上產生滑移現象的臨界徑向溫度梯度 [39]

雖然差排與滑移線是由晶片中的溫度梯度所引起，但一些晶片性質，例如：攙雜物種類、氧含量、圓邊程度 (edge rounding) 等，都將增加晶片對滑移現象的敏感度。例如：使用 Sb-doped 的 N^+ 晶片，在磊晶生長時較使用其它攙雜物的晶片，更易出現差排與滑移線。如果原來晶片中已存在差排，在磊晶生長時這些差排會繼續延伸到磊晶層內。圖 7.36 為一 PP^+ 磊晶產生差排滑移線的 XRT 相片。

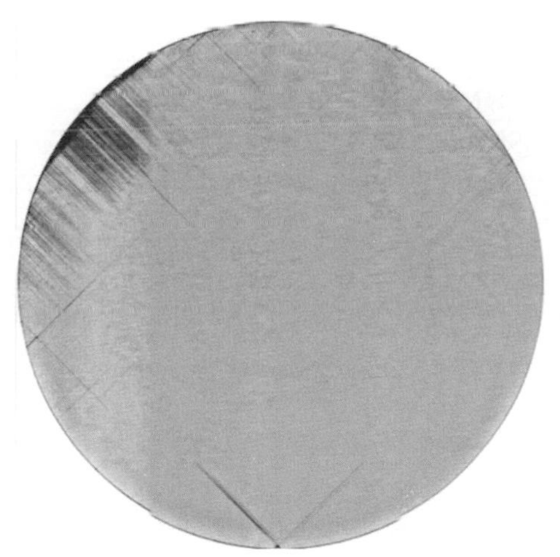

圖 7.36　一 PP^+ 磊晶產生差排滑移線的 XRT 相片

差排與滑移線對元件應用上的影響，主要是其形同一可以加速雜質擴散的「diffusion pipe」。例如在雙極電晶體上，如果在射極 (emitter) 的雜質沿著差排快速擴散的話，那麼可能產生較深的放極使得基極 (base) 區域局部變窄、或產生放極與集極 (collector) 之間的短路現象，如圖 7.37 所示。因此在磊晶層上的差排，會增加雙極電晶體產生漏電 (leakage) 或射極與集極之間發生短路的機會。

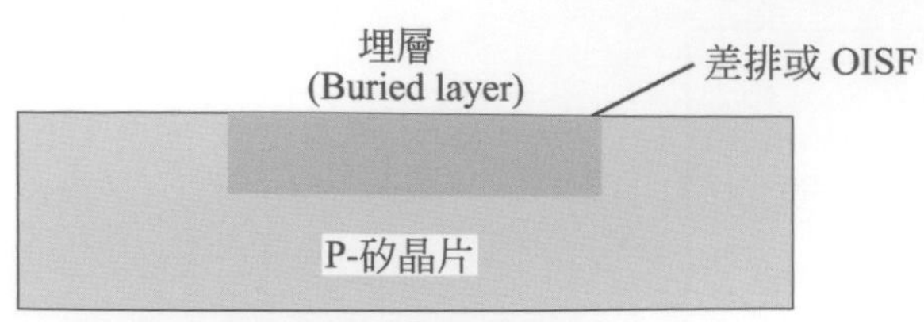

(a) 存在於矽晶片中的差排或 OISF

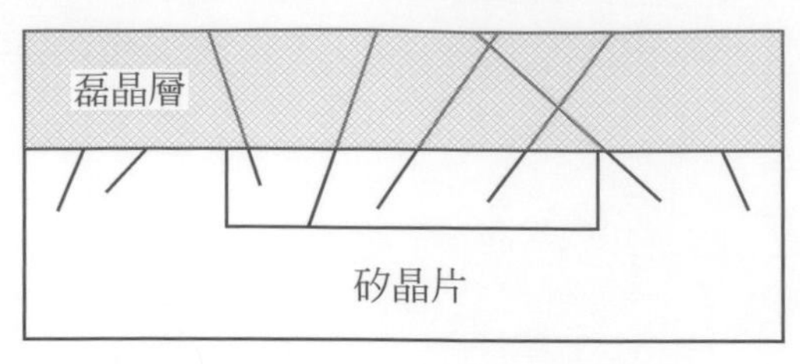

(b) 差排或 OISF 延伸到磊晶層

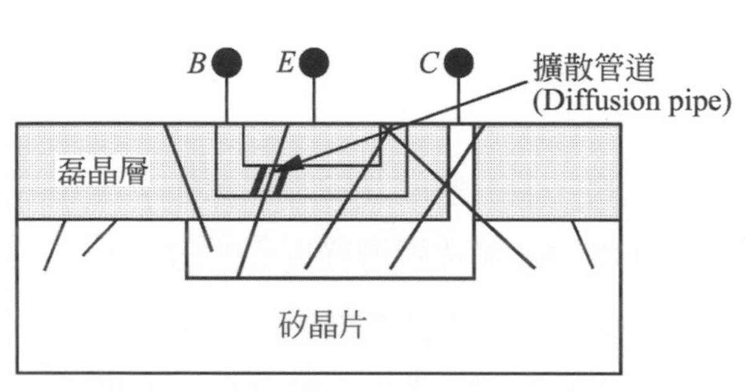

(c) 擴散管道(diffusion pipe)所造成的漏電(leakage)現象

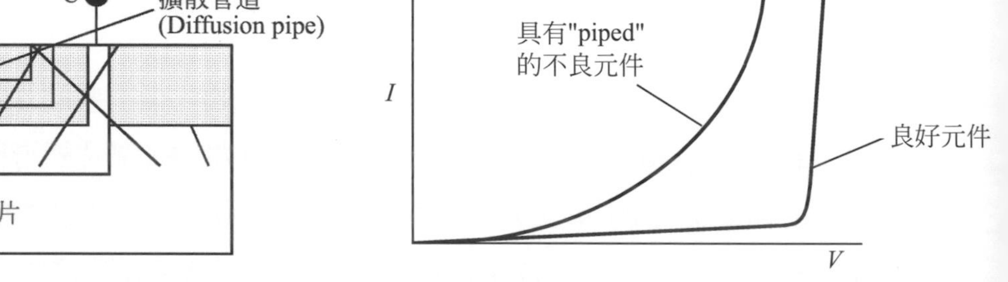

(d) 擴散管道(diffusion pipe)對元件電性的影響

圖 7.37　差排與疊差的產生與對雙極元件 (bipolar device) 的影響

2. 誤置差排 (Misfit Dislocation)

誤置差排 (misfit dislocation) 指一種出現在基材 (substrate) 與磊晶層 (Epi layer) 之間的特殊差排。如圖 7.38 所示，當基材與磊晶層兩者之間的電阻率相差過大，造成兩者之間的晶格常數相差太大，那就有可能在基材與磊晶層的界面產生誤置差排。這種誤置差排通常是由晶片邊緣 (wafer edge) 的缺陷處開始成核出現，然後沿著基材與磊晶層的界面往中心移動一小段距離，最後延著 <110> 方向，往上以線差排 (threading dislocation) 的型態終止在磊晶層表面，如圖 7.38 所示。如果是 PP^- 磊晶，因為基材與磊晶層之間的電阻率相差不大，這種誤置差排是不會產生的。但對於 PP^+ 或 NN^+ 磊晶而言，就比較容易出現誤置差排，尤其是在超重攙的基材上去長輕攙的磊晶時。此外，當磊晶層越厚時，就越容易產生誤置差排。

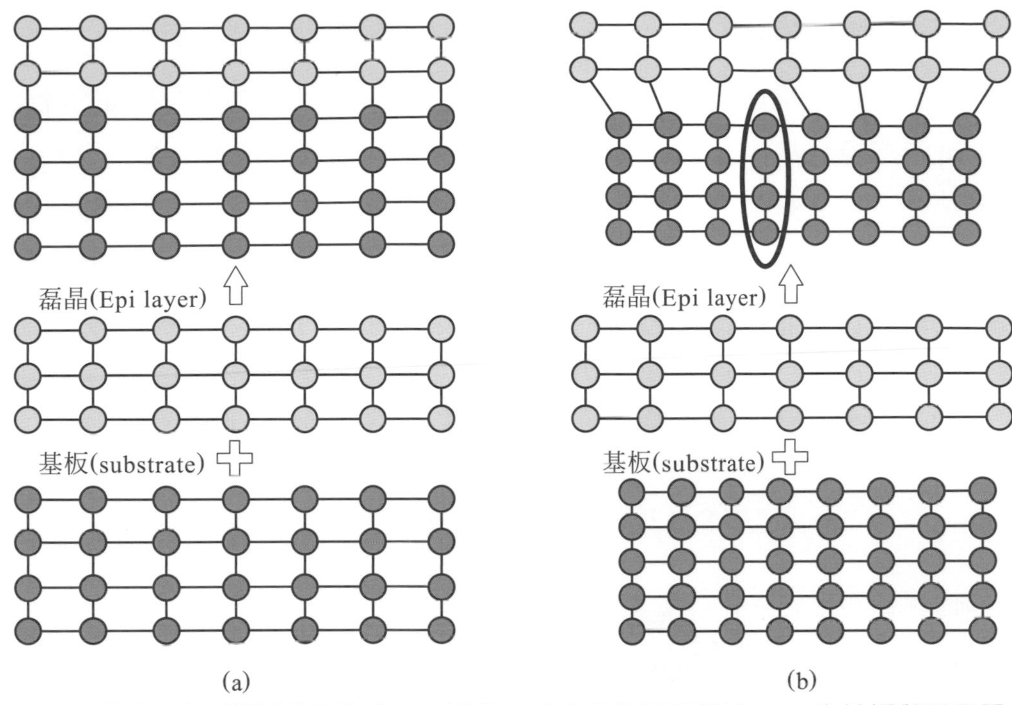

圖 7.38　(a) 當基板與磊晶層的晶格大小匹配時，不會產生誤置差排，(b) 當基板與磊晶層的晶格大小不匹配時，就可能產生誤置差排

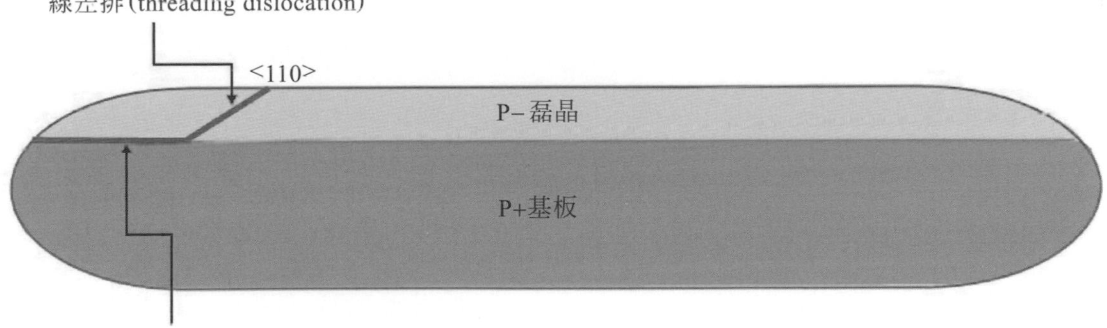

圖 7.39　誤置差排總是起源於晶片邊緣的缺陷處，然後沿著界面往中心移動一小段距離，最後往上以線差排的型態終止在磊晶層表面

3. 疊差 (stacking fault)

磊晶層的疊差是種結晶型態的缺陷，它可能是原已存在於晶片表面的疊差之延伸 [3]，也可能起源於晶片表面的微粒 (particles)。這些微粒的來源可能是殘留在晶片表面的污染物，或者是來自晶座、石英反應爐壁或晶片傳遞 (loading) 機構。晶片在傳遞中引起的靜電作用，可能將微粒帶到晶片上。如果晶片上的自然氧化層沒有被完全去除的話，也可能引起疊差的產生。圖 7.40 顯示基材表面的微粒導致疊差產生的機制，圖中可以看到比較小顆的微粒，可以在氫氣烘烤 (H_2 baking) 及 HCl 蝕刻過程被消除，只有比較大顆的微粒在未被完全消除的狀況下，導致疊差的產生。

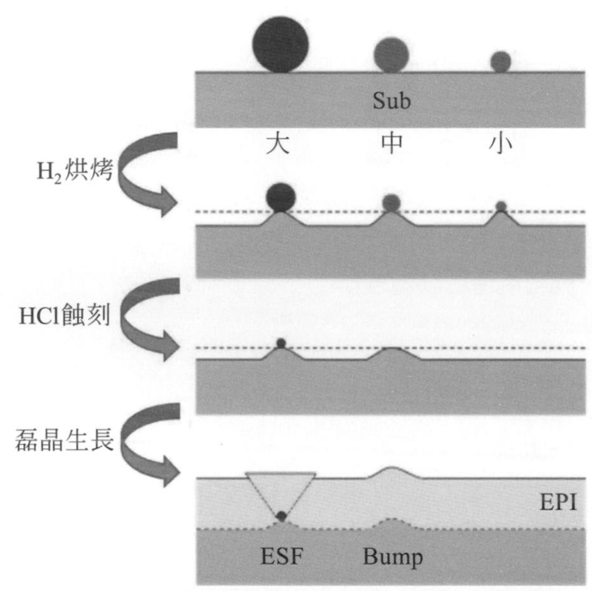

圖 7.40　基材表面的微粒導致疊差產生的機制

在晶片表面開始形成的疊差，會在磊晶層的 {111} 面上延伸生長，直到與磊晶層的表面相交。對於 (100) 方向的晶片而言，磊晶層內有四個 {111} 面可以形成疊差，因此利用蝕刻技術，在光學顯微鏡下可觀察到方形的疊差，如圖 7.41 所示。對於 (111) 方向的晶片而言，其它的三個 {111} 面與表面傾斜 70.5°，因此蝕刻表面，可觀察到三角形的疊差，如圖 7.42 所示。

在磊晶表面觀察到的疊差尺寸尺，與磊晶層的厚度及污染微粒的大小有關。我們可以用以下的公式計算之。

$$s = d + \frac{2t}{\tan 54.74°} \tag{7.26}$$

其中 s 是疊差尺寸，t 是磊晶層厚度，d 是污染微粒尺寸。圖 7.43 顯示疊差大小隨著磊晶層生成的關係。

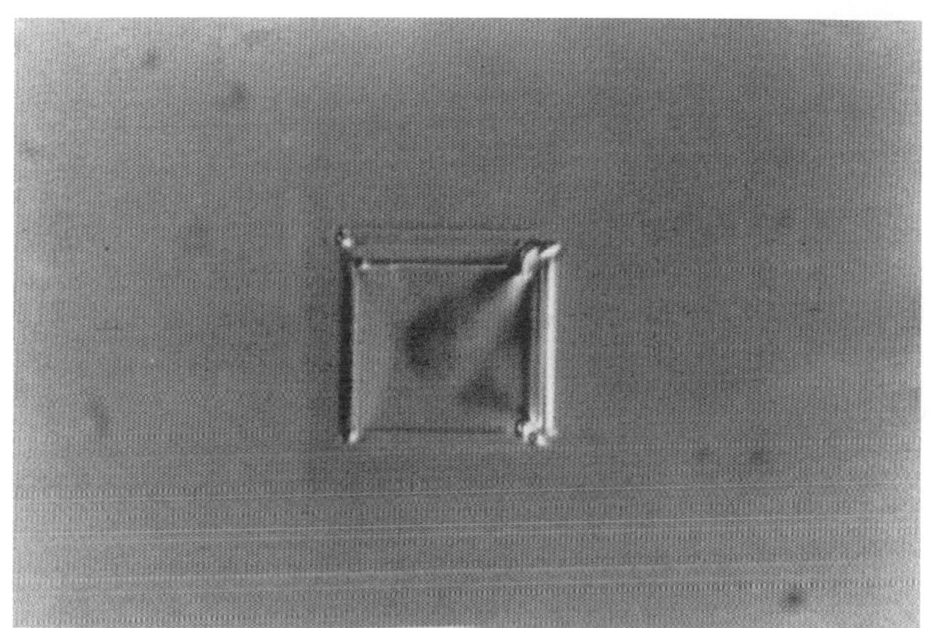
圖 7.41　在 (100) 磊晶層內的疊差，通常出現方形 (500x)

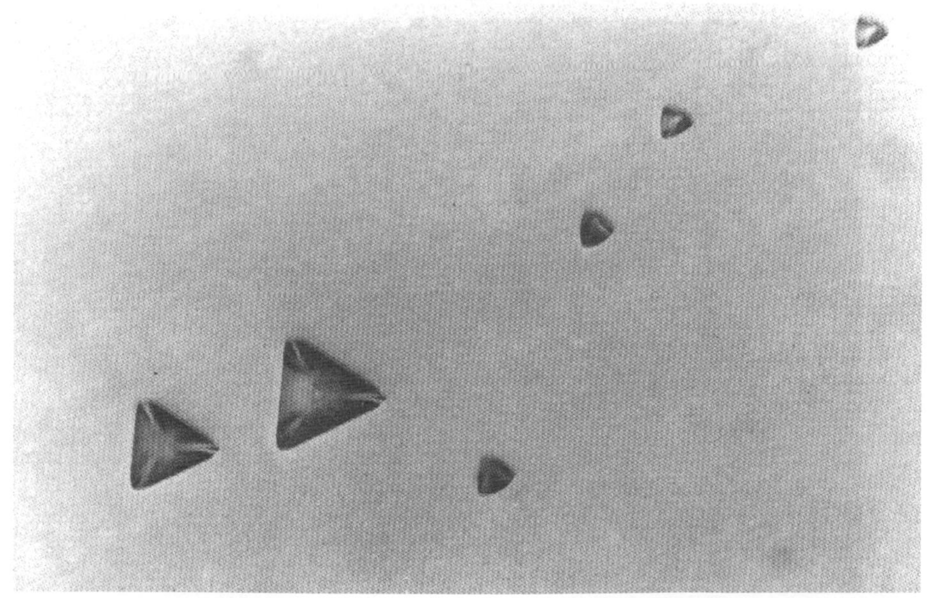
圖 7.42　在 (111) 磊晶層內的疊差，通常具有三角形外觀 (3min Wright, 500x)

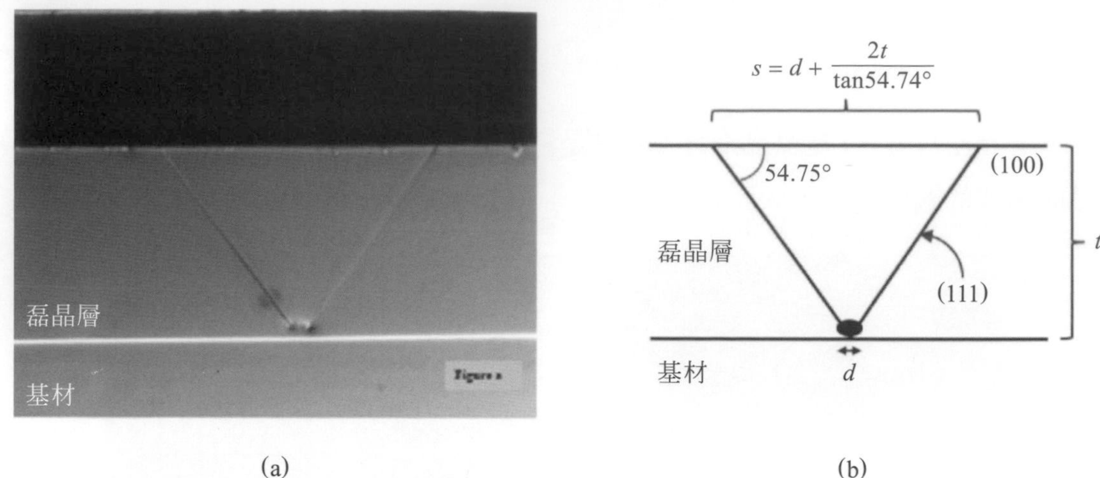

圖 7.43　(a) 基材表面的污染微粒在磊晶層內產生疊差的生長情形，(b) 疊差的尺寸與微粒大小及磊經層厚度的關係

4. Hillocks & Spikes

Hillocks 是指磊晶層表面較小的金字塔狀凸起物，如圖 7.44 所示。Spikes 則爲較大的不規則形狀凸起物，如圖 7.45 所示。這些凸起物有時存在不規則的晶面 (facets)。Spikes 一般是起源於晶片表面的殘留矽微粒，因爲這些矽微粒可能暴露出，比晶片表面方向生長更快的晶面。沉積在這些矽微粒上的 Si 也是以磊晶的方式進行，只不過可能同時產生多個不同方向的晶核，因而導致多晶的產生。沉積在矽微粒上的速率，可能比沉積在晶片上的速率高 2 到 10 倍，因此對於生長厚磊晶，Spikes 可凸出磊晶表面達到 100 微米。此外，金屬污染源也會引起 Spikes 的產生。

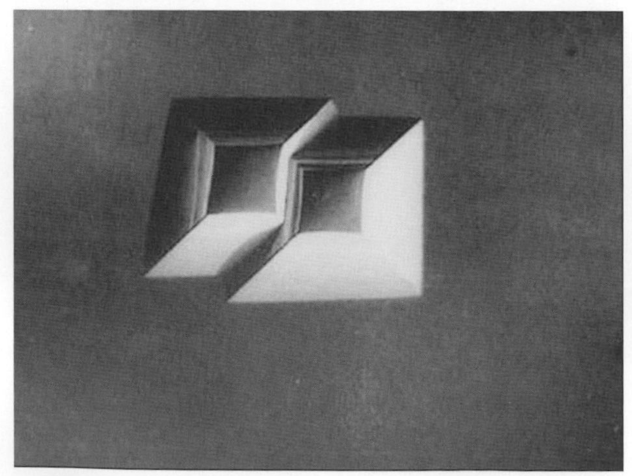

圖 7.44　磊晶層表面出現金字塔狀的 hillocks

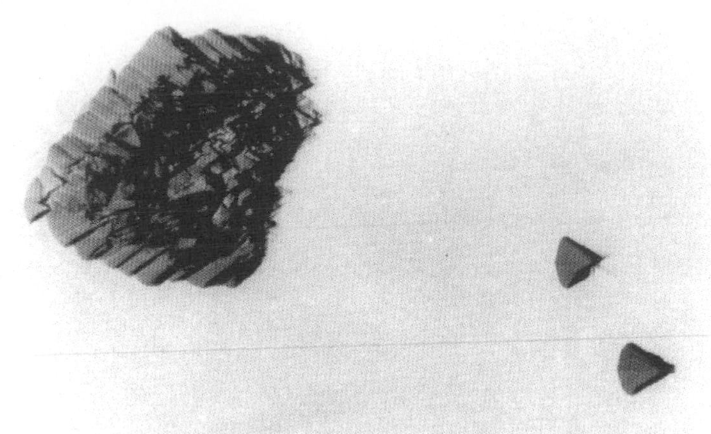

圖 7.45　圖中左上角為一出現在 (111) 磊晶層表面由污染微粒所引起的巨大 Spike。
圖中右下角則為 hillocks(3min Wright, 100x)

Hillocks 的密度主要受到生長參數的影響，例如：原料氣體的濃度、沉積溫度。Joyce 發現，在使用 $SiHCl_3$ 當原料氣體時，較高的沉積溫度 (1200℃) 可以產生較平的磊晶層表面，較低的沉積溫度則產生較粗糙的磊晶層表面 [4]。Chang 等曾研究 Hillocks 的生成現象，發現 Hillocks 的密度隨生長速率的指數及絕對溫度的倒數變化 [5]。

5. Haze

Haze 是指磊晶層表面在光線之下所顯現的霧狀物或粗糙度，假如在顯微鏡下檢視這些霧狀物，我們將可看到一些微小的坑洞 (pit)，如圖 7.46 所示。這些小坑洞係由於氧化劑 (例如：空氣、水氣) 與晶片表面反應所產生的。當 haze 的現象很嚴重時，長出的矽薄膜可能不再是單晶，而是一層矽多晶。當晶片表面狀況不佳時，也可引起 haze 的產生，例如：殘留在晶片表面的有機物 (organic)。

圖 7.46　由水氣所引起的 haze(100x)

六、矽磊晶的應用與未來發展趨勢

矽磊晶最早是被用來改善雙極電晶體 (bipolar transistors) 等分離式元件的品質，同時也被普遍用在 bipolar IC 元件上，近來更是大幅增加在 MOS 製程上之應用的使用量，尤其是用以減少 CMOS 元件的 latch-up 問題。以下將分別介紹矽磊晶在這些不同元件上的應用與發展趨勢。

1. 分離式元件

分離式元件 (discrete device) 包含二極體 (diode)、閘流管 (thyristor)、功率電晶體 (power MOSFET)、絕緣閘極雙極性電晶體 (IGBT) 及雙極電晶體 (bipolar transistor) 等種類。Discrete 元件常用在高功率開關 (high-power switching) 的用途上，在這些應用上，元件本身必須能夠承受數百伏特的電壓，而不至於發生崩潰現象 (breakdown)。使用高電阻率的矽晶片，雖可提高崩潰電壓，但卻會增加集極的電阻，反而限制了高頻訊號的回應效果，而且增加功率的消耗。因此在低電阻率的矽晶片上長一層高電阻率 (20 ～ 80Ω-cm) 的矽磊晶，可以解決以上的問題。在這種結構中，低電阻率的晶片基材可降低集極的電阻，高電阻率的磊晶層是用以提高崩潰電壓。但在實際應用上，有時候需要更複雜的結構，這包括在高度攙雜的晶片基材上，長上 2 ～ 3 層不同電阻率的磊晶。在 discrete 元件的應用上，維持精準的崩潰氣壓 (break-down voltage) 是很重要的要求，因此須將磊晶層的厚度及電阻率控制的很精準。

傳統上，discrete 元件大多是使用 200mm 以下的矽晶片，其中約有 60% 以上使用矽磊晶，而 40% 使用拋光晶片。近年來，已開始慢慢移轉到 300mm 上了，但是 300mm 的 PP^+ 及 NN^+ 矽磊晶技術，還有待持續優化，例如消除差排滑移線、改善徑向均勻性等。

2. CMOS IC 元件

早在 80 年代初期，高階的 CMOS 元件已開始使用 PP+ 磊晶當起始材料。這樣的結構可以減少 CMOS 中的閉鎖 (latch-up) 問題 [6~8]，及減少 NMOS 中的雜訊問題 [9]。MOS 元件結構中，包含著一些「寄生的 (parasitic)」pnp 及 npn 電晶體，這些寄生元件形成不穩定的電路，而在某些條件之下，寄生元件會形成通路，使得 CMOS

元件無法正常的運作，即為所謂的 latch-up 現象，如圖 7.47(a) 所示。隨著 CMOS 元件密度的日益增加，latch-up 現象也變得愈容易發生。使用 PP$^+$ 磊晶可以解決這種閉鎖問題，如圖 7.47(b) 所示，因為重度攙雜晶片提供了多數載子一低電阻路徑，這個路徑有效的減少徑向寄生電晶體的發生 [10]。

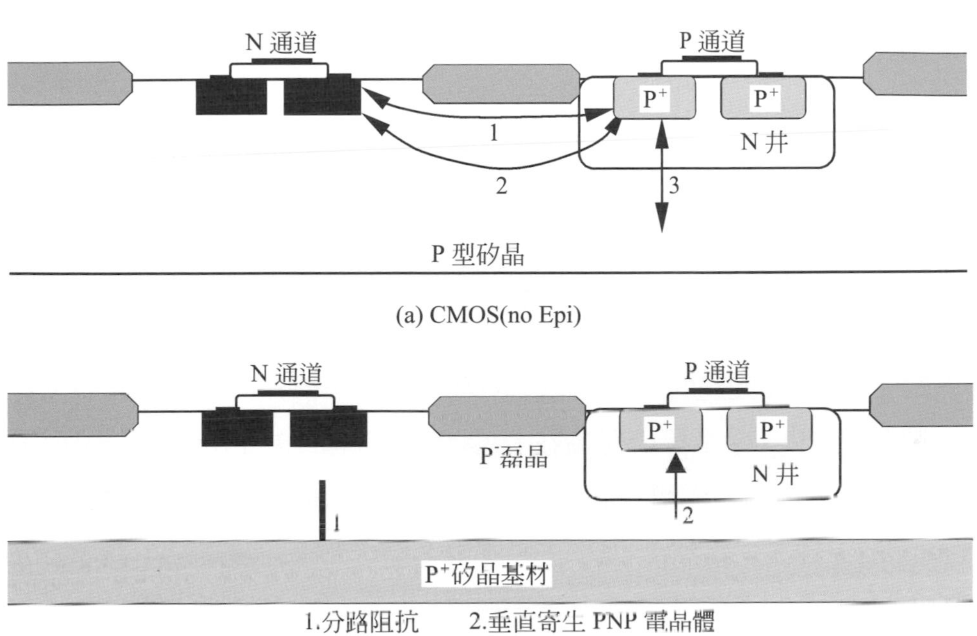

圖 7-47　(a)CMOS 結構顯示閉鎖 (latch-up) 現象，(b)CMOS 結構顯示沒有閉鎖 (latch-up) 現象

由於 CMOS 元件的尺寸與結構上的複雜性，對磊晶層表面缺陷的要求是相當嚴格的。因此，滑移線與疊差等缺陷是不容許存在的。此外，在晶片基材內的缺陷也可能影響磊晶層的關鍵材料參數，例如：少數載子的生命週期 (lifetime)。配合內質去疵法 (intrinsic gettering)，可以提高磊晶層的 lifetime，因而增加對 latch-up 現象的抵抗力 [11～14]。

現在一些 CMOS 的製造商，開始使用 P/P$^-$的矽磊晶當作起始材料 (尤其在 12 吋的邏輯元件的應用上)，以利用磊晶層不含氧及無 COP 缺陷的優點 [15]。為了使這種結構的磊晶層，成為有效的 IC 材料，必須採用其它解決閉鎖現象的方法。一個有效的方法是採用 "retrograde well" 的設計，這方法是利用高能量植入 (implant)，使得最大攙雜濃度正好在所要求的深度位置，而沒有更進一步的擴散行為。由這方法形成

的井 (well) 之摻雜濃度，會隨著井表面的接近而遞減，因此這種井底部的摻雜行為，可以減少閉鎖的發生。"retrograde well" 的設計可以用在 CZ 及 Epi 晶片，它的另一好處是可以減少 DRAM 製程的受熱週期 (thermal cycle)。如此一來，摻雜物在晶片的高溫擴散程度可以獲得減低，所以便可使用較薄的磊晶 (16)。生產較薄的磊晶，即可以增加產能及降低磊晶的生產成本。

資料 (information) 是以電荷的形式儲存在 DRAM 中的，因此隨著時間，這些資料將漸漸失眞。為了確保這些儲存的資料不會遺失，DRAM cell 必須經常重新記錄這些資料 (refresh)。這種 refreshing 的過程包括自 cell 中讀取資料，再把資料重新寫回去，以保持有效的儲存電荷。Refreshing 發生的速率直接與 cell 讀取 (uncharged) 與寫入 (charged) 資料的容易度，以及 cell 退化 (因為漏損電流) 有關。而這個 refreshing 速率又將影響 DRAM 元件的速率及功率消耗。研究指出，磊晶較拋光晶圓具有較佳的 refresh 時間 (15，17)，這是採用磊晶在 DRAM 用途上的主要優點之一。只是早期很多廠商採用磊晶來生產記憶體 (DRAM 及 Flash)，但目前幾乎所有記憶體都改成採用沒有 COP 的拋光片了。磊晶在 CMOS 的應用上變成局限在邏輯元件 (logic) 及影像感測器 (CMOS Image Sensor) 上。但是在邏輯元件上，一般都是用 PP^- 磊晶。而影像感測器則都是採用 PP^+ 磊晶。

由於矽磊晶比 CZ 拋光晶圓具有較低的缺陷密度 (D-defects、COP 等)，因此使用矽磊晶在 IC 製造上，可以有較高的閘氧化層崩潰電壓 (gate oxide breakdown voltage 或 GOI)，及生產良率。這一點是採用磊晶在 IC 用途上的另一吸引人的地方。未來矽磊晶的發展，自然著重於成本的降低，以增加使用的普及率。

七、參考資料

1. E.H. Nicollian, and J.R. Brews, MOS Physics and Technology, John Wiley and Sons, New York, N.Y. (1982).
2. N. Akiyama, Y. Inoue, and T. Suzuki, Japanese J. of Appl. Physics 25 (1986) p.1619-1622.
3. H.M. Liaw, J. Rose, and P.L. Fejes, Solid State Technology 27 (1984 May) p.135-143.

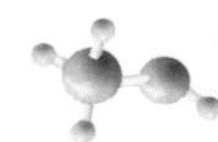

4. B.A. Joyce, J. Crystal Growth 3/4 (1968) p.135-143.

5. H.R. Chang, and B.J. Baliga, in Proc. 9th Intl Conf. On Chemical Vapor Deposition (McD. Robinson et al., eds.), pp. 315-323, Electrochem. Soc., Pennington, NJ (1984).

6. D. Takacs, et al., Spring Meeting of Electrochemical Society, Extended Abstracts (1984) p.291-292.

7. J.O. Borland and T. Deacon, Solid State Technology, Vol. 27, No. 8, August 1984, p.123-131.

8. D. Wstreich and R. Dutton, IEEE Trans. Computer-Aided Design, Vol. CAD-1, No. 4, p.157-162, 1982.

9. D.S. Yaney, and C.W. Pearce, Proceedings of the International Electron Devices Meeting (1981) p.236.

10. S. Wolf, "Silicon Processing for the VLSI ERA" Vol. 2, Lattice Press 1990, p.414.

11. B. Goldsmith, L. Jastrzebski, and R. Soyden, "Defects in Silicon," PV83-9, W.M. Bullis and L.C. Kimerling, eds., The Electrochemical Society, (1983) p.142-152.

12. B. Goldsmith, L. Jastrzebski, and R. Soyden, "Defects in Silicon," PV83-9, W.M. Bullis and L.C. Kimerling, eds., The Electrochemical Society, (1983) p.153-165.

13. C.W. Pearce and G. Rozgonyi, "VLSI Science and Technology," PV82-7, C.J. Dell'Oca, W.M. Bullis, eds., The Electrochemical Society, (1982) p.53-59.

14. W. Dyson, S.O. Grady, J.A. Rossi, L.G. Hellwig, and J.W. Moody, "VLSI Science and Technology," PV84-7, K. Bean and G.A. Rpzgonyi, eds., The Electrochemical Spciety, (1984) p.107-119.

15. S. Kim and W. Wijaranakula, J. Electrochemical Society, 141 (1994) p.1872.

16. S. Wolf, "Silicon Processing for the VLSI ERA" vol. 2, Lattice Press 1990, p.415-416.

17. J. Matlock: Extended Abstrates of the 1995 Int. Conf. On Solid State Devices and Materials. (1995) p. 932.

Note

8 矽晶圓性質之檢驗

矽晶的物理、化學及電子等性質，對於其在半導體元件製程上的良率有很大的影響。因此，矽晶圓的品質必需在一定的規格以內，尤其在積體電路元件已邁入 5 奈米以下製程的今日，其對矽晶圓規格之要求也愈加嚴苛。爲了生產高品質的矽晶圓，以合乎日益嚴格的規格要求，除了要持續改善矽晶圓製程外，矽晶圓性質之檢驗技術的改良也是非常重要的。矽晶圓性質之檢驗技術目的，已不再僅是爲了品質管制來篩選合乎規格的產品，它更重要地提供了寶貴的訊息，以供製程開發與改善之參考依據。

在上一章介紹矽晶圓的流程中，我們僅簡單的介紹了各種加工步驟。而事實上，真正的製造生產流程，在各製程之間，常設有品質檢驗站分別來偵測矽晶圓的電阻率、導電型態、結晶方向、氧及碳含量、少數載子生命週期、平坦度、表面粗糙度、晶體缺陷及表面污染微粒數目等項目。因此本章將介紹其中一些重要的性質檢驗技術：第 1 節爲導電型態的判定、第 2 節爲電阻量測、第 3 節爲結晶軸方向的檢定、第 4 節爲氧濃度的測定、第 5 節爲 Lifetime 量測技術、第 6 節爲晶圓缺陷檢驗與超微量分析技術、第 7 節爲晶圓表面微粒之量測、第 8 節爲金屬雜質之量測、第 9 節爲平坦度之量測。

8-1 PN 判定

一、前言

矽晶的導電性是由攙雜物 (dopant) 的種類所決定，P- 型矽晶 (帶正電) 的攙雜物爲硼，N- 型矽晶 (帶負電) 的攙雜物爲磷、砷或銻。利用以下四種現象，可以簡單的量測矽晶中的導電型態 [(1)]：

(1) 光電效應

(2) 熱電效應 (Seebeck Effect)

(3) 整流效應

(4) 霍爾效應 (Hall Effect)

其中最普遍使用的是，熱探針 EMF 法 (Hot-Probe Thermal EMF Conductivity Type Test) 及點接觸整流法 (Point-Contact Rectification Conductivity-Type Test) 二種。

二、熱探針 EMF 法 (Hot-Probe Thermal EMF Conductivity-Type Test)

圖 8.1 爲熱探針 EMF 法的示意圖 [(2)]。圖中所使用的兩個探針材料，係採用不銹鋼或鎳所製造，其尖端位置則成 60 度的圓錐狀。其中的熱探針 (hot probe) 上繞著 10 到 25 瓦的加熱器 (heater)，加熱器與熱探針之間必須是完全絕緣的 (電性上)，加熱器使得熱探針的溫度約在 40 ～ 60℃之間。另外的一探針則保持在室溫。

在這方法中，藉由與試片接觸的兩個不同溫度探針所產生的 emf 符號，即可以決定試片的導電性型態。例如：對於 N-type 的試片，熱探針相對於冷探針爲正電；反之，對於 P-type 的試片則爲負電 [(3)]。所以對於 N-type 的試片，檢流計上指針會指向 "–" 方，對於 P-type 的試片，指針則會指向 "+" 方。

利用這方法，室溫電阻值介於 0.002 ～ 1400Ω-cm 的矽晶試片，都可以被有效地測出其導電型態 [(4)]。對於極度高電阻的矽晶試片，其量測結果較易受熱探針上逐漸累積的氧化層影響，而得到不可靠的結果，所以在使用前須將熱探針表面磨亮。

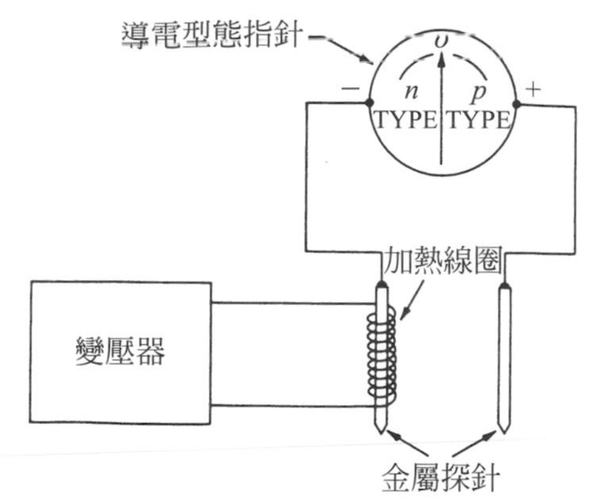

圖 8.1 用以判定導電型態的熱探針 EMF 法之示意圖 (2)

三、點接觸整流法 (Point-Contact Rectification Conductivity-Type Test)

圖 8.2 為點接觸整流法的示意圖 (2)。圖中的可調式自動變壓器 (Adjustable Auto-transformer) 提供 50 ～ 60Hz 的訊號到試片上，絕緣變壓器 (Isolation Transformer) 則是用以避免接地 (grounding) 的安全性問題。所使用的兩個探針是銅、鎢、鋁、銀等高導電性材料，其中的一個探針的尖端半徑必須小於 50μm，另外的一個探針連接著一片鉛或銦箔，用以提供大面積的歐姆接觸 (Ohmic Contact)。

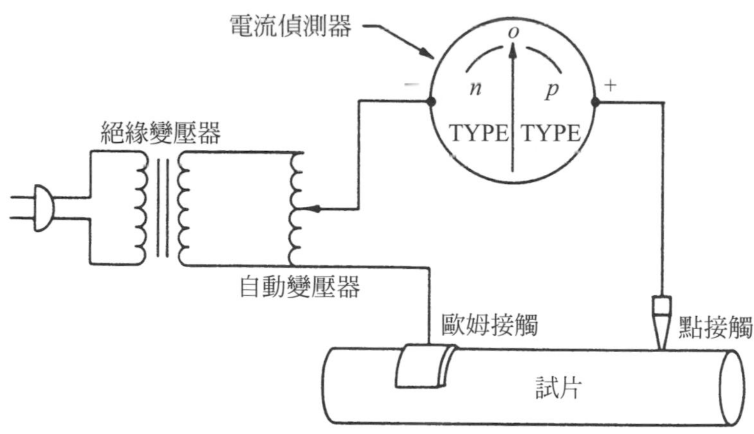

圖 8.2 點接觸整流法的示意圖 (2)

在這一測試方法中，流經點接觸 (Point Contact) 探針的電流方向，可被用來決定矽晶試片的導電性型態。所以對於 N-type 的試片，檢流計上指針會指向 "–" 方，對於 P-type 的試片，指針則會指向 "+" 方。由於整流作用是發生在點接觸而非歐姆接觸，所以電流方向是由試片在點接觸的導電性型態決之。

由於這方法主要指示試片表面的導電性型態，所以在試片準備上要特別注意表面的乾淨度。例如：試片表面有一層氧化物時，會使得檢流器顯示沒有電壓的錯誤結果。如果歐姆接觸區域沒有緊密固定的話，所讀出的結果有時可能正好與事實相反。一般而言，這方法可以簡單的測出，室溫電阻值介於 1 ～ 1000Ω-cm 的矽晶試片之導電性型態 [2]。

四、參考資料

1. J.W. Granville and C.A. Hogarth: Proc. Phys. Soc. B64, London (1951) p.688.
2. ASTM F42: Annual Book of ASTM Standards, Vol.10.05.
3. J.H. Scaff, and H.C. Thearer, Edited by J.H. Scaff, H.E. Bridgers, and J.N. Shive, Transistor Technology, D. Van Nostrand Co., Inc., New York, Vol 1, 1958, p.12.
4. W. R. Runyan, "Semiconductor Measurements and Instrumentation." McGraw-Hill, New York, 1975.

8-2 電阻量測

一、前言

由於矽晶的電阻率 (resistivity) 是一個重要的規格參數，所以在矽晶圓製造過程中，電阻率的量測被廣泛用在品質管制的目的上。本節所要介紹的電阻率量測方法有：

(1) 4 點探針法 (Four-Point Probe Method)

(2) 渦電流法 (Eddy Current Method)

(3) 展阻探針法 (Spreading Resistance Probe Method)

(4) CV 法 (Capacitance-Voltage Method)

(5) 表面電荷輪廓儀 (Surface Charge Profiler)

二、4 點探針法 (Four-Point Probe Method)

4 點探針法是目前半導體工業量測電阻率最廣泛使用的方法。圖 8.3 為 4 點探針法的示意圖及量測機台照片，將位在同一直線上的 4 個小探針置於一平坦的試片 (其尺寸相對於 4 點探針，可被視為無窮大) 上，並施加直流電流 (I) 於外側的 2 個探針上，而內側 2 個探針間的電壓差 (V) 則被量測以計算試片的電阻率。

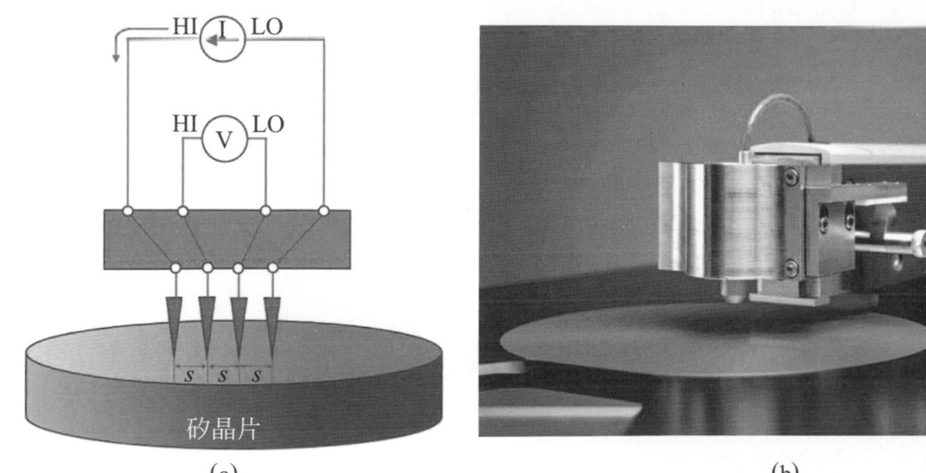

圖 8.3 (a) 4 點探針法的示意圖，(b) Semilab 製造的四點探針機台

在無窮大的試片上，如果探針之間的相互間距爲 S，那麼量測位置的電阻率 ρ (Ω-cm) 可由下式計算得知 [1～2]：

$$\rho = 2pS(V/I) \tag{8.1}$$

如果探針間距 S 被設爲 0.159cm，那麼 $2\pi S$ 等於 1。4 點探針法一般適用於量測電阻值介於 0.0008 ～ 2000Ω-cm 的 P-type 矽晶及電阻值介於 0.0008 ～ 6000Ω-cm 的 N-type 矽晶 [3]。而量測的精度誤差約爲 1.5%。

由於半導體材料的電阻率都具有顯著的溫度係數 (C_T)，如圖 8.4 及 8.5 所示 [1]。所以量測電阻率時必須知道試片的溫度，而且所使用的電流必須小到不會引起電阻加熱效應 (resistive heating)。如果懷疑電阻加熱效應時，可觀察施加電流後量測電阻率是否會隨時間改變而來判定。通常 4 點探針電阻率量測的參考溫度爲 23±0.5℃，如果量測時的室溫異於此一參考溫度的話，可以利用以下二式修正之 [4]：

$$\rho_{23°C} = \rho_T[1 - C_T(T - 23°C)] \tag{8.2}$$

其中 C_T 爲電阻溫度係數、ρ_T 爲溫度 T 時所量測到的電阻值。

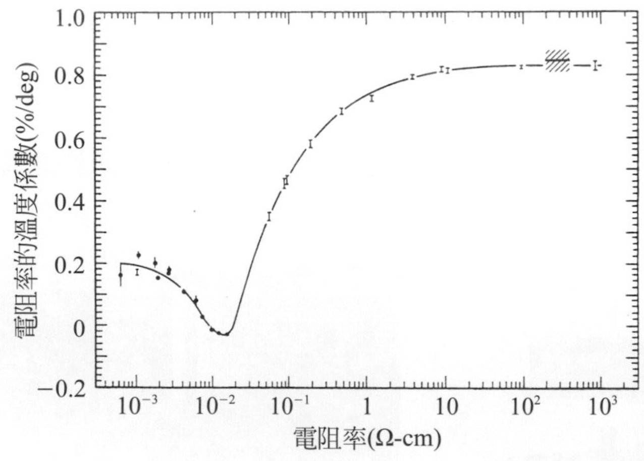

圖 8.4　在 N- 型矽晶中，溫度係數 (C_T) 與試片電阻率 (ρ) 之關係 [1]

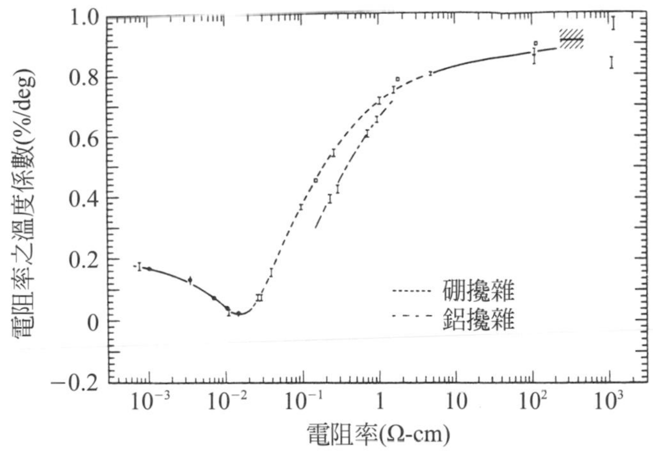

圖 8.5　在 P- 型矽晶中，溫度係數 (C_T) 與試片電阻率 (ρ) 之關係 (1)

使用 4 點探針法的另一限制是，試片的厚度及探針位置至試片邊緣的距離均須至少爲探針間距 S 的 4 倍，才能得到可靠的量測值。對於試片的厚度及探針位置至試片邊緣的距離大於 1 但是小於 $4S$ 的情況，ASTM 上亦訂有一定的校正公式，可用以改善量測的準確性，讀者可自行參考 ASTM。

三、渦電流法 (Eddy Current Method)

雖然 4 點探針法被廣泛的使用在矽晶電阻率的量測上，但是此一方法必須施加較高的壓力在探針上，以避免接觸點的電性問題，因而使得試片上產生小凹洞等結構上的損傷。對於商業用途的矽晶片來說，4 點探針法便無法滿足需求，因此導致非接觸性電阻量測設備的開發 (5)。在所有非接觸性電阻量測方法中，渦電流法是最普遍被使用的 (6)。一般用來量測平坦度的機台 (例如 ADE、Wafer Sight) 也可以加添渦電流的功能來量測晶片的電阻率。

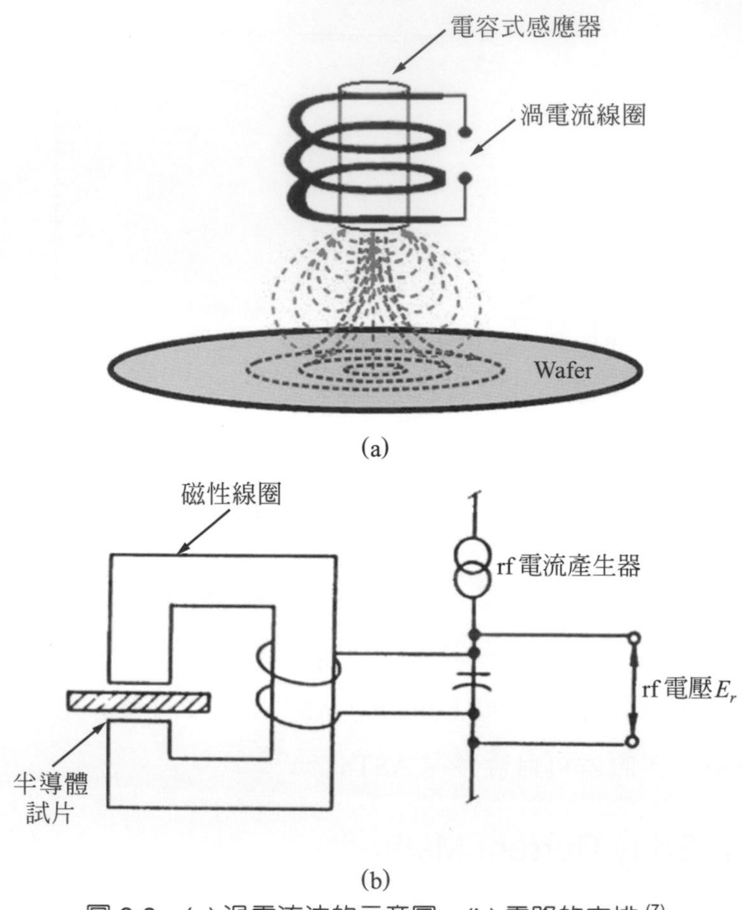

圖 8.6 (a) 渦電流法的示意圖，(b) 電路的安排 [7]

圖 8.6 是渦電流法的示意圖 [7]。將一矽晶片 (不須特別的表面處理) 置於連接 RF 電路的高磁導率磁體中，振盪磁場可使矽晶片產生渦電流 [8]。由於整個系統的電阻率 R_T 可視為電路電阻 R_C 與矽晶片電阻 R_S 之並聯，因此我們可得：

$$1/R_T = 1/R_C + 1/R_S \tag{8.3}$$

如果 RF 電路的電壓維持固定，則

$$iR_T = \text{定值} \tag{8.4}$$

其中 i 為 RF 電流，因此

$$i \propto 1/R_T \tag{8.5}$$

當未置入試片時，$R_T = R_C$ 且 RF 電流 i 爲最小值 i_0，因此由式 (8.3) 及 (8.5) 可得

$$(i - i_0) \propto 1/R_S \tag{8.6}$$

因此爲了量測矽晶片的電阻率，這種渦電流法量儀器必須事先使用已知電阻率的標準片校正之。4 點探針法可以測出試片上不同位置的電阻率，但是渦電流法所量測出的電阻率卻是整片試片的平均值。本方法的量測精度誤差約爲 5%。

四、展阻探針法 (Spreading Resistance Probe Method)

試片的電阻率可藉由比較該試片與已知電阻值之標準片的展阻 (Spreading Resistance，簡稱 SRP) 而得，而展阻的量測可採用一點探針 (one probe)、二點探針 (two probes)、或三點探針 (three probes)，並且藉著以下兩種方式而獲得：

(1) 利用已知的電壓去量測電流，如圖 8.7 所示 [9]。

(2) 利用已知的電流去量測電壓，如圖 8.8 所示 [9]。

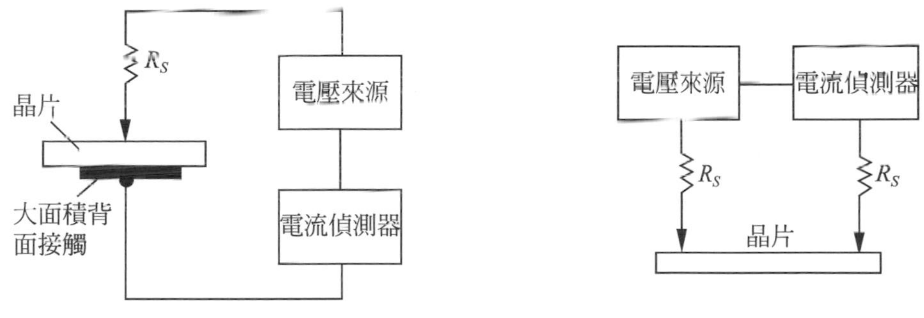

(a) 一個探針之電路安排　　(b) 二個探針之電路安排

圖 8.7　利用已知的電壓去量測電流 (Constant-Voltage Method) 之電路圖 [9]

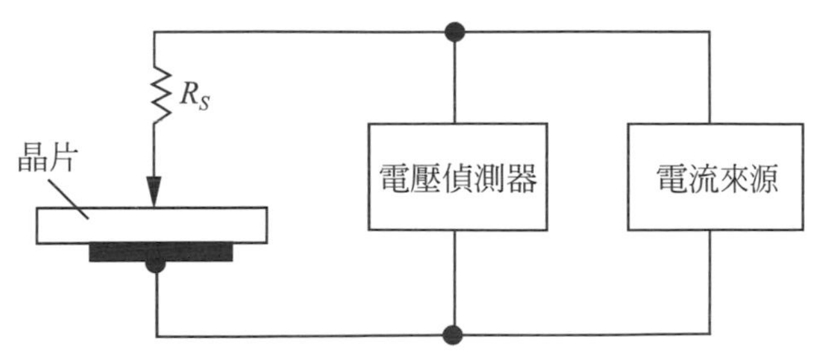

(a) 一個探針之電路安排

圖 8.8　利用已知的電流去量測電壓 (Constant-Current Method) 之示意圖 [9]

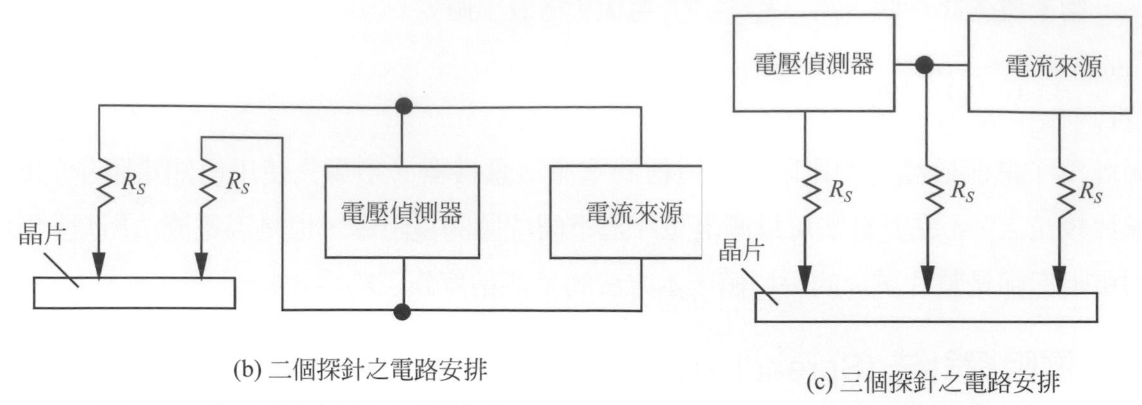

圖 8.8　利用已知的電流去量測電壓 (Constant-Current Method) 之示意圖 [9] (續)

假使被量測試片具有一均勻分佈的電阻率 ρ，那麼量測的展阻 R_S，可由下式決定 [10]：

$$R_m = n\rho / 4a \tag{8.7}$$

其中 a 為探針的有效接觸半徑，n 為通過決定電壓差而帶有電流之探針數目 (n = 1 for three probes，n = 2 for two probes)。

在這種量測方法中，探針的壓力、探針的上升速度、試片的方位 (orientation)、及試片的表面狀況等因素都可能影響 R_S 與 ρ 之關係，因此展阻探針法須使用一組已知電阻率的標準片去建立校正曲線。由於這些原因使得展阻探針法的準確度 (約 10%) 較 4 點探針法差，但是展阻法的空間解析度卻較 4 點探針法好，例如 4 點探針法最小的量測體積大約為 5×10^{-8}cm^3，[10] 而展阻探針法的縱向解析深度約為 0.5μm；橫向則為 25μm，因此可以量測的區域體積約為 10^{-10}cm^3。[11]

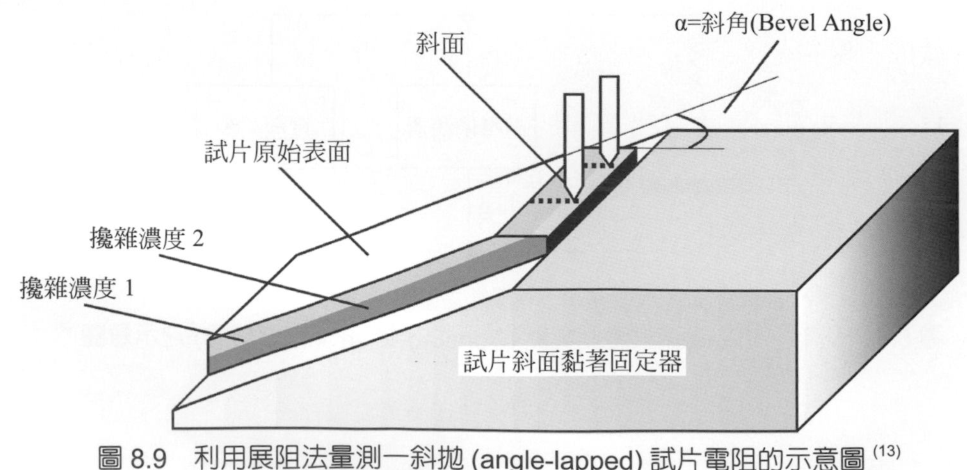

圖 8.9　利用展阻法量測一斜拋 (angle-lapped) 試片電阻的示意圖 [13]

由於展阻探針法優越的空間解析度，它可被用來量測磊晶層 (epitaxial film) 及 P-N Junction 的縱向電阻變化 (flat zone)[12]。圖 8.9 為利用展阻法量測一斜拋 (angle-lapped) 試片電阻的示意圖 [13]。試片的準備是首先須將矽晶片固定在斜角平台上，再使用約 0.1μm 的鑽石膏將矽晶片磨成一斜角。利用二點探針量測斜面上不同位置的展阻，即可得到磊晶層的縱向電阻。圖 8.10 是 Semilab 製造的 SRP 量測機台的照片。

圖 8.10 Semilab 製造的 SRP 量測機台

五、CV 法 (Capacitance-Voltage Method)

CV 法目前被廣泛使用在 Schottky diode 及 MOS (metal-oxide-silicon) 的性質量測上。CV 法可以量測的品質包括電阻率 (亦即攙雜物濃度)、Flatband 電壓、Flatband 電容、氧化層的崩潰電壓 (Breakage Voltage) 等 [14]。在電阻率量測的應用上，主要是先將試片做成一簡單的 Schottky diode，來量測縱向電阻變化 (尤其是磊晶層)。

圖 8.11 是一 Schottky diode 的示意圖 [15]。Schottky diode 可藉由接觸一金屬在半導體表面而形成，這樣的結構使得半導體在靠近金屬的區域產生空乏區 (depletion region)，而形成電容的作用。施加一逆偏電壓 (Reverse Bias)，將增加空乏區的寬度及引起電容的減小。空乏區寬度 (W)、電容 (C)、電壓 (V)、金屬與半導體表面的接觸面積 (A)、自由載子的濃度 (N) 之間有以下的關係 [15]：

$$W = K_s \varepsilon_0 A / C \tag{8.8}$$

$$N(W) = 2 / [q \cdot K_s \varepsilon_0 \cdot A^2 \cdot (d(1/C^2)/dV)] \tag{8.9}$$

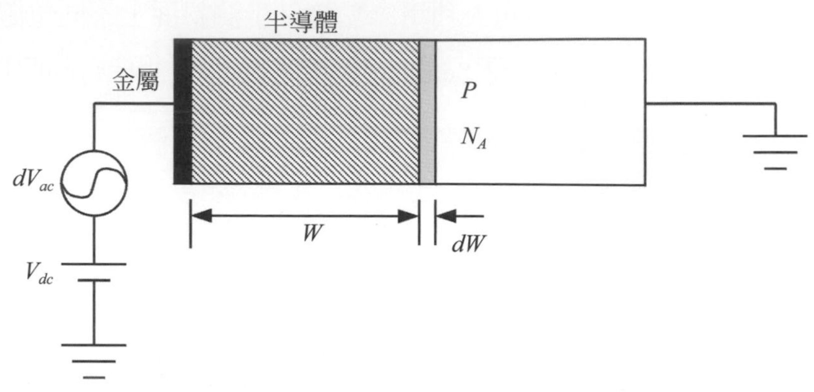

圖 8.11　是一 Schottky 二極體的示意圖 [15]

因此藉由這種方法，我們可以量測到是自由載子濃度 (N) 隨著空乏區深度 (W) 的變化。而電阻值的量測，是藉由自由載子濃度與電阻值的關係而轉換而來：

$$\rho = 1 / [q(\mu_n n + \mu_p p)] \tag{8.10}$$

其中 n、p 分別爲電子、電洞濃度，分別爲電子及電洞的移動率 (mobility)。

Schottky diode 的閘極 (Gate) 金屬可採用鋁、金、多晶矽或汞 (Hg) 等，其中汞是最普遍使用的，其它的材料則因在試片的製作程序上較爲複雜，所以較少被採用。圖 8.12 爲一種採用傳統式的 Hg Probe 的 CV 法 (又稱 MCV 法) 之示意圖，這種量測的表面朝下接觸眞空接頭，試片的表面較易受污染，而且 Hg 與半導體表面的接觸面積 (A) 較難控制爲定值，目前一些改良式的 Hg Probe 可避免這些缺點 [16]。

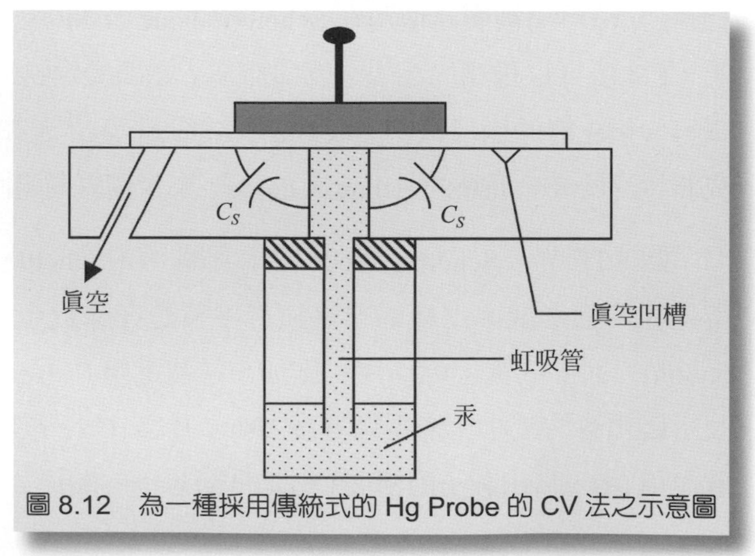

圖 8.12　為一種採用傳統式的 Hg Probe 的 CV 法之示意圖

使用 Hg Probe 的 CV 法，在試片的準備上依其導電性而有所不同：

1. N-Type

(1) 將試片浸在 10：1 的 HF 水溶液 10 秒鐘，以去除表面氧化層

(2) 在 DI water 中清洗 10 分鐘

(3) 浸入 90℃的 H_2O_2 10 分鐘 (生長一層 100Å 的氧化層)

(4) 浸入 DI water 中在清洗 10 分鐘

(5) 用氮氣 Spin dry

2. P-Type

(1) 將試片浸在 10：1 的 HF 水溶液 10 秒鐘，以去除表面氧化層

(2) 在 DI water 中清洗 10 分鐘

(3) 用氮氣 Spin dry

Schottky Diode CV 法的空間解析度主要是受到自由載子濃度的影響，在接近表面 (5 個 Debye Length) 的區域是無法量測的。由於設備本身存在著雜散電容 (Stray Capacitance)，所以須使用已知電阻值 ($\leq 1 \times 10^{14}cm^{-3}$) 的標準片去做校正。一般而言，利用 CV 法可以快速獲得 N/N^+、P/P^+ 磊晶層的電阻曲線，而且這種方法比展阻探針法簡單及準確，對試片的破壞程度亦較小。圖 8.13 是 Semilab 製造的 MCV 量測機台的照片。

圖 8.13 Semilab 製造的 MCV 量測機台

六、表面電荷輪廓儀 (Surface Charge Profiler)

表面電荷輪廓儀 (Surface Charge Profiler，簡稱 SCP) 是種非接觸、非破壞性的矽磊晶層電阻率量測技術。圖 8.14 為表面電荷輪廓儀的原理示意圖，它是使用 UV 或

白光光源 (～ 450nm 波長) 去激發晶片表面，產生電子 - 電洞對。接著，量測這些電子所產生的 ac-SPV(surface photovoltage) 信號，再由 ac-SPV 信號可以得到空乏區寬度 ($V_{SPV} \propto W_d$)、表面電容、MCLT 等數據，最後算出攙雜物濃度。在操作上，矽晶片表面要先長一層 15~20Å 的氧化層，做爲吸附表面電荷之用，接著在晶片表面撒入電荷 (Corona charge)，使得晶片表面狀態反轉 (inversion)。SCP 量測法是可以對整片晶面做掃描，而得到電阻率的分佈圖 (mapping)。圖 8.15 爲 Semilab 製造的 SCP 量測機台之照片。

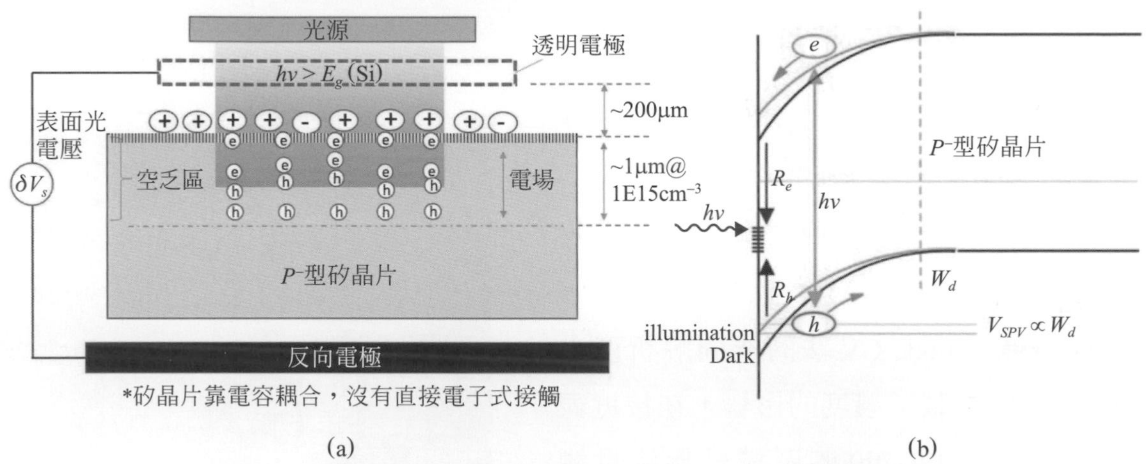

圖 8.14 (a) 表面電荷輪廓儀的原理示意圖，(b) 晶片表面的能帶圖

圖 8.15 Semilab 製造的 SCP 量測機台

七、參考資料

1. ASTM F43: Annual Book of ASTM Standards Vol.10.05.
2. L.B. Valdes: Proc. IRE. 42 (1954) p.420.
3. J.A. Keenan and G.B. Larrabee, in: "VLSI Electronics Microstructure Science," Vol.6,p.1-72. Academic Press, New York, 1983.
4. ASTM F84: Annual Book of ASTM Standards Vol.10.05.
5. W.R. Runyan, "Semiconductor Measurements and Instrumentation." McGraw-Hill, New York, 1975.
6. H.L. Libby, "Introduction to Electromagnetic Nondestructive Test Methods." Wiley, New York, 1971.
7. F. Shimura, "Semiconductor Silicon Crystal Technology." Academic Press, Inc., San Diego, 1989, p. 218.
8. ASTM F673: Annual Book of ASTM Standards Vol.10.05.
9. ASTM F525: Annual Book of ASTM Standards Vol.10.05.
10. R.G. Mazur and D.H. Dickey, J. Electrochem. Soc. 113 (1966) p.255.
11. P.J. Severin, Solid-State Electron. 14 (1971) p.247-255.
12. ASTM F672: Annual Book of ASTM Standards Vol.10.05.
13. R. Brennan and D. Dickey, Solid State Technol. Dec., (1984) p.125-132.
14. ASTM F1153: Annual Book of ASTM Standards Vol.10.05.
15. J. Hillibrand and R.D. Gold., RCA Rev. 21, 245-252, June 1960.
16. Solid State Measurements, Inc., Application Seminar, "Process Monitoring with CV, QV and IV", 1997.

8-3 結晶軸方向檢定

一、前言

我們在第 2 章提過，很多矽晶的性質都與其方向性有關，因此在矽晶圓加工時 (例如：切片)，精確的控制方向是必須的。目前檢定結晶軸方向的方法中，最普遍被採用的是 X 光繞射法 (X-ray Diffraction Method)。另外光像法 (Optical Orientation method) 則可提供較快速的判定。

二、X 光繞射法 (X-ray Diffraction Method，XRD)

單晶的原子在晶格結構中，形成規律性的排列。這樣的晶格排列，可視爲由一系列的結晶面平行堆積而成的，其中相鄰結晶面的間距爲 d，如圖 8.16 所示。當一平行單波長 λ 的 X 光束投射到這些平面時，如果 X 光在臨近兩個平面的路徑距離之差距爲波長 λ 的整數倍時 (亦即等於 $n\lambda$ ，n 爲整數)，那麼建設性干涉 (constructive interference) 的情形便會發生，也就是當以上的幾何條件滿足時，自平行的結晶面反射出來的光束將正好同相，而且可得到最大強度的繞射 X 光。

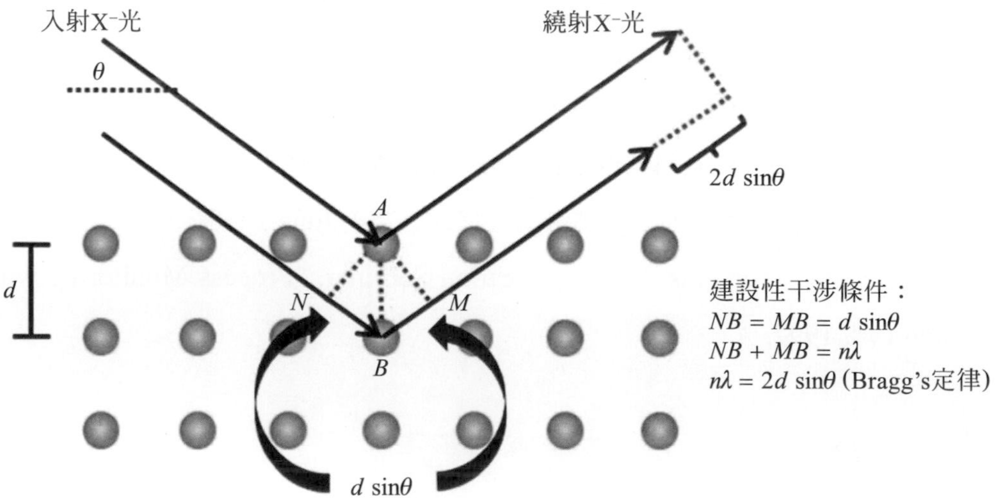

圖 8.16　X- 光在一單晶的幾何繞射條件

因此由圖 8.16 中，我們可以得到滿足 Bragg's Law 的關係式：

$$n\lambda = 2d\sin\theta \tag{8.11}$$

其中 θ 為入射 X 光與反射面之間的夾角，n 為反射次數。另外 d 為相鄰結晶面 (hkl) 的間距，又可表示為：

$$d = a/(h^2 + k^2 + l^2)^{1/2} \tag{8.12}$$

其中 a 為晶格常數 (lattice parameter)，h、k、l 為 Miller 指數。由式 (8.11) 及 (8.12)，我們可以導出入射角 θ 在滿足以下的關係時，即可以獲得最大強度的繞射 X 光：

$$\sin\theta = n\lambda(h^2 + k^2 + l^2)^{1/2}/2a \tag{8.13}$$

由於矽的原子排列，屬於鑽石立方 (diamond cubic) 的結構，結晶面 (hkl) 須滿足以下的關係才會出現反射：

(1)　h、k、l 必須全為奇數。

(2)　h、k、l 必須全為偶數，且 h、k、l 為 4 的倍數。

表 8.1 為使用銅靶 X 光 (λ = 1.54178Å) 投射到矽單晶試片時，可以獲得最大強度繞射 X 光的結晶面 (hkl) 與入射角 θ 之關係 [(1)]。

表 8.1　以 CuK_α 輻射 (波長 λ = 1.54178Å) 在矽晶中進行 X 光繞射的布拉格角度 θ

反射平面 h、k、l	布拉格角度 θ
111	14°14'
220	23°40'
311	28°05'
400	34°36'
331	38°13'
422	44°04'

目前一般使用的 X 光之來源，係採用銅靶管 (copper-target tube)。圖 8.17 是一簡單的 X 光繞射儀 (XRD) 的示意圖，X 光是利用高能量的電子束打在銅靶上而產生，然後經過聚焦儀 (collimator) 的聚焦，再藉由一鎳濾光器 (nickel filter)，形成單波長的 X 光。量測的試片被置於一可旋轉的固定器上，以改變 X 光的入射角。當入射角達到表 8.1 所列的值時，由試片反射的 X 光的強度可藉由一 Geiger 計數器偵測之。入射 X 光與 Geiger 計數器間的夾角為 2θ。圖 8.18 為典型的 XRD 機台之外觀照片。

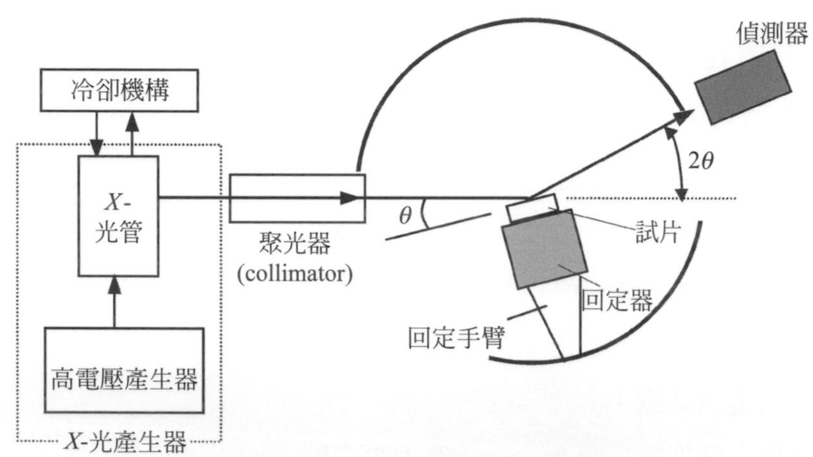

圖 8.17　X- 光繞射儀的基本結構

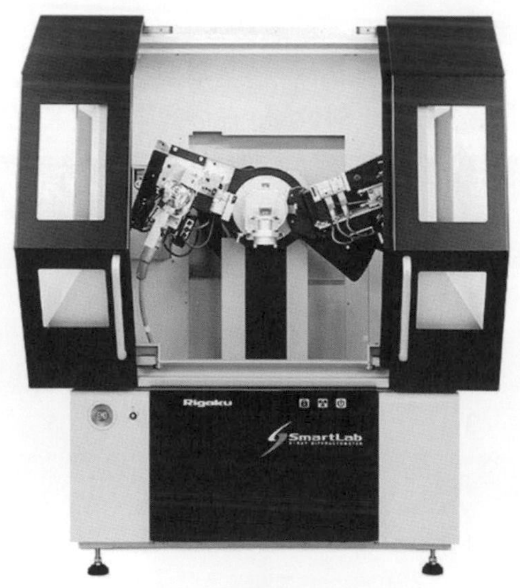

圖 8.18　一典型的 XRD 機台之外觀照片 (本照片由 Rigaku 公司提供)

如果矽晶片的切割面不平行於結晶面，而存在一傾斜角 (misorientation) ϕ 時，可以利用以下的方法來量測傾斜角：

(1) 調整試片直到計數器顯示最大的反射強度，記錄試片所移動角度 ω_1 (如圖 8.19(a) 所示)。

(2) 將試片沿著圓弧旋轉 90°，再重複步驟 1 的作法，記錄試片所移動角度 ω_2 (如圖 8.19(b) 所示)。

(3) 將試片沿著圓弧旋轉 180°，再重複步驟 1 的作法，記錄試片所移動角度 ω_3 (如圖 8.19(c) 所示)。

(4) 將試片沿著圓弧旋轉 270°，再重複步驟 1 的作法，記錄試片所移動角度 ω_4 (如圖 8.19(d) 所示)。

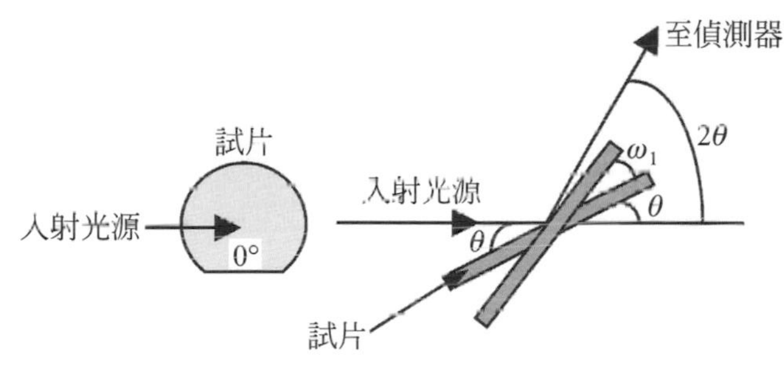

(a) 由起點沿著圓弧旋轉 0°

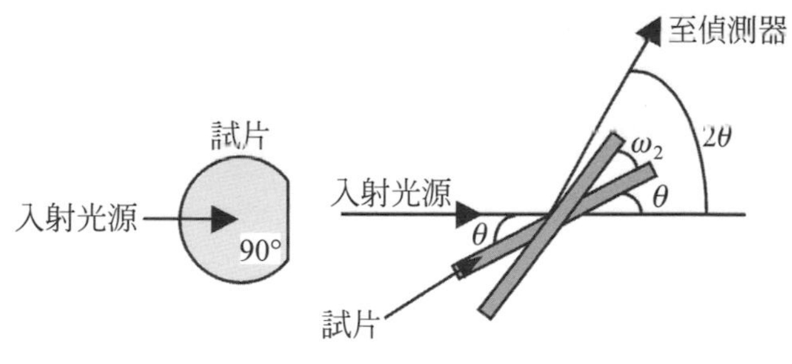

(b) 由起點沿著圓弧旋轉 90°

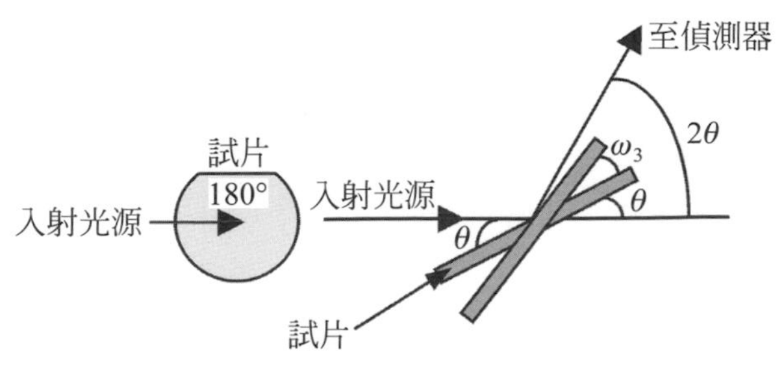

(c) 由起點沿著圓弧旋轉 180°

圖 8.19　X 光定位儀之使用方法

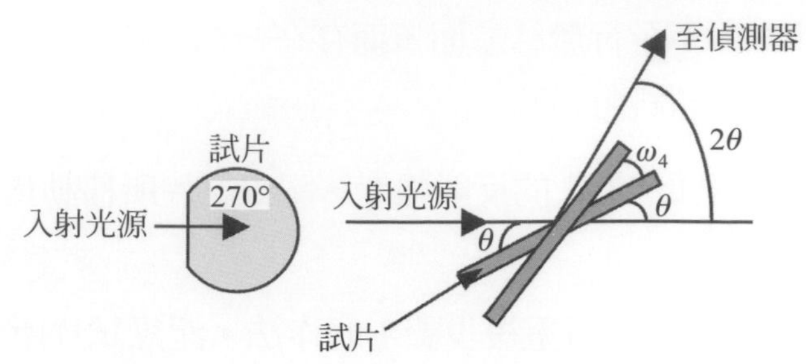

(d) 由起點沿著圓弧旋轉 270°

圖 8.19　X 光定位儀之使用方法 (續)

藉由以上所量測的 4 個角度，我們可以計算傾斜角 ϕ 的兩個角分量 α 及 β 如下：

$$\alpha = 1/2(\omega_1 - \omega_3) \tag{8.14}$$

及

$$\beta = 1/2(\omega_2 - \omega_4) \tag{8.15}$$

因此，傾斜角 ϕ 可由下式得出：

$$\tan^2\phi = \tan^2\alpha + \tan^2\beta \tag{8.16}$$

如果傾斜角 ϕ 小於 5° 時，上式可簡化爲：

$$\phi^2 = \alpha^2 + \beta^2 \tag{8.17}$$

一般 X 光繞射法的測定精度爲 ±15'。

三、光像法 (Optical Orientation method)

當矽晶片的表面，經過研磨 (lapping) 及選擇性蝕刻 (preferentially etching) 處理後，在晶片表面會出現無數的微小缺陷 (孔洞)。這些孔洞的邊界面是一些主要的結晶面，因此這些結晶面便決定了孔洞的形狀。又不同結晶方向的蝕刻速率不同之現象，亦使得孔洞的形狀因結晶方向而異。當我們入射一光束到矽晶片上，這些微小缺陷的邊界平面對光線的反射角度也各有不同，如果讓這些反射光線投射到一螢幕時，我們將可發現螢幕上會出現特殊的圖案。這些特殊的圖案因結晶方向而不同，

如圖 8.20 所示。在每個圖案的中心部份是由孔洞底部的反射所形成，這底部的結晶面平行於矽晶片表面的量測結晶面。如果將中心反射光束調整到與入射光束重疊，那麼這結晶面將與入射光束成垂直。因此藉由觀察反射圖案的形狀，不僅可以判定結晶方向，而且也可以計算矽晶片的結晶軸與特定結晶方向之偏差。

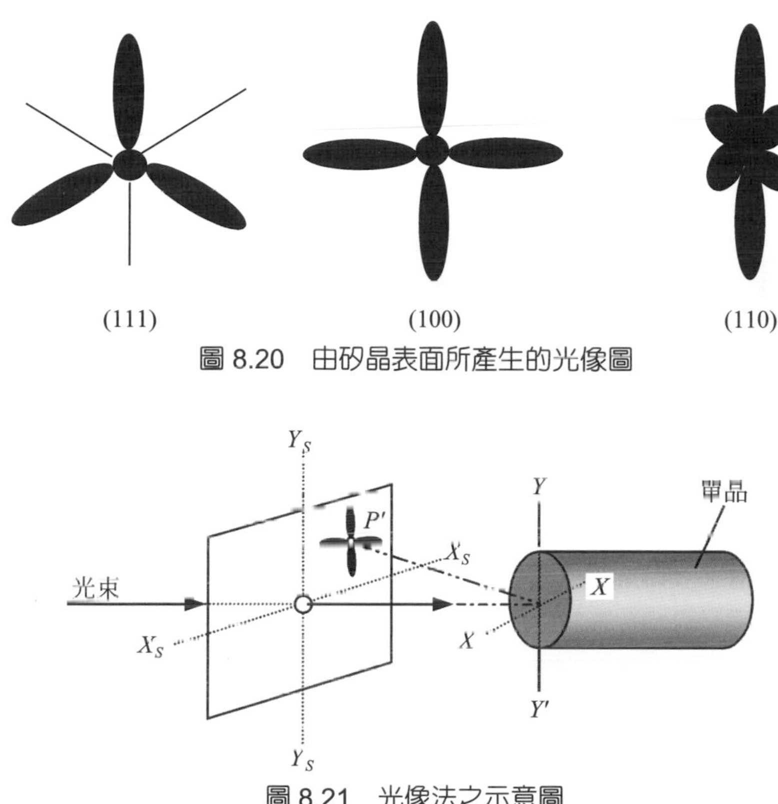

圖 8.20　由矽晶表面所產生的光像圖

圖 8.21　光像法之示意圖

如圖 8.21 所示，矽晶片的結晶軸與特定結晶方向之偏差角 ϕ，可依據以下的方法來量測：

(1) 調整中心反射光束與入射光束重疊，此時移動的角度爲 ω_1。
(2) 將矽晶片的表面沿著入射軸分別旋轉 90°、180°、270°，再重複步驟 1 的作法，記錄試片所移動角度 ω_2、ω_3、ω_4，我們可得到：

$$\alpha = 1/2(\omega_1 + \omega_3) \tag{8.18}$$

及

$$\beta = 1/2(\omega_2 + \omega_4) \tag{8.19}$$

(3) 偏差角 ϕ 的計算式，與 X 光繞射法相同 (亦即 $\phi^2 = \alpha^2 + \beta^{2\ 2}$)。

光像法的試片準備，首先是先用 600 號的碳化矽研磨劑將試片磨平，再進行蝕刻處理。以下為蝕刻的參考條件：

(1) 蝕刻液：4 parts H_2O + 50 weight% NaOH 水溶液 (或 50 weight% NaOH 水溶液)。

(2) 蝕刻時間：5 分鐘。

(3) 蝕刻溫度：65℃。

一般商業化的光像法設備的量測精度為 ±30'。

四、參考資料

1. ASTM F26：Annual Book of ASTM Standards Vol. 10.05.

8-4 氧濃度的測定

一、前言

矽晶圓中位於間隙型位置的氧原子濃度 (interstitial oxygen)，可說是矽晶圓應用在 IC 元件製程中最重要的考量參數之一。氧在積體電路元件中的重要性，主要在於其可以在元件製造過程中形成可控制的氧析出物 (oxygen precipitate) 而達到內質去疵 (intrinsic gettering) 的效果。此外氧濃度的高低，除了會影響其它缺陷 (例如：OISF) 的形成外，亦會影響矽晶圓的機械性質。因此精準地控制及量測矽晶中的氧濃度是必需的。

有關氧濃度的測定法，早在 1950 年代即已開始發展 [(1)]。表 8.2 爲目前可被用來量測氧濃度的方法。在這些方法中，最廣爲工業界使用的爲紅外光譜法，這也是 ASTM 上所訂的標準測定法之一 [(2)]。本節除了介紹紅外光譜法外，也將介紹 GFA(Gas Fusion Analysis) 及 SIMS(Secondary Ion Mass Spectrometry) 等兩種方法。

表 8.2 氧濃度的量測方法

分類	方法名稱
物理方法	Infrared Spectroscopy (FTIR)
	Secondary Ion Mass Spectrometry (SIMS)
	Bragg Spacing Comparator
化學方法	Gas Fusion Analysis (GFA)
	Charged Particle Activation (CPA)
	Gamma Photon Activation (GPA)
電子方法	Deep-level Transient Spectroscopy (DLTS)

二、紅外光譜法

1. 原理

從基本物理學中，我們知道分子 (molecules) 中的原子 (atoms) 之間存在著連續性的相互運動。這些運動包括有兩個原子之間的拉伸 (stretching) 及彎曲 (bending) 等振動方式，而每種振動方式都代表著一特殊的振動頻率 (3)。這些頻率通常落在紅外線頻率範圍內 (14000 ～ 20cm^{-1})，所以當使用紅外線光束照射試片時，一些特定頻率的紅外線將被晶格 (lattice)、不純物 (impurity)、自由載子 (free carrier) 等三種機構所吸收。對純矽而言，只存在著由聲子 (phonon) 引起的一些晶格吸收。但是矽晶中的不純物 (例如：氧、碳) 則會藉著其與矽原子的鍵結振動，而在紅外光譜範圍內存在著一定頻率的吸收帶 (absorption band)。

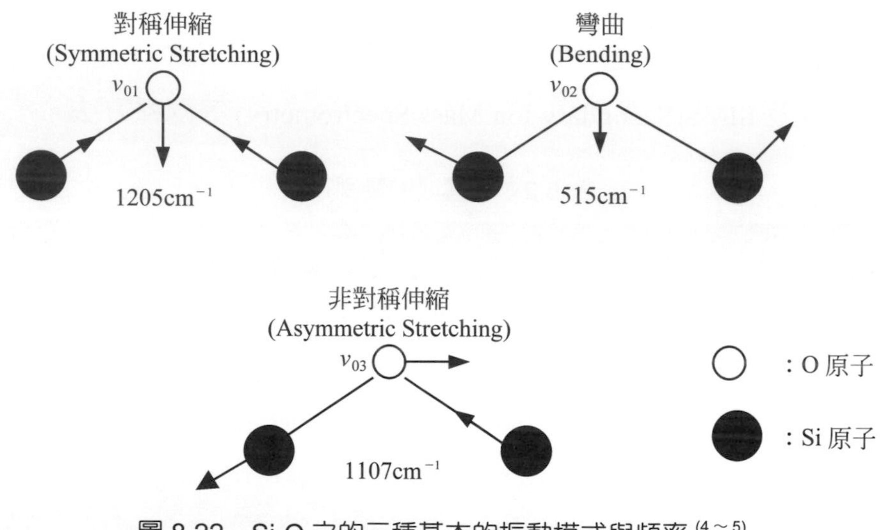

圖 8.22　Si-O 之的三種基本的振動模式與頻率 (4 ～ 5)

以氧而言，由於間隙型的氧原子在矽晶中與二個臨近的矽原子形成鍵結 (見圖 4.44)，所以 Si-O 之間存在著三種基本的振動模式與頻率，如圖 8.22 所示 (4 ～ 5)。在室溫時，這三種基本的頻率 v_{01}(Symmetric stretching)、v_{02}(Bending)、v_{03}(Asymmetric stretching) 分別為 1205cm^{-1}、515cm^{-1} 及 1107cm^{-1}。圖 8.23 顯示一商業 CZ 矽晶在室溫所產生的紅外光譜 (6)，我們可發現 v_{03}(1107cm^{-1}) 具有最大的吸收強度，v_{02}(515cm^{-1} 1) 的吸收強度約為 v_{03} 的 0.25 倍，v_{01}(1205cm^{-1}) 的吸收強度則較為微弱。除了以上這三種基本的

吸收頻率外，Krishnan 等[7] 發現在 $560cm^{-1}$ 處存在著一極微弱的吸收帶 (強度小於 $515cm^{-1}$ 的 0.1 倍)，至於引起此一吸收帶的機構迄今仍未清楚。Lappo 等[8] 則發現在 $1720cm^{-1}$ 處有一結合 Si-O-Si 鍵的 asymmetric stretching 及兩個矽原子 phonon 的吸收帶。此外在 1225 cm^{-1} 處尚有一由於 SiO_x 析出物引起的微弱的吸收帶[9～11]。

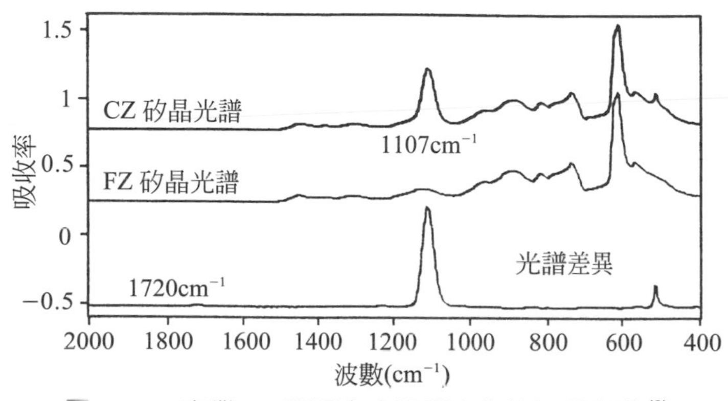

圖 8.23　商業 CZ 矽晶在室溫所產生的紅外光譜[6]

根據 Beer's law，由不純物所引起的吸收強度與其濃度有關，因此我們可利用紅外光譜的吸收強度來量測 CZ 矽晶中的氧含量。由於 $v_{03}(1107cm^{-1})$ 具有最大的吸收強度，所以最普遍被用來量測氧含量，以增加量測精度。當紅外線通過一雙面拋光 (double-side polished) 的矽晶試片時，總吸收係數 α 為前面提及的三種機構之總合：

$$\alpha = \alpha_{ox} + \alpha_{ph} + \alpha_{fc} \tag{8.20}$$

其中 α_{ox}、α_{ph}、α_{fc} 分別為由氧、矽晶格、自由載子所引起的吸收係數。因此當利用紅外光譜來量測氧含量時，必須過濾掉矽晶格 (α_{ph}) 及自由載子 (α_{fc}) 的吸收係數。其中 α_{ph} 可利用 FZ 矽晶 (因為不含氧) 標準片的紅外光譜得知，至於 α_{fc} 則與矽晶的導電性 (摻雜物濃度) 有關。對於高電阻率的試片，自由載子的吸收係數 α_{fc} 遠比 α_{ox} 小，所以可以忽略不考慮；對於電阻率小於 1Ω-cm 的 P-type 試片及電阻率小於 0.1Ω-cm 的 N-type 試片，可觀的自由載子之吸收將使得矽晶對於紅外線幾乎變得不透明，因而無法精確地量出氧含量[12～13]。

當 $1107cm^{-1}$ 的吸收帶被用來量測氧含量時，試片在 900 至 $1300cm^{-1}$ 的紅外光譜之穿透率 (transmittance) 可被直接量測，然後再將穿透率轉換為吸收率。不過在轉換穿透率為吸引率時，必須要考慮到試片表面的多重反射 (如圖 8.24 所示)，因此對雙面拋光 (double-side polished) 的矽晶片，穿透率 T 可表示為

$$T=[(1-R^2)\exp(-\alpha d)]/[1-R^2\exp(-2\alpha d)] \tag{8.21}$$

其中 R 為表面之反射率 (對於高電阻率的矽晶而言，$R=0.3$)，α 為吸收係數，d 為試片之厚度。由式 (8.20) 我們已知，在吸收光譜中 CZ 矽晶的吸收係數 α 包括著三種機構之總合，所以對於高電電阻率的矽晶 (自由載子的吸收可被忽略)，由氧造成的吸收係數 α_{ox} 可藉由 CZ 量測試片的吸收係數 α_s 減掉 FZ 標準片的吸收係數 α_f 而得：

$$\alpha_{ox}=\alpha_s-\alpha_{ph} \tag{8.22}$$

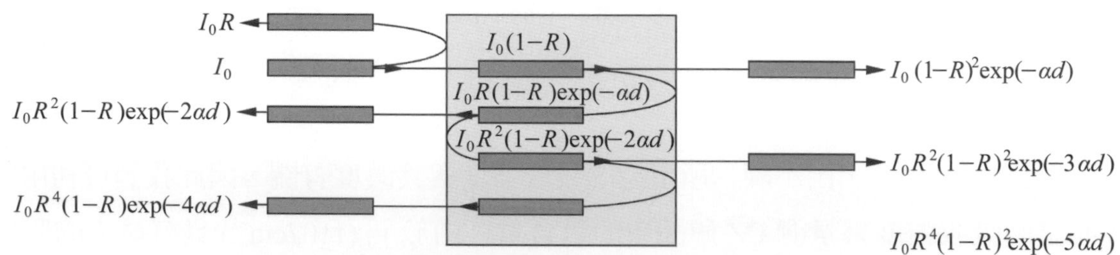

$T=I_0(1-R)^2\exp(-\alpha d)+I_0R^2(1-R)^2\exp(-3\alpha d)+I_0R^4(1-R)^2\exp(-5\alpha d)+\cdots\cdots$
$=[(1-R^2)\exp(-\alpha d)]/[1-R^2\exp(-2\alpha d)]$

圖 8.24　雙面拋光 (double-side polished) 試片表面的多重反射

前面我們曾提過，由不純物所引起的吸收強度與其濃度有關。因此矽晶中間隙型氧的濃度 [Oi]，可以藉由吸收係數 α_{ox} 及校正係數 a 計算之：

$$[\mathrm{Oi}]=a\alpha_{ox} \tag{8.23}$$

有關間隙型氧的濃度 [Oi] 的轉換，比較容易引起混淆的是，有三種不同的校正係數 a 被同時使用在矽晶工業上：

$a=9.63$ (Old ASTM)[14]

$a=4.91$ (New ASTM, DIN)[15，16]

$a=3.00$ (JEIDA)[17]

當使用以上的校正係數時，氧濃度的單位爲 ppma，我們可以看到使用 Old ASTM 的氧濃度是使用 New ASTM 的 1.96 倍。有關氧濃度的單位換算，讀者可參考附錄。值得一提的是，紅外光譜法是唯一可以區別間隙型位置氧原子與 SiO_x 析出物的量測技術，其它的方法 (例如：CPAA、SIMS、GFA、X-ray Diffraction) 所量測到的則是矽晶中的所有氧含量。

紅外光譜法也普遍用在矽晶中碳含量的量測上。如圖 8.25 所示 (6)，光譜的 607cm^{-1} 處爲矽晶中的碳所引起的吸收帶。根據 ASTM 標準，矽晶中碳的濃度 [C]，可以藉由吸收係數 α_c 及校正係數 a 計算之：

$$[\text{C}] = 8.2\times10^{16}\alpha_c \text{ atom/cm}^3 \tag{8.24}$$

$$[\text{C}] = 1.64$$

此外，碳的單位換算爲 $1\text{ppma} = 5\times10^{16} \text{ atom/cm}^3$。一般矽晶圓的碳含量規格是要控制在小於 0.2ppma 以下，相當於 $1\times10^{16} \text{ atom/cm}^3$ 以下。

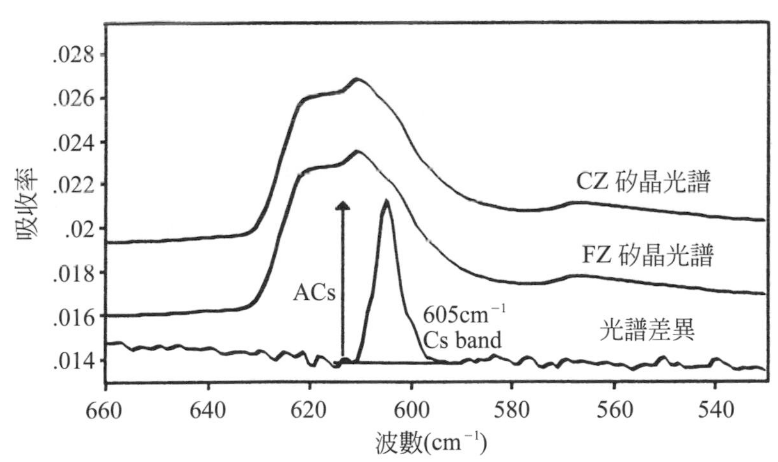

圖 8.25 紅外光譜的 607cm^{-1} 處為矽晶中的碳所引起的吸收帶

2. 紅外光譜儀 (Infrared Spectrometers) 種類

目前用來量測矽晶中氧濃度的紅外光譜儀有，分散式紅外光譜儀 (Dispersive Infrared Spectrophotometer，DIR) 及傅立葉轉換紅外光譜儀 (Fourier Transform Infrared Spectrophotometer，FTIR) 等二種。

A. 分散式紅外光譜儀 (Dispersive Infrared Spectrophotometer，DIR)

DIR 的基本構造是將紅外光源對焦在試片上，穿透試片的紅外線則通過一單光器 (monochromator) 以提供散射的光譜。穿透率可藉由一敏感的偵測器計算得知。因為要使通過單光器的特定波長之紅外光到達偵測器，必須使用狹長的光狹縫 (slit)，狹縫的寬度則會影響光譜的解析度。

大部份的 DIR 儀器，係採用雙光束 (double-beam) 的方法。這種雙光束方法是利用分光器將光源分成兩個路徑，一個通過測試樣品，另一則通過標準片。然後再將兩個路徑的光束重新結合，使得偵測到的訊號正比於穿透強度。早期的雙光束法採用稜鏡 (prism) 來分光，以及類比 (analog) 訊號來計算氧濃度。因為其計算能力有限，所以標準片必須與測試樣品有相同的表面狀況、導電性、電阻率及厚度等。現代的雙光束法則採用光柵 (Grating) 來分光，因而改善波數的解析度，並使用電腦來計算數位訊號。

在 DIR 儀器的使用上，必須注意的要點包括 [18]：(a) 建立 100% 基線、(b) 建立 0% 基線、(c) 中間刻度 (mid-scale) 的直線性、(d) 試片厚度的影響、(e) 溫度的效應。

a. **100% 基線**

建立 100% 基線的目的是為了量測雜訊 (noise) 的程度。100% 基線是指當兩個光束路徑都沒有試片時，所量測的穿透光譜。通常儀器在正常狀況下，波數範圍在 900 至 1300cm^{-1} 之間光譜的 100% 基線之變動應該不會超過 0.5%。

b. **0% 基線**

0% 基線是在通過測試樣品的光束被堵住時，所量測的穿透光譜。因為到達偵測器的光束未通過測試樣品，所以偵測訊號不會受到測試樣品吸收之影響。因此儀器在正常狀況下，波數範圍在 900 至 1300cm^{-1} 之間光譜的 0% 基線之變動應該不會超過 0.2%。

c. **中間刻度 (mid-scale) 的直線性**

利用高電阻率 ($>5\Omega$-cm)、雙面拋光的矽晶片在 2000cm^{-1} 附近的穿透光譜，可以驗證儀器中間刻度的線性問題。在這範圍內，矽晶幾乎不吸收任何紅外線。因此穿透率 T 只與表面反射率 ($R = 0.3$) 有關

$$T = (1-R)^2/(1-R^2) = 0.538 \tag{8.25}$$

如果計算出的穿透率 T 超過這個值的 2% 時，即表示儀器有非線性的訊號[19]。重新調整試片與入射線之間的角度，可以解決此一問題。

d. **試片厚度的影響**

雖然測試樣品的厚度必須與標準片相同，但在實際的應用上兩者通常會有些許的差異。Schomann 及 Graff[20] 指出，如果兩者厚度的差異 (Δd) 不大時，吸收係數可由下式校正之：

$$\alpha_{\text{oxcorr}} = \alpha_{ox}[1 - \Delta d \cdot \alpha_{ph}] \tag{8.26}$$

e. **溫度的效應**

在 DIR 法中，由於紅外光源直接對焦在試片上，所以試片的溫度將被升高。Schomann 及 Graff[20] 發現最大的吸收峰在 250 至 320K 之間，將隨溫度做線性的變化。Murray 等[21] 發現在 1107cm^{-1} 的晶格吸收 α_{ph} 與溫度 T (K) 亦呈線性關係：

$$\alpha_{ph} = 0.925 + 3.8\times10^{-3}(T_{\text{meas}} - 310)\text{cm}^{-1} \tag{8.27}$$

$$T_{\text{meas}} = (1131.912 - v)/0.084 \tag{8.28}$$

其中 T_{meas} 是試片的溫度，v 爲最小穿透率的波數 (cm^{-1})。由於 DIR 儀器所量測到爲溫度 T_{meas} 時的吸收係數 α_{ox}（T_{meas}），利用下式可轉換爲參考溫度時的吸收係數 α_{ox}（T_{ref}）：

$$\alpha_{ox}(T_{\text{ref}}) = \frac{\alpha_{ox}(T_{\text{meas}})}{[1 + 0.0016(T_{\text{ref}} - T_{\text{meas}})]} \tag{8.29}$$

B. 傅立葉轉換紅外光譜儀 (Fourier Transform Infrared Spectrophotometer，FTIR)

FTIR 爲目前量測氧含量最普遍被使用的儀器，它的優點在於可以快速得到量測結果及較佳的準確性。FTIR 的基本構造是將紅外光源先經過一分光器分成兩個路徑，一個到達一固定鏡後反射回來，另一則到達一移動鏡後反射回來，此二反射光束再經分光器混合後，通過試片聚光後由偵測器測得 (如圖 8.26 所示)。如果移動鏡至分光器的距離不等於固定鏡至分光器的距離的話，則上述二束光線會有相差，而產

生干涉光譜 (Interferogram)。這種干涉光譜，一開始是以時域 (time domain) 得到的，但它包含了傳統光譜所能得到的一切資料，因此還需要利用數學處理 (傅立葉轉換) 將之轉變成頻域 (frequency domain) 的傳統光譜。然而這種數學處理相當繁雜，必須使用電腦才能完成。圖 8.27 為一 FTIR 量測機台的照片。

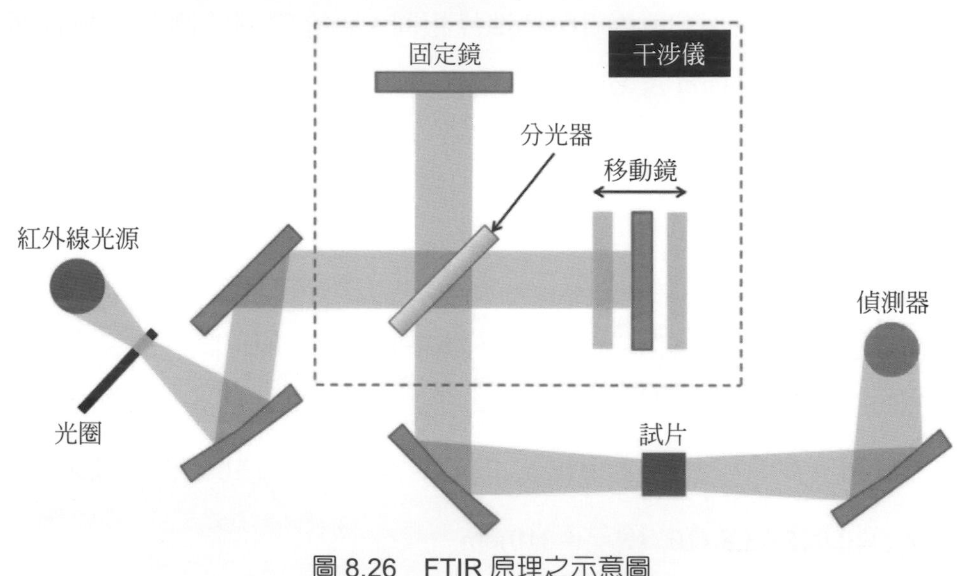

圖 8.26　FTIR 原理之示意圖

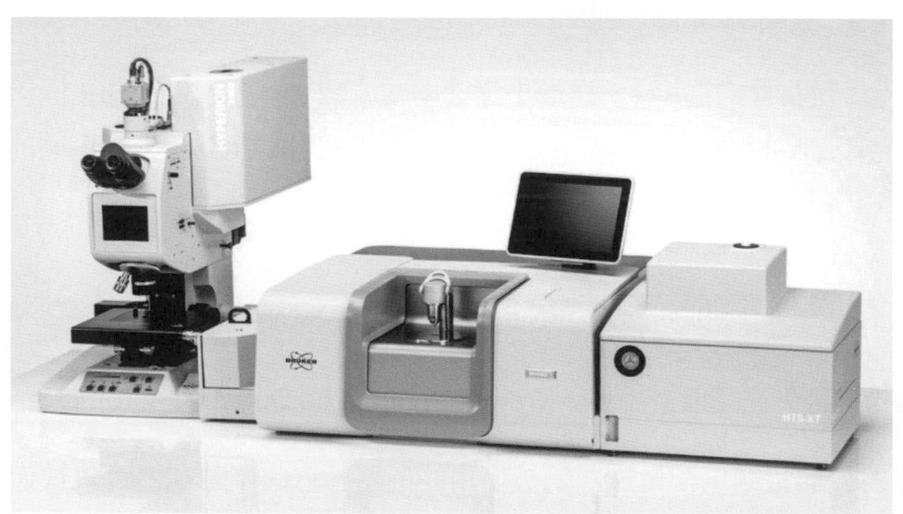

圖 8.27　一 FTIR 量測機台 (本照片由 Bruker 公司提供)

大部份的 FTIR 係採用單光束 (single-beam) 的方法，所以測試樣品及標準片的吸收光譜必須單獨量測。一般的儀器是將標準片的光譜存在記憶體裡，所以平時只須

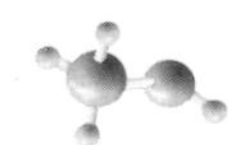

量測樣品即可。

在 FTIR 儀器的使用上，必須注意的要點包括：(a) 建立 100% 基線、(b) 建立 0% 基線、(c) 中間刻度 (mid-scale) 的直線性、(d) 溫度的效應、(e) 削足 (Apodization)、(f) 解析度。

a. **100% 基線**

在單光束的 FTIR 儀器中，測試樣品及標準片的吸收光譜是單獨量測的。因此必須確定量測結果隨著時間的穩定性。穩定性及雜訊的程度，可以藉著兩個不同時間量測到的空光束 (沒有試片時) 的光譜而得。通常儀器在正常狀況下，波數範圍在 900 至 1300cm^{-1} 之間光譜的 100% 基線之變動應該不會超過 0.5%。

b. **0% 基線**

在 FTIR 儀器中，我們無法獲得光束被堵住時的光譜。因此，900 至 1300cm^{-1} 之間光譜的 0% 基線須藉著量測藍寶石晶片 (Sapphirc) 之光譜而得。藍寶石在波數小於 1800cm^{-1} 時是不會被紅外線穿透的，此時光譜上任何的雜訊係來至儀器中散射的光源。儀器在正常狀況下，波數範圍在 900 至 1300cm^{-1} 之間光譜的 0% 基線之變動應該要控制在 0.2% 以下。

c. **中間刻度 (mid-scale) 的直線性**

利用高電阻率 (>5Ω-cm)、雙邊拋光的矽晶片在 2000cm^{-1} 附近的穿透光譜，同樣可以驗證 FTIR 儀器中間刻度的線性問題。如果計算出的穿透率 T 超過 0.538 的 1% 時，即表示儀器有非線性的訊號。

d. **溫度的效應**

FTIR 的溫度對量測結果之重要性不如 DIR 顯著，一般溫度須控制在 27 ± 5℃之內。如果超出這範圍，亦可利用式 (8.28) 校正之。

e. **削足 (Apodization)**

由於實際的干涉光譜是有效空間的函數，在執行傅立葉數學轉換時卻包含了無限積分，這使得光譜的波峰兩邊出現一些小波紋 (就好像長了“腳”一樣)，常會和鄰近的微弱訊號混淆。因此必須做一些數學處理來減小這些小波紋。通常將干涉光譜乘以一特殊函數 (如：三角函數、Cosine、Happ-Genzel、Boxcar)，可以減小這種干擾 [22]。但是必須注意的是，解析度會略為變差。

f. 解析度

由於 FTIR 較為靈敏，所以必須使用較高的解析度。為了與其它儀器的量測結果比較，必須考慮儀器的解析度對波峰高度的影響。但是由於 1107cm^{-1} 波峰較為寬廣，所以這種影響其實並不大，例如當解析度由 2cm^{-1} 變為 5cm^{-1} 時，波峰高度僅減少 0.2%。

C. WRFTIR(Whole Rod FTIR)

傳統的 FTIR 係採用光譜中最大強度的吸收峰 (1107cm^{-1})，使用這個吸收峰的缺點在於試片厚度的限制。當試片厚度增加時，由於高度吸收，使得紅外光在到達偵測器時即已變得過於微弱。因此當試片厚度大於 4mm 時，即無法得到可靠的量測結果。

一般，為了得到 CZ 矽晶棒氧含量的軸向分佈，通常必須切很多試片去做 FTIR 量測，這不僅較沒經濟性，而且無法連續的得到軸向氧含量變化。20 多前，有公司發展了可以量測整根晶棒氧含量的儀器 [23]，稱之為 WRFTIR(Whole Rod FTIR)。在 WRFTIR 中係使用 1720cm^{-1} 的吸收峰，這是因為這個吸收峰的強度僅為 1107cm^{-1} 的 1.6%[24]，所以可以在矽中貫穿較長的距離。

圖 8.28 為 Bio-Rad 依照以上原理所設計的 WRFTIR。FTIR 的光束對焦在晶棒的中心，在穿透整個晶棒的直徑後，到達 MCT(mercury cadmium telluride) 偵測器。藉著移動晶棒的位置，整根晶棒的縱向氧含量即可量得。必須注意的是，WRFTIR 量到的氧含量為晶圓截面橫向的平均值。

圖 8.28 Bio-Rad 的 Full Rod FTIR (QS-FRS) (本照片由 Bio-Rad 公司提供)

三、氣體熔融分析 (Gas Fusion Analysis，GFA)

氣體熔融分析 (Gas Fusion Analysis，GFA) 是一種被普遍用在冶金工業上分析固體中所含氣體量 (例如：氧、氮、氫) 的儀器。最早應用 GFA 在量測矽晶中氧含量，可以追溯到 1957 年，當時 Kaiser 等 [(25)] 是利用 GFA 來校正間隙型氧的紅外光譜。在今日，GFA 則較常被用在量測低電阻率 (n^+、P^+) 矽晶中的氧含量。

如圖 8.29 所示，利用 GFA 分析矽晶中氧含量，包含以下幾個步驟：

首先是將石墨坩堝加熱到 2200℃左右，進行高溫烘烤，以去除水氣。

(1) 再將約 0.5 公克的試片放入石墨坩堝內，然後加熱到矽熔點以下的溫度做預熱 (約 1300℃)。

(2) 接著，熱到矽熔點以上的溫度，以熔化試片。當試片完全熔化時，原先溶解在矽晶中的氧便會釋出並與石墨反應生成 CO 氣體。

(3) 這些產生的 CO 氣體再隨著通入的氦氣 (Helium) 流過被加熱到 400℃的 CuO 催化劑，使得 CO 氣體被轉換成 CO_2 氣體。

(4) 最後這些氣體即可利用紅外吸收光譜儀測之 (其對 CO_2 的敏感度為 CO 的 4 倍以上)。

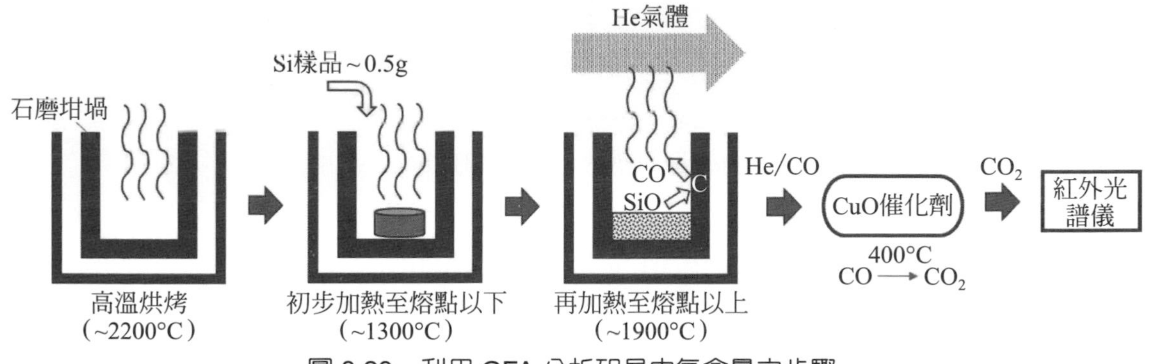

圖 8.29　利用 GFA 分析矽晶中氧含量之步驟

我們提過 FTIR 量測到的僅是間隙型的氧，但 GFA 量測到的卻是以任何型態存在於矽晶中的氧。在量測過程中必須消除會影響量測結果的不必要氧來源，例如高純度氦氣仍須先通過乾燥劑及 600℃的銅絲，以過濾掉可能存在的氧氣。又如量測試片也須先經過蝕刻 (etching) 處理，以去掉表面的氧化層。圖 8.30 為一 GFA 量測機台之照片。

在 GFA 的校正上，可使用已在 FTIR 量測過氧濃度的高電阻試片。而 GFA 的量測單位通常為 μg/g 或 ppmw，因此可以利用以下的換算公式轉換成 atom/cm^3 及 ppma。

$$1\ \mu g/g = 0.877 \times 10^{17}\ atom/cm^3 \tag{8.30}$$

$$1\ ppmw = 1.754\ ppma \tag{8.31}$$

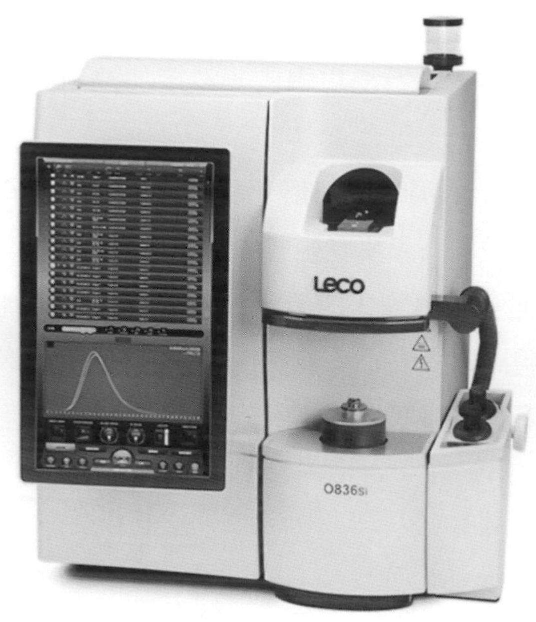

圖 8.30 一 GFA 量測機台 (本照片由 Leco 公司提供)

四、二次離子質譜儀 (Secondary Ion Mass Spectrometry，SIMS)

在今日，SIMS 已被廣泛用在量測固態物質內部的微量元素，尤其是應用在半導體材料上。SIMS 的離子束可被聚焦到直徑小於 1μm 的大小以下。如圖 8.31 所示，在原理上，SIMS 是利用高能量 (5keV ～ 15keV) 的離子束去撞擊物體的表面，使得部份的原子被離子化並且從表面釋出，這種從表面釋出的離子被稱為二次離子 (secondary ion)。二次離子的訊號可藉由以下四種方式去量測：

(1) 離子電流大小。

(2) 二次離子投射在螢光幕上的映像。

(3) 二次離子投射在感光片的映像。

(4) 二次離子投射在電阻陽極記錄器 (resistive anode encoder) 的映像。

以上訊號的強度正比於試片內所含雜質元素之濃度。藉由這種原理，SIMS 可被用來量測矽晶中的氧含量 [26] 及其他的元素。除此之外，SIMS 可被用來量測氧含量沿著矽晶試片表面的深度變化 [27]。

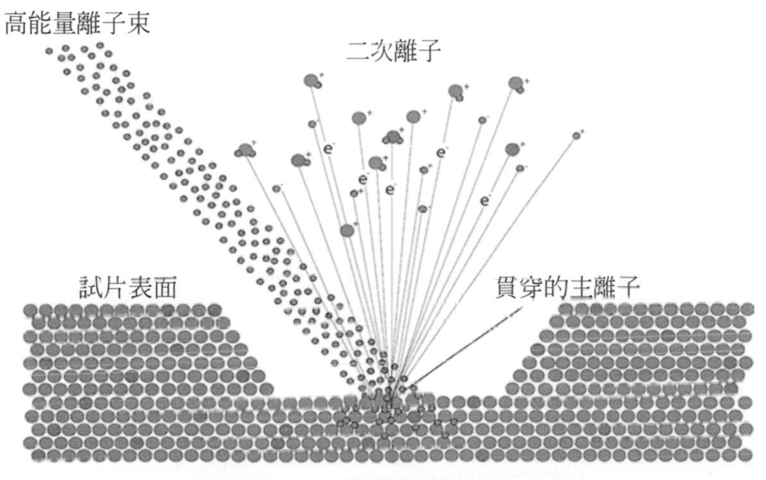

圖 8.31　SIMS 的原理示意圖

利用 SIMS 量測氧含量，首先是將一組試片 (包括一片 FZ 矽晶片、二片校正片及被量測試片) 一起放在試片固定器上，接著在 100℃的空氣中烘培 1 小時去除水氣後，放入儀器爐室內。一般用來撞擊試片的離子束爲銫 (cesium) 離子，這離子束被對焦到直徑 200μm 的大小，並以約 250Å/s 的速度撞擊試片。從每個試片表面釋出的氧及矽之二次離子強度之比值 (O^-/Si^-) 分別被量測，其中 FZ 矽晶片的 O^-/Si^- 比值是用以檢測儀器中是否存有殘留的氧訊號。至於量測試片的氧含量之決定，可由其校正片 (已知氧含量之高電阻 CZ 矽晶片) 之 O^-/Si^- 比值再利用負載線校正法 (load line calibration)[28] 或負載因素校正法 (load factor calibration)[29] 求得：

a. 負載線校正法 **(Load Line Calibration Method)**

由兩個已知氧含量之高電阻率 CZ 標準片之 O^-/Si^- 比值，可以畫出氧含量 O^-/Si^- 比值之關係圖，如圖 8.32 所示。因此被量測試片的氧含量 $[O]_s$ 可利用下式求得：

$$[O]_s = mS_s + b \tag{8.32}$$

其中 S_s 為量測試片的 O^-/Si^- 比值

$$m = ([O]_1 - [O]_2) / (S_1 - S_2)$$

$$b = (S_2 [O]_1 - S_1 [O]_2) / (S_2 - S_1)$$

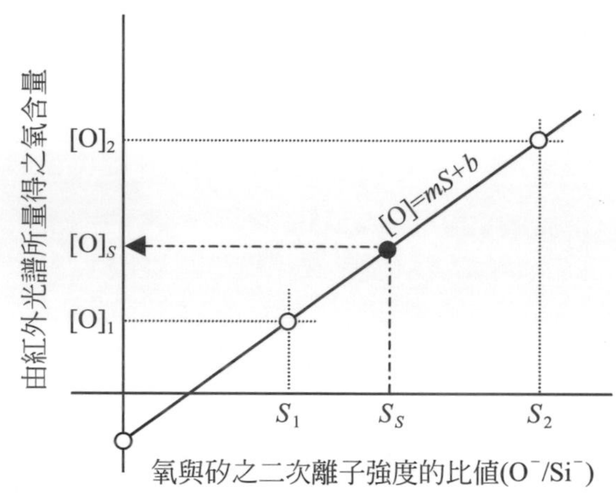

圖 8.32　利用 SIMS 量測氧含量的負載線校正法 (load line calibration)

b. 負載因素校正法 **(Load Factor Calibration Method)**：

首先可以由已知氧含量之高電阻率 CZ 標準片之 O^-/Si^- 比值，計算出 load factor：$LF_1 = [O]_1/S_1$，$LF_2 = [O]_2/S_2$。接著平均之 load factor 可定義為：

$$LF_{avg} = (LF_1 + LF_2)/2 \tag{8.33}$$

因此被量測試片的氧含量 $[O]_s$ 可利用下式求得：

$$[O]_s = S_s \times LF_{avg} \tag{8.34}$$

利用 SIMS 量測氧含量的精度為 0.38ppma(一個標準差)[30]。

五、參考資料

1. C.S. Fuller, J.A. Ditzenberger, M.B. Hannay, and E. Buehler, Phys. Rev. 96 (1954) p.833A.
2. ASTM F1188: Annual Book of ASTM Standards Vol. 10.05.
3. H.H. Willard, L.L. Merritt, Jr., andJ.A. Dean, "Instrumental Methods of Analysis,"5th ed. Van Nostrand-Reinhold, Princeton, New Jersey, 1974.
4. W. Kaiser, P.H. Keck, and L.F. Lange, Phys. Rev. 101 (1956) p.1264-1268.
5. H.J. Hrostowaski and R.H. Kaiser, Phys. Rev. 107 (1957) p.966.
6. Bio-Rad Product Catalog, 1996.
7. K. Krishnan, P.J. Stout, and M. Watanabe, in: "Practical Fourier Transform Infrared Spectroscopy," Eds. J.R. Ferraro and K. Krishnan, Academic Press (1989) p. 285-317.
8. M.T. Lappo and V.D. Tkachcv, Sov. Phys. –Semicond. 4 (1970) p. 418-422.
9. K. Tempelhoff and F. Spicgclberg, in: "Semiconductor Silicon 1977" , Eds. H.R. Huff and E. Sirtl, Electrochem. Soc., Princeton, New Jersey, 1977, p.585-595.
10. F. Shimura, H. Tsuya, and T. Kawamura, Appl. Phys. Lett. 37 (1980) p. 483-486.
11. B. Pajot, H.J. Stein, B. Cales, and C. Naud, J. Electrochem. Soc. 132 (1985) p.3034-3037.
12. R.J. Bleiler, R.S. Hockett, P. chu, and E. Strathman, in: "Oxygen, Carbon, Hydrogen, and Nitrogen in Crystalline Silicon" Eds. J.C. Mikkelsen, Jr. S.J. Pearton, J.W. Corbett, and S.J. Pennycock, mater. Res. Soc. Pittsuberg (1986) p.73-79.
13. T.J. Shaffner and D.K. Schroder, in: "Oxygen in Silicon" Ed. F. Shimura, Semiconductors and Semimetals vol. 42, Academic Press, Inc. (1994) p.53-86.
14. ASTM F121: Annual Book of ASTM Standards, (1976) p.51820.
15. ASTM F121: Annual Book of ASTM Standards, (1984) p.240-242.
16. Deutsche Normen DIN 50 438/1, "Bestimmung des Verunrenigungshalts in Silicium mittels infrarot-Absoption, Sauerstoff," Beuth Verlag Gmbh, Berlin and Koln, (1978) p.1-5.

17. T. Iizuka, S. Takasu, M. Tajima, T. Arai, M. Nozaki, N. Inoue, and M. Watanabe, in "Defects in Slicon", Eds. W.M. Bullis and L.C. Kimerling, Electrochem. Soc., Princeton, New Jersey, 1983, p.265-274.
18. W.M. Bullis, in: "Oxygen in Silicon" Ed. F. Shimura, Semiconductors and Semimetals vol. 42, Academic Press, Inc. (1994) p.95-152.
19. ASTM F1188: Annual Book of ASTM Standards, Vol. 10.05.
20. F. Schoman and K. Graff, J. Electrochem. Soc. 136 (1989) p.2025-2031.
21. R. Murray, K. Graff, B. Pajot, K. Strijckmans, S. Vandendriessche, B. Griepink, and H. Neubrand, J. Electrochem. Soc. 139 (1973) p.3582-3587.
22. A. Baghdadi, in "Semiconductor Processing", ASTM STP 850, D.C. Gupta (ed.), ASTM, Philadephia, 1984, p.343-357.
23. J. Holzer, H. Korb, and K. Drescher , US Patent 5,550,374 (1996).
24. B. Pajot, "Analusis," Vol5, No7., p.293-303.
25. W. Kaiser, and P.H. Keck, J. Appl. Phys. 28 (1957) p.882-887.
26. R.J. Bleiler, R.S. Hockett, P. Chu, and E. Strathman, in "Oxygen, Carbon, Hydrogen and Nitrogen in Crystalline Silicon," Mat. Res. Soc. Symp. Proc. Vol. 59, J.C. Mikkelsen, Jr., S.J. Pearton, J.W. Corbett, and S.J. Pennycook (eds.), Materials Research Society, Pittsburgh (1986) p.73-79.
27. H.J. Rath, J.Reffle, D. Huber, P. Eichinger, F. Iberl, and H. Bernt, in "Impurity Diffusion and Gettering in Silicon," Mat. Res. Soc. Symp. Proc. Vol. 36, R.B. Fair, C.W. Pearce, and J. Washburn (eds.), Materials Research Society, Pittsburgh (1985) p.193-198.
28. M. Goldstein, and J. Makovsky, Semiconductor Fabrication: Technology and Metrology, ASTM STP 990, Dinesh C. Gupta, Ed., ASTM, 1988, p.350-360.
29. J. Makovsky, M. Goldstein, and P. Chu, Seventh International Meeting on Secondary Ion Mass Spectrometry, SIMS VII, John Wiley and Sons, 1990, p.487.
30. ASTM F1366: Annual Book of ASTM Standards, Vol. 10.05.

8-5 Lifetime 量測技術

一、前言

少數載子的生命週期 (Minority Carrier Lifetime) 是被用來判定矽晶完美性的重要指標之一，這是因爲 lifetime 主要與矽晶的純度有關，特別是金屬不純物 (通常被稱爲 lifetime killers)[(1)]。大部份的金屬不純物在能階隙 (bandgap) 中佔據一定的能階，這些能階將成爲過多載子的再結合中心，因此會降低 lifetime。例如：對純矽而言，理論的 lifetime 將高達好幾個小時，但今日最純的矽晶 lifetime 僅約爲 10ms，對含有 Fe 污染的矽晶片，lifetime 甚至降至 10μs 以下。以元件的操作觀點而論，雖然 MOS 元件是主要由多數載子 (Majority carrier) 控制，但是少數載子的 lifetime 卻扮演著重要的角色，例如：較高的 lifetime 有助於降低 DRAM 的 refresh time、增加 CCDs 元件的轉換效率等。因此在大部份的 IC 元件的應用上，必須盡量減少這些不利於 lifetime 的金屬不純物。然而在某些應用上 (例如：快速開關元件)，則會故意添加金屬不純物 (例如：金) 以降低 lifetime。在矽晶圓材料的應用上，愈來愈要求更高的純度及少數載子 lifetime，金屬不純物的含量必須在 ppt(1×10^{10} atom/cm^3) 的範圍以下。如此低的濃度很難用一般的化學量測儀器去準確的量測。而隨著近年來新一代 lifetime 量測儀器的發展，lifetime 的分析已經成爲監控矽晶圓製程污染程度的主要方法之一。

由於工業界廣泛地運用少數載子 lifetime 的量測分析結果，因而加速建立人們對矽晶圓污染源的知識，這也使得 CZ 矽晶片中的 Fe 含量，在過去幾年內被下降了 100 倍以上。此外，由於現代很多商業 lifetime 量測儀器具有 mapping 的功能，最近更逐漸被使用在晶體生長過程中缺陷反應的研究上。

有關 lifetime 的量測方法相當多，本節將僅介紹目前最普遍被採用的 2 種方法：(1)SPV、(2)PCD。另外 lifetime 的定義及原理，以及 lifetime mapping 在晶圓缺陷研究的應用上，也將分別介紹之。

二、再結合生命週期 (Recombination Lifetime) 的定義

當施加適當的能量 (例如：藉著光線或正向偏壓的 *p-n* junction) 到半導體時，過多的載子 (excess carrier) 會被激發到導帶 (conduction band) 上。這些過多載子是處於非平衡狀態，因此會有自然的趨勢重新回到平衡時的位置，並同時釋放出能量，這個過程即被稱之爲 “recombination” (以下譯爲「再結合」)。而 recombination lifetime(τ_r) 則被定義爲過多載子自導帶至發生再結合蛻變過程的時間常數。圖 8.33 顯示再結合的三個基本機構 [(2)]。在圖 8.33(a) 中能量是以聲子 (phonons) 或晶格振動的型式釋放出，這種再結合機構被稱爲「多重聲子再結合 (Multiphonon recombination」或「SRH (Shockley-Read-Hall) recombination」。如圖所示，再結合可藉著導帶電子直接掉落到價帶 (valence band) 與電洞結合而發生，亦可先掉落到中間金屬不純物所佔的能階 (E_T)。SRH 一般主要發生在非直接能帶隙 (indirect bandgap) 的半導體材料，例如：矽。當能量是以光子 (photons) 的型式釋放出，這種再結合機構被稱爲「輻射再結合 (radiative recombination)」，如圖 8.33(b) 所示。radiative 主要發生在直接能帶隙 (direct bandgap) 的半導體材料，例如：GaAs。第三種機構如圖 8.33(c) 所示，釋放的能量被用來激發導帶中的電子或價帶中的電洞，形成 Auger 載子，因此這種再結合機構被稱爲「歐傑再結合 (Auger recombination)」。Auger 主要發生在高摻雜濃度及高激發 (injection) 的條件之下。

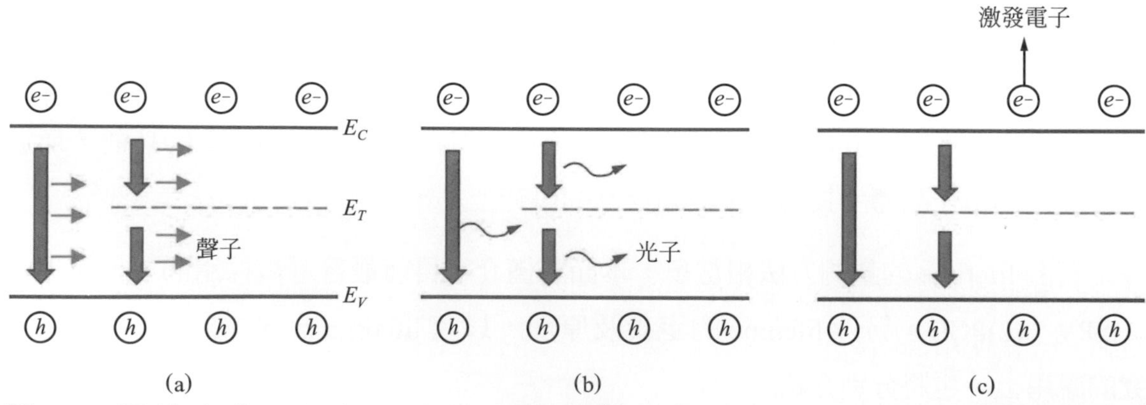

圖 8.33 再結合的三個基本機構 (a) 多重聲子再結合 (Multiphonon recombination 或 SRH(Shockley-Read-Hall) recombination，(b) 輻射再結合 (radiative recombination)，(c) 歐傑再結合 (Auger recombination)[(2)]

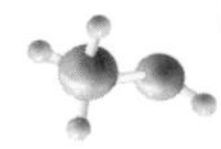

由於再結合機構是由 SRH、radiative、Auger 等三種方式所共同組成的效應，因此再結合生命週期 (τ_r) 可表示爲 [3～5]

$$\begin{aligned}\tau_r &= \Delta n / R_r \\ &= [1/\tau_{\text{SRH}} + 1/\tau_{\text{radiative}} + 1/\tau_{\text{Auger}}]^{-1}\end{aligned} \tag{8.35}$$

其中　$\Delta n \equiv$ 過多載子之密度

$R_r \equiv$ 再結合速率 $(= dn/dt)$

$\tau_{\text{SRH}} \equiv [\tau_p(n_0 + n_1 + \Delta n) + (p_0 + p_1 + \Delta n)]/(p_0 + n_0 + \Delta n)$

$\tau_{\text{radiative}} \equiv [B(p_0 + n_0 + \Delta n)]^{-1}$

$\tau_{\text{Auger}} \equiv [C_p([C_p(p_0^2 + 2p_0\Delta n + \Delta n^2) + C_n(n_0^2 + 2n_0\Delta n + \Delta n^2]^{-1}$

$\tau_p \equiv 1/\sigma_p v_{th} N_T$

$\tau_n \equiv 1/\sigma_n v_{th} N_T$

$n_1 \equiv n_i \exp[(E_T - E_i)/kT]$

$p_1 \equiv n_i \exp[-(E_T - E_i)/kT]$

式 (8.35) 是並聯過程的表示，所以三種機構中最低的 lifetime 將決定 τ_r 值。

假設沒有中間能階的捕捉 (trapping) 及擴散作用，那麼載子在一無限大的半導體材料中的行爲可表示爲：

$$n = n_e + \Delta n e^{-t/t} \tag{8.36}$$

但實際上，量測的材料非爲無限大且都含有各種再結合型態及 trapping 中心，因此所量測的 lifetime 將受到量測過程係使用高階 (high level) 或低階 (low level) 的載子激發之影響。當使用高階載子激發時，量測到的 lifetime 爲少數載子及多數載子之總和。所以通常都使用低階 ($\Delta n = \Delta p << p$) 的量測方式，但即使是如此，所量測的 τ 與 p-type 及 n-type 載子之間的關係，仍與能帶隙 (bandgap) 中再結合中心的位置有關。

Lifetime τ_r 亦可間接利用量測少數載子的擴散長度 L_D (diffusion length) 而換算求得。擴散長度爲少數載子在受激發及蛻變之間所移動的平均距離。τ_r 與 L_D 之間的關係如下式所示：

$$\tau_r = L_D^2 / D \tag{8.37}$$

其中 D 爲少數載子的擴散係數。

三、SPV 法 (Surface Photovoltage)

SPV 法的使用最早要追溯到 1957 年 [7]，它是藉著光束激發來決定擴散長度的一種穩定狀態 (steady-state) 之量測技術，而 lifetime 則須利用擴散長度及式 (8.37) 轉換得到。當能量大於能階隙的光源照射在半導體上時，該半導體即被激發產生載子；當表面存在空間電荷區 (space charge region，簡稱 SCR) 時，即形成一表面光電壓 (surface photovoltage)。利用在試片表面的電容耦合 (capacitance coupling)，表面電壓可以非接觸性的被量測，進而得到擴散長度。基本上 SPV 法算是種非破壞性的量測技術，然而在試片準備上相當簡單，所以廣爲半導體工業界所採用，在 ASTM F391 上對此一技術亦有詳細之描述 [8]。

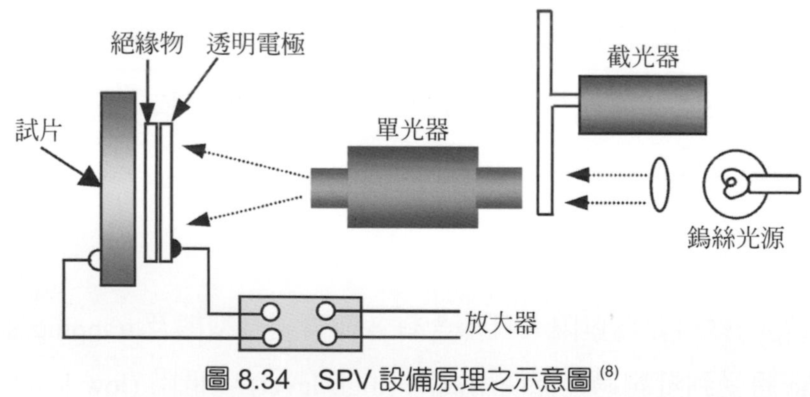

圖 8.34　SPV 設備原理之示意圖 [8]

圖 8.34 爲 SPV 設備原理之示意圖 [9]。試片的背面爲歐姆接觸，其正面則與一絕緣物質形成電容耦合。絕緣物可以是一層薄雲母石 (mica) 或者是低溫氣相蒸鍍沉積的介電物質，例如：氧化矽 (SiO_2)、氮化矽 (Si_3N_4)。由於載子是藉著照在試片正面的光束而激發的，所以在試片正面的電極必須是透明性的或者是使用金屬網，才不至於

阻絕太多的光束。早期的電極大多使用金屬網，日前則普遍採用氧化錫等導電薄膜。由鎢絲燈產生的光源，必須先經過截光頻率 100 ～ 600 赫茲的截光器 (chopper)，再經過單光器 (monochromator) 處理後才到達試片正面。在量測過程中，波長是可變化的。部份受激發產生的少數載子，將擴散到試片正面，因而建立一相對於背面的表面電壓 V_{SPV}。由於這電壓訊號一般僅爲幾個 mV 的大小，所以必須使用放大器 (amplifier) 以有效偵測訊號。

由少數載子所建立的表面電壓 V_{SPV} 正比於過多載子之數目 Δn，亦即

$$V_{SPV} = C_1 \Delta n \tag{8.38}$$

其中 C_1 是常數。在圖 8.35 中，過多載子數目 Δn 沿著 x 方向的表示是相當複雜的。爲了方便 SPV 的量測，必須滿足以下的假設：

(1) 試片的厚度 T 必須遠大於擴散長度 L_D，通常 $(T-W) \geq 4L_D$ 即已足夠。

(2) $W << L_D$，$\alpha W << 1$，$\alpha T >> 1$（其中 α 爲光學吸收係數）。

在滿足以上假設之下，Δn 可表示爲 [10 ～ 11]

$$\Delta n \cong \frac{\phi(1-R)\alpha L_D}{\left[\left(\frac{D}{L_D+s}\right)(1+\alpha L_D)\right]} \tag{8.39}$$

其中 ϕ 爲入射光源強度，R 爲反射係數，α 爲吸收係數，s 爲表面復合速率。如何利用式 (8.39) 去計算擴散長度 L_D，根據 ASTM F391 有以下二種方法：

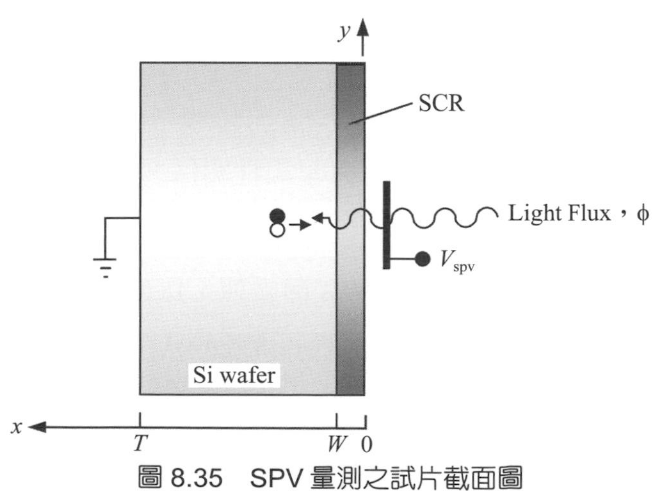

圖 8.35 SPV 量測之試片截面圖

A. CMSPV(constant magnitude surface photovoltage)

這方法是利用調整入射光源強度，以使得表面光電壓在各種波長下均保持不變。在這種情況之下，結合式 (8.38) 及式 (8.39)，我們可得：

$$\phi = K_1 V_{SPV}(1+1/\alpha L_D) \tag{8.40}$$

其中 K_1 為常數。接著我們可畫出將入射光源強度 (ϕ) 對吸收係數的倒數 ($1/\alpha$) 的關係圖，如圖 8.36 所示。將線性關係圖外插到 $\phi = 0$ ，即可求得擴散長度 L_D。

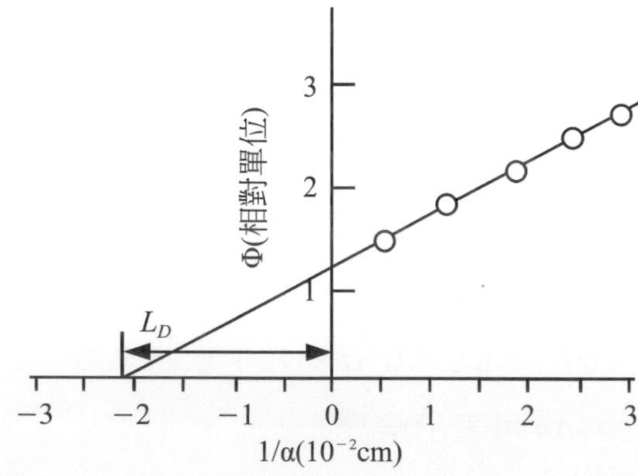

圖 8.36　典型的 SPV 入射光源強度 (ϕ) 對吸收係數的倒數 ($1/\alpha$) 的關係圖

B. LPVCPF(linear photovoltage, constant photo flux)[12]

這方法首先是在二個不同光源強度下去量測表面光電壓，以確定 SPV 的線性關係。接著在線性的 SPV 區間內，量測一系列在不同光源強度時的表面光電壓與吸收係數的關係：

$$1/V_{SPV} = K_2(L+1/\alpha) \tag{8.41}$$

其中 K_2 為常數。由上式可知，$1/V_{SPV}$ 與 $1/\alpha$ 呈線性關係，當外插到 $1/V_{SPV} = 0$ ，同樣可求得擴散長度 L_D。

SPV 法中一個較關鍵的地方是試片的表面處理，以創造 SCR 區。根據 ASTM 上的建議，對於 N-type 矽晶試片，可以將之置於沸騰的水中 1 小時，或置於 20ml HF + 80ml H_2O 中一分鐘，接著置於 $kMnO_4$ 溶液中 1 至 3 分鐘；對於 P-type 的矽晶試片，

則可以將之置於 20ml HF + 80ml H_2O 中做 1 分鐘的蝕刻。在量測過程中，波長 l 是個自變數，吸收係數 α 則是個因變數。因此為了得到準確的擴散長度，波長與吸收係數之間的轉換關係必須很精準。一個較準確的實驗關係式為

$$\alpha(\lambda) = (84.732/\lambda - 76.417)^2 \tag{8.42}$$

其中 λ 的單位為 μm，α 的單位為 cm^{-1}。這關係式是在波長 1.04μm 至 0.7μm 之間才有效。圖 8.37(a) 為一 SPV 量測機台的照片，圖 8.37(b) 為利用這樣的設備所量測到的結果例子，它具有掃描整片晶片的 mapping 功能。

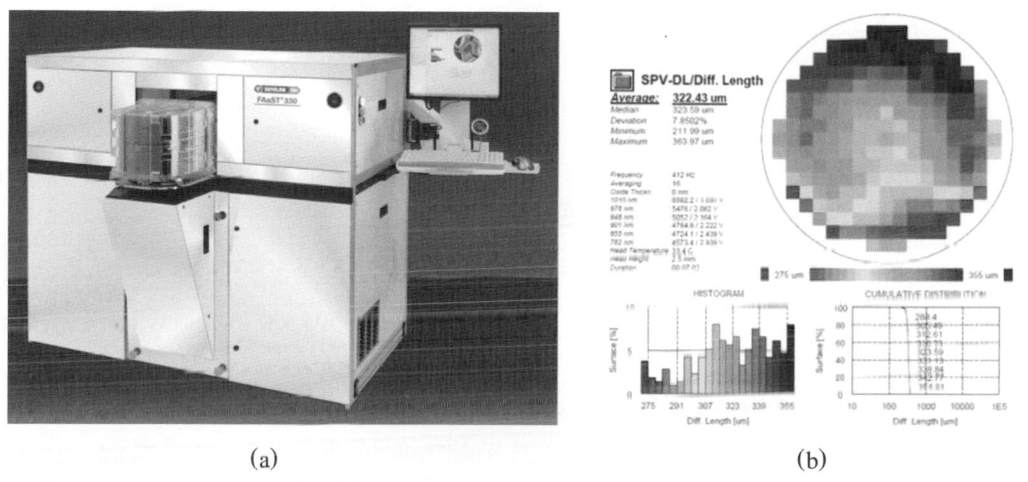

(a) (b)

圖 8.37 (a) 一 SPV 量測機台，(b)SPV 量測結果範例 (本照片由 Semilab 提供)

前面提過，Fe 在矽晶中扮演著控制 lifc time 的角色。SPV 法可以利用 lifetime 量測來定量地決定矽晶中所含的 Fe 濃度 [13]。Fe 在攙雜硼的 P-type 矽晶中，可以在能帶隙中存著二個能階：(1) 以間隙型的原子形態 Fex_i，佔據 0.4eV 的 deep level、(2) 以相當脆弱的 FeB 鍵結形式，佔據 0.1eV 的能階。其中 FeB 鍵結可以在加熱到 200℃或藉著入射強光，而予以打斷，如圖 8.38 所示。由於這個現象，Fe 濃度可以利用 SPV 法量測矽晶試片在 200℃前後的擴散長度而算出：

$$\begin{aligned}[\mathrm{Fe}] &= \frac{D_n / f(1/L_1^2 - 1/L_0^2)}{C_n(\mathrm{Fe}_i - C_n(\mathrm{FEB})/\exp[E_f - 0.1\mathrm{eV}/kT]} \\ &= 1.06\times 10^{16}(1/L_1^2 - 1/L_0^2)\end{aligned} \tag{8.43}$$

其中 D_n 爲電子之擴散速度，f 爲 FeB 的解離度，L_0、L_1 分別爲 FeB 鍵解離前後的擴散長度，$C_n(Fe_i)$、$C_n(FeB)$ 爲電子捕獲率，E_f 爲 FeB 的鍵結能。SPV 對 Fe 濃度的量測下限，完全依照 SPV 儀器所能量測到的最大擴散長度而定。

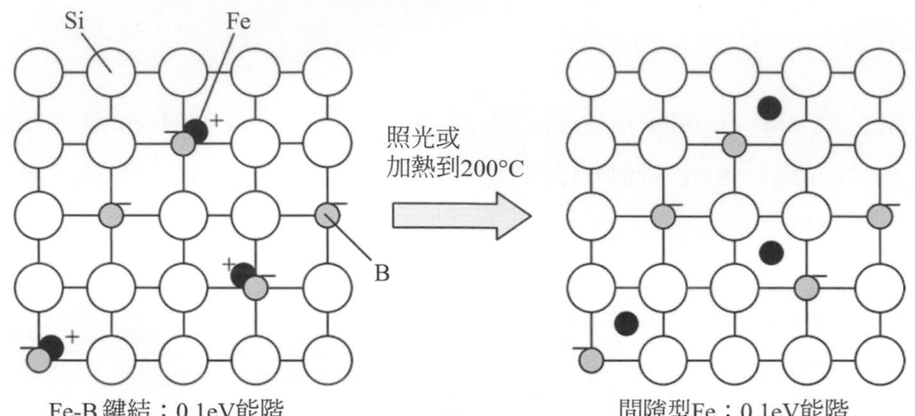

圖 8.38　因為 Fe-B 鍵與 interstitial Fe 在矽的能帶裡佔據不同的能階，因此利用加熱前後所量到的擴散長度 (或 lifetime) 即可量測到 Fe 的濃度

四、PCD 法 (Photoconductivity Decay Method)

PCD 法是最早被使用的 lifetime 量測技術 [14]。這方法係利用一瞬間的光源 (pulsed light) 以激發出過多的電子電洞對，俟移去光源後再偵測載子的蛻變過程。由於試片的導電度 σ 正比於載子數目，所以在表面再結合程度可忽略之下，導電度將如同過多載子的蛻變一樣表示爲

$$\Delta\sigma = \exp(-t/\tau) \tag{8.44}$$

在傳統上，蛻變過程是利用歐姆接觸 (ohmic contacts) 去直接量測導電度的變化，以決定 lifetime τ。圖 8.39 顯示這種歐姆接觸實驗上的安排 [15]。線路上的電阻與試片電阻爲串聯形式，設計上使得線路上的電阻遠比試片電阻大，所以試片可以被供應一固定電流。在這種情況之下，lifetime τ_r 可表示爲

$$\tau_r = \tau_v[1-(\Delta V/V)] \tag{8.45}$$

其中 τ_v 爲 lifetime 量測值，V 爲通過試片的靜止電壓，ΔV 爲由瞬間光源所引起的電壓變化量。根據 ASTM F28(16)，式 (8.45) 是在 $\Delta V/V > 0.1$ 時的校正公式，在

$\Delta V/V<0.1$時可直接假設$\tau_r=\tau_v$。一般電壓變化量$\Delta V(t)$是顯示在示波器上，而利用量測ΔV降低$1/e$倍時所花的時間，即可以決定 lifetime。

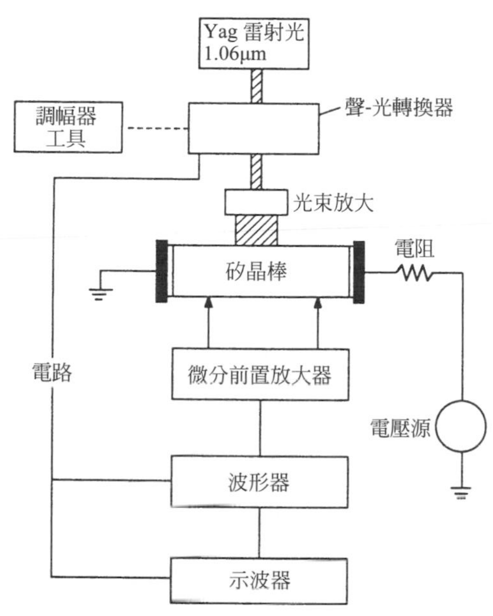

圖 8.39 傳統式歐姆接觸 PCD 實驗上的安排 [16]

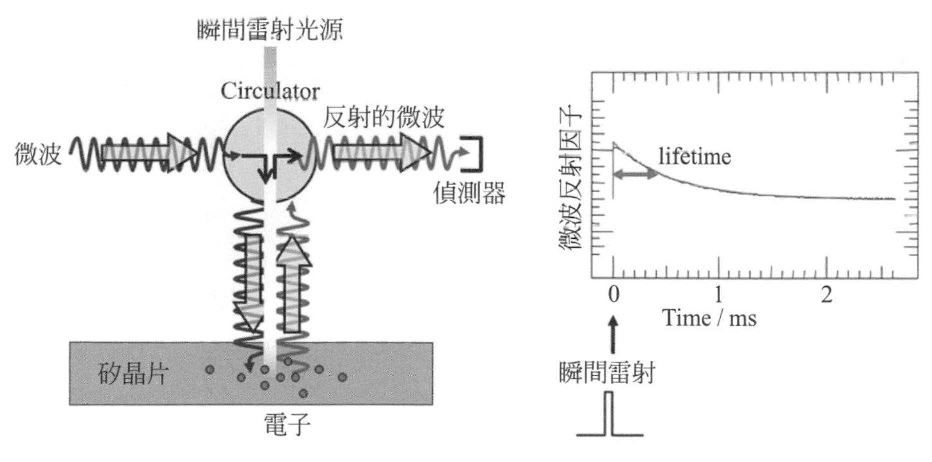

圖 8.40 μ-PCD 法之示意圖

傳統的接觸性 PCD 方法不僅具破壞性，而且耗時。因此開發非接觸性的 PCD 方法是非常必需的，因爲它不僅快速且爲非破壞性。近來一些非接觸性的量測方式陸續被開發採用，其中利用微波反射 (microwave reflection) 技術是目前最普遍被採用的，這方法一般被稱爲 μ-PCD 法 [18～22]。圖 8.40 爲 μ-PCD 法的示意圖 [20]，就如同傳統的

PCD 法一樣，過多的載子亦是由瞬間光源所激發產生的。但是導電度之蛻變卻是利用偵測試片的微波反射率變化而得到，這是因爲微波反射率 R 是導電度 σ 的函數

$$R = 1 - \gamma / \sigma^{1/2} \tag{8.46}$$

其中 γ 是個常數，其大小與微波頻率及導波管之阻抗有關。事實上微波並非直接由表面反射出來，它們其實穿透試片的「表皮層」。例如：當 0.5Ω-cm 及 100Ω-cm 矽晶被 10GHz 的微波照射時，表皮層的深度分別爲 350mm 及 2200mm。因此反射的微波訊號可以有意義的代表矽晶內部的載子濃度。但是對於磊晶層的 lifetime 量測，傳統的 μ-PCD 所使用的 10GHz 及 904nm 波長，將使得穿透深度約爲 30mm，這麼長的穿透深度將無法反應出磊晶層的 lifetime。最近有人開發出所謂「微分 (differential) μ-PCD」，利用較高的微波頻率 (26GHz) 及較低的波長 (523nm)，使得穿透深度僅約爲 1μm，所以可以被用來量測磊晶層的 lifetime。

在 μ-PCD 法中，表面再結合作用對 lifetime 量測結果之影響是特別要考慮的。Surface lifetime λ_s 是由兩個部份所組成，其中包括 (1) 擴散項 τ_{diff}：這是載子由試片內部擴散到表面的特性時間，它與試片的厚度 d 及載子擴散係數 D 有關。(2) 表面再結合項 τ_{surf}：這是由表面再結合所引起的特性時間，它與試片的厚度 d 及再結合速度 S 有關。因此 Surface lifetime τ_s 可表示爲 [22]

$$\begin{aligned}\tau_s &= \tau_{\text{diff}} + \tau_{\text{surf}} \\ &= L^2/\pi^2 D + L/2S\end{aligned} \tag{8.47}$$

當表面再結合之影響不能忽略時，lifetime 量測值 τ_{meas} 可利用下式修正爲試片本身眞正的 lifetime τ_{bulk}

$$1/\tau_{\text{meas}} = 1/\tau_{\text{bulk}} + 1/\tau_s \tag{8.48}$$

爲了減少表面再結合的影響，ASTM F1535 上建議，試片還須先做表面鈍化 (passivation) 處裡，常見的處理分式有以下幾種：

(1) 化學鈍化：最普遍的是使用碘酒精液 (Iodine-alcohol solution) 去做鈍化。

(2) 氧化鈍化：例如長一層 200Å 的熱氧化層 (thermal oxide)，也可有效的鈍化表面。

(3)　表面電荷沉積 (Corona charging)

圖 8.41 爲一現代的 μ-PCD 商業量測設備照片，這樣的設備跟前面提到的 SPV 設備一樣，除了 mapping 外亦可定量地測出 Fe 含量。圖 8.42 爲利用 μ-PCD 量測到一 300mm 矽晶圓片的 lifetime map。

圖 8.41　一現代的 μ-PCD 商業量測設備 (本照片由 Semilab 提供)

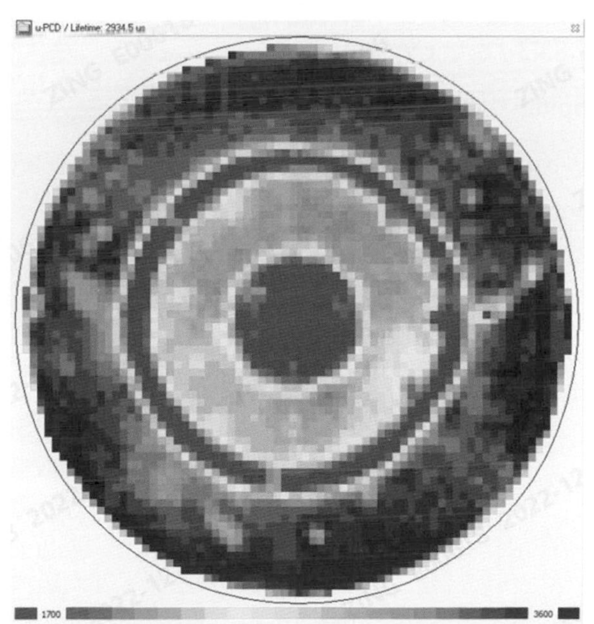

圖 8.42　利用 μ-PCD 量測到一 300mm 矽晶圓片的 lifetime map

五、Lifetime Mapping 在晶圓缺陷研究上的應用

由於 SPV 及 μ-PCD 具有 lifetime mapping 的功能，近來被廣泛用來研究晶體生長的內質點缺陷反應。事實上在高溫下矽晶中的間隙型缺陷 (interstitials) 及孔洞型缺陷 (vacancies) 的反應，並不能直接由 lifetime 分析而偵測。而反應之後所殘留的點缺陷 (參見第 5 章)，卻會在冷卻到較低的溫度時戲劇性的影響氧的析出行為。而由於少數載子亦會在氧析出物處發生再結合之作用，因此氧析出物將會影響到 lifetime[23～24]。殘留點缺陷在矽晶徑向分佈可能存在差異性，造成區域性不同的氧析出行為，因此將在 lifetime mapping 上存在著對比的圖形，而被用以判別點缺陷在 CZ 矽晶中的反應情形。圖 8.43 為一 CZ 矽晶棒縱向剖面的 lifetime mapping，圖中可清楚地判別 H-band、L-band、P-band 的變化情形，另外 *V/I* 界面的位置變化亦可藉此得知。因此利用這種 mapping 方法，晶體生長者可以去了解 CZ 晶棒內缺陷的分佈情況，進而去調整製程參數來改善晶棒之品質。

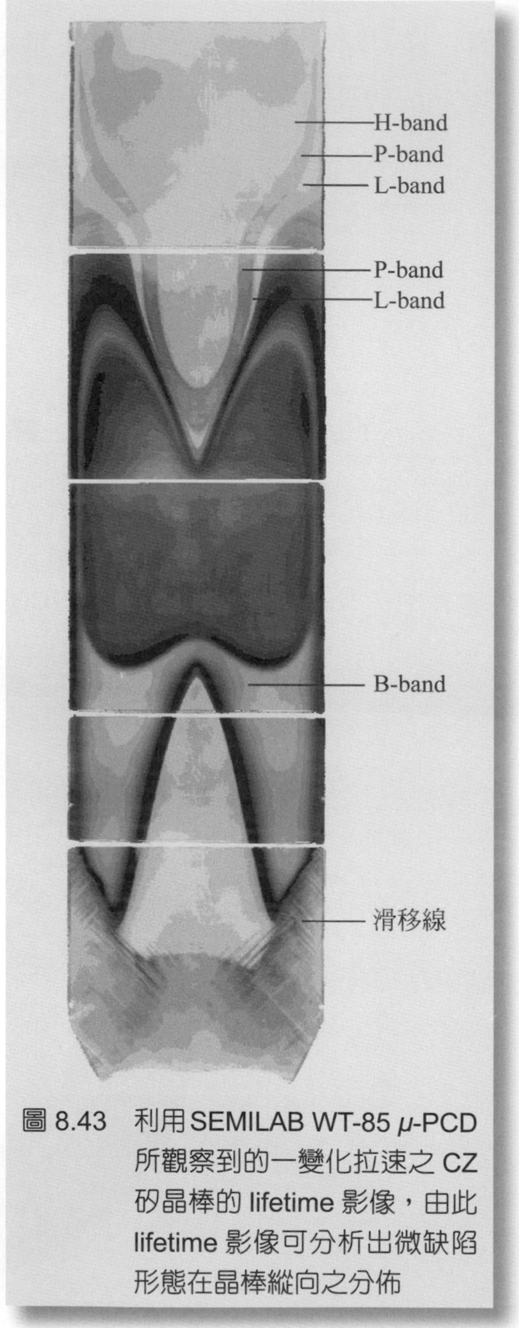

圖 8.43　利用 SEMILAB WT-85 μ-PCD 所觀察到的一變化拉速之 CZ 矽晶棒的 lifetime 影像，由此 lifetime 影像可分析出微缺陷形態在晶棒縱向之分佈

六、參考資料

1. R.D. Westbrook, ed., "Lifetime Factors in Silicon." Am. Soc. Test. Mater., Philadephia, Pennsylvania, 1980.
2. D.K. Shroder, IEEE Trans. Electron Devices ED-29 (1982) p.1336-1338.

3. W. Shockley and W.T. Read, Phys. Rev. 87 (1952) p.835-842.
4. Y.P. Varshni, Phys. Stat. Sol. 19 (1967) p.459-514.
5. J.G. Fossum, R.P. Mertens, D.S. Lee, and J.F. Nijs, Solid-State Electron. 26 (1983) p.569-576.
6. G. Obermerier, J. Hage, and D. Huber, ASTM STP 1340, D.C. Gupta, F. Bacher and W.H. Hughes, Eds. American Society for Testing and Materials. 1998.
7. E.O. Johnson, J. Appl. Phys. 28 (1957) p.1349-1353.
8. ASTM F391, Annual Book of ASTM Standards, Vol. 10.05.
9. W.R. Runyan and T.J. Shaffner, "Semiconductor Measurements & Instrumention.", 2nd Edition, McGraw-Hill Inc., 1998, p.159.
10. A.M. Goodman, J. Appl. Phys. 32 (1961) p. 2550-2552.
11. C.L. Chiang and S. Wagner, IEEE Trans. Electr. Dev. 32 (1985) p.1722-1726.
12. L.W. Henley and C.J. Nuese, Solid State Technol. Dec. (1992) p.27-35.
13. G.Zoth and W. Bergholz, J. Appl. Phys. 67 (1990) p.6764.
14. D.T. Stevenson, and R.J. Keyes, J. Appl. Phys. 26 (1955) p. 190-195.
15. A.R. Gerhard and C.W. Pearce, in "Lifetime factors in Silicon" (R.D. Westbrook, ed.), Am. Soc. Test. Mat., Philadelphia, PA, 1980, 0. 161-170.
16. ASTM F28, Annual Book of ASTM Standards, Vol. 10.05.
17. L. Koester, Jpn. J. Appl. Phys. 34 (1995) p.932.
18. A.P. Ramas, H. Jacobs, and F.A. Brand, J. Appl. Phys. 30 (1959) p. 1054-1060.
19. R.D. Larrabee, RCA Rev. 21 (1960) p.124-129.
20. Y. Mada, Japan. J. Appl. Phys. 18 (1979) p.2171-2172.
21. ASTM F1535, Annual Book of ASTM Standards, Vol. 10.05.
22. T.S. Horanyi, T. Pavelka, and P. Tutto, Applied Surface Science, 63 (1993) p.306-311.
23. J.M. Hwang and D.K. Schroder, J. Appl. Phys. 59-7 (1986) p.2476.
24. L. Jastrzebski, Materials Science and Engineering, B4 (1989) p.113.

8-6 晶圓缺陷檢驗與超微量分析技術

一、前言

在本書第 5 章中，我們介紹了矽晶圓可能存在著的各種缺陷。這些缺陷包括了差排、OISF、D-defects、A-defects、BMD 及 FPD 等。由於這些缺陷的存在，對於矽晶圓在 IC 元件製程的良率有很大的影響。因此，矽晶圓客戶對於這些缺陷的密度常設有一定的規格，這也使得「缺陷檢驗」成為矽晶圓材料製造業的品質管制之一要項。矽晶圓材料製造業用以檢驗這些缺陷的方法，大多採用選擇性蝕刻 (preferential etching) 的方法，再利用光學顯微鏡進行觀察，因為這是最快速、成本最低的方式。此外，XRT、SEM 及 TEM 等方法也可被用來檢驗缺陷的存在，但通常都僅用在「離線檢驗」、製程研發及學術研究等用途上。最近，原子力顯微鏡 (Atomic Force Microscope，AFM) 也被廣泛地用於晶圓清洗製程開發、蝕刻形貌檢驗、平坦化粗糙度分析、矽晶片與鍍膜表面形貌及缺陷之觀察上。

根據 1997 年國際半導體儀器與儀器協會出版之標準規範，其對半導體製程中所使用之材料及化學品中不純物濃度的規定，多數元素皆已低達 1 ppb 以下的程度。為有效達成上述極低濃度分析的目標，除了具備超微量分析技術為不可或缺之需求外，瞭解樣品的前置處理方法 (包括分析物之濃縮或樣品基質之分離)，與使用高靈敏的偵測儀器亦是不可或缺的要求。在半導體工業中使用的精密儀器的種類相當繁多，一般最常被用來測定微量元素的分析儀器有石墨爐原子吸收光譜 (Graphite Furnace Atomic Absorption Spectrometer，GFAAS)、感應耦合電漿質譜儀 (Inductively Coupled Plasma Mass Spectrometer，ICPMS) 及全反射 X 射線螢光儀 (TXRF) 等。

本節將分別說明以上這些缺陷檢驗技術及超微量分析技術的原理及相關儀器。除此之後，本節也將簡單介紹 EDX、EDS、EBIC、FIB、FELS、AES、XPS、NAA、RBS 等儀器的原理及應用，以供有興趣的讀者之參考。

二、選擇性蝕刻 (preferential etching) 的技術

1. 化學蝕刻液之選定

一般晶圓缺陷的檢驗，都是先利用化學蝕刻液 (etchant) 進行選擇性蝕刻 (preferential etching)，然後再以光學顯微鏡來觀察矽晶圓表面缺陷的型態與密度。這種晶圓缺陷的檢驗原理，是基於缺陷所引起的局部應力場促進了蝕刻速率，因而在光學顯微鏡下使得缺陷與基材之間，形成明暗對比。因此各別缺陷會有其特殊的「外貌」，例如：差排在 {100} 矽晶上呈現四邊形的蝕坑 (etching pits)、差排在 {111} 矽晶上呈現三角形的蝕坑、疊差 (stacking faults) 則呈現半月形或啞鈴形。

表 8.3 用以觀察矽晶缺陷的常見化學蝕刻液

蝕刻液	配方	蝕刻速率	用途與注意要點
Sirtl[1]	先將 50 克的 CrO_3 溶解於 100ml 的 H_2O 中，再以 1：1 的比率與濃度 49% 的 HF 混合	～3.5μm/min	1. 特別適合 {111} 方向矽晶之蝕刻 2. 由於會使得 {100} 表面變模糊，所以不適合使用在 {100} 方法 3. 蝕刻反應會使得蝕刻液的溫度增加，因此適當的溫度控制是必需的
Dash[2]	HF：HNO_3：CH_3COOH = 1：3：10	－	可同時適用於 {111} 及 {100} 方向矽晶表面之蝕刻，但對 P- 型矽晶較為合適
Secco[3]	先將 11 克的 $K_2Cr_2O_7$ 溶解於 250ml H_2O 中 (亦即 0.15M)，再以 1：2 的比率與濃度 49% 的 HF 混合	～1.5μm/min	1. 特別適合 {100} 方向矽晶之蝕刻 2. 不適合 P+ 矽晶
Schimmel[4～5]	先將 75 克的 CrO_3 溶解於 1000ml H_2O 中，再以 1：2 的比率與濃度 49% 的 HF 混合	～1.0μm/min	1. 適合 {100} 方向高電阻率矽晶之蝕刻 2. 對於低電阻率矽晶 (< 0.2Ω-cm)，可將 Schimmel 溶液以 2：1 的比率與 H_2O 混合

表 8.3　用以觀察矽晶缺陷的常見化學蝕刻液 (續)

蝕刻液	配方	蝕刻速率	用途與注意要點
Wright[5]	1. 45 克 CrO_3 加到 90ml H_2O 中 2. 6 克 $Cu(NO)_3$ · $3H_2O$ 加到 180ml H_2O 中 3. 90ml HNO_3 + 180ml HF + 180ml CH_3COOH 將溶液 1. 及 2. 先混合後，再加入溶液 3.	～ 1.0μm/min	1. 可同時適用於 {111} 及 {100} 方向矽晶表面之蝕刻 2. 如果將 Wright etchant 以 1：1 的比率與 H_2O 混合，即可用來蝕刻 P+ 矽晶
Yang[6]	先將 150 克的 CrO_3 溶解於 1000ml 的 H_2O 中，再以 1：1 的比率與濃度 49% 的 HF 混合	–	可同時適用於 {111} 及 {100} 方向矽晶表面之蝕刻
Seiter[7]	先將 120 克的 CrO_3 溶解於 100ml 的 H_2O 中，再以 9：1 的比率與濃度 49% 的 HF 混合	0.5 ～ 1μm/min	1. 適合 {100} 方向矽晶之蝕刻 2. 可用以觀察差排與 OISF

矽晶圓的蝕刻速率通常與結晶方向有關，因此化學蝕刻液必須考慮到方向性。表 8.3 列出常見的化學蝕刻液。但一般爲了獲得最佳的選擇性蝕刻效果，大多會使用 Sirtl 蝕刻液來檢驗 {111} 矽晶之缺陷，而使用 Secco 蝕刻液來檢驗 {100} 矽晶之缺陷。然而台灣基於環保的考慮，已禁止使用鉻酸化合物，因此發展其它蝕刻液來取代 Secco 是必需的，例如：MEMC 公司開發出來的 C5 及 C6 化學蝕刻液 [9]。一些晶體缺陷的量測，例如 OISF、BMD 等，必須先經過特殊的熱處理，才進行選擇性蝕刻，如以下的說明：

(1) OISF：試片需先經過高溫氧化熱處理 (例如：1100℃下做 2 小時濕氧處理)，然後使用 HF 將氧化層去除，再進行選擇性蝕刻。之後在光學顯微下，算出 OISF 數目，再轉換成單位面積的密度 (#/cm^2)。

(2) BMD：試片需先經過熱處理使得 BMD 成核析出及長大 (例如：780℃ 3 hrs + 1000℃ 16 hours)，再進行選擇性蝕刻。之後在光學顯微下，算出 BMD 數目，再轉換成單位體積的密度 (#/cm^3)。

2. 光學顯微境 (Optical Microscope，OM) 的應用

光學顯微鏡可說是晶圓缺陷分析最常使用的儀器。它的成像原理，是利用可見光在試片表面因局部散射或反射的差異，來形成不同的明暗對比，並放大顯現出觀察物的影像。由於可見光的波長高達約 5000Å，在解析度的考量上自然比不上 SEM 及 TEM 等儀器 (見表 8.4)，可是在實際應用上，光學顯微鏡仍具有許多優點，例如：儀器購置成本低、操作簡便等。雖然因爲偏折的聚焦鏡爲光學鏡片，放大倍率有限，但是可以觀察區域卻是所有儀器中最大的。這些事實說明了光學顯微鏡的觀察，事實上仍能提供許多初步的結構資料，而在分析效率上也是絕對優越的。圖 8.44 爲利用光學顯微鏡觀察到的一些矽晶圓缺陷之例子。

表 8.4 光學顯微鏡、掃描式電子顯微鏡、穿透式電子顯微鏡之比較

儀器特性	OM	SEM	TEM
物質波	可見光	電子 (1.3 kV)	電子 (100 ～ 1000 kV)
波長	～ 5000Å	～ 1Å	0.037Å (100kV)
介質	空氣	眞空	眞空
鑑別率	～ 2000Å	15.5Å	1.2Å
偏折聚焦鏡	光學鏡片	電磁透鏡	電磁透鏡
試片	不限厚度	不限厚度，試片大小與基座有關	厚度～ 1000Å，試片大小 < 3mm
結構資料	表面微結構與缺陷	表面微結構與缺陷	晶格結構、化學組成等
試片之破壞性	是	否	是
其它		試片施以 chemical stainning 可加強不同材質的對比	試片製作的難度高

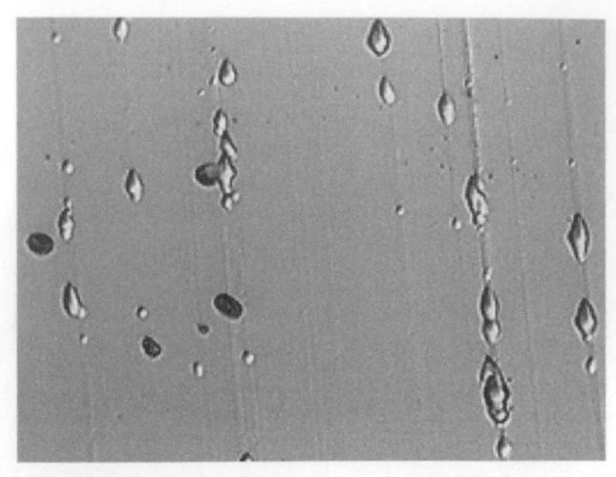
(a) {100}矽晶試片上的差排蝕坑

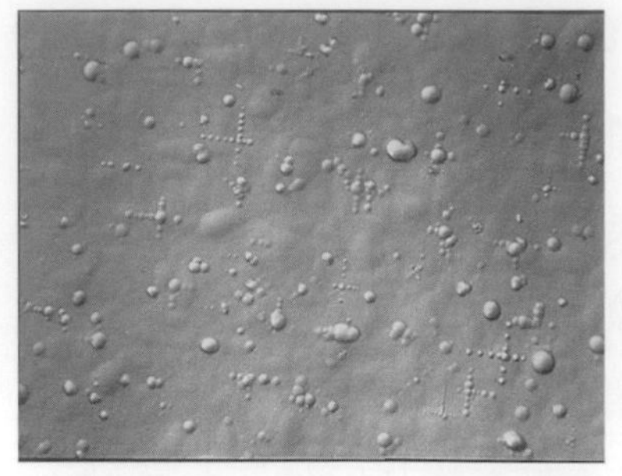
(b) {100}矽晶試片上的 BMD

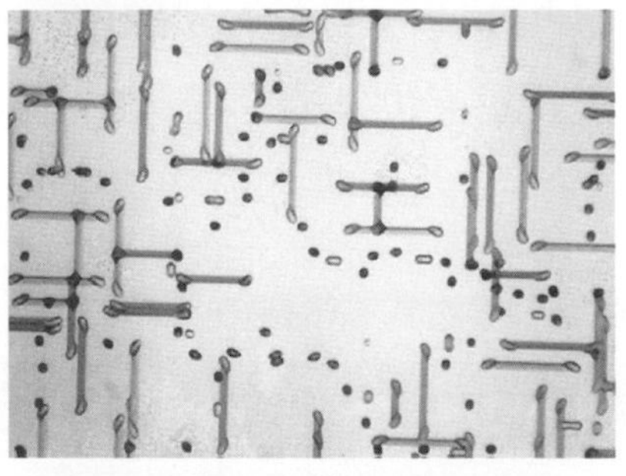
(c) {100}矽晶試片上的 OSF

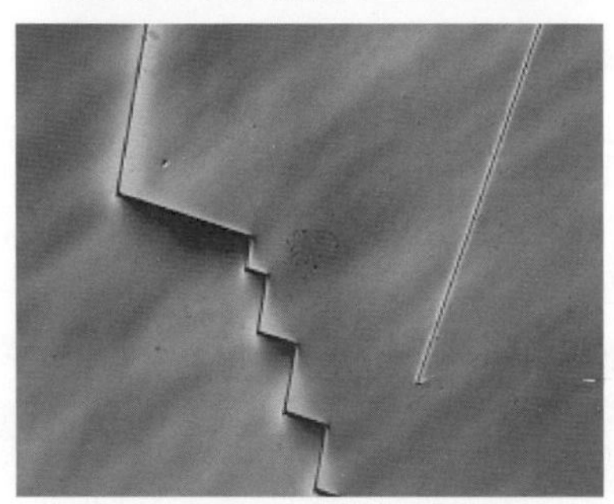
(d) {100}矽晶試片上的 twin

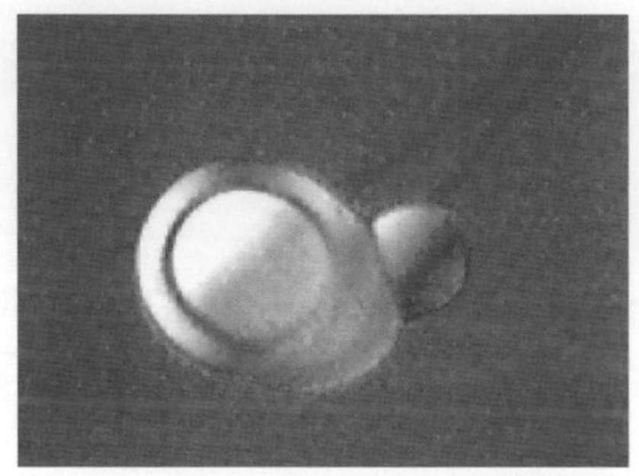
(e) {100}矽晶試片上的 A-defects

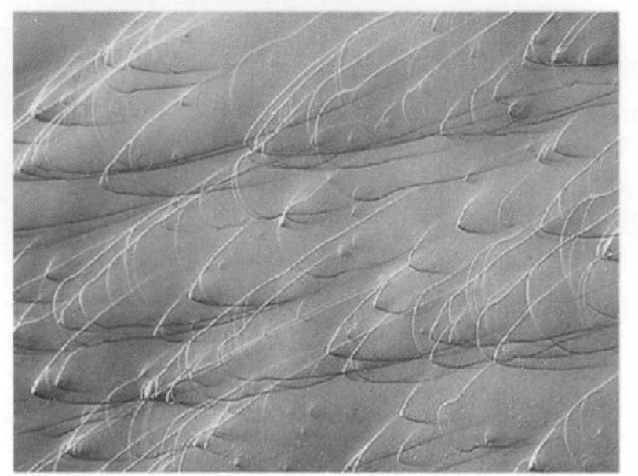
(f) {100}矽晶試片上的 D-defects

圖 8.44　用光學顯微鏡觀察到的一些矽晶圓缺陷之例子

三、掃描式電子顯微鏡 (Scanning Electron Microscope，SEM)(10～13)

由於電子元件的線路尺寸日益縮小，使得半導體工業對量測及分析儀器之要求愈來愈高，這使得電子顯微鏡之應用日益廣泛。其中掃描式電子顯微鏡 (SEM) 具有以下的特性，所以成爲適合半導體工業使用的高性能之分析儀器：

- 試片準備較爲簡易。
- 平面解析度佳。
- 景深長。
- 可顯示清晰的 3D 影像。

• 可獲得電場電壓分佈、電阻變化、薄膜厚度及缺陷結構等特性。

• SEM 可與其它分析儀器結合為許多有用的微量分析工具。

但是 SEM 也有以下的缺點：

(1) SEM 的影像只有黑白，不像光學顯微鏡有彩色影像。雖然可以利用影像處理軟體來將影像依設定之條件做染色 (pseudocoloring)，但這畢竟不是真實之顏色。

(2) SEM 對試片表面之起伏並不敏感，若高度差在 100Å 以內的話，SEM 並不能分辨出來。因此若欲觀察之試片表面太平滑時，SEM 是不適用的。

1. 掃描式電子顯微鏡之原理

如圖 8.45 所示 (11)，SEM 儀器的基本零件包括：電子槍 (electron gun)、電磁透鏡 (condenser lens)、掃描線圈 (scanning coils)、物鏡 (objective lens)、電子接收器 (electron collector) 及陰極射線管 (cathode ray tube，CRT) 等。電子係由電子槍中的鎢絲燈 (W) 或六硼化鑭 (LaF_6) 受熱游離產生的，然後經由陽極以約 0.2 ～ 0.3kV 之電壓加速，再經過 1 ～ 2 個電磁透鏡及物鏡的聚焦作用後，直接打到試片的表面上。位在物鏡附近的掃描線圈，是用以使電子束具備掃描試片表面的能力。當這種高能量的電子束打到試片表面之後，會引起二次電子 (secondary electrons)、背反電子 (backscattered electrons)、穿透電子、X-ray、陰極發光 (cathodoluminesence) 及吸收電流等訊號的產生，如圖 8.46 所示 (12)。這些電子訊號將由電子接收器所接收，然後將這些訊號放大之後，顯示在 CRT 上。目前 SEM 的訊號處理，大多以數位 (digital) 的方式，來代替以往的類比 (analog) 方式，以改善影像之處理及儲存。

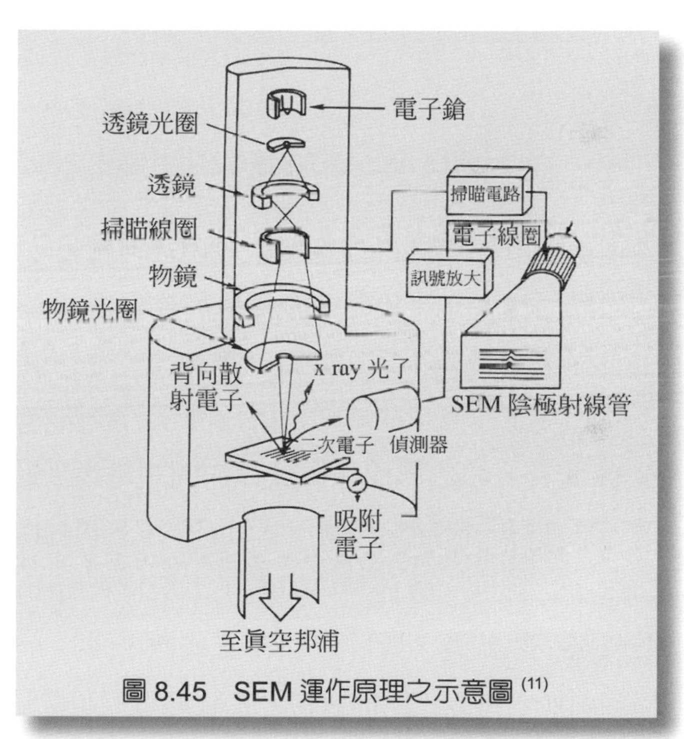

圖 8.45 SEM 運作原理之示意圖 (11)

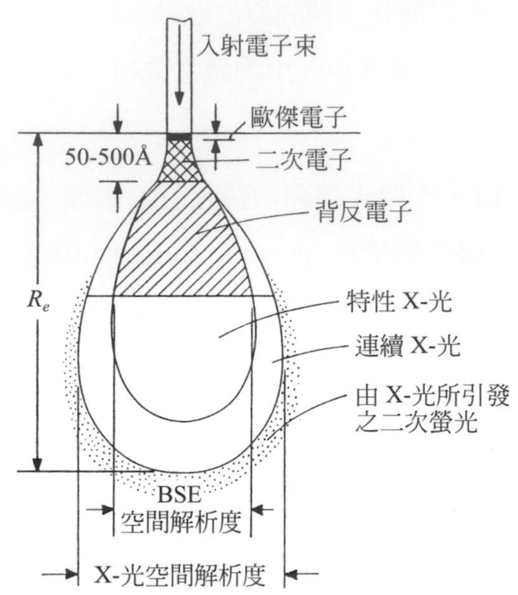

圖 8.46　電子束撞擊試片所產生之訊號的範圍及空間分佈情形 (12)

事實上，SEM 的成像並未經由任何透鏡，像之放大完全由掃描線圈控制試片上之掃描面積大小來決定。若要增加放大倍率，只要降低掃描線圈之電流，而使試片上之掃描面積減小即可達成。要知道的是，SEM 的成像原理與傳統的光學及 TEM 不同，其並非眞正的成像，因爲眞正的成像必須有眞實的光路徑連接到底片上。對 SEM 而言，像之形成係由試片空間經轉換到 CRT 空間而成的。且其影像訊號之傳遞，係在每一掃描點得到一個訊號強度，再經由每一點之訊號，依時間順序組合而成 CRT 上之影像。故任何入射電子束與材料所引起的訊號，只要可以被迅速收集而轉換成電子訊號者，皆可在 CRT 上成像。因此，SEM 可同時收集數種訊號，而從同一掃描區域內得到不同的資料。SEM 亦可控制電子束之掃描方式，如面掃描 (mapping)、線掃描 (line scanning) 及點掃描 (spot mode scanning) 等來獲得不同之訊號呈現方式，以利方析工作之進行。另外，因 SEM 之成像是依時間順序而成，故聚焦及成像較繁雜，也因此非常依賴電路或電腦技術來傳遞及處理訊號，這也是爲何 SEM 之起步較 TEM 晚的原因之一。目前幾乎所有矽晶圓廠都常利用 SEM 去分析晶片表面的缺陷，圖 8.47 即爲利用 SEM 觀察到晶面表面的 COP 之例子。

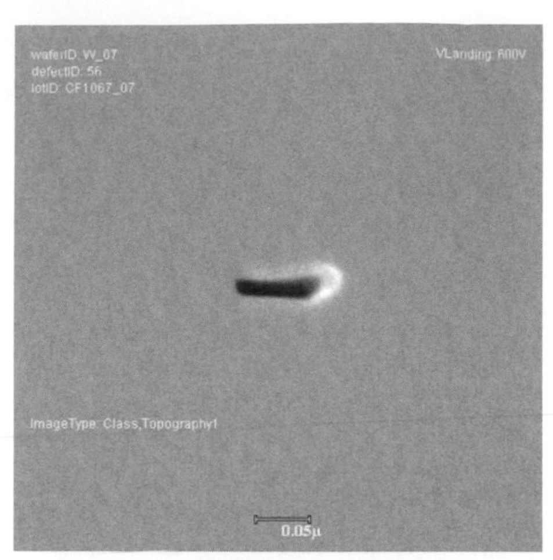

圖 8.47　利用 SEM 觀察到晶面表面的 COP 之例子

2. SEM 衍生分析儀器

前面曾提過當高能量的電子束打到試片表面之後，會引起二次電子 (secondary electrons)、背反電子 (backscattered electrons)、穿透電子、X-ray、陰極發光 (cathodoluminesence) 及吸收電流等的產生。因此如果在 SEM 上裝置著可以偵測這些訊號的儀器，那麼 SEM 即可衍生出許多有用的分析技術 [(10)]。以下我們將介紹其中的 EDS 及 FIB 等兩個重要的分析儀器。

A. X 光能譜散射儀 (Energy-Dispersive Spectrometer，EDS)

EDS 所偵測的訊號爲試片受電子束撞擊後，所產生的特性 X-ray(characteristic X-ray)，如圖 8.48 所示。這種特性 X-ray 的產生，係因爲試片原子中的內層軌道電子先被入射電子束擊出，使得外層軌道電子爲了維持系統的最低能量狀態，因而塡入內層被激發後所留下來的空位，於是放出所謂的特性 X-ray。因此量測特性 X-ray 的能量及波長，即可得知試片中的元素組成。

此外，當電子束在逐漸接近原子核時，會被其減速而釋放出連續的 X-ray。所以 EDS 的 X-ray 偵測器所偵測到的 X-ray 光譜，即包含以上兩個 X-ray 來源，其中連續的 X-ray 不能提供任何有用的訊息，反而形成背景雜訊，並降低了 EDS 能譜的靈敏度。

EDS 的優點爲不同能量的 X-ray 皆一起進入偵測器內，再利用高處理速度將不同能量的 X-ray 予以分開。其能量解析度目前最好可達 130eV，但仍遠差於波長分散光譜儀 (wavelength-dispersive spectrometer，WDS) 的能量解析度。EDS 的另一缺點是，對輕元素的解析力差。

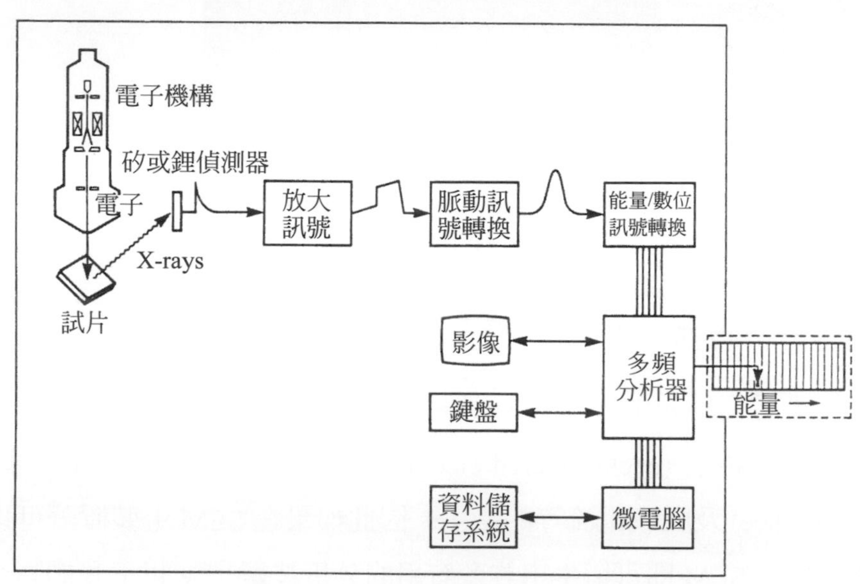

圖 8.48　EDS 光譜儀之構造示意圖

B. 聚焦式離子顯微鏡 (Focused Ion Beam，FIB)

如圖 8.49 所示，聚焦離子束 (Focused Ion Beam，FIB) 的架構及操作與 SEM 很相似。主要的差別是 FIB 使用 Ga+ 離子束做爲照射源，Ga+ 離子由離子槍發射並加速，經由靜電透鏡 (electrostatic lens) 的聚焦作用後，再由不同孔徑 (aperture) 來調整離子束大小，最後由物鏡對焦後直接打在試片上。由於離子束比電子具有更大的動量及質量，當其照射至試片上時會造成一連串的撞擊與能量傳遞。因此，試片表面將發生氣化、離子化等現象而濺出中性原子、離子、二次電子及電磁波等訊號，如圖 8.50 所示。藉由收集二次電子或離子的訊號，可以以類似 SEM 的方式成像。圖中的偏向器 (deflector) 係用以控制離子束在試片上之掃描。

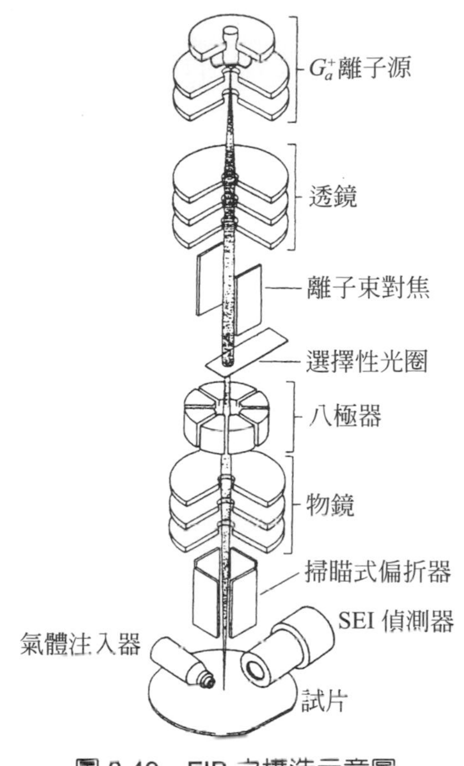

圖 8.49　FIB 之構造示意圖

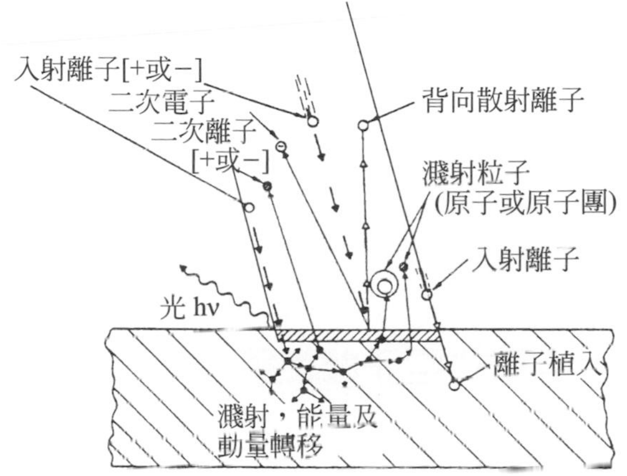

圖 8.50　離子束入射固體試片所產生的現象

表 8.5 顯示 SEM 及 FIB 之間的差異。FIB 的優點是對不同材料之對比影像較 SEM 佳，但由於離子束的直徑較 SEM 的電子束大，所以解析度比 SEM 差。FIB 的另一用途是可以快速切割物件以當成電子顯微鏡的試片，當離子束沿著物件直線來回的運動時，可以切割物件而不致於造成臨近結構的損傷。

FIB 最早被使用在半導體之光罩修補上，接著又被使用在導線之切斷或連結。之後，一系列的應用被開發出來，例如微線路分析及結構上之故障分析等。FIB 目前已逐漸廣泛地被半導體業所使用。

表 8.5　SEM 與 FIB 的比較

	SEM	FIB
照射源	電子	Ga+ 離子
來源	W 或 LaB_6	液態 Ga+ 離子源尖端放射
照射源能量	100V ～ 30kV	5kV ～ 50kV
照射源電流	> 30nAmp	1 ～ 10nAmp
照射源最小直徑	< 1nm	< 10nm
透鏡設計	電磁透鏡	靜電式
表面效應	二次及背反電子	表面濺射及二次電子
蝕刻速率	無	$2\mu m^3$/sec@10nA

四、穿透式電子顯微鏡 (Transmission Electron Microscope，TEM)

TEM 最早的發展要追溯到 1932 年，Knoll 及 Ruska 利用電子經過電磁透鏡的對焦而產生影像 [14]。當初 TEM 相片的品質尚比不上光學顯微鏡，但之後經過短短 2 年的發展，TEM 的解析度與放大倍數已遠優於光學顯微鏡。初期的 TEM 只被用在影像放大的目的上，但後來一些具分析功能的週邊設備 (例如：能量損失偵測器、光及 X-ray 偵測器等) 陸續被加到 TEM 儀器上，而這種分析儀器則統稱之爲 AEM (analytical transmission electron microscope)[15 ～ 16]。

傳統上，TEM 是被用來研究材料基本性質的一個重要工具。例如：TEM 曾提供矽晶中的氧析出物引起差排環等結晶缺陷的證據 (參見本書第 5 章第 2 節)。對於 MOS 元件已邁入小於 0.18mm 的今日，TEM 可說是具備著對某些電路結構的尺寸定量、及閘氧化層與電容介電元件的厚度差異量測之唯一設備。TEM 也可以直接將矽晶中的點缺陷，以影像的方式顯現出來。因此，雖然 TEM 不適用於矽晶圓材料廠例行的缺陷規格檢驗上，但卻是半導體工業製程的研發或學術研究上的重要儀器。

1. 穿透式電子顯微鏡的原理

如圖 8.51 所示，TEM 和 SEM 一樣，用以撞擊試片的高能量電子都是由電子槍中的鎢絲燈 (W) 或六硼化鑭 (LaF_6) 受熱游離產生的 (10)。電子在經過電磁透鏡及物鏡的聚焦作用後，直接打到試片的表面上。但由於試片相當薄，電子束其實是直接貫穿試片的。這些穿透電子及散射電子 (scattered electrons) 會在試片下方的螢光底片上產生特殊的放大繞射影像。當影像的產生僅由穿透電子而引起時，稱之為「亮場影像 (bright-field image)」，如圖 8.52(a) 所示；當影像的產生僅由散射電子而引起時，稱之為「暗場影像 (dark-field image)」，如圖 8.52(b) 所示。影像的對比程度與通過試片的電子束強度有關，且可由電子繞射的動力理論來預測之 (17～18)。

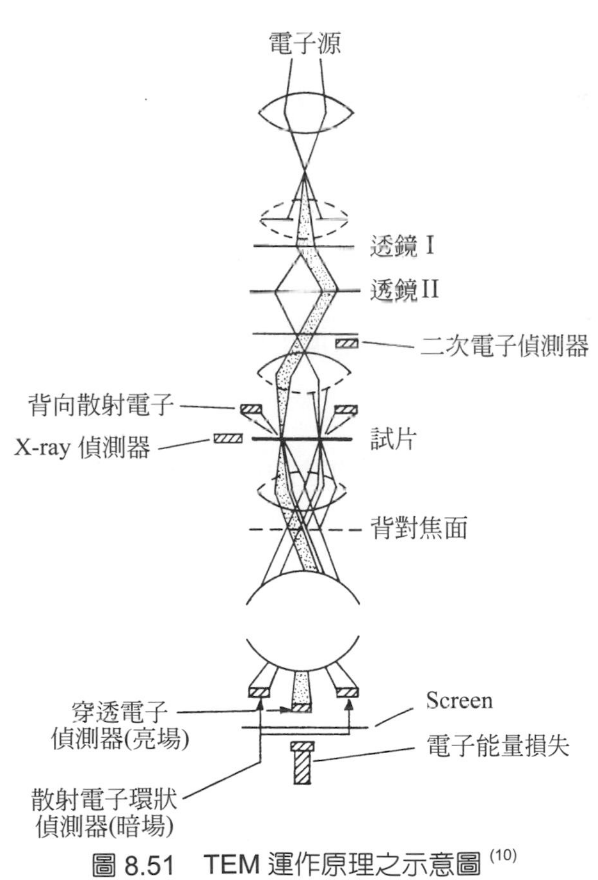

圖 8.51　TEM 運作原理之示意圖 (10)

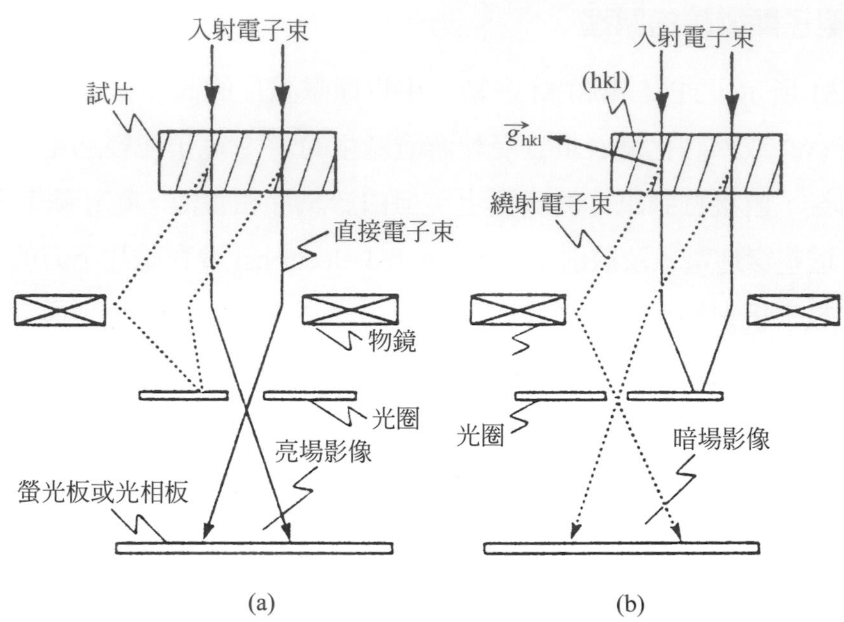

圖 8.52　TEM 的兩種成像方式：(a) 亮場影像 (bright-field image)，(b) 暗場影像 (dark-field image)[41]

由於 TEM 影像的對比效應，係由原子相對於其位於完美位置的移動所產生的，因此晶格缺陷的形式 (亦即布拉格向量) 可藉由觀察不同繞射條件下的影像而得到。在暗場影像下，差排會以暗線的形態出現；但在亮場影像下，差排會以亮線的形態出現。

在倍率的放大上，TEM 和光學顯微鏡的原理一樣，都是藉由透鏡的作用來達到放大的效果。但 TEM 最大的優點是可以達到 1.8 ～ 2Å 的高解析度。TEM 這種高解析度可由以下的解析度方程式說明之：

$$s = \frac{0.61\lambda}{n\sin(\theta)} = \frac{0.61\lambda}{NA} \tag{8.49}$$

其中 s 爲解析度、λ 爲波長、n 爲反射指數 (reflection index)、θ 爲透鏡至試片的半弧角、NA 爲數位孔隙 (numerical aperture)，用以表示透鏡的解析功率及影像的明亮度。NA 值愈高，透鏡的品質愈高。以普通的光學顯微鏡而言，$NA \approx 1$ 且 $\lambda \approx$ 5000Å，所以解析度 s 約等於 3000Å。雖然 TEM 的 NA 僅約爲 0.01，但波長則比可見光短的多，例如：以電壓約 100,000 伏特的電子束而言，波長 $\lambda \approx 0.04$Å，所以解析度 s 約等於 2.5Å。

TEM 最大的缺點是試片的製作過程過於繁瑣耗時，而且屬於破壞性的分析技術。在試片的製作上，必須結合機械拋光、化學蝕刻及離子束研磨 (ion beam milling) 的方式 [19～21]，使得試片的厚度變得非常的薄 (1 ～ 2mm)，以利電子束的穿透。

2. TEM 衍生分析儀器

TEM 最早只被用在影像放大的目的上，但後來一些具分析功能的週邊設備 (例如：能量損失偵測器、光及 X-ray 偵測器等) 陸續被加到 TEM 儀器上，使得 TEM 的功能變得更廣泛。這些衍生分析儀器有下面幾種：

A. 電子能量散失分析儀 (Electron Energy Loss Spectroscopy，EELS)

EELS 是用以分析穿透試片的電子能量損失之儀器 [22～23]。EELS 主要可以提供高解析度的微量分析及結構上的資料，它可以補足 EDS 分析儀器的不足之處，因爲 EELS 對於低原子量 ($Z \leq 10$) 的元素之偵測敏感度很高，但 EDS 僅能分析 $Z > 10$ 的元素。EELS 光譜一般包括三個波峰，其中零損失波峰 (zero-loss peak) 不能提供任何有用資訊，低能量損失波峰 (low-energy-loss peak，< 50eV) 係由電漿 (plasmons) 所引起，高能量損失波峰 (high-energy-loss peak，> 50eV) 則由內軌道電子 (亦即 K、L 或 M 層) 離子化所引起。EELS 很難做定量分析，所以一般只用在輕元素的析出物之定性分析上。

B. X 光能譜分析儀 (Energy-Dispersive X-ray Spectrometer，EDX)

如果 TEM 上裝有適當的 X-ray 偵測器，以收集由電子束激發出來的特性 X-ray 的話，即可用來判斷試片中的元素。X-ray 偵測器可將收集到的特性 X-ray 依能量分類爲光譜，以供分析之用。這樣的一種微量分析儀器，即稱之爲 EDX(Energy-Dispersive X-ray Spectrometer)[24]。基本上，EDX 的原理與應用都和 SEM 上的 EDS 相似。

C. EBIC(Electron Beam Induced Current)

EBIC 是利用偵測由 SEM 或 TEM 設備中的電子束撞擊試片後，所產生的少數載子電流，以分析少數載子的擴散長度及生命週期、再結合發生的位置 (差排、析出物、晶界等)、摻雜濃度的均勻性及界面位置 (junction location) 等特性 [25～26]。

五、原子力顯微鏡 (Atomic Force Microscope，AFM)

掃描探針顯微鏡 (Scanning Probe Microscope，SPM) 是一種新進且發展快速的顯微技術，它是利用一微細的尖端在非常靠近試片表面時，所產生的微細電流、或相互作用力，來分析試片表面狀態或性質的一種儀器。依照探針設計及功能的不同，SPM 又可細分為 STM(Scanning Tunneling Microscope)、SThM(Scanning Thermal Microscope)、SCM(Scanning Capacitance Microscope)、NSOM(Near-field Scanning Optical Microscope) 及 AFM(Atomic Force Microscope) 等多種儀器。其中原子力顯微鏡 (AFM) 因為對導體及絕緣體均具有極出色的三維空間顯像能力，所以成為最廣泛的掃描探針顯微鏡。當微電子元件的尺寸大小越趨微細淺薄，不論是在製程之前或製程期間，瞭解矽晶圓表面的物理化學微區特性，將有助於精確控制製程條件，及確保矽晶圓的品質。由於掃描探針顯微鏡具有極佳的三維影像解析能力，而且可以在大氣中直接進行影像觀察，操作與維修也較 SEM 簡單，因此 AFM 已被廣泛地用於晶圓清洗製程開發、蝕刻形貌檢驗、平坦化粗糙度分析、矽晶片與鍍膜表面形貌及缺陷之觀察上。

1. 原子力顯微鏡原理 (27～29)

原子力顯微鏡的原理，係利用一探針來感測來自試片表面的排斥力或吸引力。這探針是與一由矽化物 (SiO_2 或 Si_3N_4) 蝕刻而成的懸臂 (cantilever) 一體成形而成的，如圖 8.53 所示。當探針自無限遠處逐漸接近試片時，會感受到試片的吸引力，但是當探針進一步接近試片表面的同時，試片表面與探針之間的排斥力也會逐漸增強，如圖 8.54 所示。因此探針所感受到的作用力會使得支撐桿產生彎折，而此彎折的程度可利用低功率雷射光的反射角

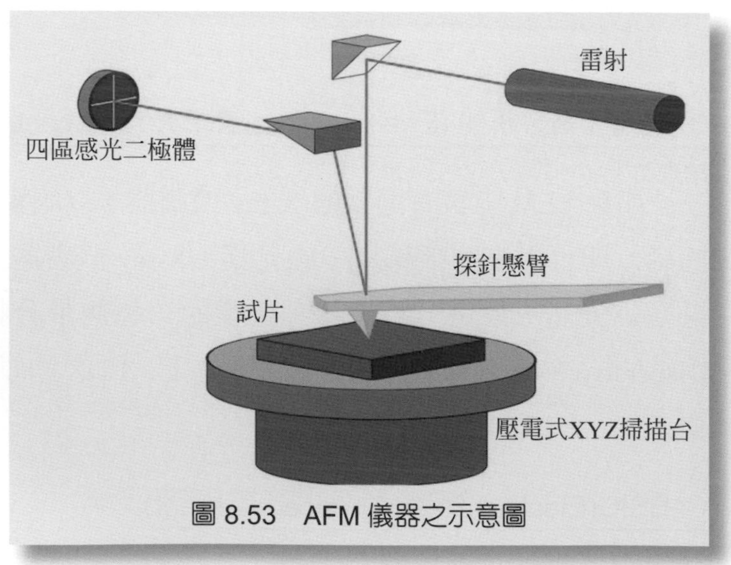

圖 8.53　AFM 儀器之示意圖

變化程度來決定之。反射後的雷射光投射到一組感光二極體上，感光二極體上的雷射光斑變化造成二極體電流的改變，藉此電流變化便可推算出支撐桿的彎折程度。

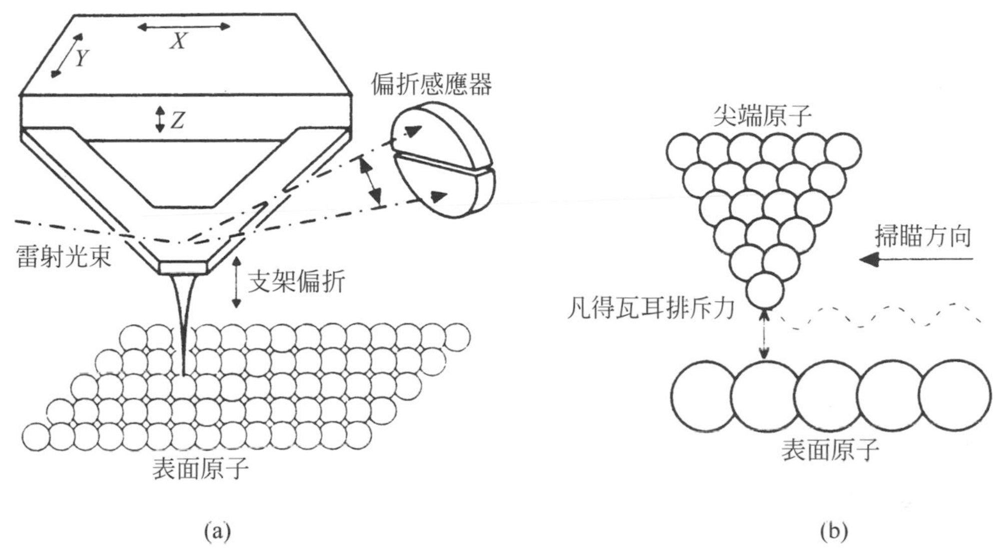

圖 8.54　(a)AFM 探針在 XYZ 方向的微細移動是利用壓電材料做成的支架來完成，(b)AFM 探針與試片表面的凡得瓦耳作用力 (30)

原子力顯微鏡探針在三維方向的微細移動是利用壓電材料 (piezoelectrics) 做成的支架來完成，如圖 8.54(a) 所示 (30)。壓電材料是一種可因施加電壓而產生機械式應變的陶磁材料，這種應變程度與偏壓大小有關。在圖 8.53 中，感光二極體、雷射二極體及探針均固定在一金屬座上，試片則置於一管狀壓電材料掃描台上，利用管狀壓電材料 xyz 的移動可完成試片的平面掃描與垂直距離的調整。探針與試片表面之間垂直距離的調整，係依兩者之間相互的作用力大小而定。使用一反饋電路可控制這垂直距離，以促使探針與試片表面的相互作用力保持固定。

探針掃描的方法會直接影 AFM 的取像品質。一般 AFM 的掃描方法有三，如圖 8.55 所示 (30)：

(1)　接觸法 (Contact Method)。

(2)　非接觸法 (Noncontact Method)。

(3)　拍擊法 (Tapping Method)。

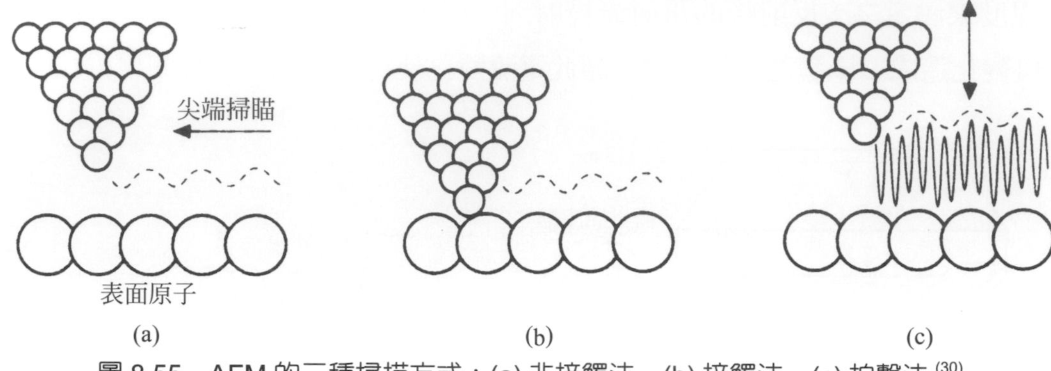

圖 8.55　AFM 的三種掃描方式：(a) 非接觸法，(b) 接觸法，(c) 拍擊法 [30]

接觸法是指 AFM 探針在做掃描運動時，探針直接接觸試片表面。這種方法類似一般機械式的表面粗糙度量測法，所以易導致晶片表面的損傷及影相失眞，且探針易遭污染、折損。非接觸法則是將探針提高，使其不與試片接觸，因此探針與試片表面之間的作用力主要爲吸引力。利用反饋電路可以迫使支撐桿上下的變化，並將其造成的振幅、相位之變化轉換爲 AFM 影像。非接觸法的缺點是探針與試片表面之間的作用力微弱，使得影像的解析度較差。至於拍擊法則是讓探針以接近支撐桿共振頻率 (50K ～ 500K Hz) 的上下運動方式，輕敲試片表面。由於其振動振幅大於非接觸法之振幅，如此可以避免探針在掃描過程中，受到試片表面的污染物 (例如：水氣凝結層) 之黏附。拍擊法對於試片表面的損傷較接觸法小，而探針與試片表面之間的作用力則較非接觸法大。

AFM 的最大功能乃是粗糙度分析、三維空間影像擷取。目前微電子製程技術上普遍地需要這方面的檢測資料，因此 AFM 可提供需要觀察微電子元件的立體形貌、量測高度比及粗糙度的工作人員相當重要的資訊。矽晶圓製造廠也很普遍地利用 AFM 去分析矽晶片表面的粗糙度及表面缺陷形貌。圖 8.56 爲利用 AFM 觀察到矽晶片表面有一個 4nm 高的凸起缺陷之例子。

六、歐傑電子能譜儀 (Auger Electron Spectroscopy，AES)

歐傑電子能譜儀 (Auger Electron Spectroscopy，AES) 最重要的特點是其具有分析微區材料表面組成及半定量分析的能力，其分析深度約 5 ～ 50Å，平面解析度目前可達 10nm(奈米)，而量測敏感度約爲 0.1%。目前除了氫及氦以外的元素，都可被 AES 分析出來。

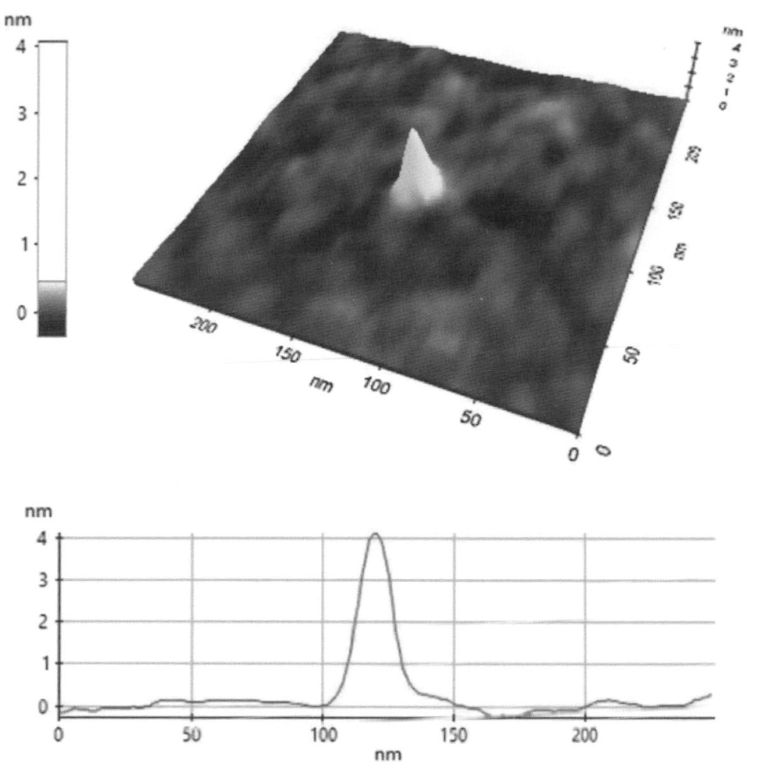

圖 8.56　利用 AFM 觀察到矽晶片表面有一個 4nm 高的凸起缺陷之例子

1. 歐傑電子能譜儀原理

歐傑電子能譜儀的原理是基於 Auger 在 1925 年所提出的歐傑效應。如圖 8.57 所示 [10]，當電子束 (1 ～ 5keV) 射入待測試片時，原子內層軌道 (例如：K 層) 電子受激發而跑掉，這使得原子處於不穩定的激發狀態。此時，外層電子 (例如：L_1) 躍入填補空缺，而由於內 (K)、外 (L_1) 層軌域的能階差異，電子在能階轉換過程中，釋出之能量大小爲 E_K-E_{L1}。這釋出的能量可能引起兩個效應：(1) 以特性 X-ray 的型態釋出、(2) 用以激發更外層 (例如：$L_{2,3}$) 的電子脫離原子的束縛，此脫離電子即爲該元素的歐傑電子 ($KL_1L_{2,3}$ Auger Electron)。如前面提過的，EDS 即是利用分析特性 X-ray 的一種儀器，而 AES 則是利用分析所激發歐傑電子的能量，來獲知該試樣的化學組成。

因爲歐傑電子的數目相對於其它二次電子來得稀少，訊號較弱，所以必須將能譜經過適當的數學處理 (例如：對電子動能微分)，以利 Auger 訊號判讀。圖 8.58 爲一典型歐傑電子能譜儀構造的示意圖 [32]。

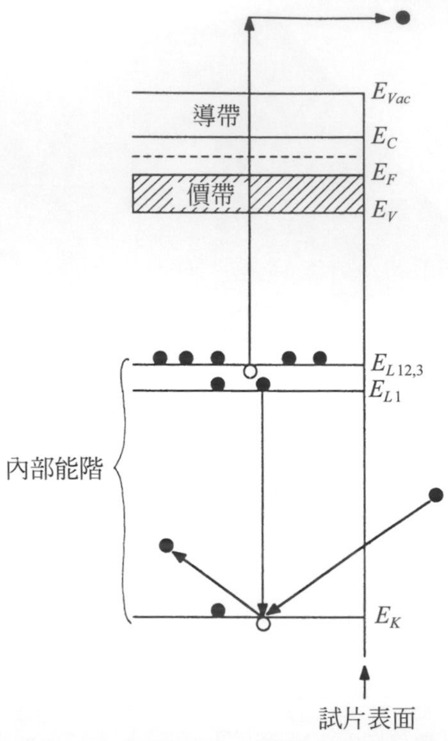

圖 8.57 歐傑電子能譜儀的電子原理 (10)

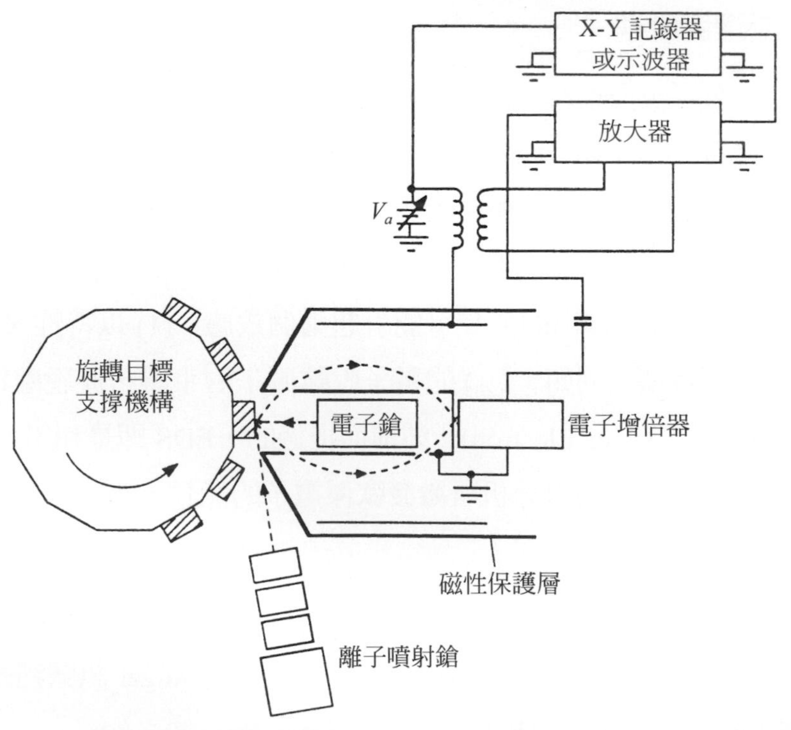

圖 8.58 一典型歐傑電子能譜儀構造的示意圖 (32)

七、感應耦合電漿質譜儀 (Inductively Coupled Plasma Mass Spectrometer，ICPMS)

感應耦合電漿質譜儀 (ICP-MS) 早已很廣泛地被使用在矽晶圓廠，做為分析清洗液裡頭金屬含量的主要量測設備。若再結合氣相分解法 (Vapor phase decomposition，VPD)，先將晶圓表面金屬不純物，以雙氧水與氫氟酸的混和液收集於液滴中，再經由自動取樣器進入 (ICP-MS)，可進行後續各不純物元素計量，因而量測出矽晶圓表面金屬不純物的濃度，一般我們稱這方法為 VPD-ICPMS。

圖 8.59 顯示 VPD 技術操作步驟的示意圖，其方法簡單說明如下：

(1) 將矽晶片置於 VPD 室中，並暴露於 HF 蒸氣中以溶解自然氧化物

(2) 將提取液滴 (通常為 250μL 的 2% HF/2% H_2O_2) 置於晶圓上，然後以精心控制的方式傾斜，使得液滴在晶圓表面上“掃掠”

(3) 隨著提取液滴在晶圓表面上移動，它會收集溶解態 SiO_2 與表面金屬汙染物

(4) 將提取液滴從晶圓表面上轉移至 ICP-MS 設備中進行量測分析

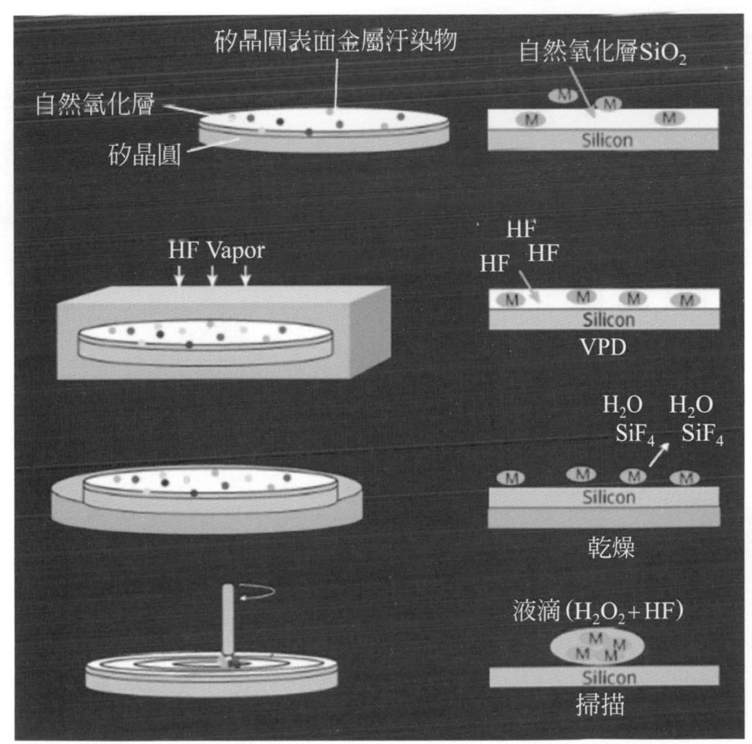

圖 8.59　VPD 技術的操作步驟

圖 8.60 顯示典型的 ICP-MS 儀器構造示意圖，ICP-MS 是由 ICP 與 MS 兩個部分所組成，液態的樣品進入儀器後，會先經過霧化器 (Nebulizer) 變成懸浮微粒 (Aerosol) 的型態，藉由載流氣體 (Carrier gas) 的幫助，進到焰炬 (Torch) 後，樣品被高溫 (>6000K) 的電漿 (plasma) 裂解成離子型態。這些離子經由透鏡區之聚焦及傳送，而被導入四極柱式 (Quadruple) 質譜儀。質譜儀篩選 / 偵測不同核質比 (Mass-to-charge, m/z) 的強度，以分析樣品中各種離子的含量。

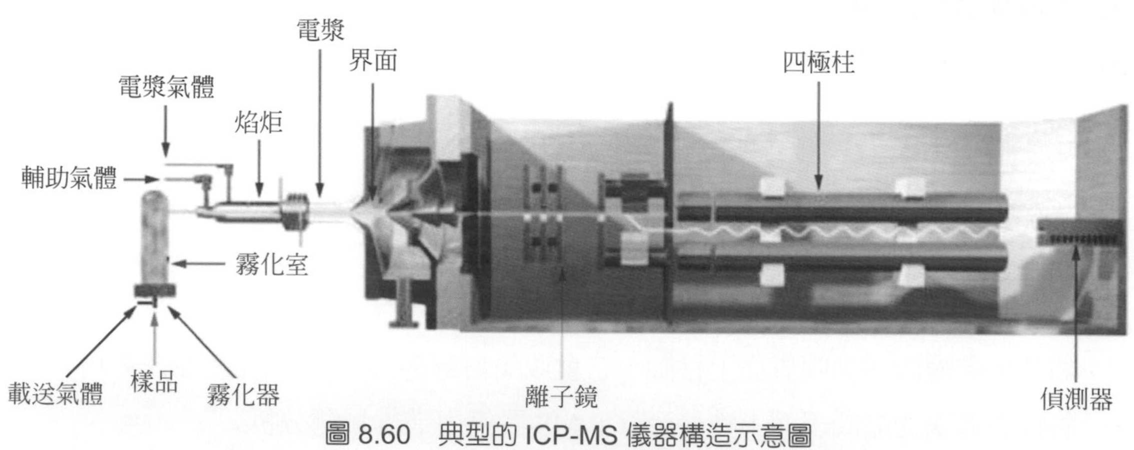

圖 8.60　典型的 ICP-MS 儀器構造示意圖

由於 ICP-MS 儀器對於水溶液的分析，其偵測極限可達到 ppt 之程度，係爲目前最靈敏的元素分析儀，所以廣爲半導體廠使用。ICP-MS 除了可以分析水溶液樣品外，也可以經由樣品導入介面的改變而分析固體樣品，其分析方式是藉由雷射光的聚焦後照射到樣品表面，此雷射光經由樣品表面吸收後，繼而轉換爲熱能。樣品表面則因受熱而氣化揮發，再藉由載送氣流的輸送而導入電漿燄炬中，最後由質譜儀偵測之。本技術目前已商品化，稱爲雷射剝蝕感應耦合電漿質譜儀 (Laser Ablation Inductively Coupled Plasma Mass Spectrometer，LA-ICP-MS)。由於 LA-ICP-MS 樣品導入的效率高，故具有較佳的靈敏度，又可進行表面微量分析，目前已逐漸受到重視。

八、石墨爐原子吸收光譜 (Graphite Furnace Atomic Absorption Spectrometer，GFAAS)

雖然 ICP-MS 是目前最靈敏且可同時分析多種元素的分析儀器，但對於某些元素 (包括 Fe、Ca、K 及 Si) 的分析，因受到嚴重的質譜性干擾，故使得這些元素的分析結果常常受到質疑。爲解決上述元素以 ICP-MS 分析之難處，故有需要改用也具有高靈敏度的 GFAAS 儀器來測定。典型的電熱式石墨爐原子化器之構造包括有金屬室 (metal housing)、石墨爐 (graphite furnace) 及石墨管，其中石墨管內部係爲樣品放置處並進行原子化的位置。

GFAAS 的偵測原理，是先取適量具代表性的樣品溶液放入石墨管內，藉由瞬間通入石墨管的高電流，迫使高電阻的石墨管產生高熱，使得待測樣品形成原子蒸氣而揮發。最後將這些原子蒸氣傳送到光譜儀，即可進行定量分析。其原理與直接將液體吸入之火焰式原子吸收光譜法相同，只是原子化的方式是藉由石墨爐加熱而非火焰。

本分析方法的特點是可以藉由升溫程式的設定，並配合適當的基層修飾劑 (matrix modifier)，而可將偵測時會導致干擾的基層元素予以分離，故可減少樣品的前處理步驟。唯此儀器只適合做單一元素的測定，但因其偵測靈敏度極高，且設備價格較便宜，所以仍廣爲半導體工業所普遍使用。圖 8.61 爲一 GFAAS 量測機台的照片。

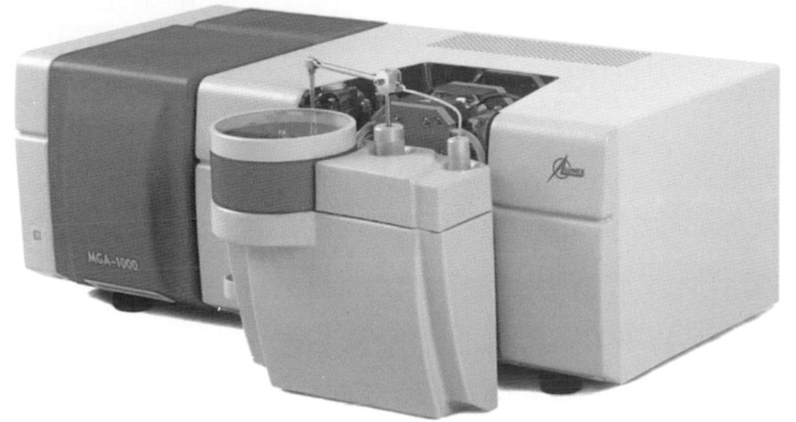

圖 8.61　一 GFAAS 量測機台 (本照片由 Lumex 公司提供)

九、X 光之相關分析儀器

在本章第 3 節中，我們已介紹過 X-ray 的繞射原理。本小節將介紹一些運用 X-ray 繞射原理的分析儀器。

1. 全反射 X 射線螢光儀 (Total Reflection X-ray Fluorescence Spectrometer，TXRF)

TXRF 的分析原理係利用 X 光管產生的 X 射線光源，先經由反射器以消除部份高能量的 X 射線後，再以小於臨界角之極小角度 (矽晶片所需的臨界角度約 0.02°) 進入試片，故僅能穿透表面數十個 Å 左右的深度，所得之螢光訊號亦因此大致來自表面層 3 ～ 10nm 的區域，如圖 8.62 所示。樣品中待分析元素經由入射 X 光照射後，會發生特定之 X 射線螢光，再經由半導體偵測器記錄其能量及強度之後，即可分析出元素的種類及濃度。本方法之訊號強度較易受到基質元素的影響，唯對於半導體工業所使用的試劑及矽晶片而言，由於基質較爲固定且單純，上述干擾問題較易被克服。TXRF 具有與 ICP-MS 及 GFAAS 相近的偵查靈敏度，且爲一種非破壞性的定性及定量分析儀器，故已成爲半導體表面污染及試劑微量元素分析的一大利器。

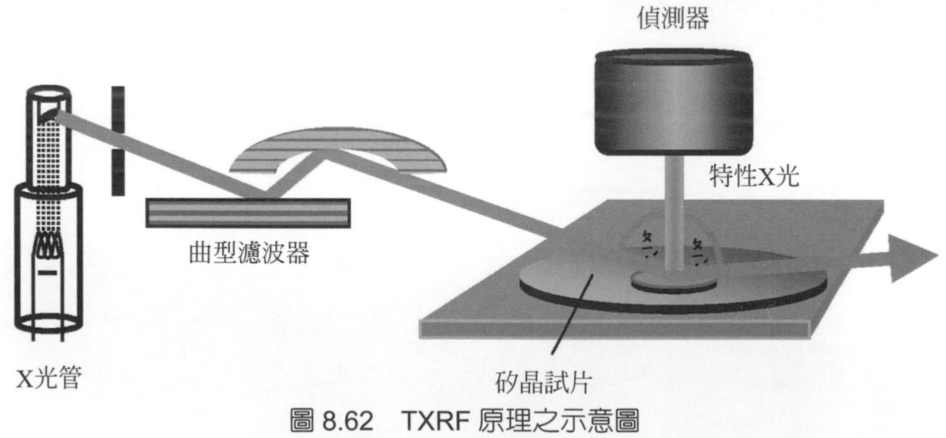

圖 8.62　TXRF 原理之示意圖

TXRF 也可結合 VPD 技術，稱之爲 VPD-TXRF。操作上類似 VPD-ICPMS，先用 H_2O_2/HF 液滴 (droplet) 收集晶片表面上金屬，但這時要把這液滴乾燥後，在送去 TXRF 上分析量測 (這點與 VPD-ICPS 不同)。此外，TXRF 也可直接對矽晶片表面

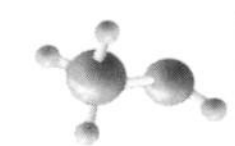

做掃描，得到金屬濃度的 mapping，這方法叫做 Sweeping TXRF。圖 8.63 爲一 TXRF 量測機台照片。

TXRF 的優點爲對中和高原子序的元素之敏感度佳，定量結果可靠性高，樣品的前處理要求不高。但其缺點爲對低原子序元素的敏感度不佳，且側面解析度差。

圖 8.63　一 TXRF 量測機台照片 (本照片由 Rigaku 公司提供)

2. X 光電子能譜儀 (X-ray Photo Electron Spectrometer，XPS)

X 光電子能譜儀 (X-ray Photo Electron Spectrometer，XPS) 也被稱爲能譜化學分析儀 (Electron Spectroscopy for Chemical Analysis，ESCA)。XPS 主要被用來分析材料表面的組成元素及其化學態分析，尤其適用於有機物、高分子及氧化物的分析。在半導體工業上，XPS 主要被用在了解電漿蝕刻 (plasma etching) 的化學與反應機構上。

XPS 的原理主要是基於光電效應 [33～35]。如圖 8.64 及 8.65 所示，X 光射線 (通常使用鎂或鋁之 Kα X 光射線) 被用以照射試片表面，使得試樣之組成元素的內層電子，被激發並脫離試樣表面，此脫離電子即爲光電子。光電子具有其特性能量 E_{sp}，如下式：

$$E_{sp} = h\nu - E_b - q\phi_{sp} \tag{8.50}$$

其中 $h\nu$ 為 X 光能量，E_b 為被激發元素的電子束縛能，為試樣表面之功函數。經由分析光電子能量，即可利用上式得知電子束縛能 E_b，又由於電子束縛能與原子種類及原子周圍化學環境有關，故經由光電特性能量的分析，不僅可得知組成元素之種類，更可進一步分析化合物。XPS 的靈敏度大約為 0.1% 或 $5 \times 10^{19} cm^{-3}$。

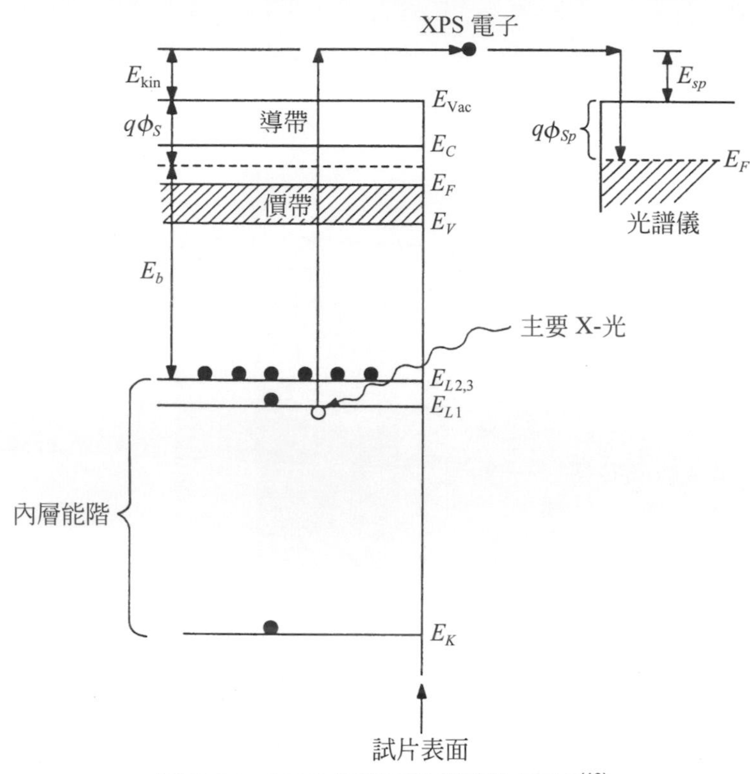

圖 8.64　XPS 的電子軌道變化過程 [10]

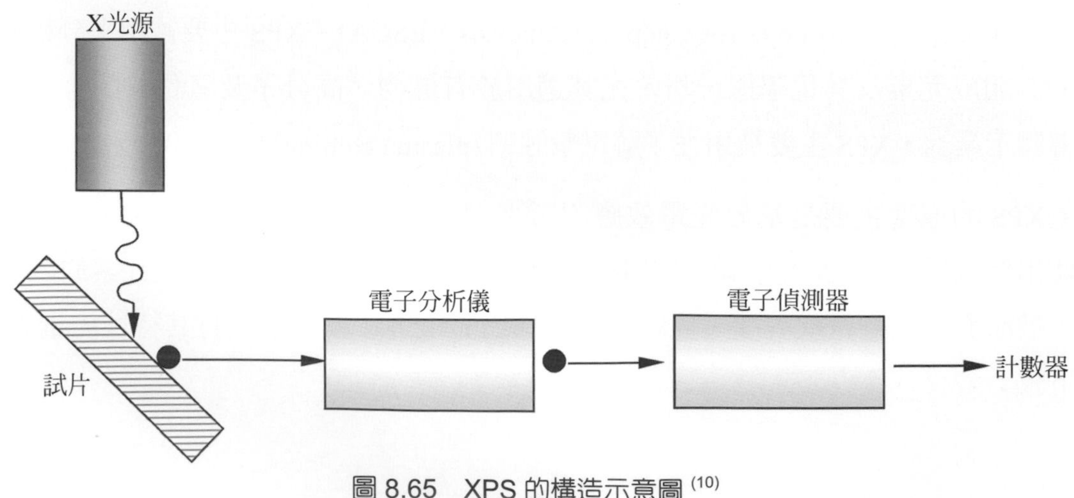

圖 8.65　XPS 的構造示意圖 [10]

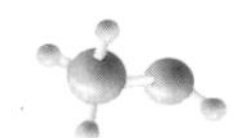

3. XRT(X-ray Topography)

XRT 是一種非破壞性的晶體缺陷分析技術 (36～38)。它在試片準備上相當簡單，而且可以提供整片晶圓的結構資料，但卻無法用來分析不純物。由於 XRT 不使用透鏡，所以其影像不具有如光學顯微鏡的放大功能，但如果將底片放大的話，也可觀察到微觀的資料。

XRT 跟使用 XRD 去檢測晶體方向一樣，都是利用 X-ray 繞射與 Bragg's law ($n\lambda = 2d\sin\theta$) 的原理。在 XRT 機台上，整片 wafer 可以被單波長的 X 射線掃描，任何晶格常數或者方向的改變，就就會造成繞射光強度的改變，然後將這些光線投射到 CMOS 相機上成像，假如試片內部的結構存在著缺陷的話，那麼 CMOS 相機上的成像會存在明暗不同的區域。以矽晶中的差排而言，它會在晶格內部產生局部的應變 (strain)，使得 XRT 影像呈現較深的曝光。圖 8.66 爲矽晶圓廠所使用的 XRT 機台及用它來檢測晶片上的差排線之實例照片。

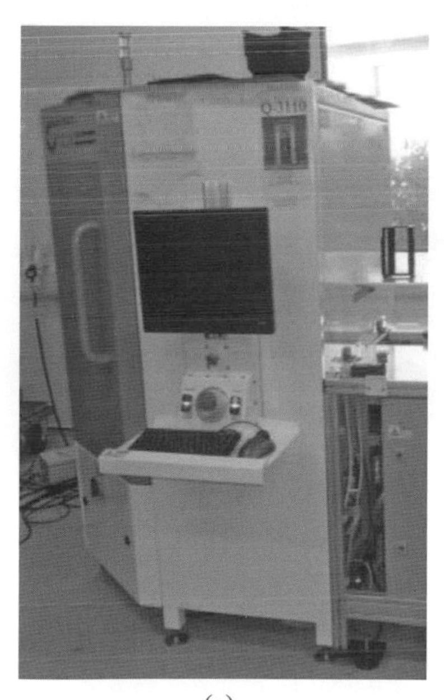

(a)

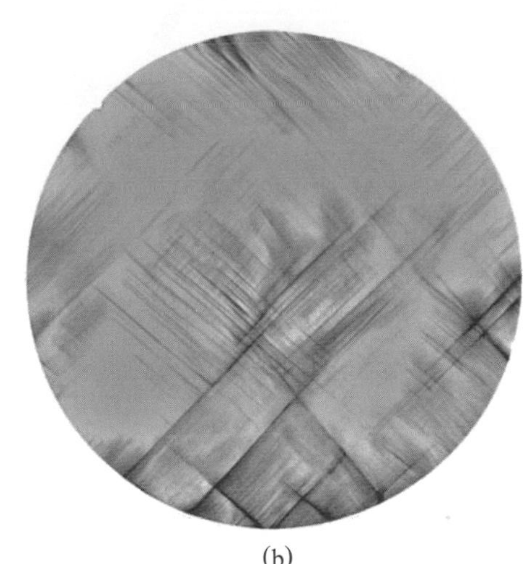

(b)

圖 8.66　(a)XRT 機台外觀；(b) 使用 XRT 機台分析到的差排線照片

XRT 依據所收集的繞射 X 射線訊號方式之不同，可分為以下三類：

A. 穿透式

目前最普遍被使用的 XRT 是採用穿透式的繞射 X 射線訊號，這種方法一般也稱為 Lang Method[39～40]。圖 8.67 顯示穿透式 XRT 的構造示意圖[41]，單波長的 X 射線先經過一狹窄孔隙而照射到試片表面，部份 X 射線會穿透試片而被底片收集成像。為了顯現出晶體缺陷，必須選擇試片上最弱的繞射面，這使得晶體缺陷呈現相對較強的 X 射線繞射，於是在底片出現明顯的明暗對比。穿透式 XRT 被廣泛用在由熱應力所引起的缺陷 (例如：差排、疊差等) 之研究上。

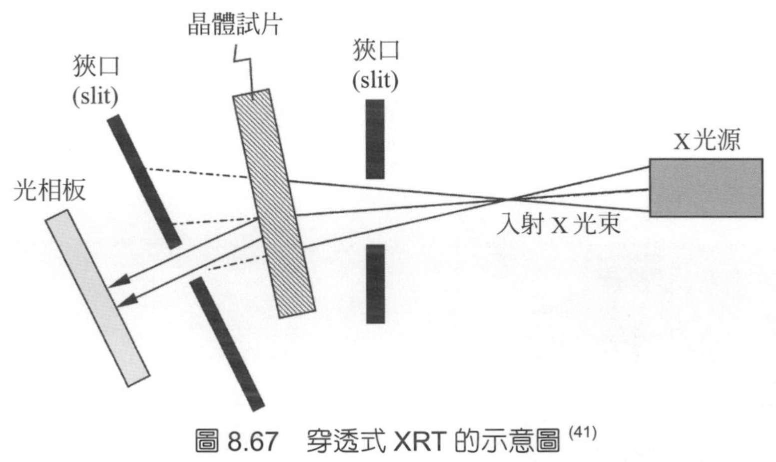

圖 8.67　穿透式 XRT 的示意圖[41]

B. 反射式

圖 8.68 顯示反射式 XRT 的構造示意圖[41]，這是構造最簡單的 XRT 方法，一般也稱之為 Berg-Barrett Method[42～44]。這種反射式 XRT 僅能偵測出靠近試片表面區域的缺陷，所以較適合用在磊晶層及元件區域 (device active region) 缺陷的觀察研究上。

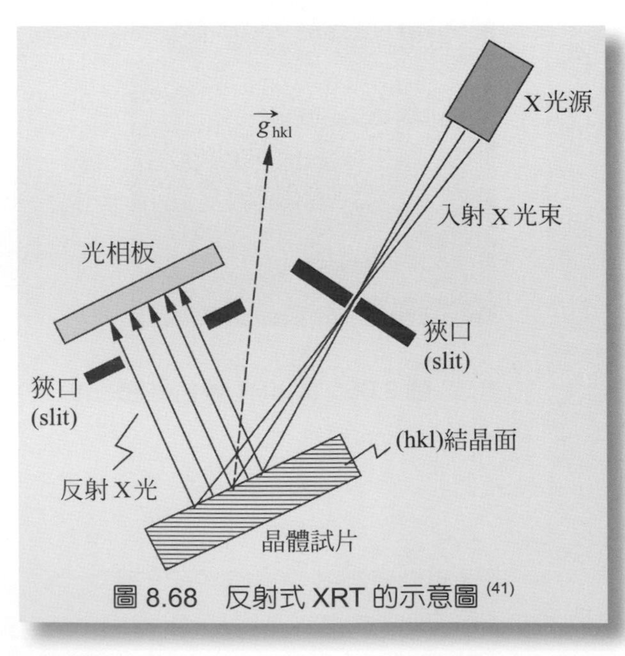

圖 8.68　反射式 XRT 的示意圖[41]

C. 雙晶繞射法

如果使用多重的 Bragg 反射，即可使得 X 光束被更準確的對焦，以提高成像的精確度 [37]。圖 8.69 顯示採用雙晶 (double crystal)XRT 的構造示意圖 [41]，XRT 係經由兩個晶體反射而得到的，其中第一個試片是使用完美的晶體以產生高精確度的平行單波長 X 射線。雙晶 XRT 的最大缺點是耗時。

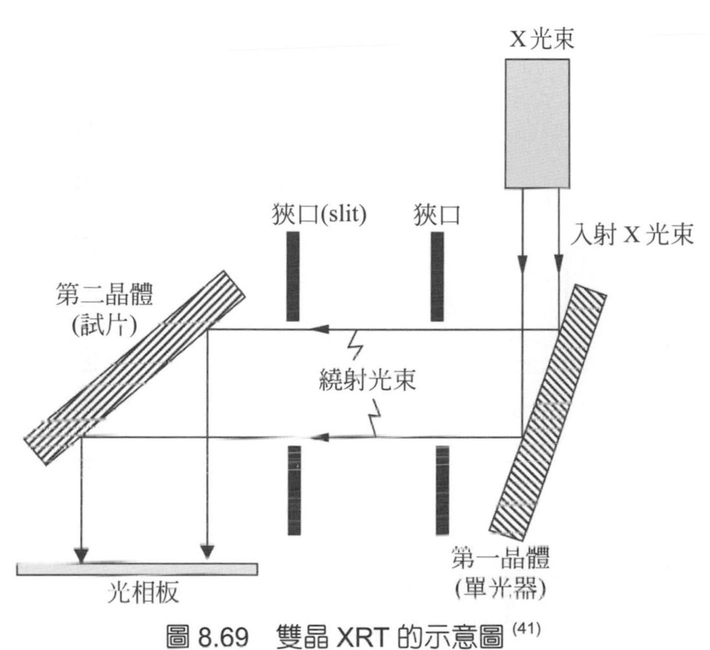

圖 8.69　雙晶 XRT 的示意圖 [41]

十、其它分析儀器之簡介

1. 中子放射分析儀 (Neutron Activation Analysis，NAA)

NAA 的原理是將試片置入核子反應爐內，利用核子反應使得待分析元素產生同位素及釋出 β 射線及 γ 射線，再利用鍺偵測器量測 γ 射線的能量及強度，即可決定待分析元素的種類和濃度。NAA 的偵測極限可達到 $10^{10}cm^{-3}$ 左右，它可被用來量測晶體生長前後的矽之純度及晶圓在加工過程所引起的不純物濃度 [45～46]。

2. 拉塞福背向散射能譜儀 (Rutherford Backscattering Spectrometry，RBS)

RBS(Rutherford Backscattering Spectrometry) 分析儀器也被稱之爲 HEIS(High-Energy Ion-Scattering Spectrometry)[47～48]。圖 8.70 顯示 RBS 的原理，利用高能量的離子束 (通常爲 1 ～ 3MeV 的氦離子) 撞擊試片的表面，撞擊後反射回來的離子束將被收集並量測其能量之損失。利用這種方法，試片上的元素質量可被分析出來，而且可以獲得縱深方向之分佈。RBS 在半導體工業上的應用包括，厚度、厚度均勻性、化學組成及濃度、薄膜中不純物之分佈等之量測。RBS 特別適合分析輕基材中的重元素，其偵測極限爲 $5 \times 10^{20}cm^{-3}$ 左右。此外，RBS 在縱深方向的解析度約爲 100 ～ 200Å。

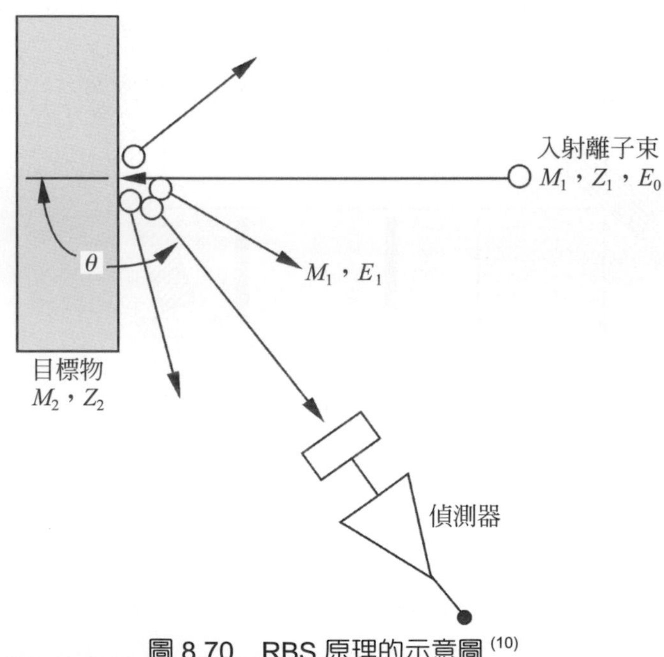

圖 8.70　RBS 原理的示意圖 [10]

3. SIRD(Scanning InfraRed Depolarization)

SIRD 主要被用來量測晶片上的殘留應力，這些應力可能是機械損傷造成的，也可能晶體缺陷造成的。SIRD 原理上是採用所謂的透射暗場平面偏振鏡 (transmission dark-field plane polariscope)，利用固定位置的線性偏振雷射光束 (linear polarized laser beam) 來穿透要檢查的晶片。如果晶體結構完美且無應力，則雷射光束的偏振不會改變。相應的偏振分析儀 (polarizer) 則不會接收到任何信號，對應的數値爲 0，最後得

到的偏振值爲 0，說明樣品內部無應力。但是，如果晶體中存在應力或缺陷，則雷射光束會因應力引起的雙折射 (birefringence) 而失去偏振性 (depolarization)。因此雷射的光束會變成橢圓形，再被分光鏡分光，這時偏振分析儀就會接收到相應的信號，最後算出的偏振值則大於 0，說明樣品內部有應力。圖 8.71 爲一 SIRD 機台照片及量測到矽晶片上殘留應力的例子。

(a)

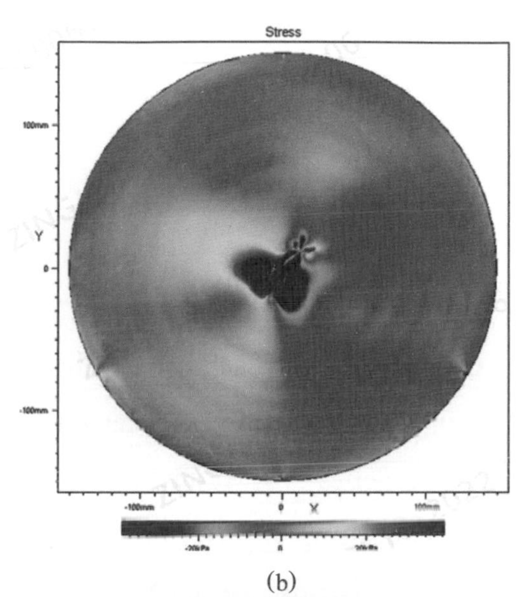

(b)

圖 8.71　(a) 一 SIRD 機台照片，(b) 量測到矽晶片上殘留應力的例子

十一、參考資料

1. E. Sirtl and A. Adler, "Chromic Acid-Hydrofluoric Acid as Specific Reagents for the Development of Etching Pits in Silicon," Z. Metalkd. 52 (1961) p.529-534.
2. W.C. Dash, "Copper Precipitation on Dislocations in Silicon," J. Appl. Phys. 27 (1956) p.1193-1195.
3. F. Secco d'Aragona, "Dislocation Etch for <100> Planes in Silicon," J. Electrochem. Soc. 119 (1972) p.948-951.
4. D.G. Schimmel, "Defect Etch for <100> Silicon Ingot Evaluation," J. Electrochem. Soc. 126 (1979) p.479-483.
5. D.G. Schimmel and M.J. Elkind, "An Examination of the Chemical Staining of Silicon," J. Electrochem. Soc. 125 (1978) p.152-155.

6. M.W. Jenkins, "A New Preferential Etch for Defects in Silicon Crystals," J. Electrochem. Soc. 124 (1977) p.757-762.
7. K.H. Yang, "An Etch for Delineation of Defects in Silicon," J. Electrochem. Soc. 131 (1984) p.1140-1145.
8. H. Seiter, "Integrational Etching Methods," in Semiconductor Silicon 1977 (H.R. Huff and E. Sirtl, eds), Electrochem. Soc., Princeton, NJ, 1977, p.187-195.
9. T.C. Chandler, "MEMC etch-chromium trioxide-free etchant for delineating dislocations ans slip in silicon," J. Electrochem. Soc. 137 (1990) p.944.
10. W.R. Runyan, and T.J. Shaffner, "Semiconductor Measurement & Instruments", The McGraw-Hill Companies, Inc., International Editions 1998.
11. R.A. Young, and R.V. Kalin, "Scanning Electron Microscopic Techniques for Characterization of Semiconductor Materials," in: Microelectronic Processing: Inorganic material Characterization, (L.A. Casper, ed.) American Chemical Soc., Sypm. Series 295, Washington, DC, 1986, p.49-74.
12. J.I. Goldstein, D.E. Newbury, P. Echlin, D.C. Joy, C. Fiori, and E. Lifshin, Scanning Electron Microscope and X-ray Microanalysis, Plenum, New York, 1984.
13. D.K. Schroder, "semiconductor Material and Device Characterization", John Wiley & Sons, Inc., (1990) p.507.
14. V.M. Knoll, and E. Ruska, Annalen der Physik, 12 (1932) p.607-640.
15. M. von Heimendahl, Electron Microscopy of Materials, Academic Press, New York, 1980.
16. D.C. Joy, A.D. Romig, Jr., and J.I. Goldstein, Principles of Analytical Electron Microscopy, Plenum, New York, 1986.
17. P.B. Hirsch, A. Howie, R.B. Nicholson, and D.W. Pashley, "Electron Micorscopy of Thin Crystals," Butterworth, London, 1965.
18. M.H. Loretto and R.E. Smallman, "Defect Analysis in Electron Microscopy," Chapman & Hall, London, 1975.
19. G.R. Booker and R. Sticker, Br. J. Appl. Phys. 13 (1962) p.446-448.

20. B.O. Kolbesen, K.R. Mayer, and G.E. Schuh, J. Phys. E8 (1975) p.197-199.
21. C.J. varker and L.H. Chang, Solid state Technol. Apr., (1983) p.143-146.
22. R.F. Egerton, Electron Energy-Loss Spectroscopy in the Electron Microscope, Plenum, New york, 1986.
23. C. Colliex, "Electron Energy-Loss Spectroscopy in the Electron Microscope", in Advanced in Optical and electron Microscopy (R. Barer and V.E. Cosslett, eds.), Academic Press, San Diego, CA 9 (1986) p.65-177.
24. L. Reimer, Transmission Electron Microscopy, 2nd ed.Springer-Verlag, 1989.
25. J.I. Hanoka and R.O. Bell, "Electron-Beam-Induced Currents in Semiconductors," in Annual review of Materials Science (R.A. Huggins, R.H. Bube, and D.A. Vermilya, eds.) Annual reviews, Palo Alto, CA, 11 (1981) p.353-380.
26. T.E. Everhart, O.C. wells, and R.K. Matta, "A Novel Method of Semiconductor Device Measurement," Proc. IEEE 52 (1964) p.1642-1647.
27. J.P. Pelz, Phus. Rev. B, 43/8 (1991) p.6746-6749.
28. G. Binning, C.F. Quate, and C. Gerber, "Atomic force microscope," Phys. Rev. Lett. 56/9 (1986) p.930-933.
29. T.R. Albrecht, S. Akamine, T.E. Carver, and C.F. Quate, J. Vac. Sci. Technol. A 8/4 (1990) p.3967-3972.
30. W.R. Runyan, and T.J. Shaffner, "Semiconductor Measurement & Instruments", The McGraw-Hill Companies, Inc., International Editions 1998, p.379-400.
31. P. Auger, J. Phys. Radium 6 (1925) p.205-208.
32. L.E. Davis, N.C. MacDonald, P.W. Palmberg, G.E. Riach, and R.E. Weber, Handbook of Auger Electron Spectroscopy, Physical Electronics Industries Inc., Eden Prairie, MN, 1976.
33. E.P. Berlin, in: Principles and Practice of X-Ray Spectrometer Analysis, Plenum, New York, 1970, Ch.3.
34. R.O. Muller, Spectrochemical Analysis by X-Ray Fluorescence, Plenum, New York, 1972.

35. J.V. Gilfrich, "X-Ray Fluorescence Analysis," in Characterization of Solid Surfaces (P.F. Hane and G.B. Larrabee, eds.) Plenum, New York, 1974, Ch.12.
36. A.R. Lang, "Recent Applications of X-Ray Topography," in Modern Diffreaction and Imaging Techniques in Materials Science (S. Amelincks, G. Gevers, and J. Van Landuyt, eds.), North-Holland, Amsterdam, 1978, p.407-479.
37. B.K. Tanner, X-Ray Diffraction Topography, Pergamon, Oxford, 1976.
38. R.N. Pangborn, "X-Ray Topography," in Metals Handbook, Ninth Ed. (R. E. Whan, coord.), Am. Soc. Metals, Metals Park, OH, 10 (1986) p.365-379.
39. A.R. Lang, J. Appl. Phys. 29 (1958) p.597-598.
40. A.R. Lang, J. Appl. Phys. 30 (1959) p.1748-1755.
41. F. Shimura, "Semiconductor Silicon Crystal Technology," Academic Press, Inc., 1989.
42. W.F. Berg, Naturwissenschaften 19 (1931) p.391-396.
43. C.S. Barrett, Trans. AIME 161 (1945) p.15-64.
44. J.B. Newkirk, J. Appl. Phys. 29 (1958) p.995-998.
45. E.W. Haas and R. Hofmann, Solid-State Electron. 30 (1987) p.329-337.
46. P.F. Schmidt and C.W. Pearce, J. Electrochem. Soc. 128 (1981) p.630-637.
47. W.K. Chu, J.W. Mayer, and M.A. Nicolet, Backscattering Spectroscopy, Academic Press, New York, 1978.
48. T.G. Finstad, and W.K. Chu, in: Analytical Techniques for Thin Film Analysis (K.N. Tu and R. Rosemberg, eds.) Academic Press, San Diego, CA, 1988, p.391-447.

8-7 晶圓表面微粒之量測

一、前言

矽晶圓製造廠在完成所有的矽晶圓製造程序後，在包裝出貨前必須對每片矽晶圓做表面微粒數的檢驗，只有合乎規格的矽晶圓才可出貨到客戶手中。同樣的，在 IC 廠，也必須對矽晶圓表面微粒數做抽樣檢查，以做爲製程微粒污染程度的監控。

存在於矽晶圓表面的缺陷，包括有孔洞 (COP)、微粒、有機殘留物、凸起物等，如圖 8.72 所示。一般我們用來檢測這些表面缺陷的機台，稱之爲微粒檢驗機 (particle counter)，而目前商業化最普遍的機台已經由早期的 SP1，一路演進到 SP2、SP3、SP5，以及目前最尖端的 SP7。用這些微粒檢驗機量測到的缺陷，我們稱之爲 LPD (Light Point Defects)，或者 LLS (Localized Light Scatter)。本節將介紹這些量測機台的原理與應用。

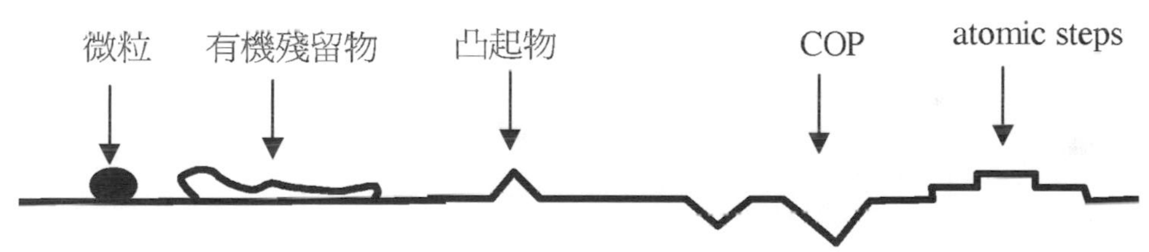

圖 8.72　存在與矽晶圓表面的可能缺陷

二、SP1 量測原理與應用

圖 8.73 顯示 SP1 機台的量測原理。當我們使用雷射光源照射矽晶圓表面時，有些光源會自表面反射 (reflection)，有些光源則會產生繞射 (refraction)。當表面具有缺陷時，這些缺陷則會使得入射光源發生散射 (scatter)。當我們去收集這些散射光時，可以把這些散射光的強度轉換成缺陷的大小。以 SP1 機台而言，我們可以選擇正射的入射光 (normal light)，也可選擇斜射的入射光 (oblique light)。我們也可以去收集大角度的散射光 (wide channel)，或者小角度的散射光 (narrow channel)。根據這樣的組合，SP1 機台會有至少 6 種量測模式可供選擇，亦即 DNN，DWN，DCN，DNO，

DWO，DCO。以拋光片而言，最適合的量測模式是使用 DWN。而 DNN 及 DCN 則比較適合用在磊晶上。圖 8.74 則為 SP1 機台的量測結果之範例。

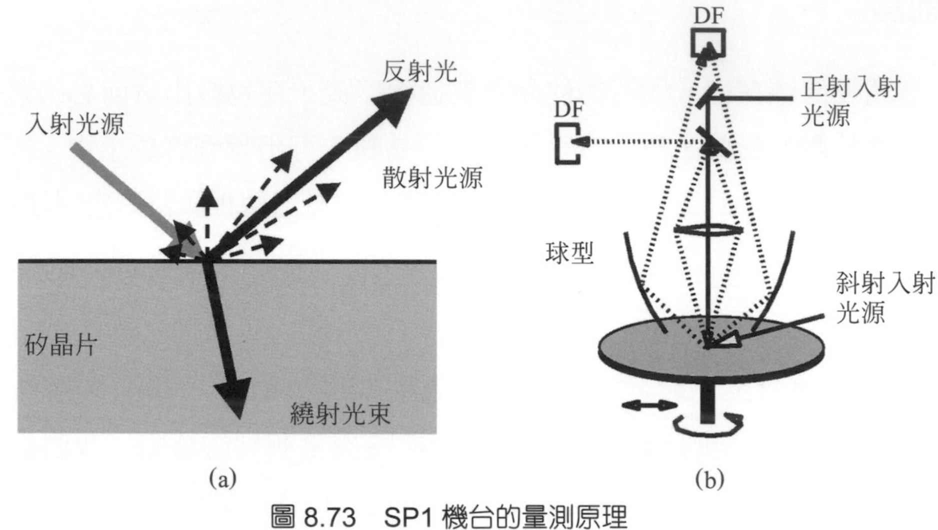

圖 8.73　SP1 機台的量測原理

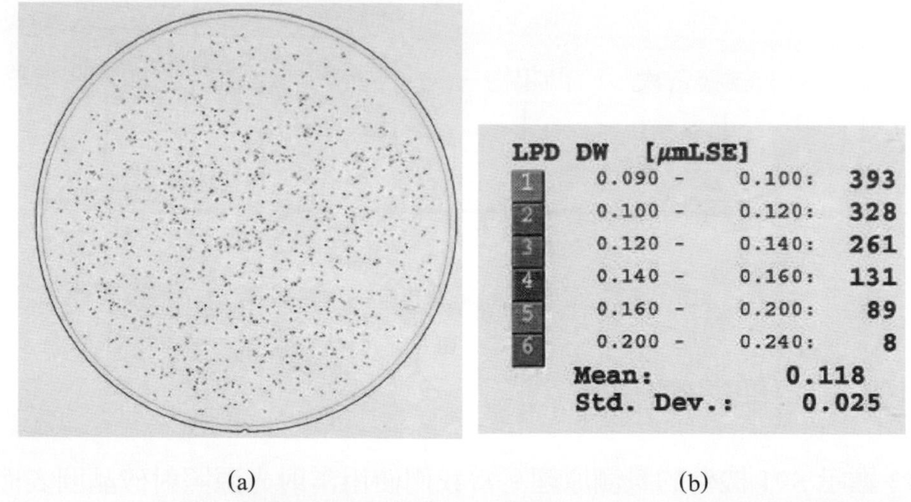

LPD	DW [μmLSE]		
1	0.090 -	0.100:	393
2	0.100 -	0.120:	328
3	0.120 -	0.140:	261
4	0.140 -	0.160:	131
5	0.160 -	0.200:	89
6	0.200 -	0.240:	8
	Mean:		0.118
	Std. Dev.:		0.025

(a)　(b)

圖 8.74　SP1 機台的量測結果之範例：(a) defect map；(b) defect 的大小分佈

SP1 機台還有一種特別的功能，那就是對 COP 與微粒之間的分辨能力。由於 SP1 機台是使用 PSL 球來做校正，因此每一個量測模式對微粒的量測結果大概都一樣，但 COP 在 DN 的量測結果會比用 DW 的量測結果來得大。因此，我們只要對同一個缺陷用 DN 與 DW 偵測過後，去比較所量測的大小，那麼我們就可以約略判斷該缺陷是否為微粒還是 COP 了。這時我們可以定義一個大小比例 R 為

$$R = DN/DW \tag{8.51}$$

一般經驗而言，當 R < 1.25 時，我們可以判定該缺陷為微粒，當 R > 1.25 時我們可以判定該缺陷為 COP。這種微粒與 COP 之間的分辨通常是使用 DCO 模式。在商業應用上我們把量到的 COP 稱之為 LPDN，把量到的微粒稱之為 LPD。

三、SP2 ~ SP7 量測原理與應用

隨著半導體元件的線寬度的持續縮小，半導體廠對矽晶圓表面的微粒 (LLS) 大小及密度的要求也越來越嚴格。所以這些用來量測微粒的機台，也隨著半導體世代的演進，由最早期的 SP1，一路演化到 SP2、SP3、SP5、直到目前最尖端的 SP7。例如，以可以量測到最小的微粒大小來看，最早的 SP1 僅能量到 65nm (high throughput) 或 50nm (low throughput)，到了 SP3 時最小可量到 34nm (high throughput) 或 26nm (low throughput)，而最新的 SP7 時最小可量到 19nm (high throughput) 或 14nm (low throughput)。而當今的半導體元件，例如 1Z 世代的 DRAM 及小於 5nm 世代的 Logic 等元件都需要將微粒控制到 19nm 以下的大小，那麼就只有 SP7 機台可以達到這樣的要求。

對於矽晶圓廠而言，在使用 SP1、SP2、SP3 及 SP5 時，尚有能力在出貨前將所有產品做 100% 的 LLS 檢驗。但到了 SP7 的世代，由於機台價格過於昂貴，而且量測速度慢，所以在面對客戶制定 19nm 或 15nm 的 LLS 規格時，已無法做到 100% 的檢驗。舉例來說，一台 SP1 的要價大概是 100 萬美金，而一台 SP7(如圖 8.75) 的要價已經超過 700 萬美金左右了。

以量測原理來看，不管是那一世代的 SPx 機台，都與 SP1 相同。唯一最大的不同是他們都使用了比 SP1 更短波長的入射光源，如圖 8.76 所示，SP1 是使用 488nm 的波長、SP2 是使用 355nm 的波長、至於 SP3/SP5/SP7 則用了位於 DUV (Deep Ultra-violet) 範圍的波長 (266nm)。我們知道，越短的波長的入射光源，在矽晶圓的貫穿深度越淺。SP1 的貫穿深度約 800nm、SP2 僅為約 10nm、而 SP3/SP5/SP7 則又更淺了些。這代表著 SP/SP3/SP5/SP7 所量到的都是矽晶圓表面的缺陷，不像 SP1 尚可量到次表面 800nm 深的缺陷。

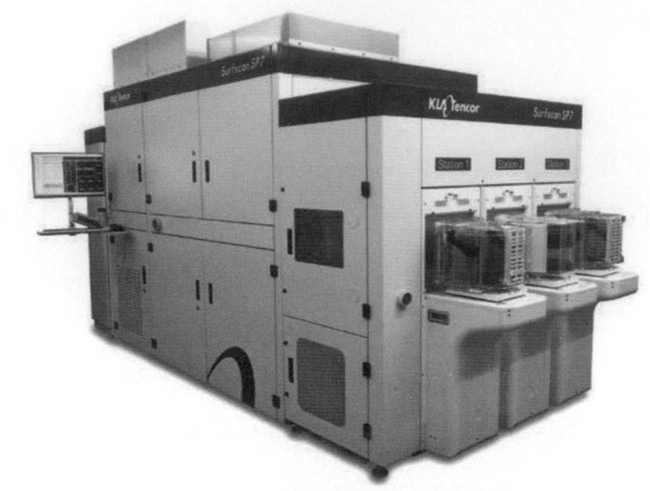

圖 8.75　SP7 機台的外觀照片 (照片來源：KLA Tencor)

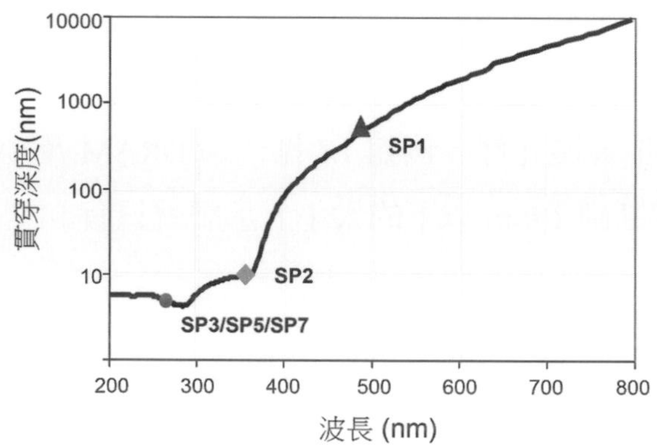

圖 8.76　各種 SPx 機台所使用的入射光源的波長與貫穿深度

8-8　金屬雜質之量測

一、前言

隨著線寬度的縮小，以及 IC 元件對暗電流 (dark current) 之要求日益嚴謹，因此矽晶圓內部的金屬雜質濃度要越低越好，而且必須受到嚴格的監控。以 CMOS Image Sensor 而言，即使微量的金屬也會影響到暗電流的產生，這些會影響到暗電流的金屬元素包括有 Ag、Au、Co、Cr、Cu、Fe、Hf、Ir、Mn、Mo、Ni、Nb、Pt、Pd、Rh、Ti、Sc、Ta、V、W、Zn、Zr 等。

 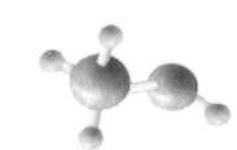

在本章第 6 節我們已介紹了一些量測矽晶圓表面金屬的儀器，包括有全反射 X 射線螢光儀 (TXRF) 及感應耦合電漿質譜儀 (ICPMS) 等。我們也介紹了可以使用 SPV 及 u-PCD 來量測矽晶圓內部 Fe 的技術。本節將再介紹一些可以用來量測矽晶圓體金屬元素 (Bulk metal，例如 Cu、Ni、Cr 等) 的技術，這包括深能階暫態光譜 儀 (DLTS)、Poly-UTP (Ultra Trace Profiling)、Bulk Digestion Process、LTOD (Low temperature out-diffusion)。表 8.6 爲各種量測儀器的比較。

表 8.6 各種金屬量測儀器的比較

量測方法	應用	偵測極限	優點 / 限制	是否有 Mapping 功能	量測時間
VPD-ICPMS	晶片表面及液體溶液	1-5 E08/cm^2	+ 靈敏 + 快速 - 需要很多標準溶液	取整片晶表面	2 ～ 3 天
VPD-TXRF	晶片表面	1-10 E08/cm^2	+ 自動化 - 成本高 - 量測時間	可以	1 ～ 3 天
AAS	液體溶液	0.1 ppb	- 敏感度不佳	不可	1 ～ 3 天
Poly UTP	晶片內部 Cu，Ni	5 E09/cm^2	+ 對 Cu、Ni 很靈敏 - 耗時	取整片晶片表面	3 ～ 5 天
Bulk Digestion	晶片內部 Cu，Ni	1-2 E10/cm^2	+ 準備很容易 - 敏感度不佳	不可	1 ～ 3 天
μ-PCD-Lifetime	晶片內部 Fe	1E09/cm^3	只能量 Fe	可以	1 ～ 3 天
SPV-Diff. Length	晶片內部 Fe	1E09/cm^3	只能量 Fe	可以	1 ～ 3 天
DLTS	晶片內部金屬	1E10/cm^3	+ 可以量很多元素 - 耗時	不可	3 ～ 5 天

二、深能階暫態光譜儀 (DLTS)

深能階暫態光譜儀 (Deep Level Transient Spectroscopy，DLTS) 可用來偵測半導體材料的深能階狀態。而深能階一般是由金屬雜質及結晶缺陷引起的，所以 DLTS 方法可以被用來量測矽晶圓內部的金屬含量。DLTS 的原理，是通過測量半導體材料在不同溫度下的電容瞬態信號，來測定深度能級雜質或缺陷的相關參數，如：能級的位置、俘獲截面、雜質類型及其含量。

DLTS 的方法是先將試片做成 Schottky diode，例如對於 P-type 矽晶可以使用 Ti 當接觸、對於 N-type 矽晶可以使用 Au 當接觸。然後將試片冷卻到 50K 左右的溫度，並施加一短暫的正向偏壓 (forward bias pulse)，使得金屬雜質獲得一個電子，隨即快速回到逆向偏壓狀態，這時深能階元素又開始釋放出他們的載子，這時電子的釋放與時間有關，同時電容也跟著改變。這種電容改變的方式是與溫度及每種金屬種類有關的。不同深能階的金屬有其特定的 DLTS 光譜，而且其光譜之強度與金屬之濃度有關。圖 8.77 顯示 DLTS 量測的操作原理。

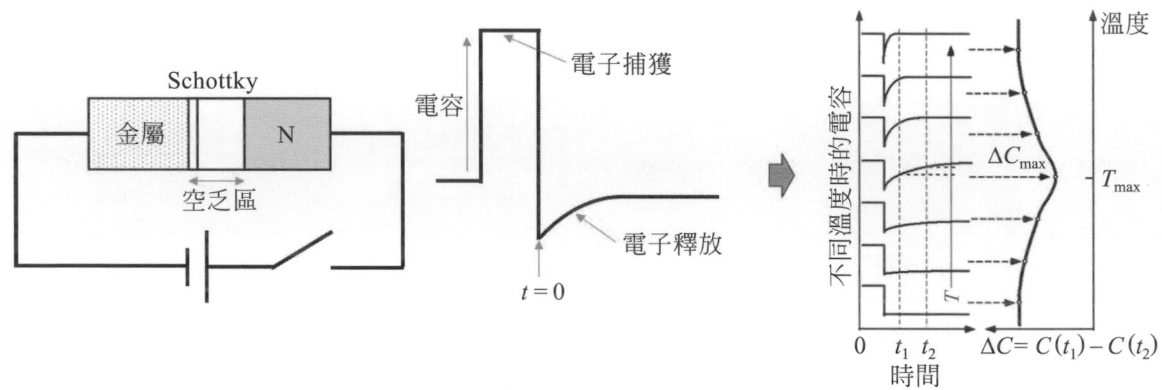

圖 8.77　DLTS 量測的操作原理

通常 DLTS 的偵測極限爲矽晶試片內的攙雜濃度之 10^{-5}。以一個電阻率 10 ohm-cm 的 P- 型矽晶而言，其硼的濃度爲 10^{16}atom/cm^3 左右，所以使用 DLTS 對金屬的偵測極限約爲 10^{11}atom/cm^3 左右。在矽晶圓的應用上，我們一般可以使用 DLTS 來量測 Fe、Cu、Ni、Cr、Ti、Mo 等元素。

DLTS 的優點包括：

(1) 可以定量且可靠的量測金屬雜質

(2) 量測的極限可達到 < 1E10 atom/cm^3

(3) 可同時量測許多金屬雜質

(4) 可應用在 NN+ 及 PP+ 磊晶上

(5) DLTS 的量測結果可當成其他量測技術的參考標準

至於 DLTS 的缺點則包括：

(1) 試片的準備比較複雜且量測上耗時
(2) 為一種破壞性的量測
(3) 僅能用來量測深能階的金屬

三、Poly UTP 法

Poly UTP (Ultra Trace Profiling) 的方法，主要被用來量測擴散速率較快的金屬元素 Cu 及 Ni。圖 8.78 顯示 Poly UTP 的量測流程，其操作步驟如下：

(1) 首先要先在 620℃下讓試片的表面長上約 50nm 厚的矽多晶層，在這過程中 Cu 及 Ni 會往多晶層擴散，而停留在多晶層裡頭 (藉著晶界的去疵吸附作用)。
(2) 接著使用 HF 及 HNO_3 的混酸，將多晶層表面蝕刻掉，然後再將這蝕刻液置入 PFA 製的燒杯中。
(3) 將 PFA 燒杯放在加熱器 (hot plate) 上加熱使得蝕刻液揮發，留下一些固體殘留物在燒杯裡。
(4) 接著使用已知濃度的 HF 及 HNO_3 的混酸重新將固體殘留物溶解及稀釋之。
(5) 然後這些溶液即可用 ICP-MS 來分析 Cu 及 Ni 的濃度了。

Poly UTP 的偵測極限約為 5 E9 atom/cm^2 左右，一般完成一個試片的量測大概要 2 天以上的時間。

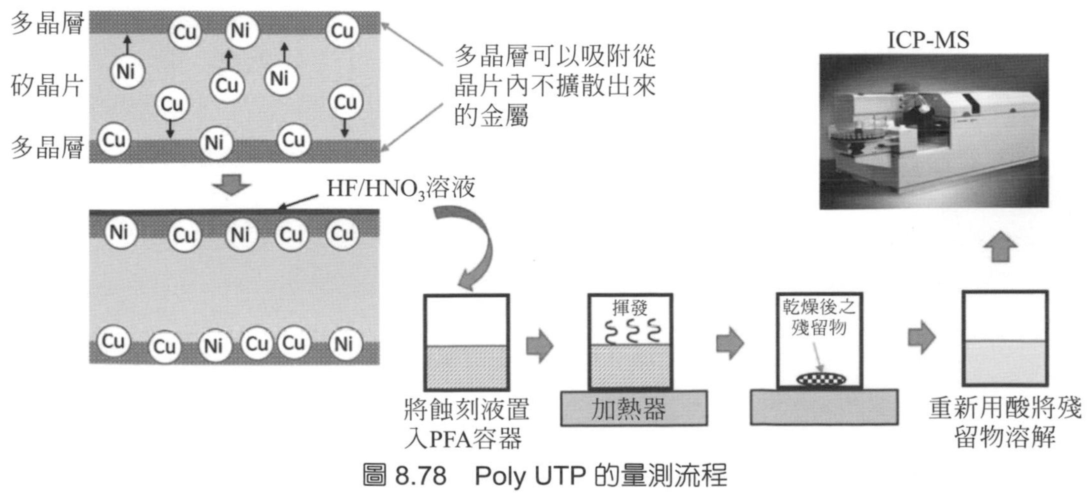

圖 8.78 Poly UTP 的量測流程

四、Bulk Digestion 法

Bulk Digestion 是另外一種可以量測矽晶內部的 Cu、Ni、及 Fe 之方法。圖 8.79 顯示 Bulk Digestion 的示意圖，其操作步驟如下：

(1) 首先要先將試片切成約 1 克重的大小

(2) 接著將試片置入裝有 DI 純水的內容器之中，外容器內則裝有 HF 及 HNO_3 溶液

(3) 然後藉著加溫使得外容器內的 HF 及 HNO_3 蒸發進入內容器內。藉著控制溫度與壓力，可以控制揮發與反應速率

(4) 當整塊矽試片被“消化溶解”(digestion) 掉之後，將內容器蒸乾後留下殘留固體。

(5) 接著使用已知濃度的 HF 及 H_2O_2 的混酸重新將固體殘留物溶解及稀釋之。

(6) 然後這些溶液即可用 ICP-MS 來分析 Cu 及 Ni 的濃度了。

Bulk Digestion 的偵測極限對 Cu 約為 9 E9 atom/cm^2 左右，對 Ni 約為 2 E11 atom/cm^2 左右。一般完成一個試片的量測大概要 1-2 天的時間。

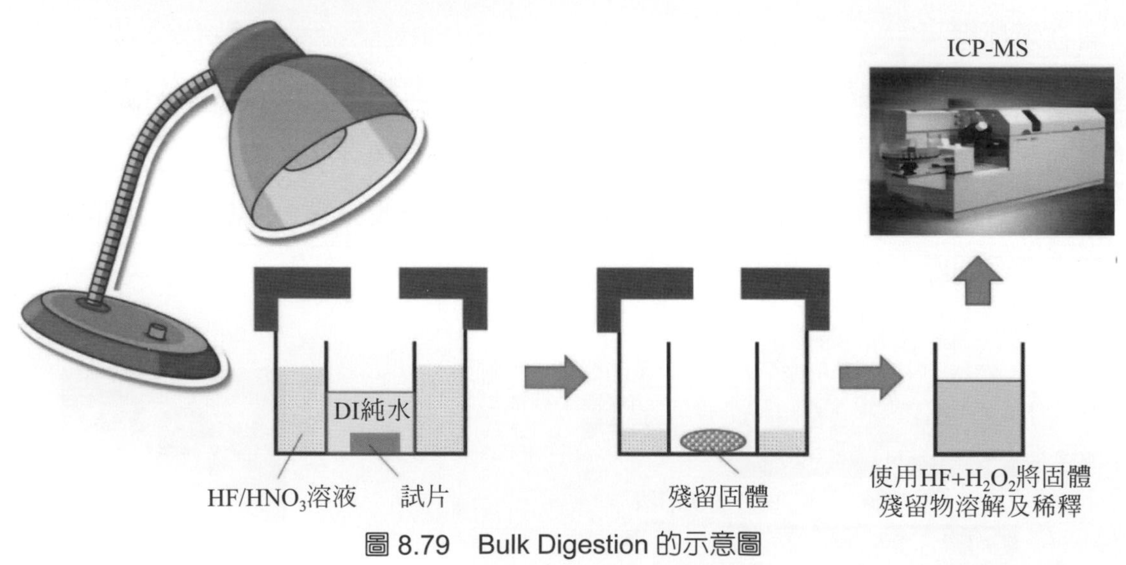

圖 8.79　Bulk Digestion 的示意圖

五、LTOD 法

LTOD (Low temperature out-diffusion)，是種普遍應用在矽晶圓廠去偵測晶片裡的體金屬 (bulk metal)，特別是 Cu 及 Ni，的方法。它的原理是將矽晶片加熱到約 250℃左右，這時快速擴散的金屬就會擴散到晶片表面，只要用 VPD 去收集晶片表面的這些金屬，再進行 ICPMS 量測，就可以得到 bulk Cu/Ni 的濃度了。如果我們採用更高的溫度 (約 400℃) 去進行 out-diffusion，爲了區分，就稱之爲 MTOD (medium temperature out-diffusion)。

圖 8.80 顯示 LTOD 法的示意圖，其操作步驟如下：

(1) 首先利用 VPD 去除試片表面的自然氧化層

(2) 接著將試片放在一石墨基座上

(3) 放在加熱板 (Hot plate) 上加熱到 250℃約二小時

(4) 將試片冷卻到室溫後，再用 VPD 去收集晶面表面的金屬汙染物

(5) 再利用 ICPMS 去分析金屬濃度

LTOD 法的缺點是它的回收率 (recovery rate) 比 poly UTP 方法差，當 bulk Cu/Ni 濃度大於 5E12 atom/cm^2 時，它的回收率還有 90%，但當濃度小於 1E12 atom/cm^2 時，它的回收率僅有 10% 左右。

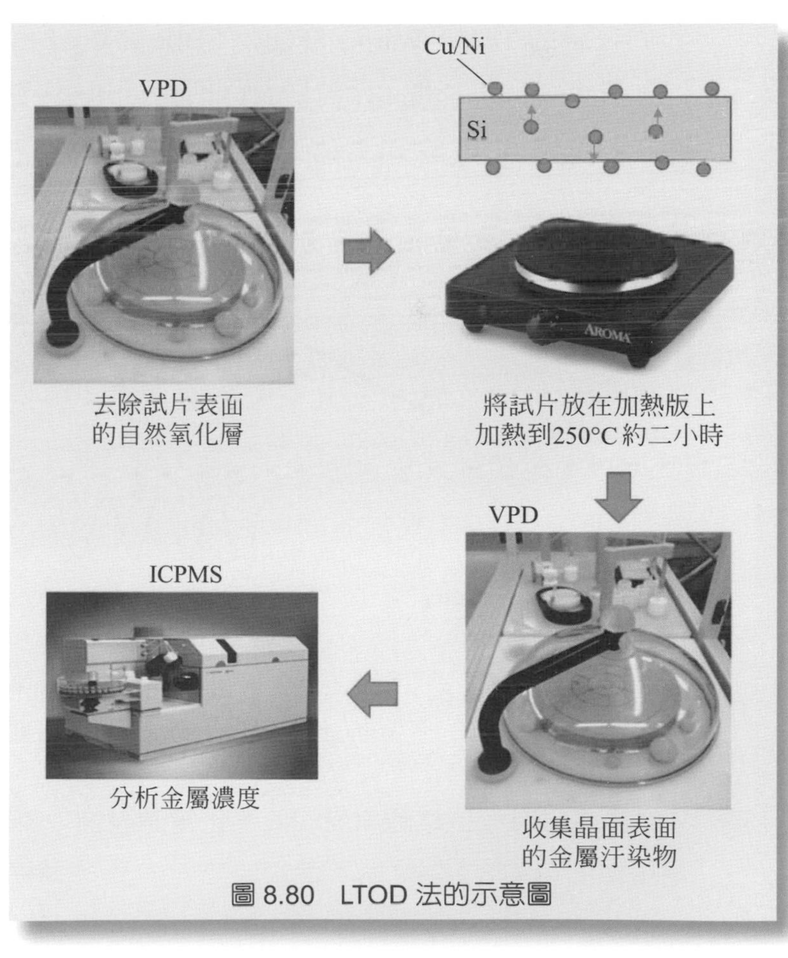

圖 8.80　LTOD 法的示意圖

8-9 平坦度之量測

一、前言

隨著積體電路的日益複雜，及線寬度的縮小，其對矽晶圓平坦度的要求也越來越緊。平坦度扮演的角色在於對光學曝光的對焦之影響。平坦度不佳的矽晶圓可能會導致失焦 (defocus)，甚至也可能影響到 CMP 的製程，而影響到產品良率。

矽晶圓的平坦度之歸類，可以依據其空間波長 (spatial wavelength) 分成 geometry(空間波長約 10nm 以上)，nanotopography(空間波長約 0.2 ～ 10nm)，roughness(空間波長約 0.1nm 以下) 三類，如圖 8.81 所示。其中 geometry 就是一般我們在談的 TTV、Warp、SFQR、SBIR 之類的平坦度參數 (請參見本書第 6 章第 9 節)。而 nanotopography(簡稱 NT) 則是近年來因應 CMP 的需求，而定義出來的參數。Roughness 則是指矽晶圓表面的粗糙度。

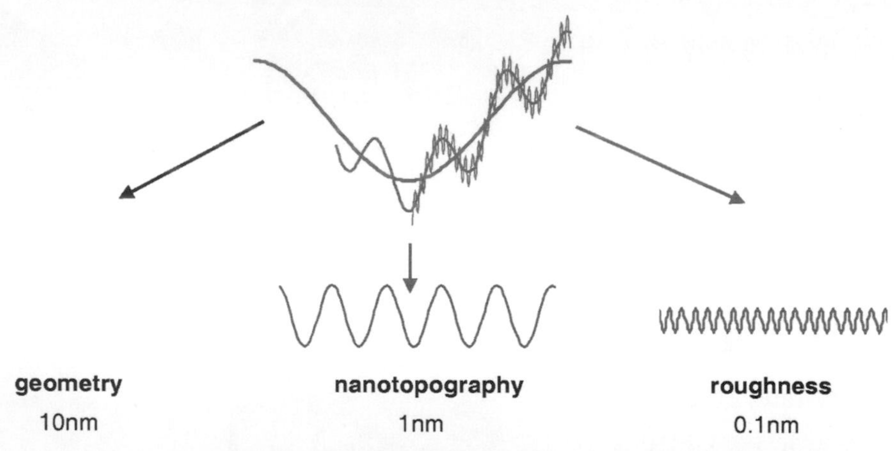

圖 8.81　依據空間波長 (spatial wavelength) 可將平坦度分成 geometry, nanotopography, roughness 三類

表 8.7 爲一些比較常見的商業化量測設備。本節將針對平坦度的量測原理及儀器應用做簡單的介紹。

表 8.7 為一些比較常見的商業化量測設備

種類	200mm 機台	300mm 機台
Geometry	ADE 9500/9700	AFS 3220, WaferSight, P300
Nanotopography	ADE CR83(SQM), KLA-SP1-SNT	Phaseshift Nanomapper, WaferSight
Roughness	Chapman(MP 3000), AFM	Chapman(MP 3000), AFM

二、Geometry 的量測原理與設備

一般 200mm 矽晶圓以下的平坦度量測是利用電容的原理，因爲電容與矽晶圓的厚度成反比關係。圖 8.82 爲一常用的 ADE 量測的示意圖，矽晶圓試片是置於一個承盤 (chuck) 上，量測探針 (probe) 置於試片上方約 0.5mm 的距離，而延著螺旋軌跡一圈一圈的量測試片上每一點的厚度。然後 ADE 機台可以利用這些每點的厚度去計算出每一種平坦度參數 (例如 TTV、SFQR 等) 的大小。以 ADE9800/9900 E^2 系列的機台爲例，量測探針的面積爲 2mm×2mm，而每量測圈的間距爲 0.95mm。而以 ADE9600/9700 E++ 系列的機台爲例，量測探針的面積爲 2mm×4mm，而每量測圈的間距爲 1.9mm。所以 ADE9800/9900 E^2 的精確性會比其它系列來得好。

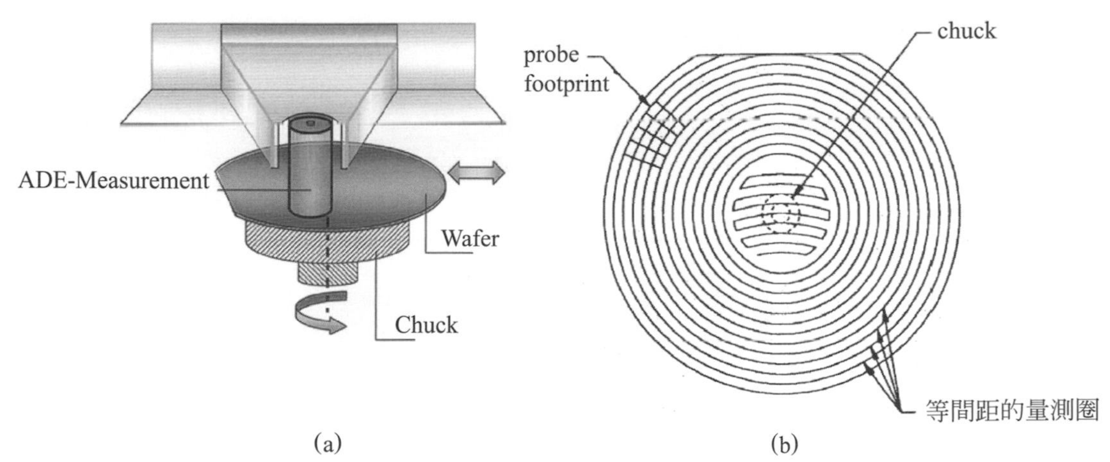

圖 8.82 (a) 一常用的 ADE 量測原理的示意圖，(b) 量測的軌跡

在 300mm 的平坦度量測上，一般是使用 Wafersight 的設備，它是利用光學原理，爲了減少重力對量測值的影響，矽晶圓是用 edge grip 的方式垂直固定在機台上的。圖 8.83 顯示 Wafersight 的量測原理，它是採用二個斐索干涉儀 (Fizeau-type interferometers) 來同時量測矽晶片正面 (frontside) 及背面 (backside) 的形貌 (topography)。所謂斐索干涉儀，是在被量測的晶片之前，放置一個相距很近的參考平面。入射光先經由分光鏡分成二道光束，進入這兩個平面後的反射光，發生干涉的行爲，最後在相機以干涉條紋成像。分析這些條紋，就可以知道待測晶片表面的形貌。如果條紋發生了彎曲，就代表晶片表面不平。圖 8.84 爲一 Wafersight 2 量測機台的照片。

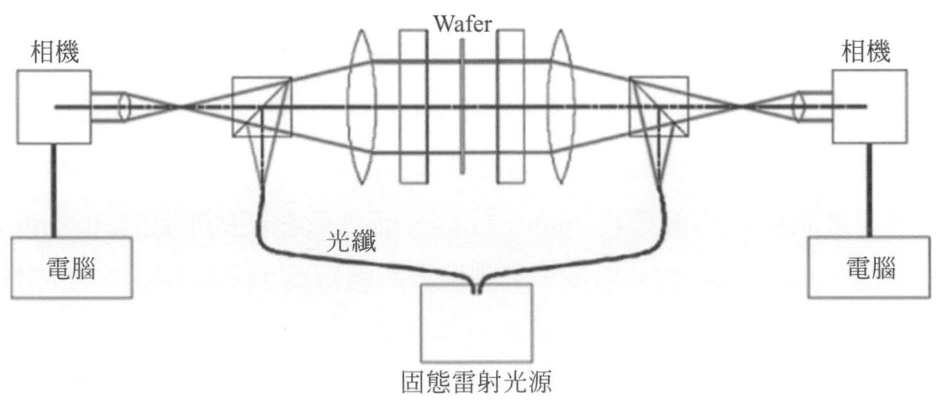

圖 8.83　Wafersight 的量測原理

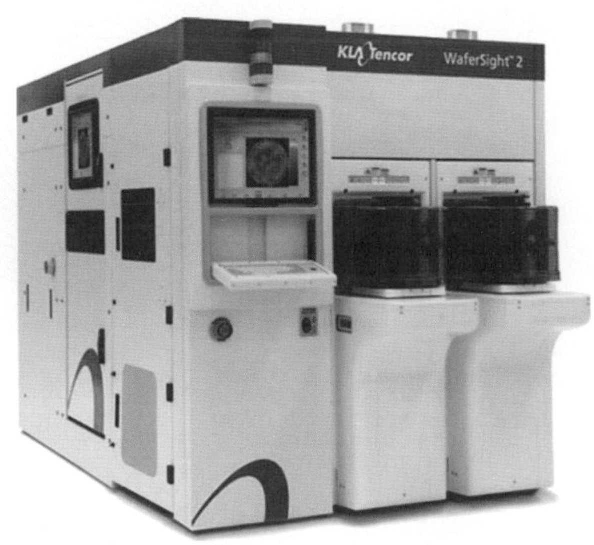

圖 8.84　一 Wafersight 2 量測機台

三、Nanotopography 的量測原理與設備

Nanotopography(簡稱 NT)，是近年來因應先進製程的需要，而製定的一個新的平坦度參數。NT 的定義是指空間波長介於 0.2 ～ 10nm 之間的平坦度。一般 NT 參數，有四種不同的區塊大小 (site size)，亦即 $0.5 \times 0.5mm^2$(稱爲 THA1)，$2 \times 2mm^2$(稱爲 THA2)，$5 \times 5mm^2$(稱爲 THA3)，$10 \times 10mm^2$(稱爲 THA4)。其中以 THA2 及 THA4 最常被使用。然後 NT 的值則是指該區塊裡的高低差 (peak to valley distance)。

圖 8.85 爲 NT 量測的示意圖，首先我們使用一個入射光源到試片表面，然後我們藉由它的反射光源可以偵測出表面的高低，而製成一個如圖 8.85(b) 所示的高度圖。這種高度圖的解析度 (pixel) 爲 $0.2 \times 0.2mm^2$。接著我們可以量測每個指定區塊大小內的最高點到最低點的距離。

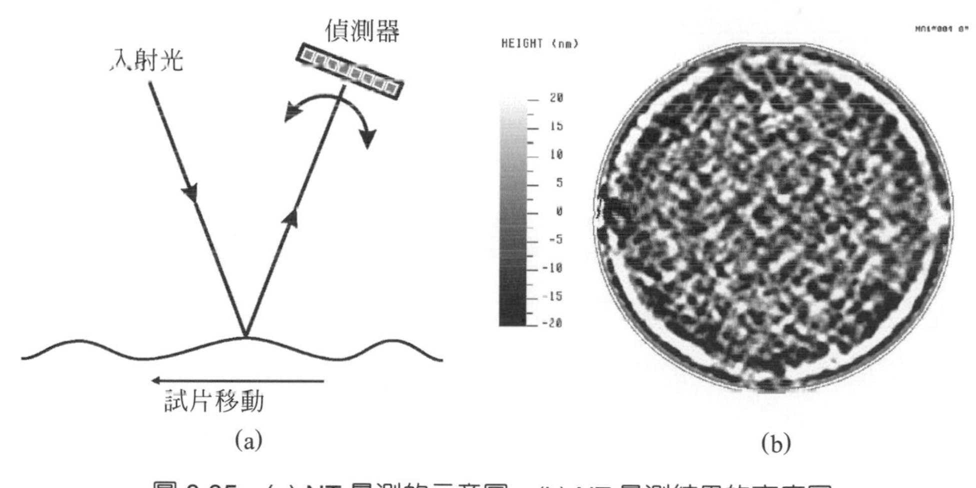

圖 8.85 (a) NT 量測的示意圖，(b) NT 量測結果的高度圖

圖 8.86 顯示 NT 對 CMP 製程的影響，當矽晶片很平坦時，我們可以很均勻的拋掉介電層。而當區域性的平坦度不佳時，就會產生過度拋光或拋光不足的現象。過度拋光可能導致元件的提早崩潰 (early breakdown)，拋光不足可能會導致接觸上的錯誤 (contact error)。

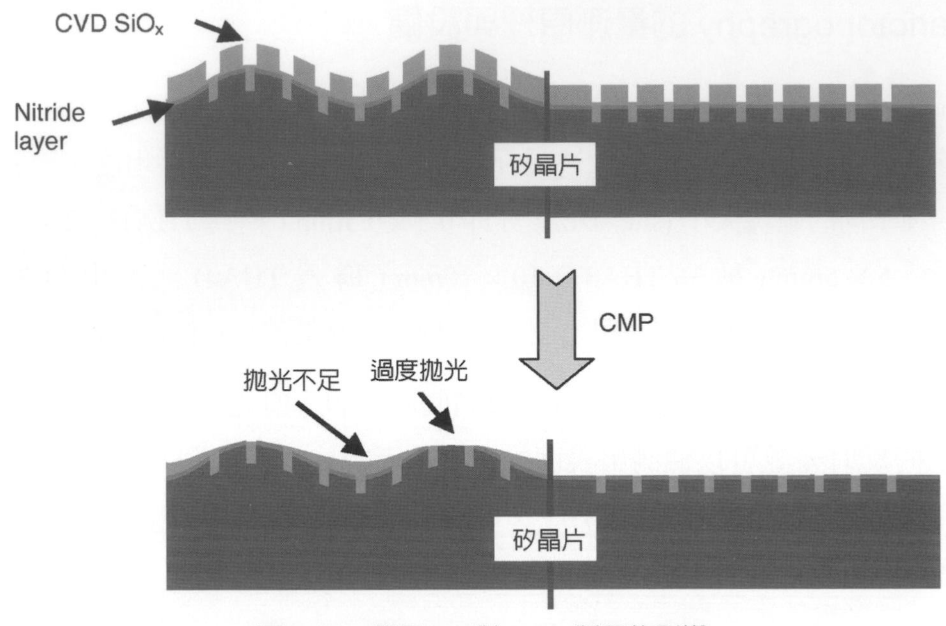

圖 8.86 顯示 NT 對 CMP 製程的影響

四、Roughness 的量測原理與設備

隨著線寬度的縮小，表面粗糙度的角色越來越重要。例如背面的粗糙度會影響反射率，而影響到 RTA 製程對背面溫度的量測，也會影響到薄膜生長的厚度。所以在 IC 製程上，總希望使用的每片矽晶圓都具有相同的粗糙度或反射率，這樣在製程的控制上比較穩定。在第 6 節時，我們已介紹過可以量測粗糙度的 AFM 儀器，這裡我們要介紹的是另外一種可以量測粗糙度的儀器，稱爲 Chapman Profiler。Chapman 是種非破壞性的表面量測儀器，它不僅可以被用來量測矽晶圓正面及背面的粗糙度，也可被用來檢驗矽晶圓的邊緣 (edge) 及 Notch 位置的粗糙度。

對於一個試片的表面，我們可以量出它的整體形貌 (Total Profile)，如果我們對這整體形貌細部分析 (請見附圖 8.87)，我們可以發現整體形貌係由波浪度 (Waviness) 及粗糙度 (Roughness) 所組成的。其中波浪度代表著試片表面上比較長的空間波長之形貌，在 Chapman 的量測上是以 W_a 來代表平均的波浪度。而粗糙度則代表著試片表面上比較短的空間波長之形貌，在 Chapman 的量測上是以 R_a 來代表平均的粗糙度。

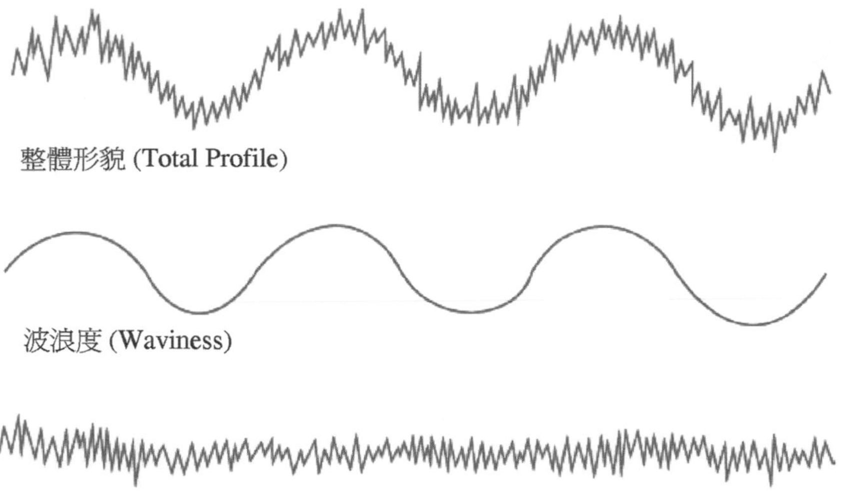

圖 8.87 整體形貌 (Total Profile) 與波浪度 (Waviness) 及粗糙度 (Roughness) 之間的關係

而如何分辨波浪度及粗糙度之關鍵在於「波長濾切長度 (cutoff filter length)」的選用。但表面形貌超過濾切長度的部份，我們就將之歸類爲波浪度，低於濾切長度的部份，我們就將之歸類爲粗糙度。因此當我們在談論 R_a 值時，如果不去看它代表的濾切長度，那是沒有意義的。在 Chapman 的量測上，比較普遍使用的濾切長度包括有 0.08、0.25、0.8、2.5、8.0mm 等 5 種。

在粗糙量測上，我們可以量出每個波峰或波谷的高度 y_i，那麼我們可以算出以下兩個粗糙度的值：

(1) 平均粗糙度 R_a

$$R_a = \frac{1}{n}\sum_{i=1}^{n} |y_i| \quad \text{or} \quad R_a = \frac{|y_1|+|y_2|+|y_3|\cdots+|y_n|}{n}$$

(2) 平方 (RMS) 粗糙度 R_q

$$R_q = \sqrt{\frac{1}{n}\sum_{i=1}^{n} y_i 2} \quad \text{or} \quad R_a = \sqrt{\frac{y_1^2+y_2^2+y_3^2\cdots+y_n^2}{n}}$$

9 矽晶圓在半導體上的應用

矽晶圓邁入 12 吋世代，已超過 20 年的光景。而 18 吋曾炒熱一時，最後因爲整個 IC 產業鏈無法全部打通，及某些技術瓶頸問題，再加上經濟效應不彰等考量，最後無疾而終。在可見的未來，12 吋世代應該可以繼續獨領風騷。而 8 吋矽晶圓原本應該隨著世代交替，慢慢的式微。但因爲 12 吋矽晶圓最近幾年來的缺貨，使得 8 吋矽晶圓的需求不降反升的維持在高檔。6 吋以下的矽晶圓，通常被使用在功率元件 (power device) 的用途上，隨著業者持續往大尺吋技術移轉的趨勢下，在需求上一直在慢慢降低之中。

如圖 1.7 所示，矽晶圓在半導體元件的用途上，相當的廣泛。它不僅大量地用在記憶體 (Memory IC)、邏輯積體電路 (Logic IC)、及微元件處理器 (Microprocessor) 等積體電路上，也使用在功率半導體等分離式元件上 (Discrete device)。這些不同的元件應用，以及不同的線寬世代，對於矽晶圓的種類及特性之要求也各有不同，因此一般業者都會針對應用上的需要，去製訂不同的矽晶圓規格 (specification)。本章將分別介紹記憶體、邏輯積體電路、及功率半導體的原理、應用、和其對矽晶圓特性之要求。

9-1 記憶體 (Memory)

各位讀者應該都很清楚，電腦裡頭的心臟系統，叫做中央處理器 (Central Processor Unit，簡稱 CPU)。大家也都知道，電腦裡的硬碟，是用來儲存資料與數據的。儲存在硬碟裡頭的資料，即使在電源關閉之後，也不會無端消失不見。而記憶體 (Memory) 這名詞，可能一般人都聽過，但它的功能是什麼？或許就不是那麼的清楚了。

當電腦裡頭的 CPU 要執行運算時，如果這時候它才直接從硬碟裡面抓資料，所花的時間就會太久。如果要讓電腦變的更快，這時候就要仰賴「記憶體」，來當成中間橋梁。也就是說，記憶體可以先到硬碟裡面複製一份資料進來、再讓 CPU 直接到記憶體中拿資料做運算，這樣速度就變快了。

我們可以從圖 9.1 來看一下，電腦裡頭的幾個主要儲存單位。事實上，CPU 裡面也有一個儲存空間，叫做暫存器。要執行運算時，CPU 會從記憶體中先把資料載入暫存器，再將暫存器中儲存的數字拿來做運算，運算完再將結果存回記憶體中。然而，CPU 和記憶體終究還是兩片不同的晶片，這二者之間的存取速度，畢竟還是比不上在同一片晶片裡直接抓資料快。所以爲了讓電腦速度還可以更快一些，CPU 和記憶體之間，可以加入一個快取記憶體 (Cache) 當作 CPU 和記憶體的中間橋梁。舉例而言，目前的 CPU 到記憶體讀取一個數據的時間大概是 60 奈秒 (60ns)，但有了快取記憶體之後，讀取時間可以縮短到 20 奈秒 (20ns) 以內。不過電腦裡不會安裝太多的快取記憶體，因爲它的價格比較昂貴。從圖 9.1 裡頭，我們可以了解到就速度而言，CPU 裡面的暫存器 > 快取 > 記憶體 > 硬碟。就可以儲存數據的容量大小，則是反過來，硬碟的容量最大。

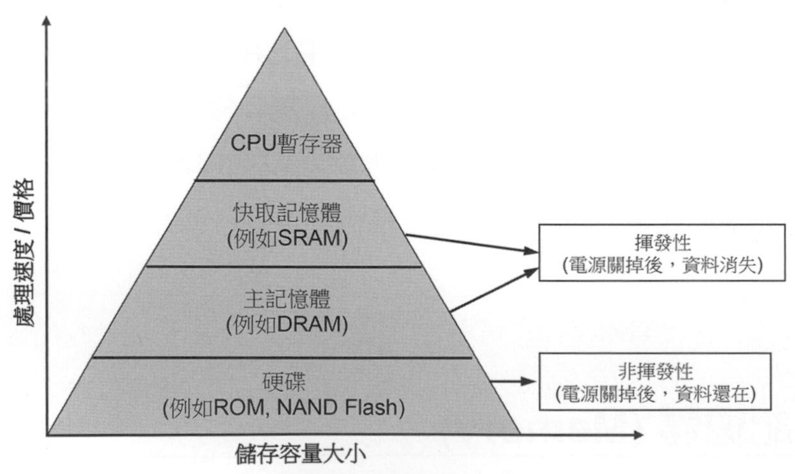

圖 9.1　電腦裡頭的儲存單位之比較

一、記憶體的種類

有關記憶體的分類，我們可以依據儲存的資料會不會隨著關機而永久保留，而分為揮發性記憶體 (Volatile memory)，包括：SRAM、DRAM 等；及非揮發性記憶體 (Non-volatile memory)，包括：Mask ROM、PROM、EPROM、EEPROM、Flash ROM、FRAM、MRAM、RRAM、PCRAM 等。也可分為以下 RAM 及 ROM 兩大類：

1. RAM(Random Access Memory) 隨機存取記憶體

RAM (Random Access Memory) 中文譯成隨機存取記憶體，意思是 CPU 能夠不用按照位址的順序，而能隨機指定記憶體位址來讀取或寫入資料。它是一種揮發性的記憶體，也就是說它需要電力來維持其記憶，當電力切斷之後，這些記憶就會消失。在電腦系統內部，RAM 是僅次於 CPU 的最重要的元件之一。它們之間的關係，就如人的大腦中思維與記憶的關係一樣，可以說是密不可分的。而 RAM 又可分 DRAM 和 SRAM 二種：

A. DRAM(Dynamic Random Access Memory) 動態隨機存取記憶體

DRAM 一般是做為電腦裡的主記憶體。它的作用原理，是利用電容內儲存電荷的多寡來代表一個二進位 bit 是 1 還是 0。由於在現實中電容會有漏電的現象，導致電位差不足而使記憶消失，因此除非電容經常周期性地充電，否則無法確保記憶長存。由於這種需要定時刷新的特性，因此被稱為「動態」記憶體。DRAM 的優勢在於結構簡單，每 bit 的資料都只需一個電容跟一個電晶體來組成，相比之下在 SRAM 上每 bit 通常需要六個電晶體。因此，DRAM 擁有高密度，低成本的優點，但是它也有存取速度較慢，耗電量較大的缺點。以現在一般電腦使用習慣，僅做文書處理大概要使用到 8GB 的 DRAM，而在遊戲或繪圖用途上則必須使用到 16GB 或 32GB 的 DRAM，當然其容量的需求隨著年代的演進，勢必是會越來越大的。

B. SRAM(Static Random Access Memory) 靜態隨機存取記憶體

SRAM 一般是做爲電腦裡的快取記憶體，用來提高 CPU 的存取效率。SRAM 的製造方式，是每 bit 裡頭會使用到 4 ～ 6 個電晶體，所以它不需要反覆充電就可保持資料不流失，因此被稱爲「靜態」記憶體。它的優點是存取時間較短，但其製造成本遠比 DRAM 來的高。就使用的普及度而言，SRAM 是遠比不上 DRAM 的。

2. ROM(Read Only Memory) 唯讀記憶體

這種記憶體在製造的時候就將資料寫入，而裡頭所儲存的的資料，在任何情況下都不會改變或消失。電腦與使用者只能讀取保存在這裡的指令，和使用儲存在這個記憶體裡的資料，但不能變更或存入資料，所以才被稱爲「唯讀記憶體」。ROM(唯讀記憶體) 是屬於一種非揮發性的記憶體。也就是說，即使在關機之後記憶的內容仍可以被保存，所以這種記憶體多用來儲存特定功能的程式或系統程式，例如早期的個人電腦如 Apple II 或 IBM PC XT/AT 的開機程式 (作業系統) 或是其他各種微電腦系統中的韌體 (Firmware)。

唯讀記憶體，又可分爲光罩式唯讀記憶體 (Mask ROM)、可程式化唯讀記憶體 (P-ROM)、可抹除可程式化唯讀記憶體 (EP-ROM)、電子式可抹除可程式化唯讀記憶體 (EEP-ROM) 及快閃唯讀記憶體等幾種 (Flash ROM)：

A. 光罩式唯讀記憶體 (Mask-ROM)

這種唯讀記憶體，在製造的時候，用一個特製的「光罩 (Mask)」將資料製作在線路中，資料在寫入後就不能更改，這種記憶體的製造成本極低，通常應用在個人電腦的 BIOS 晶片儲存電腦的開機啓動程式 (也就是作業系統執行前的開機啓動程式)。

B. 可程式化唯讀記憶體 (P-ROM：Programmable ROM)

這種唯讀記憶體，在製造的時候尚未將資料寫入，而是允許購買唯讀記憶體的廠商 (例如：主機板廠商) 在購買後可以依照不同的需要以「高電流」將 P-ROM 內部的鎔絲燒斷，將資料寫入。而且資料只能寫入一次，不可重覆使用。P-ROM 的優點是記憶體製造時不需要將資料寫入，廠商在購買後可以依照不同的需要寫入資料，

應用的靈活性比 Mask-ROM 高；缺點則是資料只能寫入一次，不可更改，使用仍然不方便。

C. 可抹除可程式化唯讀記憶體 (EP-ROM：Erasable Programmable ROM)

這種唯讀記憶體，在製造的時候尚未將資料寫入，而是允許購買唯讀記憶體的廠商 (例如：主機板廠商) 在購買後可以依照不同的需要以「高電壓」將資料寫入 EP-ROM。如果需要更改內容，可以使用「紫外光」將舊的資料抹除 (Erase)，再以高電壓將新資料寫入，因此可以重覆使用。以前主機板上的 BIOS 都是燒在這裡。

此外，EP-ROM 積體電路的封裝外殼必須預留一個石英透明窗，讓紫外光可以照射到浮動閘極，由於價格較高，後來大部分都沒有預留石英透明窗，資料寫入之後就不能再抹除，變成只能寫入一次的唯讀記憶體，我們稱爲「一次可程式化唯讀記憶體 OTP-ROM (One Time Programmable ROM)」。

D. 電子式可抹除可程式化唯讀記憶體 (EEP-ROM: Electrically Erasable Programmable ROM)

這種唯讀記憶體，基本上的功能與 EP-ROM 相同，它在電源消失時，所儲存的資料依然存在。在寫入資料時，它也是靠著「高電壓」的方式將資料寫入 EEP-ROM。只不過當要消除儲存在裡面的內容，它不是用紫外線照射的方式，而是同樣以「高電壓」將資料直接消除，這方式比 EPROM 方便多了。但是它主要缺點是，EEP-ROM 是以小區塊 (通常是位元組) 爲清除單位來抹除資料，抹除與寫入的速度很慢，使用仍然很不方便，後來經過改良才發展出目前廣泛使用在可攜帶式電子產品的「快閃記憶體 (Flash ROM)」，因此我們可以將 EEP-ROM 看成是快閃記憶體的始祖。

EEP-ROM 由於可以電寫電讀，目前廣泛的應用在各種防僞晶片，例如：IC 電話卡、IC 金融卡、IC 信用卡 (信用卡附防僞晶片)、健保 IC 卡、手機用戶識別卡 (SIM：Subscriber Identity Module) 等，做爲儲存客戶資料的記憶體。

E. 快閃唯讀記憶體 (Flash Read-Only memory)

快閃唯讀記憶體，是由 EEP-ROM 改良而成的新型記憶體。近年來，它已成爲數據存儲的主流技術了。快閃記憶體不需要不斷充電來維持其中的資料，但是每當資料更新時必須以 blocks 爲單位加以覆寫，而非一個 bit、一個 bit 寫入。block 的大小從 256KB 到 20MB 不等。它的優點是，只要用特殊的軟體便可以將資料更新，位元密度較高，而且價格便宜。目前快閃記憶體多用於 PC Card 記憶卡、主機板和 Smart Card。近年來，隨著寫入速度、高容量及單位位元價格下降等因素考量，對聲音、影像等資料 (如 MP3) 的儲存也成爲快閃記憶體技術發展的另一主流。就快閃記憶體的結構而言，它主要分成 NOR 及 NAND 二大主流架構。這方面，我們在後面會再詳細介紹。

以上簡單地介紹了記憶體的分類。由於目前記憶體裡頭，用途最廣且需求量最大的是 DRAM 及 Flash 二種記憶體，所以在下面，我們會更進一步去探討這二種記憶體的技術發展趨勢，以及其對矽晶圓品質之要求。

二、DRAM

自從 1970 年，英代爾 (Intel) 發表最早的商用 DRAM 晶片 (Intel 1103) 開始，隨著半導體技術的進步與科技產品的演進，DRAM 標準也從早期非同步的 DIP、EDO DRAM，演進到同步的 SDRAM(Synchronous DRAM)、最後進展到現代最普及的 DDR DRAM(Double-Data Rate DRAM)。這每一代新的 DRAM 標準之演進，主要都在追求：單位面積可容納更多的記憶體、資料傳輸的速度更快、以及更少的耗電量。

DDR DRAM 有時也稱作 DDR SDRAM，這種改進型的 DRAM 的特點是：它可以在一個時間內讀寫兩次數據，這樣就使得數據傳輸速度加倍了。這是目前電腦中用得最多的內存記憶體，而且它有著成本優勢，事實上擊敗了另外一種內存標準 -Rambus DRAM。而 DDR DRAM 現在也演進到第五代的 DDR5，至於 DDR6 預計要到 2025 年才會量產。

1. DRAM 的工作原理

我們用圖 9.2 來解釋 DRAM 的工作原理，一個 DRAM 的存儲單元 (storage cell)，是由以下四個基本部份組成的：

(1) 電容 (capacitor)：它藉由儲存在其中的電荷的多或少 (或者說電容兩端電壓差的高或低)，來代表邏輯上的 1 和 0。

(2) 電晶體 (transistor)：它的導通與否可以用來決定，電容裡頭儲存的信息的讀取與改寫。

(3) 字元線 (World line)：用來決定電晶體的導通或關閉。

(4) 位元線 (Bit line)：它是外界聯絡存儲電容的唯一通道，當電晶體導通之後，外界可以通過位元線對儲存電容進行讀取或著寫入的動作。

一個 DRAM 的存儲單元存儲的是 0 還是 1，取決於電容是否有電荷？有電荷代表 1 (如圖 9.2(a) 所示)，無電荷代表 0 (如圖 9.2(b) 所示)。但時間一長，由於 PN 接合的微小漏電，代表 1 的電容會慢慢放電 (也就是電荷會慢慢流失)，代表 0 的電容會吸收電荷，最後就會導致數據丟失。因此 DRAM 必須定時的去進行刷新 (refresh) 的操作，若寫入 bit cell 的資料爲 1 (或 0)，則必須控制漏電量在下一次 refresh (e.g. 128ms 或 256ms) 之前 bit cell 的讀取仍爲 1 (或 0)，藉此來保持數據的正確性。

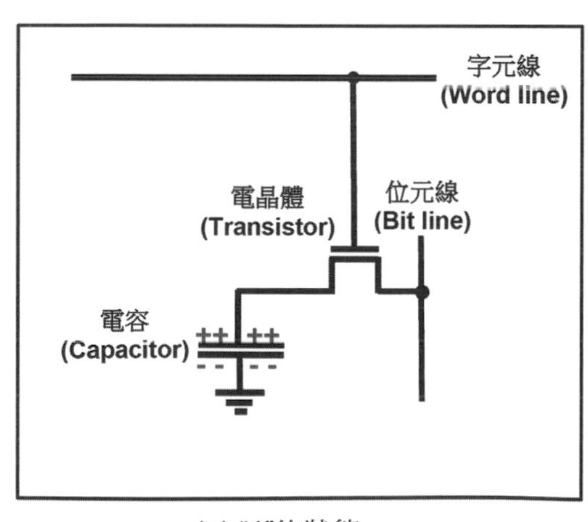

(a) "1"的狀態

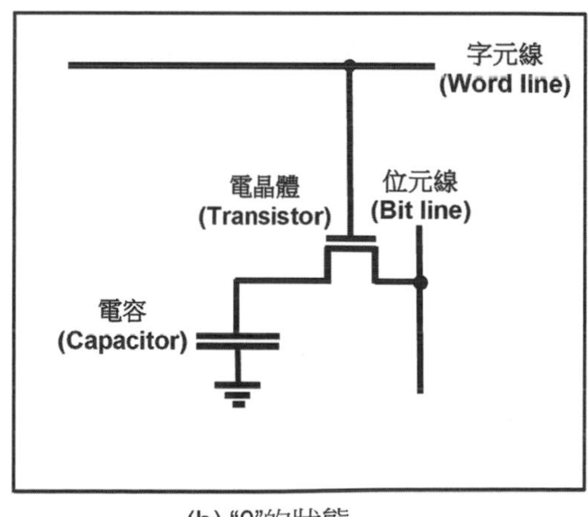

(b) "0"的狀態

圖 9.2　DRAM 的工作原理

2. DRAM 的應用

目前，DRAM 的應用領域，可分為三種。第一是使用在個人電腦、Server 的 DDR 系列的 DRAM，現今最普及的是使用 DDR5 世代的 DRAM。此外，近來最火紅的資料中心 (Data Center)、電商與社群網站、甚至未來人工智慧 (AI)，這些新的應用，所使用的伺服器的記憶體也是用 DDR5，如圖 9.3 所示。至於下一世代的 DDR6 的量產預計會出現在 2025 年。

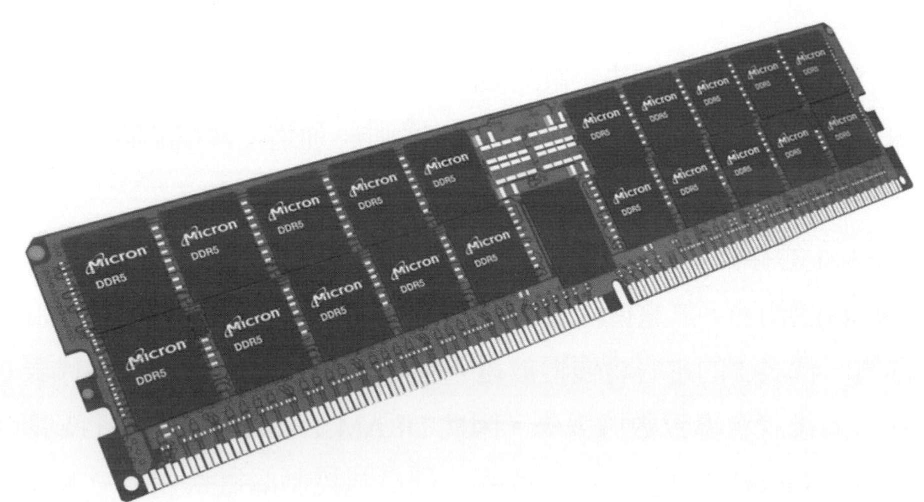

圖 9.3　一個配置 20 個 DDR5 的 DRAM 模組 (照片來源：Micron)

DRAM 第二個應用領域，就是使用在行動裝置 (如智慧型手機與平板電腦) 及穿戴式裝置 (如智慧手錶) 的低功率記憶體 (Low Power DRAM)。目前常見的種類為 LPDDR4 或 LPDDR5。LPDDR 與 DDR 最大的差別就是無須使用延遲鎖相迴路 (Delay Locked Loop，DLL) 去不斷去校正時序來解決扭曲問題 (Skew)，可大幅延長手機待機時間。

DRAM 第三個應用領域，是圖形 DDR (Graphic DDR/GDDR) 系列產品，其只使用在與圖形處理器 (Graphic Processing Unit/GPU) 相關的使用環境上。

3. DRAM 技術的發展

80 年代前主要生產 DRAM 公司爲美商，其中又以 Intel、TI (德州儀器) 公司爲 DRAM 主要生產者，80 年代後日本廠商紛紛崛起，包含 Toshiba、Hitachi、NEC、Panasonic 等，90 年代後台灣與南韓開始進入 DRAM 市場。到了 2000 年以後，日本將許多公司的 DRAM 部門合併成爾必達 (Elpida)，但最後仍不敵金融海嘯而被美光 (Micron) 購併，包含之前退出的歐洲僅剩的奇夢達 (Qimonda)，到了今日只剩三星 (Samsung)、海力士 (SK Hynix) 以及美光三雄鼎立。這 3 家囊括了全球 DRAM 市場 90% 以上。

如前面所述，DRAM 電容會不斷有漏電流 (Leakage Current) 產生，以致流失原先的內容，需要不斷刷新內部的電容資訊。如果以 DRAM 製程而言，延長刷新時間即可減少功耗。要延長刷新時間，其中又可分爲兩項：增加電容容量與減少漏電流。增加電容可以採用堆疊式 (現行方式) 或是溝槽式的設計，使用高介電値材料也是一種提高單位電容値方式。而減少漏電流近年來常見採用鰭式電晶體 (FinFET) 控制。目前的行動裝置因爲特別重視待機時間，故製程常特製 Lower Power(LP) 版本，LP 製程版本通常會最佳化閘、源極等控制單元以達到最小的漏電流。

DRAM 在線寬度的縮小技術上，從 20nm 以下就變得非常的困難，不像邏輯 IC (Logic IC) 已經邁入 5nm 的世代了，但是 DRAM 每要再減小 1nm 的線寬，都是個大挑戰。圖 9.4 爲三大 DRAM 廠一直到了 2021 年的技術藍圖，我們可以看到 18 ～ 19nm 是屬於 1x 的世代、17nm 是屬於 1y 的世代、16nm 是屬於 1z 的世代、15nm 是屬於 1a (或叫 1α) 的世代。圖 9.5 爲 Micon 在 2022 年發表的技術藍圖，圖中可以看到它的 1β (14nm) 尚在研發階段，1δ (13nm) 以下的計畫也還不明朗。這是因爲隨著 DRAM 的技術門檻越來越高，DRAM 微縮的極限可能極將來臨，究竟能否再縮小到 1δ 以下還有待觀察。此外，DRAM 廠也從 1z 世代開始導入極紫外光 EUV 光刻機設備，來降低光罩用量、提升良率、並降低晶片製造成本。

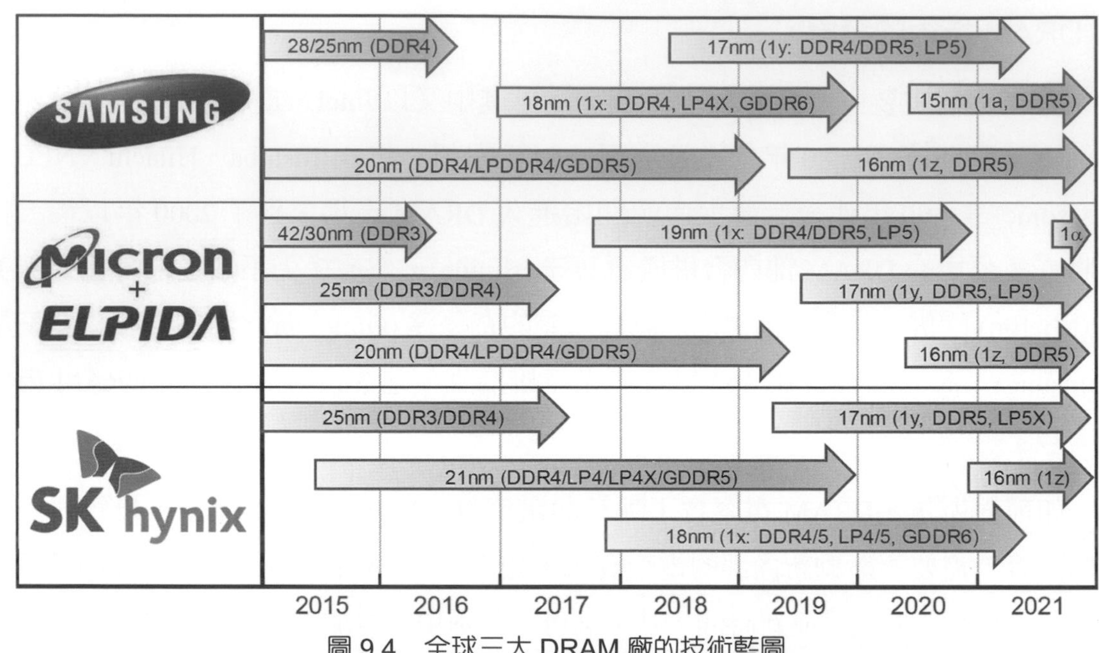

圖 9.4　全球三大 DRAM 廠的技術藍圖

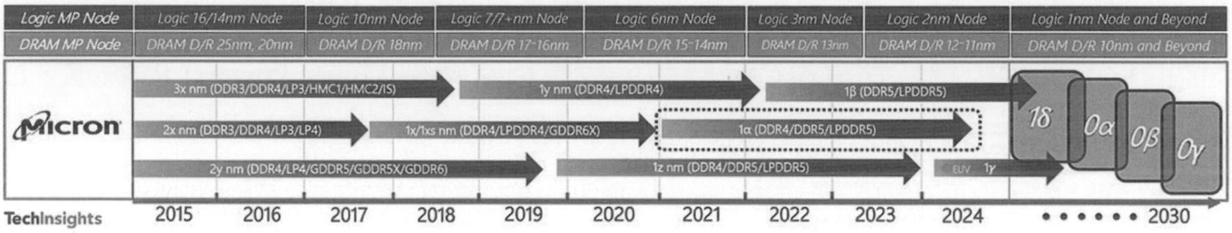

圖 9.5　Micon 的 DRAM 技術藍圖

4. DRAM 對矽晶圓品質的要求

隨著 DRAM 線寬度的縮小，很自然的其對矽晶圓的規格要求也就越來越嚴。表 9.1 列出矽晶圓在不同 DRAM 世代的幾個比較重要的矽晶圓參數，但這僅是作者根據經驗所列出的大概方向，實際的規格其實在每個 DRAM 廠之間是會有差異的。以下逐一的說明之：

表 9.1　矽晶圓應用在 DRAM 元件的重要參數

DRAM 世代	1y	1z	1a(1α)	1b(1β)
預計量產年份	2019	2020	2022	2024
使用矽晶圓種類	No COP polished wafer	No COP polished wafer	No COP polished wafer	No COP polished wafer
氧含量 (Oi)	5～7×10^{17} atom/cm^{-3}	5～7×10^{17} atom/cm^{-3}	5～7×10^{17} atom/cm^{-3}	5～7×10^{17} atom/cm^{-3}
晶體缺陷	No COP/P-band/ B-band	No COP/P-band/ B-band	No COP/P-band/ B-band	No COP/P-band/ B-band
GBIR(2mm EE)	< 0.18 μm	< 0.15 μm	< 0.13 μm	< 0.11 μm
$ESFQR_{max}$(1mm EE)	< 40 nm	< 35 nm	< 40 nm	< 25 nm
LLS 最小尺寸的要求	19 nm	19 nm	14 nm	14 nm

A. 使用矽晶圓的種類

一直以來，DRAM 元件對矽晶圓表面的 COP 數目有很嚴格的要求，這是因爲 COP 會導致閘氧化層的提早崩潰 (Gate Oxide Breakdown)，也會引起漏電 (leakage) 的現象。圖 9.6 是早期 DRAM 還有溝渠 (trench) 設計時，COP 可能造成二個溝渠間發生短路的 TEM 照片。因此，DRAM 元件一直都是採用表面沒 COP 的矽晶圓材料。在 8 吋的時代，有些 DRAM 廠是使用沒 COP 的完美晶圓拋光片 (Perfect silicon polished wafer)，有些是使用 PP+ 的磊晶片 (PP+ Epi wafer)。但是到了 12 吋的時代，因爲成本的考量，所有的 DRAM 廠都是使用沒 COP 的完美晶圓拋光片。而且，對這種完美晶圓拋光片的等級的要求也越來越嚴格，例如可能不再允許晶片裡有 P-band 及 B-band。

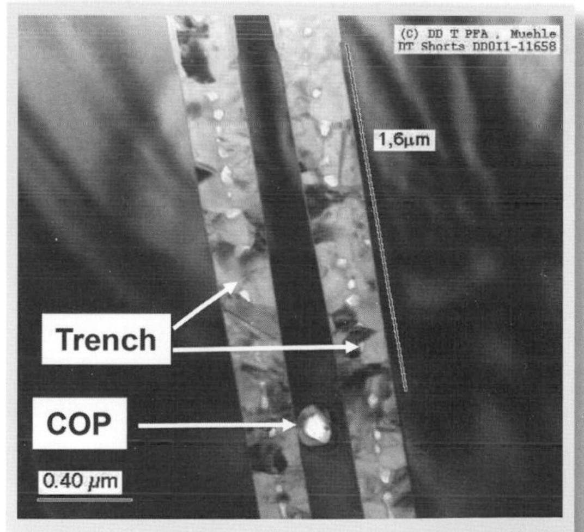

圖 9.6　COP 可能造成二個 DRAM 溝渠間發生短路的 TEM 照片

B. 含氧量的要求

氧在矽晶圓裡頭的角色，是提高機械強度及藉著氧析出行爲而提供去疵(gettering) 能力。前面提到目前 DRAM 廠都是使用沒 COP 的完美晶圓拋光片，而在矽單晶的生長技術上要做到整根晶棒不含 COP 的程度，通常就無法讓含氧量太高。但是我們也知道，沒 COP 的完美晶圓拋光片，因爲裡頭的孔洞型點缺陷 (vacancy) 的濃度比較低，所以晶片裡頭的氧析出物也不會太高。然而，在先進的 DRAM 元件的生產過程中，還是有很多高溫製程，會對矽晶圓造成熱力，因而產生差排滑移線 (slip dislocation)。矽晶圓裡一旦出現差排滑移線，就會造成微影過程的 overlay 誤差。

這裡順道一提的是，overlay 是 IC 製造中的關鍵參數之一，它代表著當層與前層圖案 (pattern) 間對準的精準度 (如圖 9.7 所示)。各層元件之間的電路連結，都取決於各層 pattern 間的精確對準，因此減少 overlay 誤差對於提高產量和可靠性，並且確保元件符合性能規格而言非常重要。在 1x 及 1y 的 DRAM 世代，一直採用多重微影技術 (例如 double/triple patterning)，這些多重微影技術大大增加了 overlay 的複雜性。因此要降低 overlay 的問題，一般 DRAM 廠要求使用高氧含量的矽晶圓，通常是在 $5 \sim 7 \times 10^{17}$ atom/cm^{-3} 的範圍，這比使用在快閃記憶體的矽晶圓的氧含量高。

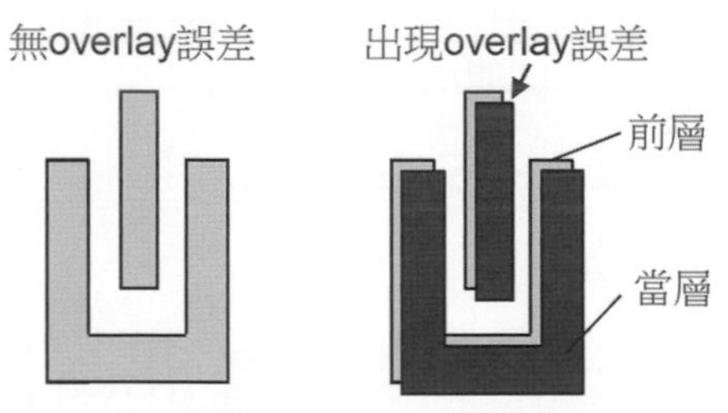

圖 9.7 Overlay 誤差現象的示意圖

C. 平坦度的要求

隨著 DRAM 元件線寬的縮小，在微影製程裡需要更高解析度來降低印製線路的尺寸，因此採用更短波長與更大數值孔徑 (numerical aperture，NA)。這樣的改變卻造成 DOF(depth of focus) 的降低，DOF 越低那麼就越容易出現散焦 (defocus) 的問題。雖然新進的掃描機使用浸潤式微影來改善解析度並提高 DOF，但是晶圓平坦度仍然

是個影響散焦 (特別是晶圓邊緣的散焦) 的重要因素。此外，晶圓不平坦時，線路與間距就無法依預期尺寸進行曝光，如圖 9.8 所示。GBIR 及 $ESFQR_{max}$ 是二個會影響散焦的最重要晶圓平坦度參數，而 $ESFQR_{max}$ 也可能影響到 overlay 誤差。如表 9.1 上看到的，隨著 DRAM 線寬度的縮小，即使 EUV 微影開始出現在 1z DRAM，對 GBIR 及 $ESFQR_{max}$ 的要求也越來越嚴格，這對於矽晶圓製造廠的平坦化技術也是很大的挑戰，必須持續的改良拋光的技術才能達到這樣的要求。

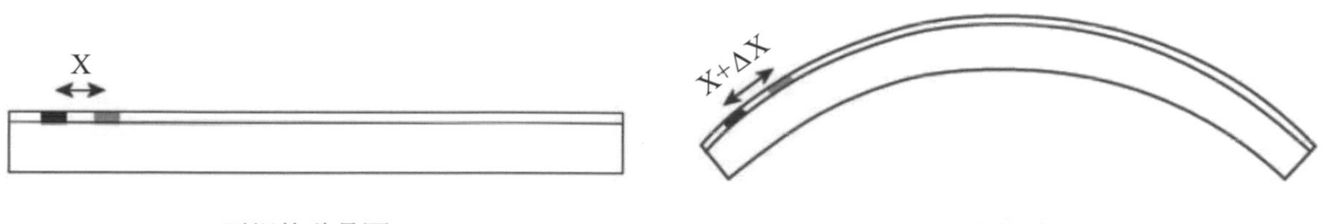

圖 9.8　不平坦的矽晶圓，導致線路與兼具無法依預期尺寸進行曝光

D. 表面潔淨度的要求

晶圓表面微粒量測機台已經可以量到 14nm 或 19nm 的微粒大小，例如 SP7。再加上線寬的縮小化，DRAM 廠對晶圓表面微粒的控制與要求，也比以往嚴格。當 DRAM 元件的線寬還是 20nm 時，其對微粒大小的要求只是到 26nm 或 37nm。但到了 1y 世代就到了 19nm 了，甚至預計到了 1a (1α) 世代就會開始要求控制 14nm 了。目前對於 19nm 微粒的規格要求是每片晶圓的總數不能超過 20 或 30 顆。矽晶圓廠要生產達到這樣要求的矽晶圓，就必須持續改善清洗製程，例如使用更潔淨的化學品、過濾器 (filter) 的改善、清洗配方的優化、或引進單片清洗機 (single wafer cleaner) 等。

四、Flash

快閃記憶體 (Flash memory)，是由 EEP-ROM 改良而成的新型記憶體，它結合了 ROM 和 RAM 的長處。快閃記憶體是種非揮發性的記憶體，所以不需要不斷充電來維持其中的資料。當電源關閉後，儲存在其內的資料也不會流失，而且它允許在操作中被多次擦除或重寫。這種記憶體主要用於一般性資料儲存，以及在電腦與其他數位產品間交換傳輸資料，如記憶卡與隨身碟。快閃記憶體又分爲 NOR 與 NAND 兩型。

1. Flash 的工作原理

我們可以由圖 9.9 來說明快閃記憶體的工作原理。當我們在金屬－氧化物－半導體場效電晶體 (MOSFET) 的閘極 (Gate) 施加正電壓後，通道 (channel) 會呈現導通狀態，也就是說電流會從源極 (Source) 流到汲極 (Drain)。快閃記憶體的每個儲存單元與標準 MOSFET 類似，不同的是快閃記憶體的電晶體有兩個閘極。在頂部的是控制閘 (Control Gate)，但是它下方則是一個以氧化物層與週遭絕緣的浮閘 (Floating Gate)。這使得在沒電壓供應的情況下，電子可以持續儲存在浮閘。至於快閃記憶體裡頭所存儲的資料，要如何寫入 (Write)、清除 (Erase)、及讀取 (Read)，我們則可以由圖 9.10 來說明之：

(1) 寫入 (Write)：在控制閘 (Control Gate) 上給予大約 12V 的電壓，並且在汲極給予大約 7V 的電壓，這時出現在通道的導通電子便會注入到浮閘上，而存儲在那裡。此時 Cell 的狀態爲 bit 0。由於這個浮閘是受絕緣層獨立的，所以進入的電子會被困在裡面，在一般的條件下電荷經過多年都不會逸散。

(2) 清除 (Erase)：在矽晶片端給予大約 –9 ～ –12V 的電壓，並且在源極給予大約 6V 的電壓，這時存儲在浮閘的電子便會被放電釋出，清除後的 Cell 的狀態爲 bit 1。

(3) 讀取 (Read)：在控制閘上給予大約 5V 的電壓，如此一來通道會依據浮閘的狀態，出現電流，之後再依據電流大小來判斷是 1 還是 0。

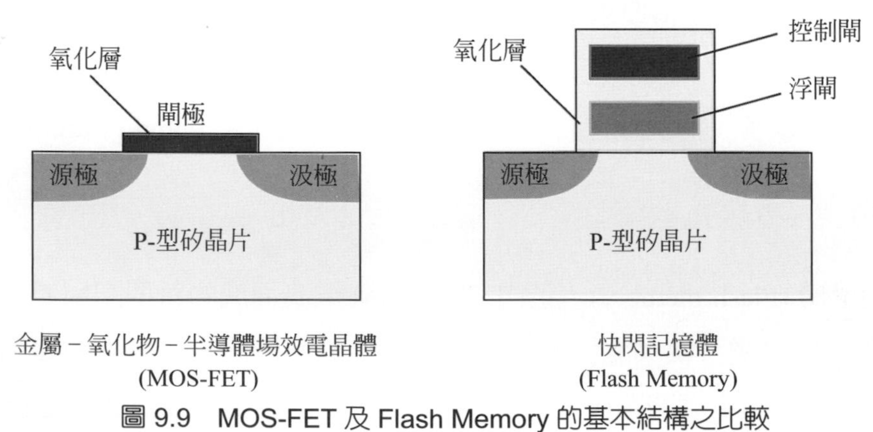

圖 9.9　MOS-FET 及 Flash Memory 的基本結構之比較

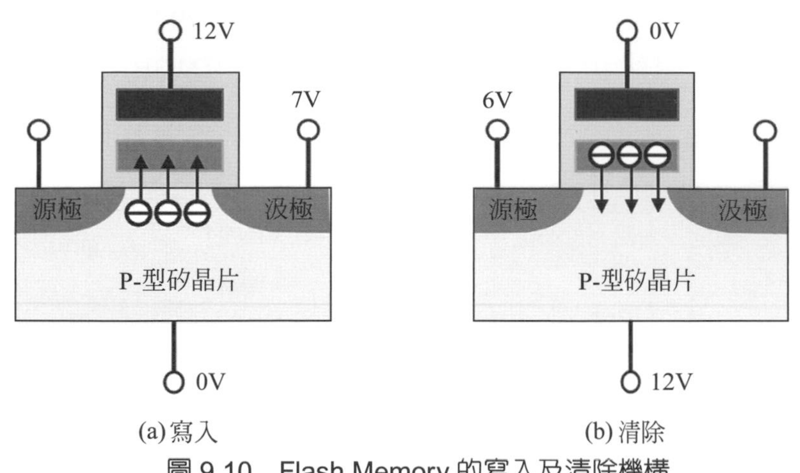

圖 9.10　Flash Memory 的寫入及清除機構

2. Flash 的應用

快閃記憶體分爲 NOR 與 NAND 兩型，這二者有各自的優缺點、特性、及應用領域。

A. NOR Flash

NOR Flash 比 NAND Flash 更早導入市場。如圖 9.11(a) 所示，在架構上，NOR Flash 的每一個 Cell 均與一個 Word Line 及一個 Bit Line 的連結，因此它的隨機讀取比 NAND Flash 快很多。但它寫入的速度慢，具有單一位元組的寫操作能力、價格也比 NAND Flash 貴。因此，NOR 型比較適合做系統記憶體使用，現在已經替代了原來的記憶體 ROM 的作用。NOR 型的記憶容量也比 NAND 型小的多。NOR 的優點是應用簡單、無需專門的接口電路、傳輸效率高，還有因爲它的存儲單元大小比 NAND Flash 大很多，所以在本質上比 NAND Flash 可靠。

B. NAND Flash

如圖 9.11(b) 所示，在架構上，NAND Flash 的 Cell 是彼此相連，僅第一個及最後一個 Cell 分別與 Word Line、Bit Line 相連，因此 NAND Flash 架構儲存容量較 NOR Flash 高。NAND Flash 的讀取速度稍慢，但寫入及清除速度則比 NOR 型快。此外，它不能夠進行單一位元組的寫操作，每一次需要做一個數據塊 (page) 的寫操作，所以比較適合高數據存儲密度的應用領域，例如：隨身碟 (或叫 U 盤、USB)、數位照相機及攝像機的存儲卡、筆記本電腦的固態硬碟 (SSD, Solid State Drive)、自動駕駛汽車的存儲系統等。目前市面上已經可以看到 1TB (= 1024GB) 容量的隨身碟了。

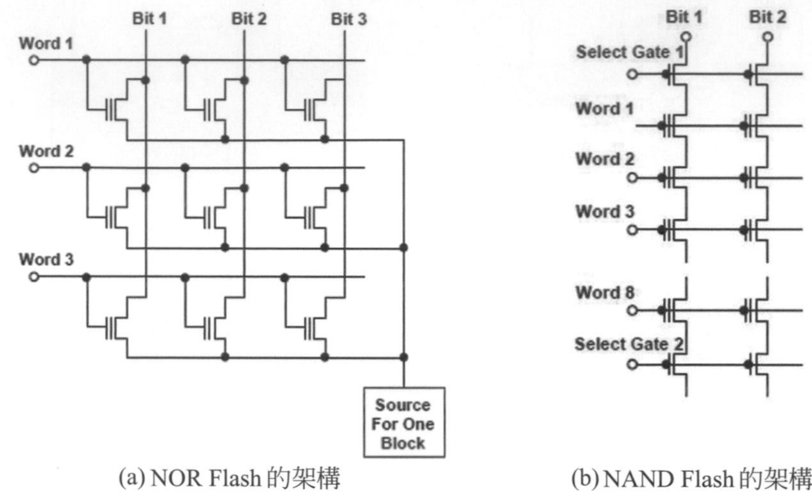

(a) NOR Flash 的架構　　(b) NAND Flash 的架構

圖 9.11　NOR 及 NAND Flash 的架構

NAND Flash 由多個存放以位元 (bit) 爲單位的單元構成，根據存儲密度可分爲 SLC、MLC、TLC 以及 QLC 四種類型，如圖 9.12 所示：

(1) SLC (單級單元，Single-Level Cell)：它是種單層式存儲，即 1 bit/cell。它的存儲密度最低，但擦寫壽命可以到達 10 萬次左右，且具有高準確性，比較適合用在需要大量讀取 / 寫入週期的工業級負載，例如伺服器。相對的，由於存儲容量相對較小，在家用市場則不太受青睞。

(2) MLC (多級單元，Multi-Level Cell)：它的命名來源於它在 SLC 的 1 bit/cell 的基礎上，變成了 2 bit/cell，這樣做的一大優勢在於大大降低了大容量儲存快閃記憶體的成本。MLC 它是種雙層式存儲結構，存儲密度高於 SLC。雖然擦寫壽命只有約 1 萬次，但對於家用級別 SSD 來說已經十分足夠。比較適合用在較頻繁地使用電腦的用戶或遊戲玩家。

(3) TLC (三級單元，Trinary-Level Cell)：它是快閃記憶體生產中最低廉的規格，其存儲達到了 3 bit/cell。雖然高儲存密度 (爲 MLC 的 1.5 倍) 實現了較廉價的大容量格式，但其讀寫的生命週期被極大地縮短，擦寫壽命只有短短的 1000 ～ 1500 次。同時讀寫速度較差，只適合對存儲需求不大的普通電腦用戶，不能達到工業使用的標準。

(4) QLC (四級單元，Quad-Level Cel)：QLC 的存儲密度達到 4 bit/cell。跟 TLC 相比，他的儲存密度提高了 33%。QLC 的擦寫壽命也可達到 1000 次圈，成本也更低。他比較適合用在對檔案資訊存儲量的需求較大 (寫入操作次數少) 的用戶。

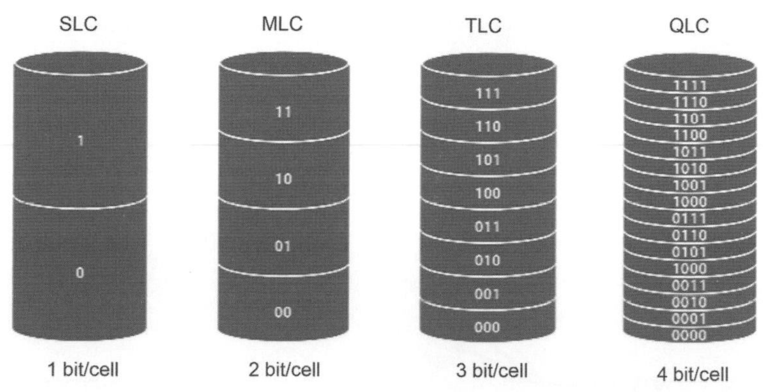

圖 9.12　NAND Flash 根據存儲方式的四種類型

3. Flash 技術的發展

在 1967 年發明 EEPROM 之後，人們發現其擦寫速度較慢，而且體積較大。於是 Intel 在 1988 年推出第一款商業性的 NOR Flash，不僅可以直接執行代碼，而且讀寫以及擦除的速度更快，整體面積比 EEPROM 更小。後來，爲了滿足大數據量存儲的需求，並降低單位 bit 的成本，Toshiba 在 1989 年發明了 NAND Flash。而 NAND Flash 的最大特點就是高存儲密度和低成本。雖然 NAND Flash 可以重複擦寫的次數比 NOR Flash 要少，但是可以通過軟體控制存儲位置，利用其更高存儲密度的特點，讓每個位置被寫的次數控制得均勻一些，這對延長存儲器壽命具有重要作用。

在過去的 20 年裡，快閃記憶體的技術發展一直在著重在降低成本及增加存儲密度。這可藉由線寬的持續縮小來減小存儲單位 (Storage cell) 的尺寸，及如前面提到的增加存儲密度 (亦即，由 SLC → MLC → TLC → QLC) 來達成。但隨著製程演進，晶圓尺寸逐漸微細化，傳統 2D 平面堆疊的快閃記憶體 (一般稱之爲 2D NAND 或 Planar NAND) 也達到了密度上限。因此，記憶體廠商開始將視線轉向 3D 立體堆疊，於是出現了大家耳熟能詳的 3D NAND，如圖 9.13 所示。

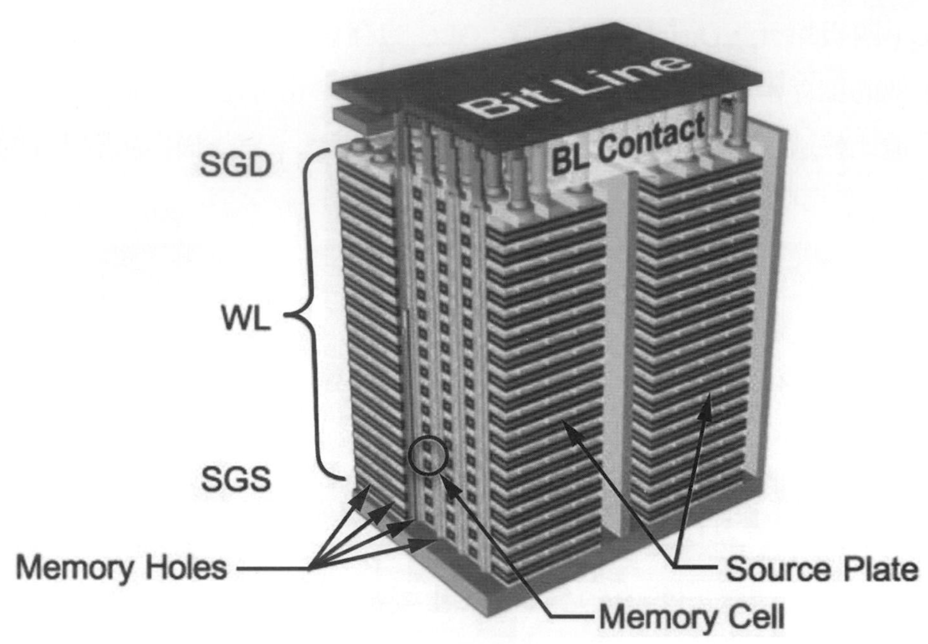

圖 9.13　3D NAND 的結構示意圖 (圖片來源：On Electron Tech)

3D NAND 也稱爲 V-NAND，它的出現主要是爲了克服 2D NAND 在容量方面的限制。與 2D NAND 不同，3D NAND 使用多層垂直堆疊，以實現更高的密度、更低的功耗、更好的耐用性、更快的讀 / 寫速度、以及更低成本。簡單來說，之前的 2D NAND 是平面的架構，而 3D NAND 是立體的。用蓋房子來解釋，如果 2D NAND 快閃記憶體是平房，那 3D NAND 就是高樓大廈。把存儲單元立體化，這意味著每個存儲單元的單位面積可以大幅下降，從而大幅提升快閃記憶體的存儲容量。

圖 9.14 爲快閃記憶體的技術藍圖，這裡我們可以看到在 2D NAND 上，線寬在 2016-2017 年間縮小到 14 ～ 15nm 之後就已到了極限，取而代之的是 3D NAND 的全面發展。目前世界上，只有 Samsung, Toshiba/SanDisk/WD(已改名爲 Kioxia)，SK Hynix, Micron/Intel 以及 YMTC 等五家公司能夠量產 3D NAND。理論上來講 3D NAND 可以無限堆疊，但是由於技術和材料限制，目前最尖端的 3D NAND 是 232 層。

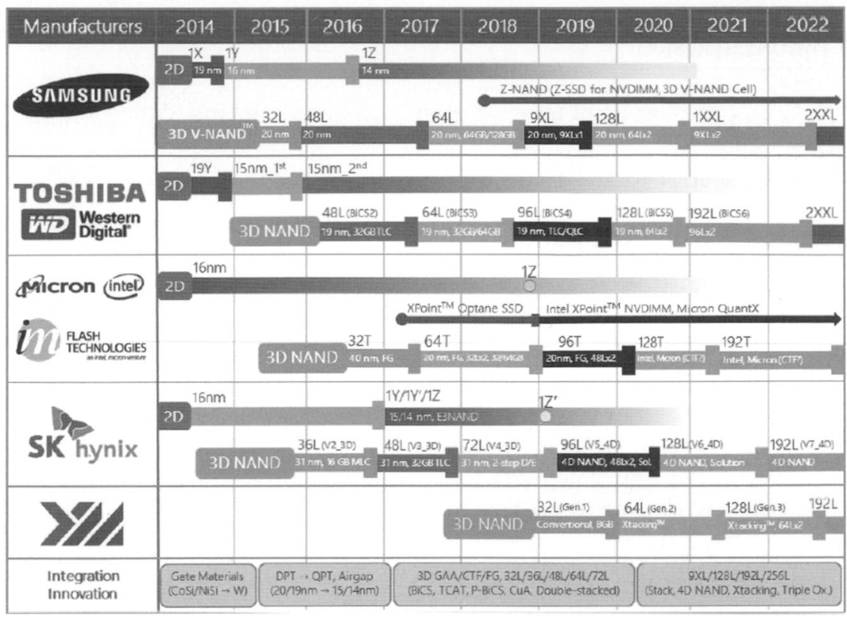

圖 9.14 NAND Flash 的技術藍圖 (圖片來源：Tech Insights)

4. Flash 對矽晶圓品質的要求

由於快閃記憶體大部分的產能都是在 3D NAND 上面，所以這裡要探討矽晶圓的品質要求，也就只針對 3D NAND 這部分。在講到矽晶圓的品質要求之前，讓我們先來看看 3D NAND 的主要技術挑戰在哪裡？傳統的 2D NAND 的技術挑戰就像 DRAM 一樣，也是在微影曝光上面，但到了 3D NAND，主要技術挑戰已經轉到薄膜沉積 (film disposition) 及蝕刻 (etching) 上面了，如圖 9.15 所示。

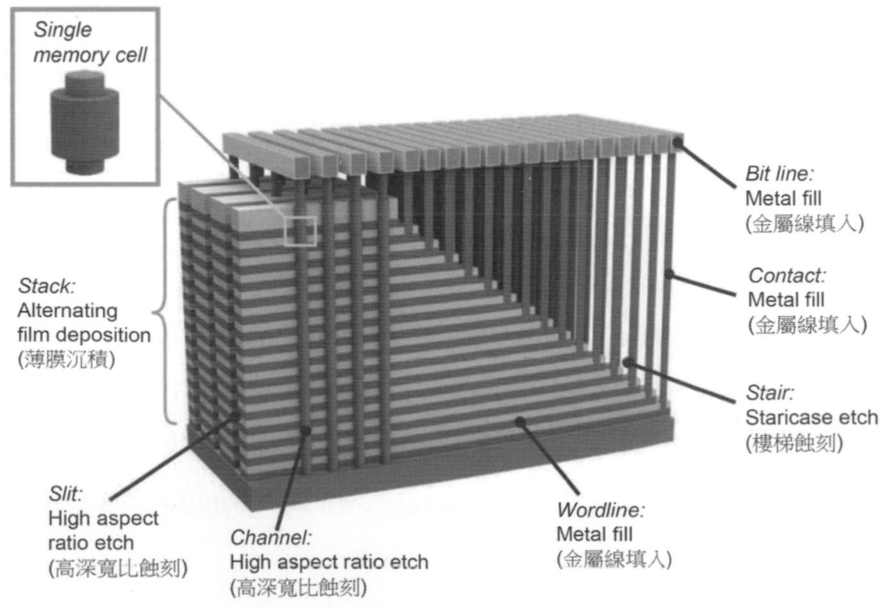

圖 9.15 3D NAND Flash 的技術挑戰主要在薄膜沉積及蝕刻上面 (圖片來源：Lam Research)

A. 薄膜沉積 (film disposition)

隨著 3D NAND 的立體堆疊越來越多層，這裡頭很關鍵的是要如何去達到每層的薄膜都很均勻，以及如何控制薄膜之間的應力。如圖 9.16 所示，我們知道這些沉積堆疊的薄膜 (deposition films)，可能是不同的材料，有些薄膜會產生壓應力、有些則會帶來拉應力。不管是壓應力或拉應力，它都可能對矽晶圓帶來一定程度的變形。當變形程度過大時，就會直接影響到微影曝光的 Overlay 問題。隨著 3D NAND 準備邁入 232 層的世代，這種變形所帶來的挑戰就變得更嚴厲。因此，如何從矽晶圓著手去幫忙解決這一問題，也是 3D NAND 大廠在思考的問題。這裡矽晶圓可以扮演的角色，主要在於如何提增加它的機械強度，例如：增加 BMD 的密度、或增加晶片的厚度。

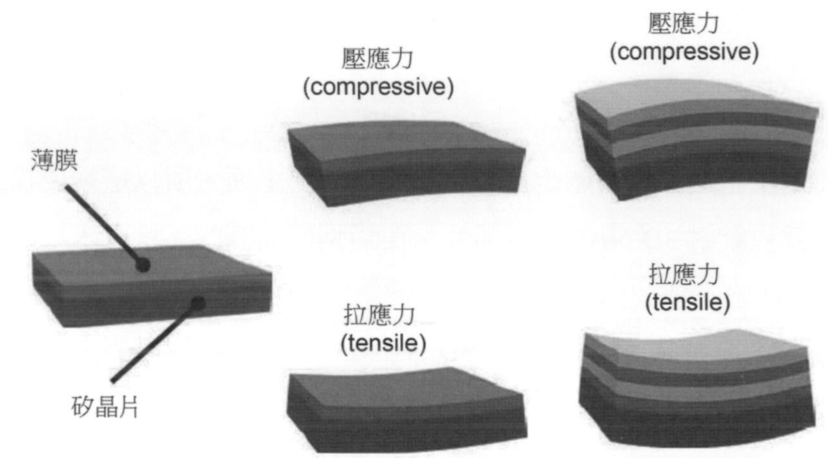

圖 9.16　隨著 3D NAND Flash 越來越多層，薄膜應力造成的效應是加成的
(圖片來源：Lam Research)

B. 蝕刻 (Etch)

在 3D NAND 的製造過程，必須用到 HAR etch (高深寬比蝕刻，High aspect ratio etch) 來蝕刻出通道 (Channel) 及溝漕 (Slit)。要穿透各種不同層的薄膜，來蝕刻出尺寸均勻的記憶體通道，無疑是 3D NAND 的技術裡一項最大的挑戰。尤其是要同時均勻地在同一晶片裡，蝕刻出上兆 (trillion) 個高寬比高達 50：1 的小洞，確實不是件容易的事。如圖 9.17 所示，這樣的 HAR channel etch 可能會出現很多缺陷，例如：不完全蝕刻 (Incomplete Etch)、扭曲 (Twisting)、彎曲 (Bowing)、或 CD 寬度頭尾不同等。

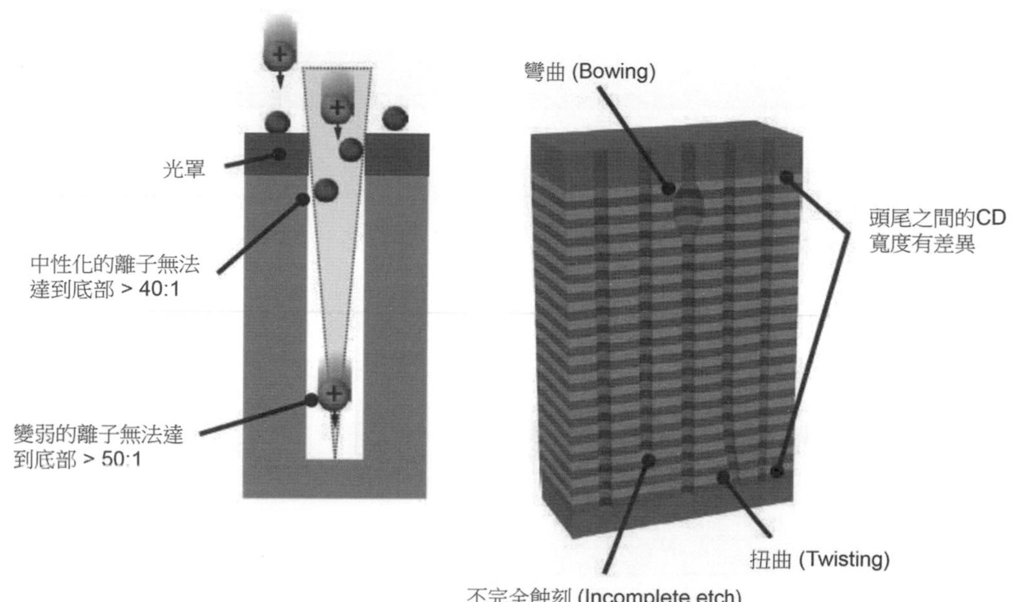

圖 9.17 HAR channel etch 可能會遇到的一些問題 (圖片來源：Lam Research)

除此之外，準確的蝕刻深度的控制也很重要。矽晶圓有些品質參數是會影響到蝕刻速率及深度的，這些參數包括有：晶圓的方向準確度 (Off-orientation)、電阻率 (Resistivity)、熱施體 (Thermal donor)、自然氧化層厚度 (Native oxide thickness)、有機物濃度 (Organics) 等。

表 9.2 為幾個對 3D NAND 元件比較重要的矽晶圓參數。3D NAND 在對平坦度 (GBIR 及 $ESFQR_{max}$) 及微粒大小的要求，是跟 DRAM 差不多的。但這不是技術上的原因，而是好幾家 DRAM 大廠 (Samsung, Micron, SK Hynix) 也同時是 3D NAND 大廠，所以對矽晶圓的需求規格就會很類似。在使用矽晶圓的種類上，有些 3D NAND 廠是採用沒 COP 的完美晶圓拋光片 (Perfect silicon polished wafer)，有些則是採用退火晶圓 (Annealed wafer)。採用退火晶圓的考量點，在於它有著比較高的 BMD，有助於機械強度的提高。另外，跟 DRAM 有個明顯不同的地方是，3D NAND 需要用到比較低氧含量的矽晶圓。這是因為有許多低溫的薄膜沉積製程是剛好在會形成熱施體 (Thermal donor) 的 400 ～ 500℃溫度下進行，晶片上一旦出現 Thermal donor，就會造成漏電流 (Leakage) 或其他電性的偏差，也會影響 HAR channel 蝕刻速率。

表 9.2　矽晶圓應用在 3D NAND 元件的重要參數

3D NAND	96L	128L	192L
預計量產年份	2019	2020	2022
使用矽晶圓種類	No COP polished wafer or Annealed wafer	No COP polished wafer or Annealed wafer	No COP polished wafer or Annealed wafer
氧含量 (Oi)	$4 \sim 5\times10^{17}$ atom/cm^{-3}	$3.5 \sim 5\times10^{17}$ atom/cm^{-3}	$3.5 \sim 5\times10^{17}$ atom/cm^{-3}
GBIR(2mm EE)	< 0.18 μm	< 0.15 μm	< 0.13 μm
$ESFQR_{max}$(1mm EE)	< 40 nm	< 30 nm	< 25 nm
LLS 最小尺寸的要求	19 nm	19 nm	14 nm

9-2　邏輯積體電路 (Logic IC)

我們知道，所謂的積體電路 (IC, Integrated Circuit)，是將一系列的電路控制元件如電阻、電容、電晶體、二極體等，經過嚴謹的製程將其集合在矽晶片內。如此一來，單顆 IC 便能以完整的邏輯電路系統來控制週邊元件，或是完成記憶等功能。積體電路依其所處理訊號之種類，可分爲類比積體電路 (Analog IC) 和數位積體電路 (Digit IC) 兩類。其中類比積體電路的主要功能爲訊號放大濾波、整流、剪波等非線性應用，而數位積體電路則只主要處理二進位數系之訊號。介於類比與數位之間，尚有類比到數位轉換器和數位到類比轉換器，可以將類比訊號轉換爲數位訊號，或將數位訊號轉換爲類比訊號。

數位積體電路又可分爲記憶體、邏輯積體電路 (Logic IC)、及微處理器 (Micoprocessor)。我們已在前一節介紹了記憶體，接下來，我們將在這一節介紹邏輯積體電路。至於微處理器，因爲它算是種可程式化特殊積體電路，所以他對矽晶圓的要求基本跟邏輯積體電路相同，本書就不另外介紹。邏輯積體電路是用來執行邏輯運算，基本上，它算是一種「開關電路」，因爲它是由許多開關裝置所構成，其

動作永遠只有兩種狀態，不是開 (ON) 就是關 (OFF)。這兩種動作狀態正可用來表示二進位數位系統的 0 與 1，而邏輯積體電路所執行的邏輯運算就是利用這些 0 與 1 的種種組合運算所構成。

一、邏輯閘的工作原理

邏輯閘 (Logic Gate) 是積體電路上的基本組成元件之一。簡單的邏輯閘可由電晶體組成，利用這些電晶體的不同組合，可以用高、低電位來代表邏輯上的「真」與「假」或二進位當中的 1 和 0，從而實現邏輯運算。在介紹邏輯閘工作原理之前，首先讓我們用圖 9.18 來說明電晶體的工作原理，基本上它的作用很類似水龍頭，電路中的電流可以比擬是水管中的水流，那麼水流的來源就是「源極，Source」、水流出的地方則為「汲極，Drain」，控制水流的水龍頭就是「閘極，Gate」。如果把閘極打開，電流就會從源極流到汲極，那麼電晶體就導通了。如圖所示，nMOS 電晶體導通的條件是在閘極連接高電位；而 pMOS 電晶體導通的條件是在閘極連接低電位。這就像似有兩種類型的水龍頭，一種將把手向上拉才會出水、另一種將把手向下壓才會出水。如果我們將 nMOS 與 pMOS 兩組功能互相對應的電晶體組合在一起，就能做出一種非常省電的電路，稱為 CMOS(互補式金屬氧化物半導體，Complementary Metal-Oxide-Semiconductor)。

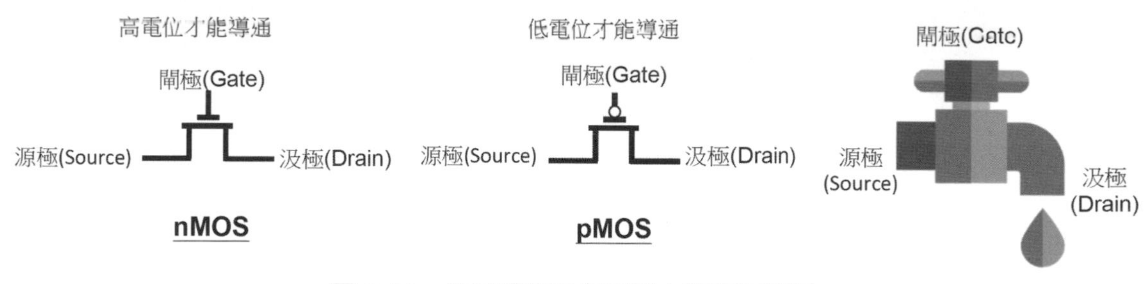

圖 9.18　電晶體的工作原理之簡單示意圖

邏輯閘是組成數字系統的基本結構，將不同的邏輯閘組合使用，就可實現更為複雜的邏輯運算。有一些廠商通過邏輯閘的組合，就可設計一些實用的小型集成產品，例如可程式邏輯裝置等。表 9.3 列出六個最基本的邏輯閘，包括 NOT(反閘 / 反向器)、AND(及閘)、OR(或閘)、XOR(互斥或閘)、NOR(或非閘)、NAND(反及閘)。

表 9.3　六個最基本的邏輯閘

邏輯閘類型	符號	說明	運算式	真值表
NOT (反閘/反向閘)		當輸入 0 的時候就輸出 1，而輸入 1 的時候就輸出 0	$X=\overline{A}$	輸入 / 輸出 A / NOT A 0 / 1 1 / 0
AND (及閘)		當輸入 1,1 的時候就輸出 1，其他三種情況則一律輸出 0	$X=A\cdot B$	輸入 / 輸出 A / B / A AND B 0 / 0 / 0 0 / 1 / 0 1 / 0 / 0 1 / 1 / 1
OR (或閘)		當輸入 0,0 的時候就輸出 0，其他三種情況則一律輸出 1	$X=A+B$	輸入 / 輸出 A / B / A OR B 0 / 0 / 0 0 / 1 / 1 1 / 0 / 1 1 / 1 / 1
XOR (互斥或閘)		當兩個輸入不一樣的時候就輸出 1，兩者一樣的時候則會輸出 0	$X=A\oplus B$	輸入 / 輸出 A / B / A XOR B 0 / 0 / 0 0 / 1 / 1 1 / 0 / 1 1 / 1 / 0
NOR (或非閘)		當輸入 0,0 的時候就輸出 1，其他三種情況則一律輸出 0	$X=\overline{(A+B)}$	輸入 / 輸出 A / B / A NOR B 0 / 0 / 1 0 / 1 / 0 1 / 0 / 0 1 / 1 / 0
NAND (反及閘)		當輸入 1,1 的時候就輸出 0，其他三種情況則一律輸出 1	$X=(\overline{AB})$	輸入 / 輸出 A / B / A NAND B 0 / 0 / 1 0 / 1 / 1 1 / 0 / 1 1 / 1 / 0

接下來，讓我們用 NOT 閘爲例來說明一下如何用電晶體建構出邏輯閘？由圖 9.19 可看出 NOT 閘的工作原理很簡單，只要用一個 nMOS 電晶體再搭配一個 pMOS 電晶體便能實現。電路圖中的 A 同時連接到 nMOS 及 pMOS 的 Gate 端。當 A 爲 0 時 (或者說輸入電壓爲低電位時)，對於 pMOS 電晶體來說、它的 Gate 端是導通的，所以電源這一端的 1 就能傳導過來；而這時，nMOS 的 Gate 端是不導通的。所以最後 X 這條電路就接到 1。這就是 NOT 邏輯閘使輸入電路 A 爲 0、輸出電路 X 爲 1 的運作原理。同理，當 A 爲 1(或者說輸入電壓爲高電位時)，上面 pMOS 是屬於關閉狀態，它的 Gate 端顯示 1。而下面 nMOS 的 Gate 端則處於導通狀態，它的 Gate 端顯示 0，因此 X 的輸出就是 0。圖 9.20 則顯示由這樣的概念去製造出 NOT 閘的 nMOS 及 pMOS 的結構剖面圖，我們可以在同一片 P- 型矽晶片上利用離子植入、擴

散、薄膜、微影、蝕刻等製程去同時做出 nMOS 及 pMOS 電晶體。利用類似的概念，我們也可以很容易地做出其他的邏輯閘。

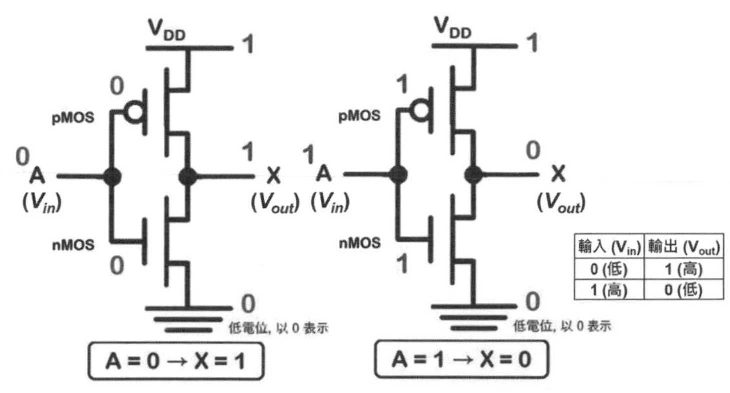

圖 9.19 NOT 閘的工作原理之電路示意圖

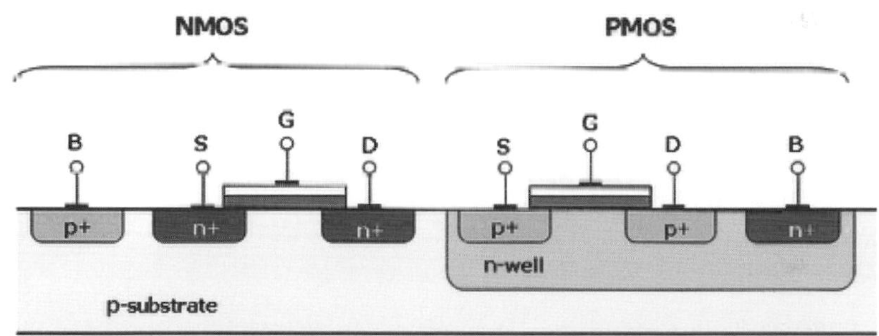

圖 9.20 構成 NOT 閘的 nMOS 及 pMOS 的結構剖面圖

二、邏輯積體電路的應用

邏輯積體電路可依照產品特性可以分爲，標準邏輯 (Standard logic) 及特定應用積體電路 (ASIC) 兩大類，如圖 9.21 所示：

1. 標準邏輯 (Standard logic)

標準邏輯是泛指一些標準化的邏輯閘產品，例如 AND、NAND、OR、NOR、XOR、XNOR、NOT 等。這些標準邏輯，可使用 BJT (雙極性電晶體，Bipolar Junction Transistor)、CMOS (互補式金氧半導體，Complementary Metal-Oxide-Semiconductor)、BiCMOS(雙極互補金氧半導體) 等技術製造出來。例如：AND 閘標準邏輯，在市場上著名的產品型號包括：74AC 系列、74BC 系列 (Bi-CMOS)、74HC 系列 (CMOS) 等。

2. 特定應用積體電路 (ASIC)

特殊應用積體電路 (Application Specific Integrated Circuit，ASIC)，是指針對「特定的應用需要」或「特定的客戶需要」而設計出來的積體電路。例如：有客戶想要製作一隻電子雞，但是市面上並沒有這種具備電子雞功能的標準積體電路，因此就可透過 IC 設計公司針對這位客戶的要求，去設計出符合它需要的積體電路，這就是 ASIC。特殊應用積體電路的特點是，產品的品種多、批量少、要求設計和生產周期短。特殊應用積體電路又可細分為全客製化積體電路 (Full customer IC) 與半客製化積體電路 (Semi customer IC) 二類：

A. 全客製化積體電路 (Full customer IC)

由 IC 設計公司經過系統設計、邏輯設計、實體設計以後，交給光罩與晶圓代工廠進行光罩製作與晶圓製造，最後再交給 IC 封裝與測試公司進行封裝與測試後才完成可以銷售的積體電路。這類型的積體電路必須歷經 IC 設計、IC 光罩與製造、IC 封裝與測試才能完成，所以製作成本很高，一定要製作足夠的數量才划算。

B. 半客製化積體電路 (Semi customer IC)

半客製化積體電路，不需要進行全部的 IC 光罩與製造、IC 封裝與測試。而是先由廠商將大部分的邏輯電路設計完成並且製作成積體電路 (PLD、CPLD、FPGA)，再賣給 IC 設計公司或系統整合商，依照需要完成最後的電路連線工作。這種積體電路，通常會用到大量的 AND 閘與 OR 閘，同時與電子式可抹除可程式化唯讀記憶體 (EEPROM) 排列組合最終產品。半客製化積體電路又可以分為可程式化邏輯元件 (PLD：Programmable Logical Device)、複雜可程式化邏輯元件 (CPLD：Complex Programmable Logical Device)、現場可程式化邏輯陣列 (FPGA：Field Programmable Gate Array)、標準單元積體電路 (CBIC：Cell based IC) 等。這類半客製化積體電路的製作成本相對比較便宜。

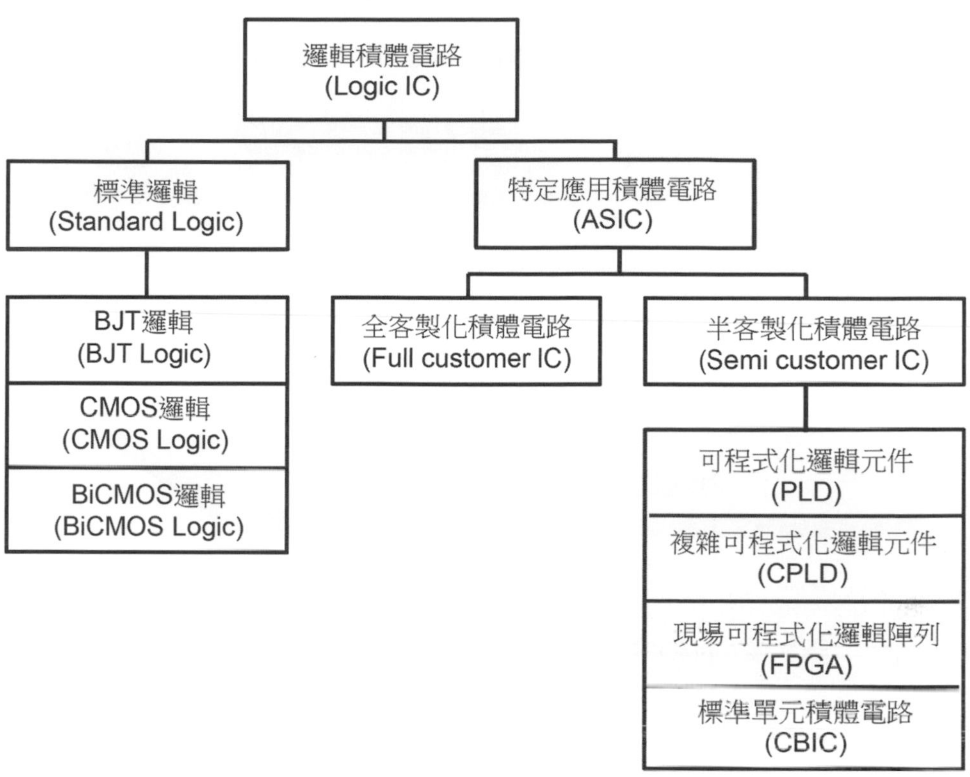

圖 9.21 邏輯積體電路的分類

三、邏輯積體電路的技術發展

邏輯積體電路在過去六十年發展下來，一直延續著摩爾定律 (Moore's Law)，也就是「積體電路 (IC) 上可容納的電晶體數目，約每隔兩年便會增加一倍」。電晶體可以說是半導體晶片的基本元素，它的作用在於將二進位數系統所編寫的資訊轉換成電子訊號。如圖 9.22 所示，其中的「通道」讓電流在半導體源極和汲極之間流動，而「閘極」則是控管行經通道的電流，並透過放大電子訊號產生二進位數據，同時作為開關。因此說到邏輯積體電路的技術發展，其實重心也就是在電晶體的發展上，如何做到更小、更快與功耗更低的電晶體？

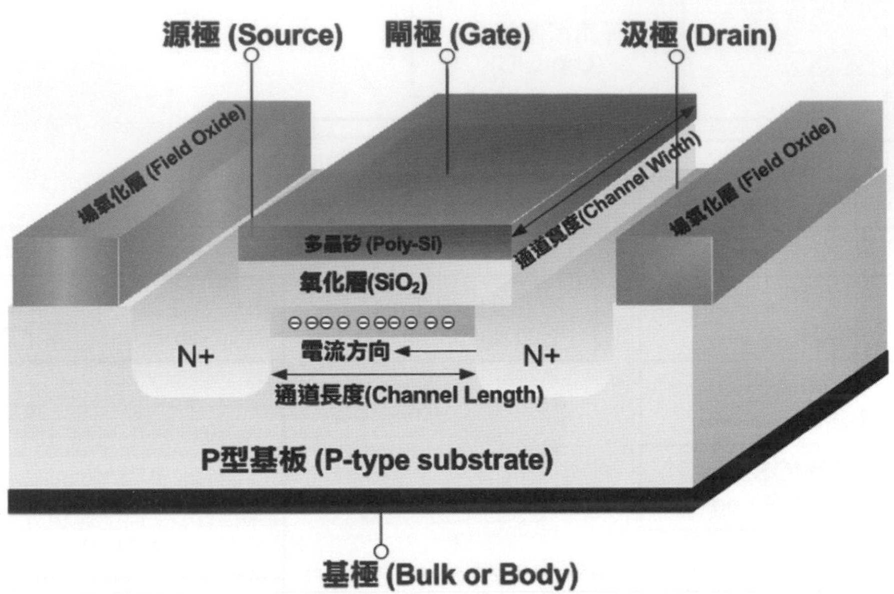

圖 9.22　nMOS(電晶體) 的示意圖 (圖片來源：Wikipedia)

圖 9.23 顯示邏輯積體電路這十年來的技術節點 (Technology node) 的發展狀況 (這裡指開始量產的年份)，我們可以看到在 2022 年已進入 3 奈米 (nm) 的技術節點了。所謂的「技術節點」，是指邏輯晶片上最小的特徵尺寸或者是電晶體閘極的最小線寬 (但是自從 20 奈米節點以下，電晶體閘極的物理尺寸其實是大於節點這個數字的)。整體來說，技術節點數值越小，電晶體的密度就越高。

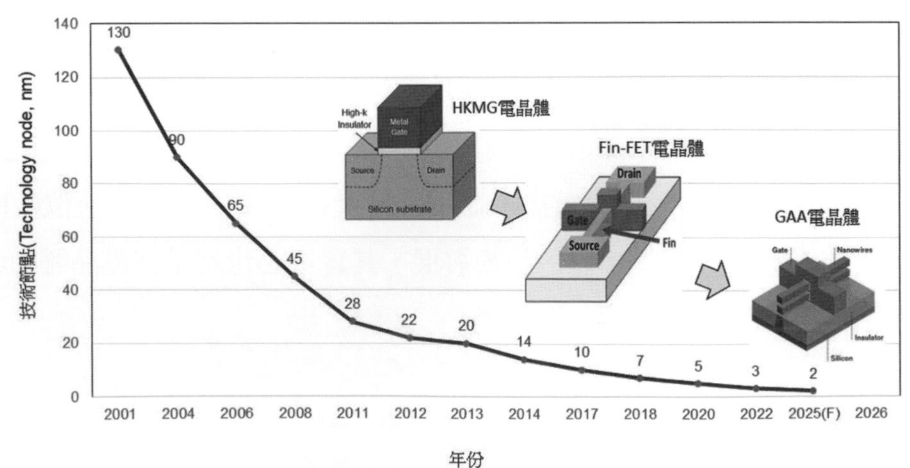

圖 9.23　邏輯積體電路的技術節點 (Technology node) 的演進

最早的 MOS 電晶體採用平面結構，讓閘極與通道可以在同一個平面上接觸。電晶體中最關鍵的就是閘極氧化層，它的功用除了絕緣閘極和控制通道的導通，更重要的是拿來當做放大閘極電壓的電容。放大後的電壓可以更輕易地控制通道電流。在 45nm 之前的閘極會用多晶矽與二氧化矽來當閘極與絕緣層，但當電晶體尺寸持續微縮到時 45nm 以下，閘極下方的絕緣層也得跟著微縮，電子有一定的機率會發生量子穿隧效應 (tunnel effect) 造成漏電流，於是出現了使用高介電絕緣材料 (Hf/ZrO_2) 當閘極的所謂「高介電質金屬閘極電晶體 (high k Metal Gate, HKMG)」。

然而隨著電晶體的尺寸進一步縮小，源極與汲極之間的距離也變短，這也使得漏電流變大了，造成耗電問題，這就是所謂的「短通道效應 (short channel effect)」。所以這類平面電晶體只能應用在 20 奈米以上的世代，在進入至 16 或 14 節點時，開始出現立體結構的通道形狀，由於其形狀如同魚鰭一般，故又稱爲鰭式電晶體 (Fin-FET)。這樣的鰭式電晶體具有三維結構，允許通道的三個面 (不包括底部) 和閘極接觸，可大幅改善電晶體尺寸縮小時因短通道效應所造成的漏電流，減少了電晶體在關閉狀態下的功率損耗，並擴大電壓下降的程度。Fin-FET 電晶體技術，應該可以持續應用在 3 奈米的節點。3 奈米以下，在結構上會改使用閘極全包覆 (Gate-all-around，GAA) 結構。顧名思義，GAA 就是整面都是閘極的意思，因爲在 FinFET 的架構中，金屬閘極只包覆了三面，而 GAA 則是全面性的包覆，爲一種環狀的結構。它是改以細長奈米線 (nano wirc) 取代 FinFET 側邊鰭片式的結構，藉以增加更多的半導體電路，然後再以閘極來包覆奈米線，以提高對於電路的控制和穩定性。在設計上，也有人使用更寬更薄的奈米板 (nano sheet) 來取代奈米線。

此外，微影的技術也隨著電晶體尺寸縮小，而持續演化著。目前使用波長 193nm 的液浸式光刻系統 (Immersion Lithography) 的曝光技術，很普遍的使用在 10nm 以上的節點。而在 7nm 節點以下，採用極紫外線光的 EUV 技術也開始導入。因爲 EUV 光源波長比目前深紫外線微影的光源波長短少約 15 倍，因此能達到持續將線寬尺寸縮小的目的。

四、邏輯積體電路對矽晶圓品質的要求

現在大部分的邏輯積體電路都是在晶圓代工廠生產的，隨著 Logic IC 線寬度的縮小，它對矽晶圓的規格要求也就越來越嚴。表 9.4 列出矽晶圓在不同 Logic 世代的幾個比較重要的矽晶圓參數，但這僅是作者根據經驗所列出的大概方向，實際的規格其實在每個客戶之間是會有差異的。以下逐一的說明之：

表 9.4　矽晶圓應用在 Logic IC 元件的重要參數

Logic 世代	10nm	7nm	5nm	3nm
預計量產年份	2018	2019	2020	2022
使用矽晶圓種類	PP-Epi wafer	PP-Epi wafer	PP-Epi wafer	PP-Epi wafer
$SFQR_{max}$ (2mm EE)	< 30 nm	< 25 nm	< 20 nm	< 18 nm
$ESFQR_{max}$ (1mm EE)	< 50 nm	< 46 nm	< 40 nm	< 30 nm
LLS 最小尺寸的要求	37 nm	26 nm	19 nm	14 nm

1. 使用矽晶圓的種類

早期利用 8 吋矽晶圓來生產 Logic IC 時，所使用的矽晶圓多半是傳統的拋光片 (standard polished wafer)，但也有少數是使用不含 COP 的完美矽晶圓拋光片、或 PP+ 磊晶。後來進入 12 吋矽晶圓時代，大部分則使用 PP- 磊晶，這個原因一來是因爲對矽晶圓表面的 COP 數量的要求，隨著線寬度的縮小而變嚴格了；二來是因爲 PP- 磊晶的背面不需要封上一層 LTO，所以比使用 PP+ 磊晶的成本低了 20 ～ 30%。

一般大家常用的磊晶厚度是介於 2 ～ 4 μm 之間，但也有些特殊用途使用更厚一些的磊晶。Logic IC 對於 PP- 磊晶層的要求不外是厚度與電阻率的均勻性，亦即 RRV (Radial resistivity variation) 及 RTV (Radial thickness variation)。以目前的磊晶技術，已經可以達到小於 4% 的 RRV 及小於 1% 的 RTV，基本上是可以滿足到 3nm 節點的 Logic IC 之需求的。

2. 平坦度的要求

在上一節介紹到 DRAM 時，我們提過 GBIR 及 $ESFQR_{max}$ 是二個會影響散焦的最重要晶圓平坦度參數。但在 Logic IC 應用裡，比較重要的是 $SFQR_{max}$ 及 $ESFQR_{max}$，而 GBIR 似乎不是特別重要。Logic IC 對於 $SFQR_{max}$ 及 $ESFQR_{max}$ 的規格要求也是隨著技術節點的縮小而變嚴的，但卻比 DRAM 的要求寬鬆一些。

Nanotopography(NT) 也是一個對 Logic IC 很重要的區域性平坦度參數，因為會影響 CMP 製程是否可以均勻的拋光。例如 NT 過大時，代表著區域性平坦度不佳，因此可能會造成某些地方的介電層過度拋光，而導致元件的提早崩潰；也可能會造成某些地方的介電層拋光不足，而導致接觸上的錯誤 (contact error)。以往的規格都是指定晶片正面的 NT，以 THA2 ($2\times2\ mm^2$) 及 THA4 ($10\times10\ mm^2$) 為主。但隨著進入 5nm 的世代之後，也有人開始要求晶片背面的 NT。

晶片邊緣的形狀變化曲度 (Edge roll off)，也會影響到 defocus 問題，必須受到一定的規範。有些客戶喜歡 roll up 的形狀，有些喜歡 roll down 的形狀，但基本上不能有太大的曲度。業界用來規範 Edge roll off 的晶圓參數是 ZDD。

3. 表面潔淨度的要求

Logic IC 對晶圓表面微粒大小的要求，很類似 DRAM。基本上在 5nm 世代，會開始要求 19nm 的微粒，到了 3nm 世代，可能要求控制 14nm 了。對於 19nm 微粒的規格要求是每片晶圓的總數不能超過 30 顆左右。

4. BMD(Bulk Micro Defect)

BMD 的濃度與大小，會影響矽晶圓的機械強度及 gettering 能力，所以它對 Logic IC 的應用一直是很重要的參數。在 20nm 以上的世代，因為有許多高溫製程會對晶片帶來很大的應力，而導致 overlay 問題，因此要求矽晶圓要有足夠多的 BMD 來增加強度。在 14nm 以下，走入 low thermal budget 的製程，overlay 問題可能就沒那麼嚴重，但是取而代之的是 Fin-FET 的結構可能會導致金屬跑到 Fin-FET 的應力場哩，因此還是需要足夠的 BMD 來把這些金屬吸走。然而，low thermal budget 的製程本身就比較難形成 BMD，因此如何提高 BMD 是矽晶圓廠與 Logic IC 廠要共同努力的地方。

9-3 功率半導體元件 (Power Semiconductor Device)

所謂功率半導體元件 (Power Semiconductor Device)，是指可以用來承受超過 1 安培 (1A) 電流的半導體元件。所以其用途相當廣泛，有些元件需要承受高達數千安培的電流、有些則需要承受高達數千伏特的電壓。所以功率半導體可以說是電子裝置中的電能轉換與電路控制之核心，它主要用於電力設備的電能變換和控制大功率的電子器件。典型的功能包括有：變頻、變壓、變流、功率放大和功率管理，所以只要在擁有電流電壓及相位轉換的電路系統中，都會用到功率半導體元件。

圖 9.24 爲一般功率電子裝置的示意圖，輸入功率必須先經由一個「功率轉換器」將之轉換成合適的功率，才輸出到負載上。這裡的功率轉換器幾乎都是由功率半導體所組成。一個理想的功率半導體元件，必須同時兼顧到好的靜態及動態特性。所謂好的靜態特性，是指它在關閉靜止狀態時，可以承受高電壓並且漏電流要小。那麼好的動態特性是指，在導通的狀態下，可以承受高電流並且壓降要小。此外，在開關的切換時，切換速度要快、並且功率損耗要小。

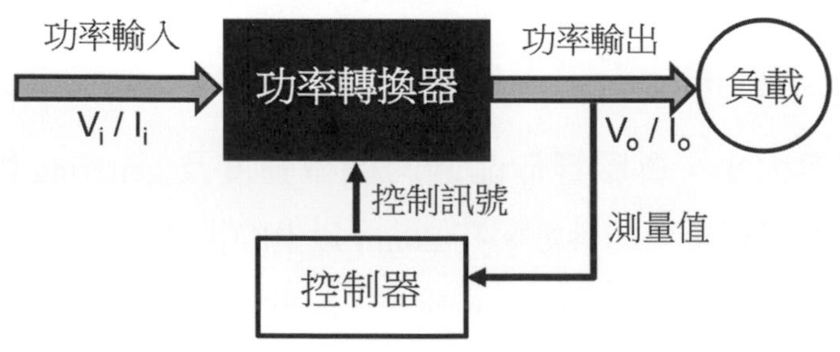

圖 9.24　功率電子裝置的示意圖

圖 9.25 爲功率半導體的分類，它大致可分爲功率積體電路 (Power IC) 及功率分離式元件 (Power Discrete) 二大類。其中的功率積體電路，是種功率元件與積體電路技術結合的產物，也就是將功率元件、及其驅動電路、保護電路、介面電路等外圍電路整合在一個或幾個晶片上。功率半導體又可分爲動力控制 IC (Motion Control IC)、電源管理 IC (Power Management IC)、智慧型功率 IC (Smart Power IC) 等三類。其中電源管理 IC 是電子裝置系統中擔負起對電能的變換、分配、檢測及其他電能管理的職責的晶片，它主要應用於計算機、網路通訊、消費電子和工業控制等領域。

功率分離式元件可分爲二極體 (Diode)、閘流體 (Thyristor)、及功率電晶體 (Power Transistor) 等三類。這三類功率分離式元件根據耐壓、工作頻率的不同，各自適用於不同領域。

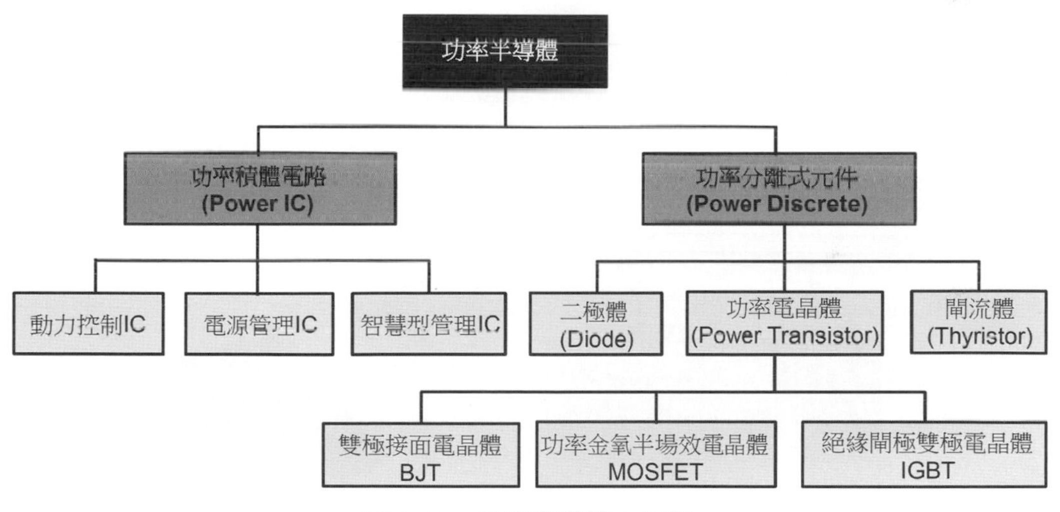

圖 9.25 功率半導體之分類

(1) 二極體：它具有陽極和陰極兩個端子，電流只能往單一方向流動。也就是說，電流可以從陽極流向陰極，而不能從陰極流向陽極。因此，它主要的功能爲「整流」。二極體又可分爲 P-N 接面二極體 (P-N junction diode) 及蕭特基二極體 (Schottky diode)，其結構如圖 9.26 所示。

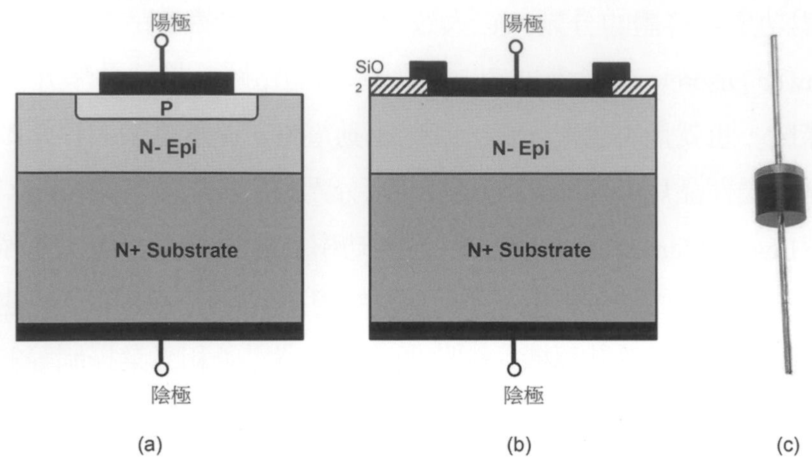

圖 9.26　二極體的結構示意圖，(a) P-N Junction Diode；(b) Schottky；(c) 二極體外觀照片

(2) 閘流體：如圖 9.27 所示，在結構上，閘流體具有三或四層交錯 P-N 接面 (PN junction)，它是一種開關元件，能在高電壓、大電流的條件下工作。閘流體的特點是具有可控的單向導電，可以對導通電流進行控制。它具有以小電流 (電壓) 控制大電流 (電壓) 作用，並具有體積小、輕、功耗低、效率高、開關迅速等優點，廣泛用於無觸點開關、可控整流、逆變、調光、調壓、調速等方面。

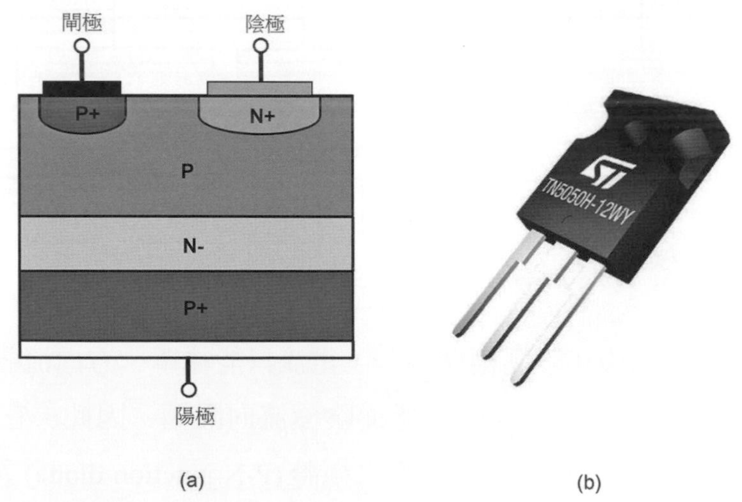

圖 9.27　(a) 閘流體 (Thyristor) 結構示意圖；(b) 一商用 1200V 閘流體之外觀照片

(3) 功率電晶體：功率電晶體又可分雙極接面電晶體 (BJT，Bipolar Junction Transistor)、功率金氧半場效電晶體 (Power MOSFET)、絕緣閘極雙極電晶體 (IGBT，Isolated-gate Bipolar Transistor)。其中 BJT 能夠放大訊號，所以它常被用來構成放大器電路，或驅動揚聲器、電動機等設備。至於 MOSFET 及 IGBT 則為二個用途最廣的功率半導體，它們主要用於將發電設備所產生電壓和頻率雜亂不一的電流，透過一系列的轉換調製變成擁有特定電能參數的電流，以供應各類終端電子設備。本節只會進一步探討 MOSFET 及 IGBT 這二個功率電晶體。

一、Power MOSFET

功率金氧半場效電晶體 (Power MOSFET) 依其結構可分為水平式雙擴散金氧半場效電晶體 (Lateral double-Diffused MOSFET, LDMOSFET) 及垂直式雙擴散金氧半場效電晶體 (Vertical double-Diffused MOSFET, VDMOSFET)。我們知道一般積體電路裡的金氧半場效電晶體都是平面式 (planar) 的結構，電晶體內的各端點都離晶片表面只有幾個微米的距離。但在功率金氧半場效電晶體因為要讓元件可以同時承受高電壓與高電流的操作環境，大部分我們可以看得到的都是以垂直式 (VDMOSFET) 的結構為主。至於平面式結構的功率金氧半場效電晶體 (LDMOSFET)，因為它在大電流下會浪費太多晶片面積，所以僅適用在高電壓低電流的電路，例如在音響放大器中。

垂直式的 MOSFET 可分為 VMOS 及 UMOS 二種結構，如圖 9.28 所示。VMOS 是最早發明的垂直式 MOSFET，它是利用 KOH 在 (100) 矽晶表面進行異方性蝕刻，而得到 V 字型的溝槽。然後在 V 型溝槽的表面長上氧化層及電極。但因為 V 字型的溝槽的尖端容易因為高電場而引起崩潰電壓降低的現象，在製造上穩定性不佳，所以後來就被 UMOS 所取代。UMOS 具有溝槽式的閘極結構 (Trench Gate)，它是利用反應離子刻蝕 (Reactive Ion Etch, RIE) 技術所形成的，其底部轉角的電場比 V 型溝槽的尖端小的多。垂直式功率金氧半場效電晶體則多半用來做開關切換之用，這是取其導通電阻 (turn-on resistance) 非常小的優點。

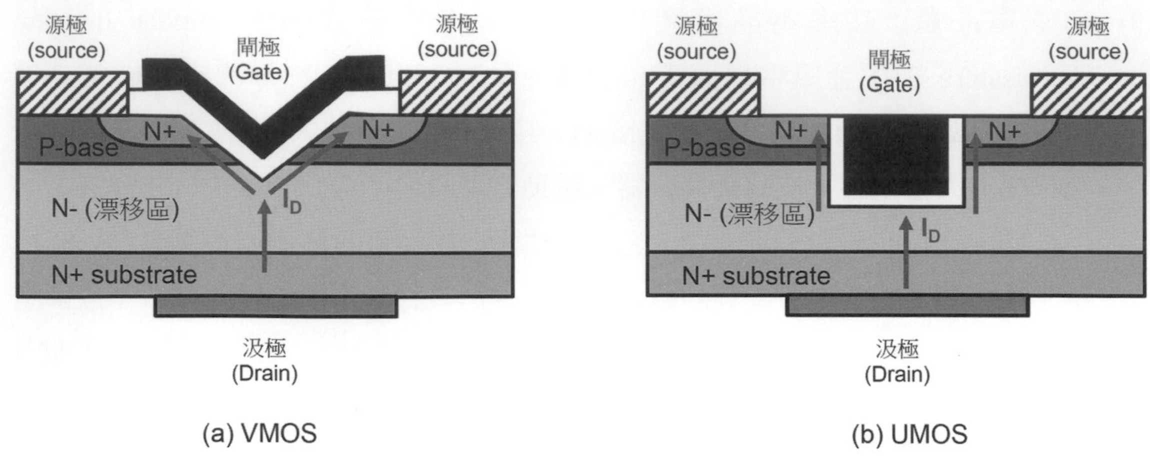

圖 9.28　垂直式雙擴散金氧半場效電晶體之結構圖

1. Power MOSFET 的工作原理

功率金氧半場效電晶體 (Power MOSFET) 的工作原理，跟一般的金氧半場效電晶體 (MOSFET) 其實是類似的。但與一般的金氧半場效電晶體相比，功率金氧半場效電晶體著重於高功率上的應用，而且它的開關速度遠比金氧半場效電晶體快的多。

金氧半場效電晶體可分爲空乏型 (Depletion Mode) 及加強型 (Enhancement Mode) 二種：

(1) 空乏型 (Depletion Mode)：當未施加電壓在閘極時，通道 (channel) 上具有最高的導電度 (conductance)。但隨著開始施加負電壓在閘極上時，帶負電的閘極會排斥在導帶裡的負電電子，而留下正離子。因此通道上因爲缺乏電子，使得導電度反而下降。圖 9.29 爲一空乏型的 N-MOSFET 電路圖。

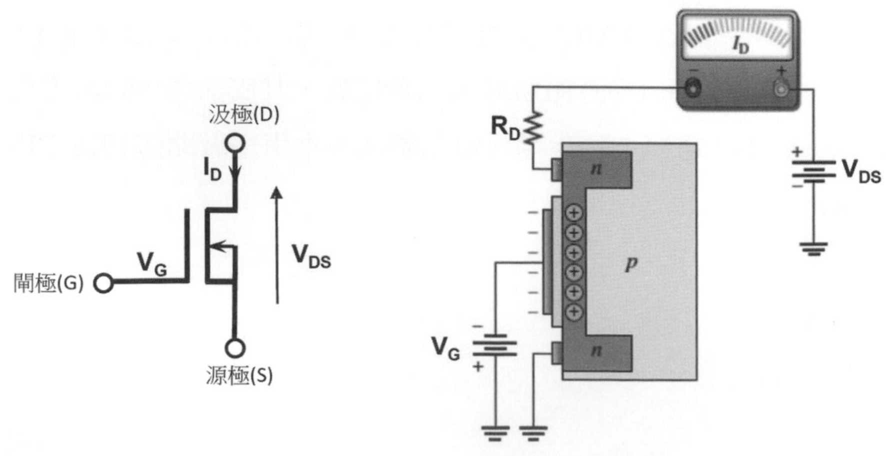

圖 9.29　空乏型的 N-MOSFET 之電路圖

(2)　加強型 (Enhancement Mode)：當未施加電壓在閘極時，該元件是不導通的。但閘極上施加正電壓時，更多的電子便會被吸引到導帶裡，使得導電度增加。電壓越大時，導電度就越好。圖 9.30 爲一加強型的 N-MOSFET 的電路圖。

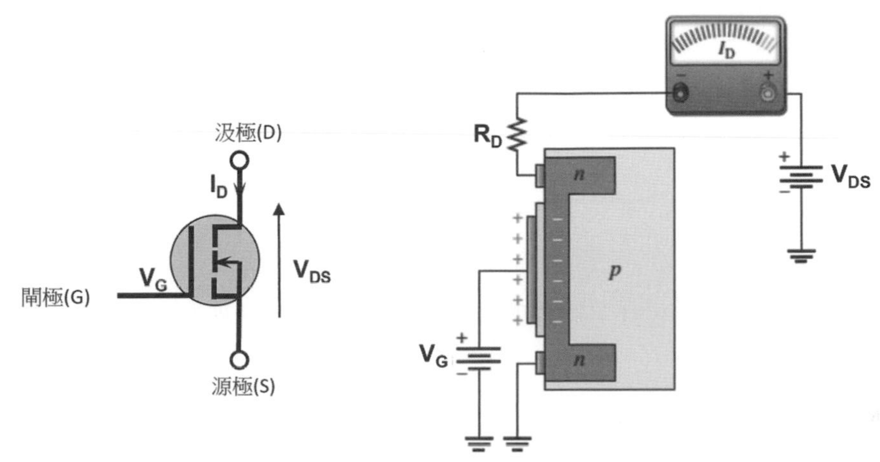

圖 9.30　加強型的 N-MOSFET 之電路圖

金氧半場效電晶體的工作目的，是爲了控制在電壓、以及在源極及汲極之間的電流，也就是說當成一種開關作用。它的操作與 MOS 的電容有關，這也是整個 MOSFET 的主要部分。爲了方便說明起見，現在讓我們用一個簡單的平面型 N- 通道 MOSFET 來說明其工作原理，如圖 9.31 所示。這種金氧半場效電晶體在源極及汲極之間存在一個 N- 型通道，源極及汲極本身是重摻的 N+ 摻雜區，基材 (substrate) 則爲 P- 摻雜區。在 N- 通道上的電流是靠著帶負電的電子。當我們在閘極上施加正電壓時，在氧化層下方的電洞 (holes) 藉由排斥力被往基材方向移送，於是留下帶負電的離子與受體 (acceptors) 形成空乏區，使得電子在通道上形成。正電壓也同時吸引 N+ 摻雜的源極及汲極裡的電子來到通道。現在如果我們在源極及汲極之間施加一個電壓差，那麼電子便可在通道裡自由的導通。但假如我們改成施加負電壓在閘極上，這時在氧化下方通道的就不使電子，而是電洞了。

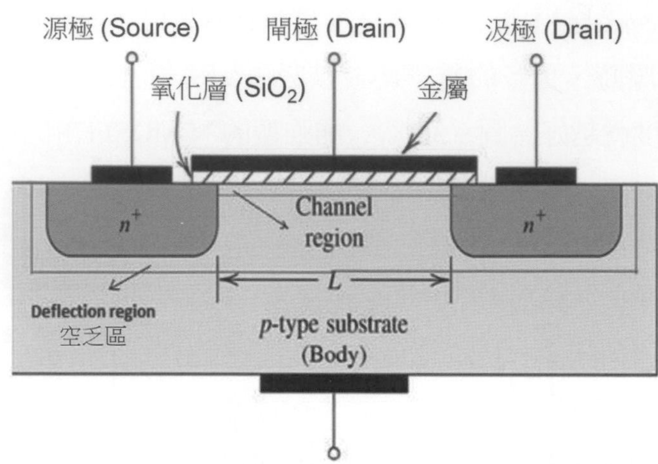

圖 9.31　平面型的 N- 型 MOSFET 示意圖

現在讓我們回過來看圖 9.28 的兩種垂直式金氧半場效電晶體，它的原理也是一樣的：

(1) 當閘極沒加偏壓 (相對於基板本體或與之連結之源極) 時：源極與汲極之間只是像兩個反向串接的 PN 接面，互不導通，這時 NMOS 在所謂的截止 (cut off) 狀態。

(2) 當閘極慢慢加上正偏壓時：由於閘極的結構類似電容，閘極的金屬導體會堆積一些正電荷。而在氧化物絕緣層另一邊，則會吸引等量的負電，我們可以看成是吸引了導電電子，但電子在很短時間內即被多數載體電洞復合了，結果在靠近氧化層的 P-base 內形成空乏區。在汲極與源極電位差還很小的情形下，源極與汲極間仍然不導通，NMOS 仍在截止區。

(3) 當閘極加上比鄰界電壓 V_{th} (threshold voltage) 大的正偏壓時：將會使得圖中的 P 體區 (P-base) 和氧化絕緣層之間形成一個強反轉區 (inversion layer)，這強反轉區便形成一個連接源極與 N- 漂移區的通道，這樣一來電流就可以由汲極、經由漂移區再經過通道而流向源極，完成電晶體的導通操作。隨著閘極電壓的增加，形成的寬度也越寬，能夠流通的電流也越大。

在垂直式金氧半場效電晶體結構裡的 N- 漂移區，它其實是一層輕摻雜的 N- 型磊晶層。它的作用主要在提高元件的耐壓能力。一個功率金氧半場效電晶體

能耐受的電壓，是與 N- 型磊晶層的雜質摻雜濃度 (或者說電阻率) 及磊晶層厚度有關。越高的電阻率與越厚的磊晶層厚度，可以承受越高的電壓。

接下來，讓我們介紹三個 Power MOSFET 常看到的關鍵參數：

A. 崩潰電壓 (Breakdown Voltage)

崩潰電壓 (Breakdown Voltage) 的符號一般表示爲 BV_{DSS}。在功率金氧半場效電晶體裡，當閘極不施加偏壓時，藉由 P-base 與 N- 磊晶反向接面，它是可以承受很高的汲極電壓的，大部分施加的電壓都由輕摻的磊晶層支撐著。但當逆向偏壓大到一定的程度時，本不該導通的源極及汲極之間突然產生極大的電流，出現崩潰現象，此時的電壓值就叫做崩潰電壓。在實際應用上，BV_{DSS} 是當汲極的電流達到 250μA 時量到的電壓值。

B. 臨界電壓 (Threshold Voltage)

臨界電壓 (Threshold Voltage) 的符號一般表示爲 V_{th}。它定義爲通道 (channel) 要導通時所必須在閘極施加的最小電壓值。在實際應用上，V_{th} 是當源極與汲極之間的電流達到 250μA 時量到的電壓值。由於電壓在臨界電壓以下，MOSFET 處於截止狀態，因此臨界電壓也可以看成耐雜訊能力的一項參數。臨界電壓愈高，代表耐雜訊能力愈強，但是，如此要使元件完全導通，所需要的電壓也會增大。一般對於高壓元件，大概在 2 ～ 4V 之間；對於低壓元件，則在 1 ～ 2V 之間。

C. 導通阻抗 (On Resistance)

導通阻抗 (On Resistance) 的符號一般表示爲 $R_{DS(\mathrm{ON})}$，簡單的說，它代表著在導通 (On) 狀態下，源極到汲極之間的電阻。功率型 MOSFET 做爲開關作用時，源極與汲極之間的電壓降會正比於汲極電流，這也就是功率型 MOSFET 工作處於恆定電阻區 (constant resistance region)，且其動作狀態基本上就是一個電阻性元件。因此，$R_{DS(\mathrm{ON})}$ 可以說是非常重要的一個參數值，它可決定元件功率之損失大小。如圖 9.32 所示，$R_{DS(\mathrm{ON})}$ 是電子由源極流向汲極路徑上，所有的阻抗之串聯總和。它可以表示爲：

$$R_{DS(ON)} = R_{SOURCE} + R_{CH} + R_A + R_J + R_D + R_{SUB} + R_{cmwl} \tag{9.1}$$

其中：R_{SOURCE} = 源極阻抗

R_{CH} = 通道阻抗

R_A = 累積阻抗

R_J = "JFET" 阻抗

R_D = 漂移區阻抗，
也就是磊晶層阻抗

R_{SUB} = 矽晶基材阻抗

R_{cmwl} = 所有接線阻抗總和

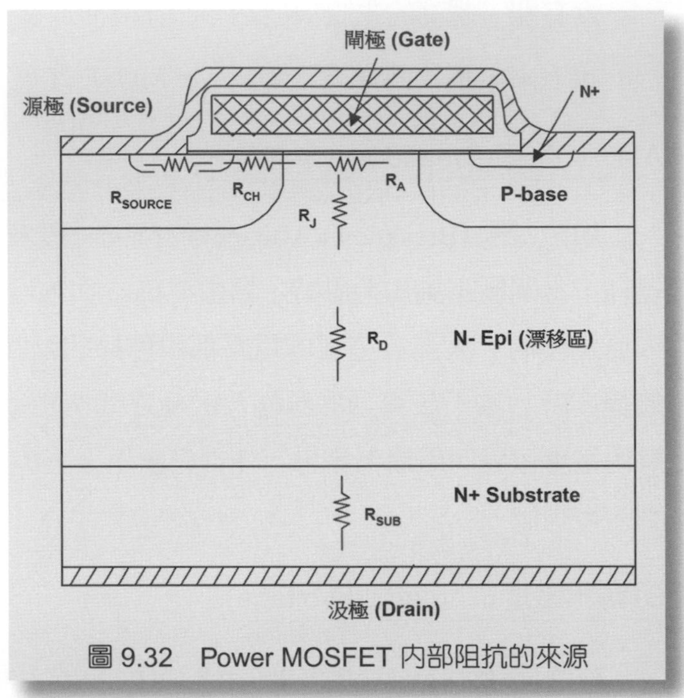

圖 9.32　Power MOSFET 內部阻抗的來源

2. Power MOSFET 的應用

功率電晶體因其特性可承受高電壓 (12V ～ 1400V 以上)、大電流 (數安培至數十安培)，所以應用領域非常廣泛，例如電源供應器、變壓器 (AC adapter)、汽車 ABS 電路、安全氣囊、日光照明電子安定器等。再者，由於其切換效率與低阻抗 (代表著省電) 的特性，配合薄型封裝，特別適合應用於行動式電子產品，如手機、筆記型電腦、行動電源、車載導航、電動交通工具、UPS 電源等電源控制領域。總結來說，其應用主要可分爲功率轉換應用 (Power conversion)、功率放大作用 (Amplification)、切換開關 (Switch)、線路保護 (Protection)、整流 (Rectify) 等。

功率電晶體的另一大優勢在於可以適用高頻領域，它的工作頻率可以適用在從幾百 KHz 到幾十 MHz 的射頻產品。反觀 IGBT 到達 100kHz 幾乎已是它最佳工作極限。當電子元件需要進行高速開關動作時，MOSFET 也比 IGBT 具有絕對的優勢，主要在於 IGBT 因有整合 BJT，而 BJT 本身存在電荷存儲時間問題，也就是在 OFF 時需耗費較長時間，導致無法進行高速開關動作。但 MOSFET 的弱點是在高壓應用端之功率損失激增，在這反而 IGBT 是比較合適的。

3. Power MOSFET 對矽晶圓品質的要求

前面提到 Power MOSFET 可以應用在不同電壓的領域裡，如圖 9.33 所示，在不同的電壓應用時，內部阻抗的分佈比率也會有所改變。這裡我們發覺察到二個現象：

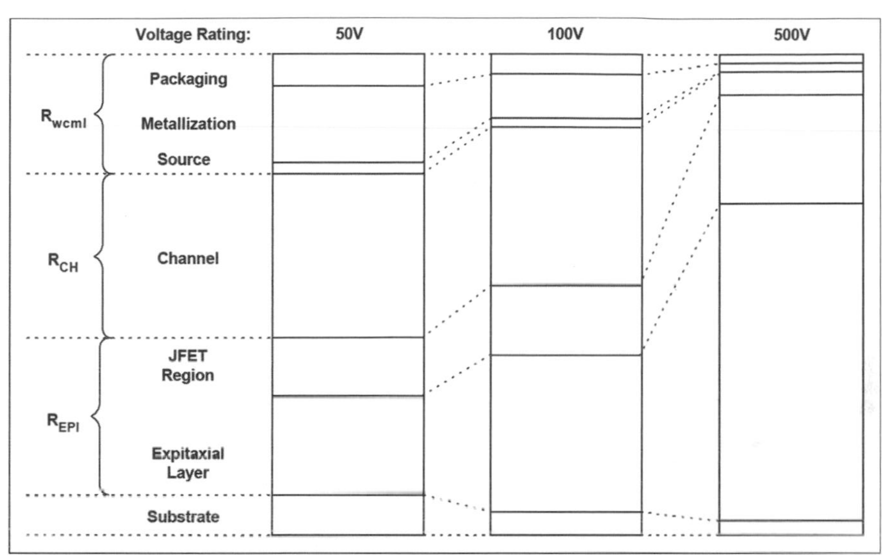

圖 9.33 Power MOSFET 在不同電壓的應用下，內部各種阻抗的比率變化

(1) 在低電壓的應用時，矽晶圓基材阻抗 (R_{SUB}) 的貢獻比率比在高電壓時大：

所以爲了降低 $R_{DS(ON)}$，低電壓的應用就會採用較低阻值的矽晶圓基材。於是在 50V 以下的應用，N- 通道的功率電晶體通常是採用摻雜紅磷 (Red P) 的矽晶圓基材、P- 通道的功率電晶體通常是採用超重摻雜硼的矽晶圓基材。摻雜紅磷的矽晶圓基材阻值一般在 0.8 ～ 1.5 mohm-cm 之間，超重摻雜硼的矽晶圓基材一般在 1.0 ～ 3.0 mohm-cm 之間。越低電壓的應用領域，就需要用到越低阻值的矽晶圓基材。然而，在 CZ 矽晶生長時要達到這麼低的阻值，代表著要摻雜的量相當高，長晶的技術挑戰也非常大，爲了克服長晶的困難，有人會同時摻雜鍺 (Ge)，來降低高濃度摻雜所起的高晶格應力。在中壓 (< 200V) 的 N- 通道的功率電晶體，則採用砷 (As) 摻雜，矽晶圓基材阻值一般在 2.0 ～ 3.0 mohm-cm 之間，但有時也可以使用銻 (Sb) 摻雜。高壓的應用，則採用阻值較高的銻摻雜 (16 ～ 30 mohm-cm 之間)。

(2) 在高電壓的應用時，磊晶層的阻抗 (R_{EPI}) 的貢獻比率比在低電壓時大：

在高電壓的應用時，整個功率電晶體的阻抗大部分是來自磊晶層的阻抗及 JFET。這是因爲越高電壓的應用，使用的磊晶層的電阻值越大且越厚。一般的經驗法則是，每增加 1 μm 的磊晶厚度相當於耐壓能力增加 10V，每增加 1 ohm-cm 的磊晶層電阻值相當於耐壓能力增加 25V。

表 9.5 列出 Power MOSFET 在選用矽晶圓的幾個考量點。除了前面介紹的摻雜 (dopant) 要如何選擇以外，我們知道它都是使用方向爲 (100) 的磊晶。爲了可以精確的控制崩潰電壓及臨界電壓，磊晶層的阻值及厚度也都要精確的控制，而且徑向的均勻度要維持得很好 (也就是 RRV 及 RTV 要低)。爲了要維持好的磊晶層阻值徑向的均勻度，晶片背面的 LTO 層就顯得很重要，因爲 LTO 層可以防止自動摻雜 (auto doping) 現象。

表 9.5　Power MOSFET 選用矽晶圓的考量點

功率電晶體		N-Channel	P-Channel
矽晶圓基材 Dopant 種類	低壓應用 (<50V)	Red P (+ Ge)	B (+ Ge)
	中壓應用 (<200V)	As (Sb)	B
	高壓應用 (>200V)	Sb	B
使用矽晶圓種類		NN + Epi	PP + Epi
晶體方向		(100)	(100)
晶背處理		LTO	LTO

二、IGBT

絕緣閘極雙極電晶體 (IGBT，Isolated-gate Bipolar Transistor) 是除了雙極接面電晶體 (BJT) 以及金氧半場效電晶體 (MOSFET) 以外的另一種等功率半導體。BJT 的特徵是導通電阻小但驅動電流 (或者說控制功率) 要很大，而 MOSFET 則是導通電阻很大但驅動電流小，兩種都有優缺點。但是 IGBT 則是把 BJT 的導通電阻小的特性

與 MOSFET 的驅動電流小的特性結合起來，組合出同時擁有兩項優點的功率半導體元件。IGBT 的輸入端可以說是使用 MOSFET 構造、輸出端則為 BJT 的構造。這樣的複合式構造，除了可以使用電子和電洞這二種載體的雙極性元件外，也是同時具備低飽和電壓 (相當於功率 MOSFET 的低導通電阻)、較快速切換特性的電晶體。但是，即使切換較為快速，和功率 MOSFET 比較仍然相形見絀，這卻是 IGBT 的一個弱點。表 9.6 列出這三種功率半導體的特性比較。

表 9.6　BJT、MOSFET、IGBT 三種功率半導體的特性比較

特徵	BJT	MOSFET	IGBT
結構	Base Emitter p^+ n^+ n^- n^+ Collector	Source Gate n^+ p^+ n^- n^+ Drain	Emitter Gate n^+ p^+ n^- n^+ p^+ Collector
驅動方式	電流驅動 (複雜)	電流驅動 (簡單)	電流驅動 (簡單)
驅動電流	大	小	小
輸入阻抗	小	大	小
切換時間	慢	快	中等
溫度穩定性	不穩	穩定性高	穩定性高
高壓耐化	容易	不容易	容易
操作頻率	低	高	中 (<100k Hz)
飽和電壓	低	高	低

1. IGBT 的工作原理

圖 9.34 為一個 IGBT 的基本結構及等效電路。IGBT 的結構跟 MOSFET 有些類似，但 MOSFET 具有 N^+-N^- 的結構，而 IGBT 則具有 P^+-N^+-N^- 的結構，它看起來就像是結合了一個加強型的 N-MOSFET 及一個 PNP 電晶體。因此在生產製造上所使用的製程是相似的。

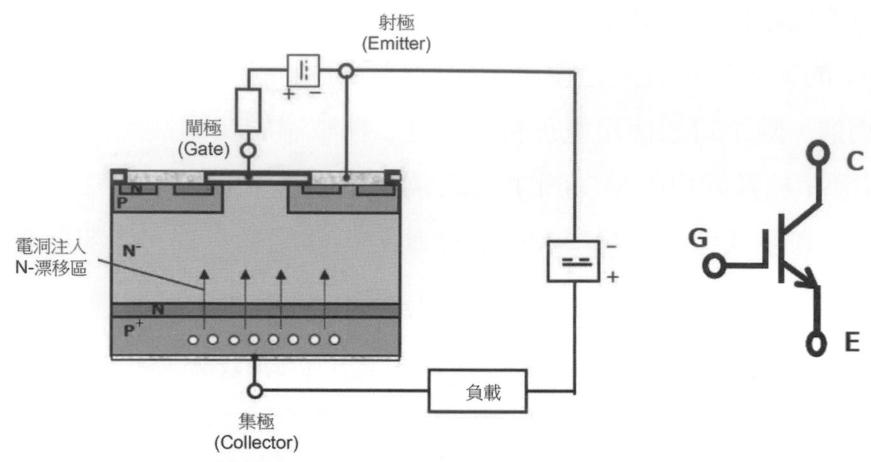

圖 9.34　IGBT 的基本結構及電路符號

藉由在集極 (Collector) 與射極 (Emitter) 之間施加電壓，來開啓內部結構裡的 MOSFET，可以經由 PNP 電晶體產生 IGBT 電流，這造成少數載子電洞 (holes) 會由 P+ 區域注入 N- 漂移區 (這是低摻雜高阻抗的區域)，造成 N- 漂移區阻抗的下降，這現象就是所謂電導調變 (Conductivity modulation) 的特性。由於這現象，讓 IGBT 宛如一個具有比較低的壓降 (也就是比較低的飽合電壓) 的開關元件，這一點是高壓應用的 MOSFET 達不到的。當閘極上未施加電壓或者施加負向電壓，內部 MOSFET 通道便會消失，於是 IGBT 是處於關閉狀態。雖然因爲電導調變特性，IGBT 更適合在高壓的應用上，但在電源關閉時，累積在 N- 漂移區的少數載子 (也就是電洞) 在電源關閉時，需要比較長時間移除，所以它的開關速度就遠遠比不上 MOSFET。

此外，類似 MOSFET 的一點是 IGBT 的集極與射極之間的導通電流，也是由施加在閘極的電壓所控制的。因此閘極的驅動電流 (控制功率) 是可以控制到最低，以對閘極電容進行充電及放電動作，這特點也因此比雙極電晶體具有更小的功耗。

如圖 9.35 所示，IGBT 依據閘極的設計，可分成平面型 (Planar-gate) 及溝渠型 (Trench-gate) 二種。對於平面型閘極的 IGBT，它的閘極是在晶片表面形成。但溝渠型的閘極，則是埋入位於 N+ 射極與 P 體之間的區域，這樣的設計可以大幅地增加電流密度，同時降低通道在開通時的壓降 (ON-state voltage)。

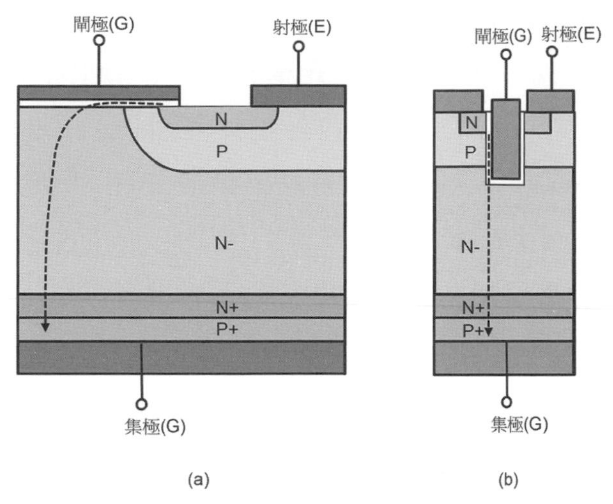

圖 9.35 (a) 平面型閘極 IGBT；(b) 溝渠型閘極 IGBT

如果我們根據縱向結構來看，IGBT 又可劃分爲穿通型 (PT, punch-through) 及非穿通型 (NPT, non-punch-through)。所謂穿通型是指電場及空乏區 (depletion layer) 穿透了 N- 漂移區，而到達低阻值的 N+ 區；而非穿通型則是指電場沒有穿透了 N- 漂移區，因此結構上就可以節省掉一層低阻值的 N+ 緩衝區。而穿通型如果是採用薄晶片的製程 (Thin wafer process)，它就叫做薄晶片穿通型 (thin-wafer punch-through) 或者叫場截止型 (FS, field-stop punch-through)，如圖 9.36 所示。

(1) 穿通型 (PT)IGBT

如圖 9.36(a) 所示，穿通型的結構包含了 N- 漂移區、N+ 緩衝區、及 P+ 陽極區等。跟 MOSFET 一樣，N- 漂移區的厚度及電阻率都必須根據承受電壓的需求來做優化。這類型的 IGBT，都是採用 NNP+ 磊晶，基材是硼的重摻雜。它的缺點是，當 PT IGBT 在關閉狀態，尚會有殘餘電流 (tail current) 存在直到載子全部自 N- 漂移區移除或再結合，增加開關的功耗。爲了降低開關功耗，那麼就必須在 N- 漂移區引入一些晶體缺陷去控制少數載子的生命週期 (lifetime)。因爲使用的是 P+ 的基材，N- 漂移區及 N+ 緩衝區則都是磊晶層，如果要生產 1200V 以上的 IGBT，那麼 N- 漂移區的磊晶層就太厚了，生產不易且成本太高。

(2) 非穿通型 (NPT)IGBT

如圖 9.36(b) 所示，非穿通型的結構包含了一層很厚的 N- 漂移區，因此即使在最大的電場之下，空乏區也只會落在 N- 漂移區內。也因此，NPT 型就不需要再多加一個 N+ 緩衝區。這層 N- 漂移區是來自使用輕攙的 N- 型 FZ 矽晶。此外，NPT 型的 P+ 層比較薄，藉由控制 P+ 層的摻雜濃度，可以控制少數載子的注入，因此就不需要特別在 N- 漂移區引入一些晶體缺陷去控制少數載子的生命週期。這層 P+ 層是利用離子植入在減薄厚的 FZ 矽晶背面製造出的。NPT 型比 PT 型具有比較小的開關功耗，及比較高的 On 狀態電壓。

(3) 場截止型 (FS)IGBT

場截止型的結構結合了 PT 型與 NPT 型的優點，也就是它同時具有 PT 型的低操作阻抗特型、以及 NPT 型的較快開關速度的特性。FS 型的 IGBT 與 NPT 型相似，都是以輕攙的 N- 型 FZ 矽晶作爲起始材料，不同的是，FS 型在晶片減薄之後，首先在晶片的背面注入磷，形成 N+ 緩衝區，最後注入硼，形成 P+ 集極。FS 型的 N- 漂移區比 NPT 型薄，也就是說使用的起使 FZ 晶片比較薄。

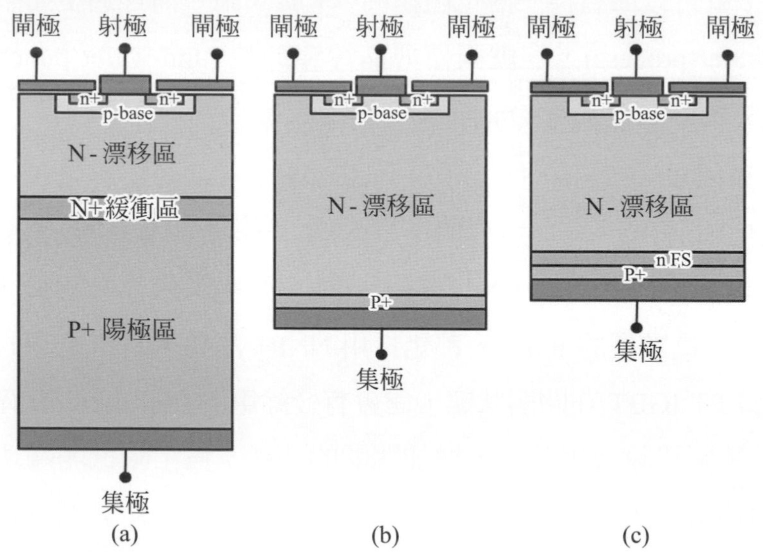

圖 9.36 (a) 穿通型 (PT)IGBT；(b) 非穿通型 (NPT)IGBT；(c) 場截止型 (FS)IGBT

2. IGBT 的應用

IGBT 結合了 MOSFET 和雙極電晶體的優點，因此具有輸入阻抗高、開關速度快、驅動電路簡單等優點，又兼具輸出電流密度大、通態壓降下，耐壓高等優勢，因此非常適合應用於直流電壓爲 600V 及以上的變流系統，如交流電機、變頻器、UPS、電機驅動、大功率開關等，尤其廣泛使用在現在炙手可熱的電動汽車、高鐵等電力電子裝置中主流的器件。由於半導體元件技術的精進，IGBT 單價價格越來越便宜，其應用範圍不再只是高功率級的電力系統應用範疇，也很貼近家用產品範圍，例如變頻冷氣、變頻冰箱、甚至是大瓦特輸出音響放大器的音源驅動元件。圖 9.37 比較了 MOSFET、Bipolar、IGBT、GTO (可關斷晶閘管，Gate turn-off thyristor) 這四種功率半導體的應用領域。

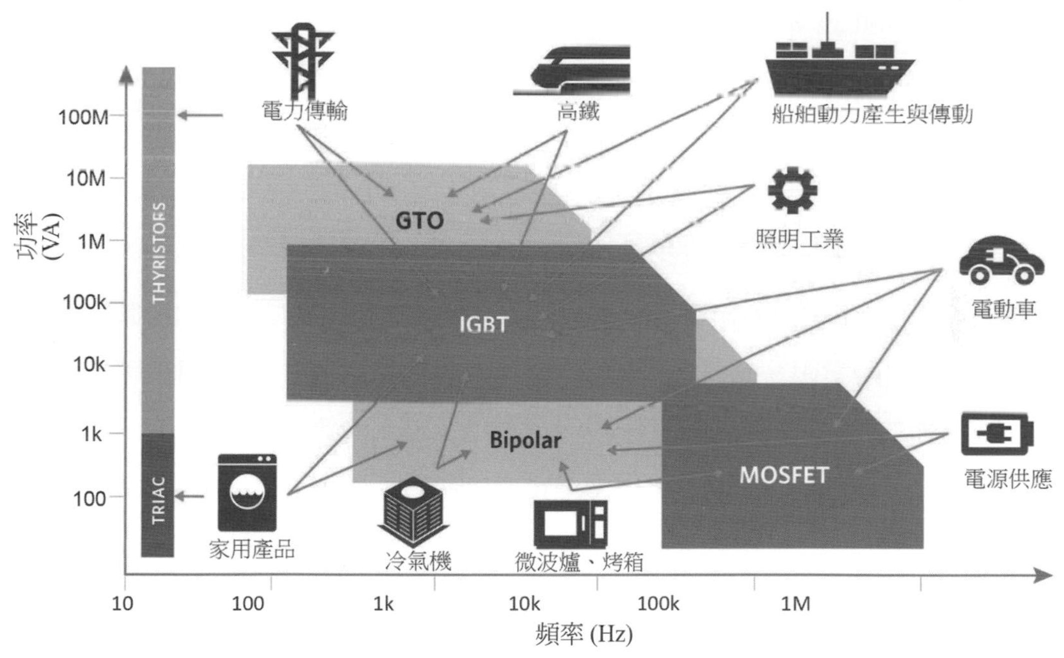

圖 9.37　功率半導體應用領域 (圖片來源：Applied Materials)

3. IGBT 對矽晶圓品質的要求

IGBT 是種垂直式的元件，也就是它的操作不像是一般的 CMOS 只用到表面 1 ～ 2 微米的深度區域，而是不管是矽晶圓的表面及內部都會被使用到。IGBT 用到矽晶圓的表面部分是因爲 MOS 的結構，因此它要求矽晶圓的表面必須具有很少的缺陷及很高的潔淨度。而矽晶圓內部的主要區塊是做爲承受高電壓的漂移區，因此晶圓內部同樣也要是無缺陷的區域。

表 9.7 爲應用在 IGBT 的一些矽晶圓重要參數與選用標準。首先關於矽晶圓種類的選擇，我們可以看到在 8 吋以下的世代，可以選用 NNP+ 磊晶或 FZ 拋光片，這與 IGBT 的應用電壓、設計、成本有關。通常 NNP+ 磊晶只應用在電壓小於 600V 的 PT 型 IGBT 上，因爲更高伏的 IGBT 所需要的磊晶層就變得太厚了，一來技術複雜，二來成本過高。因此在 600V 以上及 NPT/FS 的應用會傾向於使用 FZ wafer，但也不局限只有在 600V 以上，仍然有很多比較小電壓的應用有人選擇使用 FZ wafer。爲什麼不使用 CZ wafer 呢？這跟歷史背景有關，在早期小尺寸時代，CZ wafer 很難達到超過 100 ohm-cm 的電阻率，當年也沒有所謂的不含 COP 的完美晶圓 (perfect silicon)。但 FZ wafer 則可以做到超過 3000 ohm-cm。

IGBT 的應用，對於電阻率的均勻度要求很高。然而 FZ wafer 的電阻率的均勻度 (RRV) 隨著越高的電阻率就越差，因此在超大電壓 (> 1700V) 的應用就可能使用經過中子放射處理的 NTD-FZ wafer。一般 N- 型 FZ wafer 的電阻率的均勻度要達到 10% 就非常有難度了，但現在電動車領域的 IGBT 甚至會要求 RRV 必須達到 8% 以下，這對生產 FZ 矽晶棒的技術是很大的挑戰，通常需要引入磁場控製才能達成。我們知道，FZ wafer 的世代終止在 8 吋上，當 IGBT 切換到 12 吋世代時，只能設法去使用 CZ wafer，這時只能使用超低氧含量的不含 COP 的完美晶圓。爲什麼要超低氧呢？這是因爲太高的氧可能會在熱製程產生 thermal donor，就會影響到電阻率，而達不到設計的崩潰電壓要求。在 12 吋世代也比較不會採用 NNP+ 磊晶，因爲成本太高了。

一般 6 吋、8 吋、12 吋的標準厚度分別爲 675、725、775μm，但在 IGBT 應用上也會用到很多比較薄的非標準厚度的晶片，尤其是在 FS 型 IGBT 上。此外，不管是 MOSFET 或 IGBT 這類的功率半導體，對矽晶圓的平坦度之要求，跟一般記憶體或邏輯積體電路相比，是比較不嚴的。

表 9-7　應用在 IGBT 的矽晶圓重要參數與選用標準

晶圓尺寸	150 mm	200 mm	300 mm
使用矽晶圓種類	NNP+ Epi, or FZ wafer	NNP+ Epi, or FZ wafer	No COP polished wafer(low Oi)
矽晶圓厚度 (μm)	280/375/508/525/625/675	375/500/640/657/725	725/775
基材的摻雜物	硼 (NNP+) 磷 (FZ)	硼 (NNP+) 磷 (FZ)	磷
基材的含氧量 (Oi)	–	–	<5 ppma
晶體方向	(100)	(100)	(100)
RRV	< 10% (FZ) < 5% (NTD-FZ)	< 10% (FZ) < 5% (NTD-FZ)	< 5% (CZ wafer)

Note